개정판 수리학

개정판 수리학

개정판 발행 2018년 1월 19일
개정판 2쇄 2020년 4월 3일

지은이 안수한
펴낸이 최국주
펴낸곳 동명사
출판등록 1950년 11월 1일(제1-76호)
주소 (우 10881) 경기도 파주시 회동길 50(문발동)
전화 031-955-7200(대표)~2, 7203(편집부), 7204(물류)
팩스 031-955-7205
전자우편 webmaster@dmsbook.com
홈페이지 www.dmsbook.com

ISBN 978-89-411-8171-2 93530
값 35,000원

최신토목공학강좌 간행에 즈음하여

최근의 과학기술의 급격한 발전과 함께 토목기술도 커다란 변혁이 일어나고 있는 요즘 우리나라에 있어서도 토목기술의 고도화가 요구되고 있다. 이와 같은 추세에 따라서 미래의 기술자를 양성하는 대학에 있어서도 전문과정의 학과목의 종류와 그 정도를 재검토하여 신시대에 응할 수 있도록 대처해야 할 시기가 왔다고 생각된다.

토목공학의 전분야에 걸쳐서 급격한 발전을 하고 있는 현대에 있어서 학생들이 이들 이론과 응용을 모두 이수한다는 것은 매우 어려운 일이 아닐 수 없다. 그럼에도 불구하고 사회에 있어서는 기초이론과 응용능력을 겸비하고 새로운 문제를 해결 할 수 있는 인재를 요구하고 있는 실정이다.

본 강좌는 이와 같은 사회의 요구에 응할 수 있는 인재의 양성과 수업의 능률화를 꾀하고, 우리나라 학문수준을 높이려는 목적으로 시도된 것이다. 전 강좌를 통하여 책의 내용은 4년제 대학의 학생을 대상으로 하여 교과서용으로 엮었지만 일부분은 대학원 또는 실무기술자용으로 수준이 높은 부분도 있다. 그리고 각 과목마다 최신문헌을 참조하여 최신이론과 최신기술을 알기 쉽게, 그리고 될 수 있는 대로 상세히 기술하였고, 각 장 말에는 인용문헌이 기재되어 있다.

본 강좌를 집필한 저자들은 각 분야마다 우리 나라에서 가장 권위 있는 교수와 실무자를 모셨다. 최신토목공학강좌는 표준적인 과목을 택하여 순차적으로 발간될 예정이다. 본 강좌는 우리 나라에서 처음 시도되는 것이며, 이것이 우리 나라 토목공학의 발전에 조금이라도 도움이 된다면 매우 영광으로 생각하는 바이다.

끝으로 본 강좌는 매우 큰 사업이고 출판비도 많이 소요되므로 출판사로서는 꺼리는 사업이지만 동명사에서는 우리 나라 토목기술의 발전을 위하여 기꺼이 출판을 담당하여 주셔서 매우 감사하게 생각하는 바이다.

편집위원장 안 수 한

머리말

수리학은 유체역학의 한 분야로서 토목공학 분야 중에서 하천공학, 해안공학, 환경공학, 상하수도공학, 발전수력공학, 수자원공학 및 관개공학 등 모든 수공학의 이론적 기초가 되는 학문이다.

인간은 잠시라도 물 없이는 생활을 할 수 없으므로 고대로부터 모든 과학에 앞서서 물에 대한 지식이 필요하였다. 고대 로마시대에는 수리학을 응용한 대규모의 상수도와 하수도를 건설하였다. 이들 대규모의 수공구조물을 만들 때는 높은 수준에 수리학의 지식을 응용하였을 것이다.

그러나 현대까지 남아 있는 이들 로마인들의 수리학에 대한 지식은 기원전 250년경의 부체에 대한 Archimedes의 원리뿐이다. 그 후 15세기부터 유체역학과 함께 수리학의 이론이 발전하였고, 19세기까지는 물에 대한 실제 문제를 해결하기 위하여 실용수리학으로서 발전하였다. 이 시대는 하천의 평균유속공식의 계수, weir와 orifice의 유량계수 등을 연구하는 것이 수리학의 중요한 연구과제였다. 그러나, 실제에 발생하는 수리학의 문제는 이와 같은 실험적인 것만으로 해결할 수가 없는 것이다. 19세기 유체역학의 눈부신 연구 결과는 점차적으로 수리학에 응용되기 시작하였다. 난류와 층류의 특성, 경계층의 이론, 유체의 확산이론, 유체저항, 기구 등이 구명됨에 따라 수리학은 급속도로 발전되어 수리학의 제문제를 해석적으로 해결하게 되었다.

최근에 와서는 전자계산기의 발전과 보급에 의하여 지금까지는 풀 수 없었던 문제들도 쉽게 해석하게 되었다. 아직 그 역학적 기구가 구명되어있지 않은 유사문제, 공기혼합류, 하구의 이층류, 그리고 난류기구 등을 제외한 대부분의 수리학적 문제는 전자계산기를 이용하면 해석할 수 있게 되었다. 우리 나라도 고도의 경제성장이 이루어짐에 따라서 국토의 이용도가 높아짐으로써 수공분야의 연구대상이 넓어진 동시에 고급이론이 필요하게 되었다. 이와 같은 시대적인 요구에 응하기 위하여 이 책의 내용도 수리학의 대부분의 범위를 수용하는 동시에 이론의 수준도 약간 높였다.

4년제 대학의 학부학생에 대해서는 제1장에서 제10장까지와 제14, 15장만을 강의하고, 제11~13장은 대학원에서 강의하는 것을 권하고 싶다. 각 절에는 이론의 이해를 돕기 위하여 계산예를 될 수 있는 대로 많이 삽입하였고, 장 말에는 문제를 기재하였다. 특히 본문 중에서 중요한 식의 유도과정을 학생들이 알아두면 도움이 된다고 생각된 것은 그 상세한 유도과정을 부록에 수록하였다.

이 책을 쓰는 데 있어서 많은 저서와 논문을 참조하였다. 이들의 참고문헌은 장 말에 기재하였으며, 저자들에게 깊은 감사의 말씀을 드리는 바이다. 이 책은 저자가 오랫동안 대학에서 강의한 내용을 주로 하여 약 3년에 걸쳐서 엮은 것이나 저자의 이해부족 때문에 충분한 설명이 되어 있지 않은 점과 착오 점이 있을 것으로 사료된다. 독자 여러분의 많은 지적을 부탁 드리는 바이다.

1988년 3월

저자 안 수 한

차례

간행사 003
머리말 004

제1장 서론 015

1.1 수리학과 그 발전역사 015
1.2 차원과 단위 017
1.3 물의 물리적 성질 017
1.3.1 물의 단위중량 017
1.3.2 물의 압축성 019
1.3.3 표면장력 020
1.3.4 모세관현상 022
1.3.5 점성 024
1.3.6 물의 증기압 026
1.3.7 물 속에 함유되어 있는 공기량 026

제2장 정수역학 029

2.1 유체에 작용하는 힘 029
2.1.1 유체내부의 응력 029
2.1.2 유체요소에 작용하는 힘 030
2.2 정수압의 작용방향 034
2.3 정수역학의 기본식 035
2.3.1 기본방정식의 유도 035
2.3.2 등압면과 질량력의 작용선과의 관계 037
2.3.3 중력장에 있어서의 정수압 038
2.4 압력의 전달 040
2.5 액주계 043
2.5.1 액주계 043
2.5.2 시차 액주계 044
2.6 평면에 작용하는 전수압 047
2.6.1 정수압의 분포 047
2.6.2 연직평면에 작용하는 전수압 047
2.6.3 경사평면에 작용하는 전수압 050
2.7 곡면에 작용하는 전수압 053
2.8 부력과 부체의 안정 057
2.8.1 부력 057
2.8.2 부체의 안정 058

2.9 상대정지문제 063

2.9.1 D'Alembert의 원리 063
2.9.2 수평가속도를 받는 액체 064
2.9.3 연직가속도를 받는 액체 066
2.9.4 회전원통내의 액체 067

제3장 동수역학의 기초이론 077

3.1 흐름의 정의와 종류 077

3.1.1 흐름과 유속 077
3.1.2 흐름의 종류 078

3.2 흐름의 운동학적 성질 080

3.2.1 유선, 유관 080
3.2.2 유체요소의 가속도 084
3.2.3 유체요소의 변형 088
3.2.4 유체요소의 회전 090
3.2.5 순환 093
3.2.6 속도퍼텐셜 095
3.2.7 흐름의 함수 096

3.3 유체운동을 조사하는 방법 098

3.4 Euler의 운동방정식 099

3.4.1 Euler의 운동방정식의 유도 099
3.4.2 연속방정식 101

3.5 Bernoulli의 정리 102

3.5.1 Euler의 운동방정식의 적분 102
3.5.2 유관에 연한 1차원흐름의 연속방정식 104
3.5.3 유선에 연한 Bernoulli의 정리 106
3.5.4 에너지선과 동수경사선 108
3.5.5 Bernoulli 정리의 응용 110

3.6 정상류에 대한 운동량방정식 112

3.7 에너지 보정계수와 운동량 보정계수 116

3.7.1 에너지 보정계수 116
3.7.2 운동량 보정계수 118

제4장 층류와 난류 125

4.1 층류와 난류에 대한 Reynolds의 실험 125

4.1.1 층류와 난류의 정의 125
4.1.2 층류와 난류의 에너지 손실 126

4.2 점성유체의 변형과 응력 128

4.2.1 층류속의 전단력 128
4.2.2 유체요소의 변형과 전단력 129
4.2.3 유체요소의 변형과 수직력 131

4.3 Navier-Stokes의 운동방정식 134

4.4 Navier-Stokes 식의 간단한 응용 136
4.4.1 평행한 두 평판 사이의 2차원점성류 136
4.4.2 원관내의 점성류 139
4.5 난류 143
4.5.1 난류속의 변동속도 143
4.5.2 난류속의 마찰응력 145
4.5.3 난류의 혼합거리 147
4.6 시간적 평균류에 대한 난류의 운동방정식 151
4.7 원관내의 난류 속도분포 153
4.7.1 미끈한 관 속의 난류 154
4.7.2 거친 관의 난류 유속분포 158
4.8 난류확산 159
4.8.1 난류에 의한 확산 159
4.8.2 수류의 횡방향 확산 161

제5장 관수로의 정상류 167

5.1 관수로의 1차원흐름의 기본식 167
5.1.1 관수로의 1차원흐름에 대한 연속방정식 167
5.1.2 평균유속공식을 사용한 관수로의 기본식 169
5.2 관수로의 마찰손실 170
5.2.1 마찰에 의한 에너지 손실 170
5.2.2 층류의 마찰손실계수 173
5.2.3 난류의 마찰손실계수 173
5.2.4 Nikuradse의 실험과 마찰손실계수 174
5.2.5 실용평균유속공식 177
5.3 관수로의 형상손실 180
5.3.1 단면변화에 의한 손실수두 181
5.3.2 곡관의 손실수두 187
5.4 단일관수로의 해석 188
5.4.1 두 수조를 연결하는 등단면관수로 188
5.4.2 단면이 변화하는 관수로 191
5.4.3 끝단에 노즐이 있는 관수로 192
5.4.4 긴 관수로 195
5.4.5 사이펀 197
5.5 복잡한 관계통의 해석 199
5.5.1 분기관, 합통관 199
5.5.2 병렬관 203
5.5.3 관망 206
5.6 수차, 펌프 등을 포함한 관계통의 해석 210
5.6.1 수차를 포함한 관계통의해석 210
5.6.2 펌프를 포함한 관계통의 해석 211

제6장 개수로의 등속정류 217

6.1 개수로의 흐름과 그 성질 217

6.1.1 개수로의 흐름 217
6.1.2 개수로의 단면형과 기하학적 요소 218
6.1.3 수리단면내의 압력분포 221
6.1.4 급경사수로의 압력수두 222

6.2 상류와 사류 224

6.2.1 비에너지 224
6.2.2 상류와 사류 226
6.2.3 한계 Reynolds 수와 한계 Froude 수 230

6.3 도수 231

6.3.1 개수로의 흐름에 대한 운동량방정식 231
6.3.2 도수 234
6.3.3 도수의 도해법 239

6.4 한계수심의 계산 239

6.4.1 한계류의 특성 239
6.4.2 한계수심의 계산법 240
6.4.3 한계류계산을 위한 수리지수 244

6.5 개수로의 등류 247

6.5.1 등류의 마찰저항 247
6.5.2 평균유속공식 250

6.6 등류의 계산 253

6.6.1 등류계산을 위한 단면계수 253
6.6.2 자유표면을 가진 관수로의 흐름 255
6.6.3 수리학적으로 유리한 단면 257
6.6.4 복합조도를 가진 수로 260
6.6.5 등류의 한계경사 261
6.6.6 수로단면의 통수능과 수리지수 262

제7장 개수로의 부등속정류 269

7.1 부등류의 기본식 269

7.2 균일단면수로의 부등류 271

7.3 균일단면수로의 수면곡선 272

7.3.1 상류수로의 수면형 273
7.3.2 사류수로의 수면형($i_0 > i_c$) 274
7.3.3 한계경사수로의 수면형($i_0 = i_c$) 276
7.3.4 수평수로의 수면곡선 277
7.3.5 역경사수로의 수면곡선 278

7.4 균일단면수로의 수면곡선 계산법 278

7.4.1 수면곡선의 수치적분법 279
7.4.2 수면곡선식의 직접적분법 280

7.5 일반단면수로의 부등류 285

7.5.1 경사가 변화하는 수로의 부등류 286

7.5.2 폭이 변화하는 수로의 부등류 289
7.6 부등류수면의 축차 계산법 290
7.7 부등류수면곡선의 도해법 293
7.8 곡선수로내의 흐름 297
7.8.1 곡선수로의 상류 298
7.8.2 곡선수로의 2차흐름 301
7.8.3 굴절수로의 사류 302
7.8.4 곡선수로의 사류 307
7.8.5 곡선수로의 사류 반사파 308

제8장 유체 속에 잠겨 있는 물체가 받는 유체력 313

8.1 물체가 받는 유체력 313
8.2 마찰항력 315
8.3 층류경계층 317
8.4 난류경계층 320
8.5 압력항력 323
8.6 Stokes의 법칙 326
8.7 침강속도 또는 구 지름의 직접계산법 327

제9장 수류의 계측 333

9.1 수심, 압력수두의 측정 333
9.2 유속측정 334
9.2.1 피토관(Pitot tube) 335
9.2.2 회전식 유속계 336
9.3 관수로의 유량 또는 평균유속측정 337
9.3.1 벤투리미터 337
9.3.2 관오리피스 340
9.4 웨어에 의한 유량측정 342
9.4.1 예연직사각형웨어 342
9.4.2 삼각웨어 345
9.4.3 제형웨어 347
9.4.4 광정웨어 348
9.5 벤투리 플룸 353
9.6 원통웨어와 나팔형 웨어 354
9.6.1 원통웨어 354
9.6.2 나팔형 웨어 355

제10장 파동 359

10.1 파동의 요소와 분류 359

10.1.1 파동방정식 359
10.1.2 파장, 주기, 파속 361
10.1.3 파동의 종류 363

10.2 장파 364

10.3 미소진폭파의 천해파 368

10.3.1 표면파의 조건 368
10.3.2 천해파의 속도 potential 370
10.3.3 파속과 수분자의 운동 371
10.3.4 수심, 주기, 파장의 수표 375
10.3.5 파동에 의한 수중의 압력변동 376

10.4 미소진폭파, 심해파 378

10.5 표면파의 에너지와 군속도 379

10.5.1 표면파의 에너지 379
10.5.2 군속도 381
10.5.3 파동에너지의 전달 383

10.6 중복파 385

10.7 표면장력파 387

제11장 관수로의 비정상류 393

11.1 관수로에 의한 비정상배수 393

11.1.1 자유방출 393
11.1.2 두 수조를 관수로로서 연결하는 경우 395

11.2 관수로내에서 물의 진동 396

11.2.1 마찰저항을 무시하는 경우 396
11.2.2 마찰저항을 고려하는 경우 397

11.3 두 수조내의 물 진동 399

11.3.1 마찰저항을 무시하는 경우 399
11.3.2 마찰저항을 고려하는 경우 400

11.4 수격작용 402

11.4.1 관내 물의 압력상승 402
11.4.2 압력파의 전파 405
11.4.3 수격작용의 기본식 406
11.4.4 Allievi의 해법 409
11.4.5 밸브지점의 압력변화 412
11.4.6 최대상승압 413
11.4.7 임의점의 압력변화 417

11.5 수압조절수조 423

11.5.1 수압조절수조의 기본식 423
11.5.2 사용수량을 순간적으로 차단하는 경우 424
11.5.3 자유서지 424
11.5.4 직선적 개폐에 의한 최고, 최저 수위 425

제12장 개수로의 비정상류 429

12.1 개수로 비정상류의 기본방정식 429
12.1.1 연속방정식 429
12.1.2 운동방정식 430
12.2 홍수류 431
12.2.1 홍수류의 특성 431
12.2.2 특성곡선을 이용한 홍수류의 해법 432
12.3 홍수조절지의 계산 436
12.3.1 홍수조절지의 기본방정식 436
12.3.2 수치계산법 438
12.3.3 도식해법 439
12.4 단파 440
12.4.1 단파의 특성 440
12.4.2 단파의 전파속도 441
12.5 감조하천 443
12.5.1 감조하천의 수리특성 443
12.5.2 감조하천의 기본방정식 444

제13장 토사의 소류와 부유 447

13.1 유사 447
13.1.1 유사의 수리학적 특성 447
13.1.2 토사의 유송형식과 기구 448
13.2 한계소류력 449
13.2.1 유수의 소류력 449
13.2.2 한계소류력 450
13.3 이동하상의 형태 458
13.3.1 바닥형상의 변화 458
13.3.2 하상형태의 구분 459
13.4 소류사량 460
13.4.1 한계소류력으로서 표시된 공식 461
13.4.2 Einstein의 소류사량공식 462
13.4.3 각종 소류사공식의 비교 469
13.5 부유유사량 471
13.5.1 난류 속의 부유물의 분포 471
13.5.2 Einstein의 부유사량공식 473
13.5.3 Kalinskc의 부유사량공식 476
13.6 하상의 변동과 평형 476

제14장 지하수의 흐름 481

14.1 Darcy의 법칙 481
14.2 투수계수 483

14.2.1 투수계수의 실험식 483
14.2.2 투수계수의 실험실에서의 측정법 484
14.3 지하수에 대한 기본방정식 485
14.3.1 지하수의 운동방정식 485
14.3.2 연속방정식 487
14.4 지하수의 유선망해법 488
14.5 피압지하수의 정상류 489
14.5.1 Artesian well 489
14.5.2 집수암거 491
14.6 자유수면을 가진 지하수의 정상류 492
14.6.1 심정 492
14.6.2 천정 493
14.6.3 제방내부의 정상적인 투수 493
14.7 지하수의 비정상류 496
14.7.1 피압지하수의 비정상양수 496
14.7.2 자유수면이 있는 지하수의 비정상양수 500
14.8 투수계수의 현장측정법 502
14.8.1 피압지하수의 양수실험 502
14.8.2 자유수면이 있는 지하수의 양수시험 508

제15장 차원해석법과 수리학적 상사법칙 513

15.1 차원방정식 513
15.2 무차원방정식 516
15.3 Rayleigh의 방법 516
15.4 π 정리 518
15.5 수리학적 상사성 521
15.5.1 수리모형실험 521
15.5.2 모형과 원형의 상사성 521
15.5.3 축척으로 나타낸 물리량비 523
15.5.4 특별상사법칙 524
15.6 개수로고정상의 모형실험 530
15.6.1 모형의 조도 530
15.6.2 모형의 축도 531
15.6.3 연직축척과 수평축척이 다른 모형 532
15.7 개수로이동상의 모형실험 534
15.7.1 한계소류력의 상사성 535
15.7.2 하상변동의 상사성 536

부록 542
부표 549
찾아보기 562

제1장

서론

1.1 수리학과 그 발전역사

일반적으로 역학은 물체에 작용하는 힘과 그 변형, 그리고 운동에 관한 학문이다. 물체는 크게 나누어서 고체와 유체가 있고, 유체에는 액체와 기체가 있다. 유체역학은 액체와 기체에 작용하는 힘과 그 변형 그리고 운동의 관계를 연구하는 학문이다. 수리학(hydraulics)은 유체역학 중에서 특히 물에 대한 역학을 말하지만 유체역학의 이론을 응용하는 학문이다.

수리학은 물에 대한 실제적인 문제를 취급하는 학문이며, 토목분야에 있어서는 하천공학, 해안공학, 상수도공학, 하수도공학, 환경공학, 발전수력공학 등 수 공학의 기초가 된다.

인간은 잠시라도 물 없이는 생활할 수 없으므로 고대로부터 모든 과학에 앞서서 물에 대한 지식이 필요하였다. 물을 구하기 위하여 우물을 팠고, 농경지에 물을 대기 위하여 하천에 보를 만들었으며, 이 물을 농경지까지 송수하기 위하여 수로를 만들었다.

인간이 점차적으로 집단생활을 하기 시작한 고대 로마시대부터는 대규모의 상수도와 하수도를 건설하였다. 이들 대규모의 수공구조물을 만들 때는 높은 수준의 수리학 지식이 필요하였을 것이다. 그러나 현대까지 남아 있는 이들 로마인들의 물에 대한 지식은 기원전 250년경의 부체에 대한 Archimedes의 원리뿐이다.

로마제국의 멸망 후 15세기까지는 물에 대한 연구는 특별히 이루어지지 않았으나 15세기 후반에 나타난 Leonardo Davinci(1452~1519)가 유체역학에 대한 연구를 시작하였다. Davinci는 하천의 수류와 와류, 그리고 비행기에 대한 연구를 하였고, 그 후 Gallileo(1564~1642)는 근대역학의 기초이론을 확립하였다.

Gallileo의 사후, Newton(1642~1722)은 만유인력의 이론, Newton 역학, 미적분 등 새로운 역학과 수학의 이론을 발표함으로써 현대과학을 발전시켰으며, 이들의 이론은 유체역학의 기초가 되었다.

18세기에 들어와서 D. Bernoulli(1700~1782)는 수리학의 기초이론인 Bernoulli의 정리를 발표하였고, 같은 시대에 L. Euler(1707~1783)는 Euler의 운동방정식을 발표함으로써 유체역학의 일반이론을 확립하였다. 18세기에는 Chezy(1718~1798), Borda(1733~1799), Venturi(1746~1822) 등에 의해서 수리학의 실제적 문제에 대한 많은 연구가 있었다. Chezy는 개수로의 평균유속공식을 유도하였고, Borda는 Borda관에 대해서, 그리고 Venturi는 유속측정기인 Venturi meter에 대하여 연구하였다.

18세기 말에서 19세기에 걸쳐 G.L. Hagen(1799~1884), R. Manning(1816~1899) 등이 개수로의 평균유속공식에 대해서 연구 하였으며, 이들의 평균유속공식은 현재도 사용하고 있다. 특히 Manning의 평균유속공식은 개수로의 난류의 저항을 연구하여 만든 공식이며, 이 공식은 현대에도 가장 합리적인 공식으로 되어 있다. 이 기간에는 물의 실제적인 이용에 관한 문제에 대하여 많이 연구하였다. H. Navier(1785~1836)는 점성유체에 대한 일반 식을 유도하였다. Navier의 점성유체에 대한 운동방정식은 19세기 말엽에 발표한 Stokes(1819~1903)의 연구와 함께 Navier-Stokes의 운동방정식으로 알려져 있다.

18~19세기에 걸쳐서 Poiseuille(1799~1869)는 점성유체에 대하여 연구하였고, 원 관내의 점성유체에 대한 Poiseuille의 법칙을 발표하였다. 이 시대에 Darcy(1803~1859)와 Weisbach(1806~1871)가 관수로의 마찰손실에 대하여 연구하였고, Darcy-Weisbach의 마찰손실공식이 남아 있다.

19~20세기 사이에 현대유체역학이 대두되기 시작하였다. 층류와 난류의 발생, Reynolds 수와 Reynolds 응력의 정의 등을 연구한 Reynolds(1842~1912)와 경계층, 난류의 혼합거리 등을 연구한 Prandtl(1842~1912)은 현대유체역학을 발전시킨 공이 지대하였다.

Prandtl의 영향을 받은 'Kármán(1881~1963), Blasius(1883~), Schlichting(1907~), Tollmien, Taylor(1886~), Gold Stein 등은 경계층 이론, 확산 등 현대유체역학을 확립하였다.

수리학은 19세기에서 20세기에 걸쳐서 현대수리학으로 발전하였다. Bakhmeteff(1880~1951)는 비에너지의 이론을 제안함으로써 개수로의 이론을 확립하였고, 본간(Homma, 1906~), Rouse(1906), Ippen(1907~1977) 등은 개수로의 고속 류에 대한 이론을 확립함으로써 사류수로의 설계 법을 일신하였다.

19세기에는 유사에 대한 연구가 매우 부진했으나, 20 세기에 들어와서 Shields(1908~1974), Einstein(1904~1973) 및 Kalinske(1911~) 등의 연구는 한계소류력과 유사량이론을 확립하였다.

이상 열거한 이외에도 수많은 학자들에 의해서 현대수리학이 발전되었고, 현재에도 수많은 학자들이 수리학을 연구하고 있다.

1.2 차원과 단위

물리적인 양은 모두 어떤 방법에 의해서 측정함으로써 그 양이 규정되는 것이다. 한 예로서 물체의 크기는 길이를 측정함으로써 규정할 수 있고, 물체의 무게는 길이와 질량을 측정하면 규정할 수 있다. 그리고 물체의 속도는 길이와 시간을 측정하면 규정할 수 있다. 이와 같이 물리량을 규정하는 양으로서 길이, 시간, 질량 또는 (길이/시간) 등을 차원(dimension)이라고 한다. 물리적인 양을 규정하는 차원은 여러 가지가 있으나 이들의 차원은 몇 개의 기본적인 차원을 조합하면 만들 수 있다.

기본적인 차원으로 길이$[L]$, 질량$[M]$ 및 시간$[T]$의 3개를 정해 놓으면 일반적인 여러 물리량의 차원은 이들의 기본적 차원을 조합하여 표시 할 수 있다. 한 예로서 물체의 속도는 단위시간당 움직인 거리이므로 길이의 차원과 시간의 차원을 조합한 $[LT^{-1}]$의 차원으로 나타낼 수 있다.

다음에는 공학적인 면에서 길이의 차원을 어떤 단위(unit)로서 나타낼 필요가 있다. 한 예로서 길이의 단위를 m, feet, 척 등으로 함으로써 실제로 측정이 가능한 것이다. 시간의 단위도 초(sec), 분(min) 등으로 정하고, 질량의 단위도 gram 또는 slug 등으로 정하고 있다. 이와 같이 단위는 임의로 정할 수 있으나, 특히 길이의 단위에 cm, 질량의 단위에 g(gram), 시간의 단위에 sec를 택하는 경우를 CGS 단위라고 한다.

실제의 공학적인 문제에서는 일반적으로 질량의 개념이 보급되어 있지 않기 때문에, CGS 단위계의 질량 대신 힘$[F]$을 사용하는 공학적 단위가 편리하다. CGS 단위와 공학단위의 관계는 Newton의 운동에 관한 제2법칙에서 서로 환산할 수 있다.

$$F = ma$$

$$[F] = [MLT^{-2}] \tag{1-1}$$

수리학에 사용되는 물리량의 차원은 **표 15-1**에 기재되어 있다.

1.3 물의 물리적 성질

1.3.1 물의 단위중량

물은 대략 일정한 체적을 가지고 있으나 온도와 압력에 따라서 다소 팽창 또는 수축한다. 물은 4℃에서 밀도가 가장 크고 4℃ 이외의 온도에서는 밀도가 작아진다.

체적 $\bar{V}$인 물의 무게를 W, 질량을 m, 중력 가속도를 g라고 하면

$$W = mg \tag{1-2}$$

의 관계가 있고, 단위부피에 대한 질량, 즉 밀도 ρ는 다음과 같다.

$$\rho = \frac{m}{V} \tag{1-3}$$

물의 단위부피당의 무게 w를 단위중량(unit weight)이라고 하고, 다음과 같이 표시한다.

$$w = \frac{W}{V} = \frac{mg}{V} = \rho g \tag{1-4}$$

밀도와 단위중량의 차원은 다음과 같다.

$$[\rho] = [L^{-3}M]$$

$$[w] = [L^{-2}MT^{-2}] \tag{1-5}$$

공학단위는

$$[\rho] = [L^{-4}FT^{2}]$$

$$[w] = [L^{-3}F] \tag{1-6}$$

1기압 하에 있어서 온도에 따른 물의 밀도와 단위중량의 변화는 다음 **표 1–1**과 같다.

표 1–1 물의 밀도, 단위중량과 온도와의 관계

온도 (℃)	–10	0	4	10	15	20	25	30
밀도(kg sec^2/m^4)	101.76	101.90	101.97	101.94	101.88	101.79	101.67	101.53
단위중량(kg/m^3)	997.9	999.8	1000	999.7	999. 1	998.2	997.0	995.6

이 표에서 보는 바와 같이 온도의 변화에 따른 밀도 또는 단위중량의 변화는 극히 작다. 그리고 다음 절에서 설명하는 압력변화에 따른 물의 부피 변화도 극히 작으므로 보통의 온도와 압력하에 있어서는 물의 단위 중량을

$$w = 1\ \text{gr/cm}^3 = 1000\ \text{kg/m}^3 = 1\ \text{t/m}^3$$

로 정하고 수리계산에 쓴다.

앞 절에서 설명한 바와 같이 질량 또는 밀도는 일반적으로 그 개념에 익숙하지 못하므로 밀도를 다음과 같이 단위중량과 중력의 가속도로써 표시 하여 사용한다. 식 (1–4)에서

$$\rho = \frac{w}{g} \tag{1-7}$$

1.3.2 물의 압축성

물은 외부에서 압력을 받으면 압축되고 압력을 제거하면 원상태로 되돌아간다. 이와 같은 성질을 물의 압축성이라고 한다. 물은 온도와 압력 및 물 속에 함유되어 있는 공기의 양에 따라서 그 압축되는 정도가 다르다.

그림 1-1과 같이 압력 p가 주위에서 작용할 때의 체적 $\bar{V}$는 압력이 $(p+\varDelta p)$로 증가하면 $(\bar{V}-\varDelta\bar{V})$로 감소하게 된다. 압력이 증가하여 체적이 감소하는 경우 체적의 감소율은 증가한 압력에 비례하게 되는데, 이 비례상수를 유체의 압축률(modulus of compressibility)이라고 한다.

이때 $\bar{V}$와 $(\bar{V}-\varDelta\bar{V})$의 평균치를 $\bar{V}_0$라고 하면 이 경우의 평균압축률 C는

$$(-)\frac{\varDelta\bar{V}}{\bar{V}_0} = C\varDelta p$$

$$\therefore C = \frac{(-)\varDelta\bar{V}}{\bar{V}_0}\ \frac{1}{\varDelta p} \tag{1-8}$$

체적탄성계수(bulk modulus of elasticity) E는 압축률 C의 역수를 말하며, 다음과 같이 표시한다.

$$E = \frac{1}{C} = \frac{(-)\varDelta p}{\varDelta\bar{V}}\bar{V}_0 = \frac{\varDelta p}{\varDelta\rho}\rho \tag{1-9}$$

압축률은 압력이 $1\,\text{kg/cm}^2$ 만큼 증가할 때의 체적의 감소율을 의미하는 것이다. 한 예로서 1~25기압의 10℃의 물에 대한 체적의 감소율은 **표 1-2**에서 보는 바와 같이 $50\times10^{-6}=0.00005$이다. 이것

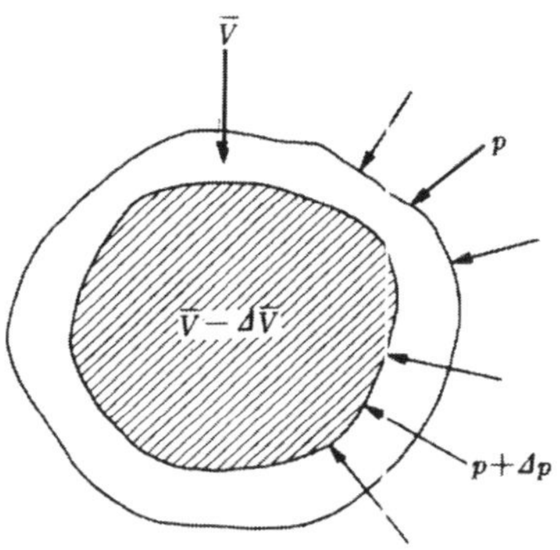

[그림 1-1] 압축률의 설명도

표 1–2 물의 압축률과 체적탄성계수

온도 (℃)		0	5	10	15	20
기압 1~25	$E\times10^{-4}(kg/cm^2)$	1.90	1.95	2.00	2.02	2.04
	$C\times10^{6}(cm^2/kg)$	52.5	51.2	50. 00	49.5	49.1
기압 25~50	$E\times10^{-4}$	19.4	20.2	20.3	20.8	21.0
	$C\times10^{-6}$	51.6	49.6	49.2	48.0	47.0

은 1 kg/cm^2의 압력이 증가하면 물의 체적이 0.005% 만큼 감소한다는 것을 뜻한다.

이와 같이 압력의 변화에 대한 물의 체적의 변화는 매우 작다. 따라서 일반적인 수리학상의 문제에 있어서는 물은 비압축성유체라고 생각한다. 그러나 고압관내의 급격한 압력변화 문제를 취급할 때는 물의 압축성을 고려 해야 할 때도 있다.

1.3.3 표면장력

액체는 각 분자의 분자인력에 의하여 서로 당기는 힘이 작용한다. 이와 같이 동질의 액체분자 사이의 인력을 응집력이라고 한다. 작은 물방울은 이 응집력에 의해서 최소의 표면적, 즉 구형으로 되는데, 이 물방울의 표면은 잡아당긴 고무줄과 같은 성질을 가지고 있어서 이 인장에 대하여 저항하는 힘을 갖게 된다. 이와 같은 장력을 표면장력(surface tension)이라고 한다.

표면장력은 대단히 얇은 층에서 작용하지만 그 층의 두께를 알 수 없으므로 표면장력의 강도를 표면에 연한 단위길이당의 힘으로써 나타낸다. 표면 장력은 액체의 종류와 온도에 따라 다르다. 표면장력의 단위는 gr/cm로서 표시할 수 있다. 물의 표면장력은 **표 1–3**과 같고, 여러 가지 액체의 표면장력은 **표 1–4**와 같다.

표 1–3 물의 표면장력(gr/cm)

온도(℃)	−5	0	5	10	15	20	25	30
표면장력		0. 077	0.0763	0. 0757	0.0748	0. 0740	0. 0732	0.0724

표 1–4 여러 액체의 표면장력(gr/cm)

물질	온도(℃)	표면장력
에틸알코올	20	0.0228
올리브유	20	0.0327
글리세린	20	0.0647
수은	15	0.4964
석유	18	0.0265
벤젠	20	0.0295

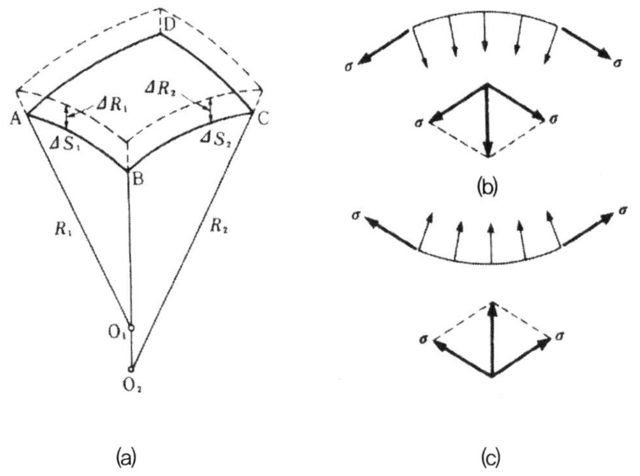

[그림 1–2]

액체표면이 곡면인 경우는 **그림 1–2**와 같이 미소표면의 주변에 작용하는 표면장력의 합력은 표면의 곡률에 따라서 상향 또는 하향으로 작용한다. **그림 1–2** (a)와 같이 액체표면이 위로 구부러진 경우는 분자인력의 불균형으로 인하여 액체 내부로 향하는 힘을 받게 되므로 액체 내부의 압력은 외부의 압력보다 크게 되고, 반대인 경우는 (c)와 같이 액체 내부의 압력은 외부의 압력보다 작다. 따라서 액체표면을 경계로 외부와 내부의 압력은 다르다.

그림 1–2 (a)와 같이 액면에 미소길이 ΔS_1, ΔS_2의 변을 가진 미소부분을 생각하여 그 주곡률반경*을 각각 R_1, R_2라고 하면

$$R_1 = \overline{O_1A},\ R_2 = \overline{O_2A}$$

평면 ABO_1와 BCO_2는 직교하고, R_1 및 R_2는 액면의 곡률반경의 최소 및 최대치가 된다. 표면 내외의 압력 차를 Δp, 표면장력을 σ라고 하고, 압력차 때문에 액면 ABCD가 반지름 방향으로 ΔR만큼 늘어난다하면 변의 길이는 각각 ΔS_1에서 $\Delta S_1(1+\Delta R/R_1)$로 늘어나고 ΔS_2에서 $\Delta S_2(1+\Delta R/R_2)$로 늘어난다. 이때 Δp의 합력$(\Delta P \times \Delta S_1 \Delta S_2)$는 $(\Delta p \times \Delta S_1 \times \Delta S_2) \times \Delta R$의 일을 하게 된다.

다음에 표면장력이 한 일은 넓이의 증가량에 표면장력을 곱한 것과 같고, 이것은 압력이 한 일과 같다. 즉

$$(\Delta P \Delta S_1 \Delta S_2)\Delta R = \sigma\left\{\Delta S_1\left(1+\frac{\Delta R}{R_1}\right) \times \Delta S_2\left(1+\frac{\Delta R}{R_2}\right) - \Delta S_1 \Delta S_2\right\}$$

$$\therefore \Delta p - \sigma\left(\frac{1}{R_1}+\frac{1}{R_2}\right) \qquad (1\text{–}10)$$

* 최대와 최소곡률반경을 주곡률반경이라고 한다.

물방울과 같이 구면인 경우는 $R_1 = R_2 = R$ 이므로 위 식은 다음과 같이 된다.

$$\Delta R = \frac{2\sigma}{R} \tag{1-11}$$

이 식에서 알 수 있는 바와 같이 물방울 속의 압력은 대기압보다 크고 반지름이 작을수록 압력은 크게 된다.

계산예 1-1

10 ℃의 물방울의 지름을 2 mm라고 하면 물방울 내부와 외부의 압력 차는 얼마인가?

【해】 **표 1-3**에서 10℃의 물의 표면장력은 0. 0757 gr/cm 이다. 식 (1-11)에서

$$\Delta p = \frac{2\sigma}{R} = \frac{2 \times 0.0757}{0.1} = 1.51 \ \text{gr/cm}^2$$

1.3.4 모세관현상

액체가 고체표면과 접할 때는 양자의 분자인력에 의하여 서로 당기게 된다. 이와 같이 이물질 사이의 인력을 부착력이라고 하며, 이것과 응집력과의 크기에 따라서 액체표면형이 달라진다.

그림 1-3 (a)는 부착력보다 응집력이 큰 경우이며, 액체표면은 표면장력에 의하여 위로 둥근 곡면이 된다. 이 경우는 액체표면내의 압력이 공기의 압력보다 크다. 그림 (b)는 부착력이 응집력보다 큰 경우이며, 이 경우는 액체가 유리관과의 부착력에 의하여 위로 끌려 올라가므로 액면은 아래쪽으로 구부러진 곡면이 되고, 액면 내부의 압력은 그림 (a)와 반대로 대기압보다 작아진다.

액체표면과 고체표면 사이의 각은 물질에 따라 결정된다. 이 각을 접촉각(angle of contact)이라고 하고, 상온에 있어서의 값은 **표 1-5**와 같다.

그림 1-3 (b)는 물속에 유리관을 세운 것이며, 물의 응집력보다 물과 유리관 사이의 부착력이 커서 물이 유리관 속을 h만큼 올라간 것이다. 이와 같이 물이 유리관 속을 올라가는 현상을

표 1-5 접촉각

접촉하는 물질	접촉각
물과 유리	8~9°
물과 매끈한 유리	0°
수은과 유리	130~150°

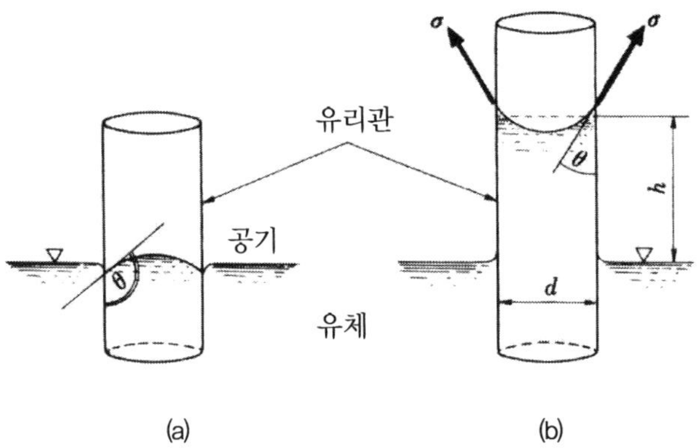

[그림 1-3]

모세관현상(capillarity)이라고 한다

유리관 내의 물은 h만큼 높은 상태에서 평형을 유지하고 있으므로 상승고 h부분의 물의 무게와 동일한 힘이 위쪽으로 작용해야 할 것이다. 이 힘은 유리관과 물 사이의 부착력의 연직분력이며, 이것은 유리관 주변에 작용하는 표면장력과 같다. 즉, 유리관의 안지름을 d라고 하면 h부분의 물의 무게 $wh\pi d^2/4$와 표면 주변에 작용하는 표면장력의 연직분력 $\sigma\times\pi d\cos\theta$는 같다.

$$wh\frac{\pi d^2}{4}=\sigma\pi d\cos\theta$$

$$\therefore\ h=\frac{4\,\sigma\cos\theta}{wd} \tag{1-12}$$

여기서 w는 물의 단위중량, σ는 표면장력이다. 이 식에서 보는 바와 같이 모세관고 h는 관의 지름에 반비례하고 표면장력에 비례한다. 특히 매끈한 유리관과 물이 접촉할 때는 $\theta=0$이며, 식 (1-12)는 다음과 같이 쓸 수 있다.

$$h=\frac{4\sigma}{wd} \tag{1-13}$$

유리판을 나란하게 연직으로 세워서 물에 넣으면 유리관의 경우와 마찬가지로 유리판 사이로 물이 올라간다. 지금 두 유리판 사이의 거리를 b라고 하면 이 경우의 모세관 고는 다음 식에서 구할 수 있다.

$$\left.\begin{aligned} h&=\frac{2\sigma}{wb}\cos\theta\\ &\fallingdotseq\frac{2\sigma}{wb}\end{aligned}\right\} \tag{1-14}$$

계산예 1-2

지름 1 cm의 유리관을 그림과 같이 수조에 연결하면 유리관 속을 물이 수조의 수면에 가까운 높이까지 올라간다. 수온을 10℃라고 하면 Δh는 얼마인가?

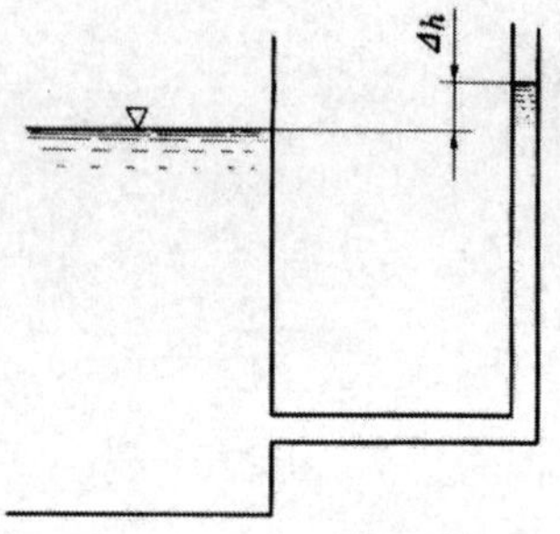

【해】 **표 1–3**에서 10℃ 에 대한 표면장력은 $\sigma = 0.0757$ gr/cm 이므로 식 (1–13)에서

$$\Delta h = \frac{4\sigma}{wd} = \frac{4 \times 0.0757}{1 \times 1} = 0.3 \text{ cm}$$

1.3.5 점성

넓은 공간을 유체가 균일한 유속 U로서 흐르는 경우 유체요소는 동일한 속도로서 움직이므로 유체요소 사이에는 마찰력이 작용하지 않는다. 그러나 유체가 고체경계면에 접해서 흐르게 되면 경계면의 영향으로 **그림 1–4** (a)와 같이 속도는 균일하지 않다.

고체경계면을 확대하여 관찰해 보면 **그림 1–4** (c)와 같이 기복이 크고 그 요부에 있는 유체는 움직이지 않고 경계 면에 부착해 있다. 따라서 경계면이 고정되어 있다고 하면, 경계 면으로부터 떨어진 곳에서는 일정한 속도 U로서 흐르지만 경계 면에 붙어 있는 유체요소의 속도는 0이다. 이와같이 일정한 속도 U와 경계면사이에는 그림 (a)와 같이 0으로부터 U까지 속도가 변화하는 영역이 생긴다.

고체가 상대운동을 할 때는 고체가 접해 있는 면에는 마찰력이 작용하는 것과 마찬가지로 흐르는 유체 속에 하나의 면을 생각할 때 그 면의 양쪽 유체요소의 속도가 다르면 마찰력이 작용하게 된다. **그림 1–4** (a)에 있어서 흐름 방향을 x, 이에 직각으로 y축을 취하고 A점과 B점의 속도를 각각 u_A, u_B라고 하면, u_A는 u_B 보다 크므로 A의 유체요소는 B의 유체요소를 앞으로 당겨서 가속시키려는 경향이 있고, B의 유체요소는 A의 유체요소를 뒤로 당겨서 감속시키려는 경향이 있다. 이와 같은 경향은 흐르는 유체의 에너지를 소실시키는 작용을 하게 된다.

이와 같이 유체 내부에는 상대속도에 관련하여 일어난다고 생각되는 저항을 유체의 마찰저항이

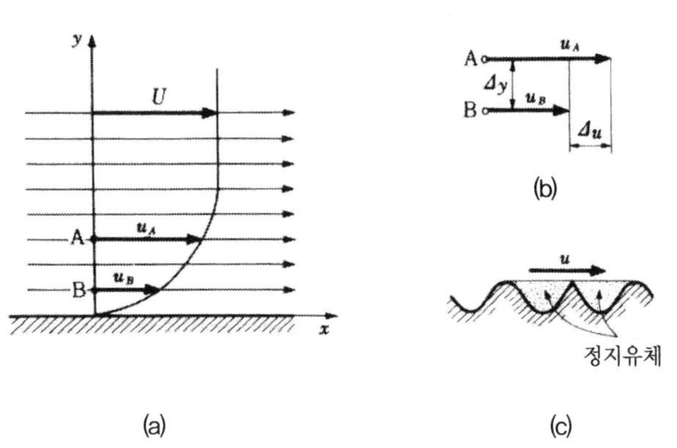

[그림 1-4]

라고 하고, 마찰저항의 원인이 되는 유체의 성질을 점성(viscosity)이라고 한다.

상대속도에 의해서 생기는 마찰력은 y축에 수직한 면에 작용하는 전단력이다. Newton은 단위면적에 작용하는 전단력 τ는 y방향의 속도경사 $\frac{du}{dy}$에 비례한다고 하고, 다음과 같이 표시하였다(**그림 1-4** (b) 참조).

$$\tau = \mu \frac{du}{dy} \tag{1-15}$$

이 식의 μ는 비례상수 이며 점성계수(coefficient of viscosity)라고 한다. 점성 계수는 물질에 따라서 다르고 온도에 따라서도 변화하는 양이다.

점성계수가 아주 큰 유체는 τ와 변형 du/dy의 관계가 식 (1-15)처럼 원점을 통과하는 직선이 되지 않고, 곡선 또는 τ축에 교차하는 선이 된다. 이와 같은 유체를 비뉴튼유체(non Newtonian fluids)라 하고, 식 (1-15)와 같이 전단력과 변형률 du/dy가 원점을 통과하는 직선적인 관계의 유체를 뉴튼유체(newtonian fluids)라고 한다. 일반적인 유체, 공기, 물 등은 모두 뉴튼유체로 취급하게 된다.

μ의 차원은 식 (1-15)에서와 같이 $[L^{-1}MT^{-1}]$ 또는 $[L^{-2}FT]$이고 CGS 단위와 공학단위를 병용하고 있다. CGS 단위를 사용할 때(dyn·sec/cm^2)를 poise라고 하고, 공학단위(gr·sec/cm^2)를 사용할 때는 poise 단위의 값을 980으로 나누면 된다.

μ를 유체의 밀도 ρ로 나눈 값을 사용하는 경우가 많이 있는데, 이것을 ν로서 표시하고 동점성계수(coefficient of kinematic viscosity)라고 한다.

$$\nu = \frac{\mu}{\rho} \tag{1-16}$$

ν의 차원은 $[L^2T^{-1}]$이고 단위는 cm^2/sec 또는 m^2/sec를 사용한다. 물에 대한 μ와 ν의 값은

표 1–6과 같다.

표 1–6 물의 점성계수와 동점성계수

온도(℃)	0	5	10	15	20	30
$\mu \times 10^5$ (gr sec/cm^2)	1.83	1.55	1.34	1.17	1.03	0.82
$\nu \times 10^2$ (cm^2/sec)	1.79	1.51	1.31	1.15	1.01	0.804

1.3.6 물의 증기압

모든 액체는 그 분자가 표면에서 공간으로 방출하는 경향이 있다(이 현상을 증발이라고 한다). 만일 공간이 한정된 것이라고 하면 표면에서 방출 하는 증기와 액체 속으로 재침입하는 증기가 같을 때까지 계속될 것이다. 이와 같은 공간에는 분자운동에 기인하는 부분적 압력이 작용한다. 이 압력을 증기압(vapor pressure)이라고 하고, 평형상태에 대한 증기압을 포화증기압이라고 한다.

증기압은 분자운동에 기인한 것이므로 온도의 상승에 따라 포화증기압은 높아진다. 액체의 표면에 접하는 공간에서는 압력이 절대로 0으로 될 수 없다는 것을 위의 설명에서 알 수 있을 것이다. 증기압은 고속도 흐름에 있어서의 공동현상(cavitation)에 관계가 있다. 물에 대한 증기압과 온도의 관계는 **표 1–7**과 같다.

표 1–7 물의 증기압

온도(℃)	6.6	12.7	17.1	20.7	23.7	28.6	35.5	41.1
증기압(kg/cm^2)	0.01	0.015	0. 02	0.025	0.03	0.04	0.05	0.08

1.3.7 물 속에 함유되어 있는 공기량

액체가 기체와 접하고 있을 때는 기체의 일부가 액체 속에 흡수된다. 물 속에 용해되는 공기의 양은 압력과 온도에 따라서 다르다. 1기압 하에 있어서 1 m^3 속에 함유하는 공기의 양은 **표 1–8**과 같다.

Henry–Dalton의 법칙에 의하면 일정한 온도 하에서 액체는 그에 접하고 있는 기체의 일정한 체적을 흡수한다. 따라서 물은 일정한 온도 하에서는 항상 일정한 체적의 공기를 함유하고 있다. 그리고 온도가 변화하면 **표 1–8**과 같이 함유공기의 체적이 달라진다. 여기서 압력이 변화하면 함유 공기의 체적은 이에 반비례적으로 변화하게 되고, 수중의 공기의 체적이 일정 하려면 공기의 무게가 달라져야 한다.

수압이 저압으로 되면 수중의 공기 일부가 빠져 나온다. 이 현상은 고속도 흐름에서 국부적으로 변화할 때 생기는 경우가 많고 이른바 공동현상에 관련된다.

표 1-8 1기압 하에서 1m^3 물속의 공기량

온도(℃)	0	10	20	30	50	70	100
공기량 (m^3)	0. 029	0. 023	0.019	0.016	0.013	0.012	0.011

참고문헌

본 장은 수리학의 역사와 물의 일반적인 성질에 대해서 개설한 것이며 일반적인 수리학의 책에는 대부분 기재되어 있다. 이 중에서 몇 가지 참고서를 열거하면 다음과 같다.

(1) 安守漢 : 水理學, 東明社, 1981.

(2) 本問仁 安藝皎一 : 物部水理學, 岩波書店, 1967.

(3) Hunter Rouse, Simon Ince : History of Hydraulics, Univ. of Iowa, 1957.

(4) H. Rouse : Hydraulics in the United States, Univ. of Iowa, 1976.

(5) 日野幹雄 : 流體力學을 硏究한 사람들, 一本土木學會, 1983 年度 水工學에 關한 夏期硏修會 講演集(A)

(6) 植松時雄 : 水力學, 業圖書, 東京, 1952.

제2장

정수역학

2.1 유체에 작용하는 힘

2.1.1 유체내부의 응력

물체에 힘을 가하면 그 내부에는 이 힘에 대응하는 응력이 생긴다. 한 예로서 봉을 양쪽에서 잡아 당기면 봉의 내부에는 이 힘에 대응하는 인장응력이 생기고 만일 인장응력이 당기는 힘보다 작으면 봉은 끊어진다. 봉의 양쪽에서 압축력을 가하면 봉의 내부에는 이 힘에 대응하는 압축응력이 생긴다.

다음에는 **그림 2-1** (a)와 같이 탄탄한 두부를 책상 모서리에 놓고 오른쪽 부분에 힘 W를 아래쪽으로 가하면 그림 (b)와 같이 오른쪽 부분이 aa′ 단면에 따라서 아래쪽으로 미끄러지면서 떨어진다. 이때 aa′면의 오른쪽 면에는 W에 의한 전단력 τ가 아래쪽으로 작용하고 왼쪽 면에는 이 τ에 대응하는 전단응력 τ'가 위쪽으로 작용하게 된다. 이와 같이 면에 연해서 생기는 응력을 전단응력

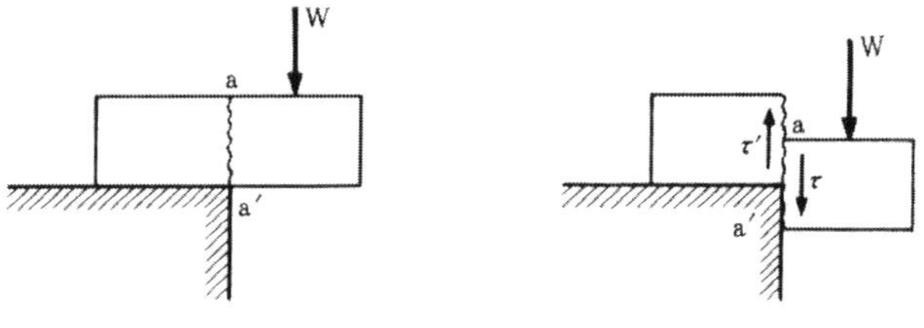

(a) (b)

[그림 2-1] 전단력의 설명도

이라고 한다. 이상과 같이 고체 내부에는 인장력, 압축력 및 전단력에 저항하는 인장응력, 압축응력 및 전단응력이 생겨서 고체의 형상을 유지하는 것이다.

이와 같은 외력이 유체에 작용할 때 유체내부에 생기는 응력에 대해서 생각해 보기로 한다. 공기와 물에 인장력을 작용시키면 계속적으로 저항 할 수는 없다. 즉, 일반적인 유체를 잡아당기는 데는 힘이 들지 않는다. 이와 같은 사실은 유체내부에는 인장력에 저항할 수 있는 인장응력이 작용하지 않는다는 것을 의미한다.

다음에는 압축응력에 대해서 생각해 보자. 유체내부에는 압축응력이 작용한다는 것은 자동차의 튜브(tube) 속에 압축공기를 넣으면 자동차의 무게를 지지할 수 있을 만큼의 압축응력이 작용한다는 것에서 알 수 있다. 전단응력에 대해서는 앞 절에서 설명한 바와 같이 유체요소 사이에 상대속도가 있는 경우는 유체층 사이에는 전단응력이 작용한다. 그러나 유체가 균일한 속도로서 흐를 때 또는 정지하고 있을 때는 전단응력이 작용하지 않는다.

이상 유체내부에 작용하는 응력에 대해서 설명한 것을 정리하면 다음과 같다.

(1) 일반적으로 유체에는 표면장력을 제외하고는 인장응력이 작용하지 않는다.
(2) 정지유체에는 압축응력(이것을 압력이라고 한다)만 작용한다.
(3) 흐르는 유체 속에는 압력이 작용하고, 만일 유체요소 사이에 상대속도가 있으면 전단응력(이것을 마찰력이라고도 한다)이 작용한다.

2.1.2 유체요소에 작용하는 힘

일반적으로 유체에는 유체질량에 작용하는 질량력과 유체요소의 표면에 작용하는 표면력의 두 가지가 있다. 질량력은

(1) 중력
(2) 원심력
(3) Coriolis의 힘

의 세 가지가 있고, 표면력에는

(1) 압력
(2) 마찰력

의 두 가지가 있다. 이들에 대해서 간단히 설명하면 다음과 같다.

(1) 중력

지구의 중심에서 r인 거리에 있는 물질은 지구의 중심으로 향하는 인력을 받고 있다. 지구의 질

량을 M이라고 하면 물질의 단위질량에 작용하는 지구의 인력 f_g는 만유인력의 법칙에 의하여 다음과 같다.

$$f_g = k\frac{M}{r^2} \tag{2-1}$$

특히 지구표면에 있어서는 지구의 반지름을 a라고 하면

$$f_g = g$$

이므로

$$g = \frac{kM}{a^2} \tag{2-2}$$

여기서 k는 만유인력의 상수이다.

식 (2–1)에서 보는 바와 같이 지구의 인력은 위치의 함수이다. 이와 같이 위치의 함수로 나타낼 수 있는 힘은 위치에 관한 어떤 함수의 미계수로써 표시할 수 있는 경우가 있다. 이 함수를 Ω이라고 하면, 물체의 단위질량에 작용하는 질량력 g를 다음과 같이 표시 한다.

$$g = -\frac{\partial \Omega}{\partial r} \tag{2-3}$$

지금 직각좌표 x, y, z축 방향의 g의 성분을 각각 X, Y, Z라고 하면

$$\left.\begin{aligned} X &= -\frac{\partial \Omega}{\partial x} \\ Y &= -\frac{\partial \Omega}{\partial y} \\ Z &= -\frac{\partial \Omega}{\partial z} \end{aligned}\right\} \tag{2-4}$$

g 또는 X, Y, Z는 유체의 단위질량에 작용하는 힘이며 질량력이다.

식 (2–3) 또는 식 (2–4)의 Ω를 힘의 퍼텐셜(potential)이라고 한다. 지구의 인력은 힘의 potential에서 유도할 수 있다. 이들 식에서 (–) 부호는 g의 작용방향과 potential의 증가방향이 반대이기 때문에 편의상 붙인 것이다. 그리고

$$X = lg,\ Y = mg,\ Z = ng \tag{2-5}$$

이다. 여기서 l, m, n은 g의 x, y, z축에 대한 방향여현이다.

(2) 원심력

유체가 곡선운동을 할 때 유체에는 원심가속도가 생기고, 따라서 흐름에 직각방향으로 원심력이 작용하게 된다. 유체가 곡선운동을 할 때 유선 방향의 접선속도를 v, 그 점의 곡률반경을 r이라고 하면 원심가속도는 v^2/r이다. 따라서 유체의 단위질량에 작용하는 원심력은 v^2/r이다.

(3) coriolis의 힘(편향력)

지구는 남북으로 되어 있는 축을 중심으로 서에서 동으로 향하는 자전을 하고 있으므로 지구상에 있는 유체의 회전속도는 위치에 따라서 다르다. 즉 지구의 남북극에 가까운 곳의 유체의 속도는 느리고, 남북극에서 먼 곳에 있는 유체의 속도는 빠르다. 이것은 위도에 따라서 속도가 다르다는 것을 뜻한다.

지금 북반구에 있어서 지구표면의 유체운동을 생각하면 유체가 지구와의 상대속도를 가지고 남쪽에서 북쪽으로 흐른다고 하면 흐름에 따라서 관성력으로 인해서 유체는 동쪽으로 편류하게 된다. 북쪽에서 남쪽으로 흐르는 경우는 느린 속도의 영역에서 빠른 속도의 영역으로 유체가 유입하게 되므로 이 경우는 **그림 2-2**와 같이 서쪽으로 편류하게 된다.

다음에는 지구표면의 유체가 동쪽으로 흐르는 경우는 유체에 작용하는 원심력은 지구와의 상대속도에 의한 원심력만큼 크게 되고, 서쪽으로 흐르는 경우는 반대로 작아진다. 따라서 **그림 2-2**와 같이 동쪽으로 흐르는 경우는 적도 쪽으로 편류하게 되고, 서쪽으로 흐르는 경우는 북쪽으로 편류하게 된다.

이상과 같이 지구표면의 유체는 항상 지구의 회전에 의한 힘을 받아서 편류하게 되는데, 이 힘을 coriolis의 힘(편향력)이라고 한다. 지구상 기괴의 장거리이동 또는 적도에서 북극 부근까지의 해수

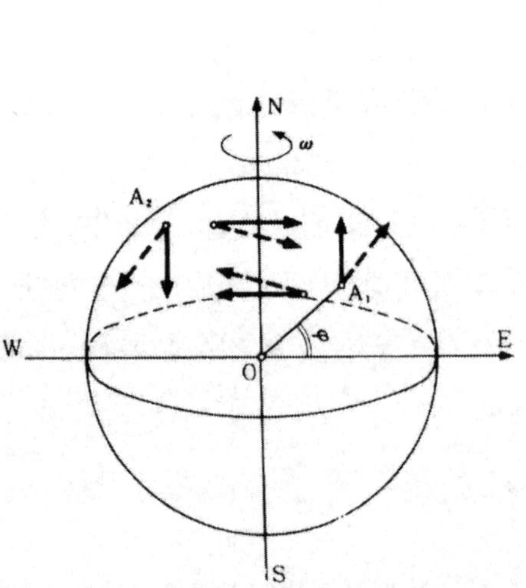

[그림 2-2] 지구의 편향력

의 이동 등은 이 coriolis의 힘을 고려해야 하지만 우리들이 취급하는 하천 이라든가 소규모의 흐름에 있어서는 coriolis의 영향이 극히 작으므로 이것을 생략하는 수가 많다.

(4) 압력

유체 속의 한 유체요소의 표면에는 주위에 둘러싸인 유체의 압력을 받는다. 이와 같은 유체의 압력은 유체의 무게에 의한 것이며, 이것을 유체의 정수력(static pressure)이라고 한다. **그림 2-3**과 같이 액체 속에 아주 작은 유체요소를 생각하면 x방향으로 작용하는 x점의 면 $dydz$에 작용하는 정압력을 p라고 하면 $x+dx$점의 면에 작용하는 정압력은 $p + dp$라고 할 수 있다. 이것은 x점의 면보다 $x+dx$점의 면이 dz만큼 더 깊기 때문이다.

y 및 z축 방향에 대해서 x축의 경우와 동일하게 생각할 수 있다.

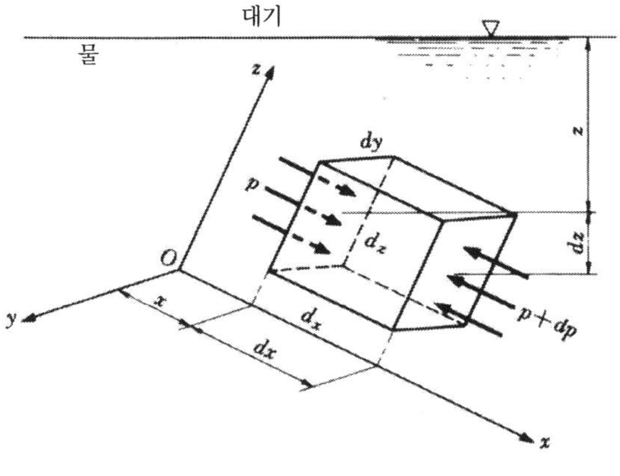

[그림 2-3] 유체요소에 작용하는 압력

(5) 마찰력

유체가 움직일 때 층 사이에 속도 차가 있으면 마찰력이 생긴다. 마찰력에 대해서는 다음 장에서 상세히 설명하겠지만 우선 유체의 점성변형에 의한 마찰력과 난류에 있어서의 변동속도에 의한 층 사이의 운동량교환에 의한 마찰력이 있다는 것만을 알아두기로 한다. 이상 유체요소에 작용하는 힘에 대해서 설명하였으나 유체가 정지상태에 있을 때와 운동할 때 작용하는 힘은 다르다.

정지유체에는 중력과 압력이 작용하고, 운동하는 유체에는 중력, 원심력, coriolis, 압력 및 마찰력이 작용한다. 그러나 유체요소가 직선운동을 하는 경우는 원심력이 작용하지 않고, 일반적인 소규모적 흐름에는 coriolis의 힘을 생략할 수 있다.

2.2 정수압의 작용방향

"물은 방원의 용기에 따른다."라는 말이 있는 바와 같이 물은 일정한 형상이 없고 그것을 담는 용기의 형상과 같이 된다. 용기의 벽면 또는 유체중의 가상한 면에 작용하는 정수압은 항상 그 면에 직각으로 작용한다. 이것은 정지유체 속에는 마찰력이 작용하지 않으므로 면에 연한 힘이 작용하지 않기 때문이다. 정수압의 크기는 단위면적에 작용하는 압력으로 표시한다. 이것을 정수압의 강도 또는 단순히 정수압이라고 한다.

면적 A에 균일한 강도로서 작용하는 전압력을 P라고 하면 정수압 p는

$$p = \frac{P}{A} \tag{2-6}$$

이고, 만일 정수압이 균일하지 않으면 미소면적 dA에작용하는 전수압을 dP라고 하면 그 점의 정수압은 다음과 같이 표시한다.

$$p = \lim_{dA \to 0} \frac{dP}{dA} \tag{2-7}$$

정수압의 강도 또는 정수압 p의 단위는 kg/cm^2 또는 t/m^2 이고, 전수압 P의 단위는 kg 또는 ton 이다.

다음에는 정수압 p의 작용방향을 구하기 위하여 정지유체 속에 미소 삼각형 ABC를 생각하고 x, y, z축 방향의 투영면을 각각 BCO, ACO 및 ABO(**그림 2-4**), 그리고 이들의 면에 직각으로 작용하는 정수압을 각각 p_x, p_y 및 p_z라고 한다.

ABC면의 면적을 dA, 면에 작용하는 정수압을 p 그리고 p의 x, y, z축에 대한 방향여현을 l, m, n이라고 하면 4면체 OABC에 작용하는 압력의 x, y, z방향의 평형조건에서 다음의 관계가 성립된다.

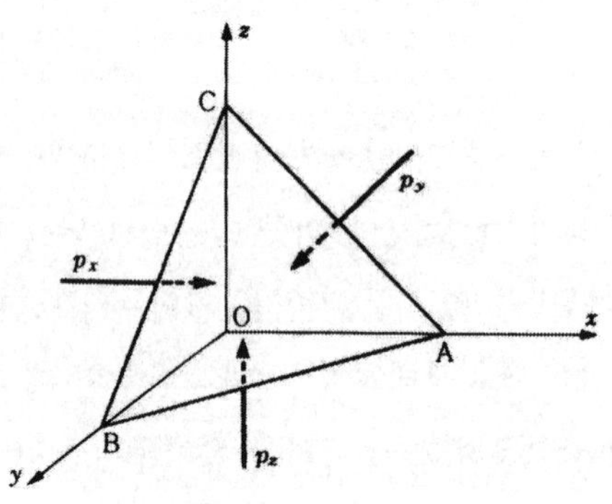

[그림 2-4]

$$p_x(dAl) = (pdA)l$$
$$p_y(dAm) = (pdA)m$$
$$p_z(dAn) = (pdA)n$$
$$p_x = p$$
$$p_y = p$$
$$p_z = p$$
$$\therefore\ p_x = p_y = p_z = p \tag{2-8}$$

식 (2-8)에서와 같이 정지수 중의 한 점에 작용하는 정수압의 강도는 방향에는 관계 없이 일정하다.

2.3 정수역학의 기본식

2.3.1 기본방정식의 유도

그림 2-5 (a)와 같이 정지수 중에 유체요소 $dx\ dy\ dz$를 생각하면 이 부분에 작용하는 힘은 지구의 중심으로 향하는 질량력과 유체요소의 표면에 작용하는 주위의 물에 의한 정수압의 두 개이다. 그림 (a)와 같이 x, y, z 좌표를 임의로 택하면 x, y, z축과 중력의 가속도 g의 작용선은 직교하지 않는다. 이와 같은 경우는 g의 x, y, z축 방향의 성분 X, Y, Z를 각 좌표축에 나란히 작용시키면 된다.

그림 (a)의 좌표와 6면체를 똑바로 놓은 것이 그림 (b)이다. 이 유체 요소에는 정수압과 질량력의 작용방향은 그림에 표시된 바와 같다. 지금 x축 방향에 대하여 생각하면 x점의 면 abcd에 작용하는

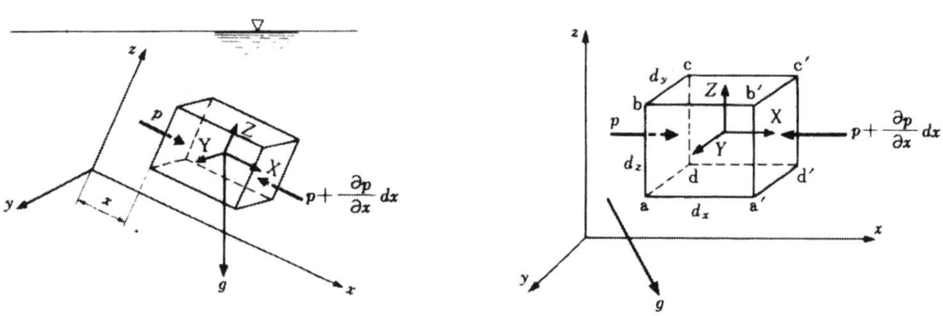

(a) (b)

[그림 2-5] 유체요소에 작용하는 압력과 질량력

정수압을 p라고 하면 이 면으로부터 dx 떨어진 면 a′b′c′d′에 작용하는 정수압은 방향이 반대 이고 그 크기는 $p+\frac{\partial p}{\partial x}dx$이다.

다음에 6면체에 작용하는 질량력은 단위질량에 대하여 g이고, g의 x, y, z축 방향의 성분은 X, Y, Z이다. 이 6면체는 정지수 중에 있으므로 작용하는 힘의 합력은 0이다. 한 예로서 x방향에 대하여 힘의 평형방정식을 만들면 다음과 같다.

$$p\,dy\,dz-\left(p+\frac{\partial p}{\partial x}dx\right)dy\,dz+\rho X\,dx\,dy\,dz=0 \tag{2-9}$$

여기서 ρ는 물의 밀도이다. 이 식은 Newton의 운동에 관한 제2법칙 $\Sigma F=am$에 있어서 $\alpha=0$의 경우이다. y 및 z 방향에 대해서도 같은 방법으로 평형방정식을 만들 수 있다. 이들을 정리하면 다음 식을 얻을 수 있다.

$$\begin{aligned}\frac{\partial p}{\partial x}&=\rho X\\ \frac{\partial p}{\partial y}&=\rho Y\\ \frac{\partial p}{\partial z}&=\rho Z\end{aligned} \tag{2-10}$$

식 (2–10)이 x, y, z축 방향의 성분으로 표시한 정지유체에 대한 평형방정식이다. 첫째 식에 dx, 둘째 식에 dy, 그리고 셋째 식에 dz를 곱해서 더하면

$$\frac{\partial p}{\partial x}dx+\frac{\partial p}{\partial y}dy+\frac{\partial p}{\partial z}dz=\rho(Xdx+Ydy+Zdz)$$

이 식의 좌변은 전미분 dp와 같으므로

$$dp=\rho(Xdx+Ydy+Zdz) \tag{2-11}$$

식 (2–11)은 정지유체 속의 모든 점에 대해서 성립되는 식이며, 정수역학의 기본식이다. 압력이 같은 점을 연결한 면, 즉 등압면(equip pressure surface)에서는 $p=$ const. 즉 $dp=0$이며, 이 경우의 방정식은 다음과 같다.

$$Xdx+Ydy+Zdz=0 \tag{2-12}$$

액체의 자유표면은 대기압이 작용하는 하나의 등압면이다.

질량력 X, Y, Z는 중력의 가속도 g의 x, y, z축 방향의 성분이며, 만일 g이외의 질량력이 작용한다면, 이 질량력을 포함한 합력의 x, y, z축 방향의 성분이 될 것이다.

중력과 같은 질량력은 2.1.2절에서 설명한 바와 같이 힘의 퍼텐셜에서 유도할 수 있고, X, Y, Z는

식 (2−6)과 같이 퍼텐셜 Ω의 미계수로써 표시할 수 있다. 식 (2−11)에 퍼텐셜을 대입하면 압력과 퍼텐셜의 관계가 구해진다.

$$dp = -\rho\left(\frac{\partial\Omega}{\partial x}dx + \frac{\partial\Omega}{\partial y}dy + \frac{\partial\Omega}{\partial z}dz\right) \tag{2-13}$$

위 식의 우변은 전미분 $d\Omega$와 같으므로

$$dp = -\rho d\,\Omega \tag{2-14}$$

이 식을 적분하면

$$p = -\rho\Omega + \text{const.} \tag{2-15}$$

그러므로 p =cont. 면, 즉 등압면에 있어서는 Ω도 일정하다.

2.3.2 등압면과 질량력의 작용선과의 관계

힘이 작용하는 방향을 순차적으로 연결한 선이 시력선(line of force)이고, 각 점에 있어서의 힘의 작용 방향은 시력선의 접선이 된다. 시력선의 선분을 ds라고 하면 x, y, z축에 대한 ds의 방향여현은 각각

$$\frac{dx}{ds},\quad \frac{dy}{ds},\quad \frac{dz}{ds}$$

이고, 질량력 F의 x, y, z 방향의 성분 X, Y, Z의 방향여현은

$$\frac{X}{F},\quad \frac{Y}{F},\quad \frac{Z}{F}$$

이다. 이들은 서로 같으므로

$$\frac{dx}{ds} = \frac{X}{F},\quad \frac{dy}{ds} = \frac{Y}{F},\quad \frac{dz}{ds} = \frac{Z}{F}$$

$$\therefore \frac{dx}{X} = \frac{dy}{Y} = \frac{dz}{Z} \tag{2-16}$$

위 식이 질량력의 시력선의 미분방정식이며 이것을 풀면 시력선을 구할 수 있다.

다음에 등압면의 식 (2−12)에 $1/F\,ds$을 곱하면

$$\frac{X}{F}\frac{dx}{ds} + \frac{Y}{F}\frac{dy}{ds} + \frac{Z}{F}\frac{dz}{ds} = 0 \tag{2-17}$$

X, Y, Z는 F의 x, y, z방향의 성분이므로 X/F, Y/F 및 Z/F는 각각 힘 F의 방향여현이고,

ds를 등압면상의 선분이라고 하면 dx/ds, dy/ds, dz/ds는 각각 등압력면상의 선분의 방향여현이다. 따라서 시력선의 방향여현을 l, m, n이라고 하고 등압면의 방향의 방향여현을 l', m', n'라고 하면 식 (2–17)은

$$ll' + mm' + nn' = 0 \tag{2-18}$$

과 같이 되고, 이것은 두 선이 직교하는 것을 표시한다.

위의 관계에서 질량력의 작용선은 등압면에 직각이라는 것을 알 수 있다.

2.3.3 중력장에 있어서의 정수압

중력만 작용하는 정지유체를 생각하고 정지수면을 기준으로 연직하향으로 z축을 x, y축을 수평으로 취하면 x, y, z축에 대한 질량력은 각각 다음과 같다.

$$X = 0, \quad Y = 0, \quad Z = g$$

식 (2–11)에 이 관계를 대입하면

$$dp = \rho(gdz)$$

$$\therefore \ \frac{dp}{dz} = \rho g = w \tag{2-19}$$

여기서 w는 물의 단위중량이다.

식 (2–19)는 정수압이 수면으로부터 연직하향으로 취한 거리, 즉 수심에 따라서 정수압이 변화하는 변화율을 나타낸 것이며, 이것은 단위중량과 같다는 것을 나타내고 있다. 이 식을 적분하여 $z = 0$, 즉 수면에서의 압력을 p_a, $z = h$점의 압력을 p라고 하면

$$p = p_a + wh \tag{2-20}$$

수면에 작용하는 압력 p_a는 대기압이다. 만일 대기압을 기준으로 압력을 측정한다면 $p_a = 0$으로 하여 수심 h점의 압력을 다음과 같이 나타낼 수 있다.

$$p = wh \tag{2-21}$$

식 (2–21)은 깊이 h점의 정수압을 구하는 식이며, 이것을 계기압력(gage pressure)이라고 한다. 계기압력에 비해서 수심 h점의 정수압을 수면에 작용하는 대기압까지 합한 압력, 즉 식 (2–20)의 p를 절대압력(absolute pressure)이라고 한다.

식 (2–21)에서 알 수 있는 것은 정수압은 수심에 대하여 직선적으로 변화하고, 그 변화율은 물

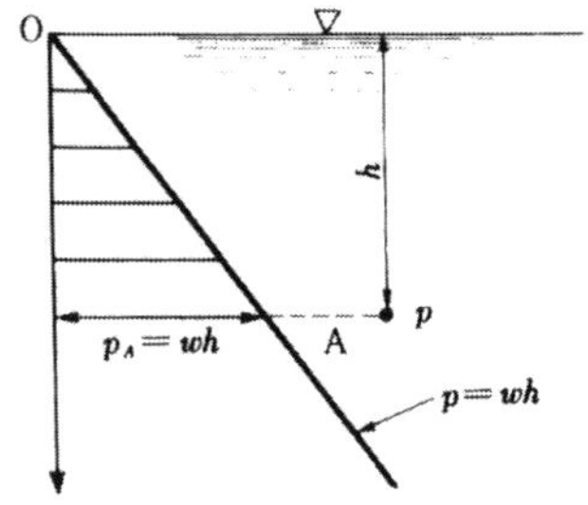

[그림 2-6] 정수압의 분포

의 단위중량과 같다. **그림 2-6**에는 정지수 중의 정수압의 분포를 나타내었다. 수중의 A점의 수심을 h_A라고 하면 이 점의 정수압은 $p_A = wh_A$이다. 만일 A점의 압력 p_A를 압력계에 의해서 측정한 것이라고 하면, 이 p에 해당하는 수심 h_A는 식 (2–21)에서 구할 수 있다. 즉

$$h_A = \frac{p_A}{w} \tag{2–22}$$

h_A를 식 (2–22)와 같이 표시 할 때 h_A 또는 p_A/w를 압력수두(pressure head)라고 한다. 압력수두의 단위는 (m)이며, 압력을 수심으로 표시한 것이다.

계산예 2-1

해면으로부터 30 m 깊이의 곳, 수압을 구하여라. 또 계기압력과 절대압력을 구하여라. 여기서 해수의 단위중량은 $w = 1.025\ \mathrm{t/m^3}$라고 한다.

【해】 계기압력 : $p = wh = 1.025 \times 30 = 30.75\ \mathrm{t/m^2}$

대기압은 수은주(비중 13.75) 760 mm와 같으므로 수은의 단위중량은 $w_m = 13.75\ \mathrm{t/m^3}$, 따라서

$$p_m = w_m h = 13.75 \times 0.76 = 10.31\ \mathrm{t/m^2}$$

■ 절대압력 : $p = p_m + p = 10.31 + 30.75 = 41.06\ \mathrm{t/m^2} = 4.11\ \mathrm{kg/cm^2}$

계산예 2-2

서로 혼합하지 않은 액체가 그림과 같이 층을 이루고 있다. 액면으로부터 5 m 깊이 점의 압력을 구하여라. 또 AB면에 작용하는 정수압분포도를 그려라. 여기서 각 액체의 비중과 두께는 다음과 같다.

$\gamma_1 = 0.75 \quad h_1 = 2\,\mathrm{m}$

$\gamma_2 = 0.85 \quad h_2 = 2\,\mathrm{m}$

$\gamma_3 = 1.00 \quad h_3 = 3\,\mathrm{m}$

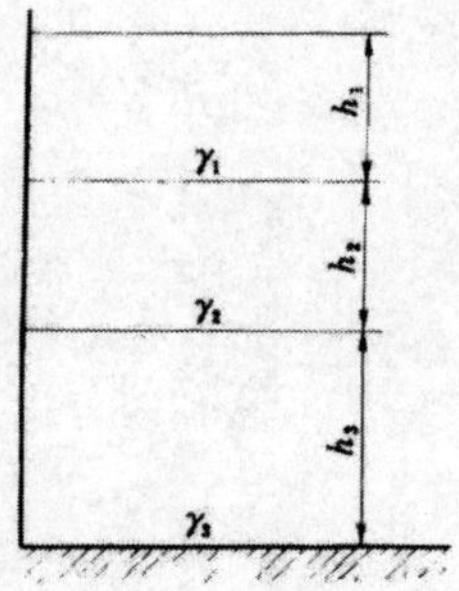

【해】

(1) $h = 2\,\mathrm{m}$ 점의 압력

$$p_1 = w_1 h_1 = 0.75\,\mathrm{t/m^3} \times 2\,\mathrm{m} = 1.5\,\mathrm{t/m^2}$$

$h = 4\,m$ 점의 압력

$$p_2 = p_1 + w_2 h_2 = 1.5 + 0.85 \times 2 = 3.2\,\mathrm{t/m^2}$$

$h = 5\,\mathrm{m}$ 점의 압력

$$p_5 = p_2 + w_3 h = 3.2 + 1 \times 1 = 4.2\,\mathrm{t/m^2}$$

바닥의 압력

$$p_p = p_2 + w_3 h_3 = 3.2 + 1 \times 3 = 6.2\,\mathrm{t/m^2}$$

(2) AB면에 작용하는 정수압분포도는 다음과 같다.

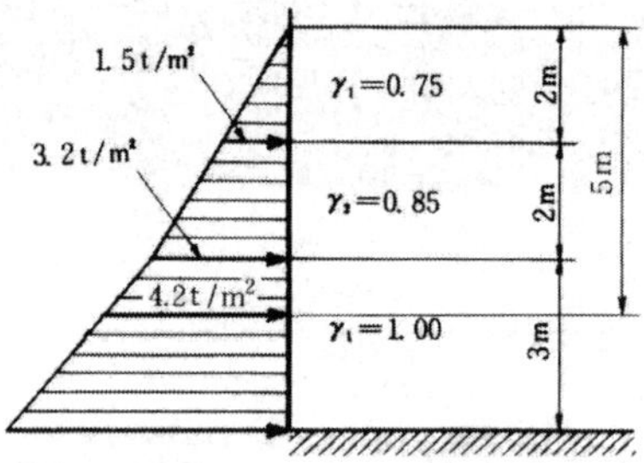

2.4 압력의 전달

그림 2-7과 같은 병 속에 물을 가득히 넣고, 마개 위에서 힘 P로써 누르는 경우를 생각한다. 마개의 단면적을 a라고 하고, 병과 마개 사이의 마찰력과 마개의 무게를 생략하면 마개의 밑면 A에 작용하는 수압은

$$p = \frac{P}{a}$$

이고, 이보다 h의 깊이에 있는 B점의 압력을 p_B라고 하면

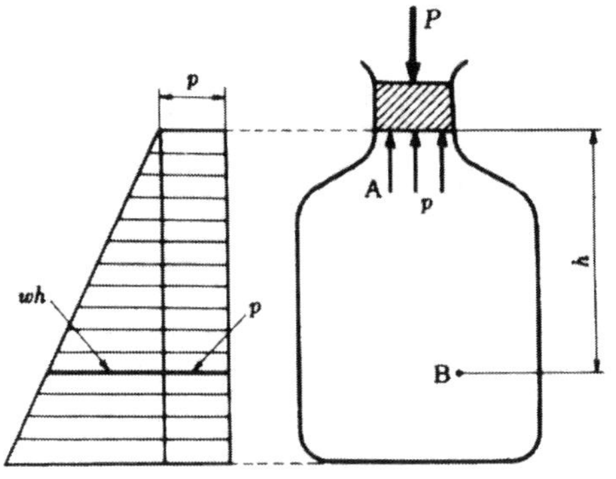

[그림 2-7]

$$p_B = p + wh \tag{2-23}$$

지금 마개 위의 힘 P를 $P+\Delta P$로 증가시킬 때 마개 밑면의 압력이 $P+\Delta P$만큼 증가된 것이라고 하면 B점의 압력은 $(p+\Delta p)+wh$로 증가된다. 따라서 B점의 압력의 증가는 Δp, 즉 $\Delta P/a$이다. 여기서 B점의 위치는 지정하지 않았으므로 일반적으로 다음과 같이 말할 수 있다. 즉 정수 중의 한 점에 압력을 가하면 그 압력은 물속의 모든 곳에 동일하게 전달된다. 이것을 Pascal의 원리라고 한다.

Pascal의 원리를 응용한 것이 수압기이며, 작은 힘으로 큰 힘을 얻을 수 있는 장치이다. **그림 2-8**과 같이 서로 통할 수 있는 용기 속에 액체를 넣고 마개로 밀폐한 다음 외력 P_A와 P_B를 가해서 평형이 되도록 한다. 마개의 단면적을 각각 a_A, a_B라고 하고, 마개의 무게와 마찰을 무시한다면 다음과 같은 평형조건식을 만들 수 있다.

$$\frac{P_A}{a_A} = wh + \frac{P_B}{a_B} \tag{2-24}$$

여기서 h는 A와 B의 높이 차이고, P_A/a_A와 P_B/a_B는 각각 마개 밑면의 압력(강도)이다.

마개 위의 힘이 충분히 크다고 하면 wh의 항은 생략할 만큼 작으므로 다음과 같이 쓸 수 있다.

$$\frac{P_A}{a_A} = \frac{P_B}{a_B}$$

$$\therefore P_B = \frac{a_B}{a_A} P_A \tag{2-25}$$

위 식에 있어서 a_A에 비해서 a_B가 매우 크다고 하면, P_B는 P_A에 비해서 매우 크므로 작은 힘

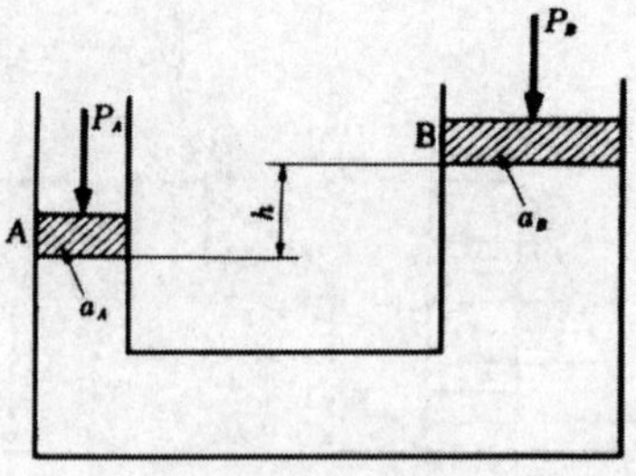

[그림 2-8]

P_A에 의해서 큰 힘 P_B와 평형을 이룰 수 있다.

계산예 2-3

그림은 수압기를 나타낸 것이다. A에 압력수를 주입 하여 피스톤 E를 누르면 피스톤 통 B에 압력이 전달되어 이 속의 압력이 증가함으로써 C를 밀어 올리게 되고, D에 압력을 가하게 된다. 지금 $p_1 = 4\ \mathrm{kg/cm^2}$, $d_1 = 20\ \mathrm{cm}$, $d_2 = 10\ \mathrm{cm}$, $d_3 = 60\ \mathrm{cm}$라고 하면 D에 작용하는 압력은 얼마인가?

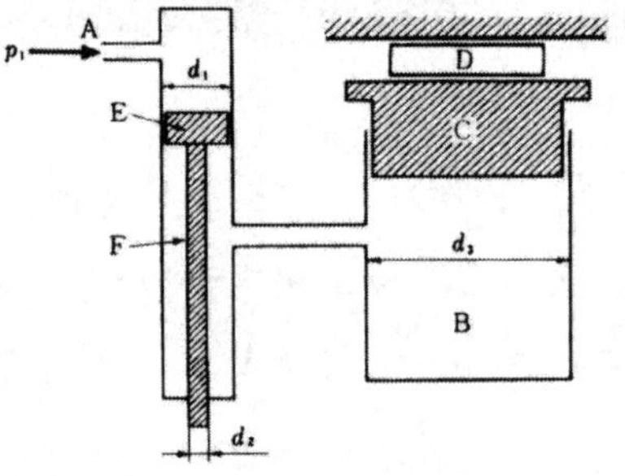

【해】 피스톤 E에 가해지는 힘 P_1은

$$P_1 = \frac{\pi}{4} d_1^2 \times p_1 = \frac{3.14}{4} \times 20^2 \times 4 = 1256\ \mathrm{kg}$$

피스톤과 원통 사이 F의 물에 전달되는 압력은

$$p_2 = \frac{P_1}{A} = \frac{P_1}{\frac{\pi}{4}(d_1^2 - d_2^2)} = \frac{1256}{\frac{3.14}{4}(20^2 - 10^2)} = \frac{1256}{235.5} = 5.35\ \mathrm{kg/cm^2}$$

B내 물의 압력은 p_2와 같고, 이것이 C에 작용하게 되므로, 결국 C에 작용하는 힘 P_3는

$$P_3 = \frac{\pi}{4} d_3^2 \times p_2 = \frac{3.14}{4} \times 60^2 \times 5.35 = 15119\ \mathrm{kg} = 15.119\ \mathrm{ton}$$

2.5 액주계

2.5.1 액주계

밀폐된 용기 또는 관 속의 정수압을 측정할 때는 액주계(manometer)를 사용하면 편리하다. 액주계는 보통 가는 유리관 또는 U자형 유리관으로 되어 있고, 이것을 용기 또는 관에 연결하여 유리관 속의 액체 높이를 측정함으로써 압력을 구할 수 있다. 이 액주계는 관의 한쪽이 대기와 통하고 있다.

관 속의 정수압을 측정하기 위하여 **그림 2-9** (a)와 같이 관 벽에 구멍을 뚫고 유리관을 연결하면 관 속의 A점 압력수두는 h이다. 액체의 단위 중량을 w라고 하면 A점의 압력은

$$p_A = wh \tag{2-26}$$

이고, 유리관 속의 액체상승고 h를 측정하면 위 식에서 압력을 계산할 수 있다.

A점의 압력이 큰 경우는 유리관의 길이를 짧게 하기 위하여 U자형 유리관을 사용하고, 그림 (b)와 같이 비중이 큰 액체를 넣는 경우가 있다. 이와 같은 것을 U자형 액주계라고 한다. 그림 (b)의 관 속 A점의 압력 p_A는 다음 식에서 구할 수 있다.

$$p_A + w_1 h_1 = w_2 h_2$$

$$\therefore\ p_A = w_2 h_2 - w_1 h_1 \tag{2-27}$$

그림 (c)는 경사액주계라고 하고 A점의 압력은 다음 식에서 계산할 수 있다.

$$p_A = wl \sin\theta \tag{2-28}$$

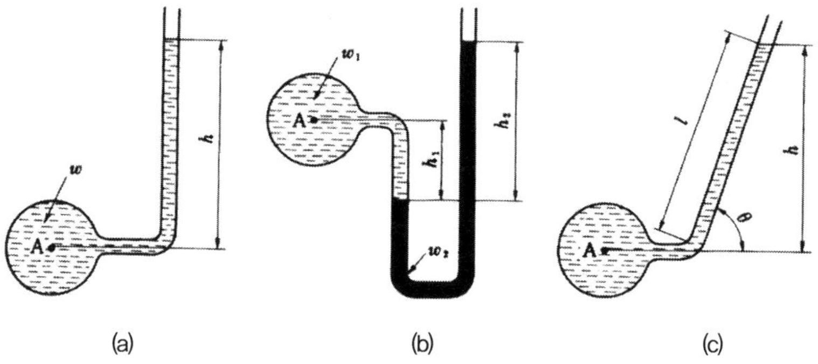

[그림 2-9] 액주계

이 액주계는 l에 연해서 눈금을 만들면 눈금을 확대해서 읽을 수 있으므로 압력의 변화가 매우 작을 때 사용하면 편리하다.

계산예 2-4

그림과 같이 밀폐된 용기 속에 물이 들어 있을 때 그 수위를 측정하려 한다. 이때 용기의 벽면에 작은 구멍을 뚫어 가는 유리관을 끼워서 수면을 측정할 수 있다. 유리 관을 상승한 수위 h를 측정하여 용기 속의 정확한 수위를 측정하여라. 단, 수온은 20°C이고, 유리관의 안지름은 1 cm이다.

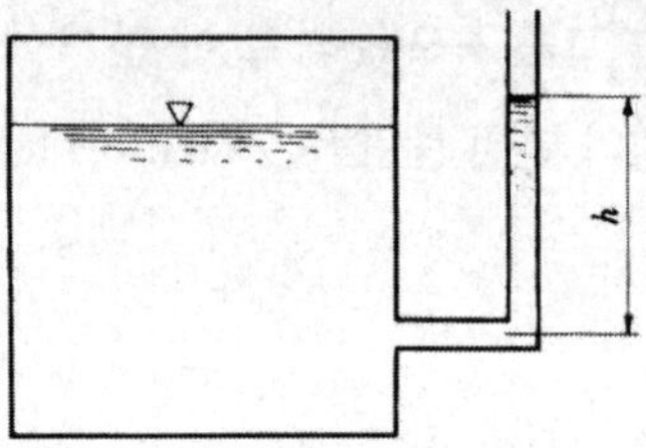

【해】 유리관의 지름이 크든가, 또는 모세관현상에 의한 수위상승이 없다고 하면 유리관의 수위와 용기내의 압력수두는 동일하다. 따라서 이 경우는 유리관의 수위 h를 측정하여 용기내의 압력을 알 수 있다.

그러나 유리관의 지름이 작으므로 실제는 모세관현상에 의하여 수위가 상승하게 되므로 용기 속의 수위는 h에서 모세관 고 Δh를 뺀 것이 용기내의 수위가 된다. 수온 20°C의 표면장력은 **표 1-3**에서 $\sigma = 0.074$ gr/cm이므로 이 경우의 모세관상승고는 $w = 1$ gr/cm³, $d = 1$ cm를 식 (1-13)에 대입하면

$$\Delta h = \frac{4\sigma}{wd} = \frac{4 \times 0.074}{1 \times 1} = 0.3\text{ cm}$$

이 경우 용기내의 정확한 수위는 유리관 내의 수위 h에서 0.3 cm를 뺀 값이다.

2.5.2 시차 액주계

두 용기 또는 두 관 속의 압력 차를 구하려 할 때는 **그림 2-10**과 같은 U자형 액주계를 사용한다. 그림 (a)는 수은을 사용한 것이고, 압력차가 비교적 클 때 사용한다. C와 C′의 압력은 같으므로 다음 식이 성립된다.

$$p_A + w_1 z_1 = p_B + w_2 h + w_1(z_2 - h)$$

$$\therefore\ p_A - p_B = w_2 h + w_1(z_2 - z_1 - h) \tag{2-29}$$

각 액주의 단위중량과 h, z_1, z_2 등을 측정하면 A와 B의 압력차를 위 식에서 계산할 수 있다.

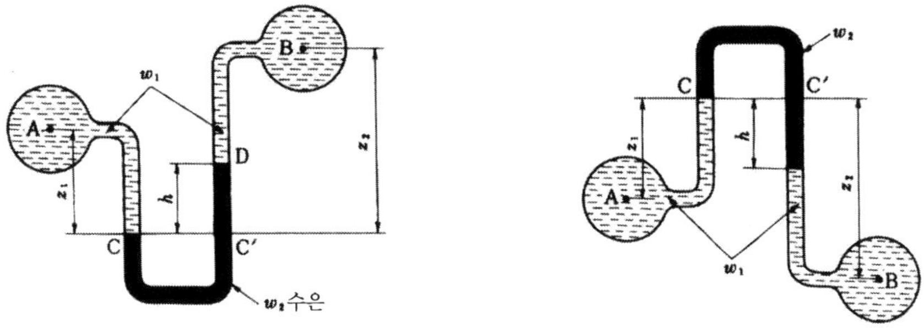

(a) (b)

[그림 2-10] 시차 액주계

그림 (b)는 압력차가 비교적 작을 때 사용하는 것이며, 수압을 측정할 때는 비중이 1 보다 작고 물과 혼합하지 않는 액체(예 : 벤젠)를 U자형 유리관 속에 넣어서 압력차를 측정하게 된다. 그림의 기호를 사용하고 C와 C′점의 압력이 같으므로 다음 식이 성립된다.

$$p_A - w_1 z_1 = p_B - w_2 h - w_1(z_2 - h)$$

$$\therefore\ p_A - p_B = w_1(z_1 - z_2 + h) - w_2 h \qquad (2-30)$$

$z_1 = z_2$ 인 경우는

$$p_A - p_B = (w_1 - w_2)h \qquad (2-31)$$

식 (2-31)에서 보는 바와 같이 동일한 압력차 $p_A - p_B$에 대해서 w_1과 w_2의 차를 작게 하면 액주계의 차 h는 길게 나타난다.

계산예 2-5

그림 2-10 (a)에 있어서 $z_1 = 30$ cm, $z_2 = 40$ cm, $h = 8$ cm, $w_1 = 1$ gr/cm^3, $w_2 = 13.55$ gr/cm^3 라고 하면 A관과 B관의 압력차는 얼마인가?

【해】 식 (2-29)에서

$$p_A - p_B = w_2 h + w_1(z_2 - z_1 - h)$$

$$= 13.55 \times 8 + 1 \times (40 - 30 - 8)$$

$$= 110.4 \text{ gr/cm}^2$$

계산예 2-6

그림과 같은 압력계에 있어서 $p_1 = p_2$ 때의 액면을 AA′ 라고 한다. $p_1 > p_2$의 경우에 h를 측정하여 압력차 $p_1 - p_2$를 계산할 수 있는 식을 유도하여라. 또 이 식을 이용하여 $D = 5$ cm, $d = 1$ cm, $w = 1$ gr/cm³, $h = 20$ cm에 대하여 $p_1 - p_2$를 계산하여라.

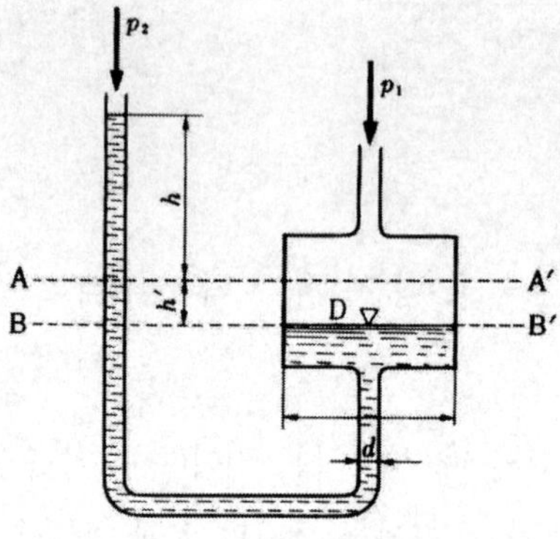

【해】 $p_1 = p_2$ 때의 액면이 AA′ 이고 $p_1 > p_2$ 때의 D관 속의 액면이 BB′ 라고 하면, D관의 액면은 h'만큼 AA′ 보다 내려가고, d관의 액면은 AA′ 보다 h만큼 올라간다.
BB′면 위 에서는 압력이 같으므로

$$p_1 = p_2 + w(h + h')$$

여기서 D관 속의 h'부분의 액체 양과 d관 속의 h부분의 액체 양은 동일하므로

$$h\frac{\pi}{4}d^2 = h'\frac{\pi}{4}D^2$$

$$\therefore h' = h\left(\frac{d}{D}\right)^2$$

이 관계를 사용하면

$$p_1 - p_2 = w(h + h') = w\left\{h + h\left(\frac{d}{D}\right)^2\right\} = wh\left\{1 + \left(\frac{d}{D}\right)^2\right\}$$

$d \ll D$의 경우는 위 식의 { } 내는 1에 접근하고 h가 크게 나타나므로 압력차가 작을 때 이 압력계를 이용하면 측정이 용이하다.

$$p_1 - p_2 = 1\ \text{gr/cm}^3 \times 20\ \text{cm}\left(1 + \frac{1}{25}\right) = 20.8\ \text{gr/cm}^2$$

2.6 평면에 작용하는 전수압

2.6.1 정수압의 분포

정수중에 있는 평면에 작용하는 정수압은 그 크기는 수심에 비례하고 작용방향은 평면에 직각이다. 따라서 수평면에 작용하는 수압분포는 **그림 2-11**의 cd 면과 같이 직사각형이 되고, 연직면과 경사면에 작용하는 압력분포는 삼각형 또는 사다리꼴이 된다.

수심 h, 면적 A의 수평면에 작용하는 전수압 P는 다음과 같다.

$$P = whA \tag{2-32}$$

P는 평면에 직각으로 작용하고, 작용선은 평면의 도심을 통과한다.

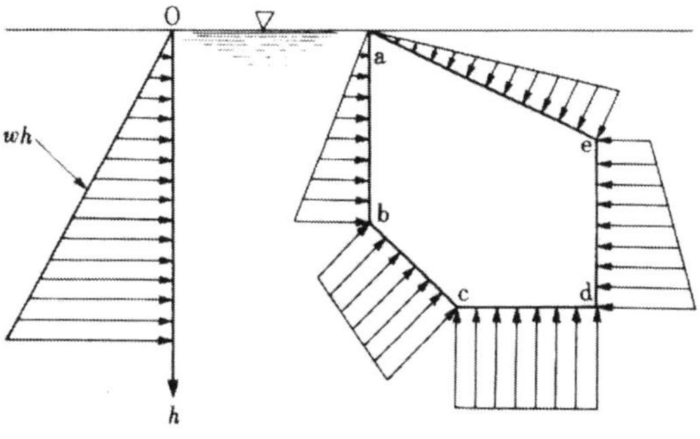

[그림 2-11] 정수압의 분포

2.6.2 연직평면에 작용하는 전수압

연직평면에 작용하는 수압분포가 삼각형 또는 사다리꼴이라고 하면 전면적 A에 작용하는 전수압은 **그림 2-12**를 참조하여 다음과 같이 구할 수 있다.

수면에서 깊이 h점에 있어서 수평으로 된 평면요소 dA에 작용하는 수압 dP는

$$dp = wh\,dA$$

이고, 면적 A에 작용하는 전 수압은 위 식을 전면적에 대하여 적분하면 된다. 즉

$$P = \int_A whdA = wh_G A \tag{2-33}$$

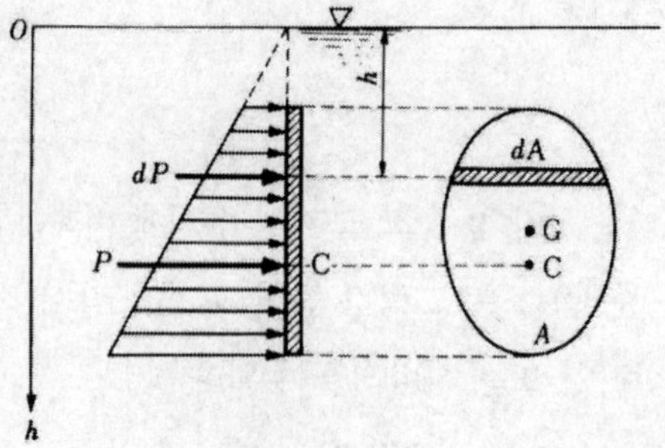

[그림 2-12]

여기서 $\int_A hdA$는 수면에 대한 평면 A의 단면 1차 모멘트이며, 이것은 평면 도심의 깊이 h_G에 A를 곱한 것과 같은 것이다.

전수압은 면에 수직으로 작용하고, 그 작용선은 압력의 중심 C를 통과 한다. C점까지의 깊이 h_c는 면에 작용하는 수압의 수면에 대한 모멘트의 평형조건에서 구할 수 있다. 즉, 전수압 P의 수면에 관한 모멘트 Ph_c는 dP의 수면에 관한 모멘트의 합과 같으므로

$$Ph_C = \int_A hdP = w\int_A h^2 dA = wI$$

여기서

$$I = \int_A h^2 dA$$

이며, 이것은 수면에 관한 단면 2차 모멘트이다. 평면의 도심 G를 통과하여 수면에 나란한 축에 대한 단면 2차 모멘트를 I_0 라고 하면, $I = I_0 + h_G^2 A$의 관계가 있으므로 위의 관계식은 식 (2-33)을 이용하면 다음과 같이 된다.

$$h_C = h_G + \frac{I_0}{h_G A} \tag{2-34}$$

위 식에서 수압의 중심은 평면의 도심 G 보다 $I_0 / h_G A$ 만큼 아래에 있다는 것을 알 수 있다. 몇 가지 도형에 대한 I_0의 값은 **표 2-1**과 같다.

한 예로서 높이 h, 폭 b의 직사각형평면이 **그림 2-13**과 같이 똑바로 세워져 있을 때의 전수압은 다음과 같다. 이 면에 작용하는 전수압은 식 (2-33)이고 $h_G = h/2$, $A = bh$이므로

$$P = wh_G A = w\frac{h}{2}bh = \frac{wb}{2}h^2 \tag{2-35}$$

이고, P의 작용점의 수심 h_C는 식 (2-34)에서 $h_G = h/2$, **표 2-1**에서 $I_0 = bh^3/12$

표 2-1 도형의 성질

도형	면적	하단에서 G까지의 높이	I_0
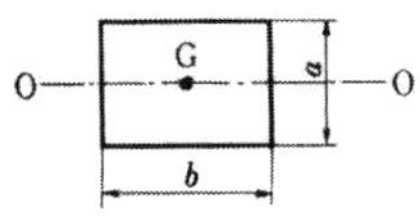	ab	$\frac{a}{2}$	$\frac{ba^3}{12}$
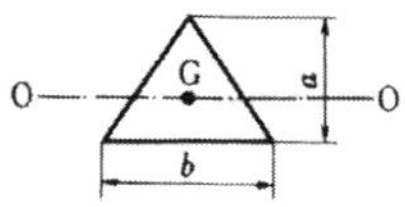	$\frac{ab}{2}$	$\frac{a}{3}$	$\frac{ba^3}{36}$
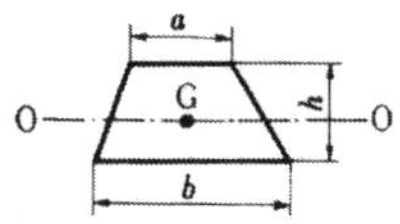	$\frac{h}{2}(a+b)$	$\frac{h}{3}\ \frac{(2a+b)}{(a+b)}$	$\frac{h^3}{36}\ \frac{a^2+4ab+b^2}{a+b}$
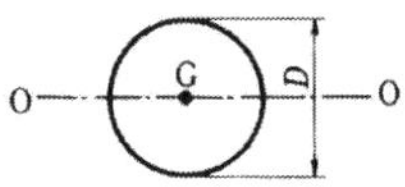	$\frac{\pi}{4}D^2$	$\frac{D}{2}$	$\frac{\pi D^4}{64}$
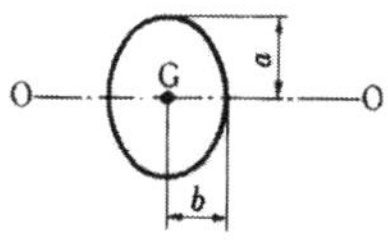	πab	a	$\frac{\pi ba^3}{4}$
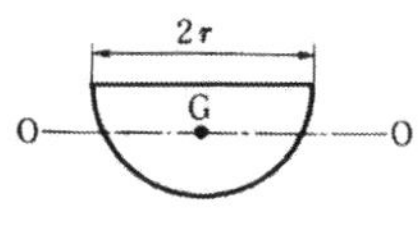	$\frac{\pi r^2}{2}$	$0.5756r$	$0.1098r^4$

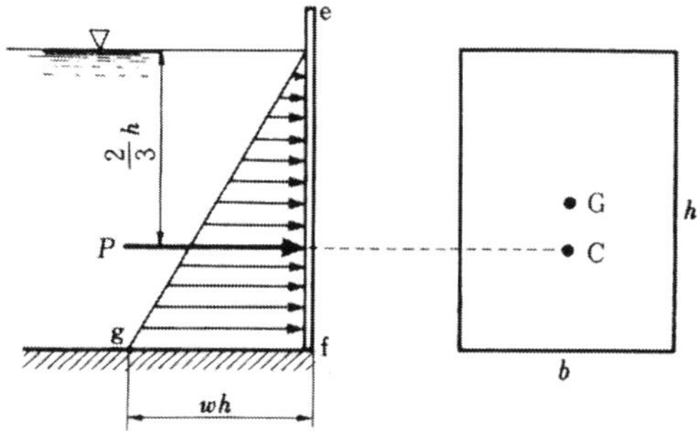

[그림 2-13]

$$hc = \frac{h}{2} + \frac{bh^3/12}{\frac{h}{2} \times bh} = \frac{2}{3}h \tag{2-36}$$

이상과 같이 똑바로 된 직사각형에 작용하는 전수압은 압력분포도 efg의 면적에 폭 b와 w를 곱한 것과 같다. 그리고 전수압의 작용점은 압력분포도 efg의 중심을 통과하게 된다.

계산예 2-7

그림과 같이 3 m의 수심에 2×2 m의 수문이 연직으로 설치되어 있다. 이 수문에 작용하는 전수압과 작용점을 계산하여라.

【해】 식 (2-33)에서

$$P = wh_G A = 1\ \text{t/m}^3 \times 4\ \text{m} \times 2\text{m} \times 2\text{m} = 16\ \text{ton}$$

표 2-1에 있어서 직사각형의 I_0는

$$I_0 = \frac{ba^3}{12} = \frac{2 \times 2^3}{12}$$

식 (2-34)에서

$$h_C = h_G + \frac{I_0}{h_G A} = 4 + \frac{\frac{16}{12}}{4 \times 2 \times 2} = 4.08\ \text{m}$$

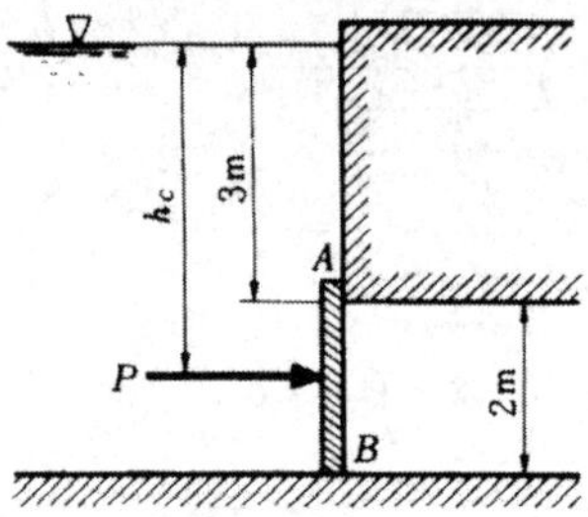

2.6.3 경사평면에 작용하는 전수압

그림 2-14와 같이 면적 A의 평면이 수면과 θ인 각을 이루고 정수중에 놓여 있을 때 평면의 한 쪽에 작용하는 정수압을 생각한다. 이 평면을 포함하는 면이 수면과 만나는 선을 y축, 이에 직각으로 수면에 x축, 그리고 y축에 직각으로 평면에 연한 축을 S라고 하면 S축과 연직축 z 사이에는 $z = S\sin\theta$의 관계가 있으므로 수압은 S축, 즉 평면 위에서 직선적으로 변화하게 된다.

지금 수면에서 z의 깊이에 있는 수평으로 분할된 미소단면적 dA에 작용하는 수압을 dP라고 하면, 식 (2-33)과 같이

$$dP = wzdA = wS\sin\theta\, dA$$

이며, 평면전체에 대한 전수압은

$$P = w\sin\theta \int_A SdA = w\sin\theta\, S_G\, A \tag{2-37}$$

여기서 S_G는 y축에서 평면의 도심까지의 거리이다. 도심의 수심을 h_G라고 하면 $S_G \sin\theta = h_G$이

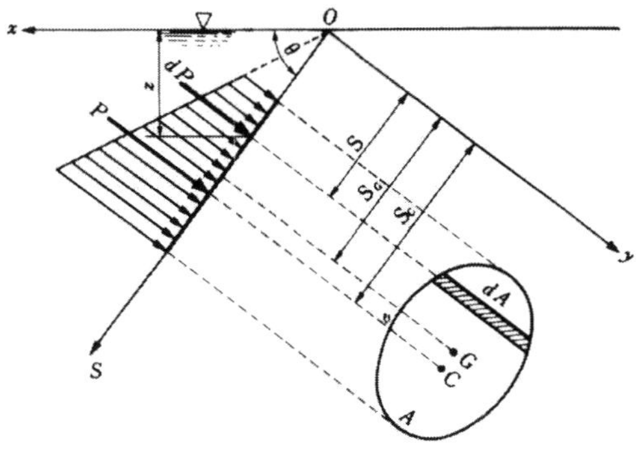

[그림 2-14] 경사면에 작용하는 정수압의 분포

므로 식 (2-37)은 다음과 같이 쓸 수 있다.

$$P = wh_G A \tag{2-38}$$

위 식은 연직평면에 대한 수압의 식 (2-33)과 같다. 이 관계에서 평면에 작용하는 전수압은 일반적으로 그 평면 도심의 수심과 면적에 의해서 결정되고 경사각에는 관계가 없다는 것을 알 수 있다.

다음에 전수압 P의 작용점은 y축에서의 거리를 S_C라고 하면 y축에 대한 모멘트를 생각하여

$$PS_C = \int_A SdP = \int_A wS \sin\theta \, dAS = w \sin\theta \int_A S^2 dA$$

위 식의 우변의 적분은 y축에 대한 평면의 단면 2차 모멘트이며,

$$I_y = \int_A S^2 dA$$

이다. 식 (2-34)를 구할 때와 같이 하여 평면의 도심을 통과하는 수평축에 대한 단면 2차 모멘트를 I_0 라고 하면

$$S_C = S_G + \frac{I_0}{S_G A} \tag{2-39}$$

이 식에서 y축으로부터 전수압이 작용하는 점까지의 거리를 구할 수 있다.

다음에 경사평면에 작용하는 전수압의 수평분력을 P_x라고 하면

$$P_x = P \sin\theta = wh_G A \sin\theta \tag{2-40}$$

이 식에 있어서 $A \sin\theta$는 평면을 연직면에 투영한 면의 면적이고, 이 평면 도심의 수심도 경사평면 도심의 수심과 같으므로 결국 P_x는 수평 방향의 투영면에 작용하는 전수압과 같다.

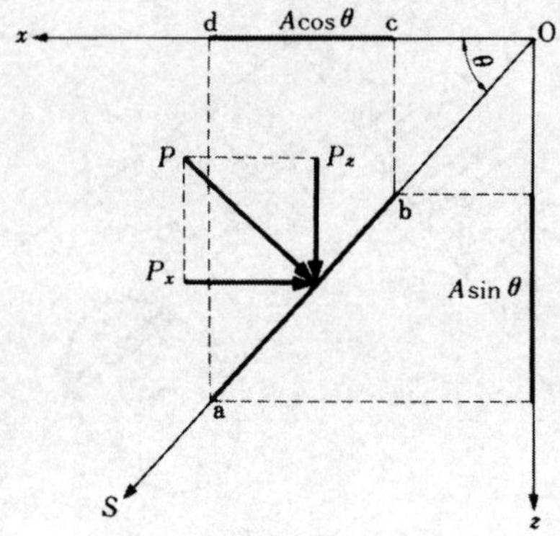

[그림 2-15]

P의 연직분력을 P_z라고 하면

$$P_z = P\cos\theta = wh_G A\cos\theta \tag{2-41}$$

이며, $A\cos\theta$는 이 평면을 연직방향으로 투영한 면적이다. 따라서 **그림 2-15**에서 보는 바와 같이 연직분력은 평면을 바닥으로 하는 수면까지의 연직수주 abcd의 무게와 같다. 연직분력의 작용선은 이 수주의 중심을 통하는 연직선이다.

계산예 2-8

그림과 같은 수문 AB 및 AC에 작용하는 폭 1 m당의 전수압과 그 작용선을 계산하여라. 여기서 AB = 5 m, AC = 6 m이다.

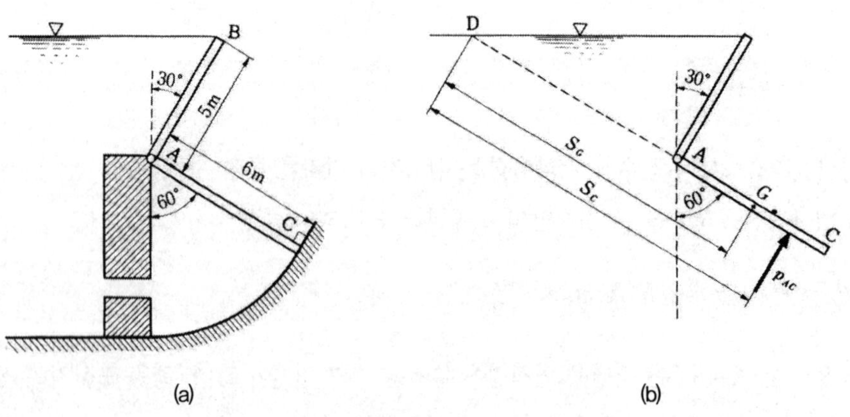

【해】 AB면에 작용하는 전수압은 식 (2-38)에서

$$P_{AB} = wh_G A = 1\times\frac{5}{2}\times\frac{\sqrt{3}}{2}\times 5\times 1 = 10.83\text{ t}$$

$$S_C = S_G + \frac{I_0}{S_G A} = 2.5 + \frac{1\times\frac{5^3}{12}}{2.5\times 5\times 1} = 3.33\text{ m}$$

AC면에 작용하는 전수압은

$$h_G = 5\cos 30^\circ + \frac{6}{2}\times\cos 60^\circ = 4.33 + 1.5 = 5.83\text{ m}$$

$$P_{AC} = wh_G A = 1\times 5.83\times 6\times 1 = 34.98\text{ ton}$$

$$S_G = \text{AD} + \frac{\text{AC}}{2} = \text{AB}\cot 30^\circ + \frac{\text{AC}}{2} = 5\times\sqrt{3} + 3 = 11.66\text{ m}$$

$$S_C = S_G + \frac{I_0}{S_G A} = 11.66 + \frac{\frac{1\times 6^3}{12}}{11.66\times 6\times 1} = 11.92\text{ m}$$

$$h_C = S_C\cos 60^\circ = 11.92\times\frac{1}{2} = 5.96\text{ m}$$

2.7 곡면에 작용하는 전수압

곡면에 작용하는 전수압은 곡면을 작은 면적 dA로 나누어서 구할 수 있다. **그림 2-16**과 같이 곡면 A를 매우 작은 부분으로 나누어서 각 부분을 평면이라고 생각하면 앞에서 설명한 평면에 작용하는 전수압을 구하는 방법을 응용할 수 있다.

미소면적 dA의 중심 위치를 x, y, z라고 하고 x, y, z 축 방향의 투영 면적을 각각 $(dA)_x$, $(dA)_y$, $(dA)_z$ 라고 하면 이 부분에 작용하는 수압의 성분은 다음과 같다.

$$dP_x = wz(dA)_x$$

$$dP_y = wz(dA)_y$$

$$dP_z = wz(dA)_z$$

곡면 A를 x, y, z 방향으로 투영한 면적을 각각 A_x, A_y, A_z라고 하면 이 곡면에 작용하는 전수압의 3 방향의 성분은 다음과 같다.

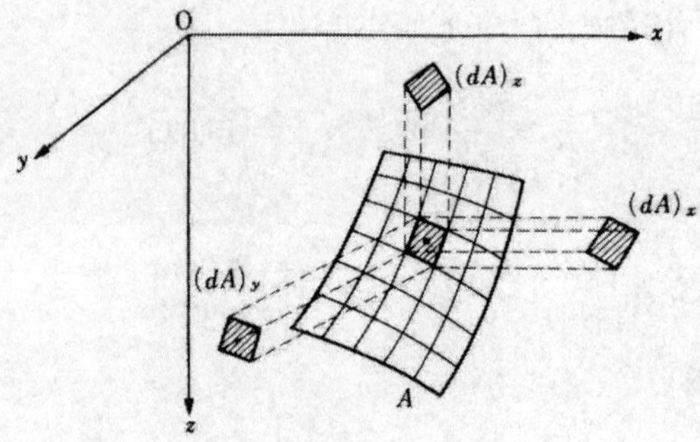

[그림 2-16] 곡면에 작용하는 정수압

$$P_x = \int_{Ax} wz(dA)_x = wA_x \times (A_x\text{의 도심의 수심})$$

$$P_y = \int_{Ay} wz(dA)_y = wA_y \times (A_y\text{의 도심의 수심})$$

$$P_z = \int_{Az} wz(dA)_z = (A\text{가 바닥이 되는 수면까지의 연직수주의 무게})$$

위의 관계식에서 곡면에 작용하는 수압을 구할 수 있으나 알기 쉽게 설명 하면 다음과 같다.

(1) 곡면에 작용하는 전수압의 연직분력은 그 곡면 바닥이 되는 수면까지의 연직수주의 무게와 같고, 그 작용선은 수주의 중심을 통하는 연직선이다.

(2) 곡면에 작용하는 전수압의 수평분력은 그 곡면의 수평투영면에 작용하는 수압과 같고 그 작용선도 이 경우와 같다.

(3) 곡선의 투영면 일부분이 중복되는 경우는 중복된 부분만을 별도로 계산하여 그 작용 방향에 따라서 차를 취한다. 즉 연직분력을 구할 때 연직투영면이 중복될 때는 **그림 2-17** (a)와 같이 외주 ab가 바닥이 되는 연직수주 abfd의 무게에서 중복된 부분 cb가 바닥이 되는 연직

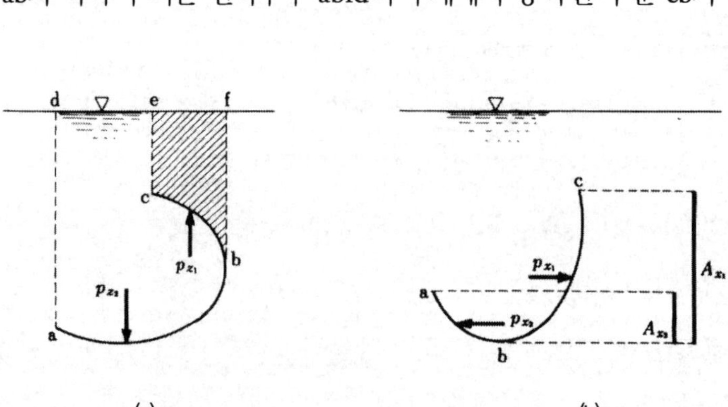

[그림 2-17]

수주 ecbf의 무게를 뺀 것이 곡면 abc의 안쪽에 작용하는 전수압의 연직분력이다. 수평분력의 경우는 **그림 2-17** (b)와 같이 bc면에 작용하는 수평분력 P_{x1}에서 중복된 부분 ab면에 작용하는 수평분력 P_{x2}를 뺀 것이 곡면 abc면에 작용하는 전수압의 수평분력이다.

계산예 2-9

그림과 같은 tainter gate에 작용하는 전수압과 그 작용점을 계산하여라. 단, O점은 수면과 같고 수문의 폭은 6 m라고 한다.

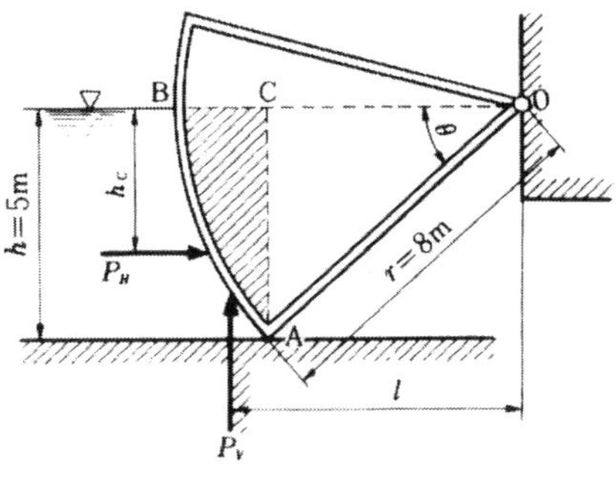

【해】 $\theta = \sin^{-1}\dfrac{5}{8} = 38°41'$

$$BC = 8 - \sqrt{8^2 - 5^2} = 1.76 \text{ m}$$

$$OC = 6.24 \text{ m}$$

수평분력 P_H는 이 수문의 수평투영면적을 A_H라고 하면

$$P_H = wh_G A_H = 1 \times \frac{5}{2} \times 5 \times 6 = 75 \text{ ton}$$

$$h_C = \frac{2}{3}h = \frac{2}{3} \times 5 = 3.33 \text{ m}$$

연직분력은 그림의 연직부분에서 물의 무게와 같으므로

부채꼴 AOB의 면적 $= \dfrac{38°41'}{360°} \times 3.14 \times 8^2 = 21.61 \text{ m}^2$

ΔAOC의 면적 $= 6.24 \times 5 \times \dfrac{1}{2} = 15.60 \text{ m}^2$

수문의 폭을 b라고 하면

$$P_V = wb(\Delta\text{AOB의 면적} - \Delta\text{AOC의 면적}) = 1 \times 6 \times (21.16 - 15.60) = 33.36 \text{ ton}$$

전수압 P는 곡면 AB에 직각으로 작용하므로 P의 작용선은 중심 O를 통과한다. 따라서 P_H와

P_V의 O점에 대한 모멘트는 0이므로 O점에서 P_V의 작용선까지의 거리를 l 이라고 하면

$$P_V l - P_H hc = 0$$

$$\therefore l = \frac{1}{P_V} \times P_H h_C = \frac{1}{33.36} \times 75 \times 3.33 = 7.49 \text{ m}$$

합력은 $P = \sqrt{P_H^2 + P_V^2} = \sqrt{75^2 + 33.36} = 82.08$ ton

계산예 2-10

지름 D =90 cm의 원관 속의 압력수두를 h = 100 m, 강관의 허용인장응력을 σ_{at} = 1100 kg/cm² 라고 하면 이 수압에 견딜 수 있는 관의 두께를 얼마로 하여야 하는가?

【해】 관의 길이를 l 이라고 하면 관에 작용하는 수압의 x 방향의 성분은 $2rlp$ 이고, 이것은 관벽의 인장력 T 의 2배와 같다.

$$2T = 2rlp$$

관벽의 두께를 t, 관벽의 허용인장응력을 σ_{at} 라고 하면

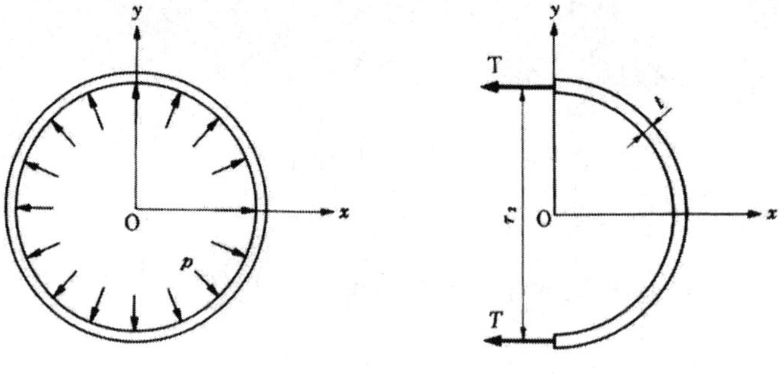

$$T = tl\sigma_{at}$$

$$\therefore tl\sigma_{at} = rlp$$

$$t = \frac{rp}{\sigma_{at}}$$

여기서, $p = wh = 1000 \text{ kg/m}^3 \times 100 \text{ m} = 10^5 \text{ kg/m}^2$

$$\sigma_{at} = 1100 \text{ kg/m}^2 = 1100 \times 100^2 = 11 \times 10^6 \text{ kg/m}^2$$

$$\therefore t = \frac{0.45 \times 10^5}{11 \times 10} = 0.0041 \text{ m} = 0.41 \text{ cm}$$

2.8 부력과 부체의 안정

2.8.1 부력

물속에 잠겨 있는 물체는 그 표면 전체에 정수압을 받는다. 물체표면에 작용하는 수압의 수평분력은 어떤 방향을 생각하더라도 물체의 수평투영면 앞뒤에서 작용하는 수압이 같으므로 전표면에 작용하는 수평분력의 합은 0이다. 그러므로 물체표면에 작용하는 정수압은 연직분력만을 생각하면 된다.

그림 2-18과 같은 물속의 물체에 있어서 물체에 외접하는 연직수주의 표면이 물체와 만나는 곡선을 MLNJ라고 하면 이 곡선의 아래 부분의 물체표면 A_1에 작용하는 수압의 연직분력을 P_1이라고 하면

$$P_1 = w \times (A_1\text{이 바닥이 되는 수면까지의 연직수주의 체적})$$

같은 방법으로 MLNJ의 윗부분의 곡면 A_2에 작용하는 수압의 연직분력 P_2는

$$P_2 = w \times (A_2\text{가 바닥이 되는 수면까지의 연직수주의 체적})$$

여기서 P_1은 위쪽으로 작용하고, P_2는 아래쪽으로 작용하므로 결국 물체의 전표면에 작용하는 수압의 연직분력 B는

$$B = P_1 - P_2 = w \times (\text{물체의 체적})$$

이다. 그림 (b)와 같이 물체의 일부분만 물속에 잠겨 있는 경우는 수중부분에 대해서 위에서 설명한 관계를 적용하면 된다.

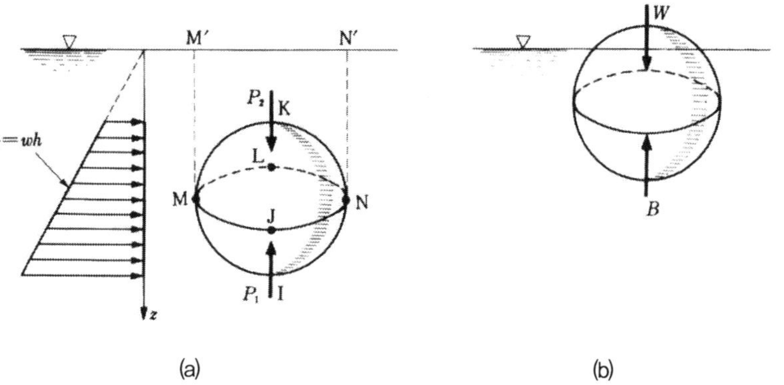

[그림 2-18] 물체에 작용하는 부력의 설명도

즉, 일반적으로 물속에 잠겨 있는 부분 물체의 체적을 $\bar{V}$라고 하면

$$B = w\bar{V} \tag{2-42}$$

물속에 잠겨 있는 물체 또는 물에 떠 있는 물체에 작용하는 전수압의 연직분력은 물에 잠겨 있는 부분의 물체와 같은 부피의 물의 무게와 같고, 그 작용선은 물체의 물속 부분의 중심을 통하고 위쪽으로 작용한다. 그러므로 물속에 잠겨 있는 물체 또는 떠 있는 물체는 B만큼 가벼워진다. 이 것을 아르키메데스(Archimedes)의 원리라고 한다.

물체표면에 작용하는 전수압의 연직분력 B를 부력(buoyant force)이라고 하고, 물에 잠겨 있는 부분의 체적 $\bar{V}$를 배수용량, 부력의 작용점을 부심(center of buoyant force)이라고 한다.

물에 물체가 떠 있을 때 물체에 작용하는 힘은 물체의 무게와 부력의 두 가지가 있다. 이들의 힘의 크기는 같고 작용선은 동일연직선 위에 있고 작용방향은 반대이다. 물체의 무게를 W라고 하면 부체의 평형조건은 다음과 같다.

$$W = B \tag{2-43}$$

이와 같은 평형조건은 물체와 유체의 성질에는 관계 없이 항상 성립된다.

2.8.2 부체의 안정

정지수면에 떠 있는 부체가 그 평형상태에서 작은 각 θ만큼 기울이면 부체의 중심은 변하지 않으나 부심은 물체의 물속 부분 형상에 따라 이동한다. 부심이 이동하여 부체의 무게 W의 작용선으로부터 벗어나면 W와 B는 우력을 형성한다.

그림 2-19의 (a), (b)와 같이 평형상태에서 작은 각 θ만큼 기울이면 부체를 처음의 평형 상태의 위치로 회복시키려는 우력과 부체를 기울어지는 방향으로 기울이게 하는 우력이 작용하게 된다. 부체를 처음의 위치로 회복시키려는 우력이 작용할 때 그 부체를 안정이라고 하고 이때의 우력을 복원력이라고 한다. 반대로 부체를 더욱 기울어지게 하는 우력이 작용할 때를 그 부체는 불안정이라고 한다.

부체가 정지평형상태로 떠 있을 때의 부심을 C, 기울어진 후의 부심을 C′, 부체의 중심을 G라고 하면 C′를 통과하는 연직선, 즉 기울어진 후의 부력의 작용선이 CG 또는 그 연장선과 만나는 점 M이 G보다 위에 있을 때 부체는 안정이고, M이 G보다 아래에 있을 때는 불안정이 된다. 이 M점을 부체의 경심(metacenter), G에서 M까지의 거리를 경심고(metacentric height)라고 한다.

그림 2-19 (d)와 같이 구 또는 원주가 수면에 떠 있을 때는 연직축 z로부터 θ만큼 기울어지더라도 물속 부분의 형태에 아무 변화도 없으며 부심의 위치는 변하지 않으므로 W와 B의 작용선은 항

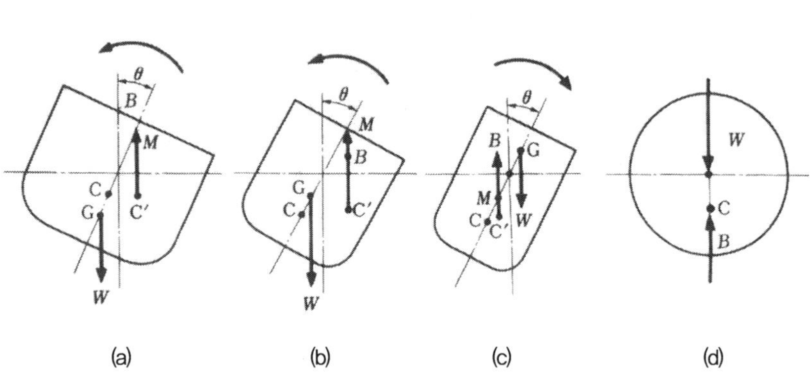

[그림 2-19] 부체의 안정조건

상 동일연직선 위에 있다. 이와 같은 경우는 항상 안정이 되며, 부체는 중립(neutral)이라고 한다.

다음에는 **그림 2-20**과 같은 대칭형의 부체가 작은 각 θ만큼 기울어졌을 때의 안정문제를 생각해 보기로 한다, 처음에 수면이 AOB에 있었던 것이 기울어진 후의 수면이 A′OB′, 그리고 부심은 C에서 C′로 이동한 것이라고 하면 움직인 후의 부심 C′는 새로이 물속에 잠긴 부분 A′DB′의 중심이 된다.

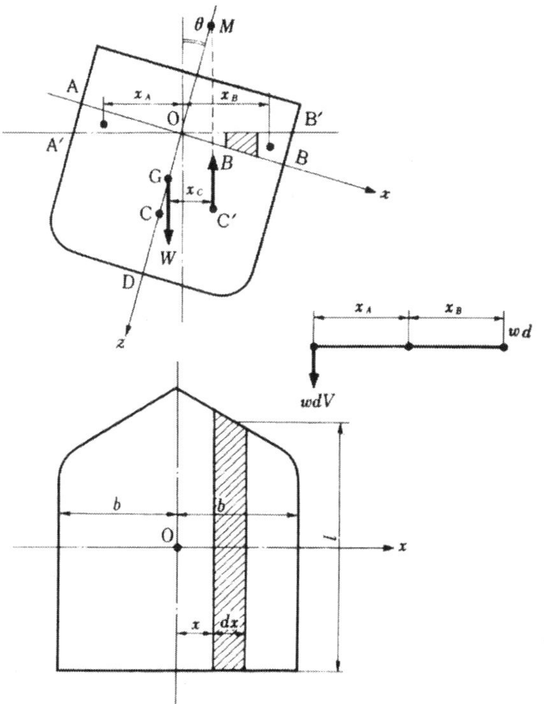

[그림 2-20]

지금 부체는 y축을 중심으로 기울어졌다고 하면 새로이 물속에 잠긴 부분 B′OB와 물속에서 나온 부분 AOA′의 체적은 같다. 이 체적을 dV라고 하면 AOA′ 부분은 wdV 만큼 부력이 감소되고, BOB′ 부분은 wdV 만큼 부력이 증가된다. 따라서 AOA′ 부분은 y축에 대해서 $wdVx_A$ 만큼 모멘트가 감소하고, BOB′ 부분은 $wdVx_B$ 만큼 모멘트가 증가한다. 이때문에 B와 W에 의한 우력이 $B \cdot x_C$ 만큼 증가한 것이다. 즉

$$Bx_C = wdVx_A + wd\,Vx_B$$

여기서 x_A 와 x_B는 각각 y축에서 AOA′ 및 BOB′ 부분의 중심까지의 거리이고, x_C는 B와 W 사이의 거리이다. $B = wV$ 이므로

$$Vx_C = dVx_A + dVx_B$$

여기서

$$dVx_A = \int_{-b}^{0} x \tan\theta lxdx$$

$$dVx_B = \int_{0}^{+b} x \tan\theta lxdx$$

그리고

$$d\,Vx_A + d\,Vx_B = \tan\theta \int_{-b}^{b} lx^2dx$$

$$\theta \fallingdotseq \tan\theta$$

라고 하면

$$V\,x_C = \theta \int_{-b}^{b} lx^2dx = \theta\, I_y \qquad (2-44)$$

위 식에서 I_y는 y축에 대한 수면이 부체를 끊는 면의 단면 2차 모멘트이고, x_C는 우력의 팔의 길이이며, 근사적으로 CC′와 같다고 하면 θ가 작은 경우에 대해서

$$x_C = \overline{CC'} = \overline{CM}\sin\theta \fallingdotseq \overline{CM}\,\theta$$

$$\overline{CM} = \overline{CG} + \overline{GM}$$

그리고

$$\overline{CG} = a, \quad \overline{GM} = h$$

라고 놓으면 식 (2−44)는 다음과 같이 된다,

$$V = (a + h)\,\theta = \theta\, I_y$$

$$\therefore\ h = \frac{I_y}{V} - a \tag{2−45}$$

이 식에 있어서 M이 G보다 위에 있으면 부체는 안정이 되므로 부체가 안정이 되는 조건은 다음과 같다.

$$\frac{I_y}{V} > a \tag{2−46}$$

$h = 0$인 경우는 M과 G가 일치하므로 부체는 중립이다.

일반적으로 경심고 h가 클수록 부체의 안정성은 크게 되므로 식 (2−45)에서 보는 바와 같이 단면 2차 모멘트가 큰 축을 중심으로 기울어지는 경우가 안정성이 크다.

계산예 2-11

한 변의 길이가 b인 정사각형단면의 각주가 물에 떠 있다. 각주의 비중을 γ, 각주의 길이 l은 b 보다 길다고 할 때 각주의 안정을 논하여라.

【해】 각 주의 중심을 G, 부심을 C라고 하면 각주의 무게는

$$W = w\gamma b^2 l$$

이고 부력은

$$B = wbdl$$

그리고 $\mathrm{CG} = a = \frac{b}{2} - \frac{d}{2} = \frac{1}{2}(b-d)$이다. $W = B$에서

$$w\gamma b^2 l = wbdl$$

$$\gamma b^2 = bd \qquad \therefore\ d = \gamma b$$

배수용적은

$$V = dbl = \gamma b^2 l$$

그리고 $I_y = \frac{lb^3}{12}$

식 (2−46)에서 보는 바와 같이 $\frac{I_y}{V} > a$이면 이 부체는 안정이다.

즉 $\frac{I_y}{V} - a > 0$

$$\frac{I_y}{V} - a = \frac{lb^3/12}{\gamma b^2 l} - \frac{1}{2}(b-d) = \frac{lb^2}{2}\left(\frac{b}{6\gamma} - \frac{b}{2} + \frac{d}{2}\right) > 0$$

$$\frac{b}{12\gamma} - \frac{b}{2} + \frac{\gamma b}{2} = 1 - 6\gamma + 6\gamma^2 > 0$$

$$\therefore \gamma^2 - \gamma + \frac{1}{6} > 0$$

$$\left(\gamma - \frac{3+\sqrt{3}}{6}\right)\left(\gamma - \frac{3-\sqrt{3}}{6}\right) > 0$$

$$\therefore \gamma > \frac{3+\sqrt{3}}{6} = 0.79$$

$$\gamma < \frac{3-\sqrt{3}}{6} = 0.21$$

각주가 물에 뜨는 경우는 $0 < \gamma < 1$을 만족해야 하므로

$1 > \gamma > 0.79$ 및 $0 < \gamma < 0.2$ .... 안정

$0.21 < \gamma < 0.79$ .... 불안정

계산예 2-12

그림과 같은 콘크리트 함이 물에 떠 있을 때의 안정을 논하여라. 단, 콘크리트의 비중은 2.5라고 한다.

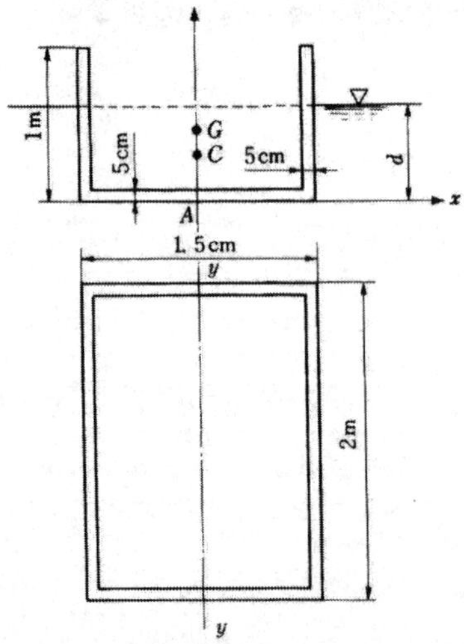

【해】 콘크리트의 체적을 $\bar{V}_C$, 콘크리트의 단위중량을 w_C, 그리고 함의 무게를 W라고 하면

$$\bar{V}_C = (200\times100\times5)\times2+(140\times100\times5)\times2+(190\times140\times5) = 473000\ \text{cm}^3$$

$$\boldsymbol{W = \bar{V}_C w_C = 473000 \times 2.5}\ \text{gr/cm}^3 = 1182500\ \text{gr} = 1182.5\ \text{kg}$$

흘수(draft)를 d라고 하면

$$d = \frac{1182500}{200 \times 150 \times 1} = 39.42 \text{ cm}$$

함의 바닥에서 중심까지의 높이를 AG라고 하고, x축에 대한 함의 체적모멘트를 Gx라고 하면

$$AG = \frac{Gx}{V_C} = \frac{1}{473000} \{2\times(200\times100\times5\times50) + 2(150\times100\times5\times50)$$

$$+ (190\times140\times5\times2.5)\} = 39.65 \text{ cm}$$

바닥에서 부심까지의 높이는

$$AC = \frac{1}{2}d = \frac{1}{2} \times 39.42 = 19.71 \text{ cm}$$

경심고 MG는 식 (2-45)에서

$$h = \frac{I_y}{V} - a = \frac{I_y}{V} - CG = \frac{\frac{200\times150^3}{12}}{200\times150\times39.42} - (39.65 - 19.71) = 27.88 \text{ cm} > 0$$

따라서 안정이다.

2.9 상대정지문제

2.9.1 D'Alembert의 원리

Newton의 운동에 관한 제2법칙에 의하면 질량 m의 물체에 작용하는 힘 F는 이 힘에 의해서 생기는 가속도와 질량을 곱한 값과 같다. 즉 가속도를 α 또는 속도의 시간에 대한 변화율을 dv/dt라고 하면

$$F = m\alpha = m\frac{dv}{dt} \tag{2-47}$$

위 식에 있어서 $m\dfrac{dv}{dt}$를 관성력이라고 한다.

식 (2-47)을

$$F - m\frac{dv}{dt} = 0 \tag{2-48}$$

과 같이 쓰면 실제로 작용하는 힘 F에 관성력 (–) $m\dfrac{dv}{dt}$를 가하면 이 력계는 $\Sigma F = 0$, 즉 평형상태가 된다. 이것을 D'Alembert의 원리라고 한다. 관성력은 실제에 작용하는 힘은 아니고, 운동하는 역계를 정지상태의 조건으로 취급하기 위하여 작용시켜야 할 힘이다. 즉 동역학적인 문제를 정역학적으로 취급하기 위한 것이다.

한 예로서 어떤 물체가 힘 F의 작용을 받고 관성력 $m\frac{dv}{dt}$로서 움직이는 경우를 생각할 때 이 물체를 정지상태에 두고 움직일 때와 동일한 조건으로 하려면 반대 방향으로 관성력과 동일한 힘을 작용시키면 된다는 것을 의미하는 것이다.

2.9.2 수평가속도를 받는 액체

액체가 중력가속도를 받는 동시에 중력 이 외의 가속도 α를 받는 경우를 생각한다. 지금 연직방향으로 중력의 가속도 g를 받고, 수평방향으로 α를 받는다고 생각하면 질량력은 g와 α에서 구할 수 있다. 한 예로서 물이 들어 있는 용기를 **그림 2-21**과 같이 x 방향으로 가속도 α로서 움직이는 경우를 생각하면, 용기 속의 물은 단위질량에 대해서 g와 α의 두 개의 힘을 받게 된다.

이와 같은 문제를 정역학적으로 취급하려면 D'Alembert의 원리에 의하여 같은 크기의 관성력을 반대 방향으로 작용시키면 된다. 따라서 용기 속의 물은 연직방향으로 단위질량에 대해서 중력의 가속도가 작용하고, 수평방향으로는 $(-)\alpha$의 가속도가 작용한다고 생각하면 정역학적으로 취급할 수 있고 식 (2–11) 또는 식 (2–12)를 적용할 수 있다. x와 y 방향에 대해서 생각하면 $X=-\alpha$, $Y=0$, $Z=-g$이므로 이 경우의 등압면은 식 (2–12)에서 다음과 같이 된다.

$$-\alpha dx - g dz = 0$$

$$\therefore \ \frac{dz}{dx} = -\frac{\alpha}{g} \tag{2–49}$$

따라서 등압면의 경사는 식 (2–49)로 표시되고 경사각 θ는

$$\theta = \tan^{-1}\frac{\alpha}{g} \tag{2–50}$$

이다.

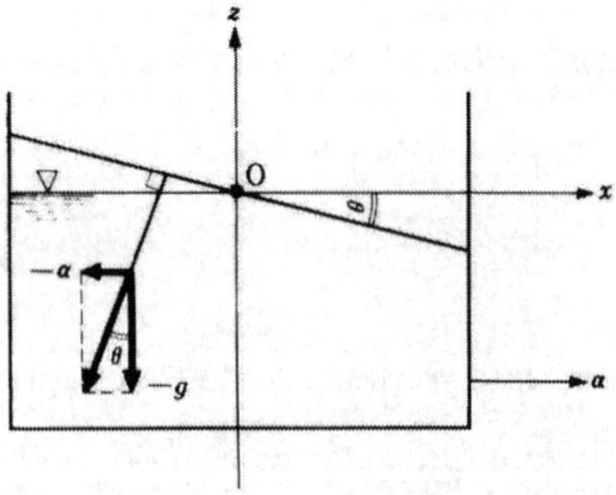

[그림 2–21] 수평가속도를 받는 액체

등압면은 식 (2–49)를 적분하면 구할 수 있다. 즉

$$z = -\frac{\alpha}{g}x + C \tag{2–51}$$

이고 경사각 θ 인 직선이 된다.

다음에 이 경우의 시력선을 구하면 다음과 같다. 식 (2–16)에 있어서 이 경우의 질량력은 $X = -\alpha$, $Y = 0$, $Z = -g$이므로 시력선의 미분방정식은

$$-\frac{dx}{\alpha} = -\frac{dz}{g} \tag{2–52}$$

이 식을 적분하면 시력선의 식을 구할 수 있다.

$$gx = \alpha z + C$$

$$\therefore\ z = \frac{g}{\alpha}x + C \tag{2–53}$$

이 경우의 등압선과 시력선은 C가 주어지면 결정되고, **그림 2–22**와 같은 직교선군이 된다.

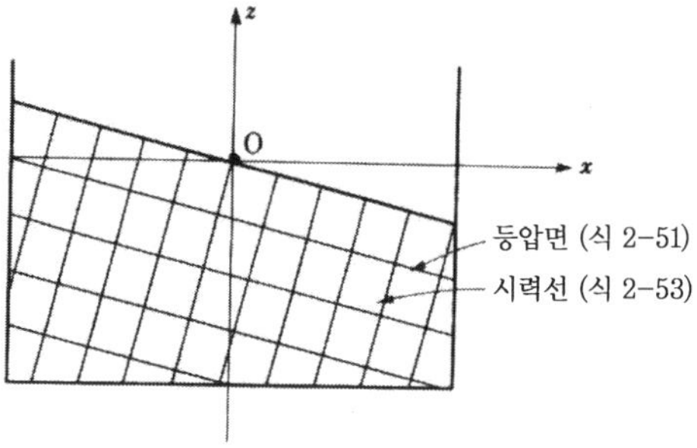

[그림 2–22] 등압면과 시력선

계산예 2–13

높이 2 m, 길이 4 m, 폭 3 m의 직사각형수조에 수심 1 m까지 물을 넣어서 수평방향으로 가속도를 가할 때 물이 넘치지 않을 때의 가속도를 구하여라.

【해】 물이 넘치지 않으려면 수면이 뒷면 끝단과 일치하면 된다. 따라서 수평에 대한 수면의 경사각 θ는

$$\tan\theta = \frac{\alpha}{g}$$

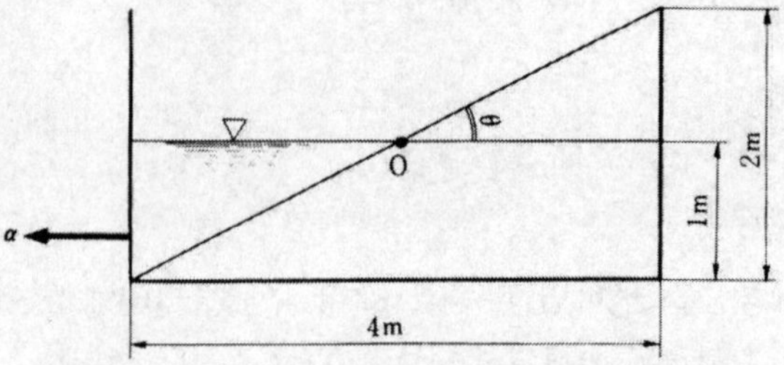

이며, 결국 $\dfrac{\alpha}{g} = \dfrac{1}{2}$ 이다.

$$\therefore \alpha = \frac{1}{2}g = \frac{1}{2} \times 9.8 = 4.9 \text{ m/sec}^2$$

2.9.3 연직가속도를 받는 액체

물이 들어 있는 용기가 가속도 α로서 연직하향으로 낙하하는 경우를 생각한다. 이와 같은 움직이는 용기를 정역학적으로 취급하기 위하여 이 용기를 정지해 놓고 연직상향으로 단위질량에 α의 관성력을 작용시키면 된다. **그림 2-23**을 참조하면

$$X = Y = 0, \quad Z = -(g + \alpha)$$

따라서 용기 속의 물에 작용하는 압력은 식 (2-11)에서

$$dp = \rho(\alpha - g)dz$$

$z = 0$에 있어서 $p = 0$이라고 하여 적분하면

$$p = \rho(\alpha - g)z = \rho g z\left(\frac{\alpha}{g} - 1\right) \tag{2-54}$$

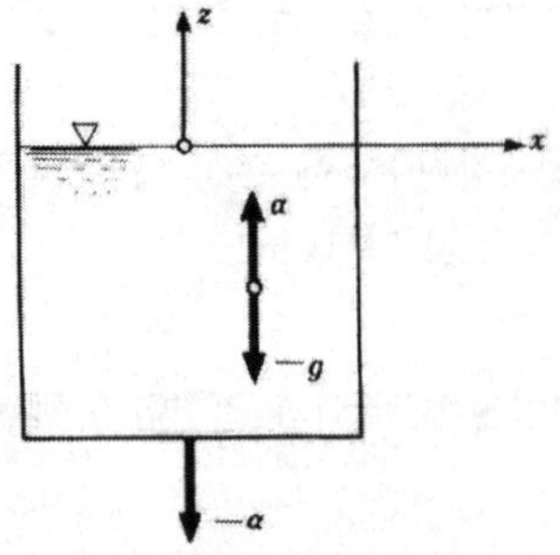

[그림 2-23] 연직가속도를 받는 액체

수면으로부터 깊이 h점의 수압을 $z=-h$를 위 식에 대입하여 구할 수 있다. 즉

$$p=\rho gh\left(1-\frac{\alpha}{g}\right) \tag{2-55}$$

와 같이 되고 물속의 압력은 $\rho gh\frac{\alpha}{g}$만큼 정수압보다 작아진다. 만일 $\alpha=g$인 경우는 물의 압력은 0이다.

용기를 연직상향으로 움직이는 경우는 $X=Y=0,\ Z=-(g+\alpha)$이므로

$$p=-\rho(g+\alpha)z=-\rho g\left(1+\frac{\alpha}{g}\right)z$$

수심 h점의 압력은

$$p=\rho gh\left(1+\frac{\alpha}{g}\right) \tag{2-56}$$

따라서 이 경우의 물속의 압력은 $\rho gh\frac{\alpha}{g}$ 만큼 정수압보다 크게 되고, 만일 $\alpha=g$인 경우는 물속의 압력은 정수압의 2배가 된다.

2.9.4 회전원통내의 액체

물이 들어 있는 원통이 원통축을 중심으로 일정한 각속도 ω로서 회전시키면 물과 원통 사이의 마찰 때문에 결국은 물도 같은 각속도로서 회전하게 된다. 이 경우 물에 작용하는 힘은 **그림 2-24**와 같이 중력과 회전운동에 의한 원심력이다.

좌표를 그림과 같이 취하면 중심축에서 x 및 z점에 있는 물의 접선속도는 $x\omega$, $y\omega$이고, 원심가속도는 각각 $x\omega^2$, $y\omega^2$이므로 $X=x\omega^2$, $Y=y\omega^2$, $Z=-g$이다. 이 관계를 식 (2-11)에 대입하면

$$dp=\rho(\omega^2xdx+\omega^2ydy-gdz)$$

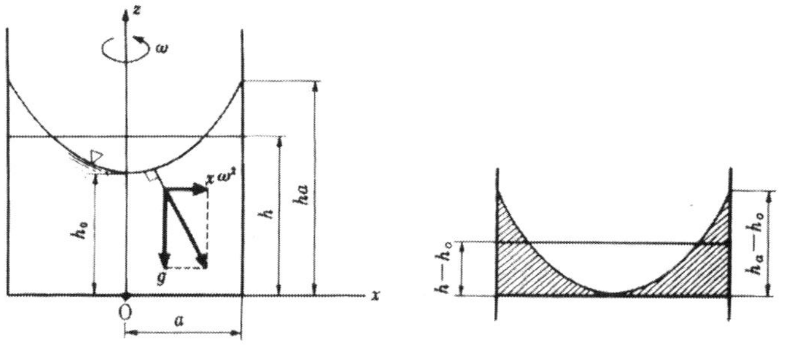

[그림 2-24] 원심가속도를 받는 액체

이 식을 적분하면

$$p = \rho\left(\frac{\omega^2}{2}x^2 + \frac{\omega^2}{2}y^2 - gz\right) + C \tag{2-57}$$

$x = 0,\ y = 0,\ z = h_0$ 점의 압력을 p_0 라고 하면

$$p_0 = -\rho g h_0 + C$$

$$\therefore\ C = p_0 + \rho g h_0 \tag{2-58}$$

다음에는 $z = h_0$ 점의 압력 p_0 을 대기압이라고 하면 $p_0 = 0$ 이고 이것을 식 (2-58)에 대입하고 C 를 식 (2-57)에 대입하면

$$p = \rho\left(\frac{\omega^2}{2}x^2 + \frac{\omega^2}{2}y^2 - gz\right) + \rho g h_0 = \rho\frac{\omega^2}{2}(x^2 + y^2) - \rho g(z - h_0)$$

$x^2 + y^2 = r^2$ 이라고 하면 z 점의 압력은 다음과 같다.

$$\frac{p}{\rho g} = \frac{\omega^2}{2g}r^2 - (z - h_0) \tag{2-59}$$

다음에 이 경우의 등압면 즉 $dp = 0$ 의 면은 식 (2-12)에서

$$\omega^2 x dx + \omega^2 y dy - g dz = 0$$

이것을 적분하면

$$\frac{\omega^2}{2}(x^2 + y^2) - gz - C = 0$$

$$\frac{\omega^2}{2}r^2 - gz - C = 0$$

$$z = \frac{\omega^2}{2g}r^2 + C \tag{2-60}$$

이 식이 등압면의 식이며 회전포물면이다. 적분상수 C 에 따라서 등압면을 그릴 수 있다. 만일 $r = 0$ 점에 있어서 $z = h_0$ 라고 하면

$$z = \frac{\omega^2}{2g}r^2 + h_0 \tag{2-61}$$

식 (2-60)이 **그림 2-23**의 수면을 표시하는 식이며, 역시 회전포물면이다. 이 수면의 수평에 대한 경사는 식 (2-61)에서 구할 수 있다.

$$\frac{dz}{dr} = \frac{\omega^2}{g}r \tag{2-62}$$

수면경사는 중심에 있어서 수평이고, r의 증가에 따라서 크게 된다는 것을 알 수 있다. 수면의 수평면에 대한 각은

$$\theta = \tan^{-1} \frac{\omega^2}{g} r \tag{2-63}$$

이다.

다음에는 원통의 반지름을 a, 정수시의 수심을 h, 회전할 때의 중심축과 외주의 수심을 각각 h_0, h_a라고 하면, **그림 2-22**의 사선부분의 체적은 높이 $(h-h_0)$의 원통의 체적과 같으므로 (h_a-h_0)와 $(h-h_0)$의 관계는 다음과 같다.

그림의 사선부분 체적을 $\bar{V}_1$이라고 하면 식 (2-61)에서

$$\bar{V}_1 = \int_0^a z\,2\pi r dr = \int_0^a 2\,\pi\,\frac{\omega^2}{2g}\,r^3 dr = \frac{\pi\omega^2}{4g}\,a^4$$

그리고 $(h - h_0)$부분의 체적을 $\bar{V}_2$라고 하면

$$\bar{V}_2 = \pi a^2 (h - h_0)$$

이들이 같다고 놓으면

$$\frac{\pi w^2}{4g}\,a^4 = \pi a^2 (h - h_0)$$

$$\therefore\ h - h_0 = \frac{\omega^2 a^2}{4g} \tag{2-64}$$

수심 h의 정수면은 그림의 사선부분 체적을 2등분하므로 $(h_a-h_0) = 2(h-h_0)$이며

$$h_a - h_0 = \frac{\omega^2}{2g}\,a^2 \tag{2-65}$$

식 (2-64)과 식 (2-65)에서

$$(h - h_0) = \frac{1}{2}\,(h_a - h_0) \tag{2-66}$$

식 (2-65)에서 보는 바와 같이 정수시의 수면은 높이 $(h_a - h_0)$의 원통의 체적을 2등분하게 되므로 다음 식이 성립된다.

$$\frac{1}{2}\,\pi a^2 (h_a - h_0) = \pi a^2 (h - h_0)$$

$$\therefore\ h_0 = 2h - h_a \tag{2-67}$$

식 (2-65)와 식 (2-67)에서 h_0와 h_a는 다음과 같다.

$$h_0 = \frac{1}{2}\left(2h - \frac{\omega^2}{2g}a^2\right) \tag{2-68}$$

$$h_a = \frac{1}{2}\left(2h + \frac{\omega^2}{2g}a^2\right) \tag{2-69}$$

다음에 이 경우의 시력선을 구하기로 한다. 식 (2-16)에 있어서 이 경우의 질량력은 각각 $X = x\omega^2$, $Y = y\omega^2$, $Z = -g$이므로

$$\frac{dx}{x\omega^2} = \frac{dy}{y\omega^2} = \frac{-dz}{g}$$

지금 x, z 면상의 시력선을 구하면

$$\frac{dx}{x\omega^2} = -\frac{dz}{g}$$

이 식을 적분하면

$$\log_e x = -\frac{\omega^2}{g}z + C$$

$$\therefore\ x = e^{-\frac{\omega^2}{g}z + c} \tag{2-70}$$

식 (2-70)는 x, z 면에 있어서 지수곡선이 된다. 시력선은 등압면과 직교하므로 **그림 2-25**와 같은 곡선군이 된다.

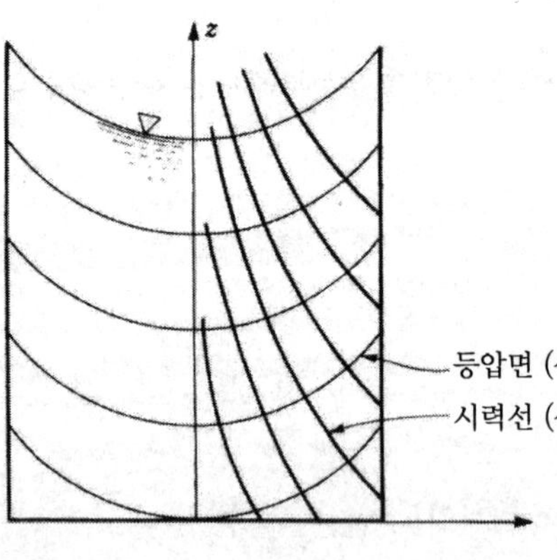

[그림 2-25] 등압면과 시력선의 관계

계산예 2-14

반지름 20 cm, 높이 80 cm의 원통에 60 cm까지 물을 넣어서 그 중심축 주위로 회전시킬 때 물이 넘치지 않을 범위 내에서의 최대각속도는 얼마인가? 또 이때의 전측면압력과 전저면압력을 계산하고 정지상태의 수압과 비교하여라.

【해】 그림을 참조하여

$$h_a - h = 20 \text{ cm}$$

$$H = h_a - h_0 = \frac{\omega^2 a^2}{2g} = 40 \text{ cm}$$

$$\omega^2 = \frac{2gH}{a^2} = \frac{2 \times 980 \times 40}{20^2} = 196$$

$$\therefore \omega = 14 \text{ rad/sec}$$

원통측면에 작용하는 전수압 P_s는

$$P_s = \frac{1}{2} wh_a^2 \times 2\pi a = \frac{1}{2} \times 1 \times 80^2 \times 2 \times 3.14 \times 20$$

$$= 402000 \text{ gr} = 402 \text{ kg}$$

회전할 때 바닥에 작용하는 전수압 P_b는

$$P_b = \int_0^{20} wzdA = \int_0^{20} wz2\pi x dx$$

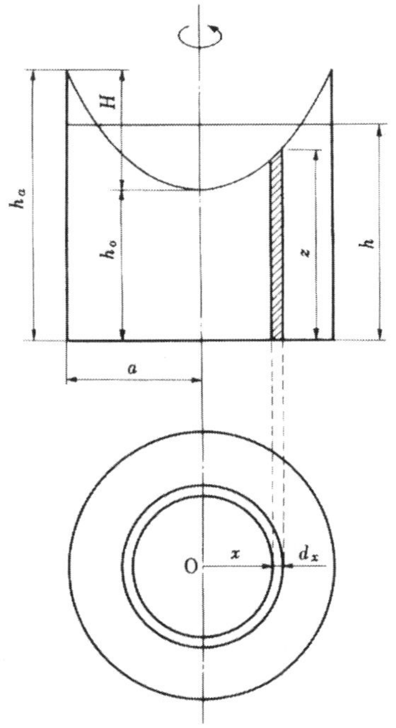

$$= 2\pi w \times \int_0^{20} \left(\frac{\omega^2}{2g} x^2 + h_0 \right) x dx$$

$$= 2\pi w \left[\frac{\omega^2}{2g} \times \frac{x^4}{4} + \frac{h_0}{2} x^2 \right]_0^{20}$$

$$= 2 \times 3.14 \times 1 \times \left(\frac{14^2}{2 \times 980} \times \frac{20^4}{4} + \frac{40}{2} \times 20^2 \right)$$

$$= 75400 \text{ gr} = 75.4 \text{ kg}$$

정지시의 바닥에 작용하는 전수압은

$$P_b' = \pi a^2 wh = 3.14 \times 20^2 \times 1 \times 60 = 75.4 \text{ kg}$$

연습문제

2-1. 서로 혼합하지 않는 액체가 그림과 같이 층이 되어 있다. 액면에서 깊이 7 m점의 압력을 계산하여라. 또 벽면 AB에 작용하는 압력의 분포도를 그려라.

$\gamma_1 = 0.75 \quad h_1 = 2$ m

$\gamma_2 = 0.75 \quad h_2 = 3$ m

$\gamma_3 = 1.0 \quad h_3 = 2$ m

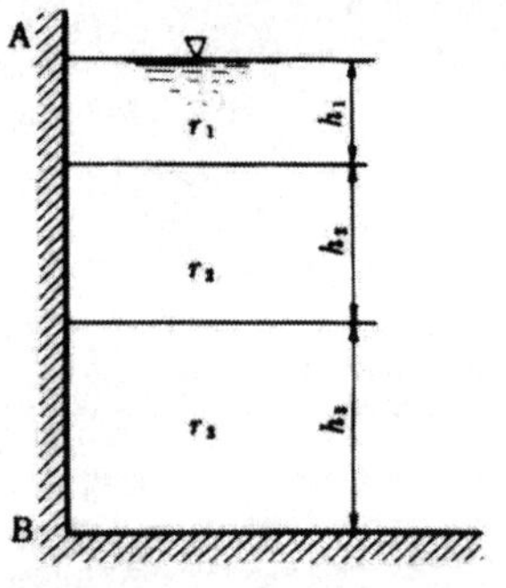

2-2. 그림과 같은 수압기에 있어서 F점에 P인 힘을 가하여 누르면 피스톤 a가 아래쪽으로 움직이고, 액체에 압력을 가하게 된다. 이 압력은 액체를 통해서 피스톤 A에 작용하고, 무게 Q인 물체를 올리게 되는 것이다.

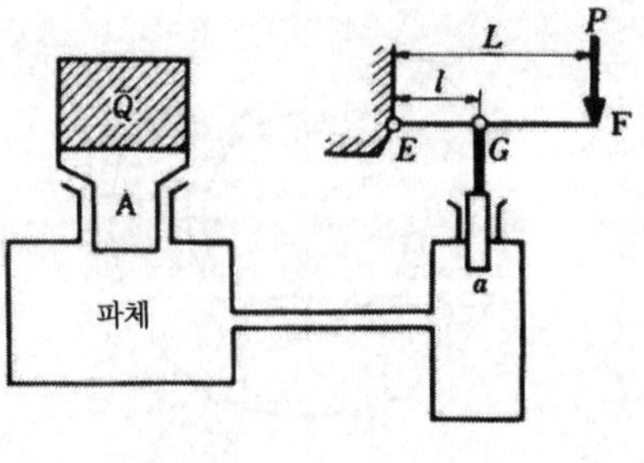

피스톤 a의 지름을 10 cm, A의 지름을 30 cm, $l = 15$ cm, $L = 40$ cm 라고 할 때 $Q = 1$ ton을 올리는 데 필요한 P는 얼마인가?

2-3. 관수로 A와 B의 압력차를 측정하기 위하여 U자형 마노미터를 부착하고 그 속에 수은을 넣어서 그림과 같은 수두의 측정치를 얻었다. A관과 B관 내의 압력차를 계산하여라.

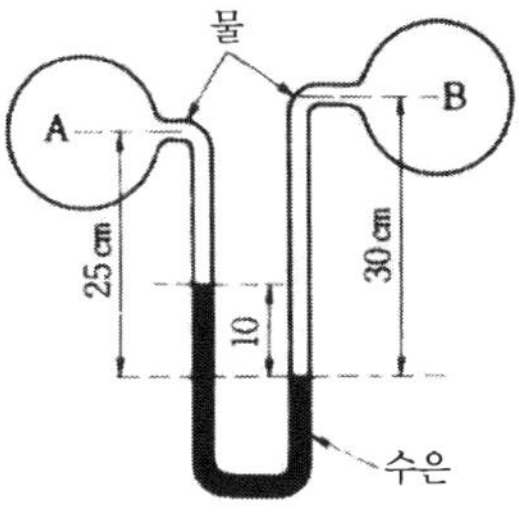

2-4 A관 내의 압력를 측정하기 위하여 그림과 같은 2중 U자형을 사용 하였다. U자관 내 액체의 비중과 U자관의 치수가 다음과 같다고 할 때 A관 내의 압력을 계산하여라. 여기서 B는 대기에 통하고 있다.

$\gamma_a = \gamma_2 = 1$ $w_b = 0$

$\gamma_1 = 13.55$ $z_1 = 30$ cm

$\gamma_3 = 1.6$ $z_2 = 8$ cm

$z_3 = 15$ cm $z_4 = 5$ cm

$z_5 = 18$ cm

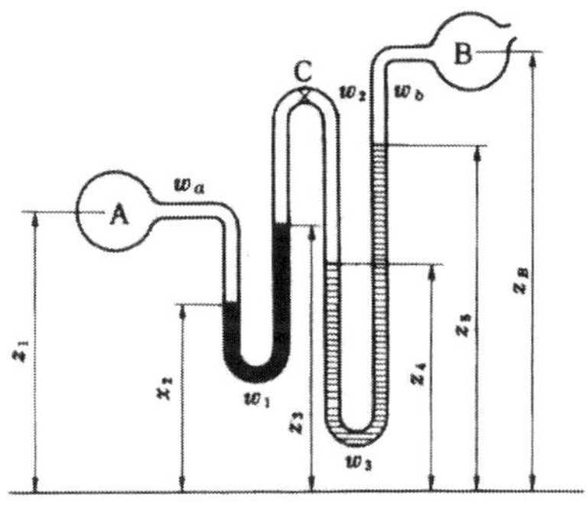

2-5. 수심 8 m의 물을 막기 위하여 그림과 같은 수문을 설치하였다. 수문은 전적으로 수평으로 된 횡목에 의하여 지지되어 있고, 횡목의 단면은 동일하다고 한다. 전수압을 5개의 횡목으로 지지한다고 할 때 각 횡목에 동일한 수압이 작용 하게 하려면 횡목의 간격을 얼마로 하여야 하는가?
각 횡목의 위치를 수면으로부터의 깊이로 표시하여라.

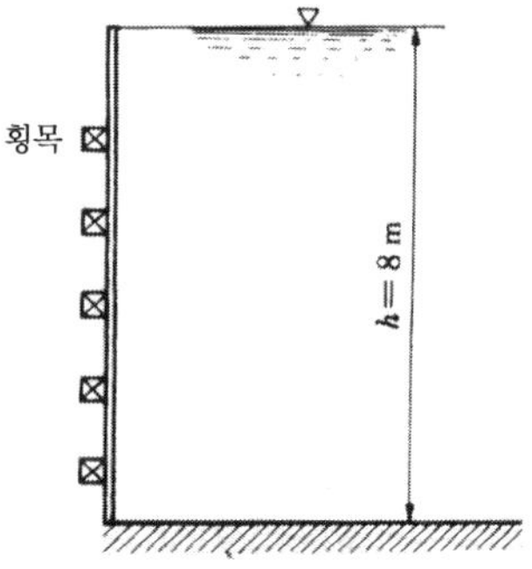

2-6. 폭 2 m의 평판 AB가 지주 AC에 의하여 지주되어 있다. 평판과 지주는 각각 hinge에 의하여 연결되어 있다고 하면 지주가 받는 힘은 얼마인가?

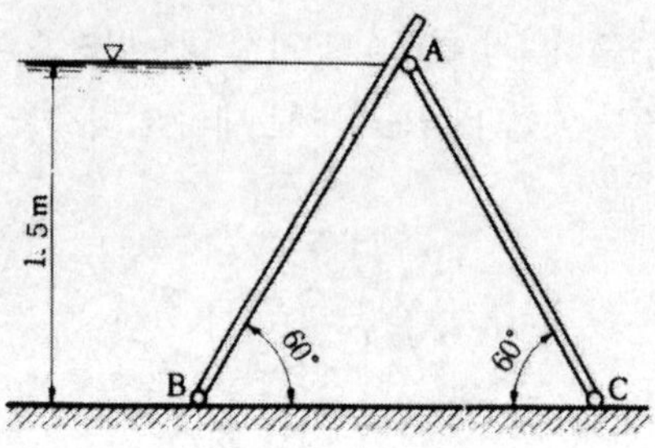

2-7. 그림과 같은 수로 속에 원형수문이 설치되어 있다. 수문의 중심은 NN축에 부착되어 있고, NN축은 자유로이 회전할 수 있게 되어 있다. 물이 완전히 차단되려면 NN축에 가해야 할 모멘트는 얼마인가?

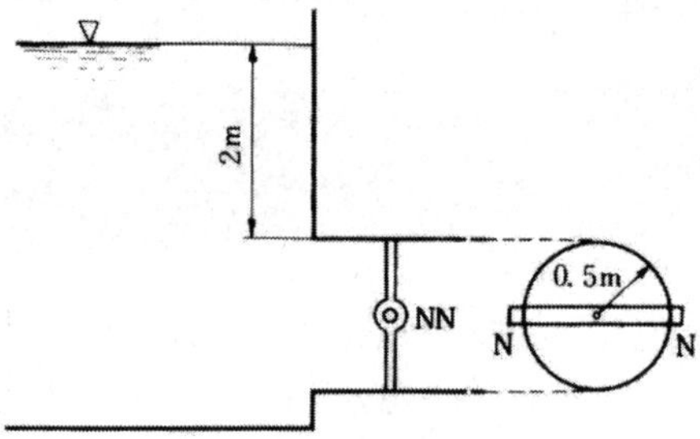

2-8. 지름 1 m의 수평으로 놓여 있는 원통이 물을 막고 있다. 이 원통의 길이 1 m 당에 작용하는 수압과 그 작용점을 계산하여라.

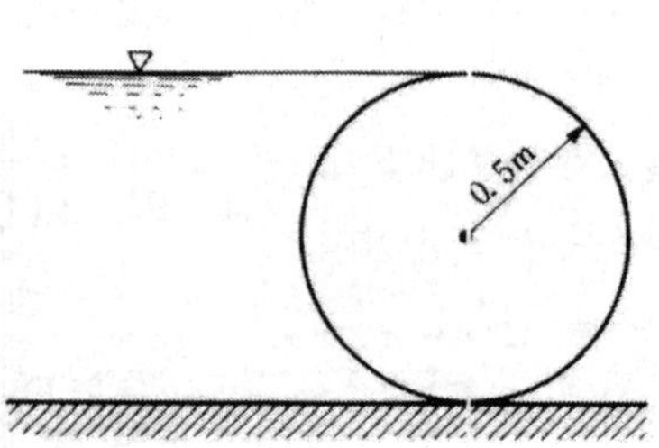

2-9. 그림과 같은 원호형 tainter gate AB에 작용하는 전수압과 그 작용점을 계산하여라. 수문의 폭은

5 m이고, OA는 수평이라고 한다.

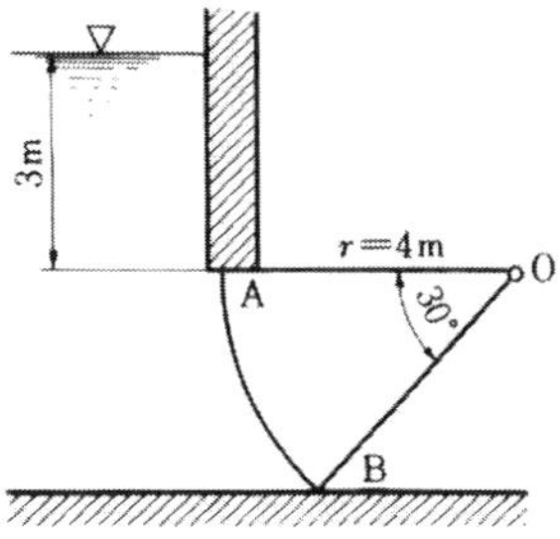

2-10. 길이 16 m, 폭 6 m, 높이 3.3 m, 두께 0.3 m의 철근콘크리트제 사각형 함이 물에 떠 있다. 철근콘크리트의 비중을 2.4라고 할 때 이 함의 안정을 논하여라.

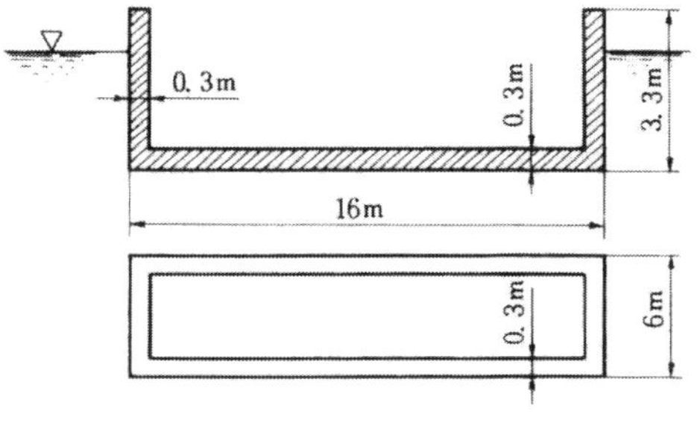

2-11. 그림과 같이 물이 들어 있는 용기를 경사면에 가속도 α로 당겨 올리는 경우를 생각한다. 용기내의 물이 상대적으로 평형상태가 되었을 때의 수면의 방정식을 유도하여라. 이때 $\theta = 15°$, $\alpha = 2\ \mathrm{m/sec^2}$라고 할 때 수평면에 대한 수면의 각도는 얼마인가?

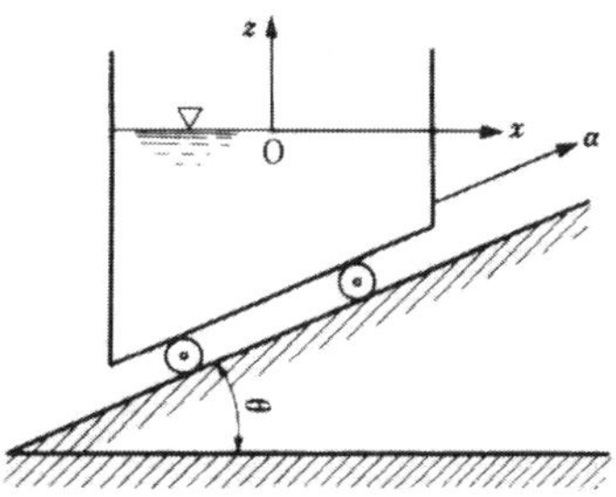

2-12. 지름 60 cm, 높이 100 cm의 원통에 물을 가득 넣어서 중심축 주위로 60 rpm으로 원통을 회전시킬 때 원통에서 넘치는 물의 양은 얼마인가?

2-13. 그림과 같은 원추형 용기에 물을 넣어서 z축을 중심으로 회전시킬 때 용기의 밑바닥 B의 물이 없어질 때까지 회전시키려면 회전각속도는 얼마인가?

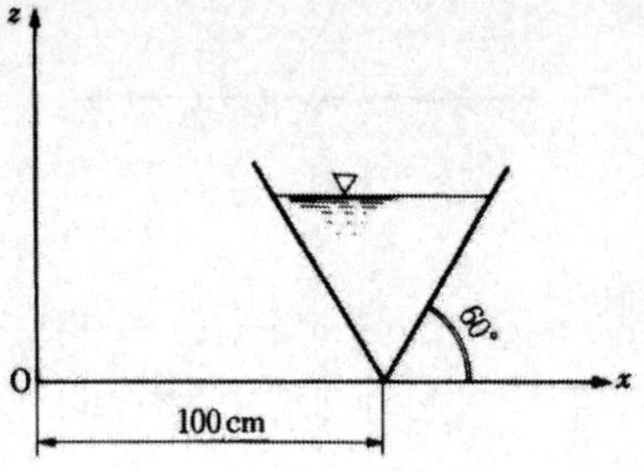

참고문헌

본장은 정수역학의 일반적인 기초이론을 개설한 것이며, 그 내용은 일반적인 수리학의 참고서 내용과 같다. 이들 수리학 책 중에서 몇 가지 열거하면 다음과 같다.

(1) 安守漢 : 水理學, 東明社, 1981.
(2) 本間仁 : 水理學, 丸善, 東京, 1952.
(3) 植松時雄 : 水力學, 産業圖書, 東京, 1953.
(4) 篠原謹爾 : 水理學提要, 國民科學社, 동경, 1949.

제3장

동수역학의 기초이론

3.1 흐름의 정의와 종류

3.1.1 흐름과 유속

유체는 고체와는 달리 아주 작은 외력에 의해서도 연속적으로 변형하는 것이 특성이다. 유체의 연속적인 변형을 흐름(flow)이라고 한다. 유체는 그 자체로는 일정한 형상을 유지할 수 없고, 유체에 접해 있는 경계면에 의해서 그 형상이 정해지는 것이다.

유체의 흐름을 연구할 때는 유체의 분자 하나하나를 생각하는 미시적인 입장보다는 유체의 작은 덩어리 또는 유체요소를 생각하는 거시적인 입장을 취하게 된다. 유체의 흐름에 있어서는 유체요소의 연속적인 변형이 고체와는 다르므로 흐름의 속도(velocity)는 매우 중요하다. 고체에 있어서는 각 요소의 속도는 고체전체의 속도와 같든가 또는 각 요소의 속도는 서로 일정한 관계가 있다. 그러나 유체의 각 요소의 속도는 일정하지 않고, 일반적으로는 서로 관계가 없는 것이다.

유체요소의 속도도 고체의 경우와 같이 유체요소 위치의 시간적인 변화로써 표시한다. 유체요소가 거리 ds 사이를 dt 시간에 움직인 것이라고 하면 이 사이의 시간적인 평균속도 $\vec{q}$는 다음과 같이 표시된다.

$$\vec{q} = \frac{d\vec{s}}{dt} \tag{3-1}$$

속도는 vector량이므로 속도의 크기는 직각좌표 x, y, z 방향의 성분 u, v, w와의 관계를 다음과 같이 표시할 수 있다.

$$|\vec{q}| = \sqrt{u^2 + v^2 + w^2} \tag{3-2}$$

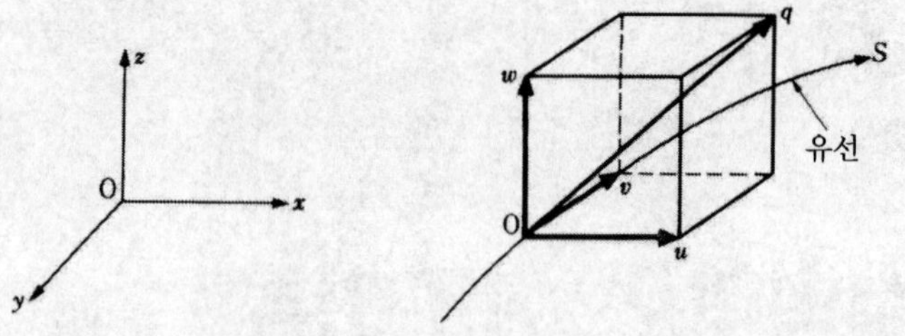

[그림 3-1]

x, y, z축에 대한 q의 방향여현을 l, m, n이라고 하면

$$u = lq,\ v = mq,\ w = nq \tag{3-3}$$

이고, q는 **그림 3-1**과 같이 일반적으로 x, y, z방향의 성분으로 분해 할 수도 있다.

3.1.2 흐름의 종류

실재의 유체는 다소의 차이는 있으나 모두 점성이 있기 때문에 흐를 때는 점성에 의한 마찰력이 작용하게 된다. 마찰력을 고려하면 흐름에 대한 운동방정식을 풀기가 매우 어려우므로 이론적인 취급이 어렵다. 유체의 흐름을 이론적으로 취급하기 위하여 점성의 영향을 무시하여 운동방정식을 풀고 그 결과에 점성의 영향을 보정하는 경우가 있다.

유체의 물리적인 성질에는 압축성이 있으나 경우에 따라서는 압축성을 무시할 때도 있다. 점성의 영향을 고려해야 하는 유체를 점성유체(viscous fluid), 그리고 압축성을 고려해야 하는 유체를 압축성 유체(compressible fluid)라고 한다. 점성과 압축성을 모두 무시할 수 있는 유체를 완전유체(perfect fluid) 또는 이상유체(ideal fluid) 라고 한다.

제1장에서 설명한 바와 같이 특수한 경우를 제외하고는 물은 비압축성 유체로 취급하고 있다. 유체가 흐를 때 유체요소의 속도, 자력, 유량 등이 시간적으로 변화하지 않는 흐름을 정상류(steady flow), 그리고 이들의 양이 시간적으로 변화하는 흐름을 비정상류 또는 부정류(unsteady flow)라고 한다. 수도 꼭지를 열어 놓았을 때 일정한 물이 계속 흐를 때는 정상류라고 할 수 있고, 바다의 파랑처럼 수면이 시시각각으로 변화하는 운동은 비정상류라고 할 수 있다. 정상류 중에서 흐름의 방향으로 유속, 압력, 수심 등이 변하지 않고 일정한 흐름을 등류(uniform flow), 그리고 흐름 방향에 대하여 이들의 양이 변화하는 흐름을 부등류(non-uniform flow 또는 varied flow) 라고 한다. 등류와 부등류는 개수로의 흐름을 취급할 때 큰 의의를 갖게 된다.

유체가 흐를 때 공간을 x, y, z의 직각좌표로써 표시 할 때 유체요소의 속도 q가 x, y, z방향의

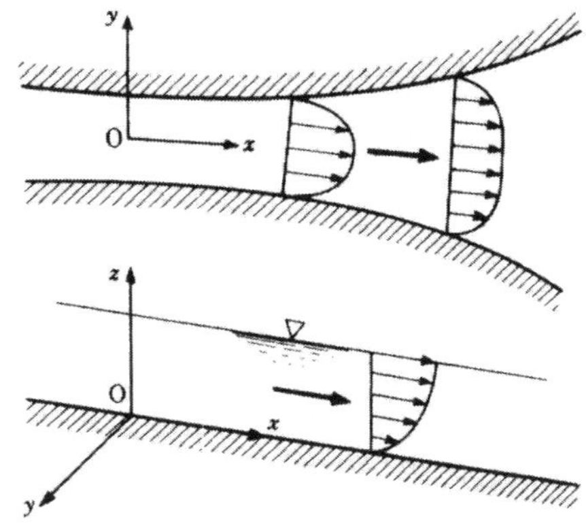

[그림 3-2] 3차원흐름

성분을 가지는 흐름을 3차원흐름(three dimensional flow) 이라고 한다. **그림 3-2**는 하천의 흐름을 표시한 것이며, 수평면이 xy 면이고, 연직축이 z축이다. 유속은 수평면 위에 있어서도 변화하고 연직면에 있어서도 변화하는 것이며, 3차원흐름의 예이다.

다음에는 나란한 두 평판 사이를 흐르는 흐름을 생각한다. 평판이 고정되어 있다고 하면 유속분포는 **그림 3-3**과 같이 된다. 흐름방향으로 x축, 연직방향으로 z축, 그리고 평판에 연한 방향을 y축이라고 하면 y축 방향으로는 평판의 간극이 일정하므로 y축에 연해서는 흐름상태가 일정하다.

유체가 x 방향으로 흐름에 따라 유속은 단면 ①에서 ②로 변화하고, z축 방향으로도 유속이 변화한다. 이와 같이 두 방향에 대해서 유속 등이 변화하는 흐름을 2차원흐름(two dimensional flow) 이라고 한다.

그림 3-4 (a)는 단면이 변화하는 관수로의 흐름이고, (b)는 개수로의 흐름이다. 이들의 흐름에 있어서 속도가 단면 위에서 균일하다고 하면 이 흐름은 1차원흐름(one dimensional flow)이 된다. 유체요소의 속도가 단면 위에서 균일하다고 하면 흐름방향을 제외하고는 모두 유속이 균일하다. 실제의 흐름에 있어서는 이와 같이 균일한 속도분포를 생각할 수 없으나 단면의 평균유속을 사용하면 1차원

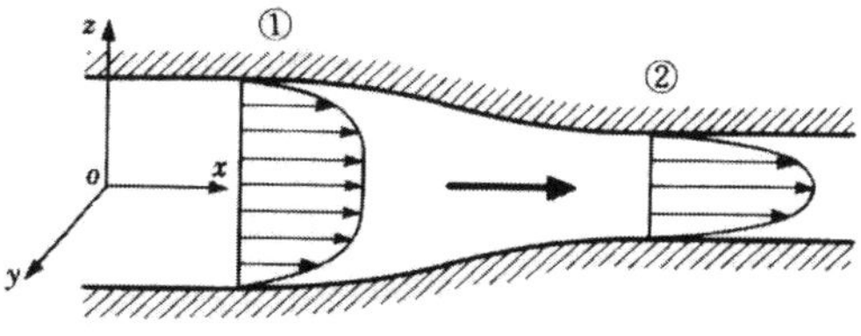

[그림 3-3] 2차원흐름

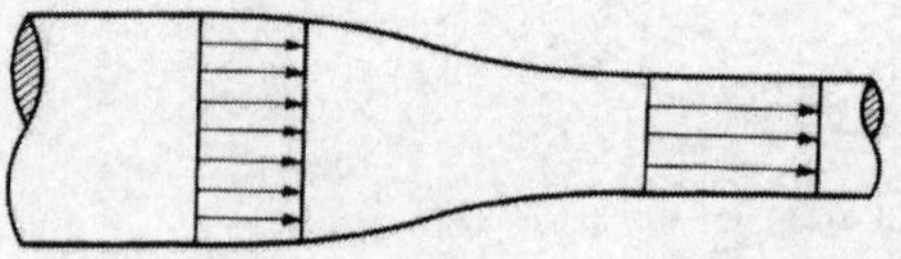

(a) 관수로의 흐름

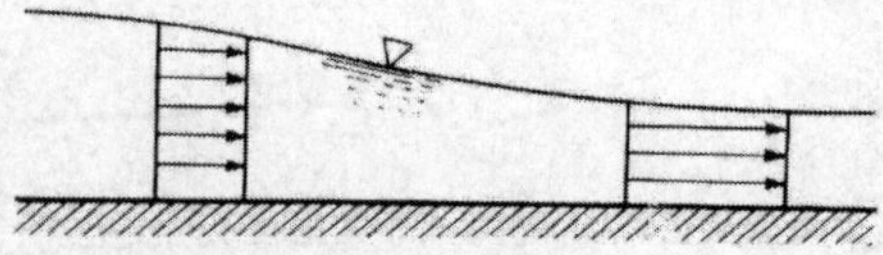

(b) 개수로의흐름

[그림 3-4] 1차원흐름

흐름이 가능하다. 관수로와 개수로의 여러 문제를 해결하는 데 있어서 1차원흐름을 가정하여 여러 가지 흐름 문제를 해결하는 경우가 많다.

3.2 흐름의 운동학적 성질

3.2.1 유선, 유관

그림 3-5와 같이 넓은 폭에서 좁은 폭으로 축소하는 동시에 구부러진 수로를 물이 흐르는 경우를 생각한다. 지금 수면에 떠서 물과 함께 흐를 수 있는 작은 물질을 상류에서 연속적으로 흘려 보낼 때 일정한 노출시간 (Δt)으로 사진을 찍으면 물질이 Δt 시간 동안에 움직인 거리와 그 방향을 알 수가 있다. 이 움직인 거리와 그 방향은 사진을 찍은 순간의 속도벡터를 표시하는 것이다.

이때 모든 점에 있어서 속도벡터가 접선이 되는 곡선을 상상할 수 있다. 이 곡선을 유선(stream line)이라고 한다. 유선은 한 순간에 대한 것이므로 흐름이 변화하면 유선도 달라진다. 정상류의 경우는 유선과 유체요소가 움직인 경로 즉, 유적선(path line)은 일치하지만 비정상류의 경우는 유선과 유적선은 일치하지 않는다.

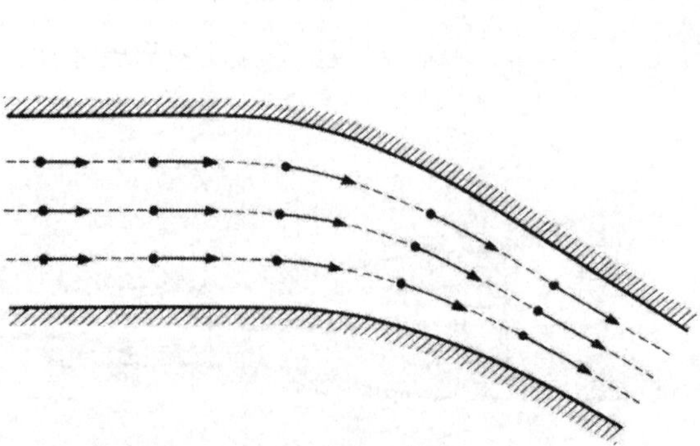

[그림 3-5] 유선

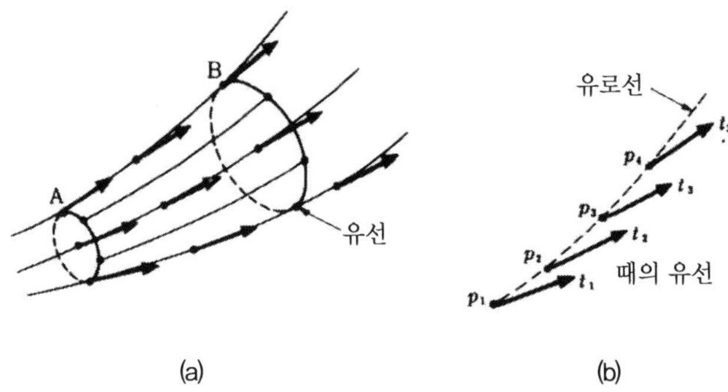

[그림 3-6] 유선과 유로선

그림 3-6 (a)는 정상류에 대한 유선이고, 유선과 유적선은 일치하지만 (b)는 비정상류에 대한 유선과 유적선이다. 시간 t_1, t_2, t_3 등에 대한 유선과 유적선은 일치하지 않는다. 유선은 한 순간에 대한 것이므로 하나의 유선은 다른 유선과 절대로 만나지 않는다. 이것은 한 점에 있어서 한 순간에 두 개의 속도벡터를 가질수 없다는 사실에서 알 수 있다.

흐름 속에 하나의 폐곡선을 상상하면 이 폐곡선 위를 지나간 유선은 (a)와 같은 관 모양이 된다. A점의 폐곡선 위로 통과한 유선은 반드시 B점의 폐곡선 위로 지나고, 일단 A점의 폐곡선 내에 들어간 유선은 모두 B점의 폐곡선 내를 통과하게 된다. 이와 같은 유선으로 된 관을 유관(stream tube)이라고 한다. 유관은 흐름 속에서 무수히 상상할 수 있고, 그 크기도 자유로 상상할 수 있는 것이다.

유관은 유체운동을 이론적으로 취급할 때 편리하다. 유선 위의 한 점 (x, y, z)의 유속 q의 직각좌표 x, y, z축 방향의 성분을 u, v, w라 하고, 속도벡터의 x, y, z축에 대한 방향여현을 l, m, n이라고 하면, q와 u, v, w 사이에는 식 (3-3)의 관계가 있다.

이 점에 있어서 유선에 따른 미소선분 ds의 3성분을 dx, dy, dz라고 하면

$$dx = lds,\ dy = mds,\ dz = nds$$

$l = u/q$, $m = v/q$, $n = w/q$를 위 식에 대입하고 q를 소거하면

$$\frac{u}{dx} = \frac{v}{dy} = \frac{w}{dz} \tag{3-4}$$

식 (3-4)는 속도벡터가 접선이 되는 유선 s를 표시하는 식이다.

다음에는 사진기의 노출시간을 적절히 길게 하면 물질이 움직인 경로를 구할 수 있다. 이때 물질이 dt 시간에 ds만큼 움직인 것이라고 하면 $ds = qdt$이므로 유선의 식 (3-4)는 다음과 같이 쓸 수 있다.

$$\frac{dx}{u} = \frac{dy}{v} = \frac{dz}{w} = dt \quad (3\text{-}5)$$

식 (3−5)는 유적선을 표시하는 미분방정식이다.

계산예 3-1

$u = kx$, $v = -ky$로서 표시되는 2차원흐름의 유선을 구하여라. 여기서 $k = \text{const.}$이다.

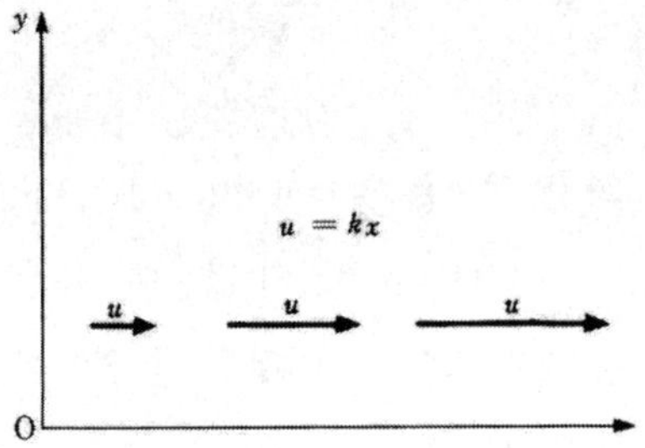

(a)

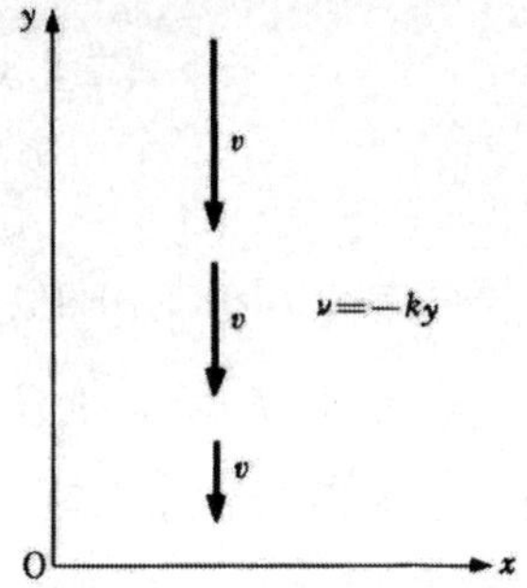

(b)

【해】 $u = kx$, $v = -ky$는 각각 그림 (a), (b)와 같은 분포이다. 즉, x방향의 속도 u는 x에 비례하고, v는 y의 (−)방향이고 그 크기는 y에 비례한다. 이들의 관계를 사용하여 식 (3−4)를 적분하면

$$\frac{kx}{dx} = -\frac{ky}{dy}$$

$$\therefore \frac{dx}{kx} = (-)\frac{dy}{ky}$$

$$\ln x + \ln y = \text{const.}$$

$$\ln(xy) = \text{const.}$$

$$\therefore xy = \text{const.}$$

유선은 쌍곡선이고 그림 (c)와 같다.

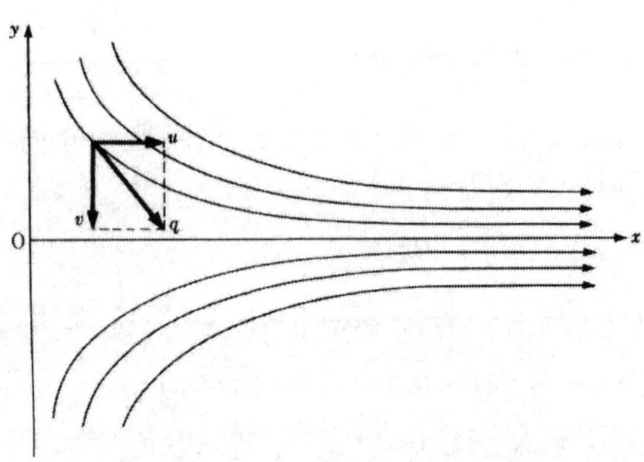

(c)

계산예 3-2

$u = -ky,\ v = kx$로 주어지는 2차원흐름의 유선을 구하여라.

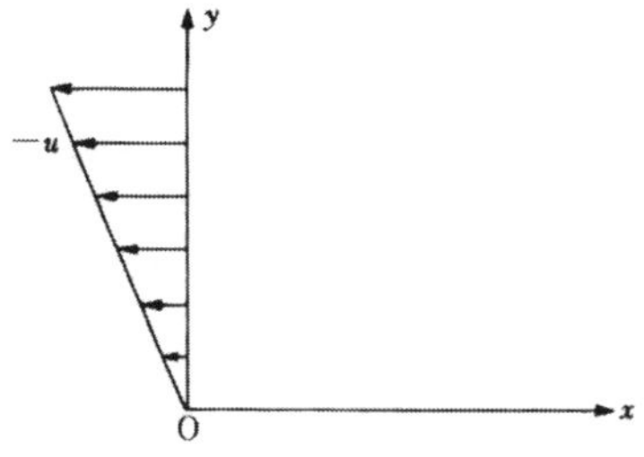

(a)

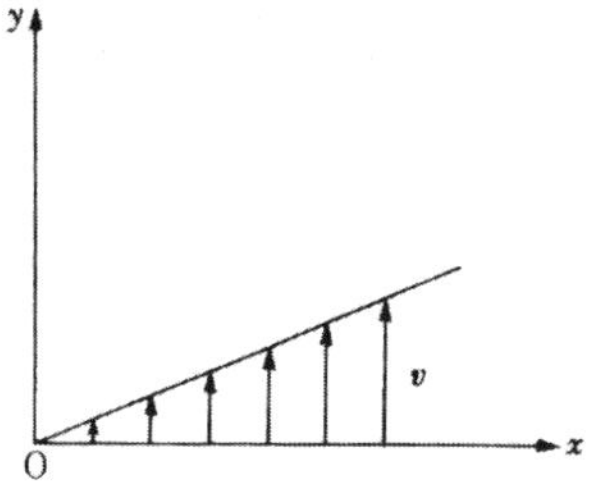

(b)

【해】 $u = -ky,\ v = kx$는 각각 그림 (a), (b)와 같은 분포가 된다. 이 관계를 유선의 식에 대입하여 적분하면

$$\frac{-ky}{dx} = \frac{kx}{dy}$$

$$\therefore -\frac{dx}{ky} = \frac{dy}{kx}$$

$$\frac{x^2}{2} + \frac{y^2}{2} = \text{const.}$$

$$\therefore x^2 + y^2 = \text{const.}$$

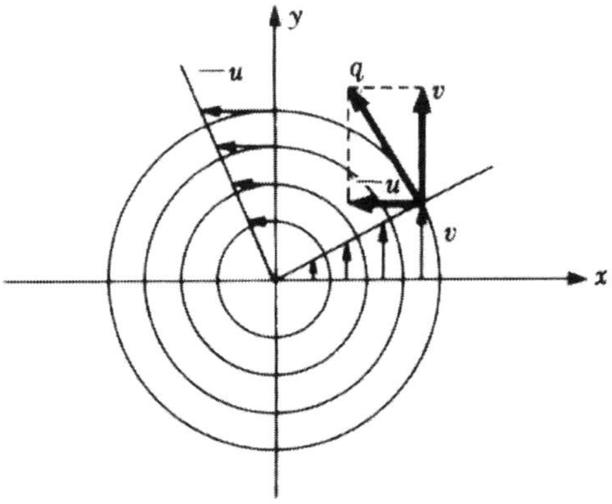

(c)

이 경우의 유선은 원이다.

3.2.2 유체요소의 가속도

가속도는 단위시간당의 속도의 변화량을 말한다. 따라서 유체요소가 일정한 속도로서 흐를 때는 가속도는 0 이다. 여기서 일정한 속도라 함은 크기와 방향이 일정하다는 뜻이다. 속도는 벡터량이므로 그 크기가 일정하더라도 방향이 변화하면 가속도가 있는 것이다.

그림 3-7 (a)는 유선 S에 따라서 유체요소가 직선운동을 하는 경우이며, ①에서 ②까지 흐르는 사이에 속도가 V_1에서 V_2로 변화한 것 이라고 하면 이 사이의 가속도는 $\frac{V_2-V_1}{\Delta t}=\frac{\Delta V}{\Delta t}$ 이다. 이때의 가속도의 방향은 ΔV의 방향과 같다.

그림 (b)는 유체요소가 곡선운동을 하는 경우이며, 유체요소는 유선 S에 따라서 흐른다. 유체요소는 Δt 시간에 ΔS만큼 움직인다고 하면 이때의 속도벡터도는 그림 (c)와 같다. 가속도의 크기는 $\Delta V/\Delta t$와 같고 그 방향은 ΔV의 방향과 같다. 벡터도에서 보는 바와 같이 ΔV는 다시 유선방향의 속도성분 ΔV_s와 유선에 직각방향의 성분 ΔV_n로 분해할 수 있다. 따라서 가속도도 유선방향의 접선가속도(tangential acceleration)와 유선에 직각방향의 원심가속도(normal acceleration)로 나눌 수 있다.

$$\text{접선가속도 } a_s=\frac{\Delta V_s}{\Delta t}=\frac{dV_s}{dt} \tag{3-6}$$

$$\text{원심가속도 } a_n=\frac{\Delta V_n}{\Delta t}=\frac{dV_n}{dt} \tag{3-7}$$

곡류의 경우 유선에 연한 속도가 일정하면 접선가속도는 0이다.

ΔV_s는 유선에 연한 미소길이 ds에 대한 속도차이므로 단위거리에 대한 속도변화를 dV_s/ds라고 하면

$$dV_s=\frac{dV_s}{ds}ds$$

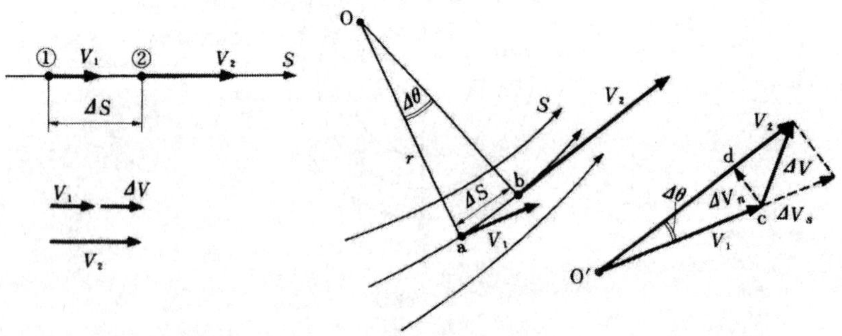

(a) (b) (c)

[그림 3-7] 유체요소의 가속도

$ds = V_s\,dt$ 이므로

$$dV_s = \frac{dV_s}{ds} V_s\,dt$$

따라서 접선가속도는 다음과 같이 표시할 수가 있다.

$$a_1 = \frac{dV_s}{dt} = V_s \frac{dV_s}{ds} \tag{3-8}$$

원심가속도는 다음과 같이 편리한 형으로 쓸 수 있다.

$$dV_n = \frac{dV_n}{ds} ds = \frac{dV_n}{ds} V_s\,dt \qquad \therefore\ a_n = \frac{dV_n}{dt} = V_s \frac{dV_n}{ds} \tag{3-9}$$

그림 3-7에서 Δoab와 Δo′cd는 상사하므로

$$\frac{dV_n}{ds} = \frac{V_s}{r}$$

이고, 식 (3-9)는 다음과 같은 편리한 형식으로 고쳐서 쓸 수 있다.

$$a_n = V_s \frac{dV_n}{ds} = \frac{V_s^2}{r} \tag{3-10}$$

다음에는 **그림 3-8**과 같은 관의 끝단에 있는 벨브를 Δt 시간 사이에 단면의 반만큼 폐색하였다고 하면 관의 각 단면의 속도는 모두 반으로 감소 된다.

지금 Δt 시간 사이에 관 속의 유속이 ΔV 만큼 커졌다고 하면 이때의 가속도는 $(-)\Delta V/\Delta t$이다. 이와 같은 가속도는 전관내에서 생기는 것이며, 이것은 식 (3-8) 또는 식 (3-10)으로 표시되는 이류가속도(convective acceleration)와는 다르다. 이류가속도는 정상적인 흐름에 있어서 유체요소가 ds만큼 흐르는 사이에 생기는 가속도이고 밸브를 닫을 때 생기는 가속도는 비정상흐름에 한해서 생기는 가속도이다. 이와 같은 가속도를 국부가속도(local acceleration)라고 한다.

일반적인 흐름에 있어서는 이류가속도와 국부가속도가 생기며, 이들을 합한 것이 전가속도이다. 지금 국부가속도를 $\partial V/\partial t$ 라고 하면 전가속도는 다음과 같다.

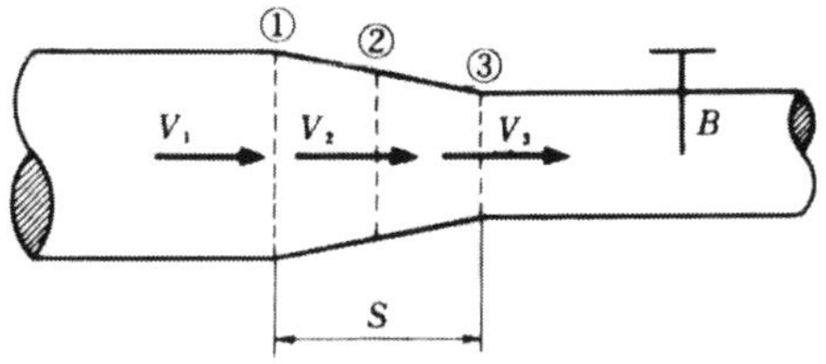

[그림 3-8] 국부가속도의 예

$$\frac{dV}{dt}=\frac{\partial V}{\partial t}+V\frac{\partial V}{\partial s} \tag{3-11}$$

식 (3-11)은 유선에 연한 가속도이다. 가속도를 x, y, z의 직각좌표의 성분으로 표시하여 사용하는 것이 편리한 경우가 많으므로 다음에는 이것을 설명하기로 한다. 유선에 연한 속도 q의 x, y, z축 방향의 성분을 u, v, w라고 하면 이들은 모두 위치와 시간의 함수이다. 한 예로서 x방향의 속도성분 u에 대해서 생각하면

$$u=f(x,\ y,\ z,\ t) \tag{3-12}$$

로 표시할 수 있다. Δt시간 후에는 유체요소가 x방향으로 $u\Delta t$, y방향으로 $v\Delta t$, 그리고 z방향으로 $w\Delta t$만큼 움직이고 이 점, 즉 $(x+u\Delta t,\ y+v\Delta t,\ z+w\Delta t)$점의 x방향의 속도성분 u'는 다음과 같이 쓸 수 있다.

$$u'=f(x+u\Delta t,\ y+v\Delta t,\ z+w\Delta t,\ t+\Delta t)$$

따라서 x방향의 가속도는

$$\frac{du}{dt}=\frac{u'-u}{\Delta t}=\frac{1}{\Delta t}\{f(x+u\Delta t,\ y+v\Delta t,\ z+w\Delta t,\ t+\Delta t)-f(x,\ y,\ z,\ t)\}$$

위 식의 우변의 제1항을 전개하면

$$f(x+u\Delta t,\ y+v\Delta t,\ z+w\Delta t,\ t+\Delta t)$$

$$=f(x,\ y,\ z,\ t)+u\Delta t\frac{\partial f}{\partial x}+v\Delta t\frac{\partial f}{\partial y}+w\Delta t\frac{\partial f}{\partial z}+\Delta t\frac{\partial f}{\partial t}+\cdots$$

이 관계를 이용하면

$$\frac{du}{dt}=u\frac{\partial u}{\partial x}+v\frac{\partial u}{\partial y}+w\frac{\partial u}{\partial z}+\frac{\partial u}{\partial t} \tag{3-13}$$

y 및 z방향에도 같이 하여

$$\left.\begin{aligned}\frac{dv}{dt}&=u\frac{\partial v}{\partial x}+v\frac{\partial v}{\partial y}+w\frac{\partial v}{\partial z}+\frac{\partial v}{\partial t}\\\frac{dw}{dt}&=u\frac{\partial w}{\partial x}+v\frac{\partial w}{\partial y}+w\frac{\partial w}{\partial z}+\frac{\partial w}{\partial t}\end{aligned}\right\} \tag{3-14}$$

위 식들의 우변의 제1, 2, 3항이 이류가속도이고, 제4항이 국부가속도이다.

계산예 3-3

그림과 같은 원통에 물을 넣어서 $\omega = 10$ rpm 으로서 회전시키는 경우 $x_1 = 30$ cm, $x_2 = 40$ cm 점의 물의 가속도를 구하여라.

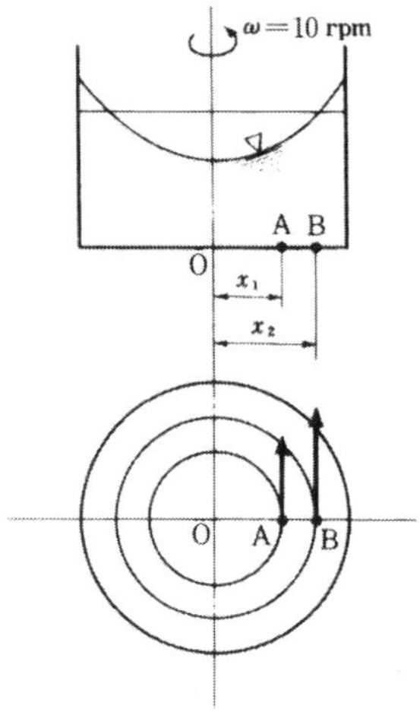

【해】 $\omega = 10\text{ rpm} = \dfrac{2\pi}{60}10 = 6.28\text{ rad/sec}$

$$V_0 = 0$$

$$V_{sA} = \omega x_1 = 6.28 \times 0.3 = 1.884\text{ m/sec}$$

$$V_{sB} = 6.28 \times 0.4 = 2.51\text{ m/sec}$$

접선가속도 $\alpha_s = 0$

원심가속도 $\alpha_{nA} = \dfrac{{V_{sA}}^2}{x_1} = \dfrac{1.884^2}{0.3} = 11.83\text{ m/sec}^2$

$$\alpha_{nB} = \frac{{V_{sB}}^2}{x_2} = \frac{2.51^2}{0.4} = 15.75\text{ m/sec}^2$$

계산예 3-4

그림과 같이 지름이 20 cm에서 12 cm로 작아지는 축소관을 물이 흐르는 경우를 생각한다. $Q = 0.04\text{ m}^3/\text{sec}$라고 할 때 A, B, C 점에 있어서의 물의 가속도를 구하여라.

【해】 $V_A = \dfrac{Q}{A_A} = \dfrac{4 \times 0.04}{3.14 \times 0.2^2} = 1.27\text{ m/sec}$

$$V_B = \frac{Q}{A_B} = \frac{4 \times 0.04}{3.14 \times 0.16^2} = 1.99\text{ m/sec}$$

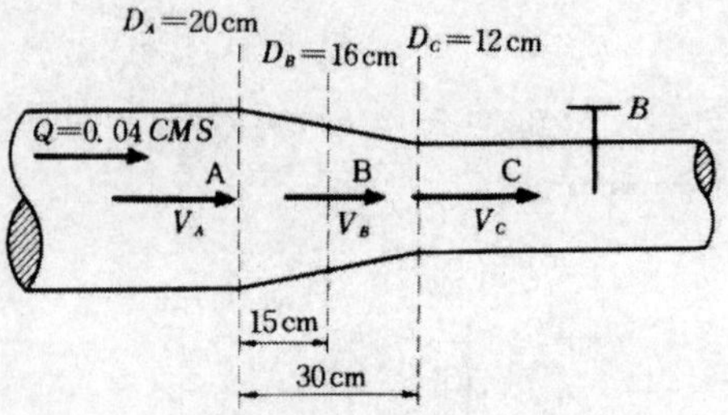

$$V_C = \frac{Q}{A_C} = \frac{4\times0.04}{3.14\times0.12^2} = 3.54\ \mathrm{m/sec}$$

정상적 흐름이라고 하여 이류가속도를 구하면 된다.

$$\alpha = V\frac{\partial V}{\partial x} = \left(V_A + \frac{V_c - V_A}{\Delta x}x\right)\frac{\partial V}{\partial x}$$

따라서

$$\alpha_B = V\frac{\partial V}{\partial x} = V_A\frac{V_B - V_A}{\Delta x} = 1.27\,\frac{1.99-1.27}{0.15} = 6.1\ \mathrm{m/sec^2}$$

$$\alpha_C = V\frac{\partial V}{\partial x} = V_B\frac{V_C - V_B}{\Delta x} = 1.99\,\frac{3.54-1.99}{0.15} = 20.56\ \mathrm{m/sec^2}$$

3.2.3 유체요소의 변형

2차원흐름 속에 **그림 3-9** (a)와 같은 $dx \times dy$의 미소정사각형을 생각한다. 이 정사각형은 유선의 방향으로 움직이게 되는데, 일반적으로 유체요소의 속도가 균일하지 않다고 하면 흐름에 따라서 정사각형은 변형 또는 회전을 하게 된다.

지금 그림 (b)에 있어서 A점의 속도성분을 u, v라고 하면 B, C, D점의 x, y방향의 속도성분은 각각 다음과 같이 쓸 수 있다.

$$\mathrm{A}:\ u,\ v$$

$$\mathrm{B}:\ u + \frac{\partial u}{\partial x}dx,\quad v + \frac{\partial v}{\partial x}dx$$

$$\mathrm{C}:\ u + \frac{\partial u}{\partial x}dx + \frac{\partial u}{\partial y}dy,\ v + \frac{\partial v}{\partial x}dx + \frac{\partial v}{\partial y}dy$$

$$\mathrm{D}:\ u + \frac{\partial u}{\partial y}dy,\ v + \frac{\partial v}{\partial y}dy$$

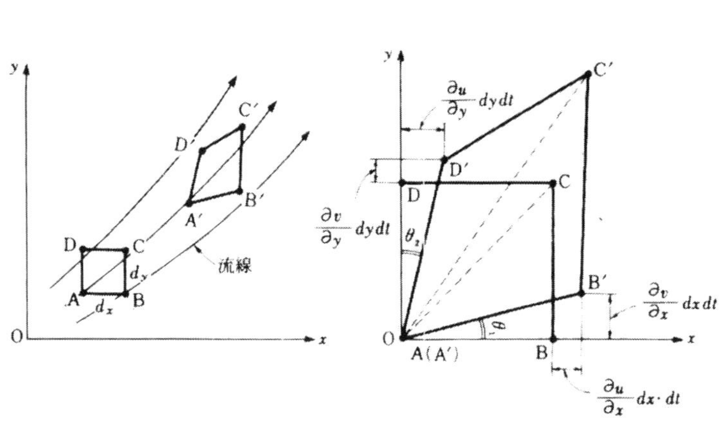

(a) (b)

[그림 3–9] 유체요소의 변형과 회전

dt시간에 A가 A′로 이동하고 정사각형 ABCD는 A′B′C′D′로 변형한 것이라고 한다. 이때 dt 시간에 A점은 x방향으로 udt, y방향으로 vdt만큼 움직이고, 변 AB는 x방향으로 $\frac{\partial u}{\partial x}dx\,dt$만큼 늘어나고 y방향으로는 $\frac{\partial v}{\partial x}dx\,dt$만큼 늘어난다. 이와 같이 유체요소는 흐름에 따라 그 위치가 변화할 뿐만 아니라 그 형상도 시시각각으로 변형하게 된다. 이때 A′C′가 AC와 나란하면 이 유체요소는 평행이동을 하게 되고 A′C′가 AC에 나란하지 않으면 이 유체요소는 변형과 회전을 하면서 흐른다. 일반적으로 유체요소의 변형은 점성저항을 일으키고 회전은 에너지의 공급이 필요하다.

그림 3–9 (b)에 있어서 정사각형의 전변형량을 $(\theta_1 + \theta_2)$로 정의하면

$$\tan\theta_1 = \frac{\frac{\partial v}{\partial x}dxdt}{dx + \frac{\partial u}{\partial x}dxdt} = \frac{\frac{\partial v}{\partial x}dxdt}{dx\left(1 + \frac{\partial u}{\partial x}dt\right)}$$

$$\tan\theta_2 = \frac{\frac{\partial u}{\partial y}dydt}{dy + \frac{\partial v}{\partial y}dydt} = \frac{\frac{\partial u}{\partial y}dydt}{dy\left(1 + \frac{\partial v}{\partial y}dt\right)}$$

지금 x방향의 u의 변화율과 y방향의 v의 변화율이 매우 작다고 하면 분모의 제2항들은 미소량의 2차량이므로 이것을 생략할 수 있다. 그리고 θ_1과 θ_2를 매우 작은 량이라고 하면

$$\theta_1 = \frac{\partial v}{\partial x}dt, \qquad \theta_2 = \frac{\partial u}{\partial y}dt \tag{3-15}$$

따라서 전변형량은

$$\theta_1 + \theta_2 = \left(\frac{\partial v}{\partial x} + \frac{\partial u}{\partial y}\right)dt$$

이와 같이 하여 xz 및 yz면의 단위시간당의 변형량을 구하면 다음과 같다.

$$\left.\begin{aligned} xy\text{면} : f &= \frac{\partial v}{\partial x} + \frac{\partial u}{\partial y} \\ xz\text{면} : g &= \frac{\partial u}{\partial z} + \frac{\partial w}{\partial x} \\ yz\text{면} : h &= \frac{\partial w}{\partial y} + \frac{\partial v}{\partial z} \end{aligned}\right\} \tag{3-16}$$

3.2.4 유체요소의 회전

벡터해석에 의하면 벡터함수 A(x, y, z)의 x, y, z축 방향의 성분을 A_x, A_y, A_z라고 하여

$$\left(\frac{\partial A_z}{\partial y} - \frac{\partial A_y}{\partial z}\right), \left(\frac{\partial A_x}{\partial z} - \frac{\partial A_z}{\partial x}\right), \left(\frac{\partial A_y}{\partial x} - \frac{\partial A_x}{\partial y}\right)$$

를 각각 x, y, z축에 대한 vector **A**의 회전(rotation)이라고 한다. 이와 같은 벡터의 회전은 유체요소의 회전과 같다는 것을 다음에 설명한다.

그림 3-9에 있어서 dt 시간에 ABCD가 A′B′C′D′로 변형했을 때 지면에 직각인 축(z축) 주위의 회전량을 $\frac{1}{2}(\theta_1 - \theta_2)$로 정의하면

$$\frac{1}{2}(\theta_1 - \theta_2) = \frac{1}{2}\left(\frac{\partial v}{\partial x} - \frac{\partial u}{\partial y}\right)dt \tag{3-17}$$

벡터 **A**의 x, y, z축 방향의 성분 A_x, A_y, A_z를 유체요소의 속도 q의 x, y, z축 방향의 성분 u, v, w와 같다고 하면 식 (3-17)의 ( )안은 벡터의 회전과 같다. x축 및 y축 주위의 단위시간당의 회전량, 즉 회전각속도를 구하면 다음과 같다.

$$\left.\begin{aligned} x\text{ 축 주위의 회전각속도 } \eta &= \frac{1}{2}\left(\frac{\partial w}{\partial y} - \frac{\partial v}{\partial z}\right) \\ y\text{ 축 주위의 회전각속도 } \zeta &= \frac{1}{2}\left(\frac{\partial u}{\partial z} - \frac{\partial w}{\partial x}\right) \\ z\text{ 축 주위의 회전각속도 } \xi &= \frac{1}{2}\left(\frac{\partial v}{\partial x} - \frac{\partial u}{\partial y}\right) \end{aligned}\right\} \tag{3-18}$$

η, ζ, ξ는 각 축에 대한 회전각속도이며, rad/sec로써 표시 된다.

유체가 흐를 때 유체요소가 식 (3-18)과 같은 회전각속도를 가지는 흐름을 회전류(rotational

flow)라 하고, $\eta = \zeta = \xi = 0$의 흐름을 비회전류 (irrotational flow)라고 한다.

$$\left.\begin{aligned} 2\eta &= \left(\frac{\partial w}{\partial y} - \frac{\partial v}{\partial z}\right) \\ 2\zeta &= \left(\frac{\partial u}{\partial z} - \frac{\partial w}{\partial x}\right) \\ 2\xi &= \left(\frac{\partial v}{\partial x} - \frac{\partial u}{\partial y}\right) \end{aligned}\right\} \tag{3-19}$$

로써 표시할 때 2η, 2ζ, 2ξ를 각 축에 대한 와도(vorticity)라고 한다. 각 축에 대한 각속도를 합한 합각속도는 다음과 같다.

$$\omega = \sqrt{\eta^2 + \zeta^2 + \xi^2} \tag{3-20}$$

유체요소의 회전각속도는 크기와 방향을 가진 벡터량이므로 이들의 가감은 벡터적으로 해야 한다.

계산예 3-5

하나의 원주를 물 속에 세워서 회전시키면 원주주위의 물도 회전하게 된다. 원주를 장시간 회전시키면 원주표면의 물의 속도는 원주표면의 접선속도와 같이 된다. 그러나 원주에서 멀리 떨어진 곳의 물의 속도는 0이다. x, y축 방향의 유체요소의 속도성분을

$$u = -\frac{ky}{r^2}, \qquad v = \frac{kx}{r^2}$$

라고 하면 이 흐름은 어떤 흐름인가를 설명하여라. 여기서 $r = \sqrt{x^2 + y^2}$, $k = \text{const.}$이다.

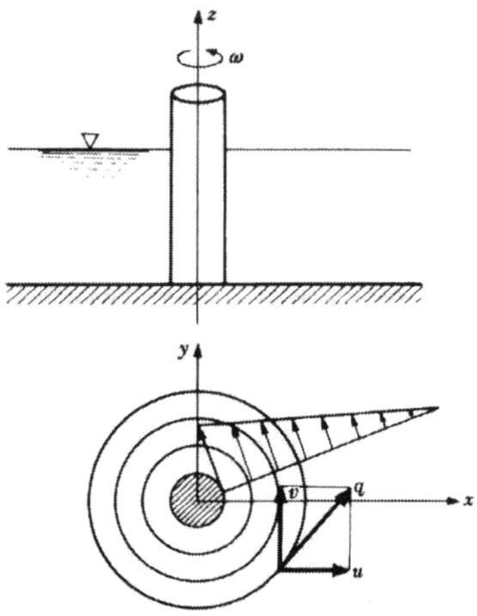

【해】 이 흐름의 유선은 식 (3-4)에서 구할 수 있다.

$$\frac{dx}{u} = \frac{dy}{v}\text{에서} \quad -\frac{dx}{\frac{ky}{r^2}} = \frac{dy}{\frac{kx}{r^2}}$$

$$\therefore\ kxdx + kydy = 0 \qquad\qquad \therefore\ xdx + ydy = 0$$

이것을 적분하면

$$x^2 + y^2 = \text{const.}$$

따라서 이 흐름의 유선은 원이다.

$$\frac{\partial v}{\partial x} = \frac{k(y^2 - x^2)}{r^4}, \qquad \frac{\partial u}{\partial y} = \frac{k(y^2 - x^2)}{r^4}$$

$$\therefore\ \xi = \frac{\partial v}{\partial x} - \frac{\partial u}{\partial y} = 0$$

따라서 이 흐름은 비회전류이다. 태풍 또는 선풍(tonado)의 속도분포는 이 경우와 같으며, 모두 비회전류이다. 그리고 sink 또는 나팔형 여수토(morning glory spillway)의 흐름도 이와 같으며, 모두 비회전류이다.

계산예 3-6

속도분석이 각각 $u = -ky$, $v = kx$ $(k = \text{const.})$인 흐름은 어떤 흐름인가?

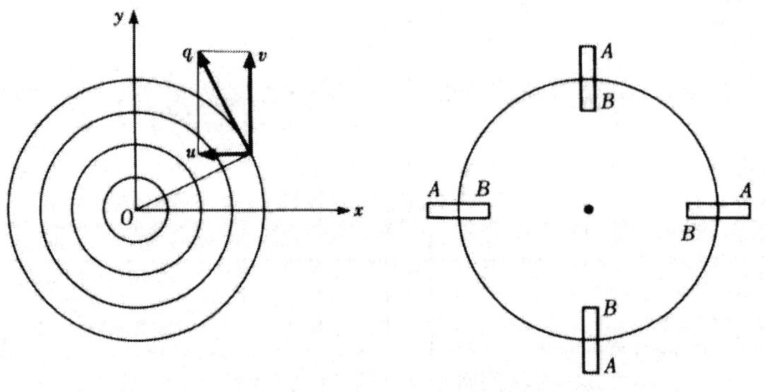

(a) (b)

【해】 이 흐름의 유선은

$$\frac{dx}{-ky} = \frac{dy}{kx},\ xdx + ydy = 0$$

이 식을 적분하면

$$\frac{x^2}{2}+\frac{y^2}{2}=\text{const.}=C$$

$$\therefore\ x^2+y^2=\text{const.}$$

따라서 이 흐름의 유선은 원이다.

회전각속도를 계산해 보면

$$\frac{\partial u}{\partial y}=\frac{\partial}{\partial y}(-ky)=-k$$

$$\frac{\partial v}{\partial x}=\frac{\partial}{\partial x}(kx)=k$$

$$\zeta=\frac{1}{2}(k+k)=k$$

따라서 이 흐름은 회전각속도 k인 회전류이다.

3.2.5 순환

흐르는 유체 속에 **그림 3-10**과 같은 하나의 폐곡선 C를 생각하여 이 폐곡선 위의 미소 길이를 ds, 유선에 연한 유속을 q, 그리고 q와 ds 사이의 각을 θ라고 할 때, $q\cos\theta\, ds$를 폐곡선을 일주하여 적분한 값을 이 폐곡선의 순환(circulation)이라고 하고 Γ로서 표시한다.

$$\Gamma=\int_C q\cos\theta\, ds \tag{3-21}$$

적분의 방향은 반시계방향을 (+)로 정한다.

폐곡선 내에 그림 (b)와 같은 $dxdy$의 유체요소를 생각하고 그 주변에 연한 x, y방향의 속도성분

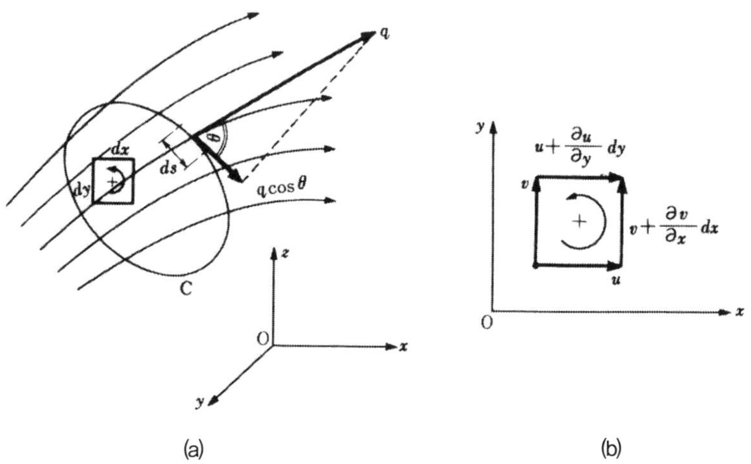

[그림 3-10] 유체요소의 순환

을 각각

$$u+\frac{\partial u}{\partial y}dy,\quad v+\frac{\partial v}{\partial x}dx$$

라고 하면 $dxdy$의 주변에 연한 순환은 다음과 같이 표시할 수 있다.

$$d\Gamma = udx+\left(v+\frac{\partial v}{\partial x}dx\right)dy-\left(u+\frac{\partial u}{\partial y}dy\right)dx-vdy$$

$$=\left(\frac{\partial v}{\partial x}-\frac{\partial u}{\partial y}\right)dxdy=2\,\xi dxdy \tag{3-22}$$

식 (3–22)에 있어서 (　)내는 z축에 대한 와도이다. 식 (3–22)을 다음과 같이 쓸 수도 있다.

$$d\Gamma = (2\times \text{회전각속도})\times(\text{면적}) = (\text{와도})\times(\text{면적}) \tag{3-23}$$

식 (3–22)에서 보는 바와 같이 비회전류의 경우는 순환이 0이다.

그림 (a)의 폐곡선 C 내를 다수의 유체요소 $dxdy$로 나누었을 때 각 유체요소에 대한 순환이 $d\Gamma$이고, 이것을 폐곡선 C에 대해서 적분하면 C에 연한 순환 Γ가 된다.

지금 x, y, z축 주위의 회전각속도를 각각 η, ζ, ξ라고 하면 이들의 합각 속도는 식 (3–20)과 같이

$$\omega=\sqrt{\eta^2+\zeta^2+\xi^2}$$

이고, 폐곡선 C에 대한 순환은 다음과 같이 쓸 수 있다.

$$\Gamma = 2\omega\times(\text{와의 면적}) \tag{3-24}$$

계산예 3-7

유체가 곡선운동을 하는 비회전류에 대해서 생각한다. 동심원운동을 하고 반지름 r점의 접선유속을 v라고 하여 다음 식이 성립된다고 한다.

$$vr=\text{const.}$$

이때 그림의 ABCD에 연한 순환을 구하여라.

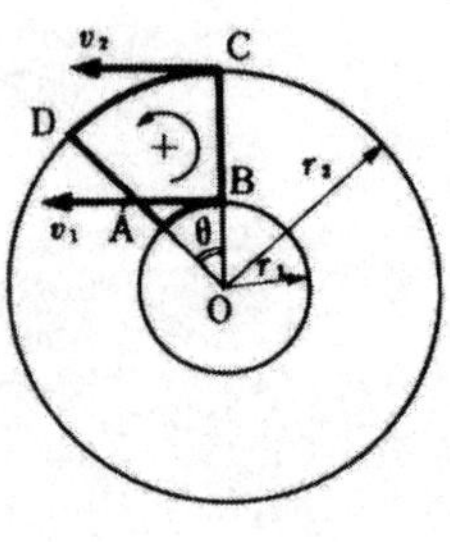

【해】 중심 O에서 r_1점의 접선속도를 v_1, r_2점의 접선속도를 v_2라고 하면 ABCD에 연한 순환은

$$\Gamma = -v_1r_1\theta+v_2r_2\theta$$

여기서 $v_1r_1 = v_2r_2 = \text{const.}$이므로

$$\Gamma = 0$$

따라서 폐곡선 ABCD에 연한 순환은 0이다.

계산예 3-8

【예 3-7】에 있어서 중심을 포함한 OADCBO에 연한 순환을 구하여라.

【해】 OADCBO에 연한 순환은

$$\Gamma = v_2r_2\theta$$

이고, $vr = k = \text{const.}$를 대입하면

$$\Gamma = k\theta$$

따라서 이 경우의 순환은 θ에 비례하고, 【계산예 3-7】처럼 0이 되지 않는다. 일반적으로 폐곡선 내에 회전중심이 포함되어 있는 경우 순환은 0이 되지 않는다.

3.2.6 속도퍼텐셜

유체요소의 속도 q 또는 그 성분 u, v, w가 위치의 함수로 표시 될 때는 힘의 퍼텐셜과 마찬가지로 속도를 x, y, z에 의해서 나타낼 수 있는 어떤 함수의 편미분계수로 표시할 수가 있다. 이와 같은 함수를 $\phi(x, y, z)$라고 하여 다음과 같이 나타낸다.

$$\left.\begin{aligned} u &= -\frac{\partial\phi}{\partial x} \\ v &= -\frac{\partial\phi}{\partial y} \\ w &= -\frac{\partial\phi}{\partial z} \end{aligned}\right\} \tag{3-25}$$

이 식의 ϕ를 속도퍼텐셜(velocity potential)이라고 한다. 유체의 운동에는 속도퍼텐셜을 가진 흐름과 갖고 있지 않은 흐름이 있는데 속도퍼텐셜을 가진 흐름을 퍼텐셜류(potential flow)라고 한다. 흐름이 퍼텐셜류라는 것은 다음과 같이 수학적인 관계에서 결정할 수 있다.

일반적으로 함수가 x, y, z에 대해서 연속적이면

$$\frac{\partial^2\phi}{\partial x\partial y} = \frac{\partial^2\phi}{\partial y\partial x},\quad \frac{\partial^2\phi}{\partial y\partial z} = \frac{\partial^2\phi}{\partial z\partial y},\quad \frac{\partial^2\phi}{\partial z\partial x} = \frac{\partial^2\phi}{\partial x\partial z}$$

의 관계가 있으므로 식 (3-25)와 함께 다음의 관계가 성립된다.

$$\left.\begin{aligned}\frac{\partial u}{\partial y}-\frac{\partial v}{\partial x}=0\\ \frac{\partial v}{\partial z}-\frac{\partial w}{\partial y}=0\\ \frac{\partial w}{\partial x}-\frac{\partial u}{\partial z}=0\end{aligned}\right\} \tag{3-26}$$

속도성분 사이에 식 (3-26)과 같은 관계가 있으면 속도퍼텐셜을 가진 흐름이다. 식 (3-26)은 식 (3-18)에 있어서 $\eta=0$, $\zeta=0$, $\xi=0$의 경우와 같으므로 결국 속도퍼텐셜을 가진 흐름은 비회전류라는 것을 알 수 있다.

3.2.7 흐름의 함수

비압축성 유체의 2차원흐름을 취급할 때는 흐름의 함수를 사용하면 편리할 때가 많다. 지금 x 방향의 속도성분을 u, y방향의 속도성분을 v라고 할 때, u, v가 x, y의 어떤 함수 Ψ에 의해서

$$u=\frac{\partial \Psi}{\partial y}, \qquad v=-\frac{\partial \Psi}{\partial x} \tag{3-27}$$

와 같이 유도되는 경우 Ψ를 흐름의 함수(stream function)라고 한다. 유선의 식 (3-4)를 변형하면

$$-vdx+udy=0$$

과 같이 되고, 이 식에 식 (3-27)을 대입하면

$$-vdx+udy=\frac{\partial \Psi}{\partial x}dx+\frac{\partial \Psi}{\partial y}dy=0 \tag{3-28}$$

여기서 Ψ는 x, y의 함수이므로 위 식의 좌변은 $d\Psi$와 같다. 즉

$$d\Psi=0, \qquad \Psi=\text{const.} \tag{3-29}$$

u, v가 식 (3-27)의 관계가 있으면 $d\Psi=0$, 즉 $\Psi=$ const.는 유선을 나타내는 것이다.

흐름의 함수 성질을 더 맹백히 알기 위하여 **그림 3-11**과 같은 근접한 두 점 A, B 사이의 흐름에 대하여 생각해 보기로 한다. A, B 사이를 흐르는 유량을 dQ, AB $=dl$, AB에 직각방향의 유속을 q 그리고 AC $=dx$, BC $=dy$라고 하면 삼각형 ABC에 유출입하는 유체의 연속의 조건에서

$$qdl+vdx=udy$$

여기서 $qdl=dQ$이며

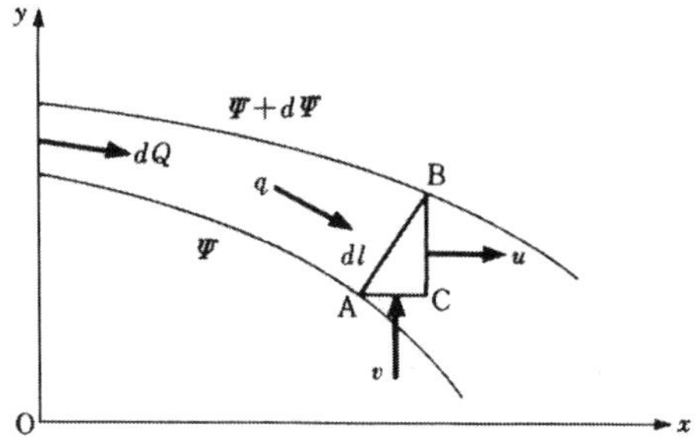

[그림 3-11]

$$dQ = -vdx + udy$$

이 식과 식 (3-28)에서

$$dQ = d\Psi \tag{3-30}$$

로 된다. 지금 A, B를 통과하는 유선을 Ψ, $\Psi + d\Psi$라고 하면 $d\Psi$는 이 두 유선 사이를 흐르는 유량과도 같다. 이 식을 적분하면

$$\Psi = Q + \text{const.} \tag{3-31}$$

다음에 2차원 비회전류의 경우를 생각하면 회전각속도가 0이므로 식 (3-19)에서

$$\frac{\partial v}{\partial x} - \frac{\partial u}{\partial y} = 0$$

이 식에 식 (3-27)의 관계를 대입하면

$$\frac{\partial^2 \Psi}{\partial x^2} + \frac{\partial^2 \Psi}{\partial y^2} = 0 \tag{3-32}$$

따라서 비회전류에 대해서는 흐름의 함수 Ψ도 Laplace의 방정식을 만족한다. 식 (3-25)과 식 (3- 27)에서 ϕ와 Ψ의 관계를 구하면 다음 식과 같다.

$$-\frac{\partial \phi}{\partial x} = \frac{\partial \Psi}{\partial y}, \qquad \frac{\partial \phi}{\partial y} = \frac{\partial \Psi}{\partial x} \tag{3-33}$$

이 식은 복소함수론에 있어서의 Cauchy-Rieman의 미분방정식이다. 2차원 비회전류에 있어서 속도 potential과 흐름의 함수는 복소수에 있어서의 Cauchy-Rieman의 미분방정식으로 표시할 수 있다는 것은 2차원 비회전류의 이론은 복소수함수를 적용하여 풀 수 있다는 것을 의미한다. 식 (3-33)에서

$$\frac{\partial \phi}{\partial x}\frac{\partial \Psi}{\partial x}+\frac{\partial \Psi}{\partial y}\frac{\partial \phi}{\partial y}=-uv+uv=0 \tag{3-34}$$

여기서 $\frac{\partial \phi}{\partial x}$, $\frac{\partial \phi}{\partial y}$는 ϕ=const.선에 세운 법선의 방향여현에 비례하고, $\frac{\partial \Psi}{\partial x}$, $\frac{\partial \Psi}{\partial y}$는 Ψ = const. 선에 세운 유선의 방향여현에 비례한다. 일반적으로 두 직선 사이의 각의 여현은 두 직선 방향여현의 적과 합이 같다. 따라서 두 법선의 교각의 여현이 0이면 이들의 법선은 서로 직교한다. 즉 ϕ= const.선과 Ψ = const.선은 서로 직교한다.

이것으로서 등속도 potential선은 유선과 직교한다는 것을 알 수 있다. 다음에 한 점(x, y)를 통과하는 ϕ와 Ψ선과 $(x'y')$점을 통과하는 $\phi+\Delta\phi$선과 $\Psi+\Delta\Psi$선을 생각하면, $\Delta\phi$와 $\Delta\Psi$가 충분히 작다고 하면 이들의 4곡선 의해서 형성된 도형은 직사각형이 된다.

유선의 방향으로 s, 등 potential 선에 연한 거리를 n이라고 하면 유선방향의 유속 v_s는

$$v_s=\frac{-\partial \phi}{\partial s}, \qquad v_s=\frac{\partial \Psi}{\partial n}$$

이므로

$$\frac{\partial \phi}{\partial s}=\frac{\partial \Psi}{\partial n}, \quad \frac{\Delta\phi}{\Delta s}=\frac{\Delta\Psi}{\Delta n} \tag{3-35}$$

이 식에서 $\Delta\phi = \Delta\Psi$로 정하면 $\Delta s = \Delta n$으로 된다. 만일 속도 potential의 증분과 유선 사이의 간격을 동일하게 한다면 $\Delta s = \Delta n$으로 되고 정사각형이 된다. 이와 같이 속도 potential 선과 유선으로 만들어진 정사각형의 망을 그려서 비회전류를 푸는 도해 법을 유선망법이라고 한다.

3.3 유체운동을 조사하는 방법

공을 배트로 칠 때 이 공이 어떤 운동을 할 것인가를 알아 보려면, 공의 질량과 공에 작용하는 힘 또는 가속도의 관계를 나타내는 운동방정식을 만들어서 이것을 풀면 알 수 있다. 이때의 운동방정식은 Newton의 운동에 관한 제2법칙에서 만들 수 있다. 즉, 공의 질량과 공에 작용하는 가속도를 곱한 것이 공에 가한 힘과 같다는 원리를 이용하면 된다. 따라서 공의 질량과 공에 가한 힘을 알면 공이 어떤 가속도로서 운동하는가를 알 수 있다. 또는 가속도는 운동의 시간적 변화율이므로 가속도를 알면 공이 어떤 지점에서 어떤 속도로서 운동하는가를 알 수가 있다. 이와 같이 하여 운동방정식을 풀어서 공의 운동경로가 포물선이 된다는 것을 알 수 있는 것이다.

유체의 운동도 공의 운동과 같이 유체요소에 대한 운동방정식을 만들어서 해석할 수 있다. 유체

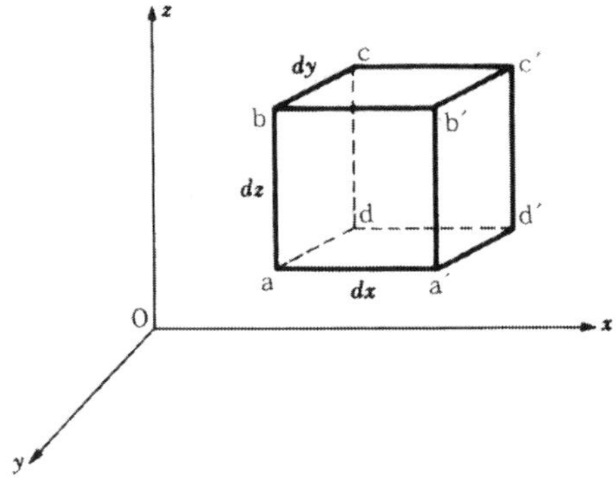

[그림 3-12] 유체요소

는 연속적으로 움직이므로 아주 작은 수많은 공(유체요소)이 연속적으로 움직인다고 생각하는 것이다. 유체의 운동을 조사할 때는 유체요소를 **그림 3-12**와 같이 $dx\ dy\ dz$의 미소 6면체를 취급하는 것이 편리하다. 이와 같은 유체요소는 작은 것이지만 유체의 성질을 모두 가지고 있는 것이라고 가정한다. 유체의 운동에 대한 방정식을 만들 때는 유체요소가 연속적으로 움직인다고 생각하는 것이다.

유체 흐름에 대한 운동방정식을 만들 때는 두 가지의 방법이 있다. 그러나 이 방법은 모두 Newton의 운동에 대한 제2법칙이 기본이 된다. 그 한 가지는 Lagrange의 방법이고, 다른 한 가지 방법은 Euler의 방법이다. Lagrange의 방법은 흐르는 유체 속에 있어서 하나의 유체요소가 움직이는 궤도를 추적하는 방법이고, Euler의 방법은 흐름 속의 한 점에 주목하여 그 점에 있어서의 흐름의 속도, 가속도 그리고 이에 작용하는 힘이 어떻게 변화하는가를 조사하는 방법이다. 이들의 방법을 더 쉽게 설명하면 Lagrange의 방법은 한 사람의 일생을 추적하는 것이고, Euler의 방법은 하나의 집에 주목하여 이 집에 출입하는 사람의 거동을 조사하는 것과 같다.

이들 두 방법 중에서 Lagrange의 방법은 매우 어렵고, Euler의 방법은 비교적 쉽다. 일반적인 유체 흐름의 문제는 Euler의 방법에 의해서 해석하고 특수한 문제는 Lagrange의 방법에 의해서 해석하는 수가 많다.

3.4 Euler의 운동방정식

3.4.1 Euler의 운동방정식의 유도

흐르는 유체 속에는 2-1절에서 설명한 바와 같이 여러 가지의 힘이 작용하므로 정확한 흐름을 표시하려면 이들의 힘을 모두 고려한 운동방정식을 만들어야 한다. 그러나 이들의 힘을 모두 고려하면 대단히 복잡한 식이 되므로 본 절에서는 우선 비압축성이고 흐름 속에는 마찰력이 작용하지 않는 완전유체에 대하여 생각하기로 한다.

흐르는 유체속의 한 유체요소를 생각하여 이 요소에 작용하는 힘과 속도, 가속도의 관계를 알아보기로 한다. Newton의 운동에 관한 제2법칙에 의하면 유체요소에 작용하는 모든 힘의 합력은 액체요소의 질량에 가속도를 곱한 것과 같다. 즉

$$(\text{힘의 합력}) = (\text{질량}) \times (\text{가속도})$$

의 관계가 있다. **그림 3-12**와 같은 유체요소에 대하여 위의 관계식을 만들기로 한다.

x, y, z 좌표에 나란한 변을 가진 미소 6면체의 액체요소에 작용하는 힘은 이 6면체 내의 질량에 작용하는 질량력과 유체요소의 표면에 작용하는 표면력 중에서 주위의 유체에 의한 압력이다. 지금 단위질량에 작용하는 질량력의 x, y, z축 방향의 성분을 X, Y, Z라고 하고, x점의 abcd 면에 작용하는 x방향의 정압력을 p라고 하면 dx 떨어진 a′b′c′d′ 면에 작용하는 x방향의 정압력은 다음과 같이 쓸 수 있다.

$$p + \frac{\partial p}{\partial x} dx$$

$$x\text{방향으로 작용한 질량력} = \rho\, dx\, dy\, dz\, X$$

$$x\text{방향으로 작용하는 정압력} = p\, dz\, dy - \left(p + \frac{\partial p}{\partial x} dx\right) \times dy\, dz = -\frac{\partial p}{\partial x} dx\, dy\, dz$$

따라서 x방향으로 작용하는 힘의 합력

$$(\text{질량력})_x + (\text{압력})_x = \rho\, dx\, dy\, dz\, X - \frac{\partial p}{\partial x} dx\, dy\, dz$$

다음에 유체요소에 작용하는 x 방향의 가속도는 식 (3-13)과 같고, 유체요소의 질량은 $\rho\, dx\, dy\, dz$이므로

$$(\text{질량}) \times (\text{가속도})_x = (\rho\, dxdydz) \times \frac{du}{dt}$$

$Ma = \sum F$에서

$$\rho\, dx\, dy\, dz \frac{du}{dt} = \rho\, dx\, dy\, dz\, X - \frac{\partial p}{\partial x} dx\, dy\, dz$$

같은 방법으로 y및 z축 방향에 대해서도 구할 수 있다. 이들의 식을 정리하면

$$\left.\begin{aligned}\frac{du}{dt} &= X - \frac{\partial p}{\rho \partial x} \\ \frac{dv}{dt} &= Y - \frac{\partial p}{\rho \partial y} \\ \frac{\partial w}{dt} &= Z - \frac{\partial p}{\rho \partial z}\end{aligned}\right\} \tag{3-36}$$

식 (3–14)를 고려하면 위 식들은 다음과 같이 쓸 수도 있다.

$$\left.\begin{aligned}\frac{\partial u}{\partial t} + u\frac{\partial u}{\partial x} + v\frac{\partial u}{\partial y} + w\frac{\partial u}{\partial z} &= X - \frac{1}{\rho}\frac{\partial p}{\partial x} \\ \frac{\partial v}{\partial t} + u\frac{\partial v}{\partial x} + v\frac{\partial v}{\partial y} + w\frac{\partial v}{\partial z} &= Y - \frac{1}{\rho}\frac{\partial p}{\partial y} \\ \frac{\partial w}{\partial t} + u\frac{\partial w}{\partial x} + v\frac{\partial w}{\partial y} + w\frac{\partial w}{\partial z} &= Z - \frac{1}{\rho}\frac{\partial p}{\partial z}\end{aligned}\right\} \tag{3-37}$$

식 (3–36) 또는 식 (3–37)은 완전유체에 대한 흐름의 기본방정식이며, 이것을 Euler의 운동방정식이라고 한다.

3.4.2 연속방정식

유체는 연속체이므로 그 운동도 연속적이다. 흐름 속에 한 폐합면을 생각하면 dt 시간에 이 면을 통해서 유입하는 질량과 이 면으로부터 유출하는 질량의 차는 폐합면 속의 질량의 변화율과 같다. 이것은 질량보존의 법칙이며, 질량은 이유 없이 생기지도 않고 없어지지도 않는다는 것이다. **그림 3–12**의 x축에 수직한 abcd면을 통해서 dt 사이 6면체 속에 들어가는 질량은 이 면의 x축 방향의 유속을 u라고 하면

$$\rho dy\, dz\, udt$$

이고, a′b′c′d′ 면에서 dt 시간에 나가는 질량은

$$\left(\rho u + \frac{\partial \rho u}{\partial x}dx\right)dy\, dz\, dt$$

이다. 그러므로 x방향에 대하여 dt 시간에 6면체 속에 남는 질량은 이들의 차와 같다.

$$\rho\, dy\, dz\, udt - \left(\rho u + \frac{\partial \rho u}{\partial x}dx\right)dy\, dz\, dt = -\frac{\partial \rho u}{\partial x}dx\, dy\, dz\, dt$$

y방향과 z방향에 대해서도 같이 하여, 6면체 속에 남는 질량을 구할 수 있다. 이들의 합계를 구하면 다음과 같다.

$$-\left(\frac{\partial \rho u}{\partial x}+\frac{\partial \rho v}{\partial y}+\frac{\partial \rho w}{\partial z}\right) dx\, dy\, dz\, dt \tag{3-38}$$

한편 처음에 6면체 속에 있었던 유체의 질량은 $\rho\, dx\, dy\, dz$이고, 이것이 dt시간 후에는 밀도가 변화하여 질량이

$$\left(\rho+\frac{\partial \rho}{\partial t} dt\right) dx\, dy\, dz$$

로 된 것이라고 하면 dt시간 사이의 질량의 증가량은

$$\left(\rho+\frac{\partial \rho}{\partial t} dt\right) dx\, dy\, dz-\rho\, dx\, dy\, dz=\frac{\partial \rho}{\partial t}\, dx\, dy\, dz\, dt$$

이며, 이것은 dt 시간 사이에 6면체 속에 남은 질량 식 (3–38)과 같다.

$$-\left(\frac{\partial \rho u}{\partial x}+\frac{\partial \rho v}{\partial y}+\frac{\partial \rho w}{\partial z}\right) dx\, dy\, dz\, dt=\frac{\partial \rho}{\partial t} dx\, dy\, dz\, dt$$

$$\therefore \frac{\partial \rho}{\partial t}+\frac{\partial \rho u}{\partial x}+\frac{\partial \rho v}{\partial y}+\frac{\partial \rho w}{\partial z}=0 \tag{3-39}$$

식 (3–39)를 유체의 유동에 관한 연속방정식(equation of continuity)이라고 한다.

비압축성 유체는 $\rho=$ const.이므로 위 식은 다음과 같이 된다.

$$\frac{\partial u}{\partial x}+\frac{\partial v}{\partial y}+\frac{\partial w}{\partial z}=0 \tag{3-40}$$

3.5 Bernoulli의 정리

3.5.1 Euler의 운동방정식의 적분

흐름이 속도퍼텐셜을 가지고 있고 유체에 작용하는 힘이 퍼텐셜에서 유도되는 경우는 Euler의 운동방정식은 적분이 가능하다. Euler의 운동방정식 (3–37)에

$$u=-\frac{\partial \phi}{\partial x}, \quad v=-\frac{\partial \phi}{\partial y}, \quad w=-\frac{\partial \phi}{\partial z}$$

$$X=-\frac{\partial \Omega}{\partial x}, \quad Y=-\frac{\partial \Omega}{\partial y}, \quad Z=-\frac{\partial \Omega}{\partial z}$$

의 관계를 대입하면 다음과 같다.

$$\left.\begin{aligned}(-)\frac{\partial^2\phi}{\partial t\partial x}+\frac{\partial\phi}{\partial x}\frac{\partial^2\phi}{\partial x^2}+\frac{\partial\phi}{\partial y}\frac{\partial^2\phi}{\partial y\partial x}+\frac{\partial\phi}{\partial z}\frac{\partial^2\phi}{\partial z\partial x}&=-\frac{\partial\Omega}{\partial x}-\frac{\partial p}{\rho\partial x}\\(-)\frac{\partial^2\phi}{\partial t\partial y}+\frac{\partial\phi}{\partial x}\frac{\partial^2\phi}{\partial x\partial y}+\frac{\partial\phi}{\partial y}\frac{\partial^2\phi}{\partial y^2}+\frac{\partial\phi}{\partial z}\frac{\partial^2\phi}{\partial z\partial y}&=-\frac{\partial\Omega}{\partial y}-\frac{\partial p}{\rho\partial y}\\(-)\frac{\partial^2\phi}{\partial t\partial z}+\frac{\partial\phi}{\partial x}\frac{\partial^2\phi}{\partial x\partial z}+\frac{\partial\phi}{\partial y}\frac{\partial^2\phi}{\partial y\partial z}+\frac{\partial\phi}{\partial z}\frac{\partial^2\phi}{\partial z^2}&=-\frac{\partial\Omega}{\partial z}-\frac{\partial p}{\rho\partial z}\end{aligned}\right\}\tag{3-41}$$

위의 제1식에 dx, 제2식에 dy, 그리고 제3식에 dz를 곱해서 3개의 식을 더하여 정리하면

$$(-)\,d\left(\frac{\partial\phi}{\partial t}\right)+\frac{1}{2}d\left\{\left(\frac{\partial\phi}{\partial x}\right)^2+\left(\frac{\partial\phi}{\partial y}\right)^2+\left(\frac{\partial\phi}{\partial z}\right)^2\right\}=-d\Omega-\frac{dp}{\rho}$$

또는

$$(-)\,d\left(\frac{\partial\phi}{\partial t}\right)+\frac{1}{2}d(u^2+v^2+w^2)=-d\Omega-\frac{dp}{\rho}\tag{3-42}$$

식 (3−42)의 좌변 제1항은 식 (3−41)의 제1항만을 아래 식과 같이 더하여 구한 것이다.

$$\frac{\partial}{\partial x}\left(\frac{\partial\phi}{\partial t}\right)dx+\frac{\partial}{\partial y}\left(\frac{\partial\phi}{\partial t}\right)dy+\frac{\partial}{\partial z}\left(\frac{\partial\phi}{\partial t}\right)dz=d\left(\frac{\partial\phi}{\partial t}\right)$$

즉 이 식의 좌변은 전미분 $d\left(\frac{\partial\phi}{\partial t}\right)$와 같은 것이다. 같은 방법으로 다른 항도 구할 수 있다. 식 (3−42)에 있어서 $q^2=u^2+v^2+w^2$으로 놓고 적분하면

$$(-)\,\frac{\partial\phi}{\partial t}+\frac{1}{2}q^2+\Omega+\int\frac{dp}{\rho}=F(t)\tag{3-43}$$

식 (3−43)은 x, y, z에는 관계 없이 시간 t만의 함수이므로 적분상수 $F(t)$는 t만의 함수이다. 식 (3−42)를 비정상류에 대한 Bernoulli의 정리라고 한다.

특히 밀도가 일정한 경우는 $\rho=\text{const.}$이며

$$\int\frac{dp}{\rho}=\frac{p}{\rho}$$

정상류에 대해서는 흐름의 모든 양은 시간에 따라서 변화하지 않으므로 $-\frac{\partial\phi}{\partial t}=0$이므로 식 (3−43)은 다음과 같이 단순화된다.

$$\frac{1}{2}q^2+\Omega+\frac{p}{\rho}=E\tag{3-44}$$

흐르는 유체요소에 중력과 압력만 작용하는 경우는 연직상향으로 z축을 취하면 식 (2−3)에서 $\Omega=gz$이므로 식 (3−44)는

$$\frac{1}{2}q^2 + gz + \frac{p}{\rho} = E \tag{3-45}$$

위 식의 상수 E는 흐름의 모든 점에 있어서 동일한 값을 갖는다. 식 (3–44) 또는 식 (3–45)가 정상류에 대한 Bernoulli의 정리이다. 이 식들은 속도퍼텐셜을 가진 비회전류에 대한 식이며, 흐름의 모든 영역에 대해서 적용되는 것이다.

비정상 흐름에 대한 Bernoulli의 정리는 식 (3–43)에 있어서 $\rho = \text{const.}$, $\Omega = gz$라고 하고 유선 s방향으로 미분하여 구할 수 있다.

$$(-)\frac{1}{g}\frac{\partial q}{\partial t} + \frac{\partial}{\partial s}\left(\frac{q^2}{2g}\right) + \frac{\partial z}{\partial s} + \frac{1}{\rho g}\frac{\partial p}{\partial s} = 0 \tag{3-46}$$

3.5.2 유관에 연한 1차원흐름의 연속방정식

그림 3–13 (a)와 같은 관수로의 흐름을 생각하면 유속은 관 벽에서 0이고, 관의 중심에서 가장 큰 곡선분포가 된다. 이와 같은 관 속의 흐름에 있어서 단면이 매우 작은 유관을 생각하면 그림 (b)와 같이 유관 속의 유속은 대략 일정하다고 할 수 있다. 이 유관 속을 물이 정상적으로 흐른다고 하면 질량보전의 법칙에 의하여 단면 ①의 유관 dA_1을 통과한 질량은 단면 ②의 유관 dA_2를 통과해야 한다.

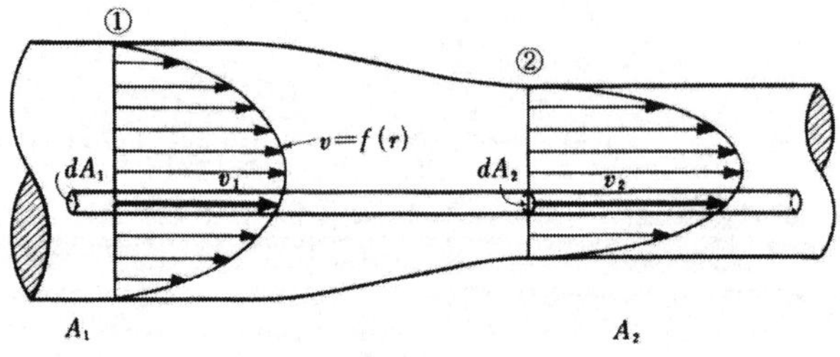

(a) 관 속의 흐름

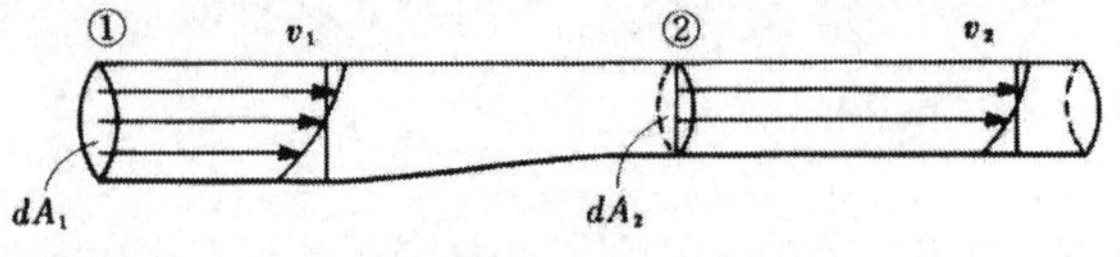

(b) 유관 속의 흐름

[그림 3–13] 관 속의 흐름과 유관 속의 흐름

지금 단면 ①의 유속을 v_1, 단면 ②의 유속을 v_2라고 하면

$$\rho_1 v_1 dA_1 = \rho_2 v_2 dA_2 = \text{const.}$$

$\rho = \text{const.}$ 라고 하면

$$v_1 dA_1 = v_2 dA_2 = dQ \tag{3-47}$$

여기서 dQ 유관 속을 단위시간에 흐른 물의 체적이며, 이것을 유량(flow rate 또는 discharge)이라고 한다. 위 식에 있어서 v_1과 v_2는 단면적 dA_1과 dA_2에 균일하게 분포한다고 생각한 것이며, 따라서 v_1과 v_2는 유관의 각 단면의 평균유속(mean velocity)이라고도 할 수 있다.

다음에 그림 (a)의 관 전체에 대한 유량을 구하려면 식 (3-47)을 단면적 전체에 대해서 적분하면 된다.

$$\int_{A1} v_1 dA_1 = \int_{A2} v_2 dA_2 = Q \tag{3-48}$$

위 식은 관내의 유속분포가 주어지면 적분이 가능하나 일반적으로 유속분포는 여러 가지의 조건에 의해서 결정되는 매우 복잡한 것이기 때문에 적분에 의한 방법은 실용적이 못 된다.

식 (3-47)과 식 (3-48)을 비교해 보면 다음과 같은 사실을 알 수 있다. 즉 식 (3-48)의 Q는 관 전체를 흐르는 유량이고, 식 (3-47)의 dQ는 유관 속을 흐르는 유량이다. 관 전체의 흐름을 유관 속의 흐름과 동일하게 취급하려면 관 속의 흐름의 평균유속을 생각하면 될 것이다.

지금 관 속 흐름의 단면평균유속을 V_1, V_2 그리고 단면적을 각각 A_1, A_2라고 하면 식 (3-47)과 같은 식을 관에 대해서도 만들 수 있다.

$$V_1 A_1 = V_2 A_2 = Q \tag{3-49}$$

여기서 평균유속은

$$\int_A v dA = VA = Q \tag{3-50}$$

$$\therefore V = \frac{Q}{A} \tag{3-51}$$

에서 구할 수 있다. 즉, 관을 흐르는 유량을 단면적으로 나눈 값이 평균유속이다. 식 (3-47)의 좌변을 적분하려면 v의 분포를 알아야 하는데, 일반적으로 v의 분포는 알 수가 없다. 따라서 이 적분은 일반적으로는 불가능하다. 그러나 유량과 단면적의 측정은 가능하므로 식 (3-51)에서 단면의 평균유속을 구하는 일은 비교적 쉬운 일이다.

그리고 정상적 흐름에 있어서는 Q가 일정하므로 해석적으로 취급할 때도 식 (3-51)을 이용하여 평균유속을 사용하면 편리하다. 식 (3-49)가 수리학에서 일반적으로 사용되는 1차원흐름에 대한 연속 방정식 이다.

3.5.3 유선에 연한 Bernoulli의 정리

앞 절에 있어서는 3차원에 대한 흐름의 운동방정식으로 Euler의 운동방정식을 유도하고 이 것을 적분함으로써 Bernoulli의 정리를 유도한 것이다. Euler의 운동방정식을 적분할 때는 속도퍼텐셜을 갖는 동시에 힘도 퍼텐셜에서 유도되는 비회전류로 가정한 것이고, 그 결과는 흐름의 모든 영역에 적용할 수 있다는 것을 명백히 하였다.

여기서는 하나의 유선 위에 있는 유체요소가 유선에 따라 움직일 때 유체요소가 가진 에너지가 어떻게 변화하는가를 조사해 보기로 한다. 이 경우는 속도퍼텐셜을 가정할 필요가 없으므로 비회전류에도 적용되는 것이다.

그림 3-14와 같이 하나의 유관을 생각하여 유체가 정상적으로 흐르는 경우를 생각한다. 지금 단면 I의 단면적을 δA_1, 유속을 q_1, 압력을 p_1이라 하고 단면 II에 대해서는 δA_2, q_2, p_2라고 하면 δt 시간에 단면 I의 유체는 $q_1\,\delta t$만큼 움직이고, 단면 II의 유체는 $q_2\,\delta t$만큼 움직이며, 각각 I′와 II′ 단면에 도달한다. 이 사이에 유체가 가진 에너지가 변화하고 그 변화량은 I′ ~ II′ 사이의 에너지와 I ~ II 사이의 에너지의 차와 같다. 그러나 I′ ~ II 사이의 에너지는 공통이므로 결국 I ~ I′ 부분과 II ~ II′ 부분에 대해서만 생각하면 된다.

유체의 밀도를 ρ, 기준면으로부터 각 단면까지의 높이를 z_1, z_2라고 하면 I ~ I′ 부분과 II ~ II′ 부분의 질량은 각각 $\rho q_1\,\delta t\,\delta A_1$ 및 $\rho q_2\,\delta t\,\delta A_2$이므로 각 부분의 위치에너지와 운동에너지의 합의

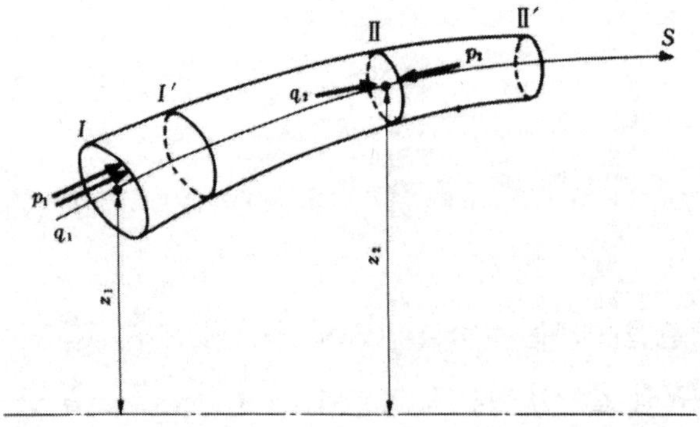

[그림 3-14] Bernoulli 정리 설명도

차는 다음과 같다.

$$\left(\rho q_2\,\delta t\,\delta A_2\,gz_2 + \rho q_2\,\delta t\,\delta A_2\frac{q_2^{\,2}}{2}\right) - \left(\rho q_1\,\delta t\,\delta A_1\,gz_1 + \rho q_1\,\delta t\,\delta A_1\frac{q_1^{\,2}}{2}\right)$$

이와 같은 에너지의 차는 단면 I과 단면 II에 작용하는 압력에 의한 일과 같다. 압력에 의한 일은 (힘) × (거리)와 같으므로

$$(p_1\,\delta A_1)\,(q_1\,\delta t) - (p_2\,\delta A_2)\,(q_2\,\delta t)$$

따라서

$$\rho\delta t\left(q_2\,\delta A_2\,gz_2 + q_2\,\delta A_2\frac{q^2}{2} - q_1\,\delta A_1\,gz_1 - q_1\,\delta A_1\frac{q_1^{\,2}}{2}\right) = \delta t(p_1\,\delta A_1\,q_1 - p_2\,\delta A_2 q_2)$$

연속방정식 (3–47)을 이용하여 δA_1 또는 δA_2를 소거하고 위 식을 정리하면 다음과 같은 식을 얻을 수 있다.

$$\frac{q_1^{\,2}}{2} + gz_1 + \frac{p_1}{\rho} = \frac{q_2^2}{2} + gz_2 + \frac{p_2}{\rho} \tag{3–52}$$

이 식은 유선에 연해서 성립되는 식이며, 일반적으로는 다음과 같이 쓸 수 있다.

$$\frac{q^2}{2} + gz + \frac{p}{\rho} = \text{const.} = E \tag{3–53}$$

식 (3–52) 또는 식 (3–53)이 유선에 연한 1차원흐름에 대한 Bernoulli의 정리이다.

이 식은 Euler의 운동방정식을 적분하여 구한 식 (3–45)와 동일하지만 상수 E의 내용이 다르다. 식 (3–45)의 E는 흐름의 모든 영역에서 일정하지만 식 (3–53)의 E는 하나의 유선에 연해서만 일정하고 유선이 다르면 다른 값을 갖는다. 식 (3–45)는 비회전류에 대한 식이므로 회전류의 경우는 E 가 흐름의 모든 영역에 대해서 일정하지 않고 식 (3–53)과 같이 유선에 연해서만 일정하다. 식 (3–53)에 있어서 $\rho g = w$, $q = v$로 놓고 고쳐 쓰면

$$\frac{v^2}{2g} + z + \frac{p}{w} = H_t \tag{3–54}$$

위 식의 좌변의 제1항은 단위무게의 유체가 가진 운동에너지이고, 제2항은 단위무게의 유체가 가진 위치에너지, 그리고 제3항은 단위무게의 유체가 가진 압력에너지이다.

H_t는 이들의 에너지를 합한 값이다. 식 (3–54)의 각 항에는 다음과 같은 이름을 붙인다. 식 (3–54)의 각 항은 길이(m)의 단위를 가진다.

$\dfrac{v^2}{2g}$: 속도수두(velocity head)

z : 위치수두(elevation head)

$\dfrac{p}{w}$: 압력수두(pressure head)

H_t : 총수두(total head)

식 (3−54)의 각 항에 $\rho g = w$를 곱하면

$$\frac{\rho v^2}{2} + wz + p = H_p \tag{3-55}$$

식 (3−55)의 각 항의 단위는 $\mathrm{kg/cm^2}$ 또는 $\mathrm{t/m^2}$이다. 즉 압력단위를 갖는다. 이 식의 각 항에는 다음과 같은 이름을 붙인다.

$\rho \dfrac{v^2}{2}$: 동압력(dynamic pressure)

wz : 위치압력(potential pressure)

p : 정압력(Static pressure)

H_p : 총압(total pressure)

$\rho \dfrac{v^2}{2} + p$: 정체압(stagnation pressure)

3.5.4 에너지선과 동수경사선

식 (3−54)에 있어서 기준수평면으로부터 전 수두의 높이를 연결한 선을 에너지선(energy line)이라고 한다. 에너지선은 유선의 각 점의 전수두를 나타내는 선이므로, 만일 에너지의 손실이 없으면 수평이 되고 흐름에 따라서 에너지의 손실이 있으면 경사지게 된다.

다음에는 기준수평면에서 위치수두와 압력수두의 합, 즉 $(z + p/w)$의 점을 연결한 선을 동수경사선(hydraulic grade line) 또는 압력선(pressure line)이라고 한다.

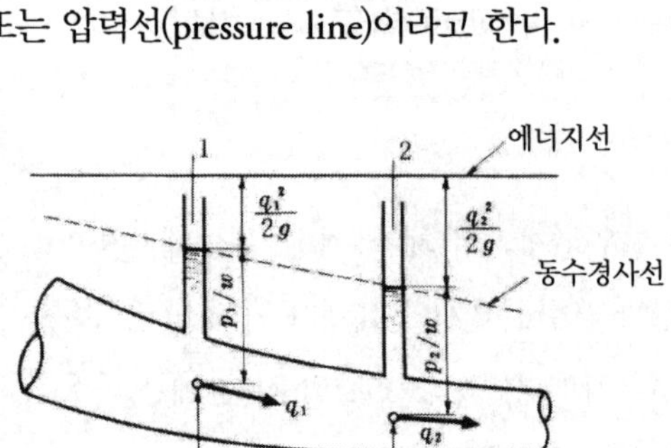

[그림 3−15] 에너지선과 동수경사선

동수경사선은 **그림 3-15**와 같이 관 속을 물이 흐르는 경우는 관 속의 압력을 나타내는 선이며, 이 때문에 압력선이라고도 한다. 관 벽에 가는 유리관을 세우면 동수경사선까지 물이 상승하게 된다. 이 그림에서 보는 바와 같이 에너지선과 동수경사의 높이 차는 속도수두와 같다.

계산예 3-9

지름 20 cm, 18 cm, 12 cm의 3개의 관이 연결되어 있다. 20 cm 관 속의 평균유속을 1 m/sec라고 하면 다른 관 속의 평균유속은 얼마인가?

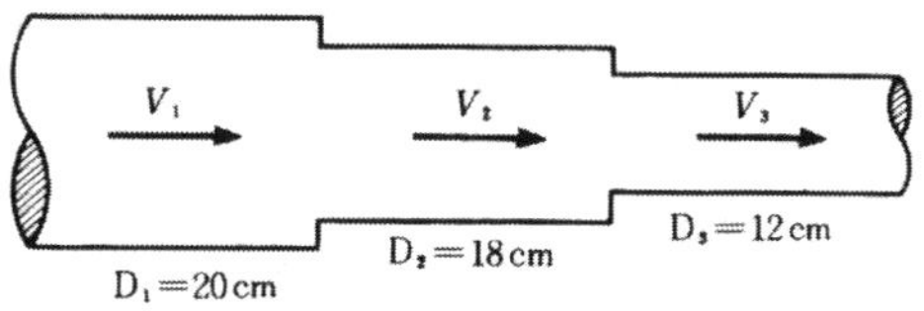

【해】 연속방정식 $A_1V_1=A_2V_2=A_3V_3$ 에서

$$V_2=\frac{A_1V_1}{A_2}=\frac{D_1^2V_1}{D_2^2}=\frac{20^2}{18^2}\times 100=1.23\times 100=123\text{ cm/sec}$$

$$V_3=\frac{A_1V_1}{A_3}=\frac{20^2}{12^2}\times 100=2.8\times 1000=280\text{ cm/sec}$$

계산예 3-10

【계산예 3-9】에 있어서 20 cm 관 속의 압력을 1 kg/cm^{2}라고 하면 다른 관 속의 압력은 얼마인가? 이 경우의 에너지선과 압력선을 그려라.

【해】 관을 수평이라고 하고 Bernoulli의 정리를 적용하면

$$H=\frac{V_1^2}{2g}+\frac{p_1}{w}=\frac{V_2^2}{2g}+\frac{p_2}{w}=\frac{V_3^2}{2g}+\frac{p_3}{w}$$

전수두는

$$H=\frac{V_1^2}{2g}+\frac{p_1}{w}=\frac{100^2}{2\times 980}+\frac{1}{0.001}=1005.1\text{ cm}=10.05\text{ m}$$

$$p_1=wh,\quad h=\frac{p}{w}$$

$$\frac{p_2}{w} = H - \frac{V_2^2}{2g} = 10.05\text{ m} - \frac{1.23^2}{2\times 9.8} = 10.05 - 0.077 = 9.97\text{ m}$$

$$\therefore\ p_2 = 1\text{ t/m}^3 \times 9.97\text{ m} = 9.97\text{ t/m}^2$$

$$\frac{p_3}{w} = 10.05 - \frac{2.8^2}{2\times 9.8} = 9.65\text{ m}$$

$$\therefore\ p_3 = 1 \times 9.65 = 9.65\text{ t/m}^2$$

$$\frac{V_1^2}{2g} = 0.051\text{ m},\ \frac{V_2^2}{2g} = 0.079\text{ m},\ \frac{V_3^2}{2g} = 0.4\text{ m}$$

이므로 에너지선과 압력선은 그림과 같다. $p = 1\text{ kg/cm}^2 = 10\text{ t/m}^2$이다.

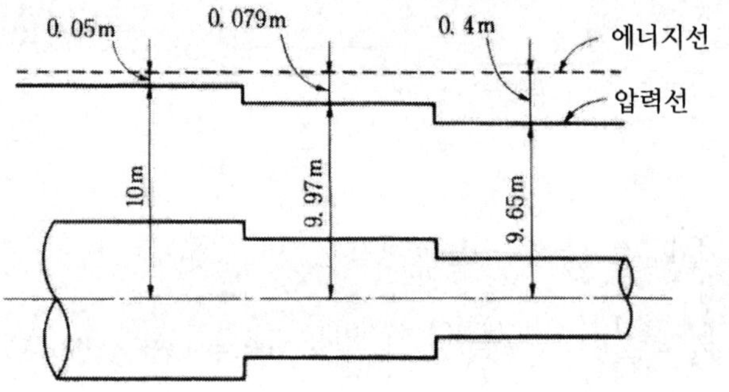

3.5.5 Bernoulli 정리의 응용

(1) Torricelli의 정리

그림 3-16과 같은 수조의 벽에 아주 작은 구멍을 뚫어서 물을 유출시키는 경우를 생각한다. 구멍에서 유출하는 물의 속도를 v, 수면으로부터 구멍의 중심까지의 깊이를 h라고 하고, 물은 수면으로부터 그림과 같은 유선에 따라서 구멍으로 흐르는 것이라고 한다. 수조의 단면적을 A, 구멍의 단면을 a, 수면에 있어서의 유속을 V라고 하고 수면과 구멍에 대해서 Bernoulli 정리를 적용하면

$$\frac{V^2}{2g} + (z + h) + \frac{p_A}{w} = \frac{v^2}{2g} + z + \frac{p_a}{w} \tag{3-56}$$

이 식에 있어서 z는 기준면으로부터 구멍까지의 높이이고, p_A는 수면에 작용하는 압력, 그리고 p_a는 구멍의 위치에 있어서의 압력이다. 지금 그림 (b)와 같이 구멍의 압력 p_a는 물이 구멍을 유출할

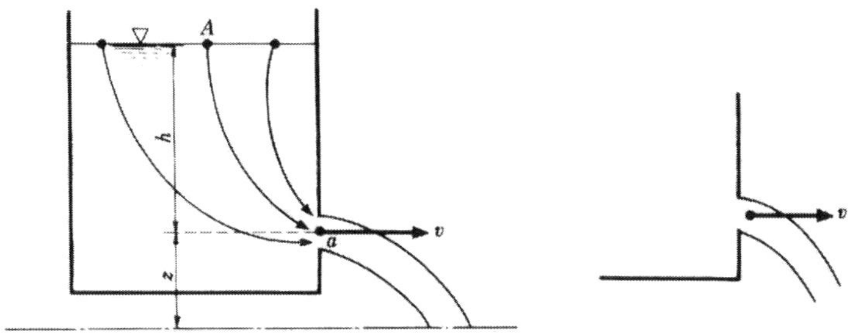

(a) (b)

[그림 3-16] Torricelli 정리의 설명도

때 수조의 약간 바깥쪽의 수맥 속의 압력이라고 하면 이것은 대기압과 같고, 수면의 압력 p_A도 대기압과 같으므로 $p_A = p_a$이다.

다음에 수면과 구멍에 대한 연속방정식은

$$VA = va = Q$$

이고 수조의 단면적이 구멍의 단면적에 비해서 매우 크다고 하면 $A \gg a$이며, 따라서 $V \ll v$이다. 즉, 구멍의 유속 v에 비해서 수면의 유속 V는 매우 작다. 이들의 관계를 식 (3-56)에 대입하면

$$0 + h + 0 = \frac{v^2}{2g} + (z - z) + 0$$

$$\left.\begin{aligned} h &= \frac{v^2}{2g} \\ \text{또는 } v &= \sqrt{2gh} \end{aligned}\right\} \tag{3-57}$$

식 (3-57)에서 구멍의 유속은 수심이 주어지면 계산할 수 있다. 이것을 Torricelli의 정리라고 한다. 이 식에서 알 수 있는 바와 같이 높이 h점에 있는 물의 위치수두는 구멍의 위치에서 모두 속도수두로 변한다.

(2) 피토관

그림 3-17과 같이 유속 v로서 흐르는 수류 속에 구멍이 뚫린 유리관의 끝단을 흐름의 반대 방향으로 놓는 경우를 생각한다. 수심 h점의 유속은 v이지만 유리관의 끝단 S점(이 S점은 약간 유리관 속의 점이라고 한다)의 유속은 0이다.

지금 a점과 S점에 대해서 Bernoulli의 정리를 적용하면

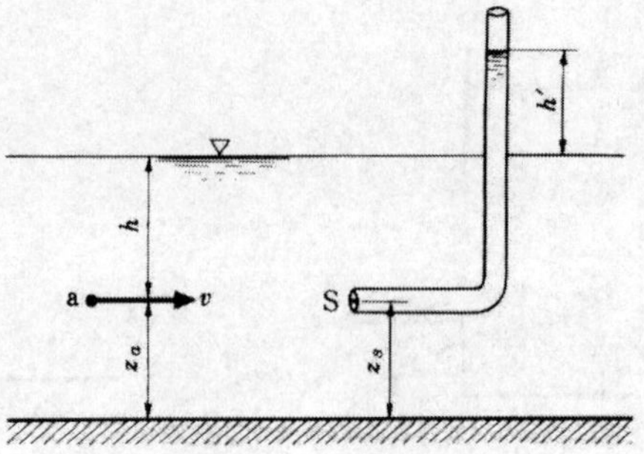

[그림 3-17] 피토관

$$\frac{v^2}{2g} + z_a + \frac{p_a}{w} = 0 + z_s + \frac{p_s}{w}$$

여기서 $z_a = z_s$라고 하면

$$\frac{v^2}{2g} + \frac{p_a}{w} = \frac{p_s}{w} \tag{3-58}$$

식 (3-58)의 좌변은 3.5.3절에서 설명한 바와 같이 정체압에 대한 수두이다. 즉 속도수두와 압력수두를 합한 것이다. 이 식을 고쳐 쓰면

$$\frac{v^2}{2g} = \frac{p_s}{w} - \frac{p_a}{w} = h' \tag{3-59}$$

여기서 h'는 S점과 a점의 압력수두의 차이며, 이것을 식 (3-59)에서 구하면

$$h' = \frac{v^2}{2g} \quad \text{또는} \quad v = \sqrt{2gh'} \tag{3-60}$$

흐르는 물속에 그림과 같이 유리관을 세우면 유리관 속으로 물이 h'만큼 상승한다. 이 h'를 측정하면 식 (3-60)에서 a점의 유속 v를 계산할 수 있다. 이와 같이 유속을 측정할 수 있는 장치를 피토관(Pitot tube)이라고 한다.

3.6 정상류에 대한 운동량방정식

Newton의 운동에 관한 제2법칙에 의하면 질량 m을 가진 물체가 α인 가속도로서 움직이려면 힘 F의 작용을 받아야 한다. 즉

$$\vec{F} = m\vec{a} = m\frac{d\vec{v}}{dt} = \frac{d}{dt}(m\vec{v}) \tag{3-61}$$

여기서 v는 속도이고, t는 시간이다. 식 (3−61)은 하나의 물체뿐만 아니라 물체의 집단 또는 유체와 같은 연속체에도 적용할 수 있다. 이 식에 있어서 질량에 속도를 곱한 값 mv를 운동량(momentum)이라고 한다. 식 (3−61)에 있어서 $\vec{F}$, $\vec{a}$, $\vec{v}$는 모두 벡터량이며 힘의 작용방향은 속도차 $\Delta\vec{v}$의 방향과 같다. 위 식을

$$\vec{F} = \frac{m}{\Delta t}\Delta\vec{v} = \frac{m}{\Delta t}(\vec{v_2} - \vec{v_1}) \tag{3-62}$$

로 변형하면 F의 작용방향과 $\Delta\vec{v}$의 방향이 같다는 것을 알 수 있다. 한 예로서 날개에 의해서 수맥이 **그림 3−18**과 같이 구부러지는 경우 날개가 수맥에 작용하는 힘의 방향은 v_1과 v_2의 벡터도에 있어서 Δv의 방향과 같다.

다음에 **그림 3−19**와 같이 흐르는 유체 속에 하나의 폐합면 S(이것을 검사면 또는 control surface라고도 한다)를 생각하고 식 (3−61)의 운동량의 변화를 알아보기로 한다.

짧은 시간 Δt후에는 이 폐합면으로부터 흐름 방향으로 ac′bd′에 해당하는 운동량 dM_0가 유출하고, 그 대신 acbd에서 dM_I의 운동량이 유입하게 된다. 이와 같은 경우 식 (3−61)의 운동량의 시간적 변화를 알아보기로 한다.

폐합면 S에 있어서 ac′bd내의 운동량을 M_R이라고 하면 시각 t와 $t + \Delta t$때의 운동량은 각각

$$M_t = M_R + dM_I$$

$$M_{t+\Delta t} = M_R + dM_0$$

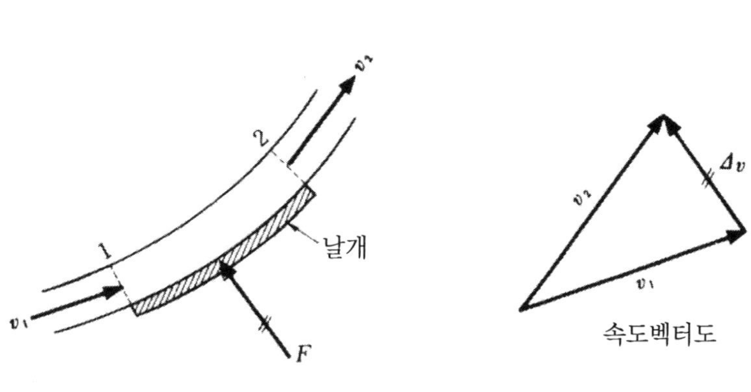

[그림 3−18]

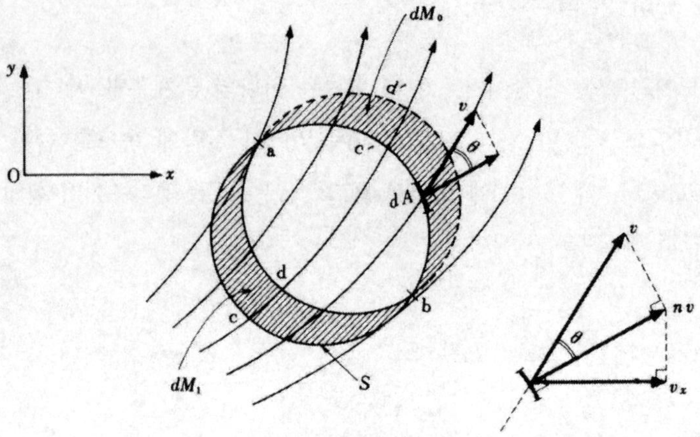

[그림 3-19]

와 같고, 특히 정상류에 있어서는 M_R은 일정하므로 결국 식 (3-61)은 다음과 같이 쓸 수 있다.

$$F = \frac{1}{dt}(M_{t+\Delta t} - M_t) = \frac{1}{dt}(dM_0 - dM_I) \tag{3-63}$$

일반적으로 폐합면 내의 유속은 균일하지 않으므로 dM_0과 dM_I를 구할 때는 폐합면 전체를 출입하는 운동량을 적분해야 한다.

지금 **그림 3-19**와 같이 폐합면 위의 한 점의 유속을 v, 면에 수직한 법선과 v 사이의 각을 θ라고 하면 미소면적 dA를 통해서 Δt시간에 유출입하는 유체의 질량은

$$dm = \rho\, dAv\cos\theta\Delta t$$

이다. x방향의 속도성분을 v_x라고 하면 Δt시간 사이에 폐합면을 출입하는 운동량을 변화시키기 위해서 작용해야 하는 x방향의 힘 F_x는 다음과 같이 표시할 수 있다.

$$F_x = \frac{1}{\Delta t}\int_A(\rho\, dAv\cos\theta\Delta t)v_x = \int_A \rho\, v\, v_x \cos\theta\, dA \tag{3-64}$$

여기서 A는 폐합면의 전표면적이다.

일반적으로 흐름 속에 있어서는 유관의 한쪽 단면에 유체가 유입하고, 다른 단면으로 유출하게 되는데, 유관의 표면으로는 질량의 출입이 없다. **그림 3-20**의 유관 abcd를 하나의 폐합면이라고 하면 운동량은 단면 1에서 유입하고 단면 2에서 유출하게 되는데, 유관의 표면에서는 운동량의 출입이 없다. 따라서 단면적과 유속을 각각 dA_1, v_1 그리고 dA_2, v_2라고 하면, 유관에 연한 유속을 v_1에서 v_2로 변화시키기 위해서 작용해야 하는 x방향의 힘은

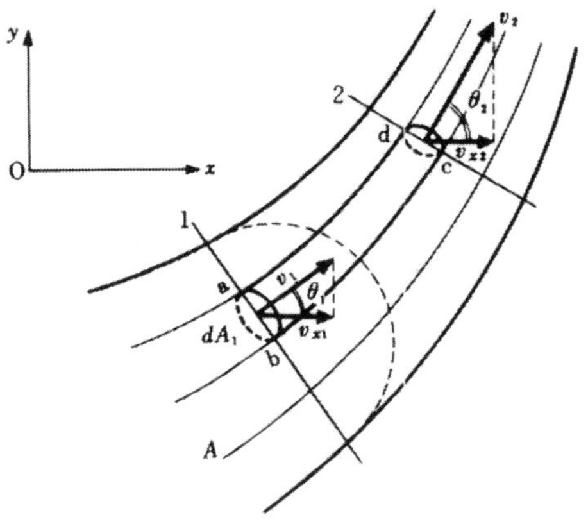

[그림 3-20]

$$dF_x = \rho\, dA_2\, v_2\, v_2 \cos\theta_2 - \rho\, dA_1\, v_1\, v_1 \cos\theta_1 = \rho\, dQ(v_2 \cos\theta_2 - v_1 \cos\theta_1) \tag{3-65}$$

여기서 $dQ = dA_1 v_1 = dA_2 v_2$이다.

실제 관 속의 흐름에 있어서는 유속이 일정하지 않으므로 관 전체에 작용하는 힘을 구하고자 할 때는 단면적 A에 대해서 식 (3-65)를 적분하면 된다. x 및 y방향으로 작용하는 힘은 다음과 같다.

$$\left.\begin{aligned} F_x &= \int_A \rho(v_2 \cos\theta_2 - v_1 \cos\theta_1)dQ \\ F_y &= \int_A \rho(v_2 \sin\theta_2 - v_1 \sin\theta_1)dQ \end{aligned}\right\} \tag{3-66}$$

만일 속도분포가 균일하다면, 위 식은 다음과 같이 쓸 수 있다.

$$\left.\begin{aligned} F_x &= \rho Q(V_{x2} - V_{x1}) \\ F_y &= \rho Q(V_{y2} - V_{y1}) \end{aligned}\right\} \tag{3-67}$$

식 (3-66) 또는 식 (3-67)은 구부러진 관수로 또는 유속이 변화하는 흐름에 있어서 관벽 또는 물체가 흐름에 작용하는 힘을 나타내는 식이다. 이 관계식을 운동량방정식(momentum equation)이라고 하고 Euler의 운동방정식, Navier-Stokes의 운동방정식 또는 Bernoulli의 정리와 함께 흐름 문제를 해석하는 데 많이 사용된다.

운동량방정식에 있어서 유체에 작용하는 힘은 2.1절에서 설명한 바와 같이 (1) 유체의 질량에 작용하는 질량력, 즉 중력에 의한 힘(W)과 (2) 유체요소의 표면에 작용하는 표면력, 즉 압력(P)과 마찰력(F)을 모두 합한 것이다.

계산예 3-11

지름 4 cm의 원형단면의 수맥이 그림과 같이 곡면을 따라서 흐를 때 이 곡면에 작용하는 수맥의 힘을 구하여라. 단, 수맥의 속도는 15 m/sec라고 하고 마찰은 무시한다.

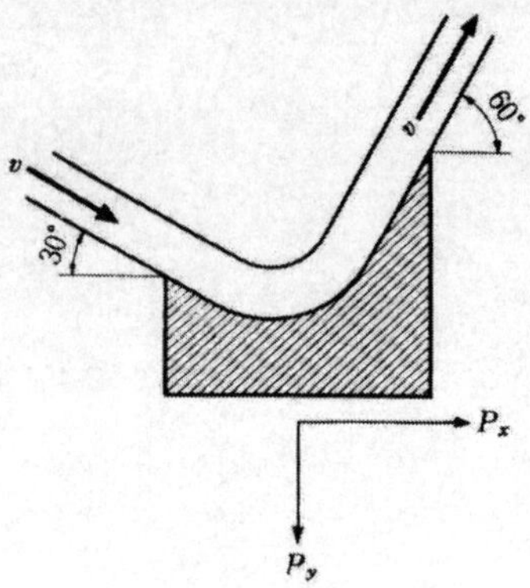

【해】 유량 $Q = Av$

$$= \frac{3.14}{4} \times 0.04^2 \times 15 = 0.0188\ \text{m}^3/\text{sec}$$

곡면이 수맥에 작용하는 x방향의 힘을 P_x라고 하면

$$P_x = \frac{w}{g} Qv\,(\cos 60^\circ - \cos 30^\circ)$$

$$= \frac{1000}{9.8} \times 0.0188 \times 15(0.5 - 0.866)$$

$$= (-)10.5\ \text{kg}$$

$$P_y = \frac{w}{g} Qv\,(\sin 60^\circ + \sin 30^\circ)$$

$$= \frac{1000}{9.8} \times 0.0188 \times 15(0.866 + 0.5) = +\ 39.3\ \text{kg}$$

따라서 수맥이 곡면에 작용하는 힘은

$$P_x = (+)10.5\ \text{kg} \qquad P_y = (-)39.3\ \text{kg}$$

3.7 에너지 보정계수와 운동량 보정계수

3.7.1 에너지 보정계수

3.5.2절의 **그림 3-13**에서 보는 바와 같이 관수로의 흐름에 있어서는 유속분포가 균일하지 않고 일반적으로 관벽에 있어서 유속이 0이며, 관의 중심축에 있어서 최대가 되는 분포가 된다. 그러나 이 그림에서 보는 바와 같이 유관 속에 있어서는 유속이 대략 균일하게 분포되어 있다고 할 수 있다. 하나의 유관에 연한 단면 1과 2에 Bernoulli의 정리를 적용하면

$$\frac{v_1^2}{2g} + \frac{p_1}{w} + z_1 = \frac{v_2^2}{2g} + \frac{p_2}{w} + z_2$$

위 식의 각 항은 단위무게의 유체가 가진 에너지이므로 단면적 dA의 유관을 유량 dQ가 흐르는 경우 $w\,dQ$의 유체가 가진 에너지는

$$\left(\frac{v_1^2}{2g} + \frac{p_1}{w} + z_1\right)w\,dQ = \left(\frac{v_2^2}{2g} + \frac{p_2}{w} + z_2\right)w\,dQ$$

이고, 관의 전면적 A에 대해서는 이 식을 관의 단면적 A에 대해서 적분하여 구할 수 있다.

$$\int_A \left(\frac{v_1^2}{2g} + \frac{p_1}{w} + z_1\right)w\,dQ = \int_A \left(\frac{v_2^2}{2g} + \frac{p_2}{w} + z_2\right)w\,dQ$$

위 식을 고쳐 쓰면

$$\int_A \left(\frac{p_1}{w} + z_1 - \frac{p_2}{w} - z_2\right)w\,dQ = \int_A \left(\frac{v_2^2}{2g} - \frac{v_1^2}{2g}\right)w\,dQ \tag{3-68}$$

한 단면에 있어서는 $\left(\frac{p}{w} + z\right)$는 일정하므로 식 (3−68)의 좌변은 다음과 같이 쓸 수 있다.

$$\left(\frac{p_1}{w} + z_1 - \frac{p_2}{w} - z_2\right)w\int_A dQ = \left(\frac{p_1}{w} + z_1 - \frac{p_2}{w} - z_2\right)wQ \tag{3-69}$$

식 (3−68)의 우변은 단면의 유속분포를 알면 적분할 수 있다. 그러나 일반적으로는 유속분포를 쉽게 알 수 없으므로 실용상에 있어서는 전단면의 평균유속을 사용하여 단위무게당의 에너지를 표시하는 것이 편리하다. 즉, Bernoulli의 정리에 있어서 단위무게당의 운동에너지를 유관에 연한 유속 v 대신 전단면의 평균유속 V로서 표시하게 된다.

식 (3−68)의 우변에 있어서 단면 전체의 운동에너지는

$$\int_A \frac{v^2}{2g}w\,dQ \quad \text{또는} \quad \int_A \frac{v^3}{2g}w\,dA$$

이고, 평균유속을 사용한 전단면의 운동에너지는

$$\frac{V^2}{2g}wQ \quad \text{또는} \quad \frac{V^3}{2g}wA$$

이다.

일반적인 유속분포의 경우는 이들은 일치하지 않고

$$\int_A \frac{v^3}{2g}w\,dA = \alpha\frac{V^3}{2g}wA \tag{3-70}$$

와 같이 표시할 수 있다. 식 (3−70)의 α는 전단면에 대해서 적분한 정확한 운동에너지를 평균유속

으로 표시하기 위한 보정계수이며, 이것을 에너지 보정계수(energy correction factor)라고 하고, 다음 식에서 계산할 수 있다.

$$\alpha = \int_A \left(\frac{v}{V}\right)^3 \frac{dA}{A} \tag{3-71}$$

식 (3-70)을 식 (3-68)에 대입하여 정리하면 평균유속을 사용한 Bernoulli의 정리를 구할 수 있다.

$$\left(\alpha_1 \frac{V_1^2}{2g} + \frac{p_1}{w} + z_1\right) wQ = \left(\alpha_2 \frac{V_2^2}{2g} + \frac{p_2}{w} + z_2\right) wQ$$

따라서 단위무게당의 에너지는

$$\alpha_1 \frac{V_1^2}{2g} + \frac{p_1}{w} + z_1 = \alpha_2 \frac{V_2^2}{2g} + \frac{p_2}{w} + z_2 \tag{3-72}$$

반지름 R의 원관인 경우 유속분포를 알면 다음 식으로 α를 계산할 수 있다.

$$\alpha = \int_A \left(\frac{v}{V}\right)^3 \frac{dA}{A} = \frac{1}{AV^3} \int_A v^3 dA = \frac{1}{\pi R^2 V^3} \int_0^R v^3 2\pi r dr$$

$$= \frac{2\pi}{\pi R^2 V^3} \int_0^R v^3 r\, dr \tag{3-73}$$

α_1 및 α_2는 각 단면의 에너지 보정계수이고, 이것은 단면형과 유속분포에 따라서 결정된다. 원관 속의 층류에 있어서는 $\alpha = 2$이고, 난류의 경우는 $\alpha = 1$~1.1 정도이다. α는 유속분포형이 평균유속에 가까울수록 1에 접근한다. 일반적으로 우리들이 취급하는 흐름은 대부분이 난류이므로 α는 1에 가까운 값을 갖는다. 단면이 급변화하는 흐름을 해석할 때는 α에 대하여 신중히 취급해야 한다(계산예 3-13 참조).

3.7.2 운동량 보정계수

그림 3-20과 같은 유관 abcd의 단면 1에 dF_1, 단면 2에 dF_2가 흐름 방향으로 작용한다고 하면 이 유관에 작용하는 흐름 방향의 합력은

$$dF = dF_1 - dF_2$$

이고, 이것은 운동량의 차와 같다.

$$dF = \rho\, dQv_2 - \rho\, dQv_1$$

전단면 A에 대해서는

$$F = \int_A (\rho\, dQv_2 - \rho\, dQv_1) = \int_A \rho\, v_2^2\, dA - \int_A \rho\, v_1^2\, dA \tag{3-74}$$

식 (3-74)의 우변은 유속분포가 주어지면 적분할 수 있다. 그러나 일반적인 유속분포에 대해서는 적분이 불가능하므로 에너지 보정계수와 마찬가지로 평균유속을 사용하여 다음과 같이 표시하면 편리하다.

$$\int_A \rho v^2\, dA = \eta\rho\, VQ \tag{3-75}$$

여기서 η는 평균유속을 사용하기 위한 보정계수이며 이것을 운동량 보정계수(momentum correction factor)라 하고, 다음 식에서 계산할 수 있다.

$$\eta = \int_A \left(\frac{v}{V}\right)^2 \frac{dA}{A} \tag{3-76}$$

식 (3-75)를 식 (3-74)에 대입하면 평균유속을 사용한 운동량방정식을 얻을 수 있다.

$$F = \rho Q[(\eta V)_2 - (\eta V)_1] \tag{3-77}$$

원관 속 층류의 경우는 $\eta = \dfrac{4}{3}$, 난류의 경우는 $\eta = 1.01 \sim 1.05$ 정도이고, 폭이 넓은 개수로의 경우는 $\eta = 1.02$ 정도이다. 에너지 보정계수와 마찬가지로 η의 값은 1에 가까운 값이므로 일반적인 수리계산에서는 $\eta = 1$을 사용해도 별 지장이 없다.

계산예 3-12

반지름 r_0의 원관 속을 층류가 흐를 때의 유속분포는

$$v = v_0\left(1 - \frac{r^2}{r_0^{\,2}}\right)$$

로 표시된다. 이 경우의 에너지 보정계수와 운동량 보정계수를 구하여라.

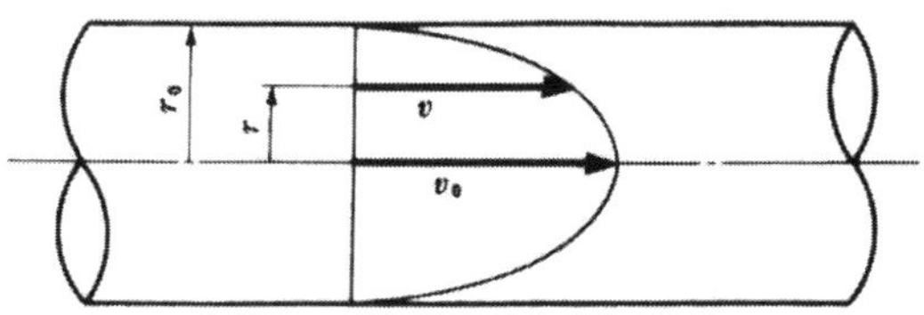

【해】

$$\text{유량} : Q = \int_0^{r0} 2\,\pi r dr v = \int_0^{r0} 2\,\pi r v_0 \left(1 - \frac{r^2}{{r_0}^2}\right) dr$$

$$\text{평균유속} : V = \frac{Q}{A} = \frac{2\pi v_0}{\pi {r_0}^2} \int_0^{r0} \left(1 - \frac{r^2}{r_0}\right) r dr = \frac{1}{2} v_0$$

$$\alpha = \frac{1}{AV^3} \int_A v^3\, dA = \frac{1}{AV^3} \int_0^{r0} v_0^3 \left(1 - \frac{r^2}{{r_0}^2}\right)^3 2\pi r dr$$

$$= \frac{2\pi {v_0}^3}{\pi r_0^2 V^3} \left(\frac{1}{2} r_0^2 - \frac{3}{4} r_0^2 + \frac{1}{2} r_0^2 - \frac{1}{8} r_0^2 \right) = \frac{8}{4} = 2$$

$$\eta = \frac{1}{AV^2} \int_0^{r0} {v_0}^2 \left(1 - \frac{r^2}{{r_0}^2}\right) 2\pi r dr = \frac{4}{3} = 1.33$$

계산예 3-13

그림과 같이 원관의 지름이 D_1에서 D_2로 급확대하는 경우를 생각한다. 물이 단면 ①에서 ②로 흐른다고 하면 급확대부에 있어서는 유선은 관벽에 따르지 못하고, CE 또 C′E′에 따라서 확대되고, E와 E′점에서 비로소 유선은 관벽에 따라서 흐르게 된다. 그림과 같이 단면 ①에 있어서의 관내의 유속을 균일하다고 가정하고 단면 ②에 있어서도 균일하다고 한다. 이 경우 단면의 평균유속을 사용하여 단면 ①과 ②에 Bernoulli의 정리를 적용하는 경우를 생각한다. 각 단면의 에너지 보정계수와 운동량 보정계수를 구하여라.

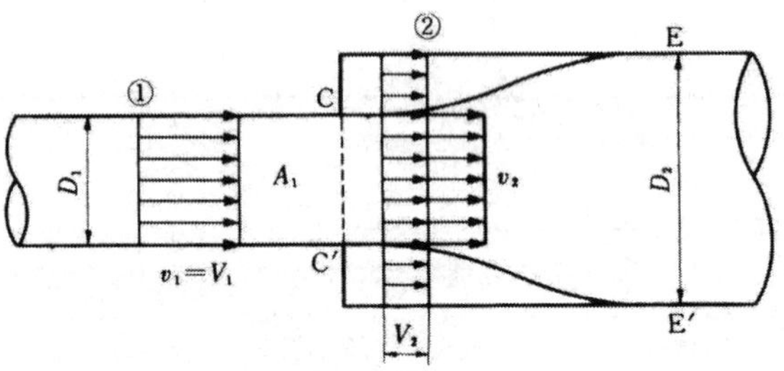

【해】 단면 ①과 ②의 평균유속은 각각 V_1과 V_2이고, 단면 ②의 실제의 유속은 v_2이다. 단면 ①에 있어서는 속도 v_1이 균일하고 평균유속 V_1과 같으므로

$$\alpha_1 = \int_A \left(\frac{v_1}{V_1}\right)^3 \frac{dA}{A} = \frac{1}{A} \int_A dA = 1$$

$$\eta_1 = \int_A \left(\frac{v_1}{V_1}\right)^2 \frac{dA_1}{A_1} = \int_A \frac{dA}{A} = 1$$

단면 ②에 있어서는 $v_2 = V_1$이므로

$$\alpha_2 = \frac{1}{A_2}\int\left(\frac{v_2}{V_2}\right)^3 dA_1 = \frac{1}{A_2}\int_A\left(\frac{V_1}{V_2}\right)^3 dA_1$$

$$= \frac{1}{A_2}\left(\frac{V_1}{V_2}\right)^3\int_A dA_1 = \frac{A_1}{A_2}\left(\frac{V_1}{V_2}\right)^3$$

여기서 $A_1 V_1 = A_2 V_2$에서

$$\frac{V_1}{V_2} = \frac{A_2}{A_1}$$

$$\therefore\ \alpha_2 = \frac{A_1}{A_2}\left(\frac{A_2}{A_1}\right)^3 = \left(\frac{A_2}{A_1}\right)^2 = \left(\frac{D_2}{D_1}\right)^4$$

$$\eta_2 = \frac{1}{A_2}\int_A\left(\frac{V_1}{V_2}\right)^2 dA_1 = \frac{A_1}{A_2}\left(\frac{V_1}{V_2}\right)^2$$

$$= \frac{A_1}{A_2}\left(\frac{A_2}{A_1}\right)^2 = \frac{A_2}{A_1} = \frac{D_2^{\ 2}}{D_1^{\ 2}}$$

지금 $D_1 = 1\ \text{m},\ D_2 = 2\ \text{m}$라고 하면

$$\alpha_2 = \left(\frac{2}{1}\right)^4 = 16\,, \qquad \eta_2 = \left(\frac{2}{1}\right)^2 = 4$$

이 경우의 Bernoulli의 정리는

$$\frac{V_1^2}{2g} + \frac{p_1}{w} + z_1 = 16\,\frac{V_2^2}{2g} + \frac{p_2}{w} + z_2$$

$$F = \rho Q(4V_2 - V_1)$$

연습문제

3-1. 그림과 같이 댐 하류부의 곡선부 곡률반경을 $r = 8$ m, 월류량을 $q = 10$ m^3/sec/m, apron의 수심을 0.8 m라고 하면 이 곡류부의 원심가속도는 얼마인가?

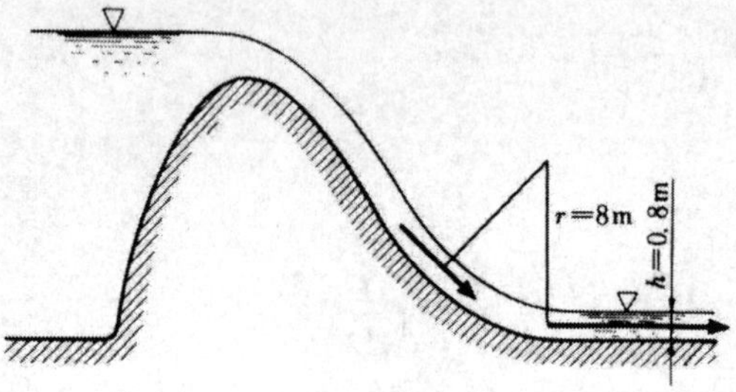

3-2. 계산예 3-4의 그림에 있어서 하류에 있는 벨브를 10초 사이에 폐색하여 $Q = 0.04$ m^3/sec를 $Q = 0$으로 차단할 때 A, B, C점의 국부가속도를 구하여라.

3-3. 그림과 같이 관수로의 중간에 단면축소부를 만들어서 관수로와 축소부의 압력 차를 측정함으로써 관수로의 평균가속 또는 유량을 측정하는 장치를 venturi계라고 한다. 단면 ①과 ②의 압력차를 U자형 액주계로서 측정한 바 수은주의 차가 $h = 5$ cm였다. 관수로의 평균유속과 유량은 얼마인가?

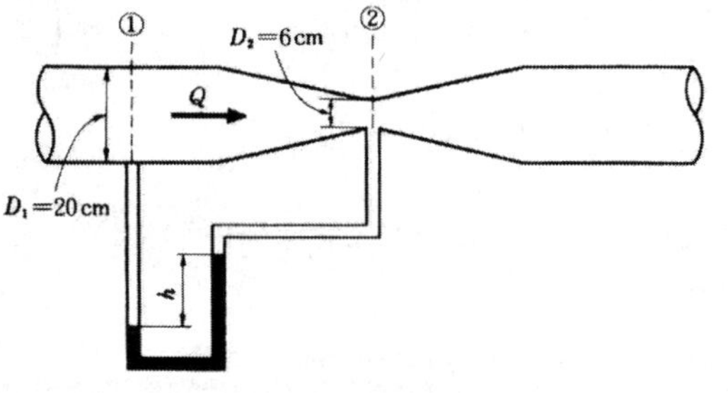

3-4. 그림과 같은 Pitot관에 있어서 a관은 동압을 측정하고, b관은 정압을 측정하는 관이다. 이들의 관을 수은이 들어 있는 U자형 액주계로 연결한 결과 $h = 6$ cm가 측정되었다. A점의 유속을 구하여라.

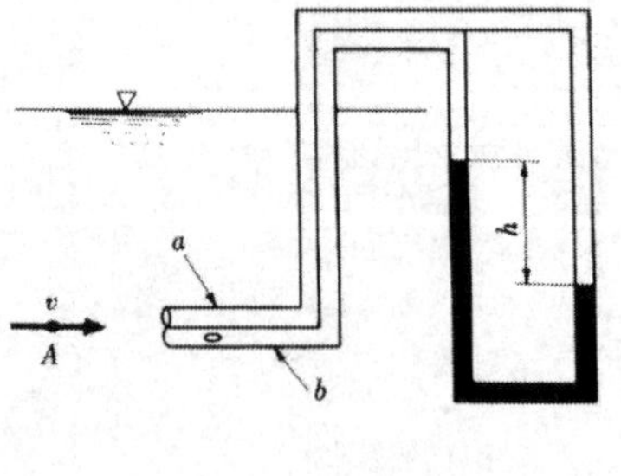

3-5. 그림과 같이 수조의 바닥에 부착되어 있는 지름 18 cm의 관으로 물을 배수하고 있다. 관의 입구 C에 있어서는 수맥이 수축되어 유수단면적이 작아지므로 이 점의 유속은 관내의 유속의 1.5 배가 된다고 한다. 지금 수조의 수심을 2 m라고 하면 C점의 압력이 포화증기압 이하로 내려가지 않게 하려면 관의 최대길이는 얼마로 해야 할 것인가? 여기서 물의 온도는 20°C라고 한다.

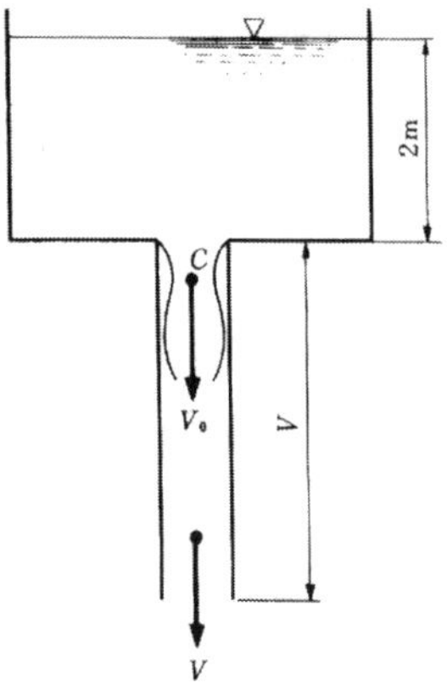

3-6. 그림과 같이 지름 20 cm의 관 끝단에 지름 6 cm의 nozzle이 붙어 있다. 관 속을 흐르는 유량은 0.09 m^3/sec이고 이것은 nozzle의 끝단에서 대기 중으로 방류된다고 하면 이 nozzle 부분에 작용하는 물의 힘은 얼마인가?

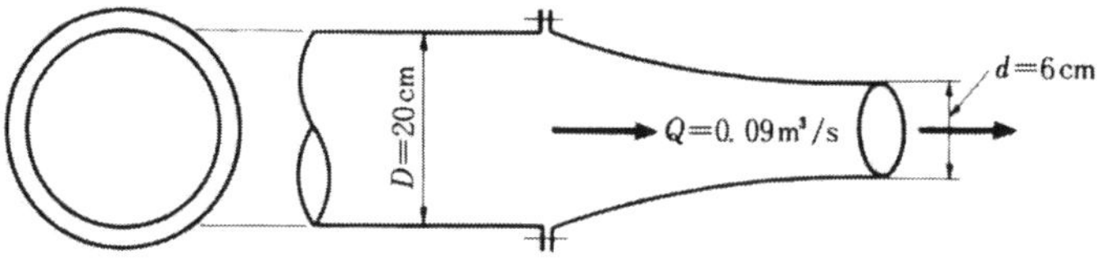

3-7. 지름 10 cm, 유속 $V = 5$ m/sec의 사출수가 물차 속으로 사출된다. 이때 물차를 고정시키는 데 필요한 힘은 얼마인가? 단, 마찰은 무시한다.

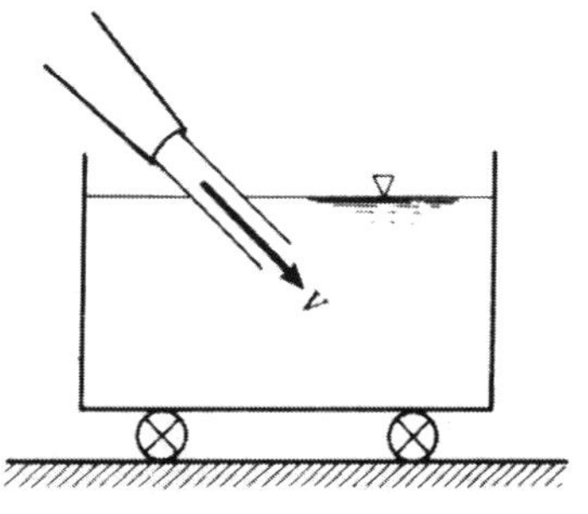

3-8. Bernoulli의 정리에 대하여 다음 물음에 답하여라.

(1) 일상생활에 있어서 Bernoulli의 정리를 응용하여 만든 기계 또는 기구를 하나 골라서 Bernoulli의 정리가 어떻게 응용되어 있는가를 설명하여라.

(2) 회전류와 비회전류에 대한 Bernoulli의 정리의 적용 방법이 어떻게 다른가를 설명하여라.

참고문헌

본장은 동수역학의 일반적인 기초이론을 개설한 것이며, 그 내용은 일반적인 수리학과 유체역학의 참고서의 내용과 같다. 이들 책 중에서 몇 가지를 열거하면 다음과 같다.

(1) H. Rouse, Elementary Mechanics of Fluids. John Wiley and Sons, Inc., 1946.

(2) H. Rouse, Fluids Mechanics for Hydraulic Engineers, Dover Publications, Inc., New York, 1961.

(3) 椿木東一郎, 水理學 I, 森北出版, 東東, 1979.

(4) 安守漢, 水理學, 東明社, 서울, 1981.

(5) 藤本武助, 流體力學, 養賢堂, 東京, 1952.

(6) 官城音五郎, 流體力學, Als社, 東京, 1940.

(7) 岩佐義明, 水理學, 朝倉書房, 東京, 1967.

(8) J.C. Hunsaker and B.G. Rightmire, Engineering Application of Fluid Mechanics, McGraw Hill, 1947.

(9) Bernard Le Mehaute, An Introduction to Hydrodynamics & Water Waves, Springer–Verlag, New York, 1976.

제4장

층류와 난류

4.1 층류와 난류에 대한 Reynolds의 실험

4.1.1 층류와 난류의 정의

그림 4-1은 수조내의 물이 유리관 AB를 통해서 흐르는 동시에 색소액도 주사바늘과 같은 매우 작은 구멍에서 유출하여 물과 함께 흐르게 하는 장치이다. 처음에 정지상태에 있는 물은 B에 있는 벨브를 서서히 열면 매우 작은 유속으로 흐르기 시작하고, 색소액은 유리관 속의 물과 함께 실처럼 선상으로 흐르게 된다. 다음에 벨브를 열어 관 속의 유속을 차차로 크게 하여 어떤 한계유속에 도달하면 색소액은 조금씩 흐트러지기 시작하고, 다시 유속을 크게 하면 색소액은 구름처럼 흐트러져서 유리관 전체에 확산되어 흐르게 된다.

이와 같은 흐름의 상태는 Reynolds에 의해서 연구된 것으로, 색소액이 흐트러지지 않고 층상으로 흐르는 흐름을 층류(laminar flow), 색소액이 흐트러져서 관 전체에 확산되어 흐르는 흐름을

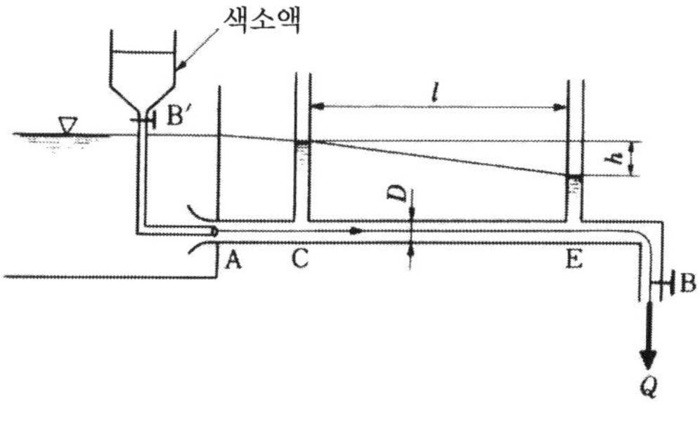

[그림 4-1] Reynolds의 층류에 대한 실험장치

난류(turbulent flow)라고 한다.

층류상태로 흐르는 수류의 유속을 어떤 한계치 이상으로 크게 하면 유선은 흐트러지고, 유속을 다시 작게 하면 층류가 된다. 이와 같이 층류에서 난류 또는 난류에서 층류로 변화하는 조건은 유속뿐만 아니라 흐름의 규모, 유체의 점성, 그리고 실험방법 등에 따라서 달라진다는 것은 여러 사람들의 실험에 의해서 밝혀졌다. 그러므로 층류에서 난류로, 그리고 난류에서 층류로 변하는 조건을 정확히 정하는 것은 매우 어려운 일이다. 그러나 Reynolds는 실험방법을 일정하게 하고, 많은 실험을 하여 다음과 같은 조건을 발견하였다. 즉, 지름 D의 원관 속의 평균유속을 V, 동점성계수를 ν라고 할 때 이들의 양으로 만든 무차원수

$$R_e = \frac{VD}{\nu} \tag{4-1}$$

의 값에 따라 층류도 되고 난류도 된다는 것을 발견하였다. 이와 같은 무차원수는 Reynolds에 의해서 제안된 것이며, 이것을 레이놀즈수(Reynolds number)라고 한다.

Reynolds와 기타 많은 사람들의 실험에 의하면 원관 속의 흐름에 있어서 Reynolds 수가 2300보다 작은 흐름은 어떤 경우라도 층류가 된다고 한다. 실험을 조심스럽게 잘 하면 작은 유속에서 점차적으로 큰 유속으로 변화시킬 때는 $R_e = 12000 \sim 25000$까지 층류를 유지할 수 있다. 그러나 난류로 흐르는 흐름을 점차적으로 유속을 감소시킬 때는 실험방법에는 관계없이 $R_e = 2300$ 이하가 되어야 층류가 된다고 한다.

4.1.2 층류와 난류의 에너지 손실

그림 4-1과 같이 관의 도중 C, E에 가는 유리관을 세우면 이 점의 압력을 측정할 수 있다. 이 두 점의 압력수두의 차를 h라고 하면, h는 C점과 E점 에너지의 차와 같으며, 이것을 손실수두(loss head)라고 한다.

Reynolds와 그 밖의 많은 사람들의 실험에 의하면 손실수두 h와 관 속의 평균유속 V의 관계는 **그림 4-2**와 같다고 한다. 이 그림에 의하면 h는 V의 증가에 따라서 OCA와 같이 증가하고, A에서 갑자기 B로 뛰고 B로부터는 BD로 증가율이 달라진다. 여기서 OA 구간은 층류로 흐르던 것이 BD 구간은 난류로 흐르게 된다.

다음에는 난류로 흐르는 흐름을 유속을 점차적으로 작게 하면 손실수두는 DBC에 따라서 변화하고, C점으로부터는 CO에 연해서 변화하게 된다. 여기서 DC 구간은 난류이고, CO 구간은 층류로서 흐르는 구간이다. 이상과 같은 실험결과에서 밝혀진 것은 다음과 같다.

(1) C점은 유속이 증가하는 경우와 감소하는 경우를 막론하고 항상 층류가 되는 점이다.

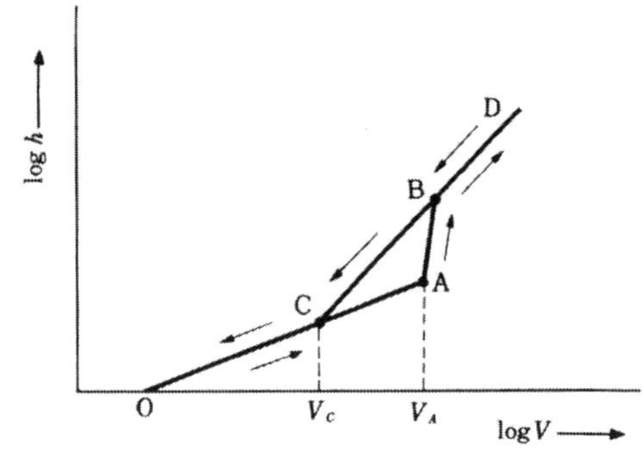

[그림 4-2] 유속과 손실수두의 실험치

(2) CA 또는 BC 구간은 유속의 증가 또는 감소에 따라서 층류 또는 난류가 된다.

(3) OA구간은 층류로 흐르는 경우이고, 손실수두는 평균유속의 1승에 비례한다. 즉

$$h \propto V^1 \tag{4-2}$$

(4) DB 구간은 난류로 흐르는 경우이고, 손실수두는 평균유속의 1.8~2승에 비례한다.

$$h \propto V^{1.8\sim2} \tag{4-3}$$

특히 C점의 유속은 어떤 경우라도 층류가 되는 유속이고 이것을 하한계 유속이라고 하며, 이때의 Reynolds 수를 한계 Reynolds수라고 한다. 층류로부터 난류가 되는 유속, 즉 A점의 유속은 상항계유속이라고 한다.

계산예 4-1

지름 2 cm의 원관을 동점성계수 $\nu = 0.012\ cm^2/sec$의 물이 흐를 때 이 흐름이 한계 Reynolds 수를 유지하려면 이때의 한계유속은 얼마인가?

【해】 $$R_{eC} = \frac{V_C D}{\nu} = \frac{2V_C}{0.012} = 2300$$

$$\therefore V_C = \frac{2300 \times 0.012}{2} = 13.8\ cm/sec$$

계산예 4-2

지름 2 cm의 원관을 $Q = 30\ \mathrm{cm^3/sec}$의 물이 흐를 때 이 흐름은 층류인가, 난류인가 ? 단, $\nu = 0.012\ \mathrm{cm^2/sec}$이다.

【해】 $$V = \frac{Q}{A} = \frac{4 \times 30}{3.14 \times 2^2} = \frac{120}{12.56} = 9.55\ \mathrm{cm/sec}$$

$$R_e = \frac{VD}{\nu} = \frac{9.55 \times 2}{0.012} = \frac{19.11}{0.012} = 1592 < 2300$$

따라서 이 흐름은 층류이다.

4.2 점성유체의 변형과 응력

앞 장에서 설명한 바와 같이 Euler의 운동방정식과 Bernoulli의 정리는 점성이 없는 완전유체에 대하여 유도한 식이다. 그러나 실재의 유체는 정도의 차이는 있으나 모두 점성을 가진 점성유체이다. 점성유체는 1.3절에서 설명한 바와 같이 유체가 고체 표면에 붙어 있으므로 경계 면에서 떨어진 곳에 유체의 유속 U와의 사이에 유속이 변하는 영역이 있고, 따라서 유체내부에는 상대속도로 인한 전단력이 작용하게 된다. 그러므로 완전유체에 대한 Euler의 운동방정식과 Bernoulli의 정리를 실제유체에 적용 하려면 수정을 가해야 한다.

이 장에서는 점성유체의 특성과 운동방정식에 대해서 논하기로 한다.

4.2.1 층류속의 전단력

1.3.5절에서 점성에 대해서 설명한 바와 같이 유체가 상대속도로서 흐를 때, 속도가 다른 층 사이에는 식 (1-15)로 표시되는 마찰력이 작용하게 된다. 이 마찰력은 유체의 점성에 의해서 생기는 것이고, 점성은 유체의 성질, 즉 분자운동에 기인하는 것이므로 유체의 속도가 비교적 작을 때 순수하게 나타나는 것이다.

그림 4-3과 같이 깊이 h의 액체표면에 평판 AB를 띄워서 평판을 액체표면에 연해서 수평방향으로 F의 힘으로 당기는 경우를 생각한다. 이때 평판의 속도를 U라고 하면, 평판에 붙어 있는 액체의 속도도 U가 될 것이다. 그러나 바닥에 붙어 있는 액체의 속도는 0이므로 결국 h 사이에 있어서 액체의 속도는 $0 \sim U$ 사이를 변화하게 된다. 지금 액체의 깊이 h가 비교적 작다고 하면 속도는 직선적으로 변화한다고 생각할 수 있다. 이 경우에 대해서 식 (1-15)와 같은 식을 만들면

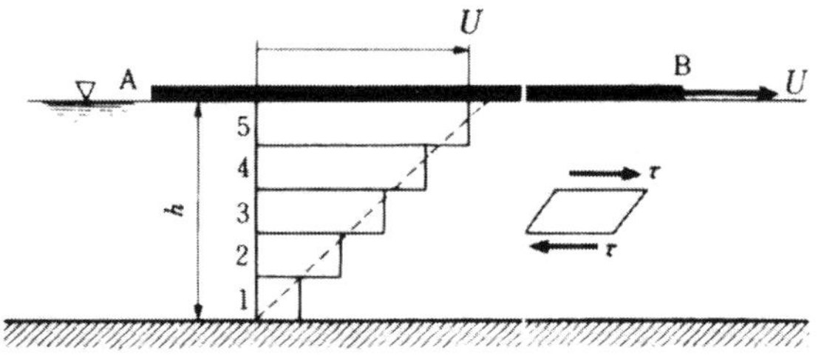

[그림 4-3] 층류의 변형저항과 전단응력

$$\tau = \mu \frac{U}{h} \tag{4-4}$$

식 (4-4) 또는 식 (1-15)의 전단력 τ는 **그림 4-3**에서 보는 바와 같이 상대속도로 인한 층과 층 사이의 단위면적당의 마찰력이다. 이와 같은 층 사이의 마찰력은 난류와 같이 액체요소가 흐트러지면서 흐를 때의 마찰력과는 다르다. 따라서 식 (1-15) 또는 식 (4-4)로 표시되는 유체의 마찰력은 층류로서 흐를 때 생기는 것이다. 난류로서 흐를 때의 마찰력에 대해서는 다음 절에서 설명하기로 한다.

4.2.2 유체요소의 변형과 전단력

흐르는 층류 속에 **그림 4-4**의 직사각형 abcd와 같은 유체요소를 생각하고 ab면의 x방향의 유속을 u, dy 떨어진 cd면의 유속을 $u + \frac{\partial u}{\partial y} dy$라고 하면 단위시간당의 ab에 대한 cd의 변형은 3.2.3절에서 설명한 바와 같이

$$\overline{cc'} = \left(u + \frac{\partial u}{\partial y} dy\right) - u = \frac{\partial u}{\partial y} dy$$

이다. 단위시간당의 변형각 θ가 매우 작다고 하면

$$\tan\theta \fallingdotseq \theta = \frac{\overline{cc'}}{dy} = \frac{\frac{\partial u}{\partial y} dy}{dy} = \frac{\partial u}{\partial y}$$

식 (1-15)에 의하면 변형각 또는 $\frac{\partial u}{\partial y}$와 이 사각형을 변형시킨 전단력 사이에는

$$\tau = \mu \frac{du}{dy} = \mu\theta \tag{4-5}$$

의 관계가 있다. 식 (4-5)의 μ는 점성계수이며 이 경우는 전단력이 유체의 점성에 의해서 생긴다는 것을 알 수 있다.

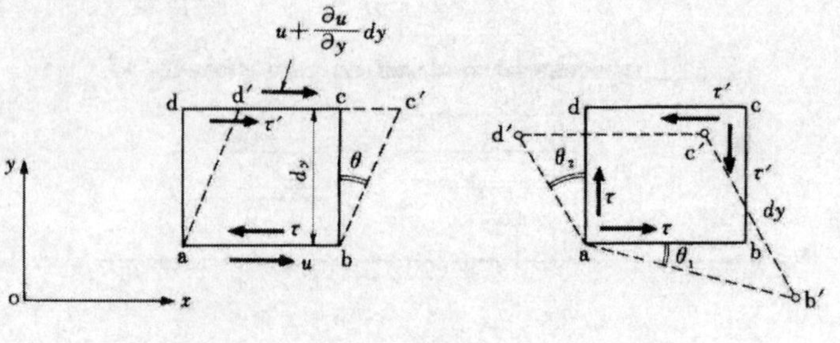

(a) (b)

[그림 4-4] 유체요소의 점성변형

그림 4-4 (b)와 같이 직사각형의 4개의 변이 전부 변형하는 경우의 변형량을 $(\theta_1 + \theta_2)$로서 표시하면 3.2.3절에서 설명한 바와 같이

$$\theta_1 + \theta_2 = \left(\frac{\partial v}{\partial x} + \frac{\partial u}{\partial y}\right) \tag{4-6}$$

로 쓸 수 있다. 지금 x, y, z 좌표 함수를 생각하면 각 면 위의 변형은 다음과 같다.

$$\begin{aligned} xy\text{ 면 위의 변형} &: f = \frac{\partial v}{\partial x} + \frac{\partial u}{\partial y} \\ xz\text{ 면 위의 변형} &: g = \frac{\partial u}{\partial z} + \frac{\partial w}{\partial x} \\ yz\text{ 면 위의 변형} &: h = \frac{\partial w}{\partial y} + \frac{\partial v}{\partial z} \end{aligned} \tag{4-7}$$

이와 같은 변형은 ab면과 ad면 그리고 bc면과 cd면에 작용하는 전단력 τ와 τ'에 의해서 일어나는 것이다. dy 떨어진 면에 작용하는 전단력 τ와 τ'에는 다음의 관계가 있다.

$$\tau' = \tau + \frac{\partial \tau}{\partial y} dy \tag{4-8}$$

흐르는 유체 속에 미소 6면체 $dx\,dy\,dz$를 생각하고 각 면에 작용하는 전단력은 **그림 4-5**와 같다고 한다. 이 그림에 표시된 전단력의 기호는 다음과 같다.

τ_{xz} : x축에 수직인 면에 작용하는 z축 방향의 전단력

τ_{zx} : z축에 수직인 면에 작용하는 x축 방향의 전단력

그 외의 전단력은 모두 다음과 같다. 즉, 첫 번째의 첨자는 그 축에 직각인 면을 표시하고, 두 번째의 첨자는 작용방향을 표시한다.

이 6면체에는 도합 12개의 전단력이 작용하나 첨자의 순서만 다른 전단력의 성분은 모멘트의 평

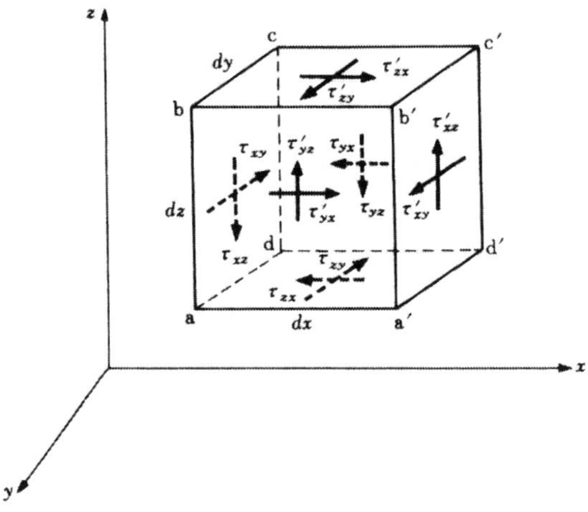

[그림 4-5] 유체요소에 작용하는 점성전단응력

형을 생각하면 같다는 것을 알 수 있다. 한 예로서 a′b′ 주위의 모멘트는 평형이 되므로

$$(\tau_{xy}\, dydz) \times dx = (\tau_{yx}\, dxdz) \times dy$$

$$\therefore\ \tau_{xy} = \tau_{yx}$$

같이 하여

$$\tau_{yz} = \tau_{zy}\,, \qquad \tau_{zx} = \tau_{xz} \tag{4-9}$$

식 (4-9)에서 아는 바와 같이 첨자의 순서만 다른 전단력의 성분은 같으므로 결국 6면체에 작용하는 전단력은 6개이다.

식 (4-5)와 식 (4-7)을 참조하면 점성에 의한 전단력과 유체요소의 변형 관계는 다음과 같다.

$$\tau_{zx} = \tau_{xz} = \mu g = \mu\left(\frac{\partial u}{\partial z} + \frac{\partial w}{\partial x}\right) \tag{4-10}$$

같이 하여 yz면과 xz면에 작용하는 전단력과 유체요소의 변형을 구할 수 있다.

$$\tau_{xy} = \tau_{yx} = \mu f = \mu\left(\frac{\partial v}{\partial x} + \frac{\partial u}{\partial y}\right)$$

$$\tau_{yz} = \tau_{zy} = \mu h = \mu\left(\frac{\partial w}{\partial y} + \frac{\partial v}{\partial z}\right) \tag{4-11}$$

4.2.3 유체요소의 변형과 수직력

유체 내부에 미소 6면체를 생각하여 이 유체요소에 작용하는 수직력에 의한 유체요소의 변형을 고찰해 보기로 한다. 점성유체에 있어서는 이 수직력은 유체의 압력뿐만 아니라 점성에 기인하는 수직력도 가산해야 한다. 점성유체가 흐를 때 유체요소가 변형되는 경우는 탄성체의 변화와 동일하므로 탄성체의 수직력에 의한 변형을 생각하기로 한다.

그림 4-6과 같은 $dx\,dz$인 미소탄성체에 있어서 x방향의 수직력을 p_x라고 하면 x방향의 변형량 ε_x'는 다음과 같다.

$$\varepsilon_x' = \frac{-p_x}{E}$$

여기서 E는 탄성계수이다.

다음에 p_z에 의한 x방향의 변형량을 ε_x''라고 하면

$$\varepsilon_x'' = \frac{p_z}{Em}$$

여기서 m은 Poisson 수이며, Poisson 비의 역수이다. 그리고 y방향의 수직력 p_y에 의한 x방향의 변형량 ε_x'''도 같이 하여 구할 수 있다.

$$\varepsilon_x''' = \frac{p_y}{Em}$$

그러므로 x, y, z축 방향의 수직력에 의한 x방향의 변형량 ε_x는 다음과 같이 쓸 수 있다.

$$\varepsilon_x = \varepsilon_x' + \varepsilon_x'' + \varepsilon_x''' = -\frac{p_x}{E} + \frac{p_y}{Em} + \frac{p_z}{Em} = \frac{1}{E}\left(-p_x + \frac{p_y + p_z}{m}\right) \qquad (4\text{–}12)$$

같이 하여 y축 및 z축 방향의 변형량도 구할 수 있다.

점성유체의 변형도 탄성체의 변형과 같다고 하면 점성유체가 흐를 때의 단위시간당의 변형은

x 방향에 대하여 : $\dfrac{\partial u}{\partial x}$

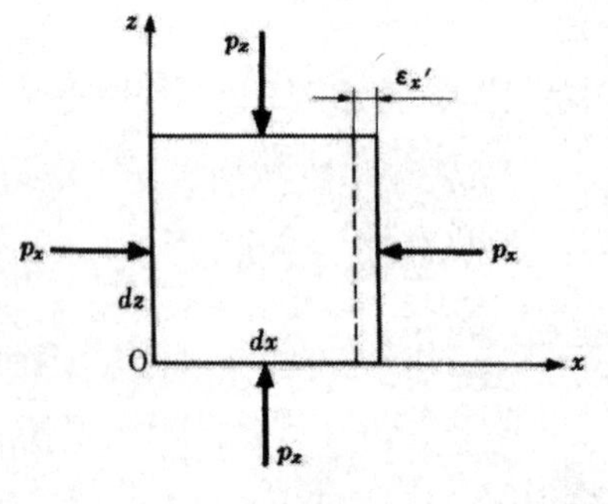

[그림 4-6] 수직력에 의한 유체요소의 변형

y 방향에 대하여 : $\dfrac{\partial v}{\partial y}$

z 방향에 대하여 : $\dfrac{\partial w}{\partial z}$

이므로 식 (4-12)를 참조하면 다음과 같은 식이 성립된다.

$$\begin{aligned}\frac{\partial u}{\partial x} &= \frac{1}{E}\left(-p_x + \frac{p_y + p_z}{m}\right)\\ \frac{\partial v}{\partial y} &= \frac{1}{E}\left(-p_y + \frac{p_x + p_z}{m}\right)\\ \frac{\partial w}{\partial z} &= \frac{1}{E}\left(-p_z + \frac{p_x + p_y}{m}\right)\end{aligned} \tag{4-13}$$

탄성역학에 있어서 전단력에 의한 탄성체의 변형각을 강성계수라고 하며, 이것은 점성유체에 있어서는 **그림 4-4**의 θ에 해당한다. 강성계수를 G라고 하면

탄성체의 경우 : $\tau = G\theta$, 유체의 경우 : $\tau = \mu\theta$

그리고 탄성체에 있어서는

$$\frac{E}{G} = 2\left(1 + \frac{1}{m}\right)$$

이고, 점성유체의 경우는 $m = 2$로 가정할 수 있고, $G = \mu$로 놓으면 위 식은 다음과 같이 쓸 수 있다.

$$E = 2\mu\left(1 + \frac{1}{2}\right) = 3\mu \tag{4-14}$$

식 (4-13)은 결국 점성유체에 대해서 다음과 같이 된다.

$$\begin{aligned}\frac{\partial u}{\partial x} &= \frac{1}{3\mu}\left(-p_x + \frac{p_y + p_z}{2}\right)\\ \frac{\partial v}{\partial y} &= \frac{1}{3\mu}\left(-p_y + \frac{p_x + p_z}{2}\right)\\ \frac{\partial w}{\partial z} &= \frac{1}{3\mu}\left(-p_z + \frac{p_x + p_y}{2}\right)\end{aligned}$$

위 식을 고쳐 쓰면

$$\begin{aligned}p_x &= \frac{p_x + p_y + p_z}{3} - 2\mu\frac{\partial u}{\partial x}\\ p_y &= \frac{p_x + p_y + p_z}{3} - 2\mu\frac{\partial v}{\partial y}\end{aligned} \tag{4-15}$$

$$p_z = \frac{p_x + p_y + p_z}{3} - 2\mu \frac{\partial w}{\partial z}$$

식 (4–15)의 우변 제1항은 p_x, p_y 및 p_z의 평균치이며, 이것을 p로써 표시하면 다음과 같다.

$$\begin{aligned} p_x &= p - 2\mu \frac{\partial u}{\partial x} \\ p_y &= p - 2\mu \frac{\partial v}{\partial y} \\ p_z &= p - 2\mu \frac{\partial w}{\partial z} \end{aligned} \qquad (4-16)$$

식 (4–16)이 점성유체 속의 미소 6면체에 작용하는 수직력의 x, y, z방향의 성분이다. 이 식에서 알 수 있는 것은 점성유체가 흐를 때 6면체에 작용하는 수직력은 압력 p에 점성에 의한 수직력을 더한 것이다.

4.3 Navier–Stokes의 운동방정식

흐르는 유체 속의 유체요소 $dx\,dy\,dz$에 작용하는 힘은

(1) 6면체의 질량에 작용하는 질량력
(2) 6면체의 표면에 작용하는 전단력
(3) 6면체의 표면에 작용하는 수직력

의 3개이다. 지금 x축 방향으로 작용하는 힘을 생각하면

(1) 질량력 : $\rho X\,dx\,dy\,dz$

(2) 전단력 : $(-)\ \tau_{yx},\ \left(\tau_{yx} + \frac{\partial \tau_{yx}}{\partial y} dy\right)$

$$-\ \tau_{zx},\ \left(\tau_{zx} + \frac{\partial \tau_{zx}}{\partial z} dz\right)$$

(3) 수직력 : $p_x,\ p_x + \frac{\partial p_x}{\partial x} dx$

이들의 힘을 표시한 것이 **그림 4–7**이다.

이들 힘의 합력은 6면체의 질량에 가속도를 곱한 것과 같다. 즉

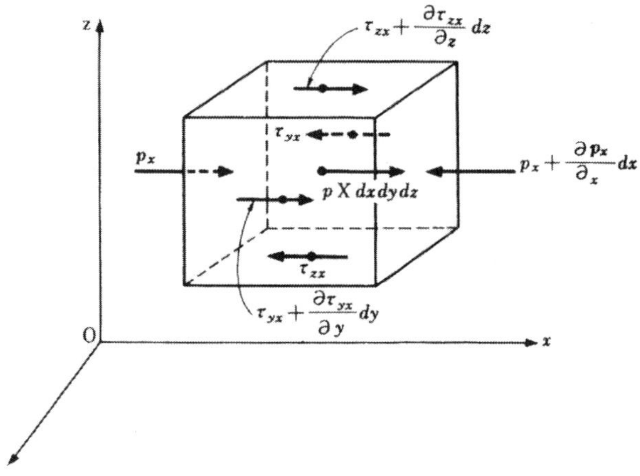

[그림 4-7] 유체요소에 작용하는 x방향의 응력

(질량) × (가속도) = (질량력) + (수직력) + (전단력)

그림을 참조하여 x방향에 대하여 위의 관계를 식으로 표시하면 다음과 같다.

$$\left(\rho\, dx\, dy\, dz\frac{du}{dt}\right) = (\rho\, dx\, dy\, dz\, X) + \left\{p_x\, dy\, dz - \left(p_x + \frac{\partial p_x}{\partial y}dy\right)dy\, dz\right\}$$
$$+\left\{-\tau_{yx}\, dx\, dz + \left(\tau_{yx} + \frac{\partial\tau_{yx}}{\partial y}dy\right)dz\, dx - \tau_{zx}\, dy\, dx + \left(\tau_{zx} + \frac{\partial\tau_{zx}}{\partial z}dz\right)dy\, dx\right\}$$
$$=\rho\, dx\, dy\, dz\, X - \frac{\partial p_x}{\partial x}dx\, dy\, dz + \frac{\partial\tau_{yx}}{\partial y}dy\, dx\, dz + \frac{\partial\tau_{zx}}{\partial z}dz\, dx\, dy$$

위 식을 정리하면

$$\rho\frac{du}{dt} = \rho X - \frac{\partial p_x}{\partial x} + \left(\frac{\partial\tau_{zx}}{\partial z} + \frac{\partial\tau_{yx}}{\partial y}\right) \tag{4-17}$$

식 (4-17)의 우변 제3항에 있어서 τ_{zx}는 y축에 수직한 면, 즉 xz면을 변형시키는 전단력이고, τ_{yx}는 xy면을 변형시키려는 전단력이다. 식 (4-10)과 식 (4-11)을 참조하면

$$\frac{\partial\tau_{zx}}{\partial z} = \frac{\partial}{\partial z}\mu\left(\frac{\partial u}{\partial z} + \frac{\partial w}{\partial x}\right) = \mu\left(\frac{\partial^2 u}{\partial z^2} + \frac{\partial^2 w}{\partial z\partial x}\right)$$
$$\frac{\partial\tau_{yx}}{\partial y} = \frac{\partial}{\partial y}\mu\left(\frac{\partial v}{\partial x} + \frac{\partial u}{\partial y}\right) = \mu\left(\frac{\partial^2 v}{\partial y\partial x} + \frac{\partial^2 u}{\partial y^2}\right) \tag{4-18}$$

식 (4-16)을 x로서 미분하면

$$\frac{\partial p_x}{\partial x} = \frac{\partial}{\partial x}\left(p - 2\mu\frac{\partial u}{\partial x}\right) = \frac{\partial p}{\partial x} - 2\mu\frac{\partial^2 u}{\partial x^2} \tag{4-19}$$

와 같이 되고, 이 식과 식 (4-18)을 식 (4-17)에 대입하면

$$\rho \frac{du}{dt} = \rho X - \frac{\partial p}{\partial x} + 2\mu \frac{\partial^2 u}{\partial x^2} + \mu\left(\frac{\partial^2 u}{\partial z^2} + \frac{\partial^2 w}{\partial z \partial x}\right) + \mu\left(\frac{\partial^2 v}{\partial y \partial x} + \frac{\partial^2 u}{\partial y^2}\right)$$

위 식을 정리하면

$$\rho \frac{du}{dt} = \rho X - \frac{\partial p}{\partial x} + \mu\left(\frac{\partial^2 u}{\partial x^2} + \frac{\partial^2 u}{\partial y^2} + \frac{\partial^2 u}{\partial z^2}\right) + \mu \frac{\partial}{\partial x}\left(\frac{\partial u}{\partial x} + \frac{\partial v}{\partial y} + \frac{\partial w}{\partial z}\right)$$

여기서 위 식의 우변 제4항은 연속방정식이며

$$\frac{\partial u}{\partial x} + \frac{\partial v}{\partial y} + \frac{\partial w}{\partial z} = 0$$

이다.

y축 및 z축에 대해서도 같은 방법으로 x축 방향과 같은 식을 유도하면 다음과 같다.

$$\begin{aligned}
\rho \frac{du}{dt} &= \rho X - \frac{\partial p}{\partial x} + \mu\left(\frac{\partial^2 u}{\partial x^2} + \frac{\partial^2 u}{\partial y^2} + \frac{\partial^2 u}{\partial z^2}\right) \\
\rho \frac{dv}{dt} &= \rho Y - \frac{\partial p}{\partial y} + \mu\left(\frac{\partial^2 v}{\partial x^2} + \frac{\partial^2 v}{\partial y^2} + \frac{\partial^2 v}{\partial z^2}\right) \\
\rho \frac{dw}{dt} &= \rho Z - \frac{\partial p}{\partial z} + \mu\left(\frac{\partial^2 w}{\partial x^2} + \frac{\partial^2 w}{\partial y^2} + \frac{\partial^2 w}{\partial z^2}\right)
\end{aligned} \tag{4-20}$$

식 (4-20)을 점성유체에 대한 Navier-Stokes의 운동방정식이라고 한다. 이 식의 좌변은 밀도에 가속도를 곱한 것이므로 단위질량에 대한 관성력이다. 우변의 제1항은 단위질량에 작용하는 질량력, 제2항은 단위체적에 작용하는 압력, 그리고 제3항은 단위체적당의 점성에 의한 전단력이다. 따라서 우변 제3항은 점성에 의해서 소실되는 에너지라고 생각할 수 있다. 따라서 식 (4-20)은 층류에 대한 운동방정식이라는 것을 알 수 있다.

일반적으로 난류의 경우는 점성에 의한 유체요소의 저항보다는 난류의 속도변동에 의한 저항이 크게 된다. 난류에 대한 운동방정식은 다음 절에서 설명하기로 한다.

4.4 Navier-Stokes 식의 간단한 응용

4.4.1 평행한 두 평판 사이의 2차원점성류

나란히 놓여 있는 두 평판 AB와 CD 사이를 점성유체가 층류상태로 정상적으로 x방향으로 흐르는 경우를 생각한다. 두 평판은 고정되어 있다고 하면 경계면에 붙어 있는 유체의 속도는 0이고, x축 위에서 가장 크고, 속도분포는 **그림 4-8**과 같이 될 것이다.

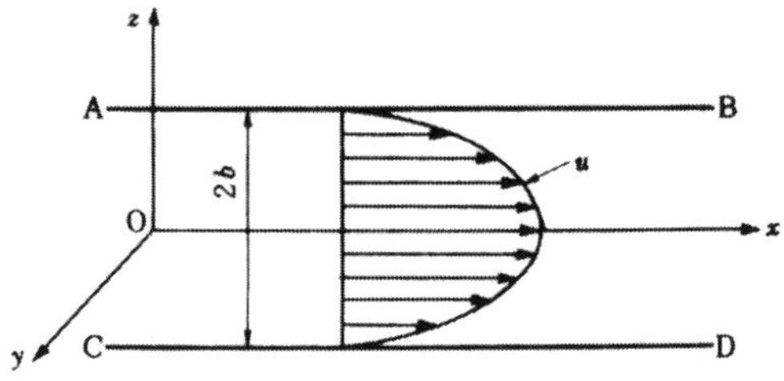

[그림 4-8] 2차원 점성류의 속도분포

이 경우는 2차원류가 되므로 y방향으로는 모든 것이 동일하므로 생각할 필요가 없고 z방향의 유속도 $w = 0$이다. x축을 수평이라고 하고, 정상적인 흐름이라고 하면

$$X = 0, \quad \frac{du}{dt} = 0, \quad \frac{\partial u}{\partial x} = 0, \quad \frac{\partial^2 u}{\partial x^2} = 0$$

따라서 이 경우는 x축 방향의 흐름만을 생각하면 되므로 식 (4-20)은 다음과 같이 쓸 수 있다.

$$0 = -\frac{\partial p}{\partial x} + \mu \frac{\partial^2 u}{\partial z^2}$$

$$\therefore \frac{\partial^2 u}{\partial z^2} = \frac{1}{\mu} \frac{\partial p}{\partial x} \tag{4-21}$$

위 식이 이 경우의 흐름에 대한 미분방정식이며, 이것을 적분하면 u의 z방향의 분포를 알 수 있다. $z = \pm b$에 있어서 $u = 0$의 조건으로 식 (4-21)을 적분하면 다음과 같다.

$$u = -\frac{1}{2\mu} \frac{\partial p}{\partial x} (b^2 - z^2) \tag{4-22}$$

이 흐름의 속도분포는 포물선형이고 $z = 0$, 즉 중심에 있어서 가장 유속이 크다. 여기서 $\frac{\partial p}{\partial x}$는 흐름 방향에 대한 압력의 변화율이다.

다음에는 평판 CD는 고정시켜 놓고 평판 AB를 U의 속도로 x방향으로 움직이는 경우를 생각한다. 이 경우는 **그림 4-9**와 같이 CD면 위에서는 유속이 0이고, AB면에 붙어 있는 유체의 속도는 평판의 속도 U와 같다. 따라서 h 사이에 있어서는 유속이 $0 \sim U$ 사이에서 변화한다.

이 경우는 x방향으로 흐름을 일으키는 압력경사가 필요 없다. 이 흐름도 **그림 4-8**과 같이 2차원흐름이 되고, $z = 0$에서 $u = 0$, $z = h$에서 $u = U$의 조건으로 식 (4-20)을 적분할 수 있다.

식 (4-21)에서 $\frac{\partial p}{\partial x} = 0$이므로

$$\frac{\partial^2 u}{\partial z^2} = 0$$

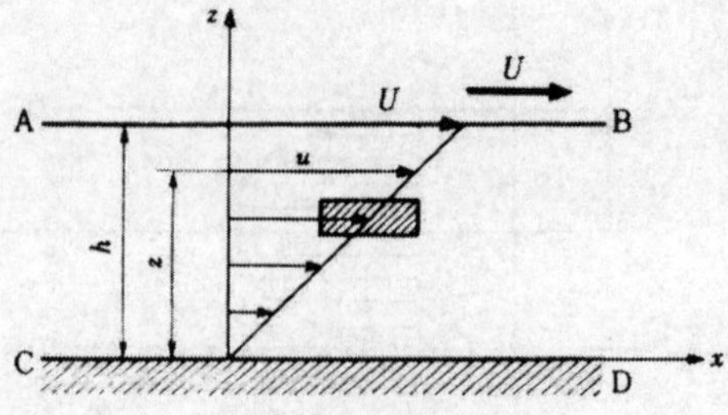

[그림 4-9]

$$\frac{\partial}{\partial x}\left(\frac{\partial u}{\partial z}\right) = 0 \quad \therefore \frac{\partial u}{\partial z} = C_1$$

이것을 다시 적분하여 적분상수를 C_2라고 하면 $u = C_1 z + C_2$

$z = 0$에 있어서 $u = 0$라고 하면 $C_2 = 0$

$z = h$에 있어서 $u = U$ 라고 하면 $C_1 = \dfrac{U}{h}$

$$\therefore u = \frac{U}{h} z \tag{4-23}$$

그림 4-9와 같이 압력경사가 없는 경우의 속도는 그림과 같이 직선적으로 분포한다.

계산예 4-2

$2b$만큼 떨어져 있는 평행 판 사이를 점성계수 μ의 유체가 층류로 흐를 때 평균유속을 구하여라.

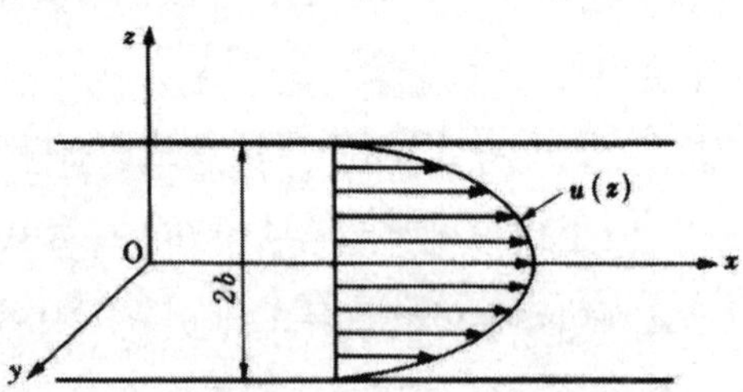

【해】 평판 사이의 유속분포는 식 (4-22)와 같으므로 유량을 구하면

$$q = \int_A u dA = \int_A u 1 \times dz = -\int_A \frac{1}{2\mu}\frac{\partial p}{\partial x}(b^2 - z^2) dz$$

$p = wh$로 놓고, $-\dfrac{\partial h}{\partial x} = I$로 놓으면

$$q = \frac{1}{2\mu}\frac{\rho g \partial h}{\partial x}\int_{-b}^{+b}(b^2 - z^2)dz = \frac{\rho g I}{2\mu}\left[(b^3 + b^3) - \frac{1}{3}(b^3 + b^3)\right] = \frac{gI}{\nu}\frac{2}{3}b^3$$

평균유속은

$$\therefore V = \frac{q}{A} = \frac{\frac{gI}{\nu}\frac{2}{3}b^3}{2b \times 1} = \frac{gIb^2}{3\nu}$$

4.4.2 원관내의 점성류

반지름 a의 원관 속을 점성유체가 x방향으로 정상적으로 흐르는 경우를 생각한다. 흐름 방향으로 관경이 일정하다고 하면 x방향의 속도변화는 없으므로 $\dfrac{\partial u}{\partial x} = 0$이며, 식 (4-20)은 다음과 같이 된다.

$$0 = -\frac{\partial p}{\partial x} + \mu\left(\frac{\partial^2 u}{\partial y^2} + \frac{\partial^2 u}{\partial z^2}\right) \tag{4-24}$$

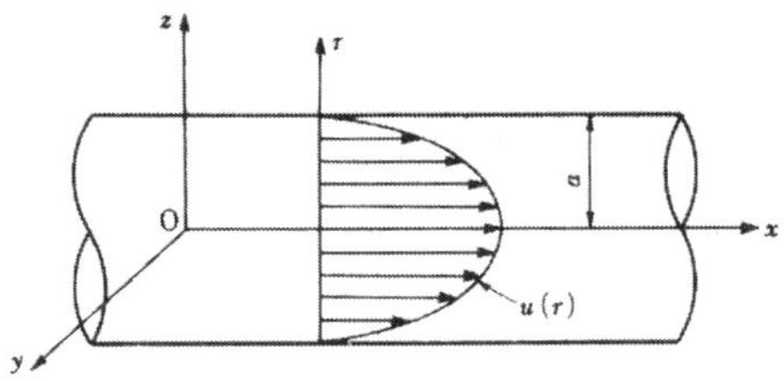

[그림 4-10] 원관내의 유속분포

원관내의 흐름은 위치를 반지름 r방향의 길이로서 표시할 수 있으므로 x, y, z 좌표 대신 x와 r로서 표시하는 것이 편리하다. $r = \sqrt{y^2 + z^2}$이고, 식 (4-24)의 y, z를 r로 변환하면 다음과 같이 된다.*

$$0 = -\frac{\partial p}{\partial x} + \mu\left(\frac{\partial^2 u}{\partial r^2} + \frac{1}{r}\frac{\partial u}{\partial r}\right) \tag{4-25}$$

위 식의 우변 제2항은 다음과 같이 고쳐서 쓸 수 있다.

* 이 식의 유도방법은 부록 1을 참조할 것.

즉

$$\frac{1}{r}\left\{\frac{\partial}{\partial r}\left(r\frac{\partial u}{\partial r}\right)\right\}=\frac{1}{r}\left(\frac{\partial r}{\partial r}\frac{\partial u}{\partial r}+r\frac{\partial^2 u}{\partial r^2}\right)=\frac{1}{r}\frac{\partial u}{\partial r}+\frac{\partial^2 u}{\partial r^2}$$

와 같이 고쳐 쓸 수 있으므로

위 식을 식 (4–25)에 대입하고, 양변에 rdr을 곱해서 반지름 a까지 적분 하면

$$\int_0^a \frac{\partial p}{\partial x} rdr = \mu \int_0^a \frac{1}{r}\frac{\partial}{\partial r}\left(r\frac{\partial u}{\partial r}\right)rdr, \qquad \frac{\partial p}{\partial x}\frac{a^2}{2}=\mu a\frac{\partial u}{\partial r}$$

이 식을 다시 적분하고 $r = a$에 있어서 $u = 0$이라고 하면

$$u=-\frac{1}{4\mu}\frac{\partial p}{\partial x}(a^2-r^2) \tag{4–26}$$

여기서 $\frac{\partial p}{\partial x}$는 관축에 연한 단위길이당의 압력저하량이며, 이것은 점성에 의한 에너지의 손실량이다. 지금 l만큼 떨어진 두 점의 압력을 각각 p_1, p_2라고 하면

$$-\frac{\partial p}{\partial x}=-\frac{p_2-p_1}{l}=\frac{p_1-p_2}{l}$$

로 표시할 수 있으므로 식 (4–26)은

$$u=\frac{1}{4\mu}\frac{p_1-p_2}{l}(a^2-r^2)$$

$wh = (p_1 - p_2)/l$로 표시하면 h는 l 사이의 압력수두의 차가 되는 것이며, 이것을 l 사이의 손실수두(loss head)라고 한다.

$$u=\frac{wh}{4\mu l}(a^2-r^2) \tag{4–27}$$

식 (4–27)이 원관 속을 점성유체가 흐를 때의 유속분포를 나타내는 식이다. 손실수두가 주어지면 속도분포를 알 수 있다. 이 식을 Hagen–Poiseulle의 법칙이라고 한다. 관 속을 흐르는 유량 Q는 식 (4–27)을 단면적에 대해서 적분하면 구해진다. 반지름 r점의 속도를 u라고 하면 u는 반지름 r의 원주 위에 있어서는 같은 값이므로 **그림 4–11**의 dr 부분을 흐르는 유량 dQ는

$$dQ = 2\pi r\, dr\, u$$

이것을 0에서 a까지 적분하면

$$Q=\int_0^a 2\pi r\,dr\,u=\int_0^a 2\pi r\,dr\,\frac{wh}{4\mu l}(a^2-r^2)=\frac{\pi wh}{8\mu l}a^4 \tag{4–28}$$

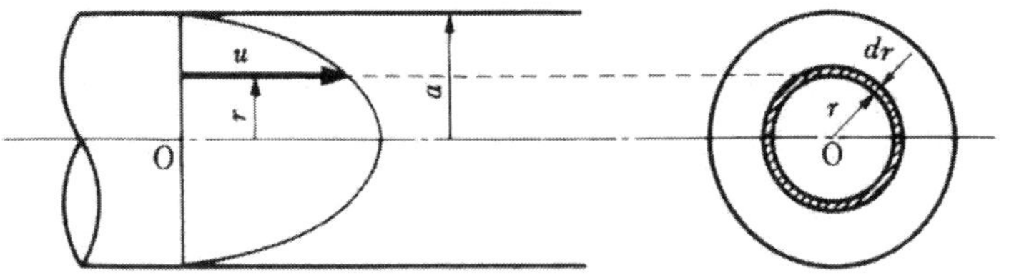

[그림 4-11]

식 (4-28)에서 아는 바와 같이 점성유체가 원관 속을 흐를 때의 유량은 관의 반지름의 4승과 손실수두에 비례하고 점성계수에 반비례한다. 관 속의 평균유속을 V라고 하면

$$V = \frac{Q}{\pi a^2} = \frac{\dfrac{\pi wh}{8\mu l} a^4}{\pi a^2} = \frac{wh}{8\mu l} a^2 \tag{4-29}$$

위 식과 식 (4-27)에서 u와 V의 관계를 구하면

$$u = 2V\left(1 - \frac{r^2}{a^2}\right) \tag{4-30}$$

다음에 $r = 0$점이 관의 중심축이고 속도가 최대가 된다. 이 최대속도를 u_{max}이라고 하면 식 (4-30)과 함께 생각하여

$$u_{max} = \frac{wh}{4\mu l} a^2 = 2V \tag{4-31}$$

를 구할 수 있다.

위 식에서 알 수 있는 것은 최대유속이 관의 중심축에서 생기고, 그 값은 관의 평균유속의 2배이다.

반지름 a의 원관을 층류가 흐를 때 관 길이 l 사이의 손실수두는 식 (4-29)에서 구할 수 있다.

$$h = \frac{8\mu Vl}{wa^2} \tag{4-32}$$

계산예 4-3

동점성계수 $\nu = 0.3\ cm^2/sec$의 액체가 지름 5 cm의 관을 흐를 때의 유량이 $Q = 2.5\ l/sec$였다.
(1) 관 길이 50 m를 흐르는 사이에 압력이 얼마나 강하될 것인가?
(2) 관벽에서 생기는 마찰력을 구하여라.
(3) 관의 단면에 있어서의 유속분포식을 구하여라.
(4) 관축에서 일어나는 최대유속을 구하여라.

【해】 평균유속 $V = \dfrac{Q}{A} = \dfrac{2500}{\frac{1}{4} \times 3.14 \times 5^2} = \dfrac{2500}{19.625} = 127.39\ cm/sec$

Reynolds 수 $R_e = \dfrac{VD}{\nu} = \dfrac{127.39 \times 5}{0.3} = 2129.2$

따라서 이 흐름은 한계 Reynolds 2300보다 작으므로 층류라고 생각할 수 있다.
(1) 식 (4–32) 에서

$$h = \frac{8\,\mu V l}{\rho g\, a^2} = \frac{8\,\nu V l}{g\, a^2} = \frac{8 \times 0.3 \times 127.39 \times 50 \times 100}{980 \times 2.5^2}$$
$$= \frac{1528680}{980 \times 2.5^2} = 249.58\ cm = 2.50\ m$$

(2) p. 140의 관계식을 고쳐 쓰면

$$\frac{\partial p}{\partial r}\,\frac{a}{2} = \mu\frac{du}{\partial r}$$

이 식에 있어서 우변은 $\tau = \mu\dfrac{du}{\partial r}$이며, 이것은 마찰력과 같다.

$$\tau = \frac{\partial p}{\partial x}\,\frac{a}{2}$$

$\dfrac{\partial p}{\partial x}$는 관축에 연한 압력경사이며, 다음과 같이 표시할 수 있다.

$$\tau = \frac{\partial p}{\partial x}\,\frac{a}{2} = \frac{\Delta p}{\Delta x}\,\frac{a}{2} = \frac{w\Delta h}{\Delta x}\,\frac{a}{2} = \frac{1 \times 2.5}{50} \times \frac{2.5}{2} = 0.0625\ g/cm^2$$

(3) 식 (4–26)에서

$$u = -\frac{1}{4\mu}\,\frac{\partial p}{\partial x}(a^2 - r^2) = -\frac{1}{4\mu}\,\frac{\partial wh}{\partial x}(a^2 - r^2) = -\frac{\rho g}{4\mu}\,\frac{\partial h}{\partial x}(a^2 - r^2)$$
$$= -\frac{g}{4\nu}\,\frac{\partial h}{\partial x}(a^2 - r^2) = -\frac{980\ cm/sec^2}{4 \times 0.3\ cm^2/sec}\,\frac{2.5}{50}(2.5^2 - r^2) = 40.8(2.5^2 - r^2)$$

(4) $u_{max} = 2V = 2 \times 127.39 = 254.78\ cm/sec = 2.55\ m/sec$

계산예 4-4

지름 2 cm의 유리 관을 $Q = 30\ \text{cm}^2/\text{sec}$의 물이 흐를 때 길이 2 m에 대한 마찰손실수두는 얼마인가? 여기서 $\nu = 0.012\ \text{cm}^2/\text{sec}$이다.

【해】 평균유속 $$V = \frac{Q}{A} = \frac{4 \times 30}{3.14 \times 2^2} = 9.55\ \text{cm/sec}$$

Reynolds 수 $$R_e = \frac{VD}{\nu} = \frac{9.55 \times 2}{0.012} = 1590 < 2300$$

따라서 이 흐름은 층류이다. 손실수두는 식 (4–32)에서

$$h = \frac{8\,\mu V l}{\rho g\, a^2} = \frac{8\,\nu V l}{g\, a^2} = \frac{8 \times 0.012 \times 9.55 \times 200}{980 \times 1^2} = 0.187\ \text{cm}$$

4.5 난류

4.5.1 난류속의 변동속도

층류상태로 흐를 수 있는 범위는 관의 지름 또는 흐름의 규모와 유속이 작고 유체의 점성계수가 큰 경우이며, 식 (4–20)에 있어서 좌변의 관성력에 비해서 우변의 전단응력의 항이 큰 경우이다. 이 관성력과 전단응력의 비가 Reynolds 수이며, 관성력이 전단응력보다 작다는 것은 Reynolds 수가 작다는 것을 의미한다. Reynolds 수가 작으면 층류로 되고, **그림 4–12** (a)와 같이 유체요소는 흐트러지지 않고 직선상으로 흐르지만, Reynolds 수가 크게 되면 전단응력에 비해서 관성력이 크게 되어 유체요소의 변형이 크게 되고, 흐름이 **그림 4–12** (b)와 같이 흐트러진다. 이와 같이 유체요소가 흐트러지면서 흐르는 흐름이 난류이다.

난류 속의 한 점에서 흐름의 방향 또는 흐름에 직각방향의 유속을 측정해 보면 일정하지 않고

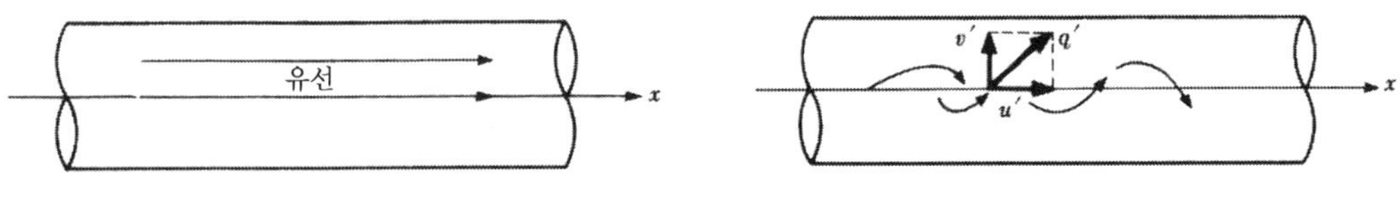

(a) (b)

[그림 4–12] 층류와 난류의 발생

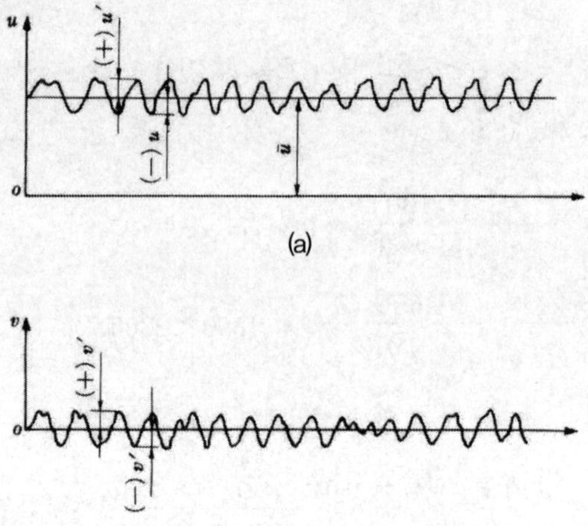

(a)

(b)

[그림 4-13] 난류 속의 변동속도

시시각각으로 변동한다. 흐름 방향의 유속 u와 흐름의 직각방향 유속 v를 측정하면 **그림 4-13**과 같이 되고, 시간의 경과에 따라 유속은 불규칙적으로 변동한다.

지금 u와 v의 시간적인 평균치를 $\bar{u}$, $\bar{v}$ 라고 하고, 변동속도를 u' v' 라고 하면 유체요소의 속도는 다음과 같이 쓸 수 있다.

$$u = \bar{u} + u', \qquad v = \bar{v} + v' \tag{4-33}$$

여기서 $\bar{u}$, $\bar{v}$는 일정한 시간 T 사이의 평균치이며, 다음과 같다.

$$\bar{u} = \frac{1}{T}\int_t^{t+T} u\,dt \tag{4-34}$$

$$\bar{v} = \frac{1}{T}\int_t^{t+T} v\,dt = 0$$

일반적으로 T를 충분히 길게 하면 변동속도의 시간적 평균치 $\bar{u}'$와 $\bar{v}'$는 0이 된다.

$$\bar{u}' = \frac{1}{T}\int_t^{t+T} u'\,dt = 0 \tag{4-35}$$

$$\bar{v}' = \frac{1}{T}\int_t^{t+T} v'\,dt = 0$$

앞에서 설명한 Reynolds의 실험에 있어서 색소액이 흐트러지는 것은 v'에 의해서 색소액이 흐름의 직각방향으로 운반되기 때문이며, 층류 속에서는 $v' = 0$이다. 흐름 속에 함유된 물질이 확산되는 것은 대부분 이 변동속도에 의해서이며, 유체입자의 분자확산에 비해서 그 규모가 매우 크다.

계산예 4-5

난류 변동속도의 성분도 연속방정식을 만족한다는 것을 증명하여라.

【해】 난류의 속도는

$$u=\bar{u}+u',\quad v=\bar{v}+v',\quad w=\bar{w}+w'$$

이고, 이것을 연속방정식에 대입하면

$$\frac{\partial(\bar{u}+u')}{\partial x}+\frac{\partial(\bar{v}+v')}{\partial y}+\frac{\partial(\bar{w}+w')}{\partial z}=0$$

$$\frac{\partial\bar{u}}{\partial x}+\frac{\partial u'}{\partial x}+\frac{\partial\bar{v}}{\partial y}+\frac{\partial v'}{\partial y}+\frac{\partial\bar{w}}{\partial z}+\frac{\partial w'}{\partial z}=0$$

$$\left(\frac{\partial\bar{u}}{\partial x}+\frac{\partial\bar{v}}{\partial y}+\frac{\partial\bar{w}}{\partial z}\right)+\left(\frac{\partial u'}{\partial x}+\frac{\partial v'}{\partial y}+\frac{\partial w'}{\partial z}\right)=0$$

여기서 시간적 평균유속은

$$\frac{\partial\bar{u}}{\partial x}+\frac{\partial\bar{v}}{\partial y}+\frac{\partial\bar{w}}{\partial z}=0$$

이므로

$$\frac{\partial u'}{\partial x}+\frac{\partial v'}{\partial y}+\frac{\partial w'}{\partial z}=0$$

4.5.2 난류속의 마찰응력

난류에 있어서는 위에서 설명한 바와 같이 흐름의 방향 또는 이에 직각 방향의 변동속도를 가지고 있다. 지금 평균적 흐름방향을 x축, 직각방향을 y축이라고 하고, x방향의 시간적 평균유속 $\bar{u}$가 y방향으로 증가하는 경우를 생각한다(**그림 4-14**).

y점에 있어서의 시간적 평균속도는 $(\bar{u},\ 0)$이고, 실제의 속도는 $(\bar{u}+u',\ v')$이다. **그림 4-14**의 y점에 있어서 y축에 수직인 면 위에 아주 작은 면적 a를 생각하면 a를 통해서 단위시간에 y방향으로 운반되는 유체의 질량은 $\rho av'$이다. 이 질량은 $\bar{u}$의 속도를 가지며, 이것이$(y+l)$층에 도달하면 $(y+l)$층의 유체요소의 속도에 동화된다. 그러나 이 층의 속도에 동화되기 전에 이 층의 유체요소를 감속시키는 작용을 하게 된다. 반대로 $(y+l)$층의 유체가 y층에 도달하게 되면 반대로 y층의 유체요소를 가속시키는 작용을 하게 된다.

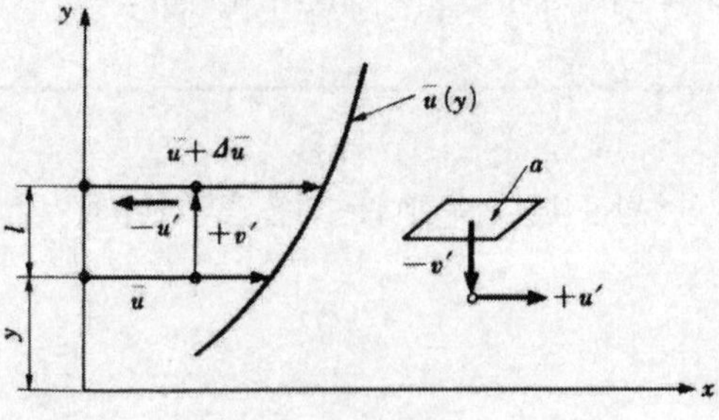

[그림 4-14]

이와 같은 사실은 **그림 4-15**와 같이 나란히 달리는 무개화차를 상상하면 알기 쉬울 것이다. 화차에는 광석이 실려 있고, A 화차의 속도 V_2가 B화차의 속도 V_1보다 크다고 한다.

지금 속도가 빠른 A화차 속의 광석을 B화차 속으로 $-v'$의 속도로 던져 넣으면 속도 V_2를 가진 광석이 B화차 속에 도달한 순간 B화차를 가속시키는 작용을 한다. 이때, B화차의 속도가 $+u'$만큼 커졌다고 생각한다. 반대로 B화차에서 $+v'$의 속도로 A화차 속으로 광석을 던져 넣는 경우는 A화차의 속도를 감속시키는 작용을 하는데, 그 크기는 $-u'$라고 생각한다.

그림 4-14와 같은 유속분포의 흐름에 있어서는 $+v'$의 경우는 $\bar{u}$가 작은 부에서 $\bar{u}$가 큰 층으로 운반되고, 도달한 층의 속도를 u'만큼 감속시키는 작용을 하게 되므로 결국 이 층의 운동량을 감소시키게 된다. 반대인 경우는 $-v'$의 속도로 속도가 작은 층에 도달하면, 그 층의 유체를 u'만큼 가속시키게 되고, 따라서 운동량을 증가시키는 결과가 된다. 이와 같이 생각하면 **그림 4-14**의 경우는 $+v'$일 때 $-u'$가 일어날 확률이 많고 $-v'$일 때 $+u'$가 일어날 확률이 크다.

이 그림에 있어서 y층에서 $(y+l)$층으로 $\rho av'$의 질량이 면적 a를 통해서 운반되고, 이 층의 변동속도가 $-u'$로 된 것이라고 하면 단위시간당의 운동량의 증가는 $-\rho av'u'$이고, 이것은 운동량 방정식에 의하면 a면에 나란히 작용하는 마찰력과 같다. a면에 작용하는 단위면적당의 마찰력을 τ라고 하면 시간적인 평균치를 생각하여

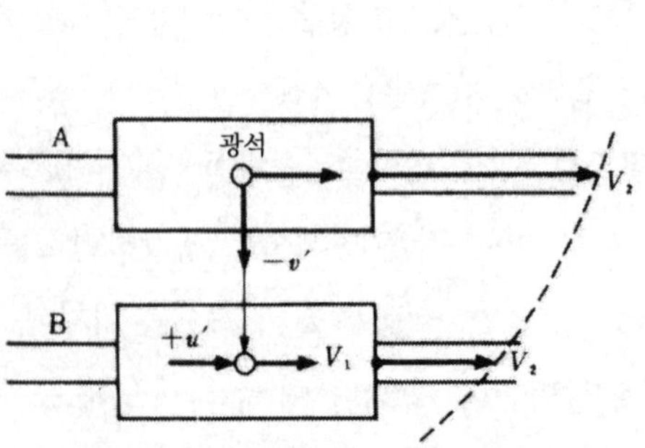

[그림 4-15] 나란히 달리는 화물차 속의 광석의 운동량교환

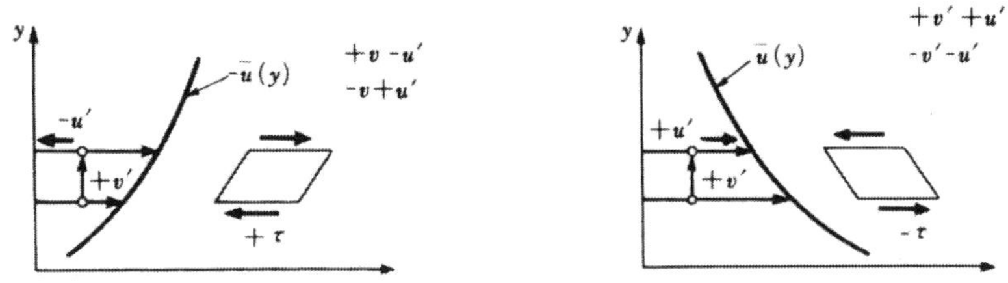

(a) $d\bar{u}/dy > 0$ (b) $d\bar{u}/dy < 0$

[그림 4-16] 변동속도와 전단력의 부호

$$\tau a = -\rho a\overline{v'u'}$$

$$\therefore \tau = -\rho\overline{v'u'} \tag{4-36}$$

식 (4-36)에 있어서 τ의 부호는 **그림 4-16** (a)와 같이 속도분포가 $\dfrac{du}{dy} > 0$인 경우는 $+v'$와 $-u'$, 그리고 $-v'$와 $+u'$가 동시에 일어나기 쉬우므로 $(+)\tau$가 되고, (b)처럼 $du/dy < 0$의 경우는 $+v'$와 $+u'$, 그리고 $-v'$와 $-u'$가 동시에 일어나기 쉬우므로 $(-)\tau$가 된다. 이것은 τ가 $\dfrac{du}{dy}$의 부호와 같다는 것을 표시하는 것이다.

난류 속에 있어서 변동속도에 의해서 생기는 식 (4-36)의 마찰력을 Reynolds 응력이라고 한다. Reynolds 응력은 층류 속에 있어서의 점성에 의한 마찰력에 해당하는 것이며, 일반적인 난류 속의 평균유속방향의 마찰력은 이들을 합한 것이다. 즉

$$\tau = \mu\frac{d\bar{u}}{dy} - \rho\overline{v'u'} \tag{4-37}$$

층류의 경우는 변동속도가 없으므로 $\rho\overline{u'v'} = 0$이고, 발달된 난류에 있어서는 점성에 의한 마찰력에 비해서 Reynolds 응력이 매우 크게 된다.

4.5.3 난류의 혼합거리

x방향으로 흐르는 2차원류를 생각하여 평균류의 시간적 평균유속 $\bar{u}$는 y만의 함수라고 생각하고, **그림 4-17**과 같이 y축에 직각인 3개의 층 $(y - l_1)$, y 및 $(y + l_1)$을 생각한다.

유체요소는 y방향의 변동속도 v'에 의해서 y방향으로 운반되고, 그 점에 있어서의 유체요소에 동화되는 것이다. 이때 v'에 의해서 y층에 운반되는 유체요소는 $(y + l_1)$층과 $(y - l_1)$층에서 운반된 것이라고 생각하고, y축에 도달한 직전에는 출발한 층의 x방향의 변동속도를 그대로 가지고 있는 것이라고 생각하면 y층과 $(y + l_1)$층의 유속의 차가 x방향의 변동속도에 비례한다고 생각할 수 있으므로

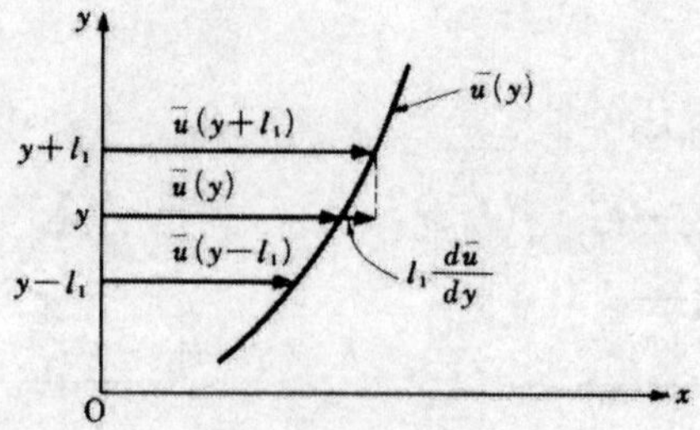

[그림 4–17]

$$|\bar{u}'| = k\{\bar{u}(y + l_1) - \overline{\bar{u}(y)}\} \tag{4–38}$$

로 표시할 수 있다. 여기서 k는 비례상수이다.

다음에 l_1이 매우 작다고 생각하면 $(y + l_1)$층과 y층의 시간적 평균유속의 차는 **그림 4–17**에서 보는 바와 같이

$$\bar{u}(y - l_1) - \bar{u}(y) = l_1 \frac{d\bar{u}}{dy}$$

이므로, 결국 식 (4–38)을 고려하면

$$|\bar{u}'| = k_1 l_1 \frac{d\bar{u}}{dy}$$

일반적으로 v'와 u'는 비례한다고 생각되므로

$$|\bar{v}'| = k_2 |\bar{u}'|$$

로 놓을 수 있고,

$$\overline{v'u'} = -|\bar{u}'||\bar{v}'| = -k_1^2 k_2 l_1^2 \left(\frac{d\bar{u}}{dy}\right)^2$$

여기서 부호는 $\frac{du}{dy} > 0$일 때 $v' > 0$와 $u' < 0$, $v' < 0$와 $u' > 0$가 대응하는 것을 표시하는 것이다.

$k_1^2 k_2 l_1^2 = l^2$로 놓으면

$$\tau = -\rho\overline{u'v'} = \rho l^2 \left(\frac{d\bar{u}}{dy}\right)^2 \tag{4–39}$$

특히 $\frac{d\bar{u}}{dy} > 0$일 때 $\tau > 0$으로 표시되는 경우와 $\frac{d\bar{u}}{dy} < 0$일 때 $\tau < 0$으로 표시되는 것을 구별할 때는 식 (4–39)는 다음과 같이 쓴다.

$$\tau = \rho l^2 \left| \frac{d\bar{u}}{dy} \right| \frac{d\bar{u}}{dy} \tag{4-40}$$

위 식의 l은 Prandtl에 의해서 제창되었으며, 이 것을 난류의 혼합거리(mixing length)라고 하고 길이의 차원을 갖는다.

식 (4-39)에 있어서

$$\varepsilon = l^2 \left(\frac{d\bar{u}}{dy} \right) \tag{4-41}$$

로 놓으면

$$\tau = \rho\varepsilon \frac{d\bar{u}}{dy} \tag{4-42}$$

와 같이 쓸 수 있다. 이 식은 난류 속의 마찰응력을 층류의 점성에 의한 마찰응력과 같은 형식으로 표현한 것이다.

Boussinesq는 ε을 와동점성계수(coefficient of eddy viscosity)라고 명명하였다. 점성계수 μ는 유체의 성질에 의해서 결정되지만, ε은 유체의 성질에는 관계 없이 흐름의 성질에 의해서 결정되는 양이다. 일반적인 난류 속의 마찰응력은 점성에 의한 마찰응력과 난류에 의한 마찰응력을 합한 것이며, 다음과 같다.

$\nu = \dfrac{\mu}{\rho}$라고 하면

$$\tau = \mu \frac{d\bar{u}}{dy} + \rho\varepsilon \frac{d\bar{u}}{dy}$$

이므로

$$\tau = \rho\nu \frac{d\bar{u}}{dy} + \rho\varepsilon \frac{d\bar{u}}{dy} = \rho(\nu + \varepsilon) \frac{d\bar{u}}{dy} \tag{4-43}$$

일반적으로 난류 속에 있어서는 $\varepsilon \gg \nu$이고 아주 발달된 난류 속에 있어서는 ν는 무시 할 만큼 작다.

난류 속의 유체요소의 혼합은 와에 의해서 이루어지는 것이므로 혼합거리는 와의 크기를 나타내는 양이라고 생각할 수 있다. 혼합거리의 값은 벽면 부근에서는 흐름이 벽면의 제약을 받기 때문에 작고, 벽면에서 떨어진 곳에서 흐름이 자유로 변할 수 있으므로 혼합거리가 큰 값을 갖는다고 생각된다. 이와 같은 생각에서 Prandtl은 혼합거리가 벽면 부근에서는 벽면에서의 거리 y에 비례한다고 하여 다음과 같이 표시하였다.

$$l = \varkappa y \tag{4-44}$$

여기서, $\varkappa$는 비례상수이며, Karman의 상수(Karman's Universal Constant)라고 한다. 관수로 및 개수로에 있어서의 맑은 물에 대한 실험에 의하면

$$\varkappa = 0.4 \tag{4-45}$$

라고 한다.

벽면에서 떨어진 곳에 난류가 완전히 발달하고, 점성의 영향이 작은 곳에 대하여 Karman은 다음과 같이 표시하였다.

$$l = \varkappa \frac{\partial \bar{u}}{\partial y} \bigg/ \frac{\partial^2 \bar{u}}{\partial y^2} \tag{4-46}$$

계산예 4-6

매우 민감한 유속계에 의해서 하천 한 점의 유속을 2초 간격으로 측정한 값이 표의 둘째와 세째 란에 기입되어 있다. 여기서 u는 흐름방향의 유속이고, v는 흐름에 직각방향의 유속이다. 이점의 평균류의 속도경사를 $\dfrac{d\bar{u}}{dy} = 0.26\ \text{sec}^{-1}$이라고 하여

(1) Reynolds 응력
(2) 혼합거리
(3) 와동점성계수
를 구하여라.

시각(sec)	u(m/s)	v(m/s)	u'	v'	$u'^2 \times 10^2$	$v'^2 \times 10^2$	$u'v' \times 10^2$
0	1.92	−0.15	0.133	−0.172	1.7689	2.9584	−2.2867
2	1.92	−0.22	0.133	−0.242	1.7689	5.8564	−3.2186
4	1.74	0.42	−0.047	0.458	0.2209	20.9764	−2.1526
6	1.62	0.18	−0.167	0.158	2.7889	2.4964	−2.6386
8	1.66	−0.07	−0.127	−0.092	1.6129	0.8464	1.1684
10	1.52	0.02	−0.267	−0.002	7.1289	0.0004	0.0534
12	1.91	0.06	0.123	0.038	1.5129	0.1444	0.4674
14	1.60	−0.11	−0.187	−0.132	3.4969	1.7424	2.4684
16	1.98	−0.04	−0.193	−0.062	3.7249	0.3844	1.1966
18	2.00	0.07	0.213	0.048	4.5369	0.2304	1.0224
계	17.87	0. 22	0	0	28.5610	35.6360	−6.3140
평균	1.787	0.022	0	0	2.8561	3.5636	−0.6314

【해】 $\bar{u} = 1.787$ m/s, $\bar{v} = 0.022$ m/s

변동속도를 $u' = u - \bar{u}$에서 구한다. $v' = v - \bar{v}$이다.

(1) Reynolds 응력

$$\overline{u'v'} = -0.6314 \times 10^{-2}$$

$$\tau = -\rho\overline{u'v'} = \frac{-w}{g}\,\overline{u'v'} = \frac{1000}{9.8} \times 0.6314 \times 10^{-2} = 0.644\ \text{kg/m}^2$$

(2) 혼합거리

$$l = \sqrt{\frac{\tau}{\rho}} \Big/ \frac{d\bar{u}}{dy} = \frac{\sqrt{0.006314}}{0.26} = 0.31\ \text{m}$$

(3) 와동점성계수

$$\varepsilon = l^2\left(\frac{d\bar{u}}{dy}\right) = 0.31^2 \times 0.26 = 0.024\ \text{m}^2/\text{sec}$$

4.6 시간적 평균류에 대한 난류의 운동방정식

층류로 흐를 때의 마찰응력은 주로 점성에 의해서 생기고, 난류로 흐를 때의 마찰응력은 주로 난류의 변동속도에 의해서 생긴다는 것은 앞 절에서 설명한 바 있다. Navier–Stokes의 운동방정식은 층류에 대해서 유도한 것이므로 식 (4–20)의 우변 제3항은 점성에 의한 마찰응력이다. 이 식을 난류에 대해서도 적용하려면 마찰응력의 항을 수정하면 될 것이다.

일반적으로 수리학 또는 유체역학에서 취급하는 여러 문제는 난류의 시간적인 평균치를 대상으로 하는 경우가 많으므로 여기서는 난류의 시간적인 평균류에 대한 운동방정식에 대하여 논하기로 한다.

우선 x방향에 대하여 생각하고, 식 (4–17)을 다음과 같이 시간적 평균류에 대하여 고쳐서 쓰기로 한다. 일반미분법에 의하면

$$\frac{\partial(uu)}{\partial x} + \frac{\partial(uv)}{\partial y} + \frac{\partial(uw)}{\partial z} = \left(u\frac{\partial u}{\partial x} + v\frac{\partial u}{\partial y} + w\frac{\partial u}{\partial z}\right) + u\left(\frac{\partial u}{\partial x} + \frac{\partial v}{\partial y} + \frac{\partial w}{\partial z}\right)$$

로 쓸 수가 있다. 위 식의 우변 제2항은 연속방정식이므로 0이다. 그러므로 우변의 제1항과 좌변은 같다. 즉

$$u\left(\frac{\partial u}{\partial x} + \frac{\partial v}{\partial y} + \frac{\partial w}{\partial z}\right) = 0$$

$$\frac{\partial(uu)}{\partial x} + \frac{\partial(uv)}{\partial y} + \frac{\partial(uw)}{\partial z} = u\frac{\partial u}{\partial x} + v\frac{\partial u}{\partial y} + w\frac{\partial u}{\partial z} \tag{4-47}$$

식 (4–47)을 식 (4–17)의 좌변에 대입하여 정리하면

$$\rho\left(\frac{\partial u}{\partial t} + u\frac{\partial u}{\partial x} + v\frac{\partial u}{\partial y} + w\frac{\partial u}{\partial z}\right) = \rho X - \frac{\partial p_x}{\partial x} + \frac{\partial \tau_{zx}}{\partial z} + \frac{\partial \tau_{yx}}{\partial y}$$

에서

$$\begin{aligned}\rho\frac{\partial u}{\partial t} &= \rho X - \frac{\partial p_x}{\partial x} + \frac{\partial \tau_{zx}}{\partial z} + \frac{\partial \tau_{yx}}{\partial y} - \rho\left(\frac{\partial (uu)}{\partial x} + \frac{\partial (uv)}{\partial y} + \frac{\partial (uw)}{\partial z}\right) \\ &= \rho X - \frac{\partial}{\partial x}(p_x + \rho uu) + \frac{\partial}{\partial y}(\tau_{yx} - \rho uv) + \frac{\partial}{\partial z}(\tau_{zx} - \rho uw) \qquad (4\text{–}48)\end{aligned}$$

다음에 유체요소의 속도 u, v, w의 시간적 평균치를 $\bar{u}$, $\bar{v}$, $\bar{w}$, 그리고 변동 속도를 u', v', w'라고 하면

$$u = \bar{u} + u', \quad v = \bar{v} + v', \quad w = \bar{w} + w'$$

이고 식 (4–48)의 전체의 시간적인 평균치를 생각하면

$$\overline{uu} = (\bar{u} + \bar{u}')\ (\bar{u} + \bar{u}') = \bar{u}\bar{u} + 2\,\bar{u}\bar{u}' + \overline{u'u'}$$

식 (4–35)에서 $\bar{u}' = 0$, $2\,\bar{u}\bar{u}' = 0$이므로 일반적으로 다음과 같이 쓸 수 있다.

$$\begin{aligned}\overline{uu} &= \bar{u}\bar{u} + \overline{u'u'} \\ \overline{uv} &= \bar{u}\bar{v} + \overline{u'v'} \\ \overline{uw} &= \bar{u}\bar{w} + \overline{u'w'}\end{aligned}$$

이 관계를 식 (4–48)에 대입하면 시간적으로 평균한 난류의 운동방정식을 구할 수 있다.

$$\begin{aligned}\rho\frac{\partial u}{\partial t} &= \rho X - \frac{\partial}{\partial x}\{p_x + \rho(\bar{u}\bar{u} + \overline{u'u'})\} \\ &\quad + \frac{\partial}{\partial y}\{\tau_{yx} - \rho(\bar{u}\bar{v} + \overline{u'v'})\} \\ &\quad + \frac{\partial}{\partial z}\{\tau_{zx} - \rho(\bar{u}\bar{w} + \overline{u'w'})\} \\ &= \rho X - \frac{\partial}{\partial x}(p_x + \rho\overline{u'u'}) + \frac{\partial}{\partial y}(\tau_{yx} - \rho\overline{u'v'}) + \frac{\partial}{\partial z}(\tau_{zx} - \rho\overline{u'w'}) \\ &\quad - \rho\left\{\frac{\partial}{\partial x}(\bar{u}\bar{u}) + \frac{\partial}{\partial y}(\bar{u}\bar{v}) + \frac{\partial}{\partial z}(\bar{u}\bar{w})\right\}\end{aligned}$$

위 식의 우변 제5항의 {　}안의 값은 식 (4–47)의 좌변과 같으므로 이것과 위 식의 좌변을 더하

면 가속도에 의한 관성력 $\rho \dfrac{du}{dt}$ 와 같다. 따라서 x방향의 운동방정식은 다음과 같이 된다.

$$\rho\left(\frac{\partial \bar{u}}{\partial t}+\bar{u}\frac{\partial \bar{u}}{\partial x}+\bar{v}\frac{\partial \bar{u}}{\partial y}+\bar{w}\frac{\partial \bar{u}}{\partial z}\right)=\rho X-\frac{\partial}{\partial x}(p_x+\rho\overline{u'u'})+\frac{\partial}{\partial y}(\tau_{yx}-\rho\overline{u'v'})$$
$$+\frac{\partial}{\partial z}(\tau_{zx}-\rho\overline{u'w'}) \tag{4-49}$$

y 및 z방향에 대해서는

$$\rho\left(\frac{\partial \bar{v}}{\partial t}+\bar{u}\frac{\partial \bar{v}}{\partial x}+\bar{v}\frac{\partial \bar{v}}{\partial y}+\bar{w}\frac{\partial \bar{v}}{\partial z}\right)=\rho Y-\frac{\partial}{\partial y}(p_y+\rho\overline{v'v'})+\frac{\partial}{\partial x}(\tau_{xy}-\rho\overline{u'v'})$$
$$+\frac{\partial}{\partial z}(\tau_{zy}-\rho\overline{v'w'}) \tag{4-50}$$

$$\rho\left(\frac{\partial \bar{w}}{\partial t}+\bar{u}\frac{\partial \bar{w}}{\partial x}+\bar{v}\frac{\partial \bar{w}}{\partial y}+\bar{w}\frac{\partial \bar{w}}{\partial z}\right)=\rho Z-\frac{\partial}{\partial z}(p_z+\rho\overline{w'w'})+\frac{\partial}{\partial x}(\tau_{xz}-\rho\overline{u'w'})$$
$$+\frac{\partial}{\partial y}(\tau_{yz}-\rho\overline{v'w'}) \tag{4-51}$$

식 (4-49)~(4-51)와 식 (4-17), (4-18)을 비교해 보면 난류의 경우는 Reynolds 응력 $-\rho\overline{u'u'}$, $-\rho\overline{u'v'}$ 및 $-\rho\overline{u'w'}$가 추가된 것이다.

4.7 원관내의 난류 속도분포

원관 속을 층류가 흐를 때의 속도분포는 식 (4-27)과 같이 회전포물면이 된다. 층류의 속도분포는 점성에 의하여 유체요소가 변화된다고 하여 구한 것이지만 난류의 경우는 점성의 영향보다는 난류의 혼합에 의한 영향만을 고려하여 속도분포를 구할 수 있다.

관 벽면 부근의 혼합거리가 식 (4-44)와 같으므로 이것을 식 (4-39)에 대입하여 적분하면 난류에 대한 속도분포를 구할 수 있다. 이 식에 있어서 시간적 평균속도를 표시하는 $\bar{u}$를 u로 쓰고 $\dfrac{du}{dy}>0$의 경우에 대하여 생각하면

$$\tau=\rho\chi^2y^2\left(\frac{du}{dy}\right)^2 \tag{4-52}$$

벽면 부근에 있어서는 τ는 대략 일정한 값을 가지고 벽면의 마찰력 τ_0와 같다고 할 수 있다. 식 (4-52)를 변형하면

$$\frac{du}{dy}=\sqrt{\frac{\tau_0}{\rho}}\frac{1}{\chi y}$$

이 식을 적분하면

$$u = \sqrt{\frac{\tau_0}{\rho}}\frac{1}{\varkappa}(\log_e y + C) = \frac{U_*}{\varkappa}(\log_e y + C) \tag{4-53}$$

여기서 C는 적분상수이고

$$U_* = \sqrt{\frac{\tau_0}{\rho}} \tag{4-54}$$

이며, U_*는 마찰속도(friction velocity)이다. U_*는 속도의 차원을 가지고 있다. 식 (4–51)에 있어서 $y = y_0$일 때 $u = 0$이라고 하면

$$u = \frac{U_*}{\varkappa}\log_e \frac{y}{y_0} \tag{4-55}$$

실험결과에 의하면 식 (4–55)는 관벽 부근뿐만 아니라 관의 중심부까지도 잘 맞는다고 한다. 이 식을 Prandtl–Karman의 대수분포법칙이라고 한다.

y_0는 $u = 0$이 되는 벽면에서의 거리이므로 이것은 벽면 부근의 흐름의 특성을 나타내는 길이이다. 식 (4–55) 는 벽면 $y = 0$에 있어서 $u = -\infty$가 되므로, 이 식은 벽면에 아주 가까운 곳에서는 성립되지 않는다는 것을 알 수 있다. 즉 벽면의 아주 가까운 곳에서는 난류가 아니라는 것을 뜻한다. 이 영역은 흐름의 특성과 난류의 특성에 따라서 y_0와 유속의 특성이 결정될 것이다.

4.7.1 미끈한 관 속의 난류

식 (4–55)에 있어서 $u = 0$이 되는 y_0의 값을 알 수 있으면 유속분포를 구할 수 있다. y_0는 벽면 부근에 흐름의 특성을 나타내는 것이므로, 벽면이 아주 미끈한 경우는 벽면의 전단응력 τ_0는 유체의 밀도 ρ 및 동점성계수 ν에 관계가 있는 것으로 생각된다. 여기서는 Rayleigh 방법에 의하여 이들의 관계를 나타내는 무차원량을 구하면 다음과 같다.*

$$y_0 = f(\tau_0\, \rho\, \nu)$$

와 같은 함수 관계로 표시된다고 하면 a를 상수라고 하여

$$y_0 = a\,\tau_0^{\,x}\rho^{y}\nu^{z} \tag{4-56}$$

로 표시할 수 있으므로 이 차원방정식은

$$y_0 = [L], \quad \tau_0 = [F/L^2] = [L^{-1}MT^{-2}], \quad \rho = [ML^{-3}], \quad \nu = [L^2T^{-1}]$$

* 제15장의 차원해소법에서 설명한다.

에서

$$[L] = [L^{-1}MT^{-2}]^x [ML^{-3}]^y [L^2 T^{-1}]^z$$

이것을 정리하면

$$[L^1 M^0 T^0] = [L^{-x-3y+2z}]\,[M^{x+y}]\,[T^{-2x-z}]$$

양변의 차원은 같아야 하므로

$$\begin{cases} 1 = -x - 3y + 2z \\ 0 = x + y \\ 0 = -2x - z \end{cases}$$

이들 관계에서 x, y, z를 구하면

$$x = -\frac{1}{2}, \quad y = \frac{1}{2}, \qquad z = 1$$

이것을 식 (4–56)에 대입하면

$$y_0 = a\tau_0^{-\frac{1}{2}}\rho^{\frac{1}{2}}\nu^1 = a\sqrt{\frac{\rho}{\tau_0}}\,\nu = a\frac{\nu}{U_*} \tag{4–57}$$

이 관계를 식 (4–55)에 대입하면

$$\frac{u}{U_*} = \frac{1}{\chi}\log_e \frac{U_*}{\nu}y\frac{1}{a} = \frac{1}{\chi}\left(\log_e \frac{U_*}{\nu}y + \log_e \frac{1}{a}\right)$$

여기서 a는 비례상수이고, χ는 식 (4–45)에서 0.4, 그리고 $\log_e = 2.303\log_{10}$이므로 위 식은 다음과 같이 된다.

$$\frac{u}{U_*} = \frac{1}{\chi}\log_e \frac{1}{a} + 5.75\log_{10}\frac{U_*}{\nu}y = C_1 + 5.75\log_{10}\frac{U_*}{\nu}y \tag{4–58}$$

Nikuradse의 속도분포에 대한 실험에 의하면 $\frac{u}{U_*}$와 $\frac{U_*}{\nu}y$의 관계는 **그림 4–18**과 같이 $\frac{U_*}{\nu}y$가 작은 영역, 즉 벽면에 가까운 부분을 제외하고는 반대수지상에서 직선이 되고 식 (4–58)의 계수는 다음과 같이 된다.

$$\frac{u}{U_*} = 5.5 + 5.75\log_{10}\frac{U_*}{\nu}y \tag{4–59}$$

그림 4–18에서 아는 바와 같이 식 (4–59)는 $\frac{U_*}{\nu}y > 10$의 범위에 있어서 성립되고 벽면 부근은 이 식이 맞지 않는다.

식 (4–58)은 완전한 난류에 대해서 유도한 것이며 벽면에 가까운 영역은 분자점성에 의한 응력

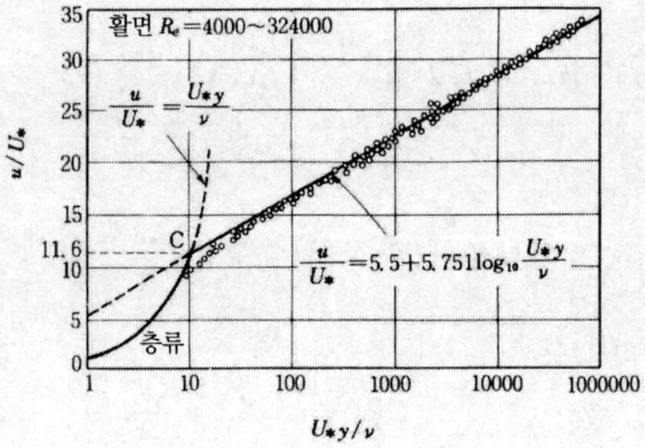

[그림 4-18] 미끈한 관 속의 난류 속도분포

을 무시할 수 없다는 것을 나타내는 것이다. 그림에 있어서 $5 < \frac{U_*}{\nu} y < 10$의 영역은 완전난류에 대한 식 (4-59)와는 다른 경향을 가지고 있으며, 이 영역은 난류와 분자점성이 공존하는 것으로 추정된다.

벽면에 가까운 곳에서는 Reynolds 응력을 무시하면 점성에 의한 응력만 작용하게 되므로

$$\tau \fallingdotseq \tau_0 = \mu \frac{du}{dy}$$

로 표시할 수 있으므로 위 식을 적분하여

$$\tau_0 \, dy = \mu du$$

에서 $y = 0$에서 $u = 0$라고 하면

$$\tau_0 \, y = \mu u \quad \text{또는} \quad \frac{\tau_0 \, y}{U_*} = \frac{\mu u}{U_*}$$

$$\therefore \frac{u}{U_*} = \frac{\tau_0 \, y}{\mu U_*} = \frac{\tau_0 \, y}{\mu \sqrt{\frac{\tau_0}{\rho}}} = \frac{U_* y}{\nu} \tag{4-60}$$

여기서 $\nu = \mu/\rho$ 이다.

그림 4-18에 있어서 실험과 식 (4-60)이 일치하는 영역은 $U_* \, y/\nu < 5$라고 생각되며, 이 얇은 층 내에서는 층류가 된다.

지금 완전난류에 대한 식 (4-59)와 점성에 대한 식 (4-60)이 만나는 점(그림의 C점)은 식 (4-59)와 식 (4-60)을 같다고 하면 구할 수 있다. 즉

$$\frac{U_* y}{\nu} = 5.5 + 5.75 \log_{10} \frac{U_*}{\nu} y$$

이 식을 만족하는 y를 δ_L이라고 하면 그림에서

$$\frac{U_* \delta_L}{\nu} = 11.6 \tag{4-61}$$

식 (4-61)의 δ_L을 층류저층(laminar sub-layer) 이라고 하고, 이 얇은 층내에 있어서는 층류로서 흐르게 된다. δ_L은 식 (4-61)에서 아는 바와 같이 마찰속도를 구하면 계산할 수 있다.

식 (4-61)의 δ_L은 난류와 층류가 흐르는 경계면이라고 생각할 수 있으므로, 미끈한 벽면의 관 유속분포를 계산할 때의 경계조건을 주게 되는 것이다. 그리고 δ_L의 크기는 벽면이 조면일 때의 요철의 높이와 비교함으로써 흐름의 특성을 알 수 있다. 이와 같은 조면에 대해서는 다음 절에서 설명하기로 한다.

계산예 4-7

지름 20 cm의 관수로로 동수경사 1/200로서 물이 흐를 때 층류저층의 두께를 구하여라.

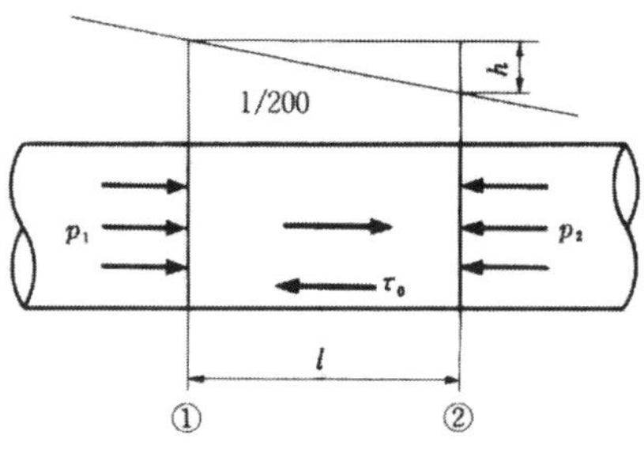

【해】 관수로를 물이 정상적으로 흐를 때는 l 사이의 물에 작용하는 합력은 0이 된다. 단면 ①과 ② 사이의 물에 작용하는 흐름방향의 힘은 이들 단면에 직각으로 작용하는 압력과 관벽에 작용하는 마찰력이다. 관 길이 l 사이의 손실수두를 h라고 하면

$$\pi D l \tau_0 = \frac{\pi}{4} D^2 (p_1 - p_2) = \frac{\pi}{4} D^2 \rho g h$$

$$\therefore \tau_0 = \frac{\rho g D}{4} \frac{h}{l} = \frac{\rho g D}{4} I$$

마찰속도는 $U_* = \sqrt{\dfrac{\tau_0}{\rho}} = \sqrt{\dfrac{gDI}{4}} = \sqrt{\dfrac{980 \times 20}{4 \times 200}} = 4.95 \text{ cm/sec}$

$\nu = 0.01 \text{ cm}^2/\text{s}$라고 하면

$$\delta = 11.6\, \nu / U_* = 11.6 \times 0.01/4.95 = 0.023 \text{ cm}$$

4.7.2 거친 관의 난류 유속분포

차원해석법과 미끈한 관에 대한 Nikuradse의 실험결과에 의하면 관벽부근을 제외하면 난류영역의 유속분포는 식 (4–59)로 표시할 수 있으나, **그림 4–18**에서 보는 바와 같이 $U_* y/\nu$이 작은 영역, 즉 관벽 부근에 있어서는 식 (4–59)에 맞지 않는다. 이것은 관벽에 가까운 곳은 난류가 아니고 층류층이 있기 때문이다. 이와 같은 층이 층류저층이고 그 두께는 식 (4–61)로서 표시된다.

지금 관벽 요철의 높이를 k라고 하면 k(k를 절대조도라고 함)가 아주 작은 관을 미끈한 관이라고 하고, k가 큰 관을 거친 관이라고 하는데, 수리학에 있어서는 k가 층류저층보다 작은 경우를 미끈한 관, 큰 경우를 거친 관이라고 한다(**그림 4–19**).

거친 관에 있어서는 $u = 0$이 되는 y_0는 절대조도 k에도 관계가 있으므로 다음과 같이 표시한다.

$$y_0 = f(k\,\tau_0\,\rho\,\nu)$$

식 (4–57)과 같이 y_0의 무차원함수를 Buckingham의 π 정리에 의해서 구하면 다음과 같다.

$$\frac{y_0}{k} = f\left(\frac{U_* k}{\nu}\right) \tag{4–62}$$

위 식의 $U_* k/\nu$는 거칠음 정도를 나타내는 조도의 Reynolds 수이다.

다음에 층류저층의 두께 δ_L은 식 (4–61)에서 아는 바와 같이 ν/U_*에 비례하므로 $U_* k/\nu$는 결국 k/δ_L에 비례하는 무차원량이다. 식 (4–62)를 식 (4–55)에 대입하면 다음과 같은 조면 관에 대한 유속 분포 식을 구할 수 있다.κ

$$\frac{u}{U_*} = \frac{1}{\chi}\log_e \frac{y}{kf\left(\dfrac{U_* k}{\nu}\right)} = \frac{1}{\chi}\log_e \frac{1}{f\left(\dfrac{U_* k}{\nu}\right)} + \frac{2.303}{\chi}\log_{10}\frac{y}{k}$$

$$= C_1 + 5.75\log_{10}\frac{y}{k} \tag{4–63}$$

여기서

$$C_1 = \frac{1}{\chi}\log_e \frac{1}{f\left(\dfrac{U_* k}{\nu}\right)}$$

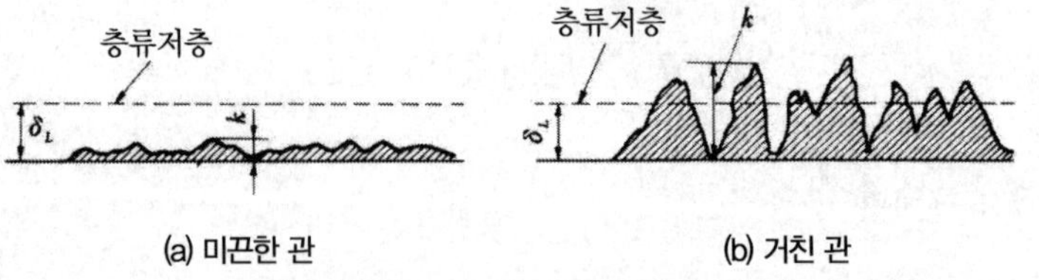

[그림 4–19] 거친 정도와 층류저층의 관계

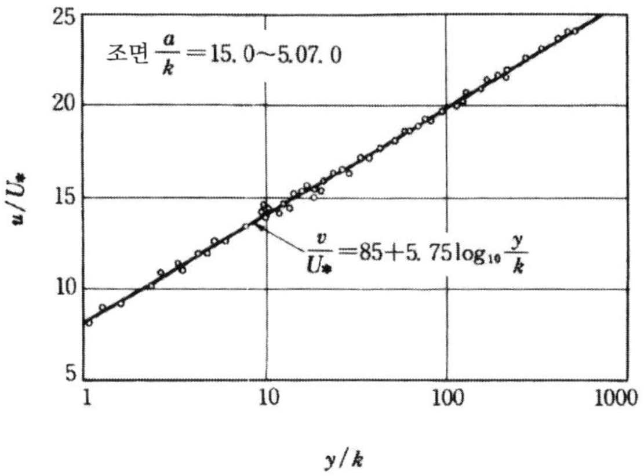

[그림 4-20] 거친 관의 난류 속도분포

C_1은 실험에서 결정할 수 있는 상수이다.

Nikuradse의 인공조도 k의 거친 관에 대한 실험에 의하면 u/U_*와 y/k의 관계는 **그림 4-20**과 같이 반지름 a와 조도 k와의 비 $\frac{a}{k} = 15.0 \sim 5.03$의 범위 내에서 반대수지상에서 직선이 된다. 이 실험 치에서 C_1을 구하면 다음과 같이 된다.

$$\frac{u}{U_*} = 8.5 + 5.75 \log_{10} \frac{y}{k} \tag{4-64}$$

4.8 난류확산

4.8.1 난류에 의한 확산

난류 속에 있어서는 평균류(이것을 주류라고도 한다)의 직각방향변동속도 v'에 의해서 주류의 직각방향으로 유체요소를 운반한다는 것은 앞 절에서 설명하였다.

그림 4-21과 같이 흐름방향으로 x축, 이에 직각방향으로 y축을 취하고, 평균류에 함유되어 있는 물질의 농도 c의 분포가 그림과 같이 y방향으로 변화한다고 하면 함유된 물질은 난류의 변동속도 v'에 의해서 y방향으로 운반된다. 이와 같이 흐름 속에 함유되어 있는 물질이 흐름의 직각방향으로 운반되는 현상을 난류확산(turbulent diffusion) 이라고 한다.

하천수와 해수의 오염은 대부분이 난류확산에 의한 것이다. 물속에 떠 있는 물질의 농도분포가 **그림 4-21**과 같은 경우, 변동속도 $\pm v'$에 의해서 함유 물질이 흐름의 직각방향으로 운반되는 양을

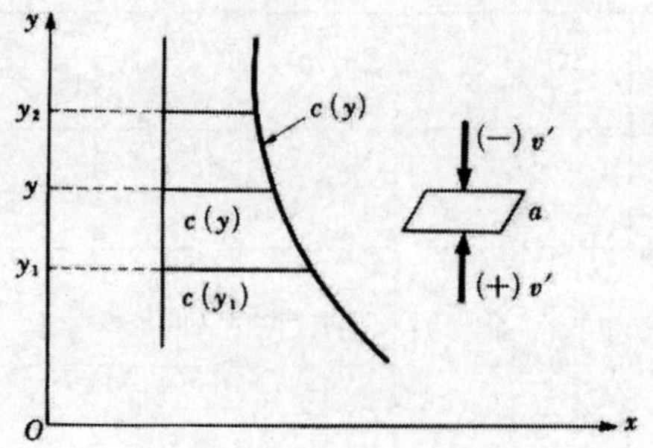

[그림 4-21] 농도분포

생각한다. 함유 물질은 변동속도 $+v'$에 의해서 위쪽으로($+y$ 방향) 운반되고 $(-)v'$에 의해서 아래쪽으로($-y$ 방향) 운반되는데, 만일 농도가 y방향으로 일정하면 이들의 운반되는 양의 평균치는 같다. 그러나 농도분포가 그림과 같이 $\dfrac{dc}{dy} < 0$인 경우는 위쪽으로 운반되는 양은 아래쪽으로 운반되는 양보다 많다.

다음에는 y축에 직각인 단위면적을 통해서 상하로 운반되는 양에 대해서 생각해 보기로 한다. **그림 4-21**에 있어서 유체요소가 y_1점에서 y_1점의 농도 $c(y_1)$를 가지고 y방향으로 운반되고, 이것이 y점에 도달하여 그 점의 농도와 같이 된 것 이라고 하면(이것을 y점의 농도에 동화한다고 한다) 단위시간에 단위면적을 통해서 운반되는 평균운송량은

$$Q = \overline{v'[c(y_1) - c(y)]}$$

이다. 이 식에 있어서 $c(y_1) - c(y)$를 Taylor 급수로 전개하면

$$\begin{aligned} c(y_1) - c(y) &= c[y - (y - y_1)] - c(y) \\ &= c(y) - (y - y_1)\frac{d\bar{c}}{dy} + \frac{(y - y_1)^2}{2}\frac{d^2c}{dy^2} \\ &\quad \cdots\cdots - c(y) \end{aligned}$$

위 식에 있어서 $(y - y_1)^2$ 이상의 항은 미소항이라고 하여 생략하면

$$Q = \overline{v'[c(y_1) - c(y)]} = \overline{-v'(y - y_1)}\,\frac{d\bar{c}}{dy} \qquad (4\text{-}65)$$

여기서, y의 $(+)$방향으로 운반되는 경우는 $(y - y_1) > 0,\ v' > 0$이고, y의 $(-)$방향으로 운반되는 경우는 $(y - y_1) < 0,\ v' < 0$이다. 따라서 $v'(y - y_1)$은 $(+)$의 부호를 갖는다. $y - y_1 = l'$, $|\bar{v}'| = \sqrt{\bar{v}'^2}$로 놓으면

$$Q = -l'\sqrt{\overline{v}'^2}\,\frac{d\bar{c}}{dy} \tag{4-66}$$

여기서 l'는 혼합의 출발에서 종착까지의 평균거리에 비례하는 길이이며, Prandtl의 혼합거리와는 다르다. $\sqrt{\overline{v}'^2}$는 y방향의 변동속도 v'의 평방근자승평균이다. 이것을 난류의 강도(turbulent intensity)라고 한다.

4.8.2 수류의 횡방향 확산

식 (4-66)에 있어서 $\bar{c}$를 c로 쓰고

$$D = l'\sqrt{\overline{v}'^2} \tag{4-67}$$

로 놓으면

$$Q = -D\,\frac{dc}{dy} \tag{4-68}$$

로 쓸 수 있다. 이 식에 있어서 D를 확산계수(diffusion coefficient)라고 한다.

그림 4-22와 같이 평균유속 U로서 정상적으로 흐르는 하천의 하안 0에서 농도 c_0의 오염물질을 연속적으로 방출시키면 이것은 흐름방향으로 유하하는 동시에 흐름의 직각방향(y방향)으로 확산된다. 이와 같은 경우의 기본식은 오염물질의 연속조건에서 구할 수 있다.

그림 4-22의 오염 구역 내에 미소요소 $dx \times dy$를 생각하여 이 미소요소 내에 단위시간에 출입하는 오염물질을 생각하면 다음과 같다.

미소요소 $dx\,dy$에 출입하는 오염물질은 **그림 4-23**과 같고, 정상적인 흐름이라고 하면 이 요소에 유입하는 양과 유출하는 양은 동일하므로 연속의 조건에서 다음 식이 성립된다.

즉, AB 면과 AA′에서 유입하는 양은

$$(Uc)dy + D_x\frac{\partial c}{\partial x}dy - D_y\frac{\partial c}{\partial y}dx$$

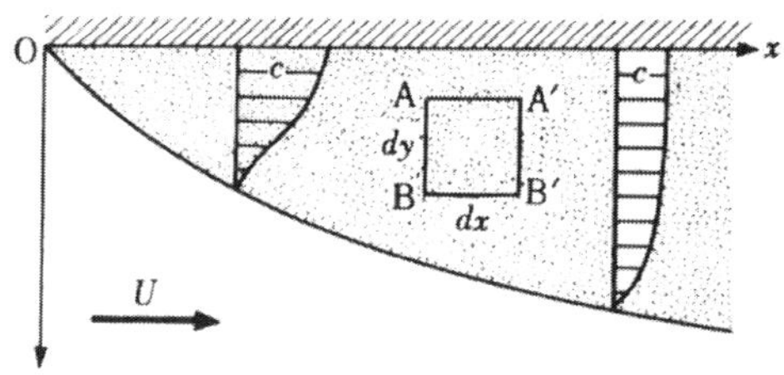

[그림 4-22] 하천의 횡방향 확산

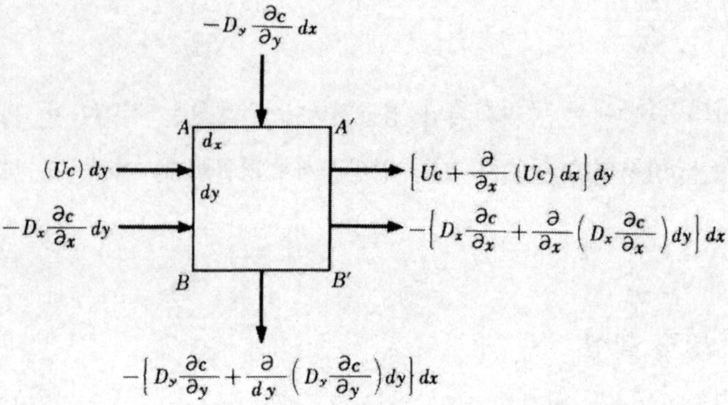

[그림 4-23]

A′B′면과 BB′면에서 유출하는 양은

$$\left\{Uc+\frac{\partial}{\partial x}(Uc)dx\right\}dy-\left\{D_x\frac{\partial c}{\partial x}+\frac{\partial}{\partial x}\left(D_x\frac{\partial c}{\partial x}\right)dx\right\}dy$$

$$-\left\{D_x\frac{\partial c}{\partial y}+\frac{\partial}{\partial y}\left(D_y\frac{\partial c}{\partial y}\right)dy\right\}dx$$

이들이 같으므로

$$\frac{\partial(Uc)}{\partial x}=\frac{\partial}{\partial x}\left(D_x\frac{\partial c}{\partial x}\right)+\frac{\partial}{\partial y}\left(D_y\frac{\partial c}{\partial y}\right) \tag{4-69}$$

여기서 D_x는 x방향에 대한 확산계수이고, D_y는 y방향에 대한 확산계수이다. 등방성난류의 경우는 $D_x=D_y$이다.

식 (4-69)의 우변 제1항의 오염물질의 농도경사 $\frac{\partial c}{\partial x}$는 제2항의 흐름에 직각방향의 농도경사 $\frac{\partial c}{\partial y}$에 비해서 매우 작으므로 이것을 생략하고 U와 D_y를 일정하다고 하면

$$U\frac{\partial c}{\partial x}=D_y\frac{\partial^2 c}{\partial y^2} \tag{4-70}$$

이 식은 2차원 확산방정식이며, $x=0$, $y=0$에서 오염물질을 연속적으로 방류하는 경우에 대해서 풀면

$$c=\frac{A}{2\sqrt{D_y\pi x/U}}e^{-y^2/2\sigma^2} \tag{4-71}$$

여기서, $\sigma^2=2D_y\frac{x}{U}$, $A=\text{const.}$

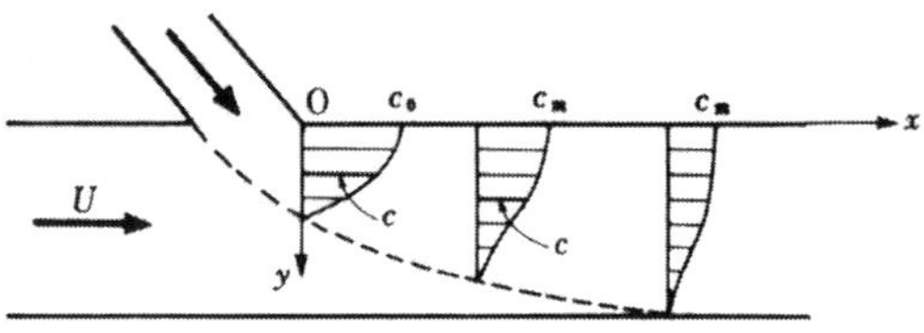

[그림 4-24]

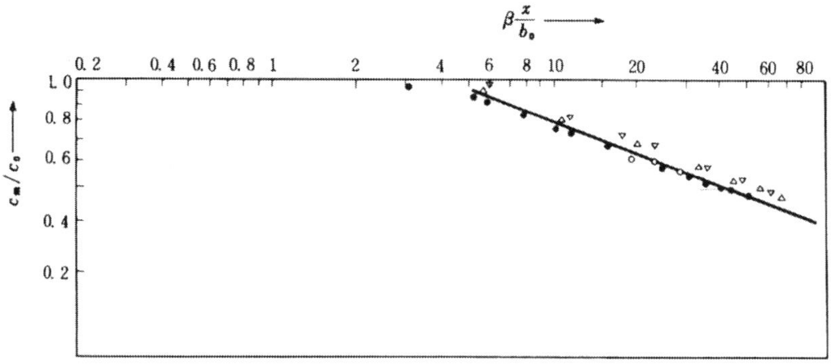

[그림 4-25] 하천에 횡방향의 확산과 무차원 표시

이 식에서 아는 바와 같이 하안에 연한 농도 $C_{y=0}$은 $\sqrt{U/Dx}$에 비례하여 감소되고, y방향의 농도분포는 오차함수분포에 따른다는 것을 알 수 있다.

안수한은 **그림 4-24**와 같이 하천의 횡방향에서 농도 c_0의 오염물질이 유입할 때 하천의 흐름방향과 흐름에 직각방향의 농도분포를 실험에서 구하였다(참고문헌 [1], [2]).

그림과 같이 하안에 연해서 x축, 이에 직각으로 y축을 취하고, O단면의 유입농도를 c_0, 이 단면의 확산폭을 b_0, 하안에 연한 농도를 c_m이라고 하고, 실험에서 $\dfrac{c_m}{c_0}$과 $\dfrac{\beta x}{b_0}$의 관계를 구하였다. 이 관계는 **그림 4-25**와 같이 양대수지상에서 직선이 되고, 실험식은 다음과 같다.

$$\frac{c_m}{c_0} = 4\left(\beta\,\frac{x}{b_0}\right)^{0.37} \tag{4-72}$$

여기서, $\beta = 12\,D_y/Ub_0$

횡방향의 농도분포는 $\dfrac{c}{c_m}$와 $\dfrac{y}{y_{0.5}}$의 관계가 **그림 4-26**과 같이 오차분포곡선이 되고, 다음과 같은 식으로 표시된다.

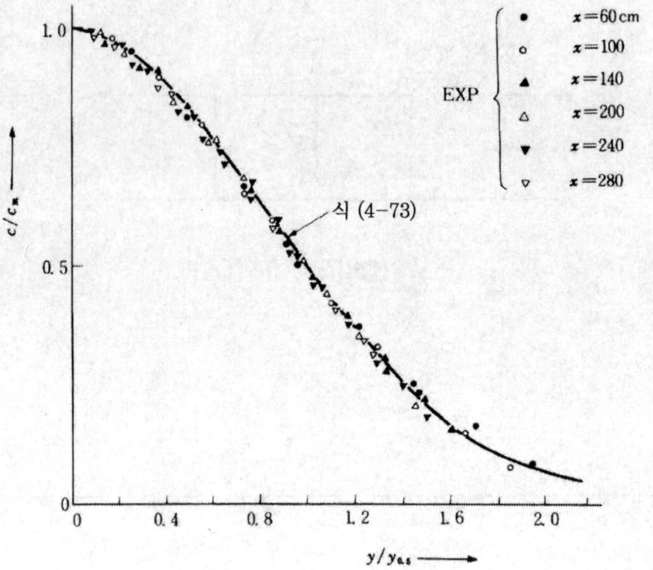

[그림 4-26] 횡방향의 농도분포

$$\frac{c}{c_m} = \exp\left\{-\frac{1}{1.44}\left(\frac{y}{y_{0.5}}\right)^2\right\} \tag{4-73}$$

여기서 $y_{0.5}$는 $\frac{c}{c_m} = \frac{1}{2}$ 점의 y의 값이다.

연습문제

4-1. 안 지름 30 cm의 원관을 20°C의 물이 흐를 때 이 흐름이 층류가 되는 한계유속은 얼마인가?

4-2. 층류와 난류가 흐를 때의 손실수두는 다르다. 어떻게 다른가를 설명하여라.

4-3. 지름 2.5 cm의 원관에 30 cm³/sec의 유량으로 물이 흐른다. 이 흐름이 층류인가 난류인가를 구별하여라.

4-4. 지름 20 cm의 원관을 동수경사 1/80로 물이 흐르는 경우 층류저층의 두께를 구하여라. 수온은 20°C라고 한다.

4-5. 매우 민감한 유속계로서 수류의 한 점에 있어서의 유속을 측정한 결과가 다음표와 같다. 이 측정치에서

(1) Reynolds 응력

(2) 혼합거리

(3) 와동점성계수

를 구하여라.

시각(sec)	0	2	4	6	8	10	12	14	16	18
u(m/s)	2.04	2.05	2.30	2.31	2. 55	2.40	2.15	2.19	1.98	1.95
v(m/s)	(−)0.05	0.21	(−)0.35	(−)0.11	(−)0.21	0.31	0.05	(−)0.16	(−)0.20	0.50

참고문헌

[1] 안수한 : "수로의 횡방향에서 유입하는 수류의 확산에 관한 연구", 서울대학 교론 문집, 자연과학 및 공학(A), Vol. 17, 1967.

[2] Soo Hahn Ahn, "Laboratory Investigation of the Turbulent Diffusion in Open channel by means of Salt Water Injection", Proc. Of 13th Congress of IAHR, Vol. 3, 1969.

본장은 대부분 층류와 난류에 대한 일반적인 기초이론을 개설한 것이며, 본장을 쓰는 데 참조한 참고서 중에서 몇 가지를 열거하면 다음과 같다.

(1) 安守漢, 水理學, 東明社, 1981.

(2) 谷一郎, 亂流理論, 東京克誠堂, 1950.

(3) 椿東一郎, 水理學 I, 森北出版, 東京, 1979.

(4) 本間仁, 水理學, 丸善, 東京, 1969.

(5) J.O. Hinze, *Turbulence*, 2nd ed. McGraw Hill, 1975.

(6) 荒木正夫, 椿東一郎, 水理學演習, 森北出版, 東京, 1963.

(7) H. Rouse, *Elementary of Fluid Mechanics*, John Wiley & Sons, 1946.

(8) H. Rouse, *Fluid Mechanics for Hydraulic Engineers*, Dover Publication, 1938.

(9) 岩佐義明, 水理學, 朝倉書店, 東京, 1967.

제5장

관수로의 정상류

5.1 관수로의 1차원흐름의 기본식

제3장과 4장에서 유도한 Euler의 운동방정식, Navier–Stokes의 운동방정식, 난류의 운동방정식, 그리고 이들에 대한 연속방정식은 모두 3차원흐름에 대한 것이므로, 수리학의 일반적인 문제를 해결하는 데 사용할 수 있다. 그러나 유수단면적의 변화가 작은 관수로와 개수로의 흐름은 대략 한 방향으로 흐르고, 다른 방향의 속도성분이 매우 작으므로 3차원흐름으로 취급할 필요가 없는 경우가 많다. 이와 같은 경우는 3차원에 대한 식들을 간소화시켜서 1차원에 대한 식으로 고쳐서 사용하면 문제를 쉽게 풀 수가 있다.

실용적인 면에서는 관 속의 유속분포를 엄밀히 계산하는 것보다는 단면의 평균유속을 사용하여 유량, 압력 등을 쉽게 구하는 것이 요구되는 경우가 많다. 관 단면의 평균유속을 사용하는 1차원흐름에 있어서는 단면에 대한 평균유속 V와 압력수두 p/w 등이 관축에 연해서 어떻게 변화하는가를 알면 되는 것이다. 이와 같은 해석방법은 **그림 3–12**와 같은 유관속의 흐름을 상상하면 쉽게 이해할 수 있을 것이다.

5.1.1 관수로의 1차원흐름에 대한 연속방정식

그림 3–12와 같은 유관 속의 연속방정식은 식 (3–47)로 표시 되고, 관단면 전체에 대한 연속방정식은 식 (3–49)와 같다. 관 속의 유속분포는 일반적으로 **그림 5–1**과 같이 중심축에서 가장 크고 관벽에서 0인 곡선이 된다.

한 점의 흐름 방향의 유속을 v라고 하면 미소단면적 dA를 흐르는 유량 dQ는

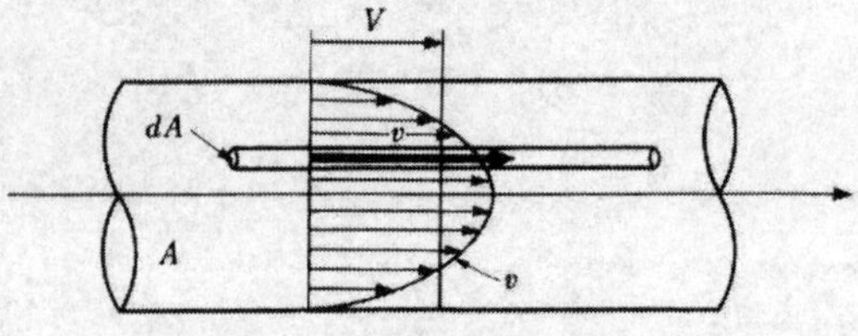

[그림 5-1] 유관과 1차원흐름

$$dQ = vdA$$

와 같이 나타낼 수 있고, 전단면 A를 흐르는 유량 Q는 전단면에 대해서 적분한 값이다.

$$Q = \int_A vdA \tag{5-1}$$

여기서, Q의 단위는 m^3/sec이다.

$$Q = AV = \int_A vdA$$

로 놓으면 다음과 같이 쓸 수 있다.

$$V = \frac{Q}{A} \quad \text{또는} \quad V = \frac{1}{A}\int_A vdA \tag{5-2}$$

식 (5-2)로 표시되는 V를 단면적 A에 대한 평균유속이라고 한다. 평균유속 V에 단면적 A를 곱한 것이 유량 Q이고, 이것은 vdA를 전단면에 대해서 적분한 값과 같다. 유관은 미소단면이므로 그 속의 유속은 **그림 3-12** (b)와 같이 균일하다고 생각했으나, 관의 전단면에 대한 평균유속을 유관 속의 유속과 동일하다고 생각하면 이해하기 쉬울 것이다.

식 (3-50)에 있어서

$$Q = V_1A_1 = \int_{A1} v_1\, dA_1\,, \qquad Q = V_2A_2 = \int_{A2} v_2\, dA_2$$

로 표시하면 1차원흐름에 대한 연속방정식을 구할 수 있다. 즉

$$Q = V_1A_1 = V_2A_2 \tag{5-3}$$

여기서 V_1, A_1은 단면 1의 평균유속과 단면적이고, V_2, A_2는 단면 2의 평균유속과 단면적이며, 이들을 곱한 것은 같다.

5.1.2 평균유속공식을 사용한 관수로의 기본식

식 (4−49)~(4−51)는 각각 x, y, z방향에 대한 난류의 운동방정식이다. 여기서 취급하는 실제의 흐름은 대부분 난류이고, 식 중의 질량력 X, Y, Z는 원심력을 생략하면 중력 g의 x, y, z방향의 성분이라고 생각할 수 있다. 그리고 실제 문제를 해결하는 데 있어서는 3차원적으로 해석하는 것보다는 1차원적 해석이 간편하고 편리하다.

식 (4−49)~(4−51)에서 1차원 운동방정식을 유도할 때는 다음과 같이 가정한다.

(1) x방향을 주류의 방향으로 취하고, $\bar{u}$에 비해서 $\bar{v}$, $\bar{w}$는 매우 작다고 생각하여 이것을 생략한다.

(2) Reynolds 응력 $\rho\overline{u'u'}$, $\rho\overline{v'v'}$, $\rho\overline{w'w'}$는 특수한 경우를 제외 하고는 무시할 수 있을 만큼 작다고 생각한다.

(3) 유선의 곡률이 매우 작고, 따라서 원심력의 영향은 무시한다.

식 (4−49)~(4−51)에서 단면의 평균유속을 사용한 1차원 운동방정식을 유도하면 다음과 같다.*

$$\frac{\beta}{g}\frac{\partial V}{\partial t}+\frac{\partial}{\partial x}\left(\frac{\alpha V^2}{2g}+\frac{p}{w}+z\right)+\frac{\partial h}{\partial x}=0 \tag{5−4}$$

여기서, V : 단면의 평균유속

β : 운동량 보정계수

α : 에너지 보정계수

h : 손실수두

x : 주류의 방향

정상흐름에 대해서는 시간에 대한 미계수가 0이므로 식 (5−4)는 다음 같이 된다.

$$\frac{\partial}{\partial x}\left(\frac{\alpha V^2}{2g}+\frac{p}{w}+z+h\right)=0$$

$$\therefore\ \frac{\alpha V^2}{2g}+\frac{p}{w}+z+h=\text{const.} \tag{5−5}$$

* 식 (5−4)의 유도는 부록 2에 있음.

단면 1과 2에 대해서 생각하면

$$\alpha_1 \frac{V_1^2}{2g} + \frac{p_1}{w} + z_1 + h_1 = \alpha_2 \frac{V_2^2}{2g} + \frac{p_2}{w} + z_2 + h_2$$

$h_1 - h_2 = h$이라고 하면

$$\alpha_1 \frac{V_1^2}{2g} + \frac{p_1}{w} + z_1 = \alpha_2 \frac{V_2^2}{2g} + \frac{p_2}{w} + z_2 + h \tag{5-6}$$

식 (5–6)이 평균유속으로 표시한 Bernoulli의 정리이며, h는 손실수두이다.

5.2 관수로의 마찰손실

5.2.1 마찰에 의한 에너지 손실

일정한 단면의 관수로를 물이 정상적으로 흐르는 경우를 생각하여 l만큼 떨어진 두 단면에 대하여 Bernoulli의 정리를 적용한다.

식 (5–6)에 있어서 $V_1 = V_2$이고, $\alpha_1 = \alpha_2 = 1$ 이라고 하면 다음과 같은 식이 단면 ①과 단면 ②에 대해서 성립된다.

$$\frac{p_1}{w} + z_1 = \frac{p_2}{w} + z_2 + h$$

$$\therefore\ h = \left(\frac{p_1}{w} - \frac{p_2}{w}\right) + (z_1 - z_2) \tag{5-7}$$

여기서, h는 단면 ①과 단면 ② 사이의 마찰에 의한 손실수두이다. 이 경우의 에너지선과 압력선은 **그림 5–2**와 같다.

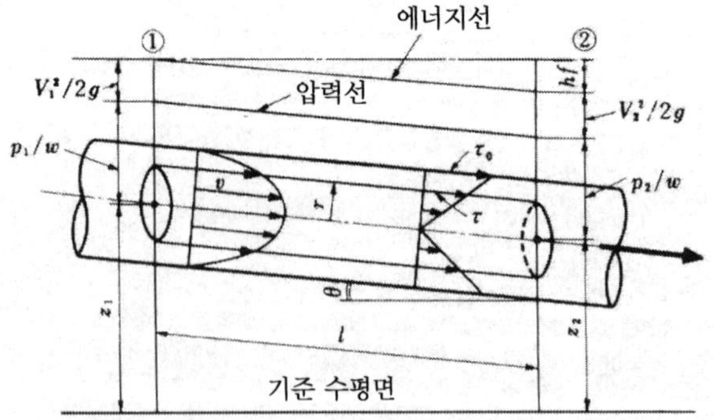

[그림 5–2] 관수로흐름의 유속분포와 전단응력분포

지금 **그림 5-2**의 단면 ①과 ② 사이의 지름 r의 원관에 작용하는 흐름방향의 힘을 생각하면 단면 ①과 ②에 작용하는 압력, 원관의 표면에 작용하는 마찰력, 그리고 l 사이 물의 무게와 흐름방향의 성분이다. 흐름이 정상적이면 이들의 힘은 평형을 이루게 되므로 다음 식이 성립된다.

$$p_1 \pi r^2 - p_2 \pi r^2 + w \pi r^2 l \sin\theta - \tau 2 \pi r l = 0$$

여기서 $\sin\theta = (z_1 - z_2)/l$로 놓으면

$$r\left(\frac{p_1}{w} - \frac{p_2}{w} + z_1 - z_2\right) - \frac{2\tau l}{w} = 0$$

위 식에 식 (5-7)의 관계를 대입하면

$$h = \frac{2\tau l}{wr} \quad \text{또는} \quad \tau = \frac{wh}{2l} r \tag{5-8}$$

식 (5-8)은 마찰력 τ의 분포를 표시하는 식이며, τ는 관의 중심에서 0이고, r에 따라서 직선적으로 변화한다는 것을 알 수 있다. 관의 반지름을 a라고 하면 관벽의 마찰력 τ_0는 다음과 같이 쓸 수 있다.

$$\tau_0 = \frac{wh}{2l} a \tag{5-9}$$

식 (5-9)를 사용하는 데 편리하게 다음과 같이 고쳐 쓴다.

$$h = \frac{2l\,\tau_0}{wa} = \frac{2l\,\tau_0}{w\left(\dfrac{D}{2}\right)} = \frac{4\,\tau_0\,l}{wD} = \frac{2 \times 4\,\tau_0}{\rho V^2}\frac{l}{D}\frac{V^2}{2g} = f\frac{l}{D}\frac{V^2}{2g} \tag{5-10}$$

여기서

$$f = \frac{8\,\tau_0}{\rho V^2} \tag{5-11}$$

h는 l 사이에서 마찰에 의해서 소실되는 단위무게당의 에너지 손실량이다. 이 식에서 다음과 같은 사실을 알 수 있다.

『관수로를 물이 흐를 때의 마찰에 의한 에너지의 손실량은 관벽의 마찰력과 평균유속의 자승, 그리고 관의 길이에 비례하고, 관의 지름에 반비례한다.』

식 (5-10)을 Darcy-Weisbach의 마찰손실공식이라고 하고, f를 마찰손실계수라고 한다.

계산예 5-1

지름 20 cm, 길이 1000 m의 관수로를 물이 흐를 때 그림의 A점과 B점의 압력을 측정 한 바 각각

$$p_A = 3.5\ \text{kg/cm}^2, \quad p_B = 0.2\ \text{kg/cm}^2$$

이었다. AB 사이의 마찰에 의한 손실수두와 관벽의 마찰력을 구하여라.

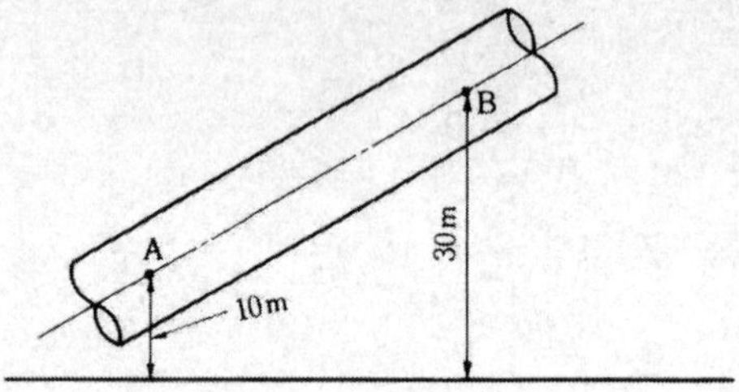

【해】 A점의 압력수두는 $w = 0.001\ \text{kg/cm}^3$이라고 하면

$$\frac{p_A}{w} = \frac{3.5}{0.001} = 3500\ \text{cm} = 35\ \text{m}$$

$$\frac{p_B}{w} = \frac{0.2}{0.001} = 200\ \text{cm} = 2\ \text{m}$$

손실수두는 식 (5-7)에서

$$h = \left(\frac{p_A}{w} - \frac{p_B}{w}\right) + (z_1 - z_2) = (35 - 2) + (10-30) = 13\ \text{m}$$

관벽의 마찰력은 식 (5-9)에서

$$\tau_0 = \frac{wh}{2l}a = \frac{0.001 \times 13 \times 100}{2 \times 1000 \times 100} \times 10 = 6.5 \times 10^{-5}\ \text{kg/cm}^2$$

계산예 5-2

지름 20 cm, 길이 1000 m의 주철관을 30 l/sec의 유량이 흐를 때 마찰손실수두는 얼마인가?

【해】 단면적 $A = \dfrac{3.14}{4} \times 20^2 = 314\ \text{cm}^2$

평균유속 $V = \dfrac{Q}{A} = \dfrac{30000}{314} = 95\ \text{cm/sec}$

$\nu = 0.011\ \text{cm}^2/\text{sec}$라고 하면

$$R_e = \frac{VD}{\nu} = \frac{95.5 \times 20}{0.011} = 1.72 \times 10^5$$

주철관의 조도는 $k = 0.025$ cm

$$상대조도 : \frac{k}{D} = \frac{0.025}{20} = 0.00125$$

그림 5-3에서 $R_e = 1.72 \times 10^5$, $k/D = 0.00125$에 대한 마찰손실계수는 $f = 0.025$

$$\therefore h = f\frac{l}{D}\frac{V^2}{2g} = 0.025 \times \frac{1000}{0.2} \times \frac{0.955^2}{2 \times 9.8} = 5.82 \text{ m}$$

5.2.2 층류의 마찰손실계수

마찰손실계수는 식 (5-11)에서 아는 바와 같이 관벽의 마찰력과 관의 평균유속에 따라서 결정되는 것이지만 층류의 경우는 다음과 같이 비교적 간단하게 표시할 수 있다.

식 (4-32)를 고쳐 쓰면

$$h = \frac{32\,\mu V l}{\rho g D^2} = \frac{64\,\mu}{\rho V D}\frac{l}{D}\frac{V^2}{2g} = \frac{64}{R_e}\frac{l}{D}\frac{V^2}{2g} = f\frac{l}{D}\frac{V^2}{2g} \tag{5-12}$$

여기서

$$f = \frac{64}{R_e} \tag{5-13}$$

여기서 R_e는 Reynolds 수이며, $R_e = \dfrac{VD}{\nu}$ 이다. 식 (5-13)에서 아는 바와 같이 층류의 마찰손실계수는 Reynolds 만의 함수이다.

식 (5-12)는 Navier-Stokes의 운동방정식을 풀어서 구한 것이지만 이 장의 뒷부분에서 설명하는 Nikuradse의 실험결과와도 일치한다.

5.2.3 난류의 마찰손실계수

관벽의 마찰력과 마찰손실계수와의 관계식 (5-11)을 다음과 같이 고쳐 쓸 수 있다.

$$\frac{V}{U_*} = \sqrt{\frac{8}{f}} \tag{5-14}$$

여기서 V는 관의 평균유속이고, U_*는 마찰유속이다.

지금 $Q = AV$로 놓으면 식 (5-14)는 다음과 같이 쓸 수 있다.

$$\sqrt{\frac{8}{f}} = \frac{V}{U_*} = \frac{1}{U_*} \times \frac{Q}{A} = \frac{1}{U_*} \times \frac{1}{A}\int_A v dA \tag{5-15}$$

식 (5–15)에 있어서 단면의 유속분포가 주어지면 적분할 수 있다.

(1) 미끈한 관

미끈한 관의 유속분포로 식 (4–59)를 사용하면 식 (5–15)는 다음과 같이 적분된다.

$$\frac{V}{U_*} = \sqrt{\frac{8}{f}} = 1.75 + 5.75\log_{10}\frac{U_* D}{2\nu} \tag{5-16}$$

여기서 U_*는 속도의 차원을 가지므로 $\frac{U_* D}{\nu}$는 마찰속도를 사용한 Reynolds 수이다.

(2) 거친 관

거친 관의 유속분포로 식 (4–59)를 사용하면 식 (5–15)는 다음과 같이 된다.

$$\frac{V}{U_*} = \sqrt{\frac{8}{f}} = 4.73 + 5.75\log_{10}\frac{D}{2k} \tag{5-17}$$

이 식의 k는 관벽의 요철 높이를 나타내는 양이며, k/D를 상대조도(relative roughness)라고 한다. 식 (5–16)과 식 (5–17)은 마찰손실계수를 Reynolds 수 또는 상대조도의 함수로 표시한 식이다.

5.2.4 Nikuradse의 실험과 마찰손실계수

그림 5–3은 Nikuradse가 균일한 모래를 관벽에 붙여서 실험한 결과를 마찰손실계수와 Reynolds 수, 그리고 상대조도의 관계를 정리한 것이다. 그림에 있어서 k는 관벽에 붙인 모래의 입경이다. 이 그림을 보면 마찰계수 f가 다음과 같은 4가지의 특성을 가지고 있다는 것을 알 수 있다.

(1) 층류 영역[$f = \varphi_1(R_e)$]

Reynolds 수가 약 2300 보다 작은 영역은 f와 Reynolds 수는 양대수지상에서 직선 관계가 있고, f는 R_e에 반비례한다.

층류의 마찰손실계수는 식 (5–13)과 같은 이론적 관계가 있으나 Nikuradse의 실험결과도 $f = 64/R_e$로서 표시된다. 층류로서 흐를 때의 마찰손실계수는 관 벽면의 조도에는 관계 없이 Reynolds 수만의 함수이다.

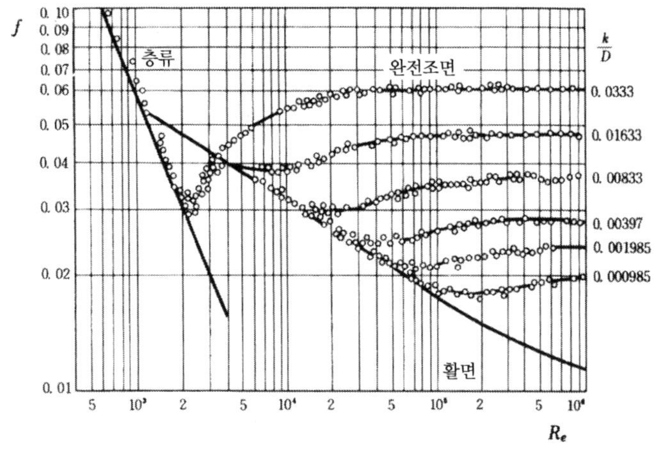

[그림 5-3] Nikuradse의 마찰계수에 대한 실험결과

(2) 난류-활면[$f = \varphi_2 (R_e)$]

Reynolds 수가 2300 보다 큰 영역에 있어서도 관벽이 활면인 경우는 f는 Reynolds 수의 함수이다. 활면관을 난류로서 흐르는 경우의 f는 Blasius 에 의하면 $R_e = 3000 \sim 100000$ 사이에 있어서 다음과 같이 표시할 수 있다고 한다.

$$f = 0.3164\, R_e^{-1/4} \tag{5-18}$$

(3) 난류-조면[$f = \varphi_3 (k/D)$]

상대조도 k/D가 큰 관수로를 난류로서 흐를 때 Reynolds 수가 큰 경우는 마찰손실계수는 Reynolds수에는 관계 없이 상대조도만의 함수이며, Nikuradse의 실험에 의하면 다음 식으로 표시할 수 있다.

$$\frac{1}{\sqrt{f}} = 1.74 + 2.03 \log_{10} \frac{D}{2k} \tag{5-19}$$

(4) 난류-와도영역[$f = \varphi_4 (R_e,\ k/D)$]

난류로 흐를 때도 관벽이 활면인 경우와 조면인 경우는 마찰손실계수가 다르다. 즉, 활면인 경우는 f가 Reynolds 수만의 함수이고, 완전조도인 경우는 f가 상대조도만의 함수이다. **그림 5-3**에서 아는 바와 같이 활면과 조면의 중간에 있어서는, 즉 과도영역에 있어서는 f가 Reynolds 수와 상대조도의 함수이다.

그림 5-3의 Nikuradse의 실험치는 균일한 인공조도에 대한 것이지만 실제로 우리들이 사용하는 철관이나 콘크리트관 등의 조도는 Nikuradse의 인공조도와는 다르다. Colebrook[1]는 이와 같은 실용관에 대한 마찰계수의 실측치를 정리하여 Reynolds 수의 넓은 범위에 적용할 수 있는 다음 식을 제안하였다.

$$\frac{1}{\sqrt{f}} - 2\log_{10}\frac{D}{k} = 1.14 - 2\log_{10}\left[1 + \frac{9.28}{R_e\left(\frac{k}{D}\right)\sqrt{f}}\right] \tag{5-20}$$

이 식에서 f와 k/D의 관계를 계산하여 Reynolds 수에 대해 곡선으로 그린 것이 **그림 5-4**이다. 이 그림에 있어서 점선의 오른쪽 영역, 즉 A 영역은 상대조도가 큰 영역이며, f가 Reynolds 수에는 관계 없이 상대조도만의 수이다. 그림의 B 영역은 f가 상대조도뿐만 아니라 Reynolds 수의 함수가 되는 영역이며, 조도의 와도영역이라고 할 수 있다. **그림 5-4**를 Moody 도라고 하고, k는 시판관의 실측치를 Nikuradse가 실험에 사용한 토사입경으로 환산한 것이다. 여러 가지의 관에 대한 k의 값은 **표 5-1**과 같다.

표 5-1 시판관

재 료	k(cm)
공업용강관	0.0045
아스팔트를 칠한 주철관	0.012
주철관	0. 025
나무관	0.02 ~ 0.09
콘크리트관	0.03 ~ 0.03
리벳한 강관	0.09 ~ 0.9

Moody 도에서 f를 구할 때는 먼저 관속의 평균유속을 가정하여 Reynolds 수를 계산하고, 이것과 상대조도에 대한 f를 구한다. 다음에 이 f를 사용하여 평균유속을 계산하고 이것이 가정한 평

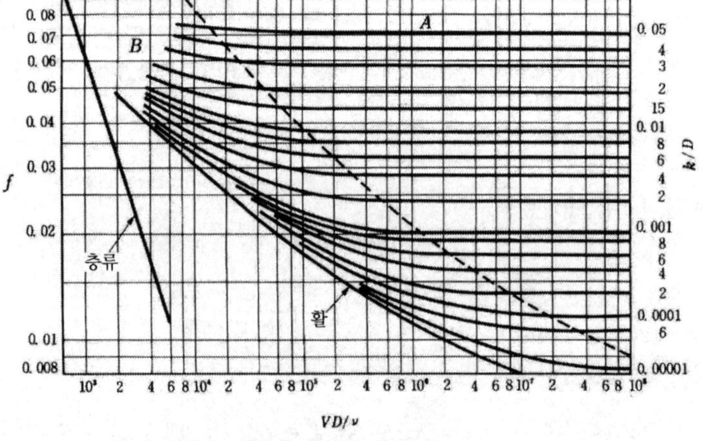

[그림 5-4] Moody 도

균유속과 같을 때까지 계산을 되풀이하면 된다.

5.2.5 실용평균유속공식

Darcy-Weisbach의 마찰손실공식은 관수로의 평균유속과 마찰손실수두의 관계를 나타낸 식이며, 이 식의 마찰손실계수가 주어지면 손실수두 또는 평균유속을 구할 수 있다. 그러나 마찰손실계수는 Reynolds 수와 상대조도와의 함수이므로 5.2.4절에서도 설명한 바와 같이 간단히 구할 수 없다. f에 대한 식들은 이론적으로 그리고 실험적으로 타당하다고 인정이 되지만 상대조도와 Reynolds 수의 함수로 표시되므로 실제로 사용하는 데에는 대단히 불편하다.

실제는 보다 정확하고, 계산이 간단한 식이 요구되고 있으므로 f에 대한 실험식이 많이 제안되고 있다. 많은 실험치와 실측치를 토대로 제안된 몇 가지 실험공식을 소개하기로 한다.

(1) Manning의 평균유속공식(영국, 1816~1897)

$$h = f\frac{l}{D}\frac{V^2}{2g}\,(\mathrm{m}), \qquad f = \frac{124.6\,n^2}{\sqrt[3]{D}} \tag{5-21}$$

여기서 n은 Manning의 조도계수이며, 관벽의 거친 정도를 나타내는 계수이다. n의 차원은 $[L^{1/6}]$ 이고 $n/\sqrt[6]{D}$가 Moody 도의 상대조도 k/D에 해당하는 수이다. 식 (5-21)의 f는 Reynolds 수에는 관계 없이 상대조도만의 함수이므로 완전조면(Moody 도의 A 영역)에 대한 공식이라고 생각된다. 실제로 여기서 취급하는 수리현상은 이 완전조면의 경우가 많으므로 Manning의 평균유속공식을 사용하여 타당한 값을 구할 수 있다.

Manning의 조도계수에 대해서는 많은 사람들에 의해서 연구되었고, 실험치와 실측치가 있다. m-sec의 단위를 사용하는 경우의 실험 및 실측치는 **표 5-2**와 같다.

표 5-2 Manning 공식의 n

재 료	n	재료	n
놋쇠관, 유리관	0.01 ~ 0.012	연철관	0.012 ~ 0.014
용접, 강관	0.01 ~ 0.013	도금한 연철관	0.013 ~ 0.015
칠한 주철관	0.01 ~ 0.013	콘크리트관(활면)	0.012 ~ 0.013
주철관(新)	0.012 ~ 0.014	콘크리트(조면)	0.014 ~ 0.016
주철관(古)	0.014 ~ 0.018	흄 관	0.011 ~ 0.014

(2) William-Hazen 공식(미국, 1910)

$$\left.\begin{aligned} V &= 0.849\, C\, RI^{0.54} \\ h &= \frac{98.78}{D^{0.167}\, C^{1.85}\, V^{0.15}} \frac{l}{D} \frac{V^2}{2g}\,(m) \\ f &= \frac{98.78}{D^{0.167}\, C^{1.87}\, V^{0.15}} \end{aligned}\right\} \qquad (5\text{-}22)$$

$$R = D/4$$

이 공식은 미국에서 상수도의 송수관에 대하여 많이 사용하고 있으며, 계산도표가 마련되어 있으므로 사용하는 데 편리하다. 이 식의 지수가 대단히 복잡한 것은 원래 ft-sec 단위에 대하여 유도된 식을 m-sec 단위로 고쳤기 때문이다. 계수 C는 **표 5-3**의 값을 사용하면 된다.

표 5-3 Williams-Hazen 공식의 C

재 료	C
보통 콜타르 칠한 주철관, 신품	130~135
보통 콜타르 칠한 주철관, 통수 5년	120
보통 콜타르 칠한 주철관, 통수 10년	110
보통 콜타르 칠한 주철관, 통수 15년	105
보통 콜타르 칠한 주철관, 통수 20년	95
보통 콜타르 칠한 주철관, 통수 30년	85
보통 콜타르 칠한 주철관, 통수 40년	80
보통 주철관, 고	100
놋쇠 및 유리관	140~150
내면 고무 칠한 소화용 호스	110~140
흄관(100~600 mm 지름)	150~
흄관(100 mm 이하)	120~140
보통 콘크리트 관	120~140

이상 두 가지의 공식 이외에 여러 가지의 평균유속공식이 제안되고 있으나, 최근에는 조도계수에 대하여 가장 많은 실험치와 실측치가 있고 공식의 형식이 간단한 Manning의 평균유속공식이 많이 사용되고 있다.

(3) 원관 이외의 단면형

Manning의 평균유속공식 (5-21)에 있어서 D는 원관의 지름이므로 이 공식은 주로 원관에 대하여 사용하게 된다. 그러나 실제는 직사각형단면, 난형단면, 마제형단면 등이 하수도, 기타에 사용되고 있으므로 원관 이외의 단면에도 사용할 수 있는 공식이 필요하다.

원관 이외의 단면에도 Manning 공식을 사용하기 위하여 다음과 같은 수리평균심(hydraulic mean depth) 또는 경심을 정의한다. 관의 단면적을 A, 마찰이 작용하는 관의 주변의 길이, 즉 윤변(wetted perimeter)을 S라고할 때

$$R = \frac{A}{S} \tag{5-23}$$

로서 나타내는 R이 수리평균심이다.

R은 유수단면적을 마찰이 작용하는 주변의 길이로서 나눈 값이므로 이것은 마찰이 작용하는 단위윤변장에 대한 유수단면적의 크기를 표시하는 것이다. 유수에 의한 마찰력이 단면형에는 관계없이 R에 따라서 변화한다고 생각된다.

지름 D의 원관의 수리평균심은

$$R = \frac{A}{S} = \frac{\frac{\pi}{4}D^2}{\pi D} = \frac{D}{4} \tag{5-24}$$

이므로 이 관계를 식 (5–21)에 대입하면 Manning의 평균유속공식은 다음과 같이 쓸 수 있다.

$$\left.\begin{aligned} h &= \frac{19.6\,n^2}{\sqrt[3]{R}}\frac{l}{R}\frac{V^2}{2g} = f'\frac{l}{R}\frac{V^2}{2g} \\ f' &= \frac{19.6\,n^2}{\sqrt[3]{R}} \\ f' &= \frac{f}{4} \end{aligned}\right\} \tag{5-25}$$

식 (5–24)의 D 대신 R을 사용할 때의 Manning의 공식이며, f'는 f에서 계산할 수 있다.

Manning의 평균유속공식과 William–Hazen의 평균유속공식을 지름 대신 동수반경 R로서 표시하면 다음과 같다.

Manning의 평균유속공식

$$V = \frac{1}{n}R^{2/3}I^{1/2}(\text{m/sec}) \tag{5-26}$$

William–Hazen의 평균유속공식

$$V = 0.849\,CR^{0.63}I^{0.54}(\text{m/sec}) \tag{5-27}$$

식 (5–21)과 식 (5–27) 그리고 식 (5–22)와 식 (5–27)은 D와 R의 관계 식 (5–25)를 이용하여

서로 변환할 수 있다.

계산예 5-3

지름 40 cm의 주철관을 동수경사 $I = 1/100$로서 송수할 때 유량은 얼마인가?

【해】 Manning의 평균유속공식을 사용하고, $n = 0.014$라고 하면 식 (5-21)에서

$$f = \frac{124.6\, n^2}{\sqrt[3]{D}} = \frac{124.6 \times 0.014^2}{\sqrt[3]{0.4}} = 0.033$$

$$V = \sqrt{\frac{2h_f gD}{lf}} = \sqrt{\frac{I2gD}{f}} = \sqrt{\frac{1 \times 2 \times 9.8 \times 0.4}{100 \times 0.033}} = 1.54 \text{ m/sec}$$

$$Q = AV = \frac{3.14 \times 0.4^2}{4} \times 1.54 = 0.19 \text{ m}^3\text{/sec}$$

William-Hazen 공식에서 계산하여 $C = 100$을 사용하면 식 (5-22)에서

$$V = 0.849 \times 100 \times \left(\frac{0.4}{4}\right)\left(\frac{1}{100}\right)^{0.54} = 1.65 \text{ m/sec}$$

$$Q = \frac{3.14}{4} \times 0.4^2 \times 1.65 = 0.21 \text{ m}^3\text{/sec}$$

5.3 관수로의 형상손실

관수로를 물이 흐를 때의 에너지손실은 앞에서 설명한 관벽의 마찰손실뿐만 아니라 단면의 급변화에 의해서 생기는 와, 가속 또는 감속작용, 그리고 곡류부에 있어서의 2차류, 경계층의 발달 등에 의해서도 생기는 것이다. 이와 같은 현상은 모두 국부적인 손실이며, 마찰손실에 대해서 형상손실이라고 한다. 형상손실은 국부적이고 수류의 불연속적인 현상 때문에 생기는 것이므로 이론적으로 취급하기가 매우 어렵고 실험에 의해서 손실수두를 구하는 경우가 많다.

예로부터 형상손실수두는 일반적으로 다음과 같은 식으로 표시하고 있다.

$$h_n = f_n \frac{V^2}{2g} \tag{5-28}$$

여기서 f_n은 형상손실계수이며, 주로 경계면의 형상에 따라서 결정되는 실험계수이다.

그림 5-5와 같이 단면변화, 곡관 등이 있는 관계통을 통해서 물이 흐르는 경우를 생각한다. 이 경우 A수조에서 관으로 유입할 때(C점), 곡관부(E, E′점), 단면확대부(F점), 단면축소부(G점), 그리고

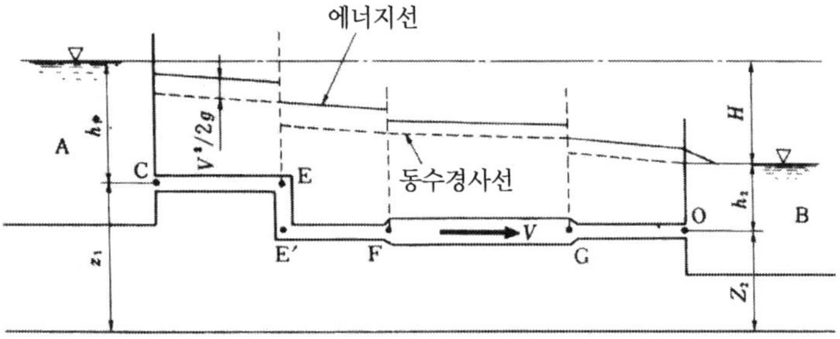

[그림 5–5] 관수로의 각종 손실수두

B수조로 유입할 때(O점) 각각 에너지의 손실이 생긴다. 이들의 형상손실수두와 마찰손실수두를 합한 것이 A수조에서 B수조까지 흐르는 사이에 소실되는 손실수두이다.

이 관계통에 대한 에너지선과 동수경사선이 **그림 5–5**에 그려져 있으나 이들의 차가 속도수두이다. A수조와 B수조의 단면적은 관수로의 단면적에 비해서 매우 넓다고 하면 수조내의 유속은 관수로의 유속에 비해서 생략할 수 있을 만큼 작다. C점과 O점의 수심을 h_1, h_2라고 하면 A수조의 전수두는 $h_1 + z_1$이고, B수조의 전수두는 $h_2 + z_2$이다. 여기서 z_1, z_2는 기본수준면에서 C점과 O점까지의 높이이다.

A수조와 B수조의 수위차를 H라고 하면 Bernoulli의 정리에서

$$h_1 + z_1 = h_2 + z_2 + H \quad \text{또는} \quad (h_1 + z_1) - (h_2 + z_2) = H \tag{5-29}$$

따라서 양수조의 수면차 H가 이 관계통을 흐르는 사이에 소실되는 손실수두와 같다는 것을 알 수 있다.

5.3.1 단면변화에 의한 손실수두

단면변화에는 단면급확대, 급축소, 점차적 확대 및 점차적 축소 등이 있다. 다음에 이들의 각각에 대한 손실수두에 대해서 논하기로 한다.

(1) 단면급확대에 의한 손실수두

관수로의 단면이 급확대할 때는 확대부에 있어서는 **그림 5–6**에서 보는바와 같이 단면변화점의 관벽에서 유선이 박리되므로 유선과 관벽 사이에는 사수역이 생긴다. 이 경우 에너지의 손실은 사수역에 생기는 와(eddy)와 단면급확대로 인한 감속에 의해서 생긴다고 할 수 있다. 이때의 손실수두는 단면 1과 2에 Bernoulli의 정리와 운동량방정식을 만들면 구할 수 있다.

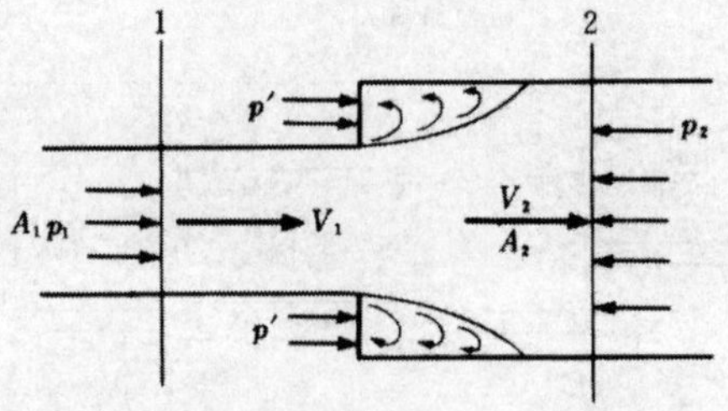

[그림 5-6] 단면급확대손실수두

각 단면의 단면적을 $A_1\,A_2$, 압력을 $p_1\,p_2$, 평균유속을 $V_1\,V_2$라고 하고 Bernoulli의 정리를 적용하면

$$\frac{V_1^2}{2g}+\frac{p_1}{w}=\frac{V_2^2}{2g}+\frac{p_2}{w}+h_w$$

여기서 h_w는 단면급확대의 손실수두이고, 에너지 보정계수는 $\alpha = 1$이라고 한다. 위 식을 변형하면

$$h_w=\frac{V_1^2-V_2^2}{2g}+\frac{p_1-p_2}{w} \tag{5-30}$$

다음에 단면 1과 2 사이에 운동량방정식을 적용하면

$$p_1\,A_1+p'(A_2-A_1)-p_2\,A_2=\frac{w}{g}Q(V_2-V_1)$$

여기서 p'는 확대부의 관벽이 물에 대해서 작용하는 압력이며, 근사적으로 $p_1 = p'$라고 할 수 있다. $Q = V_1\,A_1 = V_2\,A_2$를 사용하여 위 식을 변형하면

$$\frac{p_1-p_2}{w}=\frac{V_2}{g}(V_2-V_1)$$

이 식을 식 (5-30)에 대입하면

$$h_w=\frac{1}{2g}(V_1^2-V_2^2)+\frac{V_2}{g}(V_2-V_1)=\frac{(V_1-V_2)^2}{2g}=\frac{V_1^2}{2g}\left(1-\frac{A_1}{A_2}\right)^2$$

$$=f_w\frac{V_1^2}{2g} \tag{5-31}$$

$$f_w=\left(1-\frac{A_1}{A_2}\right)^2 \tag{5-32}$$

f_w를 단면급확대손실계수라고 한다. f_w는 A_1/A_2의 함수로 식 (5-32)와 같이 표시할 수 있으나

$p_1 \fallingdotseq p'$의 가정 때문에 실제는 식 (5–31)에 수정을 가해서 사용한다.

$$f_w = \mu\left(1 - \frac{A_1}{A_2}\right)^2 = \mu\left(1 - \frac{D_1^2}{D_2^2}\right)^2 \tag{5–33}$$

식 (5–33)의 μ는 실험에서 결정되는 계수이다.

Gibson은 $D = 15.2 \sim 150$ mm, $\dfrac{A_1}{A_2} = 1/2 \sim 1/12$의 관에 대해서 실험하여 다음의 실험식을 제안하였다.

$$\mu = 1.025 + 0.002\left(\frac{D_2}{D_1}\right)^2 - 0.0008\, D_1 \tag{5–34}$$

여기서 D의 단위는 mm이다.

특히 물이 관수로에서 큰 수조 또는 저수지로 유출되는 경우의 손실수두를 유출손실수두라고 하고 h_0으로 표시한다.

$$h_0 = f_w \frac{V_1^2}{2g} = \frac{V_1^2}{2g} \tag{5–35}$$

여기서 이 경우의 손실수두는 속도수두와 같고 따라서 손실계수 f_w는 1이 된다.

관수로의 출구에서 에너지가 소실되는 모양은 **그림 5–7**과 같이 수류가 수조 속에서 점차적으로 확산되면서 난류확산에 의해서 소실되는 것이다.

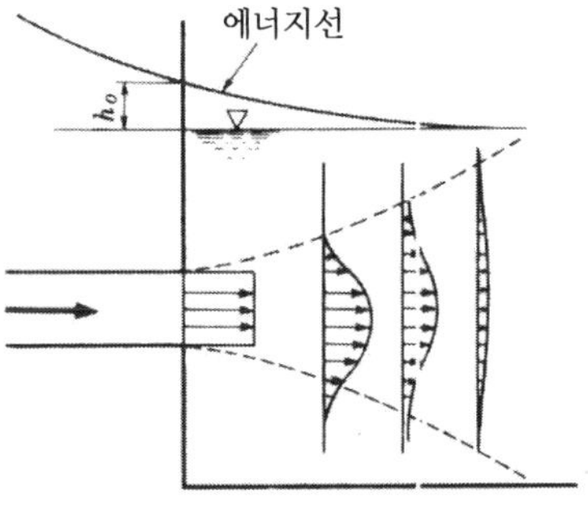

[그림 5–7] 유출손실수두

(2) 단면급축소에 의한 손실수두

물은 지름이 큰 관으로부터 작은 관으로 흐를 때는 **그림 5–8**과 같이 유선이 일단 수축한 다음 다시 관 전체에 가득 차서 흐르게 된다. 이 경우의 손실수두는 유선이 수축할 때의 손실과 확대할 때의 손실을 합한 것이다.

그림에서 보는 바와 같이 수맥은 단면 3에서 수축한 다음 다시 A_2로 확대하게 되는데 단면 3의

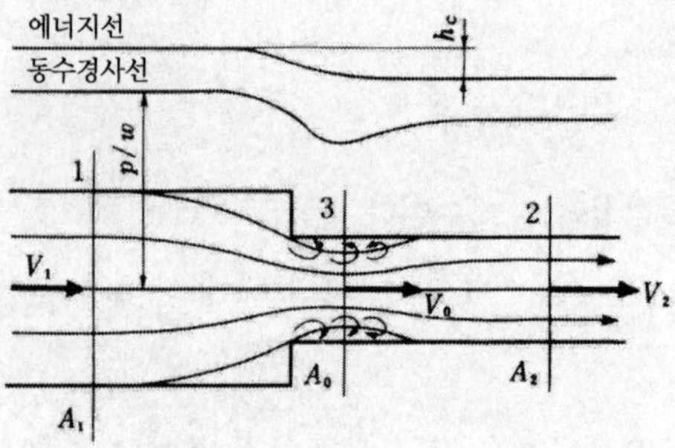

[그림 5-8] 단면급축소손실수두

A_0에서 A_2로 확대할 때의 손실이 가장 크게 된다. 이와 같은 경우의 손실수두는

$$h_c = \frac{(V_0 - V_1)^2}{2g} \tag{5-36}$$

으로 표시할 수 있다. 여기서 V_0은 수축부의 평균유속이다. A_0와 A_2의 비를

$$\frac{A_0}{A_2} = C_a \tag{5-37}$$

로 놓고, C_a를 수축계수라고 한다.

연속방정식 $A_0 V_0 = A_2 V_2$를 사용하여 식 (5-36)을 고쳐 쓰면

$$h_c = \left(\frac{1}{C_a} - 1\right)\frac{V_2^2}{2g} = f_c \frac{V_2^2}{2g} \tag{5-38}$$

h_c가 급수축손실수두이고, f_c가 급수축손실계수이다.

Weisbach는 실험에 의하여 A_2/A_1의 변화에 따른 f_c의 값을 **표 5-4**와 같이 제안하였다.

표 5-4 f_c의 실험치

A_2/A_1	0.1	0.2	0.3	0.4	0.5	0.6	0.7	0.8	0.9	1.0
f_c	0.41	0. 38	0. 34	0. 29	0. 24	0.18	0.14	0.098	0.036	0

(3) 유입손실수두

수조 또는 저수지에서 관수로로 물이 유입할 때는 **그림 5-8**에 있어서 A_1이 무한대가 되는 경우와 같다. 이 경우 손실수두의 발생기구도 단면급축소에 의한 경우와 동일하다.

이 경우의 손실수두 h_e는 식 (5-38)과 같이 다음과 같이 쓸 수 있다.

$$h_e = f_e \frac{V^2}{2g} \tag{5-39}$$

여기서 f_e를 유입손실계수라고 하고, 유입구의 형상에 따라서 변화하며, 실험에서 정하고 있다. f_e는 **그림 5-9**와 같이 유입구의 형상에 따르나 실제로 설계할 때 사용하는 유입부의 형상에 대해서는

$$f_e = 0.5$$

를 사용한다.

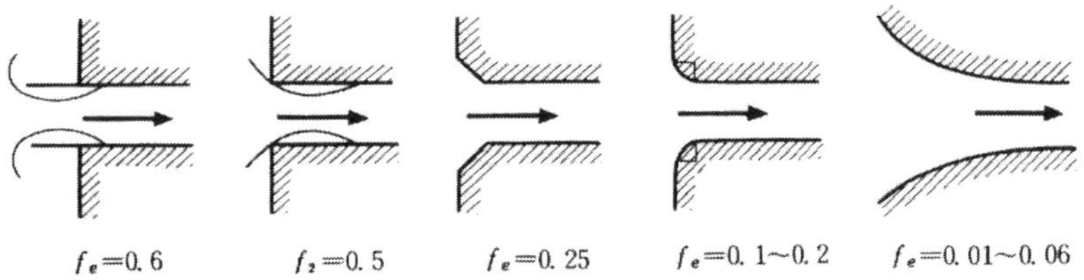

[그림 5-9] 유입손실계수

(4) 단면의 점차적 확대에 의한 손실수두

단면이 점차적으로 크게 되는 경우의 손실수두는 지름 D_1과 D_2, 그리고 확대 각 θ에 따라서 다르며, 다음과 같이 표시한다.

$$\left.\begin{aligned} h_{gw} &= f_{gw}' \frac{(V_1 - V_2)^2}{2g} = f_{gw}' \left(1 - \frac{A_1}{A_2}\right)^2 \frac{V_1^2}{2g} = f_{gw} \frac{V_1^2}{2g} \\ f_{gw} &= f_{gw}' \left(1 - \frac{A_1}{A_2}\right)^2 \end{aligned}\right\} \tag{5-40}$$

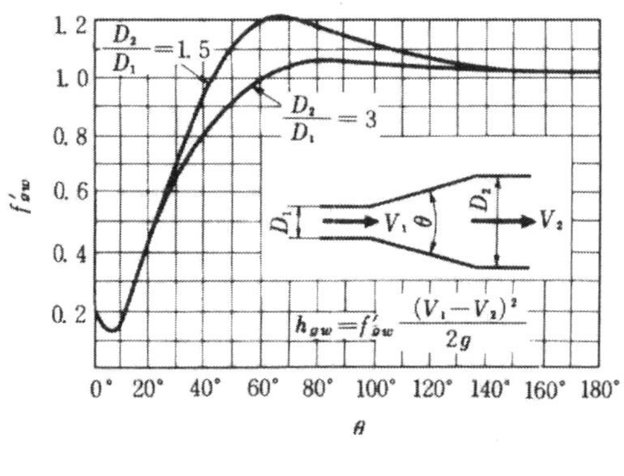

[그림 5-10] Gibson의 실험치

$D_2/D_1 = 1.5 \sim 3$의 범위 내에서 Gibson이 실험한 결과에 의하면 f_{gw}'와 θ의 관계는 **그림 5-10**과 같다. 이 그림에 의하면 $\theta = 60 \sim 70°$의 부근에서 f_{gw}'가 크게 되고, 이보다 θ가 크게 되면 f_{gw}'는 1에 가까운 값을 갖는다.

(5) 단면의 점차적 수축에 의한 손실수두

단면이 점차적으로 수축하는 경우의 손실수두도

$$h_{gc} = f_{gc}\frac{V_2^2}{2g} \tag{5-41}$$

와 같이 쓰고, f_{gc}를 실험에 의해서 정한다. f_{gc}는 A_2/A_1와 θ에 따라서 변화하게 되는데, Gibson은 실험결과에서 다음 식을 제안하였다.

$$f_{gc} = \frac{0.025}{8\sin\dfrac{\theta}{2}}\left\{1-\left(\frac{A_2}{A_1}\right)^2\right\} \tag{5-42}$$

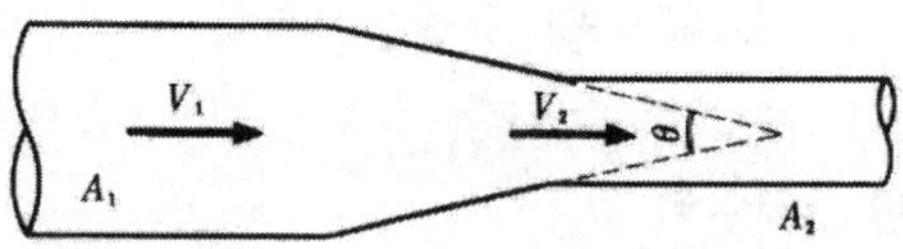

[그림 5-11]

(6) 관오리피스(orifice)에 의한 손실수두

관 오리피스는 **그림 5-12**과 같이 관수로의 중간에 작은 구멍이 뚫린 판을 넣어서 관수로의 유량을 측정하는 장치이다.

관오리피스에 의한 손실수두도

$$h_p = f_p\frac{V^2}{2g} \tag{5-43}$$

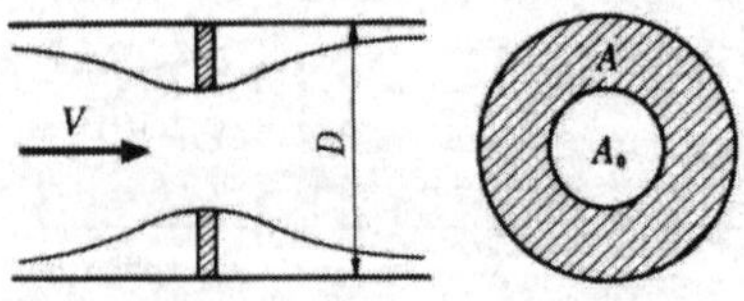

[그림 5-12] 관오리피스

와 같이 쓰고 f_p를 실험에서 결정한다. 관의 단면적을 A, 오리피스의 단면적을 A_0라고 하고, 오키(沖)는 다음과 같은 실험식을 제안하였다.

$$f_p = \left(\frac{1}{m} - 1\right)\left(\frac{2.75}{m} - 1.56\right) \tag{5-44}$$

$$m = \frac{A_0}{A}$$

5.3.2 곡관의 손실수두

(1) 곡관의 손실수두

곡관의 손실수두도

$$h_b = f_b \frac{V^2}{2g} \tag{5-45}$$

로 쓰고 손실계수 f_b를 실험에서 정한다. Weisbach는 f_b가 관의 반지름 r과 곡률반경 R, 그리고 굴절각 θ에 따라서 변화한다고 생각하고 다음과 같은 실험식을 제안하였다(**그림 5-13** 참조).

$$f_b = \left\{0.131 + 1.847\left(\frac{r}{R}\right)^{3.5}\right\}\frac{\theta°}{90°} \tag{5-46}$$

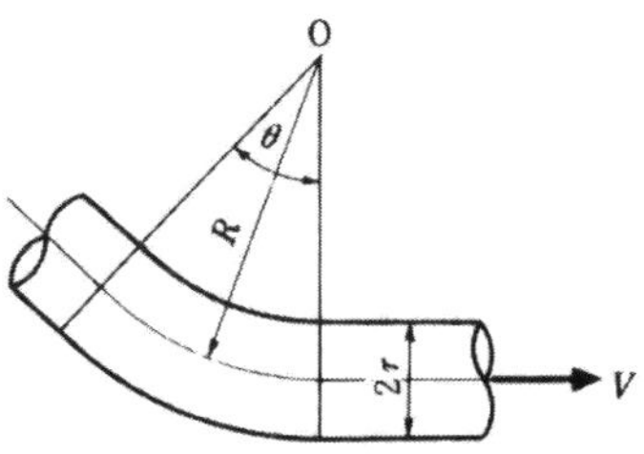

[그림 5-13] 곡관

(2) 굴절관

굴절관에 의한 손실수두는 굴절각 θ에 따르고 다음과 같다.

$$h_{sb} = f_{sb}\frac{V^2}{2g}, \qquad f_{sb} = 0.946\sin^2\frac{\theta}{2} + 2.05\sin^4\frac{\theta}{2} \tag{5-47}$$

위 식의 θ에 대한 f_{sb}를 계산하면 다음 표와 같다.

표 5-5 굴절손실계수

$\theta°$	15°	30°	45°	60°	90°	120°
f_{sb}	0.022	0.073	0.183	0. 365	0. 99	1.80

5.4 단일관수로의 해석

5.4.1 두 수조를 연결하는 등단면관수로

그림 5-14와 같이 두 수조 A 및 B를 하나의 관수로로서 연결하면 물은 높은 수조에서 낮은 수조로 흐르게 된다. 양수조가 매우 넓고 수위를 일정하게 유지한다면, 수조내의 유속은 0이고 관수로의 흐름은 정상적 흐름이 된다.

지금 양수조의 수면차를 H, 관의 입구와 출구의 기준수평면으로부터의 높이와 수심을 각각 z_1, z_2 및 h_1, h_2라 하고 양수조 사이에 Bernoulli의 정리를 적용하면

$$h_1 + z_1 = h_2 + z_2 + H$$

$$\therefore\ H = (h_1 + z_1) - (h_2 + z_2) \tag{5-48}$$

양수조내의 유속을 0이라고 하면, 각 수조의 전수두는 $(h_1 + z_1)$ 및 $(h_2 + z_2)$이므로 수조의 수면차 H가 A수조에서 B수조로 흐르는 사이에 소실되는 손실수두와 같다는 것을 식 (5-48)에서 알 수 있다. 이 손실수두는 A수조에서 관으로 유입할 때의 손실수두 h_e, 관 길이 l 사이의 마찰손실수두 h 및 관의 출구에서 B수조로 유출할 때의 손실수두 h_0을 합한 것이다.

관의 지름을 D라고 하면

$$H = (h_e + h_0) + h = (f_e + f_0)\frac{V^2}{2g} + f\frac{l}{D}\frac{V^2}{2g} = \left(f_e + f_0 + f\frac{l}{D}\right)\frac{V^2}{2g} \tag{5-49}$$

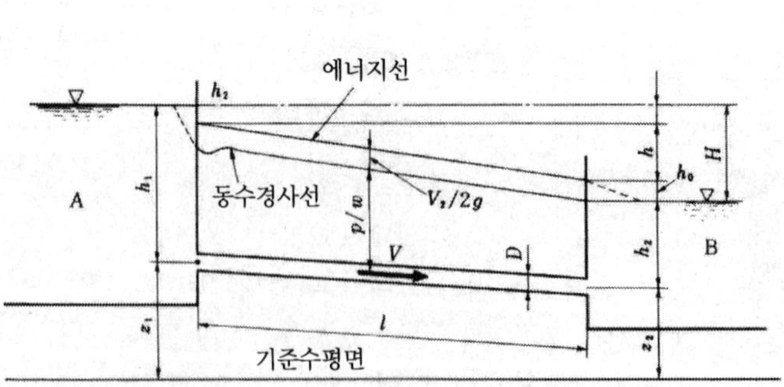

[그림 5-14] 관수로의 각종 손실수두

여기서 f_e는 유입손실계수, f_0는 유출손실계수, 그리고 f는 마찰손실계수이다.

식 (5−49)는 양수조의 수위차 H, 관의 지름 D, 관의 평균유속 V, 그리고 관 길이 l의 관계를 나타내는 식이다. 이 식을 사용하여 관수로 문제를 해석할 때는 다음과 같은 여러 가지의 경우가 있다.

(1) 하나의 저수지에서 다른 저수지로 송수할 때 두 저수지의 수면차가 주어진 경우 지름 D, 길이 l의 관수로를 연결하여 유량을 구하는 문제

(2) 한 저수지에서 낙차 H인 다른 저수지로 유량 Q를 송수하려 할 때 필요한 관경을 구하는 문제

(3) 위의 두 가지 경우에 있어서 관수로내의 압력을 구하는 문제

(1)의 경우는 낙차 H, 관경 D, 관 길이 l 및 손실계수 f가 주어지고, 유속 V 또는 유량 Q를 구하는 것이므로 식 (5−49)를 다음과 같이 고쳐 쓰면 편리하다.

$$V = \sqrt{\frac{2gH}{f_e + f_0 + f\dfrac{l}{D}}}, \qquad Q = AV = \frac{\pi D^2}{4}V \tag{5-50}$$

이 식에 있어서 f_e, f_0는 유속에는 관계 없이 구할 수 있고, 마찰손실계수 f도 유속에는 관계 없이 Manning의 식 (5−21)에서 구할 수 있다. 평균유속이 계산되면 유량은 $Q = AV$에서 구할 수 있다.

(2)의 경우는 모든 수리조건이 주어지고 관경을 계산하는 문제인데, 식 (5−49)의 마찰손실계수에 Manning의 평균유속공식을 사용한다면 f가 D의 함수가 되고, V도 D의 함수가 된다. 식 (5−49)의 f에 식 (5−21)을 대입하고, $V = Q/A = \dfrac{4Q}{\pi D^2}$를 대입하면

$$H = \left(f_e + f_0 + \frac{124.5\,n^2}{\sqrt[3]{D}}\,\frac{l}{D}\right)\frac{8\,Q^2}{g\pi^2 D^4} \tag{5-51}$$

식 (5−51)에서 D를 시산법에 의해서 계산할 수 있다.

(3)의 경우는 관수로의 유량 또는 지름 등이 구해지면 식 (5−49)에서 손실수두를 계산할 수 있으므로 에너지선과 동수경사선을 그릴 수 있다. **그림 5−14**에 있어서 에너지 선은 유입손실수두 h_e와 유출손실수두 h_0, 그리고 마찰손실수두 h가 계산되면 그릴 수 있고, 에너지선에서 $\dfrac{V^2}{2g}$ 만큼 뺀 점을 연결하면 동수경사선을 구할 수 있다.

계산예 5-4

그림과 같이 낙차 $H = 20$ m의 두 수조를 지름 $D = 20$ cm, 길이 $l = 30$ m의 주철관으로 연결하였을 때 A수조에서 B수조로 송수되는 유량은 얼마인가?

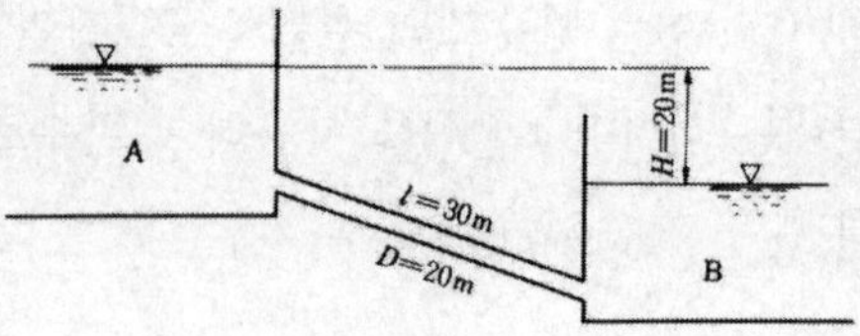

【해】 유입손실계수 $f_e = 0.5$, 유출손실계수 $f_0 = 1$
Manning의 조도계수 $n = 0.013$이라고 하면

$$f = \frac{124.5\,n^2}{\sqrt[3]{D}} = \frac{124.5 \times 0.013^2}{\sqrt[3]{0.2}} = 0.035$$

식 (5-50)에서

$$V = \sqrt{\frac{2gH}{f_e + f_0 + f\dfrac{l}{D}}} = \sqrt{\frac{2 \times 9.8 \times 20}{0.5 + 1 + 0.035\dfrac{30}{0.2}}} = 7.62 \text{ m/sec}$$

$$Q = \frac{3.14 \times 0.2^2}{4} \times 7.62 = 0.24 \text{ m}^3\text{/s}$$

계산예 5-5

그림과 같이 길이 50 m의 강관을 통해서 0.3 m³/sec의 물을 B수조로 송수할 계획이다. 관의 지름을 얼마로 해야 할 것인가?

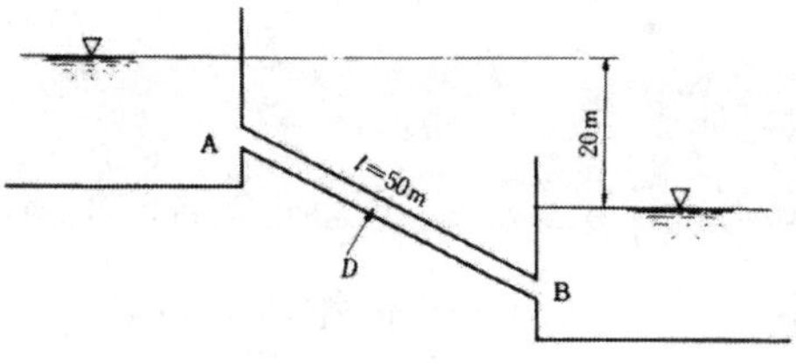

【해】 Manning의 조도계수를 $n = 0.012$라고 하면

$$f = \frac{124.5\,n^2}{\sqrt[3]{D}} = \frac{124.5 \times 0.012^2}{\sqrt[3]{D}} = \frac{0.018}{\sqrt[3]{D}}$$

$$f_e = 0.5, \quad f_0 = 1$$

식 (5-51)에서

$$H = \left(f_e + f_0 + \frac{0.018}{\sqrt[3]{D}}\frac{l}{D}\right)\frac{8Q^2}{\pi^2 g D^4}$$

$$20 = \left(0.5 + 1 + \frac{0.018}{\sqrt[3]{D}}\frac{50}{D}\right)\frac{8 \times 0.3^2}{3.14^2 \times 9.8\,D^4}$$

$$\therefore\ \frac{0.011}{D^4} + \frac{0.0067}{D^{16/3}} - 20 = 0 = y$$

시산법에 의해서 D를 구하면

$$D = 0.23 \text{ m}$$

5.4.2 단면이 변화하는 관수로

관의 지름과 조도가 다른 두 가지 이상의 관을 연결하여 송수하는 경우를 생각한다. 이 경우 각 관의 유량은 모두 동일하고 전손실수두는 각 관의 손실수두를 합한 것과 같다.

그림 5-15와 같은 관계통에 있어서 A수조에서 B수조로 물이 흐를 때 전손실수두는 H이고, 이것은 각 관의 마찰손실수두와 형상손실수두를 합한 것이다. p는 관계통을 구성하는 단일관을 표시하고, n은 형상손실을 표시한다고 하면

$$H = \Sigma f_n \frac{V_n^2}{2g} + \Sigma f_p \frac{l_p}{D_p} \frac{V_p^2}{2g} \tag{5-52}$$

식 (5-52)를 사용하여 관계통을 해석하는 경우는 앞 절에서 설명한 바와 같이 양수조의 수면차와 각 관의 지름 및 길이가 주어졌을 때 유량을 구하려 할 때는 유량이 각 관에 대하여 동일하므로 연속방정식

$$Q = \frac{\pi}{4} D_p^2 V_p = \text{const.}$$

를 사용하여 다음과 같이 계산한다. 식 (5-52)는

$$H = \frac{1}{2g}\left(\frac{4Q}{\pi}\right)^2 \left(\Sigma \frac{f_n}{D_n^4} + \Sigma f_p \frac{l_p}{D_p^5}\right)$$

$$\therefore \ Q = \sqrt{\frac{g\pi^2 H}{8\left(\Sigma \frac{f_n}{D_n^4} + \Sigma f_p \frac{l_p}{D_p^5}\right)}} \tag{5-53}$$

식 (5-53)에 있어서 형상계수 f_n은 주로 수리량에는 관계없이 구할 수 있고, 마찰손실계수 f_p도 Manning의 평균유속공식의 f를 사용하면 흐름의 양에는 관계 없이 구할 수 있으므로 유량 또는 평균유속을 이 식에서 직접 계산할 수 있다. 그러나 수리량을 주어서 관경을 구하고자 할 때는 마찰손실계수 f_p가 관경의 함수이므로 식 (5-52)는 시산법에 의해서 계산을 해야 한다.

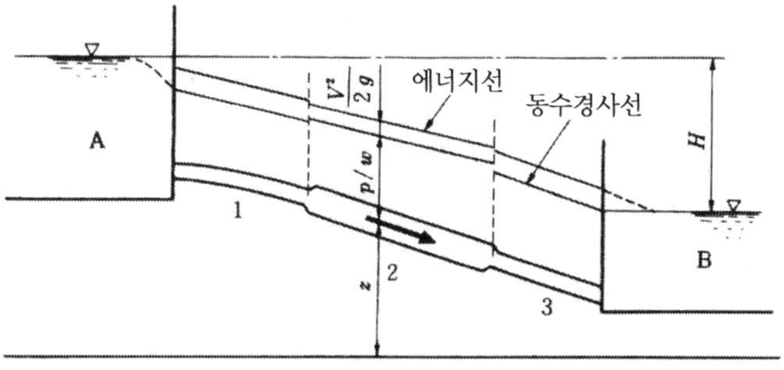

[그림 5-15] 단면이 변화하는 관수로의 손실수두

5.4.3 끝단에 노즐이 있는 관수로

관의 끝단에 노즐(nozzle)을 붙여서 물의 압력수두를 모두 속도수두로 변환시키는 경우가 있다. **그림 5–16**과 같이 관수로의 끝단에 지름 D_0, 길이 l_0 노즐이 붙어 있는 경우, 노즐에서 대기중으로 분출하는 유속을 V_0라고 하면

$$H = f_e \frac{V^2}{2g} + f\frac{l}{D}\frac{V^2}{2g} + f_{gc}\frac{{V_0}^2}{2g} + \frac{{V_0}^2}{2g} \tag{5-54}$$

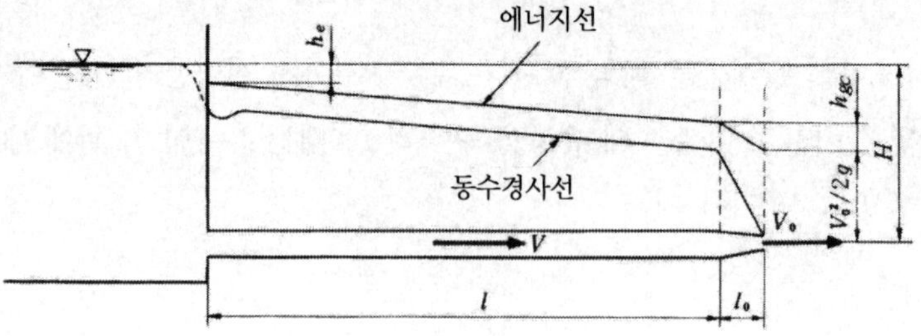

[그림 5–16] 끝단에 노즐이 있는 관수로의 손실수두

관수로의 지름, 길이 등이 주어져 있을 때 노즐에서 분출하는 유속 V_0는 연속방정식

$$\frac{\pi D^2}{4} V = \frac{\pi {D_0}^2}{4} V_0$$

를 사용하고 식 (5–54)를 변형하여 구할 수 있다.

$$V_0 = \sqrt{\frac{2gH}{\left(f_e \frac{{D_0}^4}{D^4} + f\frac{l}{D}\frac{{D_0}^4}{D^4} + f_{gc} + 1\right)}} \tag{5-55}$$

이 경우의 에너지선과 동수경사선도 앞에서 설명한 방법에 의해서 구할 수 있다. **그림 5–16**에는 이들도 기입되어 있다.

계산예 5-6

그림과 같은 단일관수로로 물이 흐를 때 관의 끝단에 있는 nozzle에서 분출하는 유량을 구하고, 관수로 각 점의 에너지 경사선과 동수경사선을 구하여라. 단, $n = 0.013$이라고 한다.

【해】 (1) 유량

A점의 유입손실계수 f_e

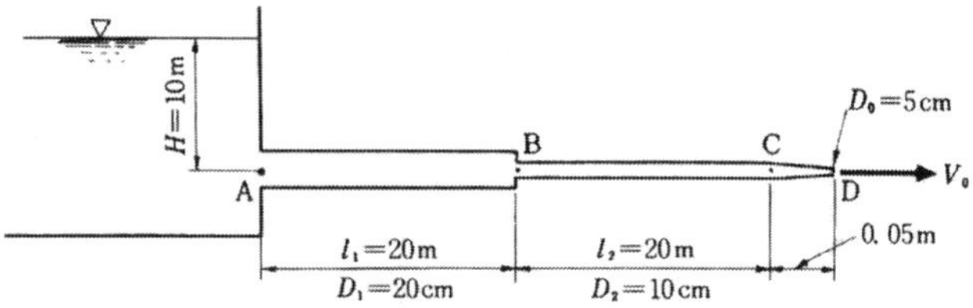

B점의 단면수축손실계수 f_c

C점의 단면 점차적 수축손실계수 f_{gc}

l_1 사이의 마찰손실계수 f_1

l_2 사이의 마찰손실계수 f_2

$$f_e = 0.5, \quad f_c = 0.36, \quad f_{gc} = \frac{0.025}{8 \times \sin\dfrac{60}{2}}\left\{1 - \left(\frac{1}{4}\right)^2\right\} = 0.006$$

Manning의 평균유속공식에서

$$f_1 = \frac{124.5\,n^2}{\sqrt[3]{D_1}} = \frac{124.5 \times 0.013^2}{\sqrt[3]{0.2}} = 0.035$$

$$f_2 = \frac{124.5 \times 0.013^2}{\sqrt[3]{0.1}} = 0.045$$

$$H = f_e\frac{V_1^2}{2g} + f_1\frac{l_1}{D_1}\frac{V_1^2}{2g} + f_c\frac{V_2^2}{2g} + f_2\frac{l_2}{D_2}\frac{V_2^2}{2g} + f_{gc}\frac{V_0^2}{2g} + \frac{V_0^2}{2g}$$

연속방정식 $A_1V_1 = A_2V_2 = A_0V_0$를 사용하여 위 식을 정리하면

$$H = \frac{V_0^2}{2g}\left[f_e\left(\frac{D_0^2}{D_1^2}\right)^2 + f_1\frac{l_1}{D_1}\left(\frac{D_0^2}{D_1^2}\right)^2 + f_c\left(\frac{D_0^2}{D_2^2}\right)^2 + f_2\frac{l_2}{D_2}\left(\frac{D_0^2}{D_2^2}\right)^2 + f_{gc} + 1\right]$$

위 식을 다시 변형하면

$$V_0 = \sqrt{\frac{2gH}{f_e\left(\dfrac{D_0^2}{D_1^2}\right)^2 + f_1\dfrac{l_1}{D_1}\left(\dfrac{D_0^2}{D_1^2}\right)^2 + f_c\left(\dfrac{D_0^2}{D_2^2}\right)^2 + f_2\dfrac{l_2}{D_2}\left(\dfrac{D_0^2}{D_2^2}\right)^2 + f_{gc} + 1}}$$

$$= \sqrt{\frac{196}{0.0019 + 0.0141 + 0.0269 + 0.568 + 0.006}} = 11.012 \text{ m/sec}$$

$$Q = A_0V_0 = \frac{3.14}{4} \times 0.05^2 \times 11.012 = 0.02 \text{ m}^3\text{/sec}$$

(2) 에너지경사선과 동수경사선

$$\frac{V_0^2}{2g} = \frac{11.012^2}{2 \times 9.8} = 6.18 \text{ m}$$

$$h_e = f_e \frac{V_1^2}{2g} = \frac{V_0^2}{2g} f_e \left(\frac{D_0^2}{D_1^2}\right)^2 = 6.18 \times 0.00195 = 0.012\ \text{m}$$

$$h_{f1} = f_1 \frac{l_1}{D_1} \frac{V_1^2}{2g} = \frac{V_0^2}{2g}\left(f_1 \frac{l_1}{D_1}\right)\left(\frac{D_0^2}{D_1^2}\right)^2 = 6.18 \times 0.014 = 0.087\ \text{m}$$

$$h_c = f_c \frac{V_2^2}{2g} = \frac{V_0^2}{2g} f_c \left(\frac{D_0^2}{D_2^2}\right)^2 = 6.18 \times 0.0269 = 0.166\ \text{m}$$

$$h_{f2} = f_2 \frac{l_2}{D_2} \frac{V_2^2}{2g} = \frac{V_0^2}{2g} f_2 \frac{l_2}{D_2}\left(\frac{D_0^2}{D_2^2}\right)^2 = 6.18 \times 0.568 = 3.51\ \text{m}$$

$$h_{gc} = f_{gc} \frac{V_0^2}{2g} = 0.006 \times 6.18 = 0.036\ \text{m}$$

관의 중심에서 에너지선까지의 높이는 다음과 같다.

A점(하류) : $10 - f_e \dfrac{V_1^2}{2g} = 10 - 0.012 = 9.99\ \text{m}$

B점(상류) : $10 - f_e \dfrac{V_1^2}{2g} - f_1 \dfrac{l_1}{D_1} \dfrac{V_1^2}{2g} = 10 - (0.012 + 0.087) = 9.91\ \text{m}$

B점(하류) : $10 - \left(f_e \dfrac{V_1^2}{2g} + f_1 \dfrac{l_1}{D_1}\dfrac{V_1^2}{2g} + f_c \dfrac{V_2^2}{2g}\right)$

$= 10 - (0.012 + 0.087 + 0.166) = 9.74\ \text{m}$

C점 : $10 - \left(f_e \dfrac{V_1^2}{2g} + f_1 \dfrac{l_1}{D_1}\dfrac{V_1^2}{2g} + f_c \dfrac{V_2^2}{2g} + f_2 \dfrac{l_2}{D_2}\dfrac{V_2^2}{2g}\right)$

$= 10 - (0.012 + 0.087 + 0.166 + 3.51) = 6.22\ \text{m}$

D점 : $10 - \left(f_e \dfrac{V_1^2}{2g} + f_1 \dfrac{l_1}{D_1}\dfrac{V_1^2}{2g} + f_c \dfrac{V_2^2}{2g} + f_2 \dfrac{l_2}{D_2}\dfrac{V_2^2}{2g} + f_{gc}\dfrac{V_0^2}{2g}\right)$

$= 10 - (0.012 + 0.087 + 0.166 + 3.51 + 0.036) = 10 - 3.775 = 6.2\ \text{m}$

동수경사선은 에너지선에서 각 점의 속도수두를 빼면 그릴 수 있다.

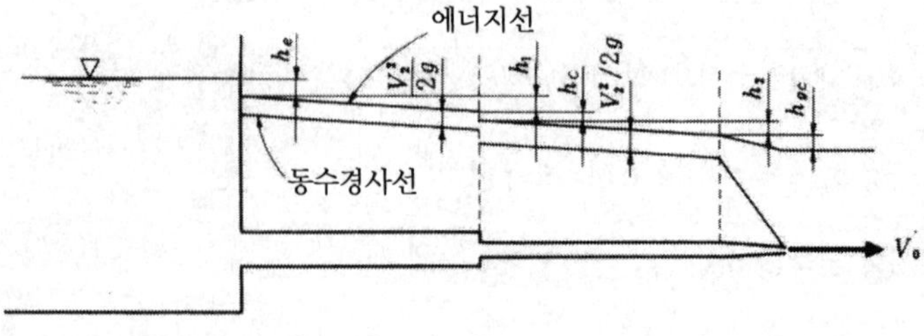

계산예 5-7

지름 18 cm의 2개의 관으로 송수하던 것을 하나의 관으로 송수하려고 한다. 지금 관의 성질이 동일하다고 하면 관경은 얼마인가?

【해】 각 관의 지름을 D_1, D_2라고 하면

$$Q = 2V_1 A_1 = V_2 A_2, \qquad 2V_1 \frac{\pi}{4} D_1^2 = V_2 \frac{\pi D_2^2}{4}$$

$$\therefore \left(\frac{D_2}{D_1}\right)^2 = 2\frac{V_1}{V_2} \tag{a}$$

속도비를 Manning의 평균유속공식에서 구하면

$$\frac{V_1}{V_2} = \frac{\frac{1}{n} R_1^{2/3} I^{1/2}}{\frac{1}{n} R_2^{2/3} I^{1/2}} = \left(\frac{R_1}{R_2}\right)^{2/3} = \left(\frac{D_1}{D_2}\right)^{2/3} \tag{b}$$

식 (a)와 (b)에서

$$\left(\frac{D_2}{D_1}\right)^2 = 2\left(\frac{D_1}{D_2}\right)^{2/3}$$

$$\therefore \left(\frac{D_2}{D_1}\right)^{8/3} = 2 \qquad \frac{D_2}{D_1} = 2^{3/8} = 1.3$$

$$\therefore D_2 = 1.3 \times D_1 = 1.3 \times 18 = 23.4 \text{ cm}$$

5.4.4 긴 관수로

식 (5–49)에 있어서 f_e와 f_0는 형상손실계수이고, f는 마찰손실계수이다. 이 중에서 유입손실수두와 출구손실수두 등 형상손실수두는 관 길이에는 관계 없이 형상변화점의 수에만 관계하지만 마찰손실수두는 관의 길이에 정비례하여 크게 된다. 따라서 형상손실수두와 마찰손실수두의 비는 관의 길이에 따라서 결정된다. 만일 관의 길이가 매우 긴 경우는 형상손실수두에 비해서 마찰손실수두가 대단히 크게 되므로 경우에 따라서는 형상 손실수두를 생략할 때도 있다. 식 (5–49)를 이용하여 이들의 관계를 검토해 보기로 한다.

식 (5–49)를 다시 쓰면

$$H = \left(f_c + f_0 + f\frac{l}{D}\right)\frac{V^2}{2g}$$

이 식에 있어서 $f_e = 0.5$, $f_0 = 1$, 그리고 $f = 0.03$이라고 가정하면 식 (5-49)의 ( )안의 값은 l/D에 따라서 결정된다. 지금 모든 손실수두를 고려했을 때의 평균유속을 V_1, 마찰손실만을 고려했을 때의 평균유속을 V_2라고 하여 이들을 비교하면 다음과 같다.

식 (5-49)에 있어서 모든 손실을 고려하면

$$l/D = 100\text{일 때} \;:\; H = (0.5 + 1 + 0.03 \times 100)\ \frac{V_1^2}{2g} = 4.5\frac{V_1^2}{2g}$$

$$l/D = 3000\text{일 때} \;:\; H = (0.5 + 1 + 0.03 \times 3000)\ \frac{V_1^2}{2g} = 91.5\frac{V_1^2}{2g}$$

$$l/D = 10000\text{일 때} \;:\; H = (0.5 + 1 + 0.03 \times 10000)\ \frac{V_1^2}{2g} = 301.5\frac{V_1^2}{2g}$$

다음에는 마찰손실만을 고려하면

$$l/D = 100\text{일 때} \;:\; H = (0.03 \times 100)\ \frac{V_2^2}{2g} = 3\frac{V_2^2}{2g}$$

$$l/D = 3000\text{일 때} \;:\; H = (0.03 \times 3000)\ \frac{V_2^2}{2g} = 90\frac{V_2^2}{2g}$$

$$l/D = 10000\text{일 때} \;:\; H = (0.03 \times 10000)\ \frac{V_2^2}{2g} = 300\frac{V_2^2}{2g}$$

지금 동일한 수면차 H에 대하여 평균유속의 비를 계산하면 다음과 같다.

$$l/D = 100\text{일 때} \;:\; \frac{V_2}{V_1} = 1.224$$

$$l/D = 3000\text{일 때} \;:\; \frac{V_2}{V_1} = 1.007$$

$$l/D = 10000\text{일 때} \;:\; \frac{V_2}{V_1} = 1.002$$

위의 계산에 의하면 마찰손실만을 고려한 경우의 평균유속과 모든 손실을 고려한 경우의 평균유속의 비는 $l/D = 100$일 때는 1.224이고 $l/D = 10000$일 때는 1.002이다. 따라서 마찰손실만을 고려할 때와 모든 손실을 고려 할 때의 평균유속의 차는 각각 22.4%, 0.7% 및 0.2%이다.

관수로의 해석에 있어서는 그 계산결과의 중요도에 따라서 모든 손실을 고려해야 하지만 일반적인 관수로의 계산에 있어서는 $l/D = 3000$ 이상인 경우는 형상손실을 생략하는 수가 많다. 즉, 이 경우는 0.7%의 오차를 인정해야 한다.

마찰손실만을 고려하면 식 (5-49)는 다음과 같이 쓸 수 있다.

$$H = f\frac{l}{D}\frac{V^2}{2g} \tag{5-56}$$

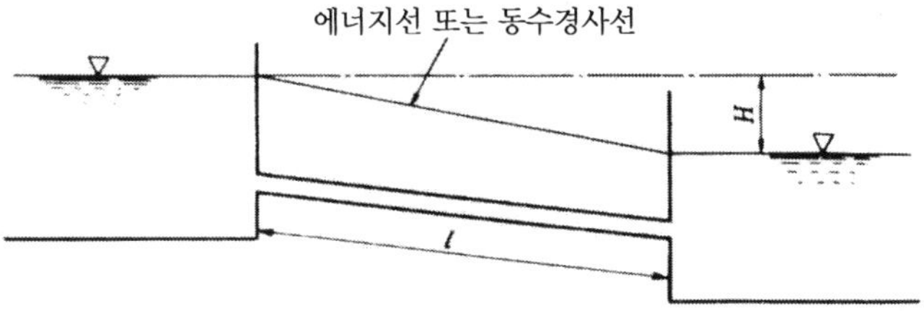

[그림 5-17] 마찰손실만을 고려할 때의 에너지선

이 경우의 에너지선과 동수경사선은 **그림 5-17**과 같이 된다. 양수조의 수면차 H는 관 길이 l 사이를 흐르는 동안에 소실되는 마찰손실수두와 같다.

5.4.5 사이펀

그림 5-18과 같이 관수로를 통해서 송수할 때 관의 일부가 동수경사선 보다 위에 있는 경우를 사이펀(siphon)이라고 한다. 사이펀은 동수경사선 보다 위에 있는 부분의 관내 압력이 부압이라는 점에서 보통 관수로와 다르다.

관의 지름을 D, $\mathrm{BC} = l_1$, $\mathrm{CE} = l_2$라고 하고, 유입손실수두를 h_c, C점의 곡류에 의한 손실수두를 h_b, E점의 출구 손실수두를 h_0, 그리고 마찰손실수두를 h라고 하여 양수조 사이에 Bernoulli의 정리를 적용하면

$$h_1 + z_1 = h_2 + z_2 + H$$

여기에서

$$H = h_e + h_b + h_0 + h = \frac{V^2}{2g}\left(f_e + f_b + 1 + f\frac{l_1 + l_2}{D}\right) \tag{5-57}$$

$$\therefore V = \sqrt{\frac{2gH}{1 + f_c + f_b + f\dfrac{l_1 + l_2}{D}}} \tag{5-58}$$

식 중의 f_e는 입구손실계수, f_b는 곡류에 의한 손실계수, f는 마찰손실계수이다. 식 (5-58)은 일반 관수로의 평균유속을 구하는 식 (5-50)과 같으므로 사이펀의 유속과 유량은 일반 관수로와 같이 하여 구할 수 있다.

그림에 있어서 동수경사선보다 윗부분의 관내 압력이 부압이 되나, 압력이 가장 저하되는 점은 C점에 있어서 구부러진 점의 직하류가 된다. 일반적으로 수중의 압력이 절대압력 0 이하로 내려

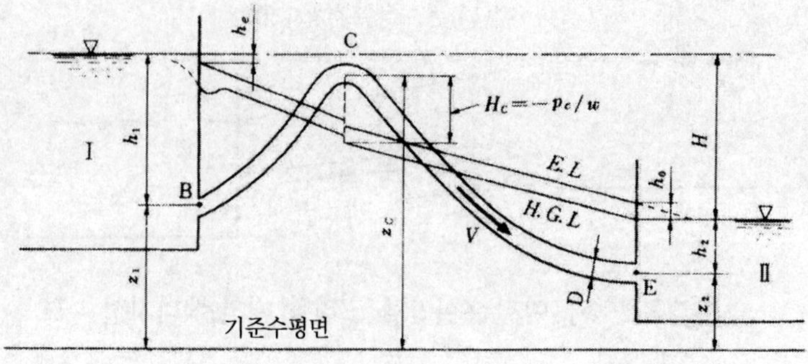

[그림 5-18] 사이펀

갈 수 없다.

지금 B점과 구부러진 직후의 점(C점) 사이에 Bernoulli의 정리를 적용하면

$$h_1 + z_1 = \frac{V^2}{2g} + \frac{p_c}{w} + z_c + f_e\frac{V^2}{2g} + f_b\frac{V^2}{2g} + f\frac{l_1}{D}\frac{V^2}{2g}$$

여기서 p_c는 C점의 압력이며, $H_c = \frac{p_c}{w}$ 이다.

식 (5-58)을 고려하여 위 식을 고쳐 쓰면

$$\begin{aligned}\frac{p_c}{w} &= h_1 + z_1 - z_c - \left(1 + f_e + f_b + f\frac{l_1}{D}\right)\frac{V^2}{2g} \\ &= h_1 + z_1 - z_c - \frac{1 + f_e + f_b + f\dfrac{l_1}{D}}{1 + f_e + f_b + f\dfrac{l_1 + l_2}{D}}H \qquad (5-59)\end{aligned}$$

C점의 압력은 식 (5-59)에서 아는 바와 같이 우변의 제1, 2항의 합이 제3, 4항의 합보다 작을 때 부압이 된다. 이 경우 C점의 압력은 절대압력 0 이하로 될 수 없으므로 이론적으로는 $-p_c/w$가 10.33 m 이하로 될 수 없다. 실제는 곡류부의 영향과 물 속에 함유되어 있는 공기 등으로 인해서 $-p_c/w$가 이론치보다 작아지고

$$\frac{-p_c}{w} = 8\sim9\text{ m}$$

정도가 된다. 따라서 식 (5-59)에서 계산한 $-p_c/w$의 값이 8~9 m 이하가 되어야 사이펀의 작용을 하고 물이 관 속을 흐르게 된다. 이와 같은 조건에서 z_c 또는 H의 최대치를 구할 수 있다. 지금 z_c가 주어진 경우 H의 최대치는 식 (5-59)에서

$$H_{max} = \frac{1 + f_e + f_b + f\dfrac{l_1 + l_2}{D}}{1 + f_e + f_b + f\dfrac{l_1}{D}} \left(\frac{p_c}{w} + h_1 + z_1 - z_c\right) \tag{5-60}$$

식 (5−60)은 사이펀 작용을 할 수 있는 한계의 H의 값이다.

관의 최고점 C가 상류수조의 수위보다 위에 있는 경우는 H의 값이 H_{max}의 값보다 크면 물은 흐르지 않는다. C점이 상류수조의 수위보다 아래에 있는 경우 H가 식 (5−60)의 H_{max} 보다 크면 물은 단속적으로 흐르고 완전한 사이펀 작용을 못하게 된다.

계산예 5-8

그림 5−18과 같은 사이펀에 있어서 수조 I의 수위를 $EL = 100$ m, C점의 높이를 $z_c = 102$ m, $l_1 = 1000$ m, $l_2 = 2000$ m, $D = 0.4$ m, $f = 0.02$, $f_e = 0.2$, $f_b = 1.0$이라고 하면 사이펀 작용을 할 수 있는 수조 II의 최저수위는 얼마인가? 또 이때의 유량은 얼마인가?

【해】 식 (5−60)에 있어서 $\dfrac{p_c}{w} = 8\ m$를 사용하면

$$H_{max} = \frac{1 + 0.2 + 1.0 + 0.02\dfrac{1000 + 2000}{0.4}}{1 + 0.2 + 1.0 + 0.02\dfrac{1000}{0.4}}(8 + 100 - 102) = 17.52 \text{ m}$$

따라서 수조 II의 최저수위는 $100 - 17.52 = $ EL.82.48 m

식 (5−58)에서 관수로의 유속을 계산하고, $Q = AV$에서 유량을 구할 수 있다.

$$Q = AV = \frac{3.14}{4} \times 0.4^2 \times \sqrt{\frac{2 \times 9.8 \times 17.52}{1 + 0.2 + 1.0 + 0.02\dfrac{1000 + 2000}{0.4}}} = 0.19 \text{ m}^3/\text{sec}$$

5.5 복잡한 관계통의 해석

5.5.1 분기관, 합통관

관수로의 분기 또는 합류에 의한 유량배분 문제는 저수지군의 상호간에 송배수할 때 필요한 것이다. 이와 같은 문제는 관의 지름, 길이 등이 주어져 있을 때 저수지의 수위에 대한 각 관의 유량을 구하는 경우이다.

그림 5−19와 같이 A수조에서 분기관에 의해서 B 및 C수조로 송수하는 경우를 생각한다. 분기점

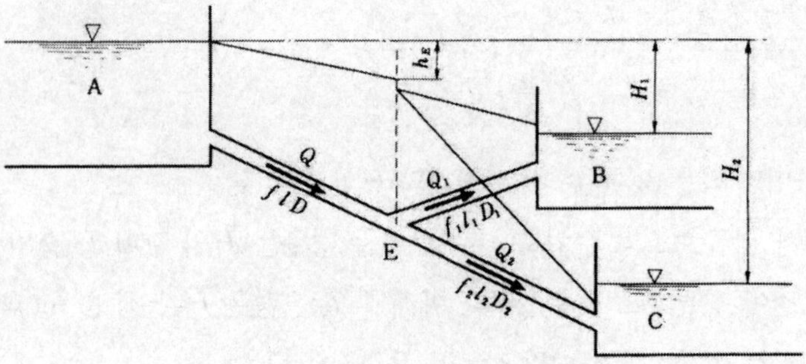

[그림 5-19]

E에 있어서의 손실수두를 h_E(분기하기 전까지의 손실수두), A수조와 B수조, 그리고 C수조의 수위차를 각각 H_1, H_2라고 하면 각 관수로에 대하여 다음 식이 성립된다.

$$\left.\begin{aligned} h_E &= \left(f_e + f\,\frac{l}{D}\right)\frac{V^2}{2g} = kQ^2 \\ H_1 - h_E &= \left(1 + f_{br} + f_1\frac{l_1}{D_1}\right)\frac{V_1^2}{2g} = k_1 Q_1^2 \\ H_2 - h_E &= \left(1 + f_{br}' + f_2\frac{l_2}{D_2}\right)\frac{V_2^2}{2g} = k_2 Q_2^2 \end{aligned}\right\} \tag{5-61}$$

여기서

$$\left.\begin{aligned} k &= \left(f_e + f\,\frac{l}{D}\right)\frac{1}{2g}\left(\frac{4}{\pi D^2}\right)^2 \\ k_1 &= \left(1 + f_{br} + f_1\frac{l_1}{D_1}\right)\frac{1}{2g}\left(\frac{4}{\pi D_1^2}\right)^2 \\ k_2 &= \left(1 + f_{br}' + f_2\frac{l_2}{D_2}\right)\frac{1}{2g}\left(\frac{4}{\pi D_2^2}\right)^2 \end{aligned}\right\} \tag{5-62}$$

이 관계통에 있어서 관경, 관길이 및 수면차가 주어진 것이라고 하면 식 (5-61)에는 h_E, V, V_1, V_2에 4개의 미지수가 포함되어 있다. 따라서 이들의 미지수는 연속방정식

$$Q = Q_1 + Q_2 \tag{5-63}$$

와 함께 4개의 방정식에서 구할 수 있다.

관의 수가 많으면 연립방정식을 푸는 것은 매우 복잡하므로 다음과 같은 방법으로 풀면 편리하다[2]. 식 (5-61)에서 h_E를 소거하면 다음과 같은 식을 얻을 수 있다.

$$H_1 = k(Q_1 + Q_2)^2 + k_1 Q_1^2 \qquad H_2 = k(Q_1 + Q_2)^2 + k_2 Q_2^2 \tag{5-64}$$

식 (5−64)의 첫째 식에 H_2를 곱하고, 둘째 식에 H_1을 곱해서 두 식을 같다고 놓으면 다음 식을 얻을 수 있다.

$$\{k(H_2 - H_1) + k_1 H_2\}\left(\frac{Q_1}{Q_2}\right)^2 + 2k(H_2 - H_1)\left(\frac{Q_1}{Q_2}\right) + \{k(H_2 - H_1) - k_2 H_1\} \quad (5-65)$$

이 식은 Q_1/Q_2에 대한 2차방정식이며, Q_1/Q_2을 쉽게 구할 수 있다. Q_1/Q_2이 계산되면 식 (5−64)에서 Q_1 및 Q_2 또는 Q를 구할 수 있다. 즉, $Q = Q_1 + Q_2$의 양변을 Q_2로서 나누면

$$\frac{Q}{Q_2} = \frac{Q_1}{Q_2} + 1$$

$$\therefore \quad Q = \left[\frac{Q_1}{Q_2} + 1\right] Q_2$$

이 Q를 식 (5−64)의 둘째 식에 대입하면 Q_2가 계산되고 Q_1 및 Q도 계산된다.

식 (5−65)를 풀어서 정의 실수해를 얻지 못하는 경우는 EB관의 흐름은 B에서 E로 흐르는 합류관이 된다. 이 경우 식 (5−61)의 둘째 번의 식은 다음과 같이 된다.

$$h_E - H_1 = \left(f_{e1} + f_{br}' + f_1 \frac{l_1}{D_1}\right)\frac{V_1^2}{2g} = k_1 Q_1^2 \quad (5-66)$$

여기서 f_{e1}은 B수조에서 관으로 유입할 때의 손실계수이고, f_{br}'는 E점 있어서의 합류에 의한 손실계수이다. 그리고 합류관의 연속방정식은 $Q + Q_1 = Q_2$이다.

합류관의 경우 식 (5−64)와 같은 식을 만들면

$$\left.\begin{aligned} H_1 &= k(Q_2 - Q_1)^2 - k_1 Q_1^2 \\ H_2 &= k(Q_2 - Q_1)^2 + k_2 Q_2^2 \end{aligned}\right\} \quad (5-67)$$

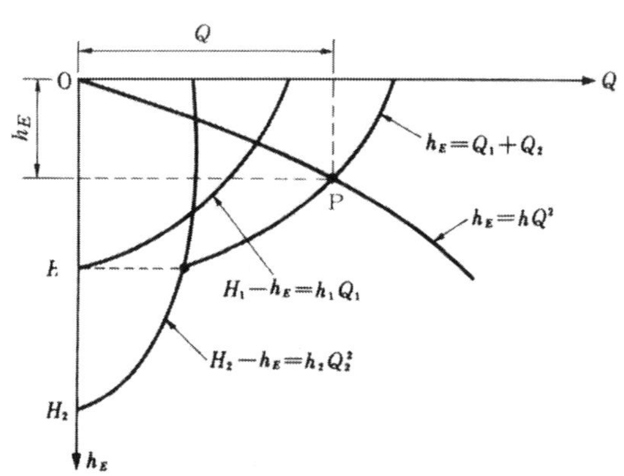

[그림 5−20] 분기관수로의 도해법

위 식에서 식 (5-64)와 같은 식을 합류관에 대해서 만들면 다음과 같다.

$$\{k(H_2 - H_1) + H_2 k_1\} \frac{Q_1^2}{Q_2^2} - 2k(H_2 - H_1)\left(\frac{Q_1}{Q_2}\right) + k(H_2 - H_1) - k_2 H_1 = 0 \quad (5-68)$$

위 식을 풀면 합류관에 대한 Q_1/Q_2를 구할 수 있고, 식 (5-67)과 연속방정식에서 Q_1, Q_2 또는 Q를 구할 수 있다.

위에서 설명한 문제는 도식법에 의해서도 풀 수 있다. **그림 5-20**과 같이 종축에 h_E, 횡축에 Q를 취하여 식 (5-64)의 3식을 곡선으로 그리고, 다시 $(Q_1 + Q_2)$와 h_E의 곡선을 그려서 $h_E = kQ^2$ 곡선과의 교점(P)을 구하면 h_E가 정해진다. 그리고 P점에 대한 Q, Q_1, Q_2가 정해진다[3].

계산예 5-9

그림 5-19에 있어서

$$Q = 0.12\ \text{m/sec}, \qquad H_1 = 4\ m, \qquad H_2 = 6\ \text{m}$$

그리고 관의 치수는

$$\text{AE} : l = 150\ \text{m}, \quad D = 0.3\ \text{m}$$

$$\text{EB} : l_1 = 200\ \text{m}, \quad D_1 = 0.20\ \text{m}$$

$$\text{EC} : l_2 = 400\ \text{m}, \quad D_2 = 0.30\ \text{m}$$

이다. Q_1과 Q_2를 구하여라. 단, Manning 평균유속공식의 조도계수는 $n = 0.013$이다.

【해】 Manning의 평균유속공식에서

$$f = f_2 = \frac{124.6 \times 0.013^2}{\sqrt[3]{0.3}} = 0.0314$$

$$f_1 = \frac{124.6 \times 0.013^2}{\sqrt[3]{0.2}} = 0.036$$

마찰손실을 고려하면

$$k = f\frac{l}{D}\frac{1}{2g}\left(\frac{4}{\pi D^2}\right)^2 = 0.031 \times \frac{150}{0.3}\frac{1}{2 \times 9.8}\left(\frac{4}{3.14 \times 0.3^2}\right)^2 = 158.44$$

$$k_1 = 0.036 \times \frac{200}{0.2}\frac{1}{2 \times 9.8}\left(\frac{4}{3.14 \times 0.2^2}\right)^2 = 1862.89$$

$$k_2 = 0.031 \times \frac{400}{0.3}\frac{1}{2 \times 9.8}\left(\frac{4}{3.14 \times 0.3^2}\right)^2 = 422.49$$

이들의 수치를 식 (5-65)에 대입하면

$$\{158.44(6-4) + 1862.89 \times 6\}\left(\frac{Q_1}{Q_2}\right)^2 + 2 \times 158.44(6-4)$$

$$\times \left(\frac{Q_1}{Q_2}\right) + 158.44(6-4) - 422.49 \times 4 = 0$$

$$11494.22\left(\frac{Q_1}{Q_2}\right)^2 + 633.76\left(\frac{Q_1}{Q_2}\right) - 1373.08 = 0$$

$$\frac{Q_1}{Q_2} = \frac{316.88 + \sqrt{316.88^2 + 11494.22 \times 1373.08}}{11494.22} = 0.3742$$

이 경우는 실근이 있으므로 분기관이다. $Q = Q_1 + Q_2$에서

$$\frac{Q}{Q_2} = \frac{Q_1}{Q_2} + 1$$

$$\therefore \ \frac{Q}{Q_2} = 0.3742 + 1 = 1.3742$$

$$\because \ Q_2 = \frac{Q}{1.3742} = \frac{0.12}{1.3742} = 0.087 \text{ m}^3/\text{sec}$$

$$Q_1 = Q - Q_2 = 0.12 - 0.087 = 0.033 \ \text{m}^3/\text{sec}$$

5.5.2 병렬관

하나의 관수로가 분기되었다가 하류에서 다시 합류하는 관계통을 병렬관(looping pile line)이라고 한다. **그림 5-21**와 같이 A수조에서 B수조로 송수할 때 관수로 1이 E에서 2, 3으로 분기되었다가 F에서 다시 합류하는 경우, 각 관수로를 흐르는 유량을 구하는 문제를 생각해 보기로 한다.

지금 관수로는 관경에 비해서 충분히 긴 것이라고 생각하여 마찰손실만을 고려한다. 각 관수로의 마찰손실수두를 h_1, h_2, h_3, h_4라고 하고, A수조와 B수조의 수위차를 H라고 하면

$$\left.\begin{aligned} h_1 &= f_1 \frac{l_1}{D_1}\frac{V_1^2}{2g} = k_1 Q_1^2 \\ h_2 &= f_2 \frac{l_2}{D_2}\frac{V_2^2}{2g} = k_2 Q_2^2 \\ h_3 &= f_3 \frac{l_3}{D_3}\frac{V_3^2}{2g} = k_3 Q_3^2 \\ h_4 &= f_4 \frac{l_4}{D_4}\frac{V_4^2}{2g} = k_4 Q_4^2 \end{aligned}\right\} \qquad (5\text{-}69)$$

여기서 분기점 E와 합류점 F 사이의 관수로 2와 3의 에너지선은 일치해야 하므로 두 관수로의 손실수두는 같다. 즉

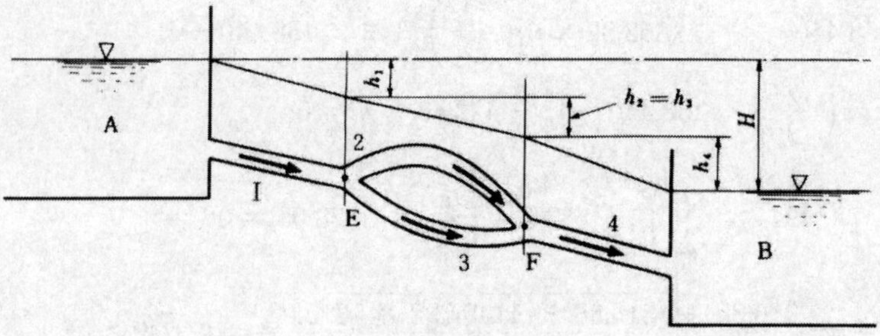

[그림 5-21]

$$h_2 = h_3 \tag{5-70}$$

이고, 수면차 H는 다음과 같이 표시할 수 있다.

$$H = h_1 + h_2 + h_4 = h_1 + h_3 + h_4 \tag{5-71}$$

이 경우의 연속방정식은

$$Q_1 = Q_2 + Q_3 = Q_4 \tag{5-72}$$

식 (5-70)과 식 (5-69)에서[4]

$$k_2 Q_2^2 = k_3 Q_3^2$$

$$Q_3^2 = \frac{k_2}{k_3} Q_2^2, \quad Q_3 = \sqrt{\frac{k_2}{k_3}}\, Q_2$$

위의 관계를 식 (5-72)에 대입하면

$$Q_1 = Q_2 + \sqrt{\frac{k_2}{k_3}}\, Q_2 = Q_2\left(1 + \sqrt{\frac{k_2}{k_3}}\right) \tag{5-73}$$

다음에 식 (5-69)를 식 (5-71)에 대입하고 식 (5-73)을 고려하면

$$H = k_1 Q_1^2 + k_2 Q_2^2 + k_4 Q_1^2 = Q_1^2 (k_1 + k_4) + k_2 Q_2^2$$

$$= Q_1^2 \left\{ k_1 + k_4 + \frac{k_2}{\left(1 + \sqrt{\frac{k_2}{k_3}}\right)^2} \right\} \tag{5-74}$$

양수조의 수위차와 관길이, 관경 등이 주어지면 k_1, k_2, k_3 ⋯을 계산할 수 있으므로 식 (5-74)에서 Q_1을 구할 수 있고, Q_2는 식 (5-73)에서 계산 할 수 있으므로, 연속방정식에서 Q_3도 알 수 있다.

계산예 5-10

그림과 같은 병렬관에 있어서 관수로 2를 흐르는 유량과 전유량과의 비를 구하여라. 여기서 Manning 평균유속공식의 조도 계수를 $n = 0.013$이라고 하고, A점의 분기손실계수를 $f_{br} = 1.8$, B점의 합류손실계수를 $f_{br}' = 1.0$이라고 한다.

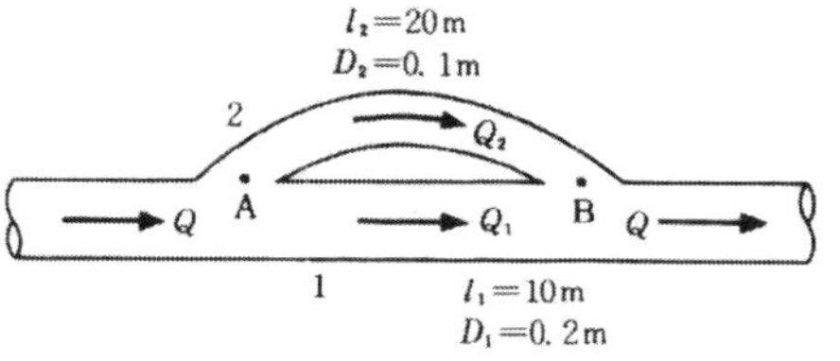

【해】 A, B 사이의 손실수두를 h라고 하면

$$h = f_1 \frac{l_1}{D_1}\frac{V_1^2}{2g} = f_2 \frac{l_2}{D_2}\frac{V_2^2}{2g} + f_{br}\frac{V_2^2}{2g} + f_{br}'\frac{V_2^2}{2g}$$

$$= f_2 \frac{l_2}{D_2}\frac{V_2^2}{2g} + k\left(\frac{V_2^2}{2g}\right) = \frac{V_2^2}{2g}\left(f_2\frac{l_2}{D_2} + k\right)$$

$k = (f_{br} + f_{br}')$이다.

$$\frac{V_1^2}{V_2^2} = \frac{D_1}{f_1 l_1}\left(\frac{f_2 l_2}{D_2} + k\right)$$

$Q_1 = \frac{\pi}{4}D_1^2 V_1,\ Q_2 = \frac{\pi}{4}D_2^2 V_2$를 사용하면

$$\frac{Q_1}{Q_2} = \frac{V_1 D_1^2}{V_2 D_2^2} = \sqrt{\left(\frac{D_1}{D_2}\right)^5 \frac{f_2 l_2 + kD_2}{f_1 l_1}}$$

$Q = Q_1 + Q_2$에서

$$\frac{Q_2}{Q} = \frac{Q_2}{Q_1 + Q_2} = \frac{1}{\frac{Q_1}{Q_2} + 1} = \frac{1}{1 + \sqrt{\frac{D_1^5}{D_2^5}\frac{f_2 l_2 + D_2 k}{f_1 l_1}}}$$

마찰손실계수는 Manning 식에서

$$f_1 = \frac{124.6 \times 0.013^2}{\sqrt[3]{0.2}} = 0.036, \qquad f_2 = \frac{124.6 \times 0.013^2}{\sqrt[3]{0.1}} = 0.045$$

$$D_1 = 0.2\text{ m},\ D_2 = 0.1\text{ m}, \qquad l_1 = 10\text{ m},\ l_2 = 20\text{ m}$$

$k = 1.8 + 2 \times 1.0 + 1.0 = 4.8$을 대입하면

$$\frac{Q_2}{Q} = \frac{1}{1 + \sqrt{\left(\frac{0.2}{0.1}\right)^5 \frac{0.045 \times 20 + 0.1 \times 4.8}{0.036 \times 10}}} = 0.083$$

5.5.3 관망

상수도의 배수관과 같이 관이 여러 개의 폐회로를 구성하여 망상으로 배치된 관계통을 관망(pipe network)이라고 한다. **그림 5-22**와 같은 관망에 있어서 A점에서 Q가 유입하고, 수개절점에서 Q_D, Q_E, Q_F, … 등이 유출한다고 할 때 각 관내의 유량을 계산하는 문제를 생각한다.

각 관을 흐르는 유량을 Q_1, Q_2, Q_3, $\cdots Q_n$이라고 하고, 손실수두를 h_1, h_2, h_3, $\cdots$ h_n이라고 하면, 하나의 관에 대한 손실수두는

$$h_i = k_i Q_i^2 \tag{5-75}$$

$$i = 1,\ 2,\ \cdots n$$

와 같이 표시할 수 있다. 이 식에서 k_i는 식 (5-62)와 같으며, 관경, 관길이 및 손실계수가 주어지면 각 관마다 계산할 수 있다. 식 (5-75)는 각 관마다 성립되므로 n개의 식(그림의 경우는 10개)을 만들 수 있다.

다음에는 하나의 폐회로, 예로서 ABDE에 대해서 생각하면 이것은 **그림 5-21**의 병렬 관과 같다. 즉, 관은 A점에서 분기되어 한쪽은 물이 AB, BD로 흐르고, 다른 한쪽은 AE, ED로 흘러서 D점에서 다시 합류하게 된다. 따라서 AB, BD관의 손실수두와 AE, ED관의 손실수두는 식 (5-70)에서 설명한 바와 같이 같다. 즉

$$h_{AB} + h_{BC} + h_{CD} = h_{AE} + h_{ED}$$

$$\sum h_i = h_{AB} + h_{BC} + h_{CD} - h_{AE} - h_{ED} = 0 \tag{5-76}$$

식 (5-76)은 한 폐회로에 대한 각 관의 손실수두의 합계는 0이라는 것을 표시한 것이다. 식 중 부호는 시계방향으로 흐르는 경우를 (+), 반시계 방향으로 흐르는 경우를 (−)라고 한 것이다. 이와

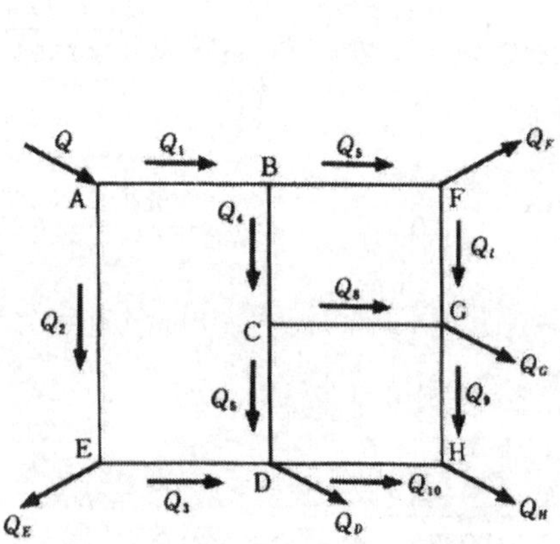

[그림 5-22]

같은 식은 한 폐회로에 대해서 하나씩 성립되므로 m개의 폐회로(그림에 있어서는 $m = 3$)에 대해서는 m개의 식이 성립된다. 결국 $(n + m)$개의 방정식을 만들 수 있고 이것을 풀면 손실수두와 유량을 구할 수 있다.

이 계산은 미지량이 많으면 대단히 복잡하다. 최근에는 전자계산기에 의하여 푸는 경우가 많으나 여기서는 손쉽게 풀 수 있는 Hardy−Cross의 시산법[5]을 설명하기로 한다.

먼저 각 관의 유량을 연속방정식이 만족하도록 될 수 있는 대로 합리적으로 가정한다. 이 가정유량을 Q_i'라고 하고

$$h_i' = k_i Q_i'^2, \ (i = 1, \ 2, \ \cdots n) \tag{5-77}$$

을 만족하는 h_i'를 계산한다. 한 폐회로에 대하여 $\sum h_i' = 0$이 되면 가정유량이 옳은 값이 되지만, 실제는 연속의 조건을 만족하지만 $\sum h_i' = 0$의 조건은 만족하지 못하는 경우가 많다.

여기서 다시 폐회로마다 보정유량 ΔQ_i를 생각하여 이것을 가정유량에 가하고 $Q_i' + \Delta Q_i$에 대한 손실수두를 $h_i' + \Delta h_i$ 라고 하면

$$h_i' + \Delta h_i = k_i(Q_i' + \Delta Q_i)^2 \tag{5-78}$$

하나의 폐회로에 대해서는

$$\sum (h_i' + \Delta h_i) = \sum k_i(Q_i' + \Delta Q_i)^2 = 0 \tag{5-79}$$

이 성립되어야 한다. 위 식에 있어서 Q_i'에 비해서 ΔQ_i가 매우 작은 값이라고 하면 ΔQ_i^2은 생략할 수 있고 식 (5−79)는 다음과 같이 된다.

$$\sum k_i Q_i'^2 + \sum k_i 2Q_i' \Delta Q_i = 0$$

$$\therefore \ \ \Delta Q_i = -\frac{\sum k_i Q_i'^2}{2\sum k_i Q_i'} = -\frac{\sum h_i'}{2\sum k_i Q_i'} \tag{5-80}$$

식 (5−80)에서 각 폐회로마다 보정유량 ΔQ_i를 계산하여 가정유량에 더하면 된다. 그러나 ΔQ_i^2을 생략한 영향이 있으므로 가정유량과 보정유량을 합한 것은 정확한 유량은 못된다. $Q_i' + \Delta Q_i$를 제2가정유량으로 하여 제2차 보정유량을 구하고, 모든 폐회로에 있어서 $\sum h_i' = 0$이 될 때까지 되풀이 된다.

보정유량 ΔQ_i 를 가정유량에 가하는 방법은 다음과 같다. 보정치의 부호는 가정유량의 방향에 따라서 정하게 되고, **그림 5−23**과 같이 Q' 의 방향과 ΔQ_i 의 방향이 같으면 더하고 반대 이면 뺀다.

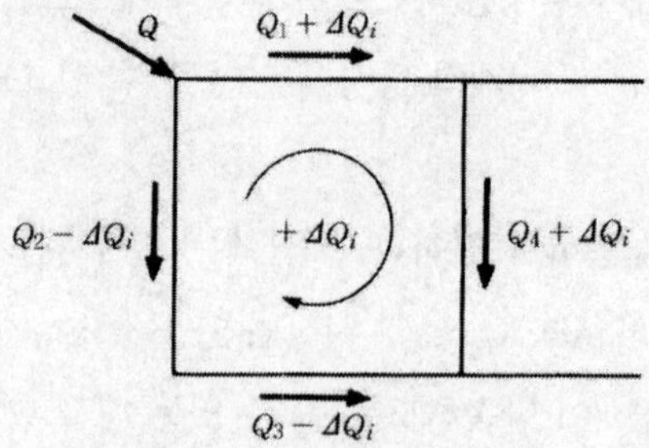

[그림 5-23] 보정유량의 보정법

계산예 5-11

그림과 같은 관망의 각 관 유량을 구하여라. Manning 공식의 조도계수는 $n = 0.013$ 이라고 한다.

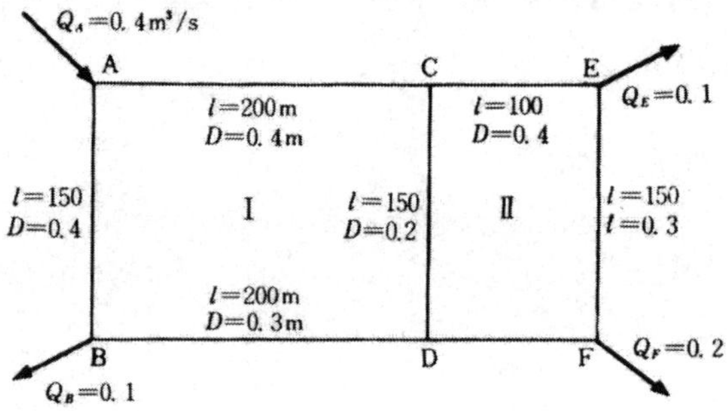

【해】 Manning 공식에서 각 관의 마찰손실계수를 계산한다.

$$f_{0.2} = \frac{124.6\,n^2}{\sqrt[3]{D}} = \frac{124.6 \times 0.013^2}{\sqrt[3]{0.2}} = 0.036$$

$$f_{0.3} = \frac{124.6 \times 0.013^2}{\sqrt[3]{0.3}} = 0.031$$

$$f_{0.4} = \frac{124.6 \times 0.013^2}{\sqrt[3]{0.4}} = 0.029$$

k를 계산한다.

$$k_{AC} = f_{0.4}\frac{l}{D}\frac{1}{2g}\frac{16}{\pi^2 D^4} = 0.029\frac{200}{0.4}\frac{1}{2 \times 9.8}\frac{16}{3.14^2 \times 0.4^4} = 46$$

$$k_{AB} = 34.5, \quad k_{CE} = 23, \quad k_{CD} = 1395.5$$

$$k_{BD} = 213.8, \quad k_{DF} = 106.9, \quad k_{EF} = 160.4$$

가정유량 Q'의 크기와 방향을 아래 그림과 같이 정하고 시계방향을 (+)로 정한다.

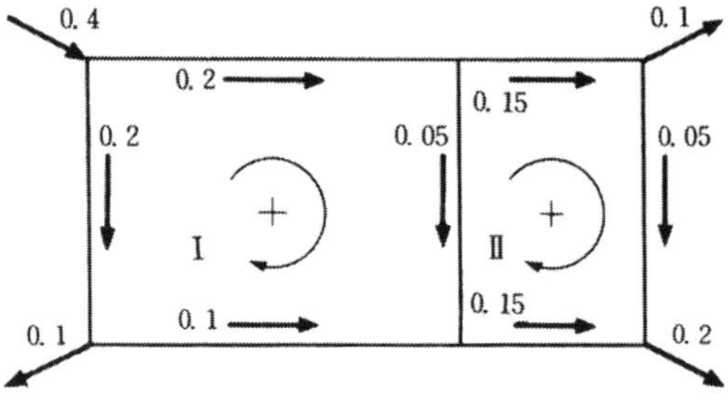

폐합관 I

$$AC : kQ'^2 = 46 \times 0.2^2 = +1.84, \qquad kQ' = 9.2$$

$$CD : kQ'^2 = 1395.5 \times 0.05^2 = 3.49, \qquad kQ' = 69.8$$

$$DB : kQ'^2 = -213.8 \times 0.1^2 = -2.14, \quad kQ' = 21.4$$

$$BA : kQ'^2 = -34.5 \times 0.2^2 = -1.38, \quad kQ' = 6.9$$

$$\Sigma kQ'^2 = \Sigma h' = +1.81 \qquad \Sigma kQ' = 107.3$$

폐합관 II

$$CE : kQ'^2 = 23.0 \times 0.15^2 = +0.52, \qquad kQ' = 3.4$$

$$EF : kQ'^2 = 160 \times 0.05^2 = 0.40, \qquad kQ' = 8.0$$

$$FD : kQ'^2 = -106.9 \times 0.15^2 = -2.40, \quad kQ' = 16.0$$

$$CD : kQ'^2 = -1395.5 \times 0.05^2 = -3.49, \quad kQ' = 69.8$$

$$\Sigma h' = -4.97 \qquad \Sigma kQ' = 97.2$$

각 폐합관의 보정치는 식 (5-80)에서

$$\Delta Q_{\mathrm{I}}' = -\frac{\Sigma h'}{2\Sigma kQ'} = -\frac{1.81}{2 \times 107.2} = -0.0084$$

$$\Delta Q_{\mathrm{II}}' = -\frac{-4.97}{2 \times 97.2} = +0.0256$$

이 보정치를 사용하여 제2근사치를 구한다

$$AC : Q'' = 0.2 - 0.0084 = 0.1916 \qquad BD : Q'' = 0.1 + 0.0084 = 0.1084$$

$$AB : Q'' = 0.2 + 0.0084 = 0.2084 \qquad CE : Q'' = 0.15 + 0.0256 = 0.1756$$

$$EF : Q'' = 0.05 + 0.0256 = 0.0756 \qquad FD : Q'' = 0.15 - 0.0256 = 0.1756$$

CD관에 대해서는 다음과 같이 2중으로 보정한다.

$$CD : Q'' = Q_{CD}' + \Delta Q_{\mathrm{I}} - \Delta Q_{\mathrm{II}}' = 0.05 - 0.0084 - 0.0256 = 0.016$$

같은 방법으로 제3, 4, … 근사치를 구하고, $\Sigma h' = 0$이 될 때까지 되풀이한다. 그러나 ΔQ^2을 생략했으므로 $\sum h'$가 정확히 0이 되지는 않는다. 필요한 정밀도에 따라서 소수점 이하를 정한다. 제5근사치를 구하면

$$Q_{AB} = 0.2112,\quad Q_{AB} = 0.1888,\quad Q_{BD} = 0.0888$$

$$Q_{CD} = 0.0248,\quad Q_{CE} = 0.1864,\quad Q_{DF} = 0.1136$$

$$Q_{EF} = 0.0864$$

이들의 유량에 대한 손실수두는

$$(\sum h')_{\mathrm{I}} = -0.01,\quad (\sum h')_{\mathrm{II}} = -0.24$$

5.6 수차, 펌프 등을 포함한 관계통의 해석

수력발전에 있어서는 압력수로, 압력관 등을 통해서 물을 수차에 공급함으로써 수력을 전력으로 전환하고, 낮은 곳에 있는 물을 높은 곳으로 양수할 때는 펌프(pump)로서 양수하는데, 이 경우는 흡입관과 배출관을 통해서 송수하게 된다. 수차의 경우는 물의 에너지가 전력으로 변환하게 되지만 펌프의 경우는 전력을 물에 가해서 물의 위치에너지를 증가시키는 것이다. 이 두 가지의 관계통은 완전히 반대현상을 나타내고 있다. 이 절에 있어서는 수력기계를 포함한 관계통의 해석에 대해서 설명하기로 한다.

5.6.1 수차를 포함한 관계통의해석

그림 5-24와 같이 저수지의 물을 관수로를 통해서 수차에 송수하면 물이 가진 에너지는 수차를 회전시키고, 수차에 연결된 발전기에 전달되어 전기에너지로 변환하게 된다.

일정한 유량 Q를 계속적으로 송수하게 되면 물은 계속적으로 일을 하게 되는데, 이때 단위시간

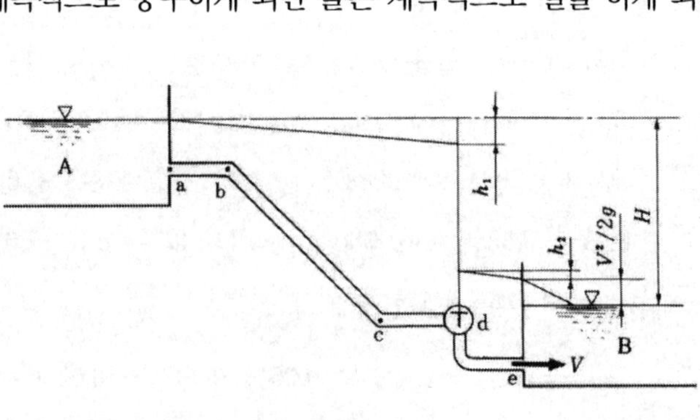

[그림 5-24]

에 하는 일이 동력(power)이다.

동력의 단위로는 kW 또는 마력(HP)을 사용하는데, kW는 102 kg·m/sec 이므로 kg, m, sec 단위를 사용하면 유량을 Q, 낙차를 H라고 하면 이때의 동력은

$$E_T = wQH \text{ kgm/sec} = \frac{1000\,QH}{102} = 9.8\,QH(\text{kW}) \tag{5-81}$$

1마력은 75 kgm/sec로 정하고 있으므로

$$E_T = \frac{1000\,QH}{75}\,(\text{HP}) \tag{5-82}$$

식 (5−81) 또는 식 (5−82)에서 E_T는 높이 H에 있는 무게 wQ의 물이 낙하하여 단위시간에 하는 일이다. 이들의 식으로 표시되는 동력은 에너지의 손실을 고려하지 않은 이상적인 경우의 동력이며, 이것을 이론동력 또는 이론마력이라고 한다. 실제는 관수로에서 에너지가 소실되므로, 전력에너지로 전환되는 양은 이론동력보다 적다.

그림 5−24에 있어서 a에서 d까지의 관수로의 손실수두를 h_1, d에서 e까지의 손실수두를 h_2, 그리고 관출구에서 B수조로 방출되는 유속을 V라고 하면 유수가 수차에 주는 순동력 H_e는 다음과 같다. A수조와 B수조의 수위차를 H라고 하면

$$H = h_1 + H_e + h_2 + \frac{V^2}{2g}$$

$$\therefore\ H_e = H - \left(h_1 + h_2 + \frac{V^2}{2g}\right) \tag{5-83}$$

위 식의 H를 총수두, 그리고 H_e를 유효수두 또는 유효낙차(effective head)라고 한다. **그림 5−24**와 같은 관계통에 있어서 총낙차 H에서 실제로 수차에 주는 물의 마력은

$$E_e = 9.8\,QH_e\,(\text{kW}) \tag{5-84}$$

이다.

5.6.2 펌프를 포함한 관계통의 해석

그림 5−25와 같이 수위차 H인 두 수조 A, B의 중간에 펌프를 설치하여 A에서 B로 양수하는 경우, 흡입관 AP와 배출관 PB에는 수두의 손실이 생긴다. 흡입관과 배출 관의 길이, 지름 및 평균유속을 각각 l_1, D_1, V_1 및 l_2, D_2, V_2라고 하고 각 관의 손실수두를 h_1, h_2라고 하면

$$h_1 = \left(\Sigma f_n + f_1 \frac{l_1}{D_1}\right)\frac{V_1^2}{2g}, \qquad h_2 = \left(\Sigma f_n + f_2 \frac{l_2}{D_2}\right)\frac{V_2^2}{2g}$$

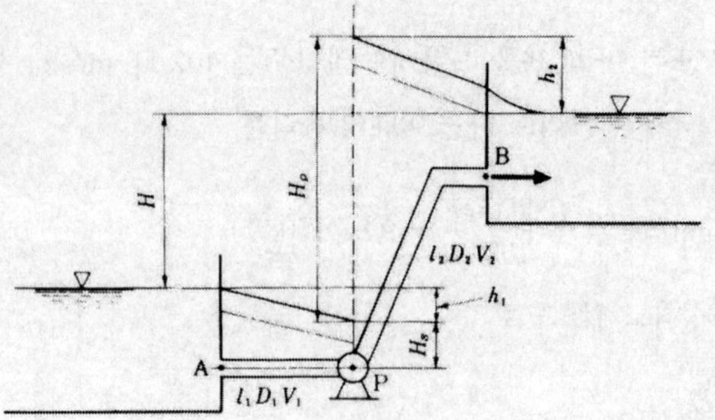

[그림 5-25]

이고, 펌프가 양수해야 하는 수두 H_p는 다음과 같다.

$$H_p = H + (h_1 + h_2) \tag{5-85}$$

펌프에 필요한 동력은

$$E_p = 9.8\,QH_p\,(\text{kW}) = \frac{wQH_p}{75}\,(\text{HP}) \tag{5-86}$$

일반적으로 펌프로서 양수할 때는 흡입관내의 수압은 부압인 경우가 많다. 흡입관내의 유속이 너무 크게 되면 흡입관내의 마찰손실수두가 크게 되고, **그림 5-26**과 같이 흡입관의 끝단에 있어서 수압은 매우 작아져서 부압이 되고 포화증기압까지 내려가는 수도 있다. 펌프의 흡입단 압력이 대기압 이하로 내려가면 펌프 작용을 하지 못하므로 실제는 대기압 이하로 되지 않게 해야 한다.

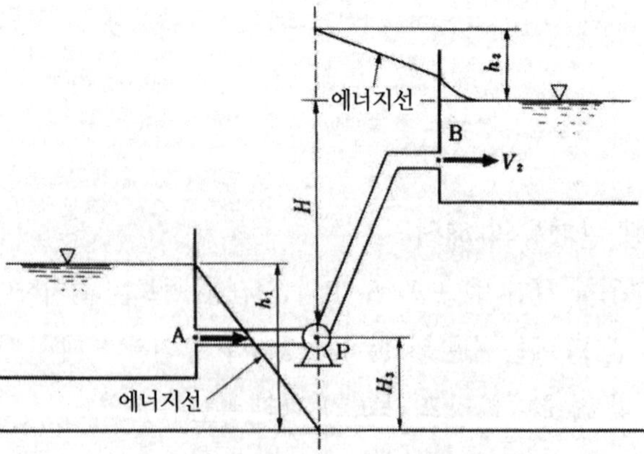

[그림 5-26]

계산예 5-12

지름 10 cm, 길이 58 m의 주철관으로 $Q = 0.02\ m^3/sec$의 유량을 35 m 높이까지 양수하려면 몇 마력의 펌프가 필요할 것인가? 여기서 흡입관 밸브의 손실계수를 1.7, 펌프의 효율을 85%라고 한다.

【해】 평균유속 $V = \dfrac{Q}{A} = \dfrac{4 \times 0.02}{3.14 \times 0.1^2} = 2.55\ m/sec$

Manning 식에서 마찰손실계수를 구하면

$$f = \frac{124.6 \times 0.01^2}{\sqrt[3]{0.1}} = 0.045$$

손실수두는 벨브에 의한 손실(f_v), 유출손실(f_0) 및 마찰손실을 고려한다.

$$h = \left(f_0 + f_v + f\frac{l}{D}\right)\frac{V^2}{2g} = \left(1 + 1.7 + 0.045\frac{58}{0.1}\right)\frac{2.55^2}{2 \times 9.8} = 9.55\ m$$

총양정은 $H_t = 35 + 9.55 = 44.5\ m$

펌프의 마력은 식 (5-86)에서

$$E = \frac{1000\,QH_t}{75\,\eta} = \frac{1000 \times 0.02 \times 44.55}{75 \times 0.85} = 13.95\ \text{HP}$$

연습문제

5-1. 지름 18 cm, 길이 100 m의 관수로로서 30 l/sec의 유량을 송수할 때 손실수두는 얼마인가? 여기서 관의 조도계수는 $n = 0.018$이다.

5-2. 지름 20 cm의 주철관을 통해서 동수경사 $I = 1/100$로서 송수할 때 관수로의 평균유속은 얼마인가?

5-3. 지름 18 cm의 관 5개로서 송수하던 것을 같은 유량을 하나의 관수로로서 송수한다면 관의 지름을 얼마로 해야 할 것인가? Manning의 평균유속공식을 사용하여 구하여라.

5-4. 길이 500 m의 관수로로서 관의 양 끝단의 압력수두의 차 20 m의 조건 하에서 250 l/sec를 송수하려면 관의 지름을 얼마로 해야 하는가? 단, $n = 0.013$이라고 한다.

5-5. 수위차가 20 m인 두 저수지를 지름 30 cm, 길이 500 m의 흄관으로 연결하면 유량은 얼마인가? 단, 관의 유입손실계수는 $f_e = 0.5$라고 한다.

5-6. 지름 20 cm의 주철관으로 그림과 같이 수조의 물을 방류할 때, 방류량을 계산하여라. 또 A, B, B′, C점의 압력을 구하여라. 단, $f_e = 0.5$, $f_b = 0.3$이고, B점은 굴곡 직전의 점이며, B′는 굴곡 후의 점이다.

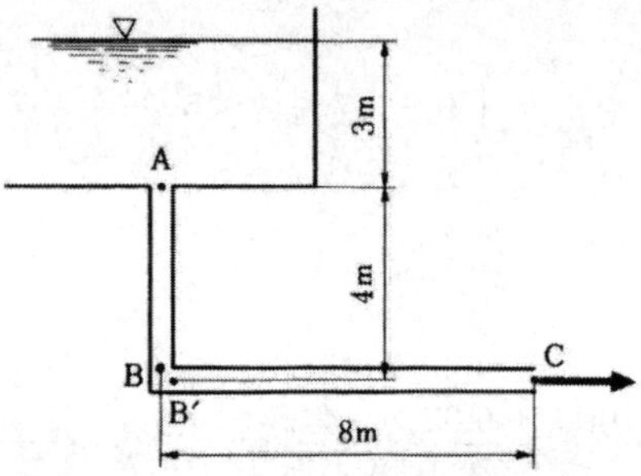

5-7. 지름 18 cm의 관수로로 3 km 떨어진 곳으로 40 l/sec의 물을 송수하려면 관시점에 있어서의 압송압력을 얼마로 해야 할 것인가? 여기서 관수로는 수평으로 포설되어 있고, 손실은 마찰만을 고려한다. 단, $n = 0.013$이다.

5-8. 그림과 같은 분기관에 있어서

$l_1 = 100$ m, $D_1 = 20$ cm

$l_2 = 50$ m, $D_2 = 16$ cm

$l_3 = 150$ m, $D_3 = 16$ cm

$H_1 = 10$ m, $H_2 = 30$ m

$n = 0.013$, $f_e = 0.5$

라고 할 때 각 관의 유량을 계산하여라.

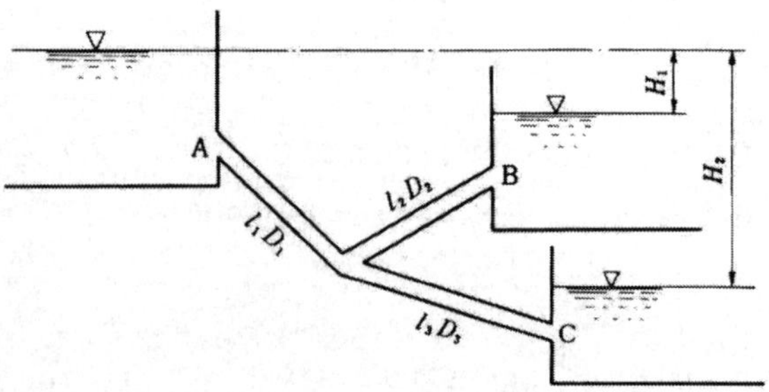

5-9. 그림과 같은 병렬관의 각 관 유량을 계산하여라.

$l_1 = 100$ m, $D_1 = 30$ cm

$l_2 = 80$ m, $D_2 = 24$ cm

$l_3 = 80$ m, $D_3 = 24$ cm

$H = 30$ m

마찰손실만을 고려하고 $n = 0.013$이라고 한다.

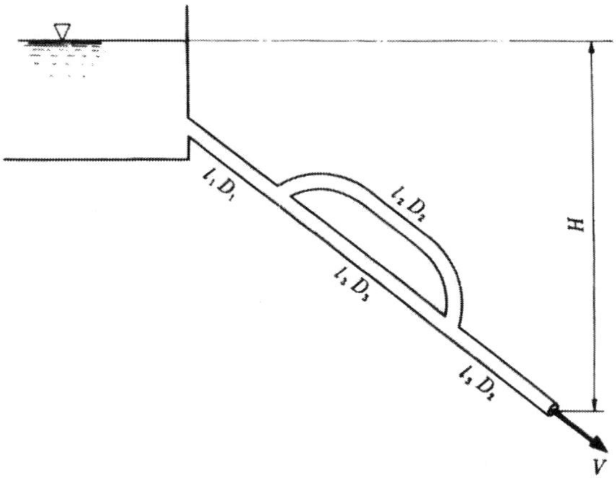

5-10. 그림과 같은 사이폰에 의해 산을 넘어서 저수지 A에서 저수지 B로 송수하는 경우, 사이폰의 작용을 할 수 있는 B수조의 수위를 구하여라. 여기서 $l_1 = 600$ m, $D_1 = 0.4$ m, $l_2 = 1200$ m, $D_2 = 0.4$ m, $f_e = 0.5$, $f_b = 0.2$, $n = 0.013$이라고 한다.

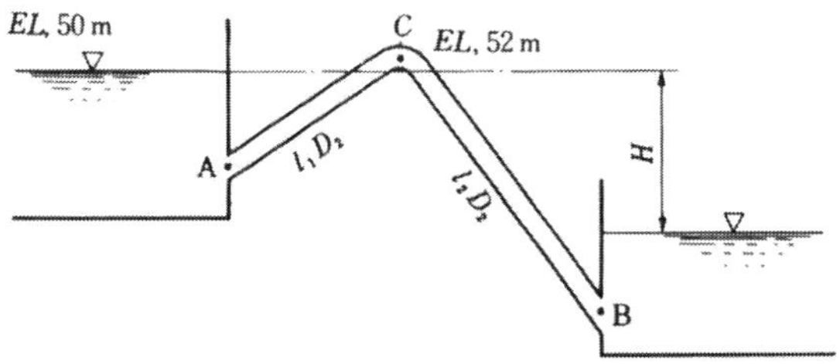

5-11. 그림과 같은 관망의 각 관 유량을 계산하여라. 관의 조도계수는 $n = 0.013$이라고 하고 관의 치수는 다음과 같다.

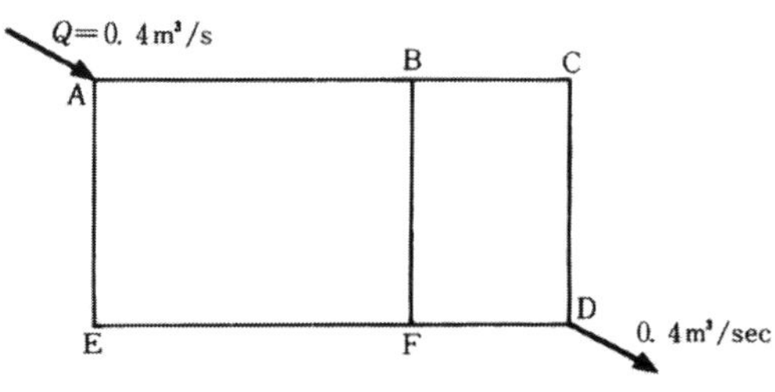

	AB	AF	FE	BC	ED	BE	CD
l (m)	150	100	150	50	50	100	100
D (m)	32	32	32	24	24	20	24

5-12. 어떤 수력발전소에 있어서 안 지름 60 cm, 길이 500 m의 압력관으로 200 l/sec의 물을 저수지로부터 Pelton 수차에 공급한다. 저수지수면에서 수차의 노즐까지의 낙차를 120 m라고 하면

(1) 수차에 실제로 이용되는 유효낙차는 얼마인가?

(2) 노즐에서 분출하는 유속은 얼마인가?

여기서 관의 마찰손실계수는 $n = 0.013$, 밸브에 의한 손실계수는 $f_v = 5$라고 한다.

5-13. 지름 20 cm, 길이 120 m의 관수로로서 저수지수면에서 높이 50 m의 산정을 넘어서 50 l/sec의 물을 펌프에 의해서 송수한다. 관수로의 최고점에 있어서 1.5 kg/cm^{2}의 압력을 유지하게 하려면 펌프의 마력수는 얼마인가? 단, 마찰손실만을 고려하고 $n = 0.013$이라고 한다.

참고문헌

[1] C.F. Colebrook, *Journal of Institution of Civil Engineers* (London), Feb. 1939.

[2] 本間仁, 水理學, p.lll, 東京, 丸善, 1967.

[3] 文獻(2)

[4] 椿東一郎, 水理學(I) p. 126, 東京, 森北出版, 1977.

[5] H. Cross, "*Analysis of Flow in Networks of Conduits or Conductors*, Univ. of Illinois, Bulleten 286, 1946.

제6장

개수로의 등속정류

6.1 개수로의 흐름과 그 성질

6.1.1 개수로의 흐름

수로내의 흐름에 있어서 물이 유수단면에 가득 차서 흐르는 관수로에 대하여 물이 단면의 일부분에 차서 흐르는 경우를 개수로의 흐름이라고 한다. 개수로의 흐름은 대기압이 작용하는 자유표면이 있고 물은 주로 중력에 의해서 흐르게 된다.

개수로의 흐름은 홍수시 하천유량이 시시각각으로 변화하는 비정상류도 있고, 큰 저수지에서 일정한 물을 방출할 때와 같이 시간에 따라서 변하지 않는 정상류도 있다. 본장에서는 정상류에 대하여 설명하고 비정상류에 대해서는 별도로 기술하기로 한다.

그림 6-1와 같이 일정한 단면을 가진 개수로를 물이 정상적으로 흐르는 경우, 수로경사가 작은 상류에서 경사가 급한 하류로 흐르게 되면 물은 점차적으로 가속되어 유속이 크게 되고, 수심

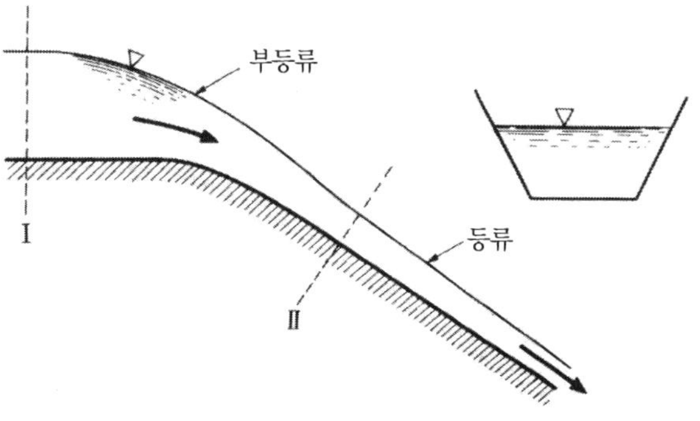

[그림 6-1] 등류와 부등류

이 얕아진다. 그러나 유속이 어느 한도를 넘으면 수로의 마찰저항력이 물에 작용하는 중력의 흐름 방향의 성분과 같이 되어 더 이상 가속되지 않고 일정한 유속으로 흐르게 된다. 균일한 단면의 수로에 있어서는 수심도 일정하게 된다. 이와 같은 흐름을 등속정류(steady uniform flow) 또는 등류(uniform flow)라고 한다. **그림 6-1**에 있어서 단면 Ⅱ의 하류 흐름이 등류이다. 이에 대해서 Ⅰ~Ⅱ 사이는 유속과 수심이 변하는 흐름이며, 이것을 부등속정류(Steady non-uniform) 또는 부등류(non-uniform flow 또는 varied flow)라고 한다.

실제의 하천, 용수로 등의 흐름은 부등류로서 흐르는 경우가 많으나 근사적으로 등류로 취급할 때도 있다. 등류는 수심, 유속 등이 수로에 연해서 일정하므로 해석이 간단하다.

6.1.2 개수로의 단면형과 기하학적 요소

인공개수로의 단면형에는 직사각형, 제형, U자형 등이 많이 사용되고, 배수로, 하수도 등 관수로로 사용할 수도 있는 경우는 원형, 난형, 마제형 등이 많이 사용된다. 자연하천의 단면형은 일반적으로 불규칙적인 단면이 많으나 포물선 형으로 취급할 수 있는 경우가 많고 개수하천의 경우는 복단면이 많다.

개수로의 단면형과 수심은 유수단면적과 마찰저항을 규정하므로 흐름의 계산에 있어서 매우 중요하다. 단순하고 규칙적인 단면형은 수리계산에 필요한 모든 양은 수심의 함수로 수식적으로 표현할 수가 있으나, 불규칙적인 단면은 이들의 관계를 수식으로 표현할 수가 없다. 그러나 단면의 요소와 수심의 관계를 곡선으로 표시할 수 있고 이 곡선을 수리계산에 사용 할 수도 있다.

다음에 개수로의 수리계산에 필요한 단면의 기하학적 요소를 몇 가지 들고 그 정의를 설명하기로 한다.

(1) 수심

일반적으로 개수로의 흐름에 있어서 자유표면에서 수로 바닥까지의 깊이를 수심이라고 한다. 수로의 경사각이 큰 경우는 수심에 두 가지가 있다. 그 하나는 자유표면에서 수로 바닥까지의 연직 깊이(그림의 h_s)이고, 다른 하나는 수로 바닥에서 자유표면까지의 수직깊이(그림의 h)이다. 수로의 경사각을 θ라고 하면 이들의 관계는 다음과 같다.

$$h = h_s \cos\theta \qquad h_s = \frac{h}{\cos\theta} \tag{6-1}$$

h_s 와 h의 관계에 있어서 수로경사가 1 : 10 이면 $\cos\theta$는 약 0.995 정도되므로 이들의 차는 극히 작다. 일반적으로 요구되는 수리계산의 정밀도에 따라서 다르지만 수로경사가 1 : 10 이하일 때는 $h \fallingdotseq h_s$ 계산하여도 별 지장이 없다. 앞으로 수심이라는 것은 흐름에 직각방향의 깊이, 즉 h

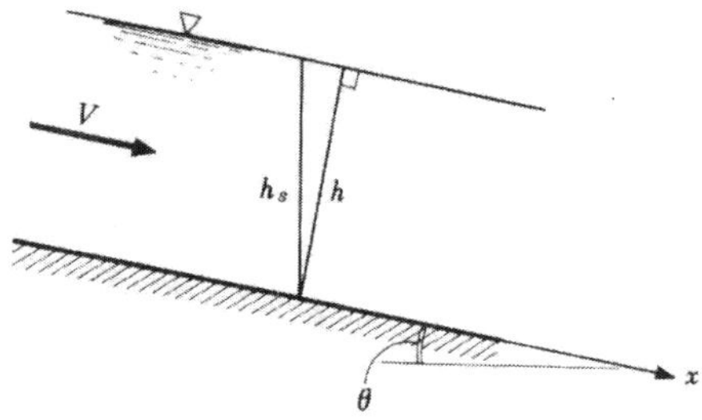

[그림 6-2]

를 말한다.

(2) 윤변(wetted perimeter)

흐름방향에 수직한 단면과 물에 접하는 수로표면과 교선의 길이를 말한다. 이것은 마찰이 작용하는 경계면의 길이이다. 유수단면적은 흐름방향에 수직한 유수단면적이다. 이 단면적에 평균유속을 곱한 것이 유량이다.

(3) 수리평균심(hydraulic mean depth) 또는 경심(hydraulic radius)

유수단면적 A를 윤변 S로 나눈 값이다.

$$R = \frac{A}{S}$$

이것은 5.2.5절에서 설명한 바 있다.

특히 수심에 비해서 수로폭이 매우 넓은 직사각형단면의 경심은 근사적으로 수심과 같다. 수심을 h, 수로폭을 b라고 하면 $h \ll b$에서

$$R = \frac{hb}{b + 2h} = \frac{hb}{1 + 2\left(\dfrac{h}{b}\right)} \fallingdotseq h \tag{6-2}$$

(4) 수리수심(hydraulic depth)

Chow가 처음으로 사용한 것이며[1], 유수단면적을 수면폭으로 나눈 값이다. 수리수심(D)은 수면 폭(B)에 대한 평균수심이라고 할 수 있다.

$$D = \frac{A}{B} \tag{6-3}$$

(5) 한계류 계산을 위한 단면계수

유수단면적에 수리수심의 평방근을 곱한 것이며, Z로 표시한다.

$$Z = A\sqrt{D} = A\sqrt{\frac{A}{B}} \tag{6-4}$$

몇 가지 단면형의 특성은 **표 6-1**과 같다.

표 6-1 수로단면의 기하학적 요소

단면형	단면적 A	윤변 S	경심 R	수면너비 B	수리수심 D	단면계수 Z
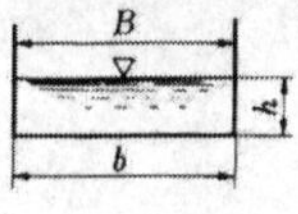	bh	$b+2h$	$\frac{bh}{b+2h}$	b	h	$bh^{1.5}$
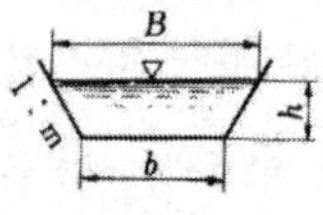	$(b+mh)h$	$b+2h\times\sqrt{1+m^2}$	$\frac{(b+mh)h}{b+2h\sqrt{1+m^2}}$	$b+2mh$	$\frac{(b+mh)h}{b+2mh}$	$\frac{[(b+mh)h]^{1.5}}{\sqrt{b+2mh}}$
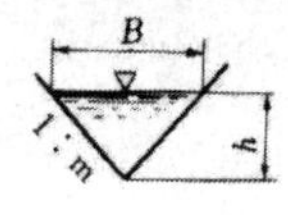	mh^2	$2h\sqrt{1+m^2}$	$\frac{mh}{2\sqrt{1+m^2}}$	$2mh$	$\frac{1}{2}h$	$\frac{\sqrt{2}}{2}mh^{2.5}$
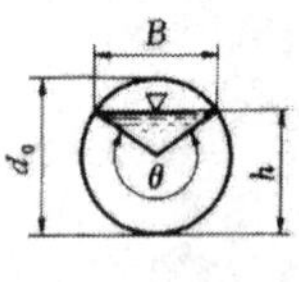	$\frac{1}{8}(\theta-\sin\theta)d_0^2$	$\frac{1}{2}\theta d_0$	$\frac{1}{4}\left(1-\frac{\sin\theta}{\theta}\right)d_0$	$\sin\left(\frac{\theta}{2}\right)d_0$ 또는 $2\sqrt{h(d_0-h)}$	$\frac{d_0}{8}\left(\frac{\theta-\sin\theta}{\sin\frac{\theta}{2}}\right)$	$\frac{\sqrt{2}}{32}\times\frac{(\theta-\sin\theta)^{1.5}d_0^{2.5}}{\left(\sin\frac{1}{2}\theta\right)^{0.5}}$

계산예 6-1

그림과 같은 제형단면의 수리평균심, 수리수심, 그리고 한계류계산을 위한 단면계수를 계산하여라.

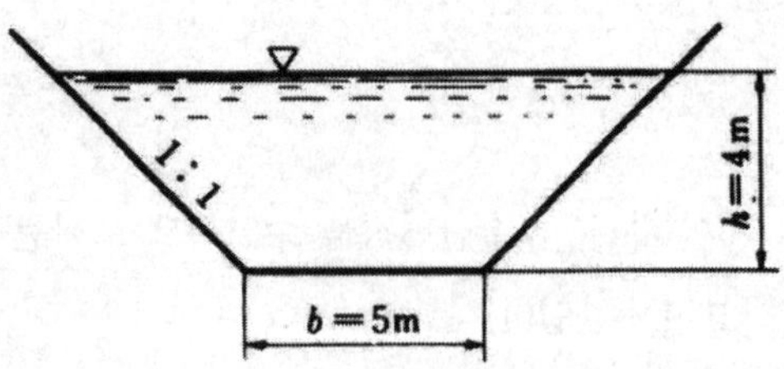

【해】 표 6-1을 이용하면

윤　　변 : $S = 5 + 2 \times 4\sqrt{1+1} = 16.31\,m$

단 면 적 : $A = (b + mh)h = (5 + 1 \times 4)\cdot 4 = 36\ \mathrm{m}^2$

수 면 폭 : $B = 5 + 2 \times 1 \times 4 = 13\ \mathrm{m}$

수리평균심 : $R = \dfrac{A}{S} = \dfrac{36}{16.31} = 2.21\ \mathrm{m}$

수 리 수 심 : $D = \dfrac{A}{B} = \dfrac{36}{13} = 2.77\ \mathrm{m}$

단 면 계 수 : $Z = A\sqrt{D} = 36 \times \sqrt{2.77} = 59.92\ \mathrm{m}^{5/2}$

6.1.3 수리단면내의 압력분포

그림 6-3 (a)와 같이 나란하고 직선적으로 흐르는 수로에 있어서 한 단면과 임의 점 압력은 그 점에 설치한 액주계의 수주 높이와 같다. 난류에 의한 매우 작은 요란을 무시한다면 이 수주는 그 점의 동수경사선 또는 수면까지 상승할 것이다. 따라서 이와 같은 경우는 한 점의 압력은 수면에서의

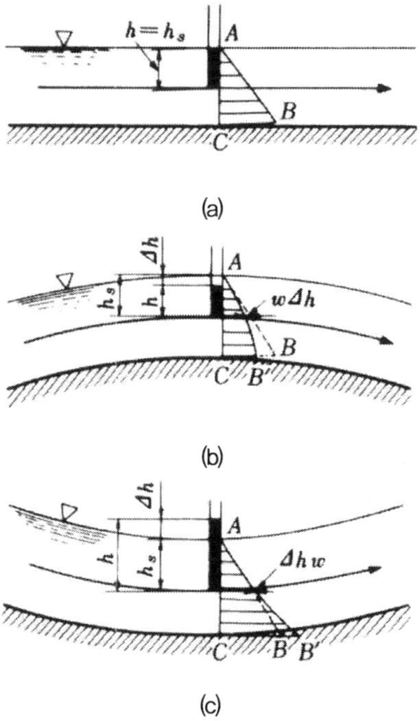

[그림 6-3] 수로의 압력분포

깊이에 대응하는 정수압과 같을 것이다. 즉 수로의 단면내 압력분포는 직선적으로 변화하는 정수압 분포와 같다. 이것을 압력분포의 정수압법칙이라고 한다.

유선이 구부러진 흐름을 곡선류 또는 곡류라고 한다. 곡류는 유선이 구부러져서 흐르므로 3.2.2절에서 설명한 바와 같이 흐름의 수직방향과 가속도성분이 있고, 따라서 원심력이 작용하게 된다.

연직내면에서 곡류가 생기는 경우는 **그림 6-3**과 같이 철형 또는 요형이 되는데 이와 같은 흐름 속의 압력분포는 정수압분포가 되지 않는다. **그림 6-3** (b)와 같이 철형류의 경우는 원심력이 중력의 반대방향으로 작용하게 되므로 흐름 속의 압력은 평행류의 압력보다 작게 되고, 그림 (C)와 같이 요형류의 경우는 원심력이 중력의 작용방향과 같으므로 흐름 속의 압력은 평행류의 경우보다 크게 된다.

지금 자유수면에서 한 점까지의 수심을 h_s라고 하고, 그 점의 압력수두를 h라고 하면 그림 (b)의 경우는 $h_s > h$이고, (C)의 경우는 $h_s < h$이다. 곡류로서 흐를 때 유선의 곡률 반경을 r, 평균유속을 V라고 하면 원심가속도는 V^2/r이고, 높이 h_s의 단위면적을 가진 수주의 원심력 P는

$$P = \rho h_s \frac{V^2}{r}$$

이고, 이것을 수두로 고치면

$$\Delta h = \frac{P}{w} = \frac{h_s}{g}\frac{V^2}{r} \tag{6-5}$$

Δh가 원심력 때문에 생기는 압력수두이며 그림 (b)의 경우 물속의 압력분포는

$$h = h_s - \Delta h = h_s - \frac{h_s}{g}\frac{V^2}{r} \tag{6-6}$$

이고 그림 (c) 경우의 압력분포는

$$h = h_s + \Delta h = h_s + \frac{h_s}{g}\frac{V^2}{r} \tag{6-7}$$

이다. 이들의 압력분포는 각각 그림에 기입되어 있다. 여기서 특히 정수압분포는 압력분포가 직선이지만 곡류 속의 압력분포는 직선이 아니라는데 주의해야 한다. 그리고 식 (6-6) 또는 식 (6-7)에 있어서 V는 평균유속을 사용하였으나, 실제는 유속이 일정하지 않으므로 곡류 속의 압력분포는 매우 복잡하게 된다.

6.1.4 급경사수로의 압력수두

그림 6-4와 같이 경사각 θ, 폭 B의 수로에 있어서 길이 Δl부분의 압력을 생각한다. 수심을 h_s, 유수단면의 두께를 h라고 하면 이 부분 물의 무게는

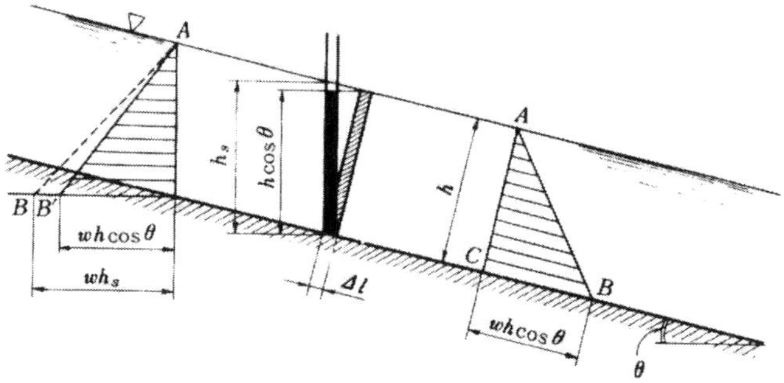

[그림 6-4] 급경사수로의 압력분포

$$wh\,\Delta l\,B = wh_s\cos\theta\,\Delta l\,B$$

이고, 이 무게로 인해서 바닥 $\Delta l\,B$면에 미치는 압력은

$$wh\cos\theta\,\Delta l\,B = wh_s\cos^2\theta\,\Delta l\,B$$

이다. 따라서 이 면에 작용하는 압력강도는

$$p = wh\cos\theta = wh_s\cos^2\theta \tag{6-8}$$

와 같고, 이것을 수두로 고치면

$$h\cos\theta = h_s\cos^2\theta \tag{6-9}$$

이상과 같이 경사수로에 있어서는 흐름 속의 정압력은 식 (6-8)과 같이 수심 h_s에 해당하는 압력이 되지 않는다. 이와 같은 정수압의 변화는 급경사수로의 에너지를 계산할 때 고려해야 한다. 수로의 평균유속을 사용한다고 하면 한 단면의 전수두 H_t는 다음과 같이 표시된다.

$$H_t = z + h\cos\theta + \frac{\alpha V^2}{2g} \quad \text{또는} \quad H_t = z + h_s\cos^2\theta + \frac{\alpha V^2}{2g} \tag{6-10}$$

그림 6-5와 같이 경사가 급하고 연직단면내에서 곡류가 있는 경우는 곡류에 의한 원심력의 영향(식 6-5)과 급경사에 대한 압력보정(식 6-9)을 동시에 고려해야 한다. 이와 같은 경우의 전수두는 다음과 같이 된다.

$$H_t = z + (h\cos\theta \pm \Delta h) + \frac{\alpha V^2}{2g} \tag{6-11}$$

여기서 (+)부호는 요형류[그림의 (b)]에 대한 것이고, (−)부호는 철 형류[그림의 (a)]에 대한 것이고,

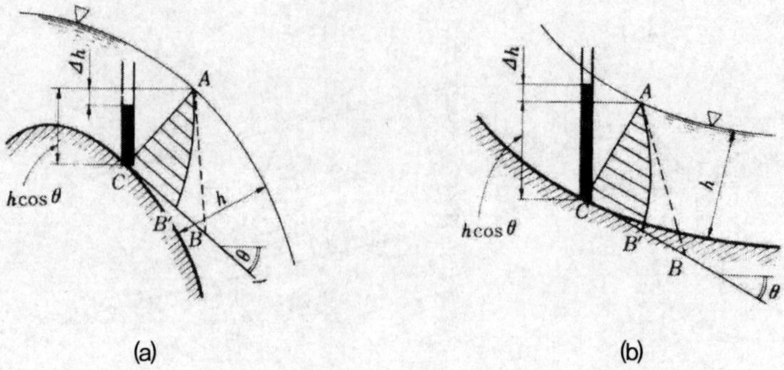

[그림 6-5] 급경사수로의 곡류 압력분포

Δh는 원심력에 의한 압력수두이다.

6.2 상류와 사류

6.2.1 비에너지

그림 6-6과 같은 개수로를 물이 흐를 때 단위무게의 물이 가진 에너지, 즉 전수두는 식 (6-10)에 의해서 표시된다. 이 식에 있어서 수두경사각이 매우 작다고 에너지 보정계수를 $\alpha = 1$이라고 하면 전수두는 다음과 같이 쓸 수 있다.

$$H_t = z + h + \frac{V^2}{2g} \tag{6-12}$$

그림에서 보는 바와 같이 전수두 H_t는 하류로 갈수록 수로의 손실수두만큼 작아진다. 식 (6-12)

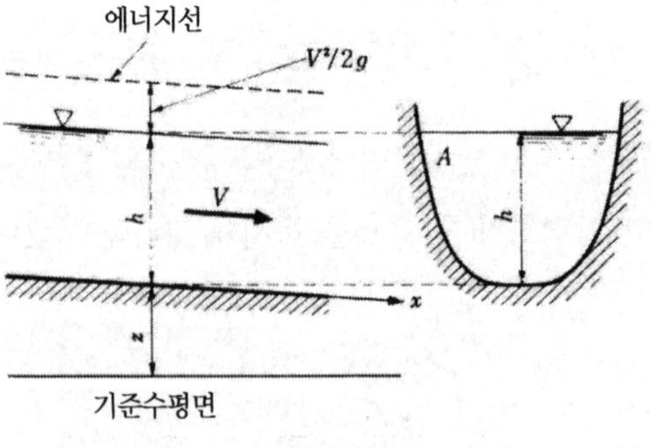

[그림 6-6] 개수로의 에너지

를 변형하여 다음과 같이 고쳐 쓴다.

$$H_e = H_t - z = h + \frac{V^2}{2g} \tag{6-13}$$

H_e는 전수두에서 수로 바닥의 기준면으로부터의 높이 z를 뺀 양이며, 이것을 H_e로 표시하여 비에너지(specific head)[2]라고 한다. 비에너지는 수로 바닥으로부터 측정한 물이 가진 단위무게당의 에너지이므로 등류의 비에너지는 일정하다.

식 (6–13)에 $V = Q/A$를 대입하면

$$H_e = h + \frac{1}{2g}\left(\frac{Q^2}{A^2}\right) \tag{6-14}$$

위 식에 있어서 유수단면적 A는 수심 h의 함수이므로 결국 비에너지는 유량과 수심의 함수이다. 즉

$$H_e = \varphi(Q,\ h) \tag{6-15}$$

지금 일정한 유량이 흐르는 경우를 생각하면 H_e는 수심 h만의 함수이고, 식 (6–14)는 **그림 6–7**과 같은 곡선이 된다.

식 (6–14)에 있어서 $h \to 0$이면 $H_e \to \infty$이고, $h \to \infty$이면 $H_e \to h$이다. 따라서 $H_e = h$선과 H_e축에 접근하는 곡선이 된다. 이 그림에 있어서 $H_e = h$선과 이 곡선 사이의 수평거리는 속도수두를 표시 하고, $H_e = h$선과 h축 사이의 수평거리는 수심과 같다.

하나의 비에너지에 대해서 일반적으로 두 개의 수심이 존재한다는 것을 그림에서 알 수 있다. Q_1의 곡선을 보면 이들의 두 수심은 h_1과 h_2이며, H_e가 최소가 되는 수심 h_c 사이에는 반드시 다음의 관계가 있다.

$$h_2 > h_c > h_1$$

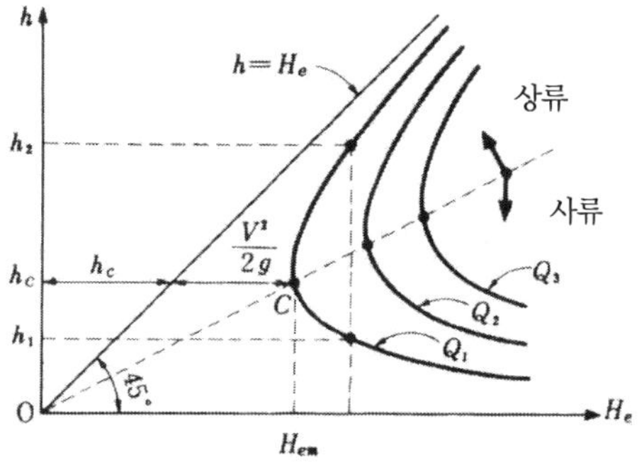

[그림 6–7] 비에너지 곡선

h_c는 비에너지가 최소가 되는 수심이며, 이 수심을 한계수심(critical depth)이라고 하고, h_1과 h_2를 서로 대응수심(alternative depth)이라고 한다.

주어진 유량으로 흐를 때 그 수심이 한계수심보다 큰 흐름을 상류(subcritical flow), 그리고 한계수심보다 작은 수심으로 흐르는 흐름을 사류(supercritical flow)라고 한다. 이때 각각의 수심을 상류수심, 사류수심이라고 한다.

6.2.2 상류와 사류

한계수심은 유량이 주어진 경우 비에너지가 최소가 되는 수심을 말하므로 식 (6–14)에서 비교적 쉽게 계산할 수 있다.

$$\frac{\partial H_e}{\partial h} = 1 - \frac{Q^2}{gA^3}\frac{\partial A}{\partial h} = 0 \qquad (6-16)$$

$$\therefore \frac{\partial A}{\partial h} = \frac{gA^3}{Q^2}$$

식 (6–16)을 만족하는 수심이 한계수심이다. 이 식의 좌변은 수심에 대한 유수단면적의 변화율이며, 이것은 **그림 6–8**과 같이 자유표면 부근의 미소단면적 dA가 Bdh와 같다는 것에서 구할 수 있다.

$$dA = Bdh$$

에서

$$\frac{dA}{dh} = B = \frac{A}{D}$$

여기서 B는 수면폭이고, D는 수리수심이다. 이 관계를 식 (6–16)에 대입하면

$$\frac{A_c}{D_c} = \frac{gA_c^3}{Q^2} \qquad (6-17)$$

$Q = A_c V_c$에서

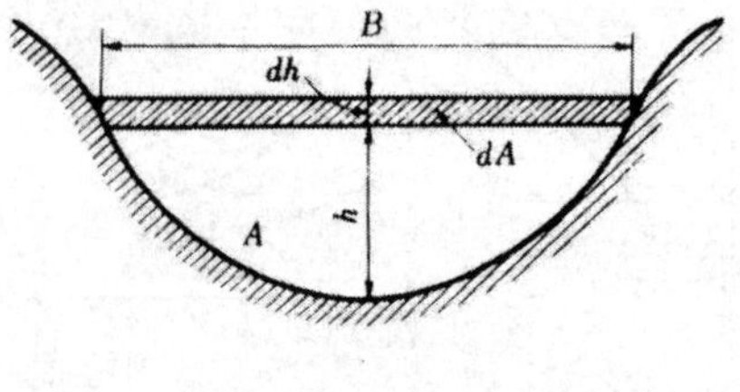

[그림 6–8]

$$\frac{V_c^2}{2g}=\frac{D_c}{2} \tag{6-18}$$

여기서 A_c, D_c, V_c 등은 모두 한계류에 대한 값이다. 한계류에 대해서는 식 (6–18)에서 다음 식이 성립된다는 것을 알 수 있다.

$$\frac{V_c}{\sqrt{gD_c}}=1 \tag{6-19}$$

즉, 한계류로 흐를 때는 한계유속 V_c와 $\sqrt{gD_c}$가 같다는 것을 알 수 있다. 파동론*에서 설명하는 바와 같이 일반적으로 $\sqrt{gD}$는 수심 D의 수면을 진행하는 장파의 파속이므로 한계류로 흐를 때는 흐름의 유속과 장파의 파속이 같다는 것을 알 수 있다. 일반적으로 흐름의 유속 V와 수심 D의 수면을 전파하는 파속 $\sqrt{gD}$의 비를 Froude 수라고 하고 F_r로서 표시한다.

$$F_r=\frac{V}{\sqrt{gD}} \tag{6-20}$$

흐름의 유속이 장파의 파속보다 작으면 Froude 수는 1 보다 작고, 흐름의 유속이 장파의 파속보다 크면 Froude 수는 1 보다 크다.

Froude 수가 1 보다 작으면 유속이 작고 상류가 되며, Froude 수가 1 보다 크면 유속이 크고 사류가 된다. 이와 같이 Froude 수에 의해서 흐름을 분류하면

$F_r<1$ ·················· 상류

$F_r=1$ ·················· 한계류

$F_r>1$ ·················· 사류

상류로서 흐를 때는 하류에서 생긴 현상은 상류로 전달되지만 사류로서 흐를 때는 하류에서 생긴 현상은 상류로 전달되지 못한다. 유량이 변화하면 비에너지도 변화하므로 비에너지 곡선도 그림과 같이 여러 개를 그릴 수 있다.

앞에서는 $Q=\text{const.}$에 대하여 $H_e\sim h$ 곡선을 그렸으나, 다음에는 $H_e=\text{const.}$에 대한 $Q\sim h$ 곡선을 그려보면 다음과 같다. 식 (6–14)를 Q에 대해서 풀면

$$Q=\sqrt{2g(H_e-h)A^2} \tag{6-21}$$

A가 h의 함수이므로 $H_e=\text{const.}$에 대한 $Q\sim h$의 관계 곡선을 그리면 **그림 6–9**와 같다. 그림에 있어서 C점은 Q가 최대가 되고, $h=H_e$ 때는 $Q=0$, $h=0$ 때도 $Q=0$이 된다.

---

* 제10장 파동론 참조

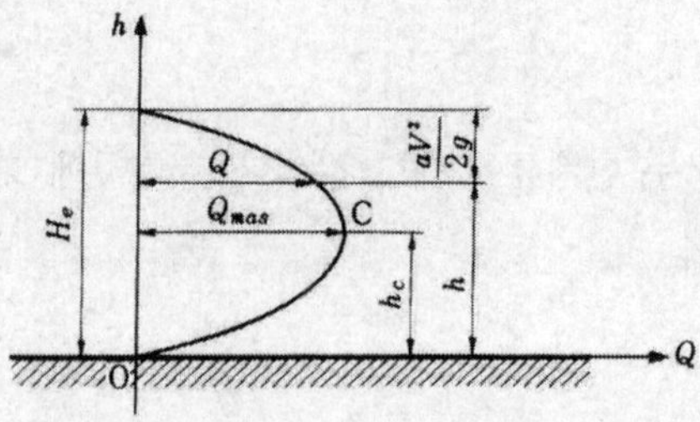

[그림 6-9] 수심과 유량의 곡선

유량이 최대가 되는 수심은 식 (6-21)에 있어서 $\frac{\partial Q}{\partial h} = 0$에서 구할 수 있다. 지금 식 (6-21)에 있어서 직사각형단면의 경우를 생각하여 $A = bh,\ H_e = \text{const.}$라고 하면

$$Q = \sqrt{2g(H_e - h)b^2h^2}$$

$$\frac{\partial Q}{\partial h} = \frac{\partial}{\partial h}[\sqrt{2g(H_e - h)b^2h^2}] = \frac{\sqrt{2g}}{2}\frac{b(2H_eh_c - 3h_c^2)}{\sqrt{(H_e - h_c)h_c^2}} = 0$$

$$2H_eh_c - 3h_c^2 = 0$$

$$\therefore h_c = \frac{2}{3}H_e \tag{6-22}$$

위 식에서 유량이 최대가 되는 수심은 비에너지의 $\frac{2}{3}$와 같다는 것을 알 수 있다.

계산예 6-2

저면폭 $b = 10$ m, 측벽경사 $m = 1 : 1$의 제형수로를 95 m^3/sec의 유량이 흐를 때의 한계수심을 계산하여라.

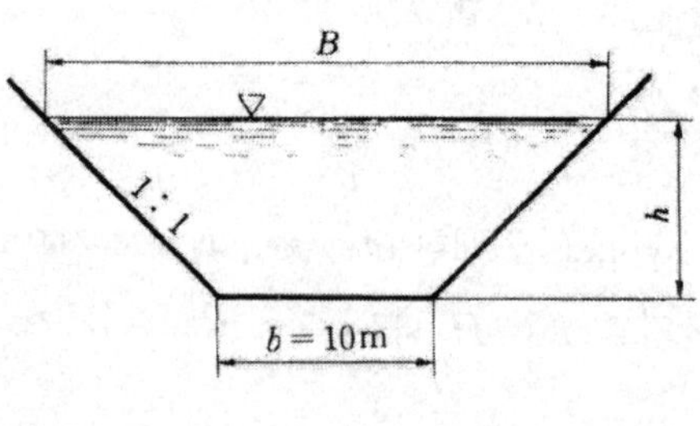

【해】

단 면 적 : $A = h(b + mh) = h(10 + h)$

수 면 폭 : $B = b + 2\,mh = 10 + 2h$

수리수심 : $D = \dfrac{A}{B} = \dfrac{h(10 + h)}{10 + 2h}$

평균유속 : $V = \dfrac{Q}{A} = \dfrac{95}{h(10 + h)}$

식 (6-17)을 만족하는 수심이 한계수심이다.

$$Q^2 = gA_c^2 D_c = gh_c^2 (10 + h_c)^2 \times \frac{h_c(10 + h_c)}{10 + 2h_c}$$

$$95^2 = \frac{9.8h_c^3(10 + h_c)^3}{10 + 2h_c}$$

시산법에 의해서 h_c를 구하면

$$h_c = 1.96 \text{ m}$$

계산예 6-3

직사각형단면수로의 폭 1 m당의 유량이 0.5 m^3/sec이고, 이때의 수심이 0.8 m이다. (1) 동일한 유량과 비에너지를 가지고 0.8 m 이외의 수심으로서 흐를 수 있는가? (2) 이 흐름의 한계수심은 얼마인가?

【해】 (1) $A = Bh = 1 \times 0.8 = 0.8 \text{ m}^2$, $\quad V_1 = Q/A = 0.5/0.8 = 0.625 \text{ m/sec}$

$$\frac{V_1^2}{2g} = \frac{0.625^2}{2 \times 9.8} = 0.02 \text{ m}$$

비에너지 : $H_{e1} = h + \dfrac{V^2}{2g} = 0.8 + 0.02 = 0.82 \text{ m}$

0.8 m 이외의 수심을 y라고 하면

$$V_2 = \frac{Q}{By} = \frac{0.5}{y}$$

수심 y에 대한 속도수두는

$$\frac{V_2^2}{2g} = \frac{0.5^2}{2 \times 9.8\,y^2} = \frac{0.25}{19.6\,y^2}$$

$H_{e1} = H_{e2}$이므로

$$0.82 = y + \frac{0.25}{19.6\,y^2}$$

$$\therefore\ y^3 - 0.82\,y^2 + 0.013 = 0$$

$$\therefore\ y = 0.14,\ y = -0.12$$

(−)의 수심은 없으므로, 0.8 m 이외의 수심은 0.14 m이다.

(2) 한계수심

$$h_c = \sqrt[3]{\frac{0.5^2}{9.8}} = 0.29\ \mathrm{m}$$

6.2.3 한계 Reynolds 수와 한계 Froude 수

관수로의 흐름은 한계 Reynolds 수에 의해서 층류와 난류를 구별할 수 있다는 것은 제4장에서 설명한 바 있다. 관수로의 한계 Reynolds 수를 정확히 결정하는 것은 매우 어려운 일이지만 여러 사람들의 실험에 의하면 2300 정도라고 한다.

개수로의 흐름에 있어서도 층류와 난류를 생각할 수 있으므로 한계 Reynolds 수를 정할 수 있을 것이다. 개수로에 있어서의 Reynolds 수를

$$R_e = \frac{VR}{\nu} \tag{6-23}$$

로 정의하면 $R = \dfrac{D}{4}$에서 한계 Reynolds 수는 다음과 같다.

$$R_{ec} = \frac{VR}{\nu} \fallingdotseq 500 \tag{6-24}$$

여기서, R은 수리평균심이다.

개수로의 흐름에는 상류와 사류가 있고, 그 한계 Froude 수는 1이다. 개수로의 흐름은 결국 층류와 난류 그리고 상류와 사류가 조합되어 있다고 할 수 있다. Rouse는 $\nu = \text{const.}$라고 하고 수로폭이 수심에 비해서 매우 넓은 수로, 즉 $R \fallingdotseq h$의 직사각형수로에 대해서 h와 V의 관계를 **그림 6-10**과 같이 그렸다. 이 그림은 양 대수에 h와 V의 관계를 그린 것이며, $R_e = \text{const.}$선과 $F_r = \text{const.}$선은 각각 나란한 직선군이 된다[3]. 이 그림에 있어서 $F_r = 1$인 직선의 오른쪽은 사류영역이고, 왼쪽은 상류영역이다. 그리고 $R_e = 500$인 직선의 오른쪽이 난류영역이고, 왼쪽 영역이 층류영역이다.

이상과 같이 개수로의 흐름은 한계 Reynolds 수와 한계 Froude 수를 경계로 다음과 같은 4가지의 흐름으로 구분할 수 있다.

(1) 층류인 동시에 상류

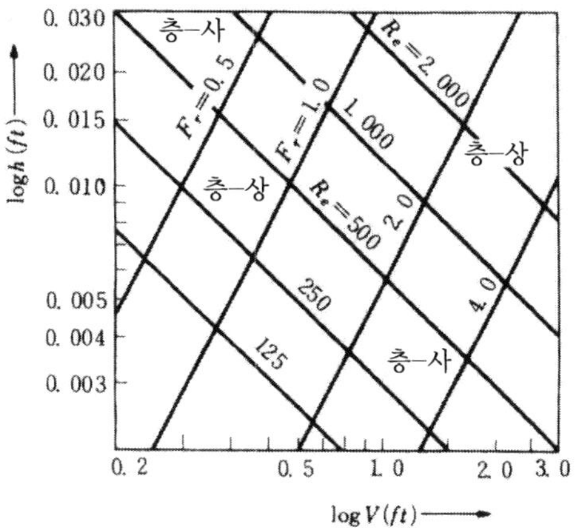

[그림 6–10] 개수로의 4가지의 흐름상태

(2) 층류인 동시에 사류

(3) 난류인 동시에 상류

(4) 난류인 동시에 사류

위의 4가지 흐름 중에서 층류–상류와 층류–사류는 일반적인 수리학의 문제에 있어서는 별 문제가 되지 않는다. 이것은 여기서 취급하는 수리학의 대부분 흐름은 난류이기 때문이다. 그러나 수리모형실험에 있어서 축척을 결정할 때는 대단히 중요한 문제가 된다. 즉 원형에서의 흐름이 난류인 경우 모형에서의 흐름도 난류가 되어야 하기 때문이다.* 이와 같은 문제 이외에도 우수의 지표면 유동문제에 관련된 수심이 아주 얕은 흐름(sheet flow) 등에서 이 흐름이 나타난다.

여기서 취급하는 대부분 수리학의 문제는 난류–상류, 그리고 난류–사류라고 생각하면 된다.

6.3 도수

6.3.1 개수로의 흐름에 대한 운동량방정식

그림 6–11과 같은 개수로의 흐름에 대하여 운동량방정식을 응용하는 문제에 대해서 논하기로 한다. 경사 θ의 수로에 있어서 l만큼 떨어진 두 단면 ①, ②의 수심을 h_1, h_2, 평균유속을 V_1, V_2라고 하여 두 단면에 운동량방정식을 적용한다. 두 단면 사이의 물에 작용하는 힘을 F라고

* 이 문제는 제15장 수리모형실험에서 설명될 것이다.

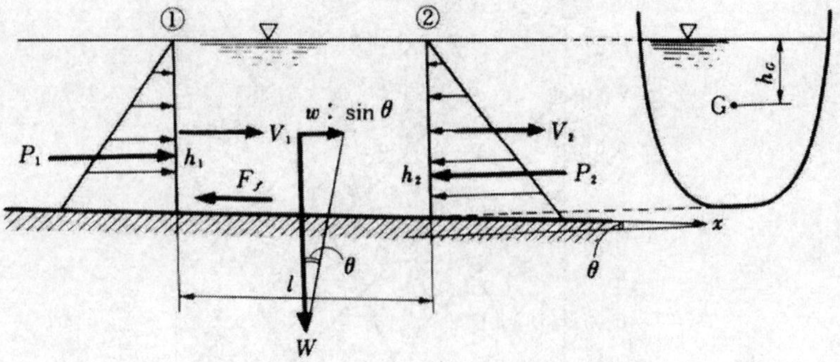

[그림 6-11] 유수에 작용하는 힘의 표시

하면 식 (3-64)에서

$$F = \rho Q\,(V_2 - V_1) \tag{6-25}$$

여기서 $\eta_2 = \eta_1 = 1$로 한 것이다.

①과 ② 사이의 물에 작용하는 흐름방향의 힘은 다음의 4가지가 있다.

①에 작용하는 정수압 P_1

②에 작용하는 정수압 P_2

①~② 사이에 물의 무게 흐름방향의 성분 $W\sin\theta$

①~② 사이에 윤변에서 작용하는 마찰력 F_f

$$P_1 - P_2 + W\sin\theta - F_f = \frac{w}{g}Q(V_2 - V_1) \tag{6-26}$$

위 식에 있어서 수로의 경사각이 작은 경우를 생각하면 $W\sin\theta$는 매우 작고, ①과 ② 사이의 거리를 짧게 하면 마찰력 F_f도 작다. 이들 두 개 의 힘을 생략하면

$$P_1 - P_2 = \frac{w}{g}Q(V_2 - V_1) \tag{6-27}$$

단면 ①, ②의 도심까지의 수심을 각각 h_{G1}, h_{G2}라고 하면 정수압은 다음과 같이 쓸 수 있다.

$$P_1 = wh_{G1}A_1, \qquad P_2 = wh_{G2}A_2$$

그리고 $Q = A_1V_1 = A_2V_2$이며, 이들의 관계를 사용하면 식 (6-27)은 다음과 같이 고쳐 쓸 수 있다.

$$wh_{G1}A_1 - wh_{G2}A_2 = \frac{wQ^2}{gA_2} - \frac{wQ^2}{gA_1}$$

$$\frac{Q^2}{gA_1} + h_{G1}A_1 = \frac{Q^2}{gA_2} + h_{G2}A_2 \tag{6-28}$$

식 (6–28)은 양변이 같으므로 일반적으로 다음과 같이 쓸 수 있다.

$$\frac{Q^2}{gA} + h_G A = \text{const.} = M \tag{6-29}$$

식 (6–29)의 좌변 제1항은 단위무게당 물의 운동량이고, 제2항은 단위 무게당의 정수압이다. 이들을 합한 값 M을 비력(specific force)이라고 한다. 식 (6–29)에 있어서 단면형이 주어지면 A는 수심의 함수로 표시할 수 있으므로 비력은 유량과 수심의 함수라는 것을 알 수 있다. 유량을 일정하게 하면 비력은 수심의 함수이고, 식 (6–29)은 **그림 6–12**와 같은 곡선이 된다.

$Q=\text{const.}$에 대한 $M \sim h$ 곡선은 수심이 작아지면 M축에 접근하고, 수심이 커짐에 따라 오른쪽으로 무한히 크게 되는 곡선이 된다. 따라서 이 곡선은 어떤 h의 값에 있어서 M이 최소가 되는 점이 있고, 하나의 M에 대하여 두 개의 수심이 존재한다. 이 두 개의 수심 h_1, h_2를 서로 공액수심(conjugate depth)[4]이라고 한다.

M이 최소치를 취하는 수심은 수심 h에 관한 M의 1차미계수가 0이라는 조건에서 구할 수 있다. 식 (6–29)에서

$$\frac{\partial M}{\partial h} = -\frac{Q^2}{gA^2}\frac{\partial A}{\partial h} + \frac{\partial}{\partial h}(h_G A) = 0 \tag{6-30}$$

위 식에 있어서 $d(h_G A)$는 유수단면적의 수면에 대한 모멘트의 변화와 같으므로 다음과 같이 쓸 수 있다.

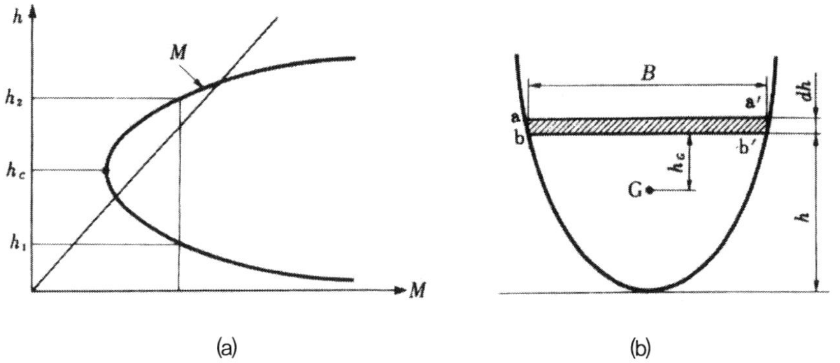

(a) (b)

[그림 6–12] 개수로의 비력 곡선

수심이 h에서 $h+dh$만큼 증가했을 때 수면 aa′와 bb′에 대한 유수단면적의 모멘트의 차는 [그림 6–12 (b) 참조].

$$d(h_G A) = \left\{A(h_G + dh) + Bdh\frac{dh}{2}\right\} - Ah_G$$

이며, 고차의 미계수를 생략하면

$$d(h_G A) = Adh$$

이다. 이 관계를 사용하면

$$\frac{\partial M}{\partial h} = -\frac{Q^2}{gA^2}\frac{\partial A}{\partial h} + A = 0$$

이 식에 $\dfrac{dA}{dh} = B,\ \dfrac{Q}{A} = V,\ \dfrac{A}{B} = D$를 대입하면

$$\frac{V^2}{2g} = \frac{D}{2} \tag{6-31}$$

식 (6–31)은 비에너지가 최소가 되는 조건에서 유도한 식 (6–18)과 같다. 따라서 주어진 유량에 대한 비력이 최소가 되는 수심은 한계수심과 같고, $M \sim h$ 곡선에 있어서 한계수심보다 작은 수심 h_1으로 흐를 때는 사류이고, 이보다 큰 수심 h_2로 흐를 때는 상류이다.

6.3.2 도수

그림 6–13과 같이 물이 완경사부 AB를 거쳐서 급경사부 BC로 흐르고, C점에서 다시 완경사로 흐르는 경우를 생각한다. AB부분은 완경사이므로 상류로 흐르고, BC부분은 급경사이므로 사류로 흐른다고 생각한다. 사류가 완경사인 C점에 도달하여 CD부분을 흐를 때는 다시 상류가 될 것이다. B점에 있어서 상류에서 사류로 변할 때는 상류수심에서 한계수심을 거쳐서 사류수심으로 수면이 연속적으로 변하게 된다. 이때 B점 부근에서 한계수심이 되는데, 이와 같은 흐름에서 한계수심이 되는 단면을 지배단면(control section)이라고 한다. 지배단면은 수로경사의 변환 점에서 생기지만 경사가 일정한 경우는 수로폭이 확대되는 점에서 생기는 경우도 있다.

다음에 BC부의 사류가 CD부에서 상류로 변화할 때는 그림과 같이 수면이 불연속적으로 변화하게 된다. 이것은 하류의 상류가 상류의 사류에 영향을 줄 수 없기 때문이다. 이와 같이 사류에서 상류로 변할 때 불연속적으로 수면이 뛰는 현상을 도수(hydraulic jump)라고 한다. 도수 전후의 수심을 각각 h_1, h_2, 평균유속을 V_1, V_2라고 하면 도수 전후의 비에너지는 각각

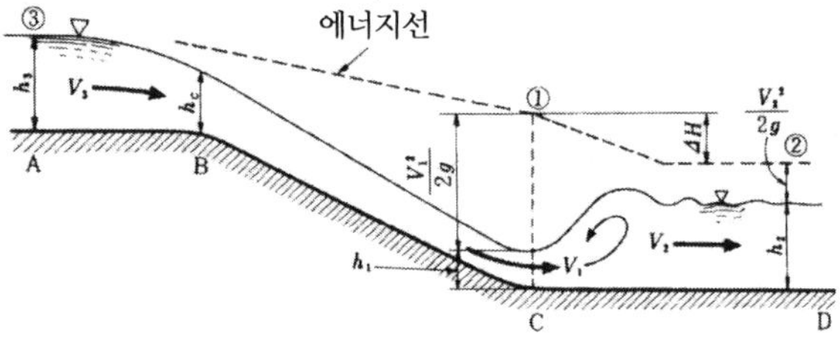

(a)

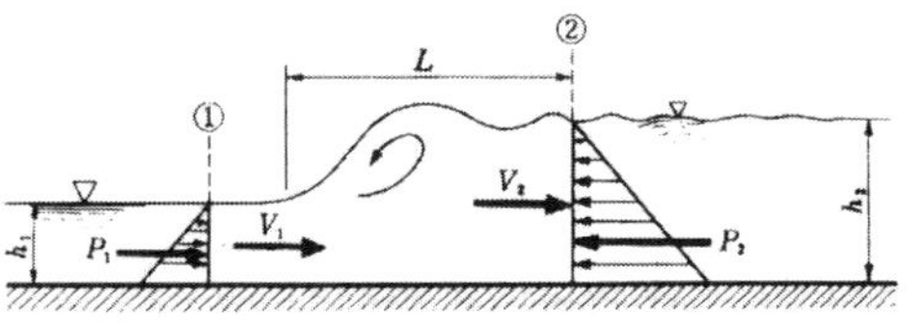

(b)

[그림 6-13] 도수의 발생

$$H_{e1}=h_1+\frac{V_1^2}{2g},\quad H_{e2}=h_2+\frac{V_2^2}{2g}$$

이고, **그림 6-13** (a)의 에너지선에서 보는 바와 같이 이들의 차는 매우 크다. 도수는 결국 적당한 양의 에너지를 도수에 의해서 소실시키고, 도수 전후의 에너지를 조절하게 된다.

도수 전후의 단면 ①과 ②에 대한 운동량방정식은 식 (6-28)과 같다. 이 식에 있어서 직사각형 단면이라고 하면

$$A=Bh,\quad h_G=\frac{h}{2},\quad Q=BhV,\quad V_1A_1=V_2A_2$$

이므로 이 관계를 식 (6-28)에 대입하면

$$h_1h_2+h_2^2-2\frac{V_1^2}{g}h_1=0 \tag{6-32}$$

이 식을 h_2에 대해서 풀면

$$\left.\begin{aligned}&h_2=-\frac{h_1}{2}+\frac{h_1}{2}\left(\sqrt{1+8F_{r1}{}^2}\right)\ \text{또는}\ \frac{h_2}{h_1}=\frac{1}{2}\left(\sqrt{1+8F_{r1}{}^2}-1\right)\\&F_{r1}=\frac{V_1}{\sqrt{gh_1}}\end{aligned}\right\} \tag{6-33}$$

도수 전의 Froude 수 F_{r1}이 주어지면 도수 전후의 수심비를 식 (6-33)에서 계산할 수 있다. 도수 전후의 유수가 가진 에너지의 차는 **그림 6-13**과 같이 매우 크다. 이 에너지 차는 마찰손실

보다는 오히려 도수의 표면와 때문에 생기는 것이다. 이 표면와 때문에 소실되는 단위무게당의 에너지를 $\varDelta H$라고 하면

$$\varDelta H = \left(h_1 + \frac{V_1^2}{2g}\right) - \left(h_2 + \frac{V_2^2}{2g}\right)$$

이 식에 $Bh_1V_1 = Bh_2V_2$를 대입하고 다시 식 (6–33)을 대입하여 V_1을 소거하면 다음과 같이 된다.

$$\varDelta H = \frac{(h_2 - h_1)^3}{4h_1h_2} \tag{6–34}$$

도수에 의한 에너지 손실량은 도수 전후의 수심차가 클수록 크다는 것을 알 수 있다.

식 (6–33)에 있어서 $F_{r1} = 1$의 경우는 $h_2/h_1 = 1$이므로 도수가 생기지 않는다. F_{r1}이 클수록 도수 전후의 수심비가 크게 되어 완전도수가 되고, $F_{r1} = 1\sim1.7$ 사이에 있어서는 한계류 부근의 흐름이 되므로 완전도수가 되지 않고 **그림 6–14**와 같은 파상도수가 된다. 이와 같이 도수는 F_{r1}에 따라서 달라지므로 다음에 F_{r1}에 따른 도수의 특성을 알아보기로 한다.

지금 식 (6–33)을 이용하여 도수 전후의 수심, 비에너지, 도수의 높이 $h_j = h_2 - h_1$ 등의 관계를 구하면 다음과 같다.

$$\frac{h_1}{H_{e1}} = \frac{2}{2 + {F_{r1}}^2} \tag{6–35}$$

$$\frac{h_2}{H_{e2}} = \frac{-1 \pm \sqrt{1+8{F_{r1}}^2}}{2 + {F_{r1}}^2} \tag{6–36}$$

$$\frac{H_{e2}}{H_{e1}} = \frac{(8{F_{r1}}^2 + 1)^{3/2} - 4{F_{r1}}^2 + 1}{8{F_{r1}}^2(2 + {F_{r1}}^2)} \tag{6–37}$$

$$\frac{h_j}{H_{e1}} = \frac{-3 + \sqrt{1+8{F_{r1}}^2}}{2 + {F_{r1}}^2} \tag{6–38}$$

[그림 6–14] 파상도수

$$\frac{\Delta H}{H_{e1}} = 1 - \frac{(8F_{r1}^{\ 2}+1)^{3/2} - 4F_{r1}^{\ 2} + 1}{8F_{r1}^{\ 2}(2+F_{r1}^{\ 2})} \tag{6-39}$$

이들의 식을 그림으로 그린 것이 **그림 6-15**이다. 이 그림을 고찰하면 다음과 같은 몇 가지의 도수에 대한 특성을 알 수 있다.

(1) $F_{r1} = 1$의 경우는 한계류이며, $h_1 = h_2 = \frac{2}{3}H_{e1}$이다.

(2) $F_{r1} = 1.73$ 및 $h_1/H_{e1} = 0.4$의 점에 있어서 h_2/H_{e1}이 최대의 값을 가지고, $h_2/H_{e1} = 0.8$이 된다. 실험에 의하면 $F_{r1} = 1.73$ 부근에서 파상 도수에서 완전도수로 변하는 점이라고 한다.

(3) $F_{r1} =$ 2.77일 때 도수의 높이 $h_j = (h_2 - h_1)$과 H_{e1}의 비가 최대가 되고 0.507이다.

(4) $F_{r1} =$ 5.2일 때 $\Delta H/H_{e1} = 0.5$, $F_{r1} = 9$일 때 $\Delta H/H_{e1} =$ 0.7 정도이다. 즉 Froude 수가 5.2일 때는 도수에 의한 손실수두를 비에너지의 50%까지 증가시킬 수 있고, $F_{r1} = 9$의 경우는 70%까지 증가시킬 수 있다.

그림 6-15는 이상과 같은 특성이 있고 댐 하류의 도수에 의한 감세공을 설계할 때, 기타 여러 가지의 설계에 참고가 된다. 도수의 길이는 도수상류 면에서 표면의 와동운동이 끝나는 점까지의 거리를 말하지만 실제로 이것을 측정하려면 매우 어렵다. 배수가 생기면 와동으로 인해서 심한 와가 발생하기 때문에 수면에서 공기를 혼입하게 되고 이것을 참고로 하면 도수의 길이를 측정할 때 도움이 될 것이다.

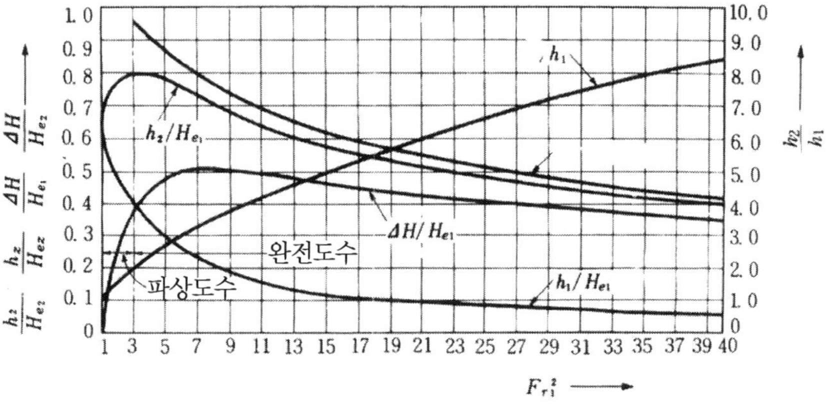

[그림 6-15] 도수의 특성곡선

도수는 수면의 불연속현상이므로 길이를 이론적으로 구할 수는 없고 실험에 의한 몇 가지 식이 있다.

(1) Smetana 공식 : $L = 6(h_2 - h_1)$ (6-40)

(2) Woycicki 공식 : $L = \left(8 - 0.05\dfrac{h_2}{h_1}\right)(h_2 - h_1)$ (6-41)

계산예 6-4

【계산예 6-3】에 있어서
(1) 만일 도수가 생긴다면 도수 전후의 수심은 얼마인가?
(2) 도수 전후의 비에너지의 비는 얼마인가?
(3) 도수에 의한 손실수두는 얼마인가?

【해】

(1) $h = 0.14$ m에 대한 Froude 수를 계산하면

$$V_1 = Q/Bh = 0.5/1 \times 0.14 = 3.65 \text{ m/sec}$$

$$F_r = \frac{V}{\sqrt{gh}} = \frac{3.65}{\sqrt{9.8 \times 0.14}} = \frac{3.65}{1.17} = 3.12$$

따라서 Froude 수가 1보다 크므로 0.14 m는 사류수심이며, 이것은 도수 전의 수심이다. 도수 후의 수심은 식 (6-33)에서

$$h_2 = -\frac{h_1}{2} + \frac{h_1}{2}(\sqrt{1+8F_1^2}) = \frac{-0.14}{2} + \frac{0.14}{2}(\sqrt{1+8\times 3.12^2}) = 0.55 \text{ m}$$

(2) 도수 전후의 비에너지의 비

$$V_2 = \frac{Q}{Bh_2} = \frac{0.5}{1 \times 0.55} = 0.92 \text{ m/sec}$$

$$H_{e2} = h_2 + \frac{V_2^2}{2g} = 0.55 + \frac{0.92^2}{2 \times 9.8} = 0.59 \text{ m}$$

$$H_{e1} = h_1 + \frac{V_1^2}{2g} = 0.14 + \frac{3.65^2}{2 \times 9.8} = 0.82 \text{ m}$$

$$\frac{H_{e2}}{H_{e1}} = \frac{0.59}{0.85} = 0.72$$

(3) 도수에 의한 손실수두는 식 (6-34)에서

$$\Delta H = \frac{(h_2 - h_1)^3}{4 \times h_1 h_2} = \frac{(0.55 - 0.14)^3}{4 \times 0.14 \times 0.55} = \frac{0.067}{0.31} = 0.22 \text{ m}$$

6.3.3 도수의 도해법

직사각형단면수로에 도수가 생겼을 때의 도수 전후의 수심과 도수에 의한 에너지 손실 등은 앞에서 설명한 방법으로 계산에 의해서 비교적 쉽게 구할 수 있다. 그러나 직사각형 이외의 단면 또는 자연하천처럼 불규칙한 단면의 경우, 도수의 제량을 계산에 의해서 구하는 일은 쉽지 않다. 이와 같은 경우는 도해법으로 구하는 것이 편리하다.

규칙적인 단면이라도 복잡한 단면은 단면적을 수심의 함수로 표시할 수 는 있으나 매우 복잡하고, 일반적인 불규칙단면은 단면적을 수식으로 표시할 수가 없으므로 **그림 6-16**과 같이 $H_e \sim h$ 곡선 또는 $M \sim h$ 곡선을 그릴 수가 없다. 이와 같은 경우는 수심을 여러 개로 분할하여 각 수심에 대한 단면적을 도해적으로 구하고, 다시 각 수심에 대한 평균유속을 산출 할 수 있으므로 비에너지 곡선과 비력곡선을 그릴 수 있다. 이 두 곡선을 동일 지상에 **그림 6-16**과 같이 그린다.

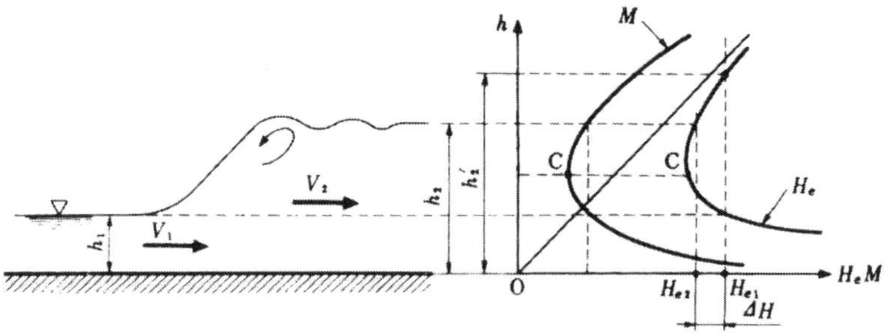

[그림 6-16] 도수의 도해법

도수문제의 해석에 있어서는 도수 전의 수심을 주어서 도수 후의 수심을 구하는 것이므로 그림에 있어서, 동일 비에너지에 대한 h_1의 대응수심 h_2'를 그림에서 구한다. $H_e \sim h$ 곡선상에서 대응수심 h_1과 h_2'는 동일 비에너지에 대한 수심이다.

다음에는 $M \sim h$ 곡선상에 있어서 h_1에 대한 공액수심 h_2를 구하면, 이 것은 도수 전후의 수심이 된다. 비에너지곡선 위에 있어서 동일 비에너지에 대한 대응수심이 h_1, h_2'이고, 비력곡선 위에 있어서 h_1에 대한 공액수심 h_2는 도수 후의 수심이다. 따라서 비에너지 곡선 위에 있어서 h_1에 대한 비에너지 H_{e1}과 공액수심 h_2에 대한 비에너지 H_{e2}의 차가 도수에 의한 손실수두가 된다.

6.4 한계수심의 계산

6.4.1 한계류의 특성

개수로를 한계수심으로 흐르는 흐름을 한계류라고 하는데, 다음과 같은 특성이 있다.

(1) 유량이 일정할 때 비에너지가 최소가 되는 흐름(**그림 6-7**)이 한계류이다.

(2) 일정한 유량이 흐를 때 비력이 최소가 되는 흐름(**그림 6-12**)이 한계류이다.

(3) 비에너지가 일정할 때 유량이 최대가 되는 흐름이 한계류이다(**그림 6-9**).

(4) 흐름의 유속이 그 수심의 수역을 전파하는 장파의 파속과 같은 흐름, 즉 Froude 수가 1인 흐름(식 6-19)이 한계류이다.

(5) 유속수두가 수리수심의 $\frac{1}{2}$과 같은 흐름(식 6-18)이 한계류이다.

(6) 흐름의 수심이 비에너지의 $\frac{2}{3}$와 같은 흐름(식 6-22)이 한계류이다.

이상과 같이 한계류는 개수로의 흐름에 있어서 특이한 흐름이다. 상류에서 사류로 될 때는 한계류를 거쳐서 점차적으로 변화하지만 사류에서 상류로 될 때는 불연속적으로 변화하고 한계류의 존재가 명백하지 않다.

사류로 흐를 때는 물의 속도가 하류에서 생긴 수면교란파의 파속보다 크므로 교란파는 상류로 전파하지 못한다. 상류의 경우는 반대로 하류의 수면변동은 상류로 전파되고 상류의 흐름을 변화시킨다. 한계류는 개수로의 흐름을 규정하는 중요한 요소이므로 개수로 수리계산의 기본조건이 된다.

한계류는 **그림 6-7**, **그림 6-9** 그리고 **그림 6-12**에서 보는 바와 같이 수심에서 약간의 변화에 의해서 상류에서 사류로, 그리고 사류에서 상류로 될 수도 있다. 앞에서 설명한 바와 같이 상류와 사류는 근본적으로 그 특성이 다르므로 한 흐름에서 다른 흐름으로 변화하게 되면 흐름은 큰 변동을 하게 된다. 따라서 한계류 부근의 흐름은 수면이 불안정한 흐름이 되기 때문에 수로설계에 있어서는 이와 같은 조건을 피하는 것이 바람직하다.

6.4.2 한계수심의 계산법

한계수심은 식 (6-16)에서 아는 바와 같이 단면형에 따라서 다르다. 또 한계수심은 유량이 주어진 경우와 비에너지가 주어진 경우에 대해서 각각 구할 수 있으므로 본절에서 여러 가지의 단면형에 대한 한계수심의 계산법을 설명하기로 한다.

(1) 직사각형단면의 한계수심

(A) Q가 주어지는 경우

식 (6-17)에 있어서 유량이 주어진 경우의 한계수심은 $D_c = h_c$, $A_c = Bh_c$를 사용하여 구할 수 있다.

$$\frac{Bh_c}{h_c} = \frac{gB^3 h_c^3}{Q^2} \qquad \therefore\ h_c = \sqrt[3]{\frac{Q^2}{gB^2}} = \sqrt[3]{\frac{q^2}{g}} \tag{6-42}$$

여기서 q는 단위폭당의 유량이며, $q = Q/B$이다.

(B) $H_e = \text{const.}$의 경우

비에너지가 일정한 경우는 식 (6-14)에서 **그림 6-9**와 같이 $Q \sim h$ 곡선을 그릴 수 있다. 이 곡선에 있어서 유량이 최대가 되는 수심은 식 (6-22)와 같이 비 에너지의 2/3배이다. 이 관계식에서 유량이 최대가 되는 수심을 구해 보자. 식 (6-22)에 식 (6-14)를 대입하면

$$h = \frac{2}{3}\left(h + \frac{1}{2g}\frac{Q^2}{B^2 h^2}\right)$$

$$\therefore\ h = \sqrt[3]{\frac{Q^2}{gB^2}} \qquad (6\text{-}43)$$

이 식은 식 (6-42)와 같다. 이 식의 관계식에서 일정한 유량이 흐를 때 비 에너지가 최소가 되는 수심과 일정한 비에너지를 가진 흐름에 있어서 최대 유량으로 흐를 때의 수심은 같으며, 모두 한계수심이라는 것을 알 수 있다.

(2) 삼각형단면의 한계수심

삼각형단면의 측벽의 경사를 $1 : m$이라 하고, 수심을 h라고 하면 단면적은

$$A = mh^2$$

이고, 수면폭은

$$B = 2mh \qquad \therefore\ D = \frac{A}{B} = \frac{mh^2}{2mh} = \frac{1}{2}h$$

유량이 주어진 경우 비에너지가 최소가 되는 수심이 한계수심이며 식 (6-17)에서

$$h_c = \sqrt[5]{\frac{2Q^2}{gm^2}} \qquad (6\text{-}43)$$

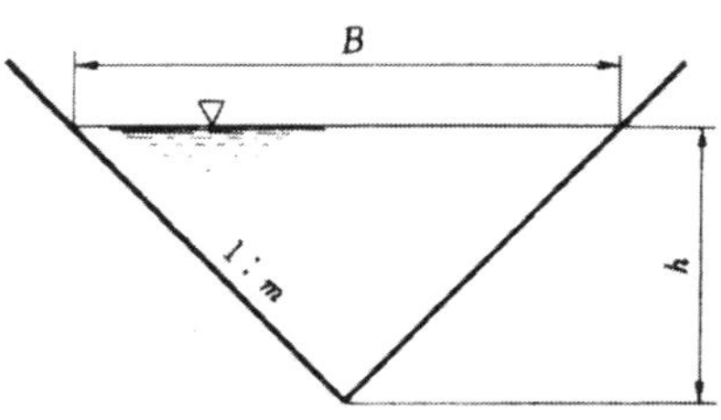

[그림 6-17]

(3) 규칙적인 복잡한 단면의 한계수심

제형과 원형 같은 단면의 단면적 A와 수리수심 D는 수심의 함수로 표시할 수 있으므로, 이들을 식 (6-18)에 대입하면 한계수심을 계산할 수 있다. 그러나 이와 같은 단면에 대한 식 (6-18)은 매우 복잡하므로 직접적으로 한계수심을 계산할 수는 없고, 시산법에 의하지 않으면 안된다.

한 예로서 제형 단면에 대해서 생각하면

$$A = h(b + mh)$$

$$D = \frac{A}{B} = \frac{h(b + mh)}{b + 2mh}$$

$$V = \frac{Q}{A} = \frac{Q}{h(b + mh)}$$

이들을 식 (6-18)에 대입하면

$$gQ^2(b + 2mh_c) = (b + mh_c)^3 h_c^3 \tag{6-44}$$

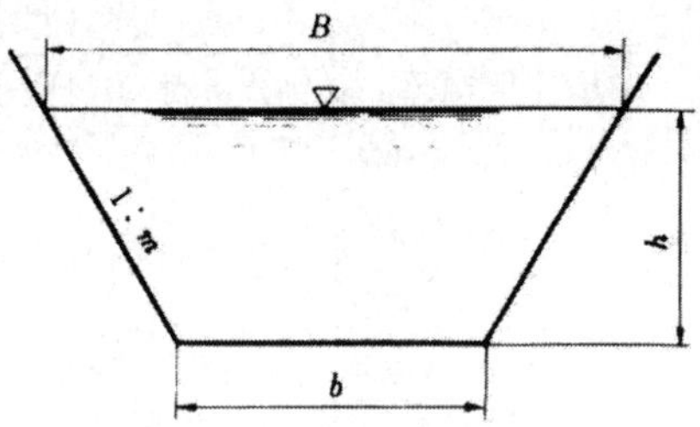

[그림 6-18]

이 식에 Q, b, m을 주어서 h_c를 계산하려면 시산법에 의하지 않으면 안 된다. 원형단면에 대해서 식 (6-44)와 같은 식을 만들어서 시산법에 의해서 한계수심을 구할 수 있으나, Chow는 한계류계산을 위한 단면계수를 사용하여 시산법에 의하지 않고 도표로서 구할 수 있는 방법을 제안하였다[5].

Chow의 방법을 소개하면 다음과 같다.

식 (6-17)에서

$$\frac{Q}{\sqrt{g}} = A_c\sqrt{D_c} \tag{6-45}$$

여기서

$$Z_c = A_c \sqrt{D_c} \tag{6-46}$$

로 놓으면

$$\frac{Q}{\sqrt{g}} = Z_c \tag{6-47}$$

식 (6−46)의 Z_c를 Chow는 한계류계산을 위한 단면계수(section factor)라고 하였다. 식에서 아는 바와 같이 Z_c는 단면형과 수심이 주어지면 계산할 수 있다.

식 (6−47)의 좌변은 유량만의 함수이고 우변은 단면형과 수심만의 함수이다. 따라서 유량이 주어지면 단 하나의 한계수심이 정해지고, 반대로 한계수심이 주어지면 한계수심으로 흐르는 단 하나의 유량이 정해지는 것이다.

일반적인 경우는 유량이 주어지고, 한계수심을 계산하는 경우가 많다. 식 (6−47)의 좌변이 결정되고, 식 (6−46)에서 Z_c와 수심의 관계가 결정되면 한계수심을 계산할 수 있다. 약간 복잡한 단면에 대해서는 Z와 h의 관계 곡선을 그려 놓으면 손쉽게 한계수심을 구할 수 있다.

Chow는 제형과 원형단면에 대하여 Z와 h의 관계를 무차원곡선으로 그려서 손쉽게 사용할 수 있게 하였다. 유량이 주어지면 식 (6−46)에서 Z_c가 계산되고, **그림 6−19**의 무차원도표에서 h_c를 구할 수 있다.

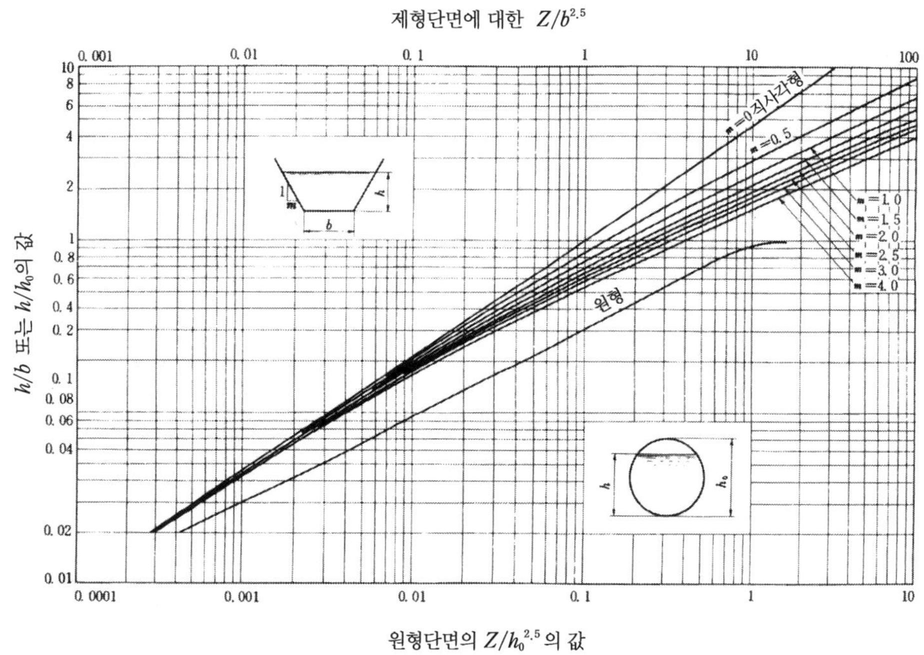

[그림 6−19] 한계수심을 구하는 곡선(Chow)

(4) 불규칙한 단면의 한계수심 도해법

직사각형 및 삼각형단면을 가진 개수로의 한계수심은 수식에 의해서 비교적 쉽게 계산할 수 있고 제형 및 원형 단면수로의 한계수심은 시산법 또는 Chow의 단면 계수법에 의해서 구할 수 있다. 이들의 단면은 복잡하지만 모두 단면적을 수심의 함수로 표시할 수 있는 경우이다. 그러나 자연하천처럼 불규칙한 단면은 수식으로 표시할 수 없으므로 앞에서 설명한 해석적인 방법으로는 한계수심을 구할 수 없다. 불규칙한 단면의 한계수심은 비에너지 곡선 또는 비력곡선을 그려서 도해적으로 구할 수 있다. 불규칙한 단면의 비에너지곡선 또는 비력곡선은 수심을 적절한 간격으로 분할하여(보통은 10 등분함) 각 수심에 대한 단면적을 도식으로 구하고 식 (6-14) 또는 식 (6-29)에서 수심과 H_e 또는 M의 관계곡선을 그릴 수 있다. 이 곡선들에서 H_e 또는 M의 최소치에 대한 수심을 그림에서 구하면 이것이 한계수심이다.

6.4.3 한계류계산을 위한 수리지수

한계류계산을 위한 단면계수 식 (6-46)에 있어서 일반적으로

$$Z = A\sqrt{D} = A\sqrt{\frac{A}{B}} \tag{6-48}$$

로 고쳐 쓰면 Z는 단면형이 주어지면 수심의 함수로 표시할 수 있다. 한 예로서 직사각형단면의 경우는

$$Z = Bh\sqrt{\frac{Bh}{B}} = Bh^{3/2} \tag{6-49}$$

과 같이 된다.

Chow는 일반적인 단면에 대해서

$$Z^2 = C_2 h^M \tag{6-50}$$

과 같이 표시하고 M을 한계류계산을 위한 수리지수(hydraulic exponent)라고 하였다[6]. 식 (6-50)의 양변의 대수를 취하고 이것을 h로서 미분하면

$$2\ln Z = M\ln h$$

$$\frac{\partial(\ln Z)}{\partial h} = \frac{M}{2h} \tag{6-51}$$

다음에는 식 (6-48)의 양변의 대수를 취하고 h로서 미분하면

$$\frac{\partial(\ln Z)}{\partial h} = \frac{3}{2}\frac{B}{A} - \frac{1}{2B}\frac{\partial B}{\partial h} \tag{6-52}$$

식 (6−51)과 식 (6−52)의 좌변은 같으므로

$$\frac{M}{2h} = \frac{3}{2}\frac{B}{A} - \frac{1}{2B}\frac{\partial B}{\partial h}$$

$$M = \frac{h}{A}\left(3B - \frac{A}{B}\frac{\partial B}{\partial h}\right) \tag{6-53}$$

식 (6−53)이 M에 대한 일반식이다. 이 식에서 알 수 있는 바와 같이 M은 수로의 단면형과 수심의 함수이다. 한 예로서 제형단면은 저폭 b, 측벽의 경사 m, 그리고 수심을 h라고 하면

$$A = (b + mh)h, \qquad B = b + 2\,mh$$

이들의 관계를 식 (6−53)에 대입하면 M은

$$M = \frac{3\left[1 + 2m\left(\frac{h}{b}\right)\right]^2 - 2\,m\left(\frac{h}{b}\right)\left[1 - m\left(\frac{h}{b}\right)\right]}{\left[1 + 2\,m\left(\frac{h}{b}\right)\right]\left[1 + m\left(\frac{h}{b}\right)\right]} \tag{6-54}$$

와 같이 된다.

위 식에서 제형단면의 M은 m과 h/b의 함수라는 것을 알 수 있을 것이고, 직사각형단면의 경우는 식 (6−53)에 $A = Bh$를 대입하고 $\frac{\partial B}{\partial h} = 0$을 고려하면 다음과 같다.

$$M = 3 \tag{6-55}$$

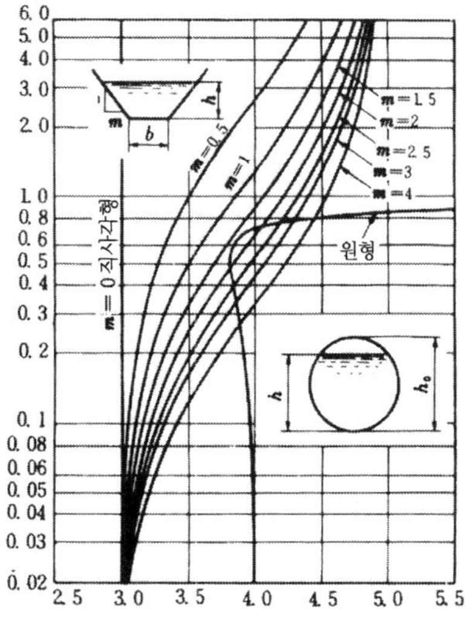

[그림 6−20] M의 곡선

Chow는 지름 h_0의 원형단면에 대해서 같은 방법으로 계산하여 M과 h/h_0관계를 **그림 6-20**과 같이 작성하였다[7]. 이상 설명한 한계수심을 위한 단면계수는 뒷절에서 설명하는 부등류의 수면계산에 필요한 것이다.

계산예 6-5

지름 1 m의 원관 속을 $Q = 0.8\ \mathrm{m^3/sec}$의 물이 흐를 때 한계수심을 계산하여라.

【해】 식 (6-47)에서 한계류계산을 위한 단면계수를 계산한다.

$$Z_c = \frac{Q}{\sqrt{g}} = \frac{0.8}{\sqrt{9.8}} = 0.26$$

식 (6-46)에서

$$Z_c = A_c\sqrt{D_c} = f(h_c)$$

반지름을 a라고 하면

$$A = \frac{2\theta}{2\pi}\pi a^2 - (a-h)a\sin\frac{\theta}{2}$$

$$D = \frac{A}{B} = \frac{\frac{2\theta}{2\pi}\pi a^2 - (a-h)\,a\sin\frac{\theta}{2}}{2\,a\sin\frac{\theta}{2}}$$

따라서 위의 두 식은 θ 또는 h의 함수이므로 결국은 $Z\sim h$의 관계곡선을 그릴 수 있다. 이 그림에서 $Z = 0.26$에 대응하는 h를 구하면 이것이 한계수심이다.

$$h_c = 0.52\ \mathrm{m}$$

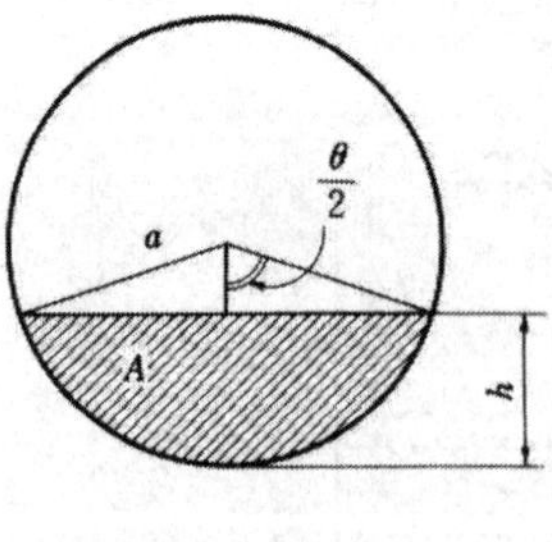

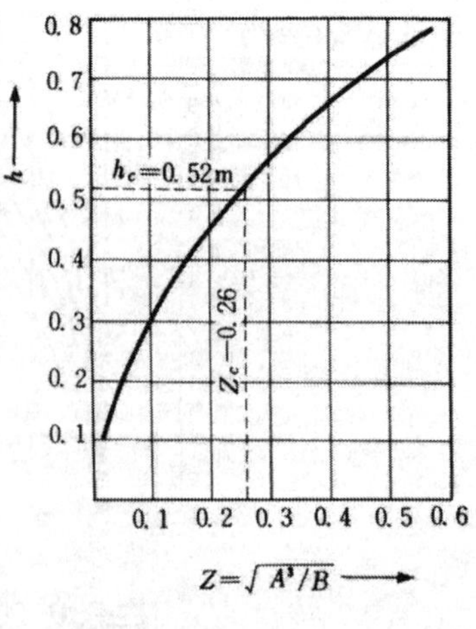

6.5 개수로의 등류

개수로의 등류에 대해서 6.1.1절에서 설명한 바와 같이 흐름에 작용하는 중력의 흐름방향 성분과 윤변에 작용하는 마찰력이 평형상태가 되어 더 이상 가속되지 않고 일정한 유속으로 흐르는 흐름이다. 등류는 단면과 경사가 일정한 긴 수로에서 생기고, 수로 바닥과 수면, 그리고 에너지 경사선이 모두 나란하다.

실제로 우리들이 취급하는 수로, 하천 등의 흐름은 대부분 부등류가 많으나 부분적으로는 등류로 취급해도 좋은 경우가 많다.

6.5.1 등류의 마찰저항

개수로의 흐름을 지배하는 요소는 수로 바닥의 경사각 θ, 윤변에 작용하는 마찰력 F_f, 그리고 수심 h이다. 이 중에서 경사각 θ는 독립적으로 결정되지만 수심과 윤변의 마찰력은 서로 관계가 있다. 즉, 수로의 경사각이 주어진 경우 수심은 단면의 형상과 조도에 따라서 결정된다. 일반적으로는 동일한 유량이 흐를 때 윤변이 미끈한 경우는 수심이 얕고, 거친 경우는 수심이 깊다. 이 경우 **그림 6-21**에 있어서 l 사이의 손실수두는 동일하다.

수로의 단면적을 A, 윤변을 S, 윤변에 작용하는 단위면적당의 마찰력을 τ_0라고 하면 l 사이의 물에 작용하는 중력의 흐름방향 성분과 l 사이의 윤변에 작용하는 마찰력은 같으므로

$$\tau_0 Sl = w\,Al\sin\theta$$

$$\therefore\ \tau_0 = \frac{A}{S} w\sin\theta = wRI \tag{6-56}$$

여기서, $\sin\theta = I$이며, 이것은 수로 바닥 또는 에너지선의 경사이고 $R = A/S$이다. 이 식을 고쳐 쓰면

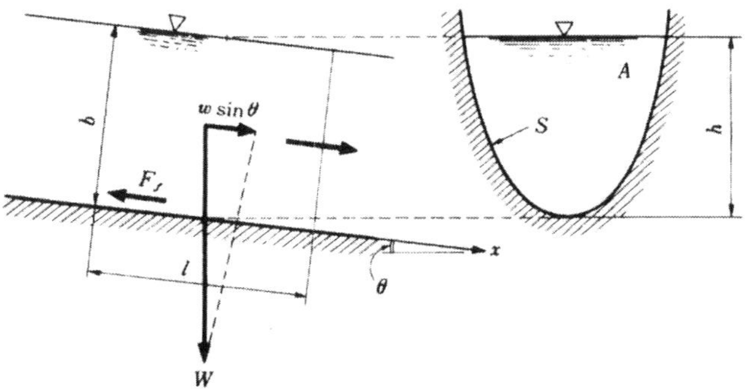

[그림 6-21] 수류에 작용하는 힘

$$\sqrt{\frac{\tau_0}{\rho}} = \sqrt{gRI} = U_* \tag{6-57}$$

U_*는 마찰속도이며, 개수로의 마찰속도는 $\sqrt{gRI}$와 같다. $\sqrt{gRI}$는 개수로의 흐름을 규정하는 중요한 양이다. 식 (5-14)를 변형하고 식 (6-57)을 고려하면

$$V = \sqrt{\frac{8}{f}}U_* = \sqrt{\frac{8}{f}}\sqrt{gRI} \tag{6-58}$$

식 (6-58)은 개수로 등류의 평균유속 V와 마찰계수 f, 유수단면의 특성을 표시하는 수리평균심 R, 그리고 수로경사 I의 관계를 나타내고 있다. 이 식에 있어서 수로의 특성과 마찰계수가 주어지면 평균유속을 계산할 수 있다.

개수로에 대한 f는 관수로와 마찬가지로 취급할 수 있다. 식 (5-25)에서

$$h = f\frac{l}{4R}\frac{V^2}{2g} = f'\frac{l}{R_c}\frac{V^2}{2g}$$

이 식에 있어서 f 또는 f'는 수로의 조도와 Reynolds 수의 함수이다. 개수로에 대한 Reynolds 수는 다음과 같이 표시할 수 있다.

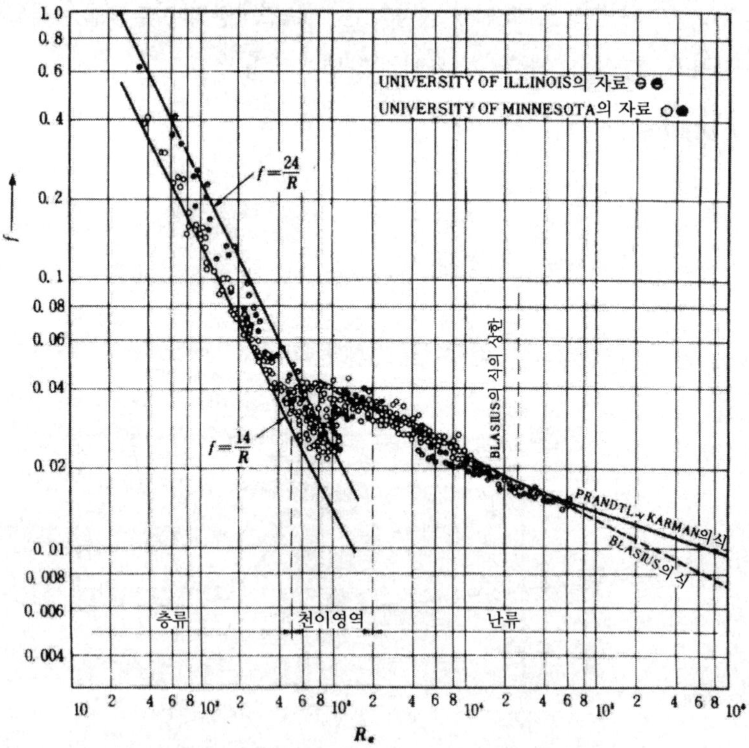

[그림 6-22] 미끈한 수로의 $f-R_e$의 관계(V.T.Chow)

$$R_e = \frac{VR}{\nu} \tag{6-59}$$

여러 사람들의 실험에 의하면 활면수로의 f는 **그림 6-22**와 같고 조면 수로의 f는 **그림 6-23**과 같다[8].

이들의 실험치에 의하면 Reynolds 수가 1000 보다 작은 영역에 있어서는 f~R_e의 관계는 조도에는 관계 없이 직선이 되고 그 값은 다음과 같다.

$$\left.\begin{aligned} &\text{활면수로 } f = \frac{24}{R_e} \\ &\text{조면수로 } f = \frac{33}{R_e} \sim \frac{60}{R_e} \end{aligned}\right\} \tag{6-60}$$

개수로에 있어서 $R_e < 1000$의 영역에 있어서는 층류가 된다는 것을 알 수 있다. $R_e > 1000$의 영역, 즉 난류의 경우는 활면수로에 대해서 다음과 같은 Blassius의 식으로 표시할 수 있다.

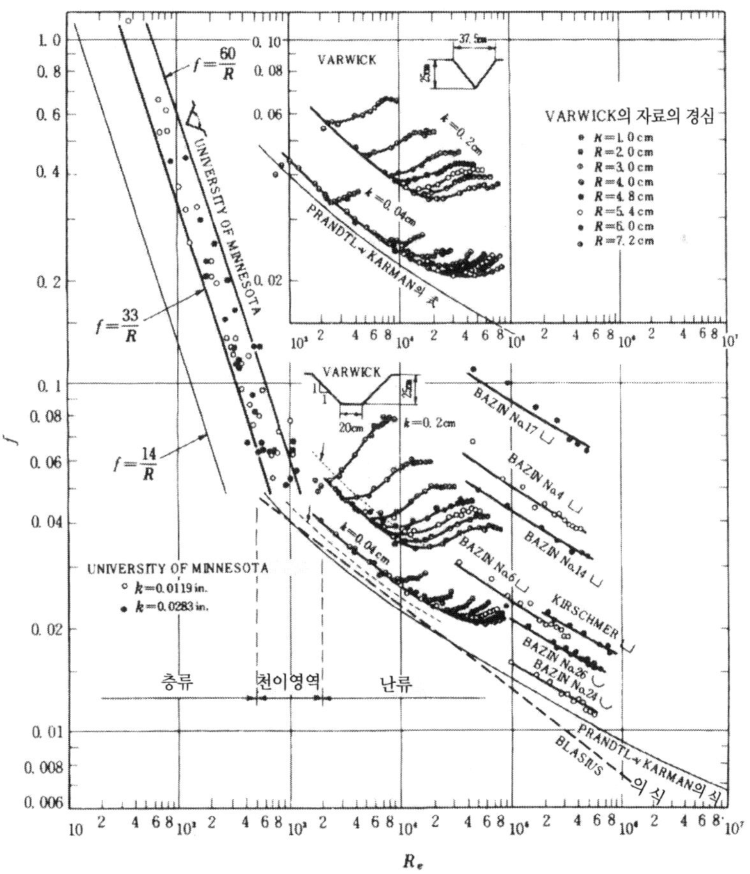

[그림 6-23] 조면수로의 f–R_e의 관계(V.T.Chow)

$$f = 0.233\, R_e^{-1/4} \tag{6-61}$$

난류영역에 있어서도 조면수로의 경우는 절대조도 k와 단면형에 따라서도 다른 아주 복잡한 관계를 나타내고 있으므로 일률적으로 규정할 수 없다.

6.5.2 평균유속공식

우리들이 취급하는 개수로와 하천 등의 흐름은 Reynolds 수가 매우 크고, 수로벽면의 조도도 모두 크므로 관수로의 흐름과 같이 마찰손실계수 f는 Reynolds 수에는 관계 없이 조도만의 함수로 표시할 수 있다. 관수로와 마찬가지로 개수로의 수리현상을 해석할 때는 평균유속공식을 사용 하면 실용면에서 매우 편리하다.

개수로의 평균유속공식에 있어서는 개수로의 단면형과 수심을 수리평균심으로 표시하고, 벽면의 조도는 주로 실험치를 사용하게 된다. 많은 실용평균유속공식이 제안되고 있으나, 여기서는 기본적이고 현재 많이 사용 되고 있는 공식만을 골라서 설명하기로 한다.

(1) Chezy 공식(프랑스, 1969)

$$V = C\sqrt{RI}\ (\text{m/sec}) \tag{6-62}$$

여기서 R은 수리평균심, I는 수로의 영역 또는 에너지영역, C는 Chezy의 평균유속계수이다.

식 (6-58)에서 f와 C의 관계는 다음과 같다.

$$C = \sqrt{\frac{8g}{f'}} \tag{6-63}$$

따라서 Chezy의 평균유속계수 C는 Darcy-Weisbach의 마찰손실계수 f의 함수라는 것을 알 수 있다. 결국 C는 Reynolds 수와 조도의 함수이고, Bazin, Gangiullet, Kutter 등 여러 사람에 의해서 연구되었고, 실험치 및 실측치를 사용하여 여러 가지 형식의 공식이 제안되고 있다.

① Bazin 공식(프랑스, 1865)

Chezy 공식의 C를 수리평균심과 조도의 함수라고 생각하여 다음 식을 제안하였다.

$$C = \frac{87}{1 + \frac{\gamma}{\sqrt{R}}} \tag{6-64}$$

γ는 수로의 조도를 표시하는 조도계수이며, Bazin은 **표 6-2**의 값을 제안하였다.

표 6-2 Bazin의 γ의 값(m·sec 단위)

	γ
대패로 깎은 목재, 아주 미끄러운 콘크리트	0.06
보통 목재수로, 벽돌수로	0.20
활석, 조석수로	0.83
흙 수로, 보통	1.30
거친 흙 수로	2.50

② Ganguillet–Kutter 공식(스위스, 1969)

Ganguillet–Kutter는 C를 수로경사 I, 수리평균심 R 및 조도계수 n의 함수라고 하여 m·sec 단위를 사용한 다음 식을 제안하였다.

$$C = \frac{23 + \frac{1}{n} + \frac{0.00155}{I}}{1 + \left(23 + \frac{0.00155}{I}\right)\frac{n}{\sqrt{R}}} \tag{6-65}$$

이 식은 Bazin의 측정치 및 구주의 하천 및 미국의 Mississippi 강의 자료를 분석하여 만든 것이며, 실측치와 잘 맞는다고 한다. 조도계수 n은 다음에 설명하는 Manning 공식의 조도계수와 동일한 것이다.

(2) Manning 공식(아일랜드, 1889)

$$V = \frac{1}{n} R^{2/3} I^{1/2} \text{ (m/sec)} \tag{6-66}$$

n을 특히 Manning의 조도계수라고 하고 주로 수로의 벽면상태에서 결정되는 양이며, 여러 사람들의 실험자료와 실측치를 사용하여 **표 6-3**과 같이 여러 가지의 수로에 대한 값이 주어지고 있다.

이 식은 단순할 뿐만 아니라, 실제와 잘 일치하므로 최근에는 세계각국에서 주로 이 식을 사용하고 있다. 그러나 이 식의 n에는 수로의 형상과 곡류 등에 의한 저항도 포함되어 있으므로 실제에 사용할 때는 이들의 영향도 고려해야 한다. 여러 사람들에 의해서 제안되고 있는 조도계수의 값은 **표 6-3**과 같다.

표 6-3 Manning 공식의 n

	재료 및 윤변의 상태	
인공 수로	활면 목재	0.01~0.04
	콘크리트	0.012~0.018
	절석, 몰타르, 연적	0.013~0.017
	조석, 연적	0.017~0.03
	조석,	0.025~0. 035
	점토질수로, 직선	0.017~0.025
	점토질수로, 곡선	0.025~0.03
	자갈 수로	0.025~0.03
	암반 굴감 수로(양호)	0.025~0.035
	암반 굴감 수로(조면)	0.035~0.045
자연 수로	유로와 단면이 규칙적, 수심 큼	0.025~0.033
	동상, 자갈 하상, 초안	0.030~0.040
	사행수로, 단면이 불규칙	0.033~0.045
	사행수로, 호박 돌과 잡초가 있음	0.035~0.05
	사행수로, 수심이 작은 경우	0.04~0.055
	수초가 많은 하천	0.05~0.08

계산예 6-6

그림과 같은 흙 지반에 만든 인공제형수로를 등류수심 $h_0 = 3\,\text{m}$로 흐를 때의 유량을 계산하여라. 단, 수로의 경사는 $I = 0.0003$이다.

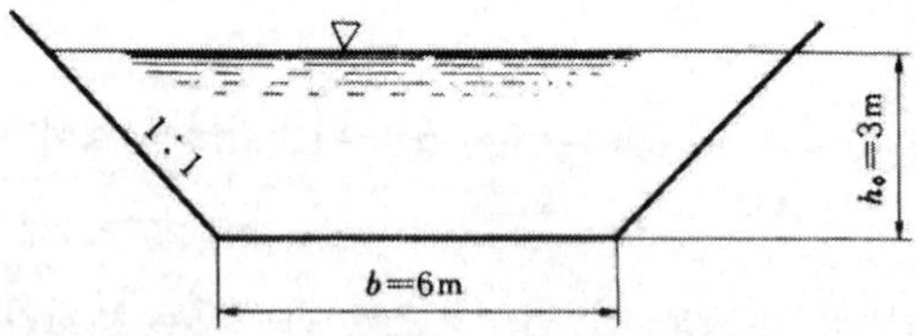

【해】 단 면 적 : $A = \dfrac{h}{2}(B+h) = \dfrac{3}{2}(12+6) = 27\,\text{m}^2$

윤 변 : $S = b + 2h\sqrt{1+m^2} = 6 + 2 \times 3\sqrt{1+1} = 14.48\,\text{m}$

수리평균심 : $R = A/S = 27/14.48 = 1.86\,\text{m}$

(1) Bazin 공식에서 $r = 0.85$라고 하면

$$C = \frac{87}{1 + \frac{0.85}{\sqrt{1.86}}} \times \sqrt{1.86 \times 0.0003} = 45.57 \text{ m/sec}$$

$$V = C\sqrt{RI} = 45.57 \times \sqrt{1.85 \times 0.0003} = 1.08 \text{ m/sec}$$

$$Q = AV = 27 \times 1.08 = 29.06 \ \text{m}^3/\text{sec}$$

(2) Manning 식에서 $n = 0.025$ 라고 하면

$$V = \frac{1}{0.025} \times 1.86^{2/3} \times 0.0003^{1/2} = 1.05 \text{ m/sec}$$

$$Q = 27 \times 1.05 = 28.35 \text{ m}^3/\text{sec}$$

6.6 등류의 계산

6.6.1 등류계산을 위한 단면계수

등류로 흐를 때의 유량은 유수단면적과 평균유속을 곱해서 구할 수 있다. 평균유속을 Manning의 공식에서 구하면

$$Q = V_0 A_0 = A_0 \frac{1}{n} R_0^{2/3} I^{1/2} \tag{6-67}$$

여기서 첨자 0은 등류로 흐를 때의 양을 표시하는 것이다. 위 식을 고쳐 쓰면

$$\frac{nQ}{I^{1/2}} A_0 R_0^{2/3} \tag{6-68}$$

식 (6−68)의 우변 $A_0 R_0^{2/3}$을 Chow는 등류계산을 위한 단면계수(section factor of uniform flow computation)라고 하였다[9]. 단면계수는 단면형과 수심에 따라서 결정되는 양이다. 이 식의 좌변은 유량, 조도계수 그리고 수로의 경사가 주어지면 결정되는 양이고 단면과는 독립적이다.

만일, 유량을 주어서 등류수심을 계산하고자 할 때는 식 (6−68)의 좌변을 구할 수 있고, 이 계산치는 우변의 단면계수와 같으므로 수심과 단면계수의 관계에서 등류수심을 구할 수가 있다. 반대로 등류수심이 주어진 경우, 이 수심에 대응하는 유량을 구하고자 할 때는 식 (6−68)의 우변을 계산할 수 있으므로 이 값을 좌변과 같이 놓아서 유량을 구할 수 있다.

한 예로서 직사각형단면에 대해서 생각해 보면

$$A_0 = Bh_0, \quad R_0 = \frac{Bh_0}{(2h_0 + B)}$$

에서

$$A_0 R_0^{2/3} = Bh_0 \left[\frac{Bh_0}{(2h_0 + B)}\right]^{2/3} \tag{6-69}$$

$$\therefore \frac{nQ}{I^{1/2}} = Bh_0 \left[\frac{Bh_0}{(2h_0 + B)}\right]^{2/3} \tag{6-70}$$

식 (6–70)에서 Q를 주어서 h_0를 구할 수도 있고, h_0를 주어서 Q를 구할 수도 있다. 이 경우 h_0를 주어서 Q를 구하는 문제는 비교적 쉬우나, Q를 주어서 h_0를 구하는 문제는 간단하지는 않다. 실제의 문제에 있어서는 이 후자의 경우가 보통이고 필요한 경우가 많다. 원형단면, 제형단면 수로의 경우는 식 (6–70)의 우변은 더욱 복잡하므로 유량을 주어서 등류수심을 구하는 계산은 매우 복잡하다.

이와 같은 경우를 생각하여 Chow는 수심과 단면계수와의 관계를 무차원화하고, **그림 6–24**와 같은 원형단면과 제형단면에 대한 곡선을 만들었다[10]. 이 그림을 이용하면 Q, n 및 I를 주어서 식 (6–68)의 좌변을 계산 할 수 있고, 이 값이 단면계수와 같으므로 **그림 6–24**에서 등류수심을 구할 수 있다.

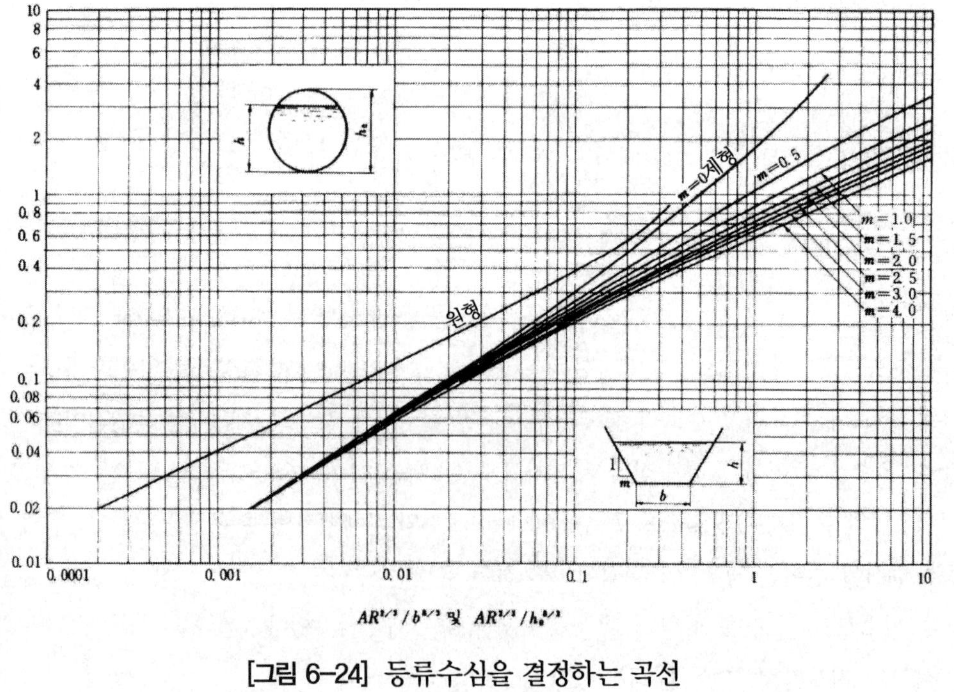

[그림 6–24] 등류수심을 결정하는 곡선

계산예 6-7

그림과 같은 제형단면수로를 $Q = 95\ \text{m}^3/\text{sec}$의 유량이 흐를 때 등류수심을 구하여라. 단, 수로의 경사는 $I = 0.0015$, Manning의 평균유속공식의 조도계수는 $n = 0.025$라고 한다.

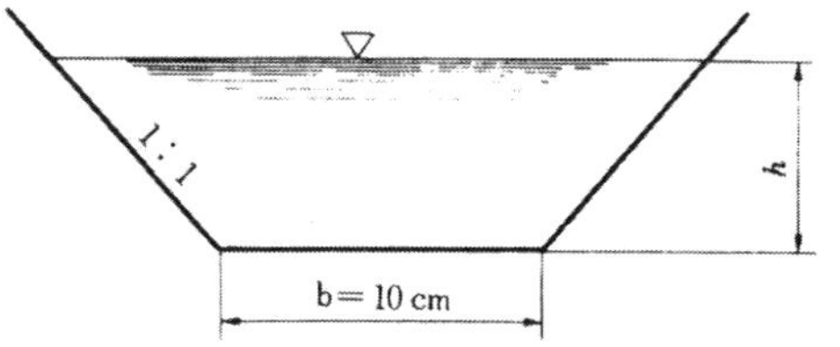

【해】 $A = h(10 + h)$

$$S = 10 + 2\sqrt{2}\,h$$

$$R = \frac{h(10+h)}{10 + 2\sqrt{2}h}$$

식 (6−68)에서

$$\frac{nQ}{I^{1/2}} = A_0 R_0^{2/3} = h(10+h)\left[\frac{h(10+h)}{10+2\sqrt{2}\,h}\right]^{2/3}$$

여기서 위 식의 좌변은

$$\frac{nQ}{I^{1/2}} = \frac{0.025 \times 95}{(0.0015)^{1/2}} = \frac{2.375}{0.039} = 61.36$$

$$61.36 = h(10 + h_0)\left(\frac{h_0(10+h_0)}{10+2\sqrt{2}\,h_0}\right)^{2/3}$$

시산법에 의해서 h_0를 구하면

$$h_0 = 2.91\ \text{m}$$

6.6.2 자유표면을 가진 관수로의 흐름

하수관과 수로 터널의 흐름은 경우에 따라서 물이 전단면에 가득 차서 흐를 때도 있고, 단면의 일부분을 흐를 때도 있다. 물이 단면에 가득 차서 흐를 때는 관수로의 흐름으로 취급하고, 단면의 일부분을 흐를 때는 개수로의 흐름으로 취급한다. 이와 같은 수로에 대해서는 각 수심에 대한 유속, 유량 등과 전단면을 흐를 때의 유속, 유량 등의 비를 계산하여 곡선으로 그려 놓으면 수심변화에 대한 흐름의 특성을 알 수 있다.

지금 물이 가득 차서 흐를 때의 모든 양에 첨자 0을 붙이고 조도와 수로경사를 일정하다고 하면 식 (6-67)에서

$$\frac{Q}{Q_0} = \frac{AR^{2/3}}{A_0 R_0^{2/3}} \tag{6-71}$$

$$\frac{V}{V_0} = \frac{R^{2/3}}{R_0^{2/3}} \tag{6-72}$$

위의 식에 있어서 우변은 수심 h와 만수 때의 수심 h_0의 비의 함수이므로 유량비와 유속비는 수심비로서 표시할 수 있다.

원형단면에 대해서 이들 양의 무차원량과 수심비의 관계를 곡선으로 그린 것이 **그림 6-25**이다. 이들의 곡선을 수리특성곡선(hydraulic characteristic curve)이라고 한다. 이 그림에서 유량이 가장 많이 흐르는 수심은 0.94 h_0이고, 유속이 가장 큰 수심은 0.8 h_0이다. Q/Q_0, V/V_0와 함께 단면적, 윤변 및 수리평균심에 대해서도 곡선으로 그려 놓으면 이들 양이 변화하는 특성을 쉽게 알 수 있다.

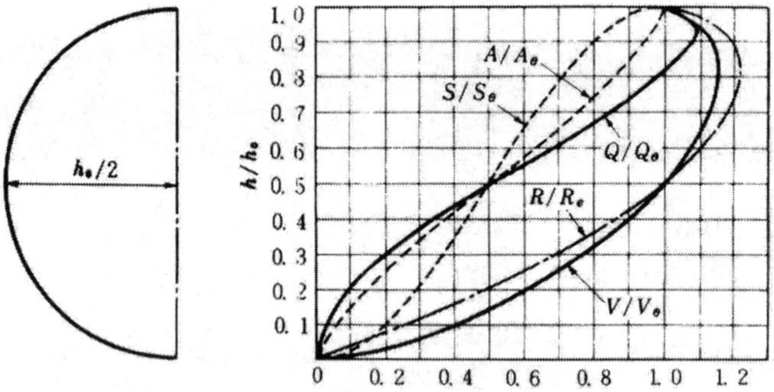

[그림 6-25] 원형단면수로의 수리특성곡선

계산예 6-8

지름 1.2 m의 콘크리트제 원관을 동수경사 $I = 1/500$로서 물이 흐르는 경우를 생각한다. 이 관을 흐를 수 있는 최대유량과 그 때의 수심을 구하여라.

【해】 그림 6-25에서 원관의 최대유량이 흐르는 수심은

$$\frac{h}{h_0} = 0.92$$

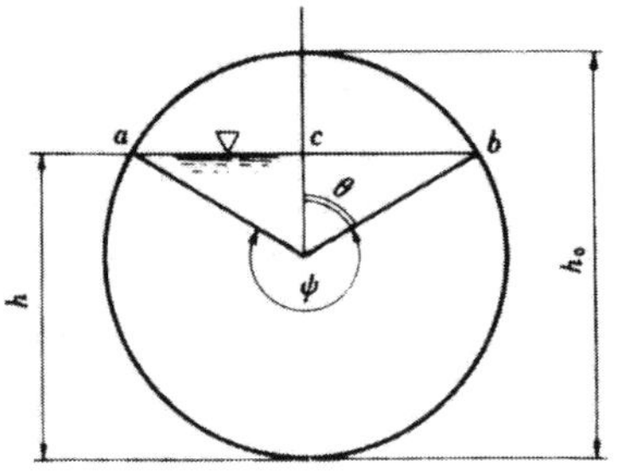

이다. 따라서 이때의 수심은

$$h = 0.92 \times h_0 = 0.92 \times 1.2 = 1.104 \text{ m}$$

이때 제량은 다음과 같다.

$$\text{단 면 적} : A = \frac{h_0^2}{8}(\varphi - \sin\varphi)$$

$$\text{윤 변} : S = \frac{h_0}{2}\varphi$$

$$\text{수리평균심} : R = \frac{A}{S} = \frac{h_0}{4}\left(1 - \frac{\sin\varphi}{\varphi}\right)$$

$$\theta = \cos^{-1}\left(\frac{0c}{0b}\right) = \cos^{-1}\left(\frac{0.504}{0.6}\right) = 32°51'$$

$$\varphi = 360° - 2 \times 32°51' = 5.14 \text{ rad}$$

$$A = \frac{1.2^2}{8}(5.14 - \sin 294°28') = 1.09 \text{ m}^2$$

$$R = \frac{1.2}{4}\left(1 - \frac{-0.91}{5.14}\right) = 0.35 \text{ m}$$

Manning 공식을 사용하여 유량을 계산한다.

$$V = \frac{1.0}{0.014} \times 0.35^{2/3} \times \left(\frac{1}{500}\right)^{1/2} = 1.62 \text{ m/sec}$$

$$\therefore\ Q = 1.09 \times 1.62 = 1.77 \text{ m}^3\text{/sec}$$

6.6.3 수리학적으로 유리한 단면

Manning의 평균유속공식을 사용하면 수로를 흐르는 유량은 식 (6-67)로 표시할 수 있다. 수로의 단면적, 경사 및 조도계수가 주어지면 이 식에서 유량을 계산할 수 있는데, 유량은 수리평균심에 비례해서 커진다는 것을 알 수 있다.

인공수로를 만드는 경우는 주어진 유량에 대하여 유수단면적이 최소가 되는 수로로 설계하든가 또는 주어진 단면적으로 최대의 유량이 흐르도록 단면형을 결정하는 것이 바람직하다. 이와 같은 수로를 수리학상 유리한 단면(best hydraulic section)이라고 한다.

수리학상 유리한 단면은 주어진 단면적으로 최대의 유량이 흐르는 단면형이므로 식 (6-67)에서 아는 바와 같이 수리평균심이 최대가 되든가 또는 윤변이 최소가 되는 단면형을 구하면 된다. 이와 같은 단면형은 일반적으로 원형단면이라고 할 수 있으나 원형단면은 시공하는데 어려움이 있으므로 실제로 사용하는 예는 거의 없다.

여기서는 일반적으로 사용되는 직사각형단면과 제형단면에 대해서 논하기로 한다.

(1) 직사각형단면

직사각형단면수로의 수심을 h, 수로폭을 B라고 하면

$$A = Bh$$

$$S = 2h + B = 2h + \frac{A}{h}$$

수리평균심이 최대가 되든가 또는 윤변 S가 최소가 되는 단면형이 수리상 유리한 단면이므로 여기서는 윤변이 최소가 되는 단면형을 구하기로 한다.

$$\frac{\partial S}{\partial h} = \frac{\partial}{\partial h}\left(2h + \frac{A}{h}\right) = 2 - \frac{A}{h^2} = 0$$

$$\therefore h = \sqrt{\frac{A}{2}} = \sqrt{\frac{Bh}{2}}$$

$$\therefore h = \frac{B}{2} \tag{6-73}$$

따라서 직사각형수로는 수로폭이 수심의 2배가 되는 단면형이 수리학상 유리한 단면이다.

(2) 제형단면

제형단면수로의 수심을 h, 수로의 저면폭을 b, 측벽의 경사를 $1:m$이라고 하면 윤변은

$$S = b + 2h\sqrt{1+m^2}$$

$A = \text{const.}$라고 하면

$$b = \frac{A}{h} - mh \quad \therefore S = \frac{A}{h} - mh + 2h\sqrt{1+m^2} \tag{6-74}$$

$$\frac{\partial S}{\partial h} = -\frac{A}{h^2} - m + 2\sqrt{1+m^2} = 0$$

$$\therefore\ A = h^2(2\sqrt{1+m^2} - m) \tag{6-75}$$

식 (6–75)가 수리학상 유리한 단면이며, $b = \dfrac{A}{h} - mh$를 대입하면

$$b = 2h(\sqrt{1+m^2} - m) \tag{6-76}$$

제형단면의 측벽 경사 m과 저면폭이 주어지면 식 (6–76)에서 수리학상 유리한 단면형을 결정할 수 있다.

다음에는 측벽의 경사 m을 변화시켜서 수리학상 유리한 단면형을 결정할 수 있다. 식 (6–76)의 h를 식 (6–74)에 대입하여 윤변을 구하면

$$S = 2\sqrt{A(2\sqrt{1+m^2} - m)} \tag{6-77}$$

$A = \text{const.}\ \dfrac{\partial S}{\partial m} = 0$에서 유리한 단면형의 m을 구할 수 있다.

$$\left.\begin{aligned} m &= \frac{1}{\sqrt{3}} \\ \tan^{-1}\frac{1}{\frac{1}{\sqrt{3}}} &= \tan^{-1}\sqrt{3} = 60^\circ \end{aligned}\right\} \tag{6-78}$$

이와 같은 제형은 정육각형의 $\dfrac{1}{2}$ 단면과 같고 b와 h의 관계는 **그림 6–26**에서

$$b = \frac{2}{\sqrt{3}}h \tag{6-79}$$

이다.

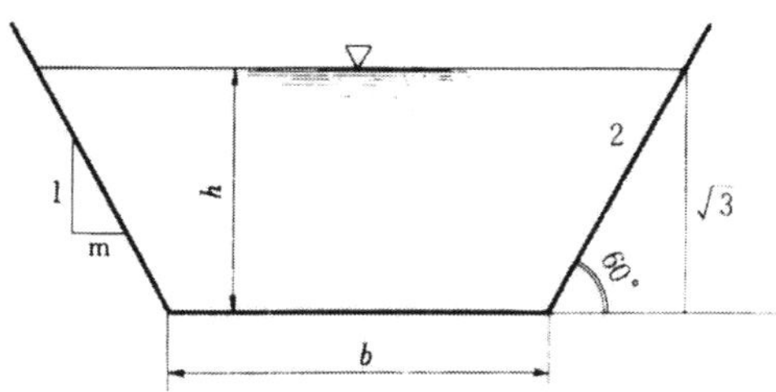

[그림 6–26] 수리상 유리한 단면

6.6.4 복합조도를 가진 수로

수로단면의 윤변 조도가 부분적으로 다른 경우라도 단면형이 단순하면 단면을 세분하지 않고 평균유속을 계산할 수 있다. 한 예를 들면 수로 바닥이 목재이고 양측벽이 유리로 된 직사각형수로 또는 제형수로에 있어서는 바닥과 측벽의 조도가 다르지만 전단면에 대한 등가조도계수(equivalent roughness coefficient)를 계산하여 이것을 전단면에 대한 평균유속을 계산하는데 사용하는 것이다.

그림 6-27과 같은 제형단면의 수로에 대해서 복합조도의 문제를 생각 해보기로 한다. 측벽과 바닥의 윤변을 각각 S_1, S_2, S_3라고 하고 각각에 대한 조도를 n_1, n_2, n_3 그리고 각 조도계수의 영향이 미치는 단면적을 A_1, A_2, A_3라고 한다.

Horton과 Einstein은 다음과 같은 등가조도계수를 사용하여 전단면의 평균유속을 계산하였다. 지금 조도가 다른 부분의 단면적 A_1, A_2, A_3의 평균유속을 각각 V_1, V_2, V_3라고 하고 전단면적 A의 평균유속을 V라고 하면

$$V_1 = \frac{1}{n_1} R_1^{2/3} I^{1/2} = \frac{1}{n_1}\left(\frac{A_1}{S_1}\right)^{2/3} I^{1/2}$$

$$V_2 = \frac{1}{n_2} R_2^{2/3} I^{1/2} = \frac{1}{n_2}\left(\frac{A_2}{S_2}\right)^{2/3} I^{1/2}$$

$$V_3 = \frac{1}{n_3} R_3^{2/3} I^{1/2} = \frac{1}{n_3}\left(\frac{A_3}{S_3}\right)^{2/3} I^{1/2}$$

위 식에서

$$A_1 + A_2 + A_3 = (S_1 n_1^{3/2} + S_2 n_2^{3/2} + S_3 n_3^{3/2}) \frac{V^{3/2}}{I^{3/4}} \tag{6-80}$$

다음에 전단면에 대한 조도계수의 평균치를 n이라고 하면

$$V = \frac{1}{n}\left(\frac{A}{S}\right)^{2/3} I^{1/2}, \quad A = \frac{V^{2/3} S n^{2/3}}{I^{3/4}} \tag{6-81}$$

$A = A_1 + A_2 + A_3$이므로 식 (6-80)과 식 (6-81)에서

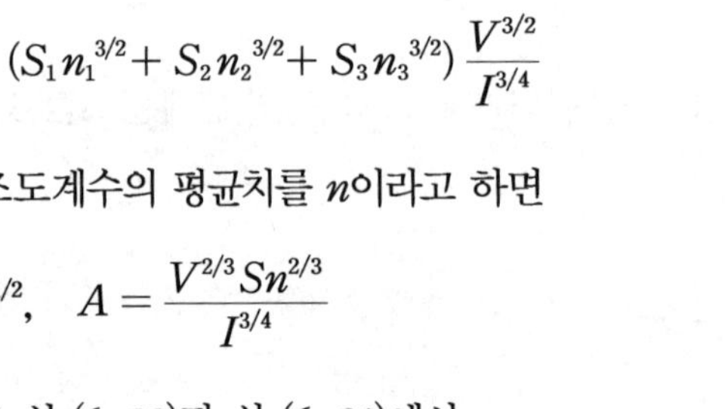

[그림 6-27] 복합조도수로

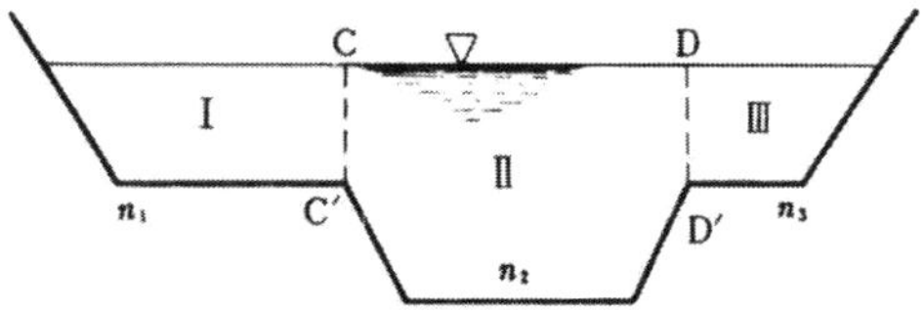

[그림 6-28] 복단면

$$n = \frac{(S_1 n_1^{3/2} + S_2 n_2^{3/2} + S_3 n_3^{3/2})^{2/3}}{S^{2/3}} \tag{6-82}$$

식 (6-82)의 n이 등가조도계수이며, 이 n을 사용하여 Manning의 평균유속공식에서 전단면의 평균유속을 계산할 수 있다.

그림 6-28과 같은 복단면수로의 경우는 저수로와 고수부지의 조도가 다른 동시에 각각의 수심의 차가 크므로 평균유속도 다르다. 이와 같은 복단면수로에 대해서는 앞에서 설명한 등가조도계수를 사용하여 평균유속을 계산할 수는 없다. 복단면에 대해서는 그림과 같이 Ⅰ, Ⅱ, Ⅲ 부분으로 나누고 각 부분에 대해서 개별적으로 평균유속을 각각 계산한다.

$$V_1 = \frac{1}{n_1} R_1^{2/3} I^{1/2}, \quad V_2 = \frac{1}{n_2} R_2^{2/3} I^{1/2}, \quad V_3 = \frac{1}{n_3} R_3^{2/3} I^{1/2}$$

이와 같은 평균유속과 각 부분의 단면적을 곱하면 각 부분의 유량을 계산 할 수 있다. 전단면에 대한 유량은 이들의 유량을 더해서 구할 수 있다.

$$Q = A_1 V_1 + A_2 V_2 + A_3 V_3 \tag{6-83}$$

식 (6-83)에서 복합단면의 유량을 계산할 때 특히 주의해야 할 일은 각 부분의 수리평균심을 계산할 때의 윤변에는 **그림 6-28**의 CC′와 DD′가 포함되지 않는다는 점이다.

6.6.5 등류의 한계경사

6.6.1절의 방법에 의해서 계산된 등류수심이 한계수심보다 크면 그 등류는 상류이고, 한계수심보다 작으면 그 등류는 사류가 된다. 주어진 유량이 흐를 때의 등류수심이 한계수심과 같을 때의 수로경사를 한계경사(critical slope)라고 한다.

한계경사는 식 (6-18)과 Manning의 평균유속공식에서 구할 수 있다. 식 (6-18)에서

$$V_c^2 = gD_c = g\frac{A_c}{B} \tag{6-84}$$

그리고 Manning 식에서

$$V = \frac{1}{n} R^{2/3} I^{1/2}$$

한계경사를 가진 수로에 있어서는 $V = V_c$이고 이때의 수로경사 I_c는 다음과 같다.

$$I_c = \frac{n^2 g D_c}{R_c \sqrt[3]{R_c}} = \frac{n^2 g}{R_c \sqrt[3]{R_c}} \left(\frac{A}{B}\right) \tag{6-85}$$

단면과 조도가 주어지면 한계경사는 식 (6-85)에서 계산할 수 있다. 유량과 단면형이 주어지면 6-4절에서 설명한 방법으로 한계수심을 계산할 수 있으므로 이 수심에 대한 A, R, b를 계산한다.

계산예 6-9

수심에 비해서 폭이 넓은 직사각형단면을 폭 1 m당 0.4 m^3/sec의 물이 흐를 때 이 흐름이 사류가 아닌 등류로 흐를 필요가 있다. 수로의 경사를 구하여라. 평균유속공식은 Manning의 식을 사용하고 $n = 0.013$이라고 한다.

【해】 한계수심 $h_c = \sqrt[3]{\frac{0.4^2}{9.8}} = 0.26\ \text{m}$

$R \fallingdotseq h$로 놓으면 식 (6-85)에서

$$I_c = \frac{n^2 g}{R \sqrt[3]{R}} \left(\frac{A}{B}\right) = \frac{n^2 g}{h \sqrt[3]{h}} h = n^2 g h^{-1/3} = 0.013^2 \times 9.8 \times 0.26^{-1/3} = \frac{1}{386.7}$$

6.6.6 수로단면의 통수능과 수리지수

수로의 평균유속을 Manning의 평균유속공식에서 구할 수 있다면 유량은

$$Q = AV = A \frac{1}{n} R^{2/3} I^{1/2}$$

으로 표시할 수 있다. 위 식에 있어서

$$K = \frac{1}{n} A R^{2/3} \tag{6-86}$$

으로 놓으면

$$Q = K I^{1/2} \tag{6-87}$$

K는 개수로의 단면형과 수심, 그리고 조도의 함수이며, 개수로 흐름의 기본적인 특성을 나타내는 함수이다. 이 K를 개수로의 통수능(conveyance)이라고 하며, 유량과 직접비례 하는 수치이며, 수로단면의 통수능력을 나타내는 기본량이다[11].

K는 식 (6–86)에서 아는 바와 같이 일정한 조도에 대해서 단면형과 수심이 주어지면 결정되는 양이므로 이것은 결국 다음과 같이 수심의 함수이다.

$$K^2 = C_1 h^N \tag{6-88}$$

여기서 C_1은 계수이고, N은 단면형과 수심에서 결정되는 양이며, 이것을 등류계산을 위한 수리지수(hydraulic exponent)라고 한다. 식 (6–88)의 N의 특성을 알기 위하여 이 식의 대수를 취하고 h로 미분하면

$$\frac{d}{dh}(\ln K) = \frac{N}{2h} \tag{6-89}$$

다음에는 식 (6–86)의 대수를 취하고 h로 미분하면

$$\frac{d}{dh}(\ln K) = \frac{1}{A}\frac{dA}{dh} + \frac{2}{3}\frac{1}{R}\frac{dR}{dh}$$

위 식에 있어서 $\frac{dA}{dh} = B$, $R = \frac{A}{S}$이므로 다음과 같이 쓸 수 있다.

$$\frac{d}{dh}(\ln K) = \frac{1}{3A}\left(5B - 2R\frac{dS}{dh}\right) \tag{6-90}$$

식 (6–89)와 식 (6–90)을 같다고 놓으면 수리지수의 일반식을 구할 수 있다.

$$N = \frac{2h}{3A}\left(5B - 2R\frac{dS}{dh}\right) \tag{6-91}$$

여기서 B는 등류로 흐를 때의 수면폭이다.

한 예로서 제형단면에 대해서 생각하면

$$A = (b + mh)h$$

$$S = b + 2\sqrt{1+m^2}$$

$$R = \frac{(b + mh)h}{(b + 2\sqrt{1+m^2})}$$

$$B = b + 2mh$$

이며, 이들의 관계를 N의 일반식 (6–91)에 대입하면

$$N = \frac{10\left[1 + 2m\left(\dfrac{h}{b}\right)\right]}{3\left[1 + m\left(\dfrac{h}{b}\right)\right]} - \frac{8}{3}\frac{\sqrt{1+m^2}\left(\dfrac{h}{b}\right)}{1 + 2\sqrt{1+m^2}\left(\dfrac{h}{b}\right)} \tag{6-92}$$

N은 결국 m과 h/b의 함수이다.

V. T. Chow는 제형, 원형 그리고 직사각형에 대해서 N과 h/b 또는 h/h_0의 관계 곡선을 그려서 실용계산에 편리하게 하였다(**그림 6-29**)[12]. 이와 같은 수리지수는 이 책의 뒷 절에서 설명하는 부등류의 수면곡선을 계산할 때 사용된다.

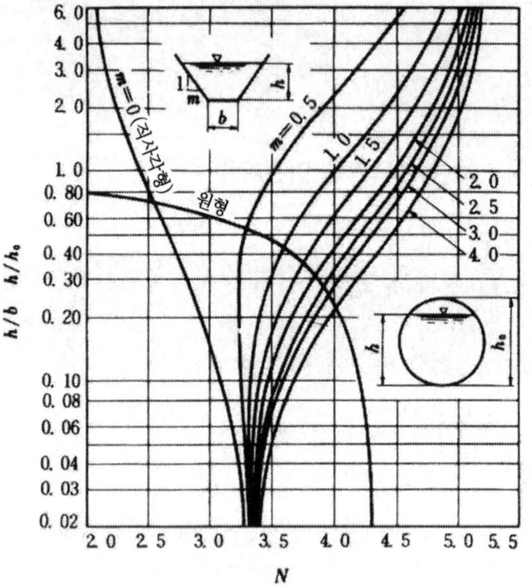

[그림 6-29] N과 h/b 또는 h/h_0의 관계곡선

연습문제

6-1. 그림과 같은 제형단면수로를 수심 2 m로서 95 m^3/sec의 유량이 흐른다. 이 흐름이 상류인가, 사류인가를 구별하여라.

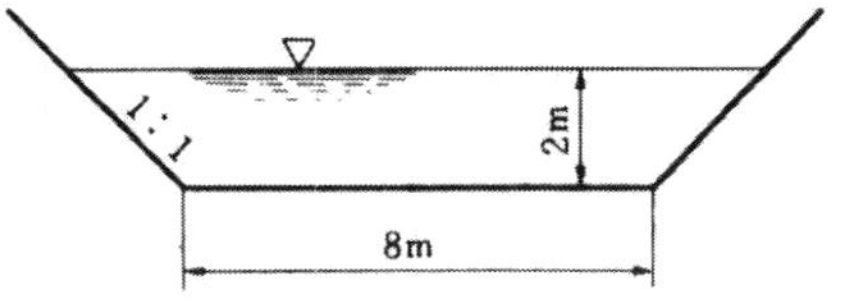

6-2. 저폭 4 m, 양측벽이 1 : 1인 제형수로를 13 m^3/sec의 물이 흐른다. 한계수심을 계산하여라.

6-3. 그림과 같은 제형단면의 $H_e \sim h$ 곡선과 $M \sim h$ 곡선을 그려라. 곡선은 $h = 0 \sim 10$ m, $Q = 150$ m^3/sec, $Q = 200$ m^3/sec에 대해서 그려라. 이 곡선을 이용하여 한계수심을 구하여라.

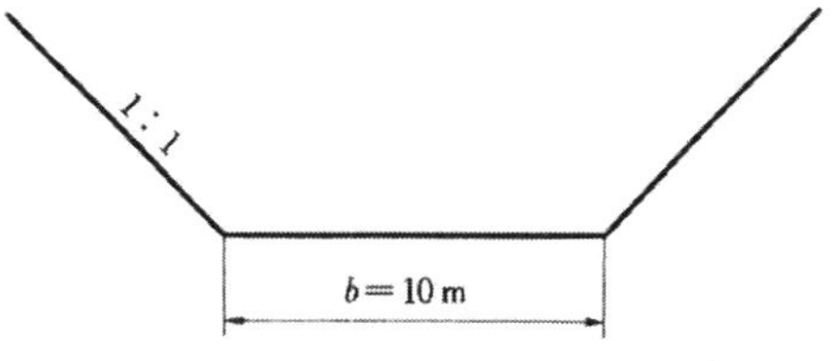

6-4. 그림과 같은 콘크리트제 하수관의 수리특성곡선을 그려라. 이 곡선을 이용하여 $r = 1.3$ m, $I = 1/500$에 대한 최대유량과 최대유속을 구하여라. 여기서 그림의 BDC는 A점을 중심으로 하는 반지름 $2r$의 원의 일부분이고, BEC는 O를 중심으로 하는 반지름 r의 원의 일부분이다.

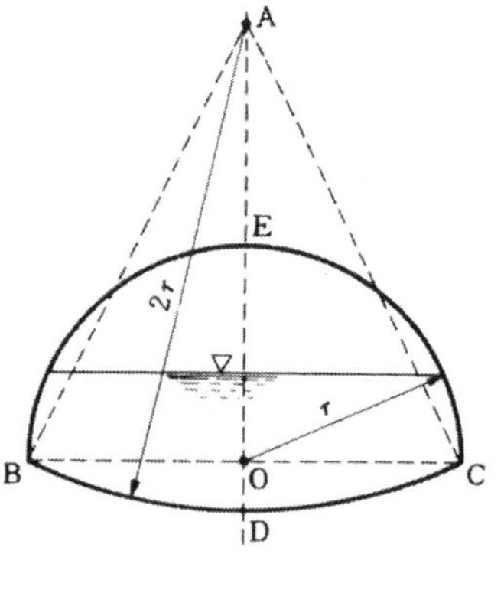

6-5. 높이 50 m의 댐에서 단위폭당 11 m^3/sec의 물을 spillway를 통해서 방류한다. 댐의 하류단 apron에서 즉시로 상류로 변화시키려면 apron의 수심을 얼마로 해야 할 것인가? 여기서 spillway를 따라서 흐를 때의 마찰손실수두는 무시한다.

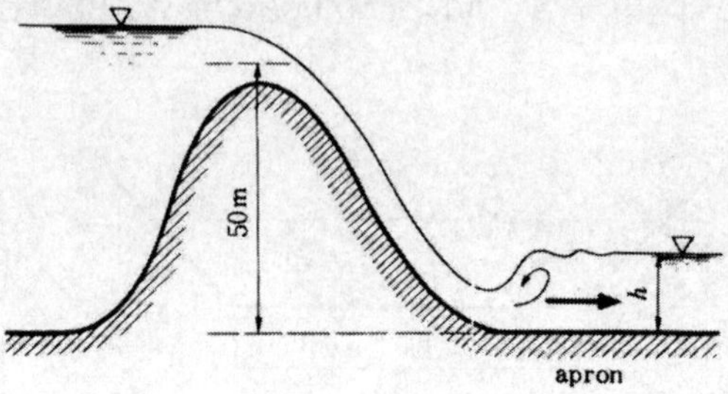

6-6. 수로폭 10 m, 경사 1/2000의 콘크리트제 직사각형수로를 20 m^3/sec의 물이 흐른다.

(1) 등류수심을 계산하여라.

(2) 이 수로를 수심에 비해서 폭이 넓은 단면이라고 생각하여 계산한 수심과 (1)에서 구한 수심을 비교하여라. 단, 여기서 Manning의 평균유속공식을 사용하고 $n = 0.013$이라고 한다.

6-7. 저폭 5 m, 측벽 1 : 1의 제형수로를 수심 2 m로서 $Q=$ 24 m^3/sec의 유량이 흐를 때의 수로경사를 구하여라. Manning의 조도계수를 $n = 0.014$라고 한다.

6-8. 저폭 5 m의 직사각형수로를 8 m^3/sec의 유량이 흐를 때 한계경사는 얼마인가? 단, Manning 식의 조도계수는 $n = 0.018$이라고 한다.

6-9. 저폭 60 cm, 측벽경사가 1 : 1 인 목제수로의 경사가 1/100이고 수심이 20 cm일 때 상류로 흐를 수 있는가를 알아보아라. 단, Manning 공식을 사용하고 $n = 0.012$라고 한다.

6-10. 개수로의 수류에 있어서 한계수심을 구하는 방법을 아는 대로 상세히 설명하여라.

6-11. 직사각형단면수로에 대하여 다음 물음에 답하여라.

(1) 일정한 유량이 흐를 때 비에너지와 수심의 관계는 어떤 곡선이 되는가? 그 곡선을 그려라.

(2) 일정한 비에너지로서 흐를 때 유량과 수심의 관계는 어떤 곡선이 되는가? 그 곡선을 그려라.

(3) 사류에서 상류로 변할 때는 어떤 현상이 생기는가?

(4) 상류와 사류는 무엇이며, 이들을 어떻게 구별하는가?

(5) 비에너지가 6 m이면 한계수심은 얼마인가?

(6) 미끈한 수로와 거친 수로의 한계경사는 어느 것이 급한가?

(7) 폭 5 m의 직사각형수로를 수심 2 m, 유량 30 m^3/sec의 물이 흐른다. 이 흐름의 비에너지는 얼마인가?

참고문헌

[1] V.T. Chow, *Open channel hydraulics*, p. 23, McGraw Hill, 1982.

[2] B. A. Bakhmeteff, *Hydraulic of Open Channels*, p. 32, McGraw Hill, 1932.

[3] C. J. Robertson, Hunter Rouse, "*On the four regimes of open channel flow*", Civil Engineering, Vol. 11, p. 169, March, 1941.

[4] B.A. Bakhmeteff, *Hydraulics of Open Channels*, p. 236, McGraw Hill, 1932.

[5] V.T. Chow, *Open Channel Hydraulics*, p. 64, McGraw Hill, 1959.

[6] V.T. Chow, *Open Channel Hydraulics*, p. 66, McGraw Hill, 1959.

[7] V.T. Chow, p. 67.

[8] V.T. Chow, p. 10.

[9] V.T. Chow, p. 128.

[10] V.T. Chow, p. 130.

[11] V.T. Chow, p. 128.

[12] V.T. Chow, p. 132.

제7장

개수로의 부등속정류

개수로에 있어서 흐름방향으로 수로단면이 일정하지 않든가 또는 수로경사가 일정하지 않은 경우, 또는 굴곡수로인 경우는 일정한 유량이 흐르는 수로라 할지라도 수심, 유속 등이 흐름방향으로 변하는 부등류가 된다. 자연수로 또는 하천 등의 흐름은 대부분 부등류라고 할 수 있다.

부등류가 흐르는 수로에 있어서 수심, 유속 등이 흐름방향으로 변화 하더라도 유선은 대략 평행이고, 압력은 정수압분포로 가정하여 해석한다. 부등류의 해석에 있어서 실제적인 문제로 가장 중요한 것은 수면곡선을 구하는 문제이다.

7.1 부등류의 기본식

식 (5–4)는 단면의 평균유속을 사용한 흐름의 일반식이며, 정상류의 경우는 비정상항을 생략할 수 있으므로 $\alpha = 1$로 하면 다음과 같이 쓸 수 있다.

$$\frac{d}{dx}\left(\frac{V^2}{2g}\right) + \frac{d}{dx}\left(z + \frac{p}{\rho g}\right) + \frac{dh}{dx} = 0 \qquad (7\text{–}1)$$

지금 **그림 7–1**과 같이 수로 바닥에 따라서 흐름방향으로 x축을 취하고, 수로의 경사각을 θ, 수심을 h라 하고 식 (6–10)을 참조하면

$$\frac{d}{dx}\left(\frac{V^2}{2g}\right) + \frac{dz}{dx} + \frac{d}{dx}(h\cos\theta) + \frac{dh}{dx} = 0 \qquad (7\text{–}2)$$

이 식의 제4항은 수로 바닥에 대한 에너지선의 경사이며, 이것은 Manning의 평균유속공식에서 구할 수 있다.

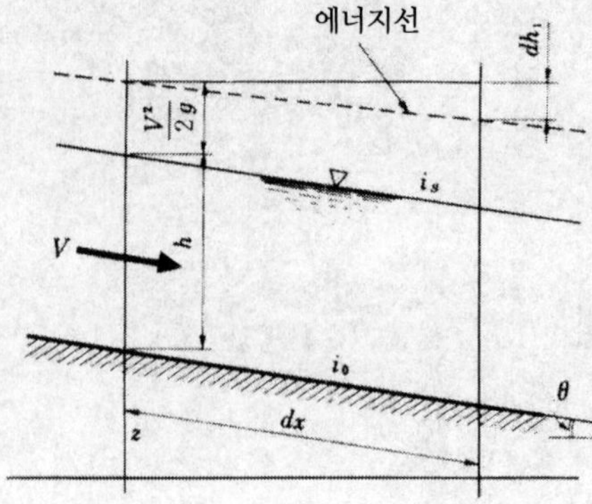

[그림 7-1] 부등류 방정식에 대한 기호

$$V = \frac{1}{n} R_0^{2/3} I^{1/2} = \frac{1}{n} R_0^{2/3}\left(\frac{dh}{dx}\right)^{1/2}$$

에서

$$\frac{d}{dx} = \frac{n^2 V_0^{\ 2}}{R_0^{4/3}} = \frac{n^2 Q^2}{R_0^{4/3} A_0^{\ 2}} \tag{7-3}$$

이 관계를 식 (7-2)에 대입하면

$$\frac{d}{dx}(H_e + z) + \frac{n^2 Q^2}{R_0^{4/3} A_0^{\ 2}} = 0 \tag{7-4}$$

여기서 H_e는 비에너지이며, $H_e = \frac{V^2}{2g} + h\cos\theta$이다.

수로단면적을 수심의 함수로 표시할 수 있는 경우는 식 (7-2)의 제1항을 다음과 같이 변형하여 여러 가지의 방법으로 수치적으로 해석할 수 있다.

$$\frac{d}{dx}\left(\frac{V^2}{2g}\right) = \frac{d}{dx}\left(\frac{Q^2}{2g A^2}\right) = -\frac{Q^2}{gA^3}\left\{\frac{\partial A}{\partial h}\frac{\partial h}{\partial x} + \frac{\partial A}{\partial B}\frac{\partial B}{\partial x}\right\} \tag{7-5}$$

여기서 B는 수면폭이다.

식 (7-2)에 있어서 dz/dx는 기준수면에 대한 수로 바닥의 경사이므로

$$\frac{dz}{dx} = -\sin\theta \tag{7-6}$$

로 표시할 수 있고, 이 관계와 식 (7-5)를 식 (7-2)에 대입하면

$$\frac{dh}{dx} = \frac{\sin\theta + \dfrac{Q^2}{gA^3}\dfrac{\partial A}{\partial B}\dfrac{\partial B}{\partial x} - \dfrac{n^2Q^2}{R^{4/3}A^2}}{\cos\theta - \dfrac{Q^2}{gA^3}B} = \frac{F_1(x,\ h)}{F_2(x, h)} \tag{7–7}$$

여기서 $\dfrac{\partial A}{\partial h} = B$이다. 식 (7–7)이 일반단면의 수로에 대한 부등류의 수면곡선을 나타내는 기본식이다. 이 식은 단면형이 비교적 단순하고 수식으로 표시할 수 있는 경우에 대해서 사용할 수 있고, 수치계산에 의해서 해석할 수 있다.

다음에 흐름방향으로 균일한 단면의 수로에 대해서는 $\dfrac{\partial B}{\partial x} = 0$이므로 식 (7–7)은 다음과 같이 쓸 수 있다.

$$\frac{dh}{dx} = \frac{\sin\theta - \dfrac{n^2Q^2}{R^{4/3}A^2}}{\cos\theta - \dfrac{Q^2}{gA^3}B} = \frac{F_1(xh)}{F_2(xh)} \tag{7–8}$$

7.2 균일단면수로의 부등류

흐름방향으로 단면이 균일하고 수로단면적을 수심의 함수로 표시할 수 있는 경우는 식 (7–8)을 직접 적분할 수 있다. 즉, 흐름방향의 각 위치에 대한 수심을 계산할 수 있다. 이 식을 적분하기 쉽게 하기 위하여 다음과 같이 고쳐 쓴다. $\sin\theta$는 기본수평면에 대한 수로 바닥의 경사이며, 이것을

$$\sin\theta = i_0$$

로 표시한다. 등류인 경우는 수로 바닥과 에너지경사선이 나란하므로 i_0는 식 (7–3)과 같다.

$$\frac{dh}{dx} = \frac{n^2Q^2}{R^{4/3}A^2} = \frac{Q^2}{K_0}$$

이므로

$$i_0 = \frac{Q^2}{K_0} \tag{7–9}$$

여기서 K_0는 등류수심에 대한 통수능이며, 에너지경사와 수로바닥의 경사가 같을 때의 값이다. 따라서 이것은 식 (6–86)의 K와는 다르다.

식 (7–8)의 분모 제2항은 다음과 같이 변형할 수 있다. 즉, 식 (6–4)의 단면계수 $Z^2 = A^3/B$와 식 (6–47)의 $Q = Z_c\sqrt{g}$를 이용하면

$$\frac{Q^2}{gA^3}B = \frac{Q^2}{gZ^2} = \frac{Z_c^{\ 2}}{Z^2} \tag{7-10}$$

식 (7–9), 식 (7–10)의 관계를 식 (7–8)에 대입하고 $cos\,\theta = 1$이라고 하면

$$\frac{dh}{dx} = i_0 \frac{1 - \dfrac{K_0^{\ 2}}{K^2}}{1 - \dfrac{Z_c^{\ 2}}{Z^2}} \tag{7-11}$$

식 (7–11)은 균일단면수로의 부등류 수면곡선을 계산하는 기본식이다. 수심에 비해서 수로폭이 넓은 직사각형단면수로는 $R \fallingdotseq h,\ A = Bh$이므로

$$K^2 = \frac{1}{n^2}A^2R^{4/3} = \frac{1}{n^2}B^2h^2h^{4/3} = \frac{1}{n^2}B^2h^{10/3}$$

$$Z^2 = \frac{A^3}{B} = \frac{B^3h^3}{B} = B^2h^3$$

이므로 식 (7–11)은 다음과 같다.

$$\frac{dh}{dx} = i_0 \frac{1 - (h_0/h)^{10/3}}{1 - (h_c/h)^3} \tag{7-12}$$

위의 식은 Manning의 평균유속공식을 사용한 수면곡선식이다. Chezy의 평균유속공식을 사용하면 다음과 같다.

$$\frac{dh}{dx} = i_0 \frac{1 - (h_0/h)^3}{1 - (h_c/h)^3} \tag{7-13}$$

7.3 균일단면수로의 수면곡선

식 (7–11)은 균일단면수로의 수로 바닥에 대한 수심의 변화, 즉 수면곡선을 나타내는 일반식이다. 이 식이 나타내는 수면곡선의 특성을 알기 위하여 수심에 비해서 폭이 넓은 직사각형단면수로에 대한 식 (7–12) 또는 (7–13)에 대해서 검토해 보기로 한다. 식 (7–13)을 변형하면

$$\frac{dh}{dx} = i_0 \frac{h^3 - h_0^{\ 3}}{h^3 - h_c^{\ 3}} \tag{7-14}$$

이 식에 있어서 i_0는 수로의 경사, h_0를 등류수심, h_c는 한계수심, 그리고 h는 부등류 수심이다. 단면형과 조도 그리고 수로경사가 주어지면 주어진 유량에 대한 등류수심은 6.6절에서 설명한

방법에 의해서 계산할 수 있고 단면형과 유량이 주어지면 6.4절에서 설명한 방법에 의해서 한계수심을 계산할 수 있으므로 식 (7–14)에서 x에 대한 h를 계산할 수 있다.

개수로의 흐름은 앞에서 설명한 바와 같이 그 특성이 다른 상류와 사류가 흐를 수 있으므로 식 (7–14)를 적분하기 전에 수면곡선의 특성을 알아 두어야 한다.

7.3.1 상류수로의 수면형

상류수로는 수로경사가 한계경사보다 작은 경우이며 이때의 등류수심은 한계수심보다 크다. 즉, $h_0 > h_c$인 경우, h, h_0 그리고 h_c의 관계가 $h > h_0 > h_c$이면 식 (7–14)는 $\dfrac{dh}{dx} > 0$이다. 따라서 이 경우의 수로경사에 대해서 수심은 점차적으로 크게 된다.

이 식에 있어서 $h \rightarrow h_0$이면 $\dfrac{dh}{dx} \rightarrow 0$으로 되므로 h가 h_0에 접근하게 되면 부등류 수심 h는 등류수심에 접근하게 되고, **그림 7–2**의 M_1곡선과 같이 된다. 이 M_1곡선을 배수곡선(back water curve)이라고 한다.

다음에 부등류 수심 h가

$$h_0 > h > h_c \text{이면 } \frac{dh}{dx} < 0$$

이고, 수심은 하류로 갈수록 작아진다. 그리고

$$h \rightarrow h_0 \text{이면 } \frac{dh}{dx} \rightarrow 0$$

$$h \rightarrow h_c \text{이면 } \frac{dh}{dx} \rightarrow \infty$$

이므로 상류에서 등류수심에 접근하고, 한계수심과 같이 될 때는 h축에 나란하게 된다. **그림 7–2**에 있어서 M_2곡선이 이 경우의 수면곡선이며, 이것을 저하곡선(drop down curve)이라고 한다.

부등류의 수심이 한계수심보다 작은 경우, 즉 $h < h_c$의 경우는 식 (7–14)에 있어서

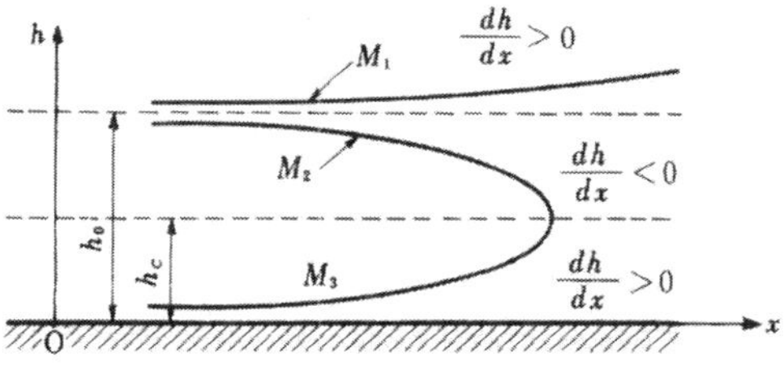

[그림 7–2] 상류수로의 수면곡선

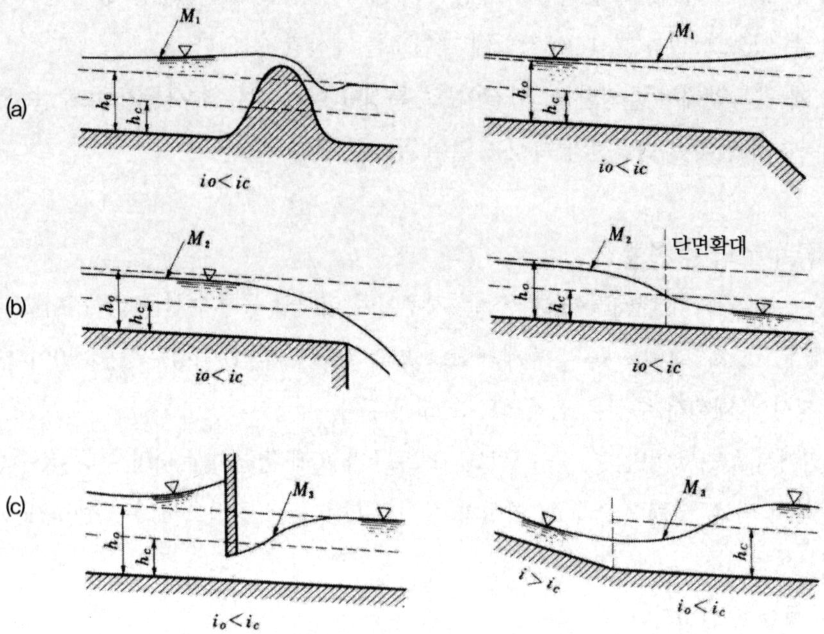

[그림 7-3] 상류수로의 수면곡선 예

$$h < h_c < h_0 \text{이면} \ \frac{dh}{dx} > 0$$

로 되고, 수심은 하류로 갈수록 크게 된다. 그리고

$$h \rightarrow h_c \text{이면} \ \frac{dh}{dx} \rightarrow \infty$$

로 되므로 $h = h_c$에 있어서 수면은 h축에 나란한 곡선이 되고, **그림 7-1**의 M_3 곡선이 된다.

배수곡선은 **그림 7-3**의 (a)와 같이 완경사수로($i_0 < i_c$)를 등류수심으로 흐르는 긴 수로에 댐과 같은 장애물을 설치할 때, 수로의 중간에 있어서 수로폭이 매우 좁은 곳이 있는 경우 또는 하천이 저수지 또는 바다로 유입할 때 그 지점의 수심이 등류수심보다 큰 경우에 생긴다.

저하곡선은 그림 (b)와 같이 하류에 있어서 수로 바닥 경사가 한계경사 보다 급할 때, 또는 수로의 폭이 확대되어 사류가 되는 경우에 생긴다. M_3 곡선은 그림 (c)와 같이 수문을 한계수심 이하로 내렸을 때, 또는 사류수로의 하류단에 한계경사보다 완경사의 수로가 연결되어 있을 때 생긴다.

7.3.2 사류수로의 수면형($i_0 > i_c$)

수로의 경사가 한계경사보다 큰 경우는 이때의 등류수심은 한계수심보다 작게 된다. 식 (7-14)에

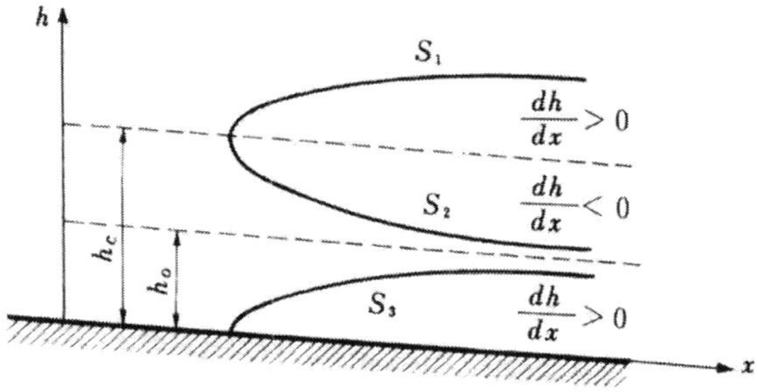

[그림 7-4] 사류수로의 수면곡선

있어서 $h_0 < h_c$의 경우

$$h > h_c > h_0 \text{이면 } \frac{dh}{dx} > 0$$

로 되고 수심은 하류에 갈수록 크게 된다. 다음에

$$h \to h_c \text{이면 } \frac{dh}{dx} \to \infty$$

로 되고, $h = h_c$에 있어서 수면은 h축에 나란한 곡선이 된다. **그림 7-4**에 있어서 S_1 곡선이 이 경우의 수면곡선이 된다.

다음에 부등류 수심이

$$h_c > h > h_0 \text{이면 } \frac{dh}{dx} < 0$$

로 되면 수심은 하류에 갈수록 작아지고

$$h \to h_0 \text{이면 } \frac{dh}{dx} \to 0$$

따라서 이 곡선은 하류에서 h_0에 접하는 수면이 되며, 그림의 S_2 곡선과 같다.

부등류 수심이 $h_c > h_0 > h$의 경우는 $\frac{dh}{dx} > 0$이므로 수심은 하류에 갈수록 크게 되고, h가 h_0에 접근하면 $\frac{dh}{dx} \to 0$이며, 이 경우의 수면은 그림의 S_3 곡선과 같이 된다.

S_1 곡선은 **그림 7-5**의 (a)와 같이 사류수로의 하류에 있어서 수문으로 물을 막든가 또는 하류수위를 높이 하면 생기는 수면곡선이다. S_2 곡선은 사류수로의 하류 경사가 급할 때 또는 단면이 확대될 때 생기는 수면곡선이다. S_3 곡선은 사류수로의 하류 경사가 작아질 때 또는 사류수로에 설치한 수문의 하류에 생기는 수면곡선이다. 그림 (c)가 이 경우의 수면곡선이다.

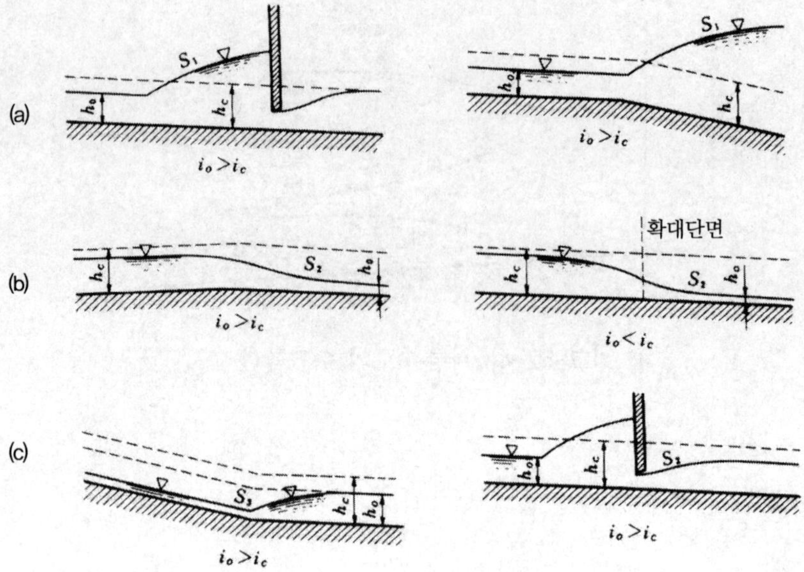

[그림 7–5] 사류수로의 수면곡선 예

7.3.3 한계경사수로의 수면형($i_0 = i_c$)

수로의 경사가 한계경사와 같으면 이 경우의 등류수심은 한계수심과 같다. 식 (7–14)에 있어서 $h > h_c$의 경우는 $\dfrac{dh}{dx} > 0$로 되고, 수심은 하류에 갈수록 크게 된다.

$h_0 = h_c$, $h > h_c = h_0$의 경우는 $\dfrac{dh}{dx} > 0$로 되고 수심은 하류에 갈수록 크게 된다. 상류에 있어서는 $h = h_0 = h_c$이므로 **그림 7–6**의 C_1 곡선이 된다. 다음에 $h < h_c$이면 $\dfrac{dh}{dx} > 0$로 되므로 이 경우의 수심은 하류로 갈수록 크게 되고, 결국은 $h = h_0 = h_c$로 된다. 이 경우의 수면곡선은 **그림 7–6**의 C_2 곡선과 같이 된다.

C_1 곡선은 한계경사를 가진 수로의 하류단 경사가 한계경사보다 작은 경우에 생기는 수면곡선이

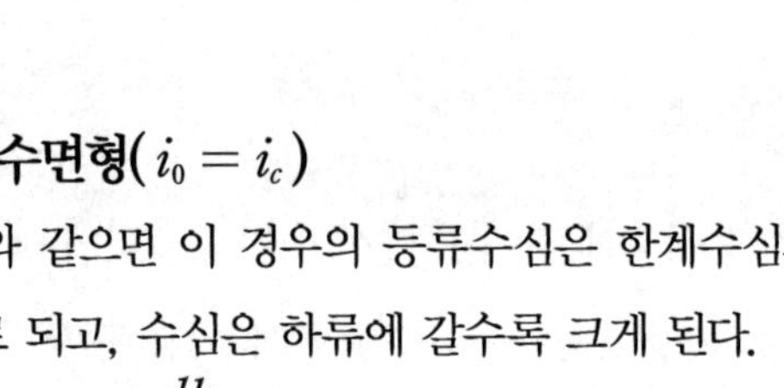

[그림 7–6] 한계경사수로의 수면곡선

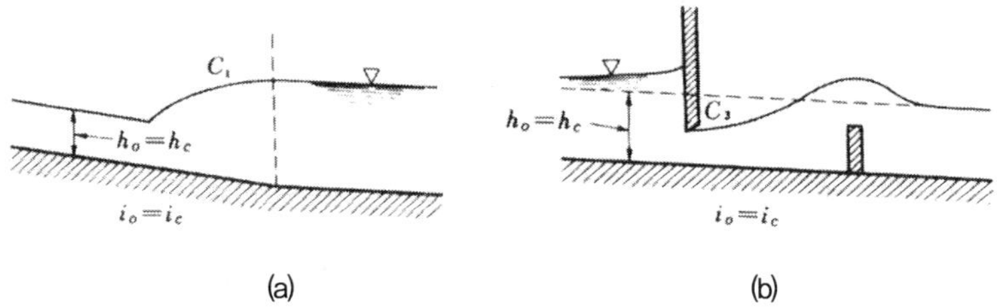

[그림 7-7] 한계경사수로의 수면곡선 예

며, **그림 7-7**의 (a)와 같다. C_2 곡선은 한계경사수로에 설치된 수문의 하류에 생기는 수면곡선이며, 그림의 (b)와 같다.

7.3.4 수평수로의 수면곡선

수평수로는 $i_0 = 0$이므로 식 (7-9)에 있어서 $K_0 = \infty$, 즉 $h_0 = \infty$로 된다. 식 (7-9)와 (7-10)을 식 (7-11)에 대입하면

$$\frac{dh}{dx} = \frac{\left(\dfrac{Q}{K_0}\right)^2 - \left(\dfrac{Q}{K}\right)^2}{1 - \dfrac{Z_c^{\,2}}{Z^2}} \tag{7-15}$$

과 같이 쓸 수 있고, 이 식에 있어서 $h_0 > h > h_c$이면 $\dfrac{dh}{dx} < 0$로 된다. 이것은 상류수로에 있어서의 M_2 곡선, 즉 저하곡선과 같이 되고, **그림 7-8**의 H_2 곡선과 같다.

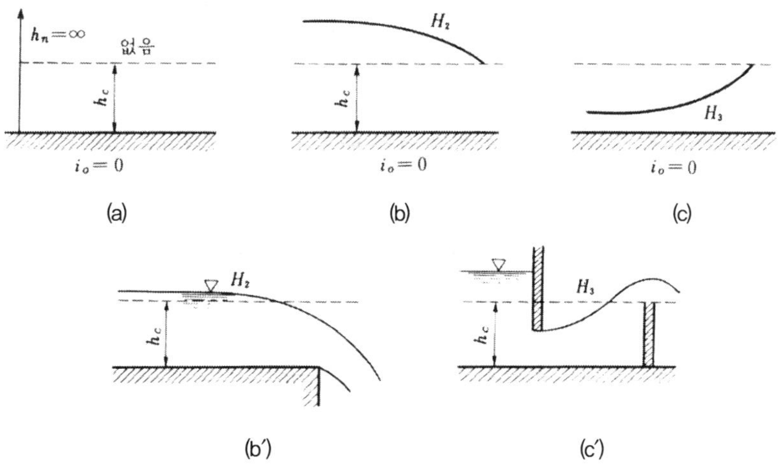

[그림 7-8] 수평수로의 수면곡선

다음에 $h_0 > h_c > h$이면 $\frac{dh}{dx} > 0$이며, 이것은 상류수로의 M_1, 즉 배수곡선에 해당하는 수면이며, 그림의 H_3 곡선과 같다.

7.3.5 역경사수로의 수면곡선

역경사수로는 $i_0 < 0$이며, 이 경우는 식 (7–11)에서 아는 바와 같이 K_0는 무리수가 되든가 또는 K_0^2은 부호가 (–)가 된다. 따라서 식 (7–14)에 있어서 $h > h_c$의 경우는 상류수로에 생기는 저하곡선과 같이 된다. $h < h_c$의 경우는 $\frac{dh}{dx} > 0$로 되고, 이것은 상류수로의 M_3 곡선과 같이 된다.

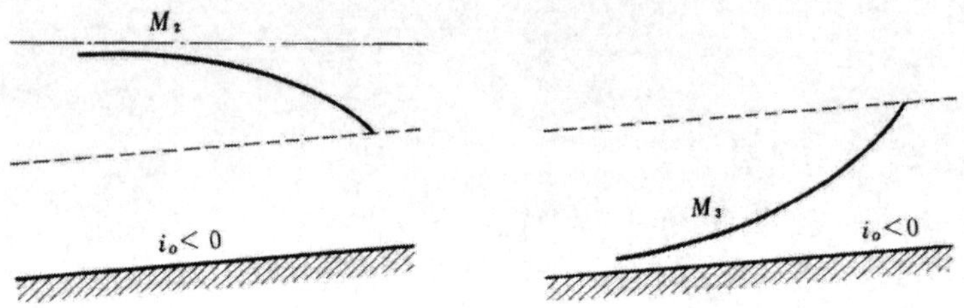

[그림 7–9] 역경사수로의 수면곡선

7.4 균일단면수로의 수면곡선 계산법

단면이 흐름방향으로 균일하고 규칙적인 수로에 대해서는 식 (7–11)을 적분하여 부등류의 수면곡선을 구할 수 있다. 그러나 규칙적인 단면이라도 식 (7–11)의 우변을 수심의 함수로 나타내면 매우 복잡하게 되어 쉽게 적분할 수가 없는 경우도 많다. 이와 같은 경우는 여러 가지의 가정을 설정하여 식 (7–11)의 우변을 단순화하면 적분을 쉽게 할 수 있다.

1860년에 Bress는 수심에 비해서 수로폭이 매우 넓은 직사각형단면에 대해서 식 (7–11)을 적분하여 부등류의 수면곡선을 계산하였고, Tolkmitt는 폭이 넓은 포물선단면에 대해서 이 식을 적분하였다.

1900년대에는 Bakhmetiff(1912)[1], 모노노배(物部)(1938)[2], Chow(1955)[3] 등 많은 사람들이 여러 가지의 단면을 수심의 함수로 표시하여 식 (7–11)을 적분하여 부등류의 수면곡선을 계산하였다.

균일단면에 대한 부등류의 수면곡선은 위에서 설명한 직접적분법에 의해서 구할 수 있으나 불규칙단면에 대해서는 축차 계산법, 도해법 등이 제안되고 있다.

본절에 있어서는 우선 흐름방향으로 균일한 단면의 수로에 있어서 단면을 수로의 함수로 표시할 수 있는 규칙적인 단면형에 대한 부등류의 수면 곡선을 식 (7–11)을 적분하여 구하는 방법에 대하여 논하기로 한다.

7.4.1 수면곡선의 수치적분법

흐름방향으로 단면이 균일하고 단면적을 수심의 함수로 나타낼 수 있는 경우는 식 (7–11)을 직접적분법 또는 수치적분법에 의해서 부등류의 수면 곡선을 계산할 수 있다. 만일 식 (7–11)의 우변이 매우 복잡하게 되어 직접적분하기 어려운 경우는 다음과 같이 수치적분에 의해서 수면곡선을 구 할 수 있다.

식 (7–11)에 있어서 $dx = x_1 - x$, $dh = h_1 - h$ 사이에서 적분하면

$$i_0\,dx = \frac{1-(Z_c/Z)^2}{1-(K_0/K)^2}\,dh$$

$$i_0(x - x_1) = \int_{h1}^{h} \frac{1-(Z_c/Z)^2}{1-(K_0/K)^2}\,dh = \int_{h1}^{h} f(h)dh \tag{7–16}$$

와 같이 되고, K, Z는 h의 함수이므로 초기치 h_1에서 순차적으로 h를 구할 수 있다. 이 식의 우변은 Simpson의 방법 등을 사용하여 계산하고, 대응하는 $(x - x_1)$을 구할 수 있다.

이 식을 적분할 때는 앞 절의 부등류 수면곡선에서 설명한 여러 가지의 경우를 검토하여, 그 흐름이 상류냐 사류냐를 구별함으로써 부등류의 수면곡선을 정확히 계산해야 한다. 즉, 상류인 경우는 하류에서 상류로 향하여 계산을 진행하고, 사류의 경우는 상류에서 하류를 향하여 계산을 진행하게 된다. 이것은 앞에서 설명한 바와 같이 상류의 경우는 부등류수심이 이론상 무한의 상류에 가서 등류수심에 접근하기 때문이고, 사류수심은 지배단면(한계수심이 생기는 단면)을 거쳐서 이 단면보다 하류에서 사류수심이 생기기 때문이다.

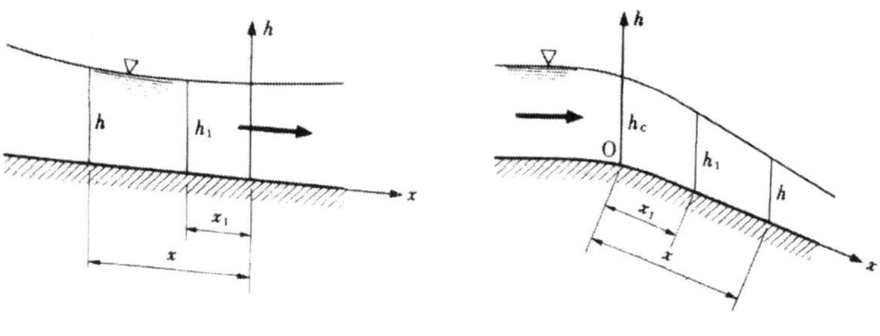

(a) 상류의 수면　　(b) 사류의 수면

[그림 7–10] 수면곡선의 계산방향

이와 같이 상류의 경우는 **그림 7-10** (a)와 같이 상류로 향하여 계산을 진행하므로 $(x-x_1)$의 부호는 (−)가 되고, 사류의 경우는 반대로 $(x-x_1)$의 부호는 (+)로 된다. 그림에 있어서 $x_1=0$으로 하면 시점수심 h_1은 $x=0$점의 수심과 같고, 따라서 $(x-x_1)$은 $x=0$점으로부터 거리를 l이라고 하면 된다.

7.4.2 수면곡선식의 직접적분법

(1) Bress의 수면곡선식

Bress는 수심에 비해서 폭이 넓은 직사각형단면수로에 있어서 마찰저항에 Chezy의 평균유속공식을 사용한 수면곡선식 (7-13)을 적분하여 부등류의 수면곡선을 계산할 수 있는 식을 구했다. 식 (7-13)을

$$\frac{dh}{dx}=i_0\frac{1-(h_0/h)^3}{1-(h_c/h)^3}=\frac{h^3-h_0^3}{h^3-h_c^3}=1+\frac{h_0^3-h_c^3}{h^3-h_0^3}$$

으로 변형하여 이것을 0에서 x까지 적분하면

$$i_0\int_0^x dx=\int_{h1}^{h}\left(1+\frac{h_0^3-h_c^3}{h^3-h_0^3}\right)dh \tag{7-17}$$

이 식을 적분하면 다음과 같다.

$$i_0\,l=\frac{h_1-h}{h_0}+\left(1-\frac{h_c^3}{h_0^3}\right)\left\{B_1\left(\frac{h_0}{h}\right)-B_1\left(\frac{h_0}{h_1}\right)\right\} \tag{7-18}$$

여기서

$$B_1\left(\frac{h_0}{h}\right)=\frac{1}{6}\ln\frac{1+\frac{h_0}{h}+\left(\frac{h_0}{h}\right)^2}{\left(1+\frac{h_0}{h}\right)^2}-\frac{1}{\sqrt{3}}\tan^{-1}\frac{2+h_0/h}{\sqrt{3}\,\frac{h_0}{h}}$$

그리고 h_1은 $x=x_1=0$점의 수심이고, h는 $x=l$점의 수심이다.

식 (7-18)을 Bress의 배수곡선식이라고 하고, B_1을 Bress의 배수함수라고 한다. Bress는 배수함수를 $\frac{h_0}{h}=0.999\sim0.03$의 범위에 대해서 계산을 하여 수표를 작성하였다(**부표 7-1**). B_1은 h_0/h가 주어지면 이 표에서 구할 수 있다.

식 (7-18)은 $h>h_0$, 즉 상류에 대한 수면곡선이므로 이 식은 배수곡선식이다. 상수의 수면은 항상 하류로부터 상류로 향하여 계산하게 되는데, 시점수심 h_1은 별도로 다른 방법에 의해서 정해 두어야 한다. 한 예로서 **그림 7-11** (a)와 같이 등류수심 h_0로 흐르는 하천에 댐을 설치할 때 댐 상류의 부등류 수면곡선을 계산할 때는 댐 지점을 x의 원점으로 하여 이 점의 수심은 h_1이라고 하면 h_1이 시점수심이 된다.

일반적으로 댐의 정점에 있어서는 한계수심이 되는 경우가 많으므로 이와 같은 경우는 댐의 높이와 이 정점의 수심을 합하여 시점수심으로 하면 된다.

다음에는 식 (7–17)을 $h < h_0$에 대해서 적분하면 다음과 같다.

$$i_0 l = (h - h_1) - h_0\left(1 - \frac{h_c^3}{h_0^3}\right)\left\{B_2\left(\frac{h}{h_0}\right) - B\left(\frac{h_1}{h_0}\right)\right\} \tag{7–19}$$

여기서

$$B_2\left(\frac{h}{h_0}\right) = \frac{1}{6}\ln\frac{1 + \frac{h}{h_0} + \left(\frac{h}{h_0}\right)^2}{\left(1 - \frac{h}{h_0}\right)^2} - \frac{1}{\sqrt{3}}\tan^{-1}\left(\frac{1 + 2h/h_0}{\sqrt{3}}\right)$$

식 (7–19)를 Bress의 저하곡선식이라고 한다. Bress는 $\frac{h}{h_0} = 0 \sim 1.00$에 대한 B_2 함수를 계산하여 h/h_0에 대한 B_2의 수표를 작성하였다(**부표 7–2**).

저하곡선은 **그림 7–11** (b)에서 보는 바와 같이 긴 수로 하류단의 수로경사가 한계경사보다 급할 때 생기는 수면곡선이며, 계산을 시작하는 시점을 경사변환점으로 하고, 시점수심 h_1은 이 점의 한계수심을 취하면 된다.

Bress의 배수곡선 또는 저하곡선을 계산할 때는 식 (7–18) 또는 식 (7–19)에서 아는 바와 같이 부등류의 수심 h가 주어져야 B_1 또는 B_2를 구할 수 있으므로 결국 부등류수심 h를 먼저 결정하고, 다음에 h가 생기는 지점 l을 구하게 된다 .

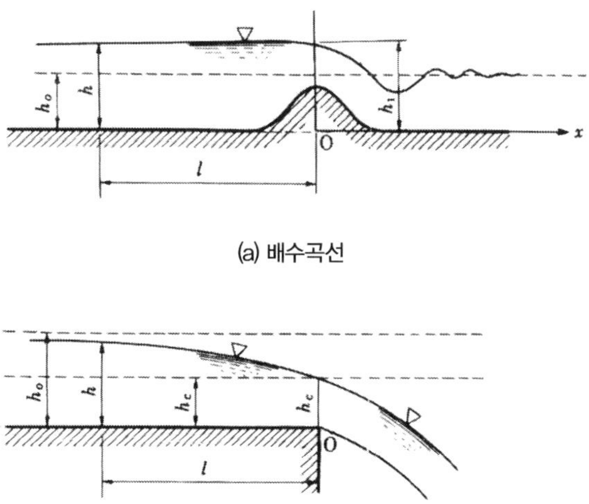

(a) 배수곡선

(b) 저하곡선

[그림 7–11] 배수곡선과 저하곡선

(2) Chow의 수면곡선식

수로의 통수능 K와 단면계수 Z는 식 (6–48)과 식 (6–86)에서 아는 바와 같이 일반적으로 단면형과 수심의 함수이다. 이들의 식에서 등류수심에 대한 양에 첨자 0, 한계수심에 대한 양에 첨자 c 그리고 부등류수심에 대한 양에는 첨자를 붙이지 않은 문자를 사용하면 다음과 같이 쓸 수 있다.

$$K_0^2 = c_1 h_0^N, \quad K^2 = c_1 h^N$$

$$Z_c^2 = c_2 h_c^M, \quad Z^2 = c_2 h^M$$

이들의 관계를 개수로의 부등류의 기본식 (7–11)에 대입하면 다음과 같이 된다.

$$\frac{dh}{dx} = i_0 \frac{1-(h_0/h)^N}{1-(h_c/h)^M} \tag{7–20}$$

$u = h/h_0$로 놓고 위의 식을 고쳐 쓰면

$$dx = \frac{h_0}{i_0}\left[1 - \frac{1}{1-u^N} + \left(\frac{h_c}{h_0}\right)^{\mathrm{M}} \frac{u^{N-M}}{1-u^N}\right]du$$

수심의 변화가 비교적 작은 구간에 있어서 수리지수 N과 M이 대략 일정하다고 가정할 수 있는 구간에 대해서 적분하면 다음과 같다.

$$x = \frac{h_0}{i_0}\left[u - \int_0^u \frac{du}{1-u^N} + \left(\frac{h_c}{h_0}\right)^{\mathrm{M}} \int_0^u \frac{u^{N-M}}{1-u^N}du\right] + c \tag{7–21}$$

위 식의 우변 제2항을 Chow는 부등류의 함수(varied flow function)라고 명명하였다. 부등류 함수는 u, N의 함수이며, 다음과 같이 놓는다.

$$\int_0^u \frac{du}{1-u^N} = F(u\,N) \tag{7–22}$$

그리고 우변 제3항은 $u = v^{N/J}$, $J = N/(N - M + 1)$로 놓으면 다음과 같이 고쳐 쓸 수 있다.

$$\int_0^u \frac{u^{N-M}}{1-u^N}du = \frac{J}{N}\int_0^v \frac{dv}{1-v^J} = \frac{J}{N}F(v,\ J) \tag{7–23}$$

이들의 관계를 식 (7–21)에 대입하고

$x = x_1$에 있어서 u_1, v_1

$x = x_2$에 있어서 u_2, v_2

라고 하면

$$x_2 - x_1 = l = \frac{h_0}{i_0}\left[(u_1 - u_2) - \{F(u_1,\ N) - F(u_2, N)\}\right.$$

$$+\left(\frac{h_c}{h_0}\right)^M \frac{J}{N}\{F(v_1, J) - F(v_2, J)\}\ ] \tag{7-24}$$

식 (7-24)가 Chow의 수면곡선식이며, Chow는 $u = 0 \sim 20$, $N = 2.2 \sim 9.8$에 대한 부등류 함수의 수표를 작성하였다(**부표 7-3**). 이 식에 있어서 원형단면수로와 제형단면수로에 대한 M과 N은 각각 **그림 6-20** 과 **그림 6-29**에서 구할 수 있다.

Chow의 수면곡선식 (7-24)에서 실제로 수면곡선을 계산할 때는 다음과 같은 순서로 계산한다.

① 수로의 단면형과 유량이 주어지면 한계수심 h_c와 등류수심 h_0를 계산할 수 있고 상류와 사류가 판별된다. 따라서 계산의 진행 방향이 결정된다.

② 계산의 초기치, 즉 $x = x_1$ 때의 수심 h_1을 결정한다.

③ 시점수심 h_1과 계산구간의 최종단면의 가정수심 h_2에 있어서의 N 및 M을 각각 구하고 이 두 단면의 평균치를 취한다.

④ N 및 M에서 J를 계산하고, 계산구간의 양단면 u 및 v를 구한다.

⑤ 표에서 부등류함수 $F(u, N)$ 및 $F(v, J)$를 구한다.

⑥ 식 (7-24)에서 h_1과 h_2 사이의 구간거리 l을 계산한다.

계산예 7-1

그림과 같은 제형단면을 95 m^3/sec의 유량이 흐른다. 수로경사를 $I = 0.0015$, 조도계수를 $n = 0.025$라고 한다. 이 수로의 하류에 댐을 만들어서 댐지점의 수심을 4 m로 높일 때 수심 3.5 m가 되는 지점을 구하여라.

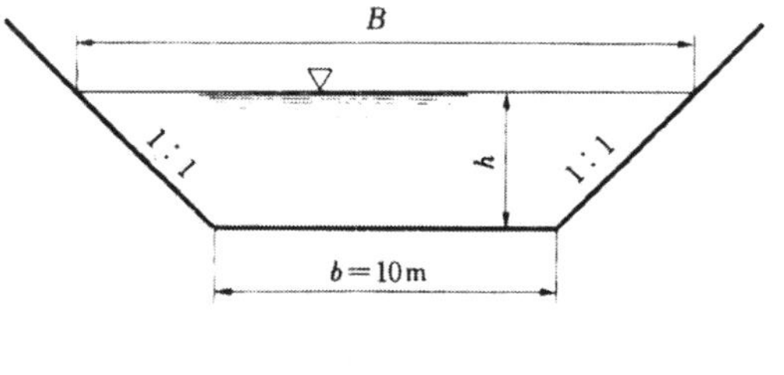

【해】 (1) 한계수심

먼저 수로의 등류수심과 한계수심을 구해서 상류냐 사류냐를 판명한다.

$m = 1/1 = 1$

단 면 적 : $A = h(b + mh) = h(10 + h)$

수 면 폭 : $B = b + 2mh = 10 + 2h$

수리수심 : $D = \dfrac{A}{B} = \dfrac{h(10+h)}{(10+2h)}$

평균유속 : $V = \dfrac{Q}{A} = \dfrac{95}{h(10+h)}$

식 (6-18)을 만족하는 수심이 한계수심이므로

$$\frac{V^2}{2g} = \frac{D}{2}, \quad \frac{\left\{\dfrac{95}{h(10+h)}\right\}^2}{2\times 9.8} = \frac{\dfrac{h(10+h)}{(10+2h)}}{2}$$

$$\therefore\ 95^2 = \frac{9.8\,h^3(10+h)^3}{10+2h}$$

시산법에 의하여 h를 구하면

$$h_c = 1.35\ \text{m}$$

(2) 등류수심

윤　　변 : $S = 10 + 2\sqrt{2}\,h$

수리평균심 : $R = \dfrac{A}{S} = \dfrac{h(10+h)}{b+2\sqrt{2}\,h}$

식 (6-78)에서

$$\frac{nQ}{I^{1/2}} = A_0 R_0^{3/5} = h_0(10+h_0)\left\{\frac{h_0(10-h)}{b+2\sqrt{2}\,h_0}\right\}^{2/3}$$

여기에

$$\frac{nQ}{I^{1/2}} = \frac{0.025\times 95}{0.0015^{1/2}} = \frac{2.375}{0.039} = 60.9$$

$$\therefore\ 60.9 = h_0(10+h)\left\{\frac{h_0(10+h)}{b+2\sqrt{2}\,h_0}\right\}^{2/3}$$

$$\left\{\frac{60.9}{h(10+h_0)}\right\}^{3/2} - \frac{h_0(10+h_0)}{b+2\sqrt{2}\,h_0} = 0$$

시산법에 의해서 h를 구하면

$$h_0 = 2.91\ \text{m}$$

(3) Chow의 방법에 의한 수면곡선

$h_c = 1.35$ m,　$h_0 = 2.91$ m,　$h_c < h_0$ 이므로

이 흐름은 상류이다. 제형단면에 있어서 댐지점의 수심 4 m와 3.5 m의 평균수심은 3.75 m이다.

$$\frac{h}{b} = \frac{3.75}{10} = 0.375$$

따라서 제형단면에 대한 수리지수를 **그림 6-20**과 **그림 6-29**에서 구하면

$$M = 3.4,\ N = 3.55$$

$$J = \frac{N}{(N - M + 1)} = \frac{3.55}{(3.55 - 3.4 + 1)} = 3.09$$

댐지점의 수심 h_d는 4 m이므로

$$u_1 = h_d/h_0 = 4/2.91 = 1.37$$

$$u_2 = h/h_0 = 3.5/2.91 = 1.20$$

$$v_1 = u_1^{N/J} = 1.37^{3.55/3.09} = 1.43$$

$$v_2 = u_2^{N/J} = 1.20^{3.55/3.09} = 1.23$$

부표에서

$u_1 = 1.37,\ N = 3.55$에 대하여 $F(u_1,\ N) = 0.229$

$u_2 = 1.20,\ N = 3.55$에 대하여 $F(u_2,\ N) = 0.32$

$v_1 = 1.43,\ J = 3.09$에 대하여 $F(v_1,\ J) = 0.288$

$v_2 = 1.23,\ J = 3.09$에 대하여 $F(v_2,\ J) = 0.413$

식에서

$$l = \frac{2.91}{0.0015}\{(1.37 - 1.20) - (0.229 - 0.32) + \left(\frac{1.35}{2.92}\right)^{3.4}\frac{3.09}{3.55}(0.288 - 0.413)\} = 490.84\ \text{m}$$

7.5 일반단면수로의 부등류

일반단면수로는 흐름방향으로 수로의 단면적이 변화하는 동시에 수로의 경사도 변화하는 경우를 말한다. 식 (7-7)에 있어서 $\cos\theta = 1$, $\sin\theta = i_0$로 놓으면

$$\frac{dh}{dx} = \frac{i_0 + \dfrac{Q^2}{gA^3}\dfrac{\partial A}{\partial B}\dfrac{\partial B}{\partial x} - \dfrac{n^2Q^2}{R^{4/3}A^2}}{1 - \dfrac{Q^2}{gA^3}B} = \frac{F_1(h,\ x)}{F_2(k, x)} \tag{7-25}$$

이 식에 있어서 단면적이 수심 및 수면폭의 함수로 나타낼 수 있고, 수면폭도 x의 함수로 나타낼

수 있으면 적분이 가능하고, 따라서 수면곡선을 계산할 수 있다. 그러나 일반적인 경우는 단면적과 수면폭을 수심 및 x로 나타낼 수 없으므로 적분할 수 없는 경우도 있다. 이와 같은 경우 (7–25)에서 수면곡선을 구할 때는 다음과 같은 3가지의 경우로 나누어서 생각하면 편리하다.

(1) 흐름방향으로 수로의 단면형이 일정하고, 경사가 변화하는 경우
(2) 흐름방향으로 수로경사가 일정하고, 수로의 단면만 변화하는 경우
(3) 흐름방향으로 수로의 경사, 단면형 모두 변화하는 경우

위의 3가지 중에서 경사변화 또는 단면변화를 수식으로 나타낼 수 있는 경우는 직접적분 또는 수치적분이 가능하고, 따라서 수면곡선을 계산할 수 있다. 이들의 양을 수식으로 나타낼 수 없는 경우는 식 (7–25)는 시산법 또는 도해법에 의해서 풀 수 있다.

7.5.1 경사가 변화하는 수로의 부등류

흐름방향으로 단면형과 수면폭이 일정하고 수로경사가 변화하는 경우에 대해서는 식 (7–25)를 다음과 같이 고쳐 쓸 수 있다.

$$\frac{dh}{dx} = \frac{i_0(x) - \dfrac{n^2Q^2}{R^{4/3}A^2}}{1 - \dfrac{Q^2}{gA^3}B} = \frac{F_1(x,\ h)}{F_2(x, h)} \tag{7–26}$$

여기서

$$F_1(x,\ h) = i_0(x) - \frac{n^2 Q^2}{R^{4/3} A^2} \tag{7–27}$$

$$F_2(x,\ h) = 1 - \frac{Q^2}{gA^3} B \tag{7–28}$$

위의 식에 있어서 수로경사 $i_0(x)$와 수심이 x의 함수이므로 결국 F_1과 F_2도 x의 함수이다. 이 식에 있어서 $\cos\theta = 1$로 가정하였으므로, 이 식은 수로경사가 비교적 작은 수로에 대해서 적용된다.

Manning의 평균유속공식을 다음과 같이 고쳐서 쓰면

$$I^{1/2} = \frac{nV}{R^{2/3}} = \frac{nQ}{R^{2/3} A}, \quad I = \frac{n^2 Q^2}{R^{4/3} A^2} \tag{7–29}$$

식 (7–29)는 등류에 대한 값이므로 이 식을 만족하는 수심은 등류수심이다. 식 (7–27)에 있어서 $F_1(x,\ h) = 0$을 만족하는 수심은 등류수심이다. 그리고 식 (6–17)에서 아는 바와 $F_2(x,\ h) = 0$을 만족하는 수심은 한계수심이다.

그림 7-12와 같이 수로경사가 점차적으로 급하게 되는 경우는 $F_1(x,\ h)=0$의 곡선, 즉 등류수심은 흐름에 따라 작아지지만 $F_2(x,\ h)=0$의 곡선, 즉 한계수심은 수로폭이 일정하면 흐름에 따라 변화하지 않으므로, 이들 두 곡선은 P점에서 만나게 된다. P점 수심은 한계수심이므로 P점 보다 상류는 상류이고, 하류는 사류가 된다.

그림 7-13과 같이 수로경사가 흐름방향으로 작아지는 경우는 P점보다 상류은 사류이고, 하류는 상류가 된다. P점에 있어서는 또 $\dfrac{dh}{dx}=\dfrac{0}{0}$ 으로 되는 부정형이 되며 수학적으로는 특이점(singular point)이 된다. 수리학에 있어서는 P점을 천이점(transitional point)이라 하고 이 점의 수심을 천이수심(transitional depth)이라고 한다. 이 경우 천이수심은 한계수심과 같다.

일반적으로 흐름방향으로 경사 또는 단면형이 변하는 수로에 있어서는 실제는 등류로 흐를 수는 없다. 그러나 $F_1(x,\ h)=0$을 만족하는 수심은 등류수심과 같다는 것은 앞에서 설명한 바 있거니와 이와 같은 점의 수심을 의사등류수심(quasi normal depth)이라고 한다.

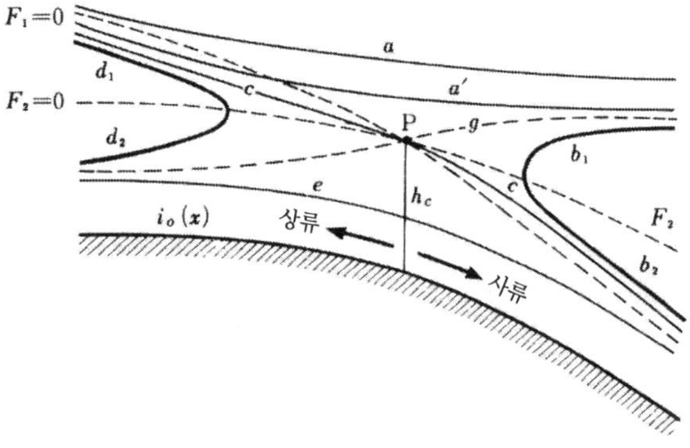

[그림 7-12] 상류경사에서 사류경사로 변화하는 수로의 수면곡선

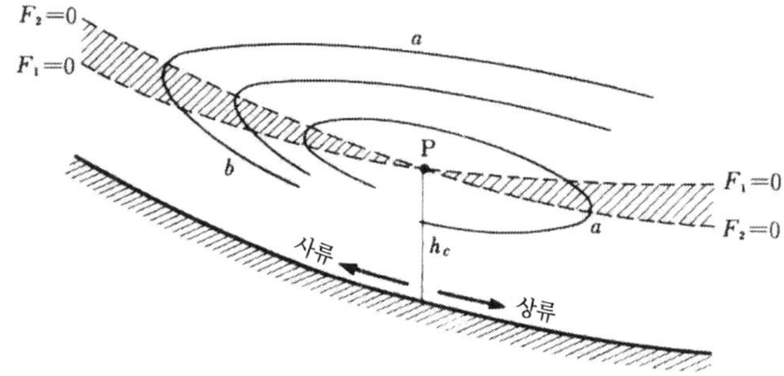

[그림 7-13] 사류경사에서 상류경사로 변화하는 수로의 수면곡선

상류에서 사류 또는 사류에서 상류로 변할 때는 이 천이점을 거쳐서 수면이 연속적으로 변하게 되므로 이 점이 수면계산의 경계조건이 된다. 즉 지배단면이 되는 것이다. 일반적으로 지배단면을 통과하는 수리곡선을 계산할 때는 지배단면을 경계조건으로 하여 정하게 된다.

천이점 P는 등류수심선과 한계수심선이 만나는 점이므로 이 점에 있어서는 등류수심에 대한 유량 Q_0와 한계수심에 대한 유량 Q_c가 같아야 한다.

식 (6-17)과 식 (6-68)을 다시 쓰면

$$B = \frac{gA_c^{\ 3}}{\alpha Q_c^{\ 2}}, \quad \frac{nQ_0}{i_0^{\ 1/2}} = A_0 R_0^{\ 2/3} \tag{6-16), (6-67}$$

P점에 있어서는 $Q_0 = Q_c$이므로 이들 식에서

$$\frac{n^2}{i_0} = \frac{BR^{4/3}}{gA} \tag{7-30}$$

식 (7-30)을 만족하는 수심을 구하면 이것이 천이수심이 된다. 식 (7-30)에서 아는 바와 같이 천이수심은 수로의 경사와 조도에 따라서 결정되는 것이며, 동일 수로에 있어서는 수로의 경사에 따라서 결정된다. 이와 같이 하여 구한 천이수심을 연결한 연속적인 곡선을 천이수면형(transitional profile) 이라고 한다.

그림 7-12에서 보는 바와 같이 F_1 곡선은 상류부에 있어서는 상류쪽이 수면의 점근선이 되고, 사류부에 있어서는 하류쪽이 수면의 점근선이 된다. 그리고 수면이 F_1 곡선과 만나는 점에 있어서는 수면이 수로 바닥과 나란하게 되고, F_2 곡선과 만나는 점에 있어서는 $\frac{dh}{dx} = \pm\infty$이며, 수면이 이

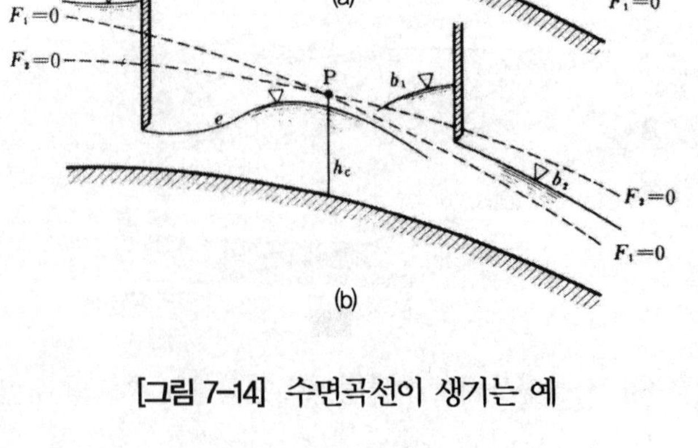

[그림 7-14] 수면곡선이 생기는 예

곡선에 직각으로 되므로 하류쪽의 수심에 따라서 그림과 같은 여러 개의 수면곡선을 그릴 수 있다.

그림 7-12의 여러 가지 수면곡선이 실제로 생기는 예는 **그림 7-14**와 같다. 그림의 a 곡선은 하류의 수위가 높을 때 생기는 배수곡선이고, b 곡선은 도수가 생길 때의 수면곡선, 그리고 c 곡선은 하류의 수위가 낮을 때 생긴다. b, c 곡선은 주로 사류수로에서 생긴다.

7.5.2 폭이 변화하는 수로의 부등류

일반단면수로에 대한 수면곡선식 (7-25)에 있어서 수로경사가 일정하고 수로폭이 변화하는 경우의 수면곡선에 대해서 고찰해 보기로 한다. 일반단면에 대한 수면곡선은 매우 복잡하므로 여기서는 직사각형단면수로에 대하여 식 (7-25)의 특성을 알아보기로 한다.

직사각형단면수로는 $A = Bh$, $\dfrac{\partial A}{\partial B} = h$이며, 식 (7-25)는 다음과 같다.

$$\frac{dh}{dx} = \frac{i_0 + \dfrac{Q^2}{gB^3h^2}\dfrac{\partial B}{\partial x} - \dfrac{n^2Q^2}{R^{4/3}B^2h^2}}{1 - \dfrac{Q^2}{gB^2h^3}} = \frac{F_1(x,\ h)}{F_2(x, h)} \tag{7-31}$$

수로폭이 하류로 갈수록 넓어지면 $\dfrac{\partial B}{\partial h}$의 부호는 (+)이고, 좁아지면 (−)이다. x에 대한 수로폭의 변화가 주어지면 식 (7-31)은 수치적분에 의해서 풀 수 있다. 계산에 앞서 경사가 변화하는 수로와 마찬가지로 의사등류수심선과 한계수심선을 그려서 하류수심과 수로폭의 변화 등의 경계조건과 비교 검토하여야 한다.

수로폭이 변화하는 상태는 $\dfrac{dB}{dx} \gtrless 0$의 두 가지가 있고 x에 대한 변화율에 따라 $\dfrac{d^2B}{dx^2} \gtrless 0$의 두 가지가 있으며, 다시 수로경사도 $i_0 \gtrless i_c$의 두 가지를 생각할 수 있으므로 결국 식 (7-31)은 8가지의 수면으로 분류할 수 있다. 그리고 이 8가지의 수면은 또 하류수심에 따라서 몇 가지의 경우를 생각할 수 있다[4]. 이와 같이 많은 수면곡선 중에서 완경사수로($i_0 < i_c$)에 있어서 수로폭이 점차적으로 넓어지고 $\left(\dfrac{dB}{dx} > 0\right)$, 수로폭의 변화율이 점차적으로 크게 되는 수로 $\left(\dfrac{d^2B}{dx^2} > 0\right)$를 예로 들어 설명하기로 한다.

하류로 갈수록 수로폭이 점차적으로 넓어지는 수로를 일정한 유량이 흐르는 경우의 수면곡선에 대해서 생각해 보기로 한다. 점차적으로 수로폭이 넓어지면 $F_1(x, h) = 0$을 만족하는 등류수심과 $F_2(x, h) = 0$ 만족하는 한계수심은 하류로 갈수록 작아지고 상류에서 상류로 흐르던 것이 천이점을 거쳐서 사류로 변하게 된다. 이와 같은 경우의 수면형은 **그림 7-15**에서 보는 바와 같이 하류수심에 따라서 a, b, c, b′ 및 d와 같이 된다. 수면 a는 상류수심 h_1이 클 때 생기고 균일단면수로의 M_1 곡선, 즉 배수곡선과 같고, 하류수심 h_2가 조금 작아지면 c와 같이 된다. c는 도수 때의 수면곡선이며, 사류에서 상류로 변화할 때의 수면곡선이다. 하류수심이 h_3와 같이 한계수심보다 작을 때는

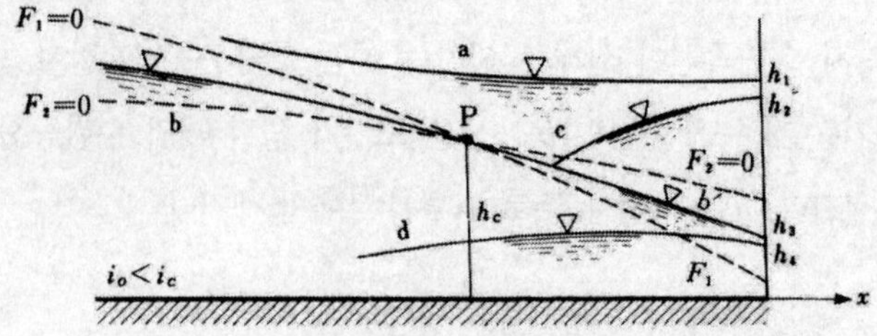

(a) 종단

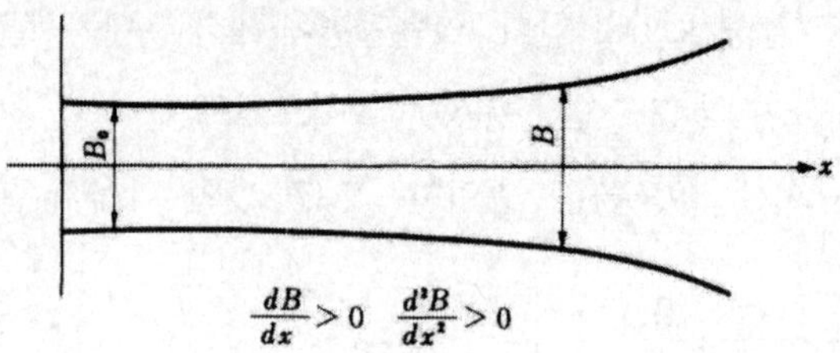

(b) 평면

[그림 7-15] 폭이 변화하는 수로의 수면곡선

b, b′와 같은 저하곡선이 된다. d는 급경사수로에 설치된 수문의 하류에 생기는 수문이다. 식 (7-31)을 수치적분할 때는 계산을 시작하는 시점수심과 계산방향을 결정하기 위하여 앞에서 설명한 바와 같은 수면의 특성을 알아야 한다. 천이점의 수심은 한계수심과 같으므로 이 점은 지배단면이 되고 수면곡선계산의 시점이 된다. **그림 7-15**의 b곡선은 P점에서 시작하여 상류로 향하여 계산하고, b′곡선은 P점으로부터 하류로 향하여 계산을 진행한다. a곡선은 천이점이 없고 상류이므로 시점수심 h_1에서 상류로 향하여 계산을 진행하는 것이다.

7.6 부등류수면의 축차 계산법

자연하천에 있어서는 그 단면형이 불규칙할 뿐만 아니라 하천경사도 일정하지 않다. 자연하천의 단면형이 비교적 규칙적이고 단면적과 수리평균심을 수심의 함수로 표시할 수 있는 경우라 할지라도 수식이 복잡하여 직접 또는 수치적분 하는데 어려움이 있다. 이와 같은 경우는 본절에서 설명하는 축차계산법과 다음 절에서 설명하는 도해법을 사용하면 실제 문제를 해결하는 데 편리하다.

식 (7-4)를 고쳐 쓰고 단면 1에서 2까지 적분하면

$$d(H_e + z) = -\frac{n^2 Q^2}{R^{4/3} A^2} dx$$

$$\int_1^2 d(H_e + z) = -\int_1^2 \frac{n^2 Q^2}{R^{4/3} A^2} dx$$

$$(H_e + z)_2 - (H_e + z)_1 = \frac{-n^2 Q^2}{R^{4/3} A^2} \Delta x \tag{7-32}$$

식 (7–32)에 있어서 H_e는 비에너지이며

$$H_e = h + \frac{V^2}{2g}$$

이고, Δx는 단면 1과 단면 2 사이의 거리이다.

(1) 직접축차계산법

그림 7–16과 같이 흐름방향으로 x축을 취하면

$$\frac{dz}{dx} = -i_0$$

$$z_2 - z_1 = -i_0 \Delta x$$

로 쓸 수 있으므로 이것을 고려하면 식 (7–32)는 다음과 같다.

$$H_{e2} - H_{e1} = i_0 \Delta x - \frac{n^2 Q^2}{R^{4/3} A^2} \Delta x$$

$$\Delta x = \frac{H_{e2} - H_{e1}}{i_0 - i_f} \tag{7-33}$$

여기서 i_f는 에너지선의 경사이며 Manning 식에서

$$i_f = \frac{n^2 Q^2}{R^{4/3} A^2} \tag{7-33}$$

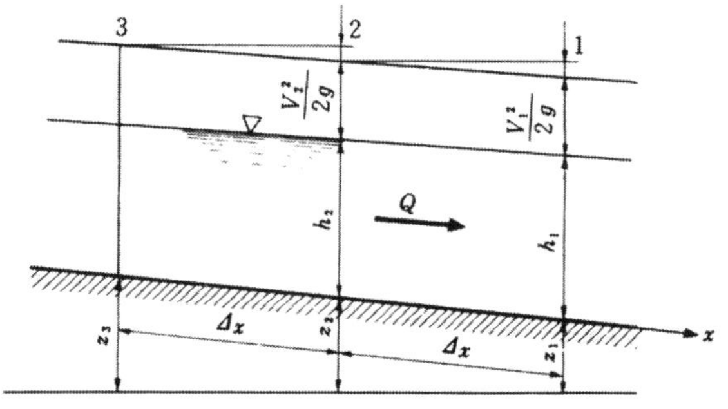

[그림 7–16]

이다. 이 값은 단면 1과 단면 2의 값이 다르므로 실제에는 다음과 같이 이들의 평균치를 사용한다.

$$i_f = \frac{1}{2}\left(\frac{n^2 Q^2}{R_1^{4/3} A_1^2} + \frac{n^2 Q^2}{R_2^{4/3} A_2^2}\right) \tag{7-34}$$

식 (7–33)과 식 (7–34)에서 수면곡선을 구하는 순서는 다음과 같다.

① 사류인 경우는 **그림 7–16**의 단면 1에서 하류로 향하여 수면을 계산하고, 상류인 경우는 단면 1에서 상류로 향하여 계산하게 된다. 즉, 단면 1에서 단면 2로 향하여 계산하는데, 이때 식 (7–33)의 Δx의 부호는(−)가 된다. 이 경우는 식 (7–33)은 다음과 같이 된다.

$$\Delta x = \frac{H_{e1} - H_{e3}}{i_0 - i_f} \tag{7-35}$$

② 주어진 유량이 흐를 때의 단면 1의 수심 h_1을 적절한 방법으로 구한다.

③ 단면 2의 수심 h_2을 가정한다.

④ 단면 1과 2의 A, R을 계산한다.

⑤ 단면 1과 2의 비에너지를 계산한다.

⑥ 식 (7–34)에서 i_f의 평균치를 계산한다.

⑦ 식 (7–33)에서 Δx를 계산한다.

⑧ 계산된 Δx와 가정수심 h의 관계 곡선을 그리면 이것이 이 경우의 수면곡선이 된다.

수로를 적절히 Δx 구간으로 나누어서 축차적으로 상류로 향하여 계산을 진행하게 되는데, 기계산수심은 항상 시점수심이 되는 것이다. 이와 같은 계산방법을 직접축차계산법(direct step method)이라고 한다[5]. 이 방법은 불규칙단면수로와 균일단면수로에도 사용할 수 있는 방법이며, 실제 하천 등의 수면을 계산하는 데 많이 이용된다.

(2) 표준축차계산법

식 (7–32)를 고쳐 쓰면

$$(H_e + z)_2 - (H_e + z)_1 = i_f \, \Delta x$$

또는

$$(H_{e2} + z_2) - (H_{e1} + z_1) = i_f \, \Delta x \tag{7-36}$$

이 식의 좌변 각 항은 각각 기준수평면으로부터 에너지경사선까지의 높이이다.

이 식을 이용하여 다음과 같은 순서로 수면곡선을 구할 수 있다.

① 직접축차계산법과 같이 하여 상류와 사류를 판별하고, 계산방향을 결정한다.

② 주어진 유량이 흐를 때의 단면 1의 수위 $(H_{e1}+z_1)$을 적절한 방법으로 미리 구해 놓는다.

③ 상류인 경우는 단면 2의 수심 h_2를 가정하고, 사류인 경우는 단면 − 2의 수심 h_{-2}를 가정하여 각각의 총수두(H_e+z)를 계산한다.

④ 단면 1과 2의 A, R을 계산하고 식 (7–34)에서 i_f를 계산한다.

⑤ Δx 사이의 마찰손실수두 $\Delta x i_f$를 계산한다.

⑥ 상류인 경우는 $\Delta x i_f$를 단면 1의 전수두에 더하면 단면 2의 전수두가 된다. 이것이 ③에서 계산한 가정수심에 대한 단면 2의 전수두와 같을 때까지 계산을 되풀이한다. 사류인 경우는 $\Delta x i_f$를 단면 1의 전수두에서 빼면 단면 2의 전수두가 된다. 이것이 ③에서 계산한 가정수심에 대한 단면 2의 전수두와 같을 때까지 계산을 되풀이 한다.

이상과 같이 수면곡선을 시산법에 의해서 계산하는 방법을 표준축차계산법(standard step method) 이라고 한다[6].

7.7 부등류수면곡선의 도해법

자연하천과 같이 단면형과 경사가 불규칙적이고 수식으로 표시할 수 없는 경우는 본절에서 설명하는 도해법을 사용하면 비교적 쉽게, 그리고 정확하게 수면곡선을 구할 수 있다. **그림 7–17**과 같은 기호를 사용하고 식 (7–32)를 고쳐 쓰면 다음과 같다.

$$(h_2+z_2)-(h_1+z_1)=\frac{V_1^2}{2g}-\frac{V_2^2}{2g}+\frac{n^2Q^2}{R^{4/3}A^2}\Delta x$$

위 식의 우변 제3항의 마찰항은 단면 1과 2의 평균치를 사용하면

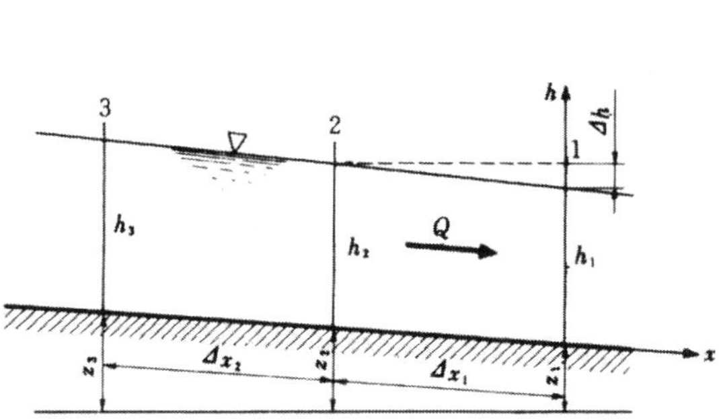

[그림 7–17]

$$\frac{n^2 Q^2}{R^{4/3} A^2}\Delta x = \frac{1}{2}\left(\frac{n^2 Q^2}{R_1^{4/3} A_1^2} + \frac{n^2 Q^2}{R_2^{4/3} A_2^2}\right)\Delta x$$

$$\Delta h = (h_2 + z_2) - (h_1 + z_1) = \frac{Q^2}{2g A_1^2} - \frac{Q^2}{2g A_2^2} + \frac{n^2 Q^2}{2R_1^{4/3} A_1^2}\Delta x + \frac{n^2 Q^2}{2R_2^{4/3} A_2^2}\Delta x$$

$$\therefore \Delta h = (h_2 + z_2) - (h_1 + z_1) = Q^2(F_1 - F_2) \tag{7-37}$$

여기서

$$F_1 = \frac{1}{2g A_1^2} + \frac{n^2}{2 R_1^{4/3} A_1^2}\Delta x \tag{7-38}$$

$$F_2 = \frac{1}{2g A_2^2} - \frac{n^2}{2 R_2^{4/3} A_2^2}\Delta x \tag{7-39}$$

여기서 Δh는 단면 2와 단면 1의 수위차이다.

식 (7-37)은 F를 수평축, $(h + z)$를 연직축으로 하는 직각좌표에 있어서 $[F_1, (h_1 + z_1)]$점과 $[F_2(h_2 + z_2)]$점을 통과하고, 경사가 Q^2인 직선의 식이다. 만일 $[F_1, (h_1 + z_1)]$점이 주어지고 Q^2의 경사로 그린 직선 위에서 F_2 점이 정해지면 **그림 7-18** (a)와 같이 $(h_2 + z_2)$가 구해진다. F 곡선을 이용하여 수면곡선을 도해적으로 구하는 방법을 Escoffier의 도해법이라고 한다[7].

Escoffier의 도해법에 의하여 부등류수면곡선을 구하는 순서는 다음과 같다.

① 상류인 경우는 **그림 7-17**의 단면 1에서 시작하여 상류로 향하여 수면을 구하게 되므로 단면 1의 수심 h_1 또는 수위 $(h_1 + z_1)$을 적절한 방법으로 미리 구해 놓는다.

② 단면 1의 $(F_1)_1$을 Δx_1을 사용하여 식 (7-38)에서 계산한다. **그림 7-18**에서 보는 바와 같이

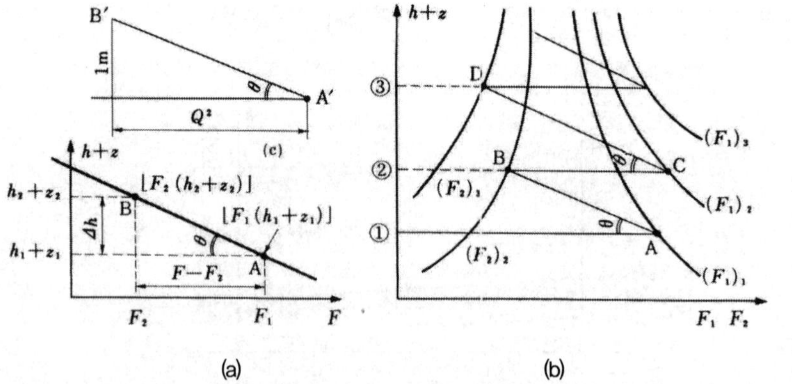

[그림 7-18] Escoffier의 도해법 설명도

시점수위 $(h_1 + z_1)$보다 큰 몇 가지 수위에 대하여 $(F_1)_1$을 계산해 놓고 $(h + z) \sim (F_1)_1$ 곡선을 그린다.

③ 단면 2에 있어서 $(F_2)_2$를 Δx_2를 사용하여 식 (7−39)에서 계산하고, 단면 1과 같이 $(h + z) \sim (F_2)_2$ 곡선을 그린다.

④ 단면 1의 수위가 주어지면 $(F_1)_1$ 곡선 위에서 A점이 결정된다. A점에서 Q^2의 경사의 직선을 그려서 $(F_2)_2$ 곡선과 만나는 점 B를 구하면 이 점이 단면 2의 수위가 된다. AB선을 그릴 때의 경사는

$$Q^2 = \frac{1}{Q^{-2}}$$

로 표시할 수 있으므로 결국 AB선의 경사는 $1 : Q^{-2}$이 된다.

AB선을 그릴 때는 **그림 7−18** (c)와 같이 1은 $(h + z)$축(단위는 m)에, 그리고 Q^{-2}은 F축(단위는 $\frac{\text{sec}^2}{\text{m}^5}$)위에 그리게 된다.

⑤ 단면 2의 $(F_1)_2$를 단면 2의 수심 h_2와 Δx_2에서 계산하고 단면 3의 $(F_2)_3$을 단면 3의 수심 h_3과 Δx_3에서 계산하여 $(F_1)_2$와 $(F_2)_3$의 곡선을 그린다.

⑥ 단면 3의 수위를 구할 때는 단면 2의 수위가 시점수위가 되고, 단면 2의 수위를 구할 때와 같은 방법으로 구한다. 즉, C점에서 $1 : Q^{-2}$의 경사선을 그려서 $(F_2)_3$ 곡선과 만나는 점을 D라고 하면 이 점의 수위가 단면 3의 수위이다.

이상과 같은 방법을 순차적으로 적용하여 부등류의 수위를 도해적으로 구할 수 있다. 이 방법은 F 곡선을 유량에는 관계없이 미리 그릴 수 있으므로 여러 가지의 시점수위와 유량에 대한 수면곡선을 동일 F 곡선을 이용하여 구할 수 있어서 대단히 편리한 방법이다. 그리고, F 곡선을 그릴 때는 몇 개의 수심에 대한 단면적과 수리평균심의 관계 곡선을 그려 놓으면 편리하다.

계산예 7−2

그림과 같은 자연하천을 $Q = 15{,}500\ \text{m}^3/\text{sec}$ 의 유량이 흐를 때 No. 1 지점의 수위가 EL. 20. 88 m였다. $n = 0.03$, 단면적 A, 윤변, 수리평균심 R이 다음 표와 같을 때 상류의 수면곡선을 Escoffier의 도해법에서 구하여라.

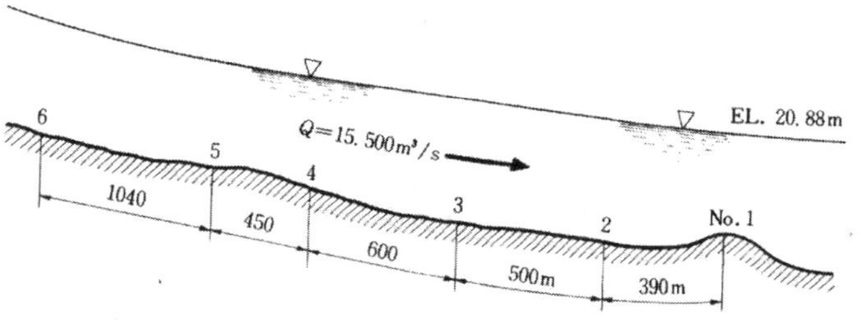

수위 (m)	단면 1			2			3		
	$A(m^2)$	S(m)	R(m)	A	S	R	A	S	R
19.00	6612	581	11.37	5658	545	10.38	4517	454	9.98
20.00	7199	589	12.22	6197	556	11.15	4975	462	10.78
21.00	7789	595	13.10	6746	558	12.08	5441	470	11.55
22.00	8387	602	13.92	7300	571	12.78	5921	490	12.07
23.00	8993	609	14.75	7856	585	13.43	6437	542	11.88
24.00	9603	612	15.65	8425	589	14.30	6987	558	12.50

수위 m($h+z$)	단면 4			5			6		
	$A(m^2)$	S(m)	R(m)	A	S	R	A	S	R
19.00	3382	424	7.98	4234	668	6.34	2573	504	5.10
20.00	3818	448	8.52	4922	708	6.94	3095	539	5.74
21.00	4282	479	8.94	5649	745	7.59	3734	739	5.06
22.00	4890	545	8.95	6432	822	7.82	4556	906	5.06
23.00	5628	612	9.20	7296	907	8.02	5516	1026	5.39
24.00	6368	677	9.41	8266	1034	7.99	6563	1069	6.14

【해】 식 (7–38)과 식 (7–39)에서 각 단면의 F_1과 F_2를 계산한다. $n=0.03$을 사용한다.

수위 ($h+z$)m	단면 1		2		3	
	$F_1\times10^{10}$	$F_2\times10^{10}$	$F_1\times10^{10}$	$F_2\times10^{10}$	$F_1\times10^{10}$	$F_2\times10^{10}$
19.00	14.41	12.84	20.71	15.05	33.73	22.33
20.00	12.04	10.84	16.96	12.78	27.29	18.84
21.00	10.18	9.25	14.11	10.94	22.45	16.05
22.00	8.72	7.98	11.94	9.43	18.79	13.69
23.00	7.54	6.94	10.23	8.20	15.94	11.54
24.00	6.58	6.09	8.82	7.20	13.41	9.91

수위 ($h+z$)m	단면 4		5		6	
	$F_1\times10^{10}$	$F_2\times10^{10}$	$F_1\times10^{10}$	$F_2\times10^{10}$	$F_1\times10^{10}$	$F_2\times10^{10}$
19.00	60.17	34.27	53.87	21.68	140.51	4.26
20.00	46.48	27.86	38.08	16.72	91.50	11.06
21.00	36.56	22.67	27.42	13.34	66.99	1.62
22.00	28.03	17.39	20.86	10.42	45.01	1.09
23.00	21.04	13.30	16.00	8.18	29.72	2.27
24.00	16.35	10.49	12.50	6.35	19.72	3.36
25.00					15.03	0.46

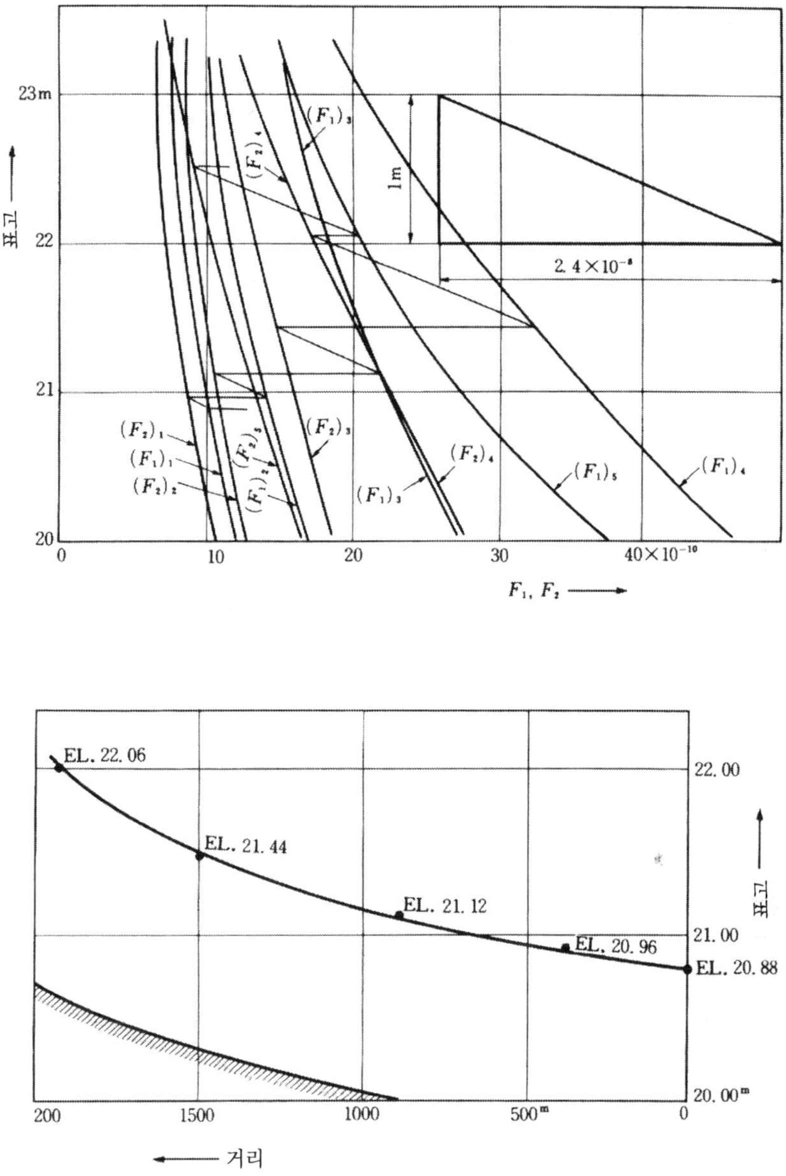

7.8 곡선수로내의 흐름

수로의 곡선부에 있어서는 유선이 양쪽 벽면에 의해서 강제적으로 구부러지므로 물에는 원심력이 작용하게 되고, 따라서 횡단방향으로 수면이 경사지게 된다. 그리고 이 횡단방향의 수면경사와 연직속도분포로 인하여 2차류(secondary flow)가 생기고 나선류(spiral flow)가 생겨서 자연하천에 있어서는 횡단면의 형태에 영향을 주게 된다.

사류수로의 경우는 수로 벽면의 영향으로 수면에 충격파(shock wave)가 생겨서 흐름이 고르지 못하게 된다. 본절에서는 곡류부의 특이한 수리현상에 대해서 논하기로 한다.

7.8.1 곡선수로의 상류

직선수로의 경우는 흐름이 일단 확립되면 유속의 횡단분포는 흐름에 따라서 변화하지 않으나 곡선수로의 흐름은 다음과 같이 변화한다.

곡선부에 있어서 흐름방향의 유속을 v, 곡률반경을 r, 그리고 m, n을 계수라고 하면 유속의 평면분포는 일반적으로

$$v = mr^n \tag{7-40}$$

으로 표시할 수 있다.

무라기(村木)의 연구에 의하면[8] **그림 7-19**와 같이 직선부에 있어서는 v는 대략 일정한 분포를 가지며 $n = 0$으로 표시할 수 있다. 점차적으로 구부러짐에 따라 n의 값은 작아지고, $\theta = 30°\sim60°$ 사이에 있어서는 $n = -1$이 된다고 한다. 즉, 이때의 유속분포는

$$v = \frac{m}{r} \tag{7-41}$$

으로 표시 되고, 흐름은 비회전류가 된다. θ가 이보다 크게 되면 n은 다시 크게 되어 $n = 0$, 즉 균일분포로 되고, 그 후 θ의 증가에 따라 $n = 1$, 즉 회전류로 변한다고 한다.

180° 구부러진 곡선수로의 흐름은 그림과 같이 균일유속분포→비회전류→회전류로 변화하는데, 그 대부분이 회전류이다.

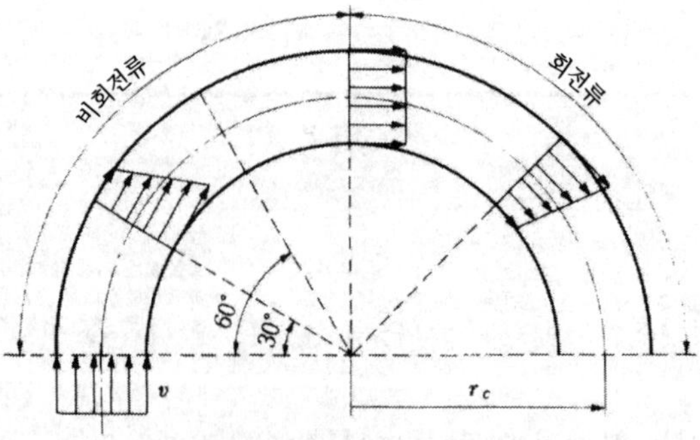

[그림 7-19] 곡선수로의 흐름

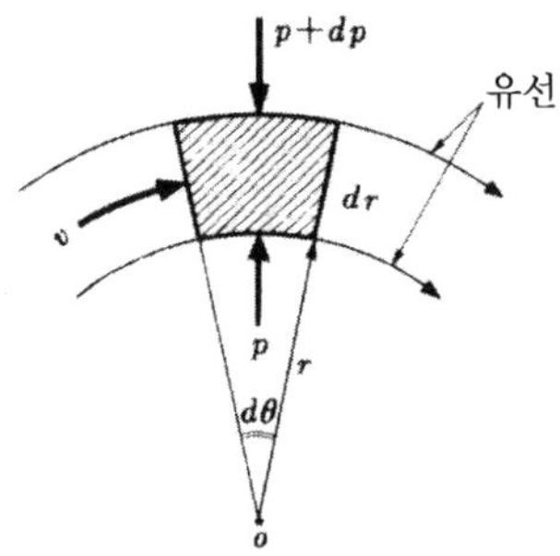

[그림 7-20]

그림 7-20과 같이 미소거리 dr만큼 떨어진 두 개의 동심유선 사이의 곡류를 생각한다. 지금 유선의 곡률반경을 r, 접선유속을 v, 그리고 두께를 1이라고 하면 미소중심각 $d\theta$와 dr 사이의 물의 질량은 $\rho r\, d\theta\, dr$이고, 원심가속도는 v^2/r이므로 r방향의 원심력은 $\rho r\, d\theta\, dr\, v^2/r$이다.

다음에 이 미소부분에 작용하는 r방향의 압력을 r점에 있어서 p, $r + dr$점에 있어서 $(p + dp)$라고 하면 원심력과 이들의 압력은 평형을 이룰 것이다.

$$pr\, d\theta + \frac{v^2}{r}\frac{w}{g} r\, d\theta\, dr - (p + dp)\,(r + dr)d\theta = 0$$

미소항의 2차 이상의 항을 생략하면

$$\frac{dp}{dr} = \frac{w}{g}\frac{v^2}{r} \tag{7-42}$$

여기서 $p = wh$로 나타내면 반지름 방향의 수심변화는

$$\frac{dh}{dr} = \frac{v^2}{gr} \tag{7-43}$$

곡류부의 흐름을 비회전류라고 하면 단면상의 유속분포는 식 (7-41)과 같이 된다. 즉,

$$vr = C(x) \tag{7-44}$$

이다. 여기서 $C(x)$는 계수 C가 흐름방향의 거리 x의 함수라는 것을 표시한다. 식 (7-44)를 식 (7-43)에 대입하여 적분하면 수로단면상의 수면을 구할 수 있다. $r = r_1$의 수심을 h_1, $r = r_2$의 수심을 h_2라고 하면,

$$(h_2 - h_1) = \frac{C^2(x)}{2g}\left(\frac{1}{r_1^2} - \frac{1}{r_2^2}\right) \tag{7-45}$$

따라서 r_1점과 r_2점의 수면차는

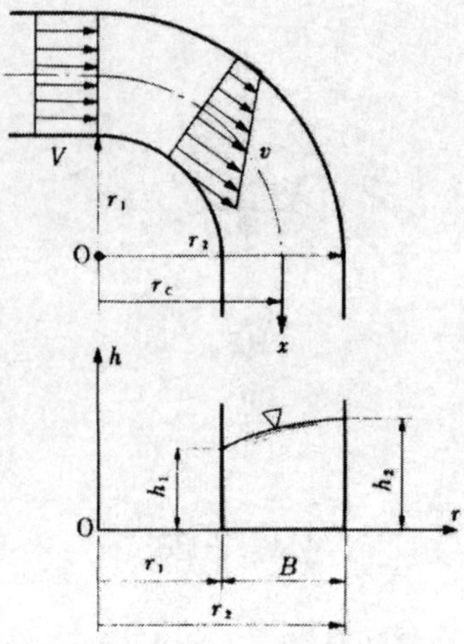

[그림 7-21] 곡선부의 수면형

$$\Delta h = \frac{C^2(x)}{2g}\left(\frac{1}{r_1^2} - \frac{1}{r_2^2}\right) \tag{7-46}$$

에서 계산할 수 있다.

여기서 $C(x)$는 유량이 주어지면 $\int_{r1}^{r2} hv\,dr$에서 구할 수 있으며, 다음 식과 같다.

$$\frac{Q}{C(x)} = \left\{h_1 + \frac{C^2(x)}{2gr_1}\right\}\ln\frac{r_2}{r_1} - \frac{C^2(x)}{4g}\left(\frac{1}{r_1^2} - \frac{1}{r_2^2}\right) \tag{7-47}$$

이 식에서 $C(x)$가 구해지면 식 (7-46)에서 Δh를 계산할 수 있다.

그림 7-17에 있어서 $\theta = 0°\sim30°$ 사이에 있어서 $n = 0$, 즉 대략 유속은 단면에 균일하게 분포되어 있다고 생각할 수 있다. 즉, 평균유속 V와 같고, $V = \text{const.}$라고 할 수 있는 구간에 대해서 식 (7-43)을 적분하면

$$\Delta h = h_2 - h_1 = \frac{V^2}{g}\ln\frac{r_2}{r_1} \tag{7-48}$$

곡선수로 중심선의 곡률반경을 r_c, 수로폭을 B라고 하면 위의 식은 다음과 같이 고쳐 쓸 수 있다.

$$\Delta h = \frac{V^2}{g}\ln\frac{r_c + \dfrac{B}{2}}{r_c - \dfrac{B}{2}} \tag{7-49}$$

7.8.2 곡선수로의 2차흐름

곡선수로의 흐름은 유선이 구부러지는 동시에 수심방향의 유속변화가 있으므로 주류(main flow)에 첨부되어 2차흐름(secondary flow)이 생긴다. 자연하천의 곡류부에 있어서는 2차흐름으로 인하여 하천의 횡단면이 변화하기 때문에 하천공법에 여러 가지의 문제를 제기한다. 곡류에 의한 반지름방향의 수면형은 식 (7–43)에 의해서 나타낼 수 있는데, 이것은 유속과 곡률반경에 의해서 결정된다.

그림 7–22 (b)에서 보는 바와 같이 수로 바닥에 가까운 두 점 ①, ②를 생각하면 점 ①의 유속은 점 ②의 유속보다 작다. 그럼에도 불구하고 점 ① 과 ②의 수면경사 dh/dr은 동일하고 식 (7–43)이 성립되어야 한다. 점 ①과 ②에 있어서 식 (7–43)을 적용하면

$$\left.\begin{aligned} \frac{dh}{dr} &= \frac{v_1^2}{gr_1} \\ \frac{dh}{dr} &= \frac{v_2^2}{gr_2} \end{aligned}\right\} \tag{7–50}$$

와 같이 되고, 이 식에 있어서 $v_2 > v_1$이다. 두 점에 있어서 dh/dr가 동일하므로 $r_1 < r_2$이다.

따라서 점 ①의 유선의 곡률반경은 ②의 곡률반경보다 작고 그림 (a) 의 유선과 같이 된다. 이와 같은 현상은 점 ①, ② 뿐만 아니라 AA′ 및 BB′ 층 전체에 생기는 것이다. 이와 같은 흐름은 주류에 첨부되어 곡류부에는 나선류가 생기고, 횡단면에 있어서는 곡류의 안쪽으로 흐르는 2차흐름이

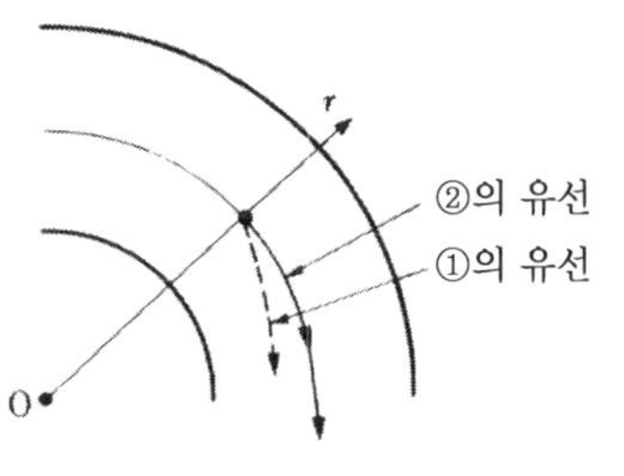

(a)

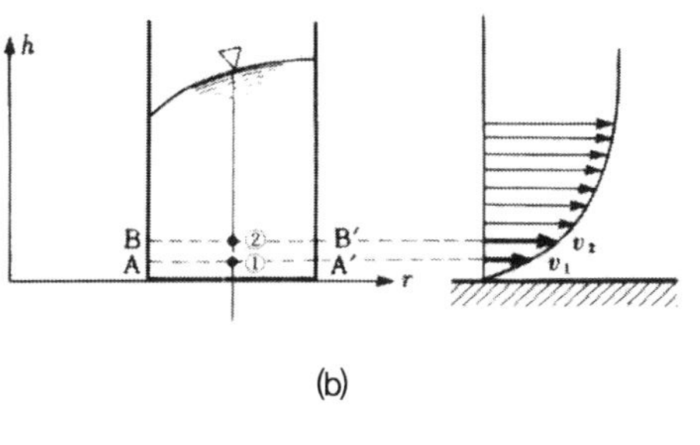

(b)

[그림 7–22] 곡선부의 2차흐름 설명도

생긴다. 2차흐름에 의해서 곡류의 바깥쪽의 하상의 모래를 곡류의 안쪽으로 운반하게 되고 바깥쪽 하상이 깊어진다.

계산예 7-4

그림 7-21과 같은 곡선수로에 있어서 $r_1 = 40$ cm, $r_2 = 120$ cm이고, $Q = 0.05\ \text{m}^3/\text{s}$의 물이 흐를 때 안쪽 벽의 수심이 11.3 cm이다. 직사각형단면수로에 비회전류라고 하면 바깥쪽 벽의 수심은 얼마인가?

【해】 식 (7-47)에서 $c(x)$를 구하면

$$0.05 = C(x)\left\{0.113 + \frac{C^2(x)}{2 \times 9.8 \times 0.4}\right\} 2.3 \log_{10}\frac{1.2}{0.4} - \frac{C^2(x)}{4 \times 9.8}\left(\frac{1}{0.42} - \frac{1}{1.2^2}\right)$$

$$\therefore\ C^2(x) + 0.645\,C(x) - 0.29 = 0$$

$$\therefore\ C(x) = 0.37$$

식 (7-46)에서

$$\Delta h = \frac{0.37^3}{2 \times 9.8}\left(\frac{1}{0.4^2} - \frac{1}{1.2^2}\right) = 0.039\ \text{m}$$

$$\therefore\ h_2 = 0.133 + 0.039 = 0.152\ \text{m}$$

7.8.3 굴절수로의 사류

수심 h의 넓은 정지수역의 한 점 A에 있어서 파동이 발생하면 파동은 사방으로 동심원 모양으로 전파하게 된다. 일반적으로 파고가 작고 파장이 비교적 긴 장파의 파속은 파동론에서 설명한 바와 같이 $\sqrt{gh}$이다. **그림 7-23**의 (a)가 이 경우의 파동이 전파하는 모양이다.

다음에는 x방향으로 균일한 유속 v로 흐르는 수역에 있어서는 A점에서 파동이 발생하면 그림 (b)와 같이 $(v - \sqrt{gh})$의 속도로 (−) x방향으로 전파되고 $(v + \sqrt{gh})$의 속도로 (+) x방향으로 전파된다.

지금 $\sqrt{gh} > v$라고 하면 시각 t_1, t_2, t_3, t_4, t_5에 발생한 파동은 $t = t_5$의 직후에는 그림과 같이 전파된다. 그림 (c)는 $v = \sqrt{gh}$의 경우이며, 상류쪽으로는 파동발생점 A 이상으로 전파하지 못한다. (+) x방향으로는 $(v + \sqrt{gh})$의 속도로 전파되고, 이에 직각방향으로는 $\sqrt{gh}$의 속도로 전파 된다.

그림 (d)는 $(v > \sqrt{gh})$의 경우이며, t_1 시각에 발생한 파동은 $\sqrt{gh}$의 속도로 사방으로 전파 되지만, AB선 또는 AC선보다 상류로 전파하지 못한다. AB선 또는 AC선은 높이가 $\sqrt{gh}\,t_1$이고, 사변길이가 vt_1인 직각삼각형의 저변이 된다. 따라서 x축과 AB선 사이의 각 β는 다음과 같다.

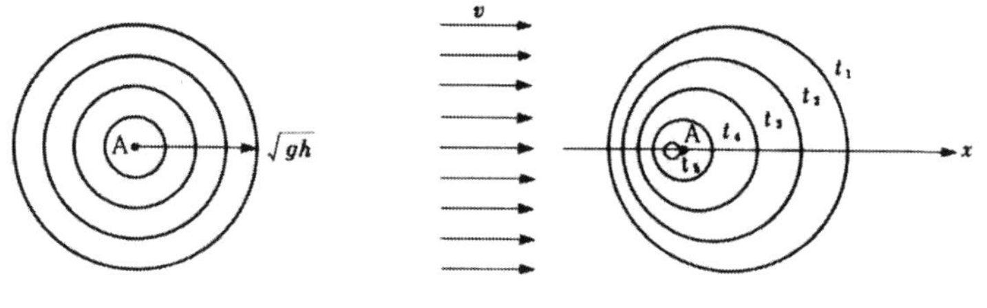

(a) 정지수면 (b) $v < \sqrt{gh}$, $F_r < 1$

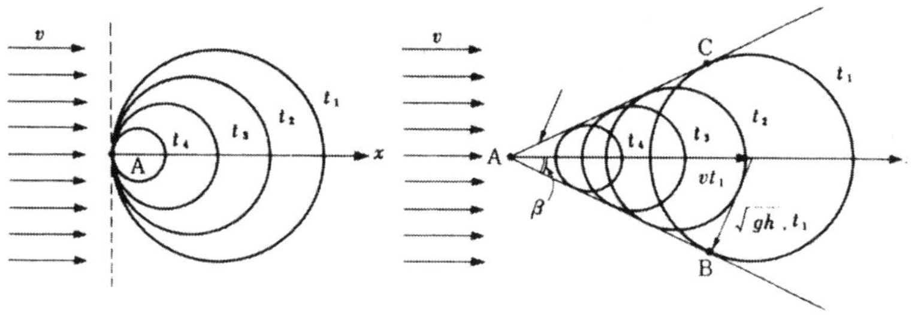

(c) $v = \sqrt{gh}$, $F_r = 1$ (d) $v > \sqrt{gh}$, $F_r > 1$

[그림 7-23] 사류의 충격파

$$\sin\beta = \frac{\sqrt{gh}}{v} = \frac{1}{F_r} \tag{7-51}$$

β를 Mach 각이라고 한다. AB선 또는 AC선은 경사진 정지도수 또는 정지경사파의 전면이며, 이것을 Mach 파 또는 충격파(shock wave)라고 한다. 충격파보다 상류의 흐름은 발생파동의 영향을 받지 않는다.

그림 7-24와 같이 수로벽 A에 있어서 θ만큼 굴절된 수로를 사류가 흐르는 경우를 생각한다. A점보다 상류의 평행류는 A점에서 갑자기 θ만큼 구부러질 때 수면변동이 생긴다. 이때 수면변동은 **그림 7-23**의 (d)와 같이 전파하고 충격파가 발생한다. 충격파의 상하류 흐름은 모두 사류이고, 하류의 수심은 상류의 수심보다 크다. 굴곡수로 또는 곡선수로를 사류가 흐르는 경우 이 충격파로 인하여 수면이 대단히 복잡하므로 이와 같은 수로를 설계할 때는 특히 주의 해야 한다.

사류수로에 대한 이론은 Knapp와 Ippen에 의해서 연구되었고, 실제의 설계에 응용되고 있다[9], [10]. 다음에 이들의 연구를 소개하기로 한다. 사류수로에 있어서 유선이 충격파면을 통과한 후에 수로측벽의 굴절각 θ만큼 변화하게 되므로 흐름의 운동량이 변화하게 된다. 충격파면을 경계로 변화하는 운동량은 상하류의 수심을 변화시키게 한다.

그림 7-24 (a)에 있어서 충격파면에 직각인 nn 단면의 수면은 그림 (b)와 같이 하류수심이 높은 도수가 된다. 이 경우는 **그림 7-23** (d)와 같이 사류수역에 파동이 전파하는 경우와 같다. 따라서 충격파의 상하류의 수심과 Mach 각은 파면에 직각방향($n-n$)에 대한 연속방정식과 운동량방정

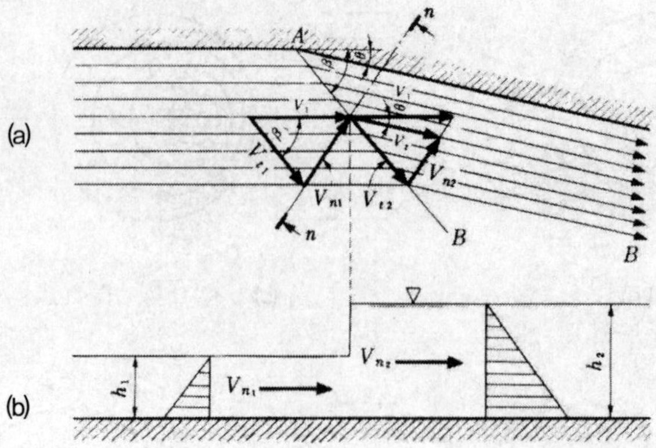

[그림 7-24] 굴절수로의 사류 충격법

식에서 구할 수 있다.

파면의 상하류의 수심을 h_1, h_2, 유속을 V_1, V_2, 그리고 파면에 직각방향의 유속성분을 V_{n1}, V_{n2} 라고 하면 이 경우의 연속방정식은 다음과 같다.

$$h_1 V_{n1} = h_2 V_{n2} \tag{7-52}$$

파면에 직각방향의 운동량방정식은 다음과 같이 쓸 수 있다.

$$\rho g\, h_{G1} A_1 - \rho g\, h_{G2} A_2 = \rho g (V_{n2} - V_{n1})$$

여기서 $h_G = \dfrac{h}{2}$, $A = 1 \times h$, $q = A V_n = h V_n$이며, 이 관계를 사용하면

$$\frac{w}{2} h_1^2 + \frac{w}{g} h_1 V_{n1}^2 = \frac{w}{2} h_2^2 + \frac{w}{g} h_2 V_{n2}^2 \tag{7-53}$$

여기서 $V_{n1} = V_1 \sin\beta$, $V_{n2} = V_2 \sin(\beta - \theta)$이다.

식 (7-52)와 식 (7-53)에서 V_{n2}를 소거하면

$$V_{n1} = \sqrt{gh_1} = \sqrt{\frac{1}{2}\frac{h_2}{h_1}\left(1 + \frac{h_2}{h_1}\right)} \tag{7-54}$$

$F_{r1} = \dfrac{V_1}{\sqrt{gh_1}}$ 이라고 하면 충격파각은 다음과 같이 쓸 수 있다.

$$\sin\beta = \frac{1}{F_{r1}}\sqrt{\frac{1}{2}\frac{h_2}{h_1}\left(1 + \frac{h_2}{h_1}\right)} \tag{7-55}$$

이 식을 h_2/h_1에 대해서 풀면

$$\frac{h_2}{h_1} = \frac{1}{2}\left(-1 + \sqrt{1 + 8\,F_{r1}^{\;2}\sin^2\beta}\right) \tag{7-56}$$

이들의 식은 충격파 전후의 수심과 Mach 각의 관계를 표시하는 식이다.

그림 7-24에 있어서 충격파면에 연해서는 수심과 유속이 일정하므로 운동량의 변화는 없다. 즉,

$$\Sigma F = \rho g(V_{t2} - V_{t1}) = 0$$

에서

$$\left.\begin{aligned} V_{t2} &= V_{t1} \\ V_1\cos\beta &= V_2\cos(\beta - \theta) \end{aligned}\right\} \tag{7-57}$$

식 (7-52)와 식 (7-57)에서 V_2를 소거하면

$$\frac{h_2}{h_1} = \frac{\sin\beta\cos(\beta - \theta)}{\cos\beta\sin(\beta - \theta)} = \frac{\tan\beta}{\tan(\beta - \theta)} \tag{7-58}$$

식 (7-56)과 식 (7-58)을 같다고 놓으면

$$\frac{\tan\beta}{\tan(\beta - \theta)} = \frac{1}{2}\left(-1 + \sqrt{1 + 8\,F_{r1}^{\;2}\sin^2\beta}\right) \tag{7-59}$$

식 (7-59)는 수로의 측벽의 굴절각 θ와 충격파각 β, 그리고 Froude 수 F_{r1}과의 관계식이며, F_{r1}과 θ가 주어지면 β를 계산할 수 있고, 식 (7-58)에서 h_2/h_1을 계산할 수 있다.

이 계산을 쉽게 하기 위하여 Ippen은 **그림 7-25**와 같은 계산도표를 작성하였다[11]. 이 계산도표에는 θ, β, F_{r1}, F_{r2} 및 h_2/h_1의 5개의 변수가 포함되어 있으나 이 중에서 임의의 2개의 변수가 주어지면 다른 양은 쉽게 구할 수 있다.

수로측벽의 굴절각이 매우 작고 $h_1 \fallingdotseq h_2$로 놓을 수 있는 경우의 β를 β_0로 표시하면 식 (7-55)에서

$$\sin\beta_0 = \frac{1}{F_{r1}} = \frac{\sqrt{gh_1}}{V_1} \tag{7-60}$$

β_0는 식 (7-51)과 같으며, 이것은 Mach 각이다.

그림 7-26와 같이 수로측벽이 바깥쪽으로 굴절하는 경우는 각각의 파각은

$$\beta_1 = \sin^{-1}\frac{gh_1}{V_1}, \qquad \beta_2 = \sin^{-1}\frac{gh_2}{V_2}$$

와 같이 표시할 수 있고 두 직선 OA와 OB 사이에 있어서 수심이 h_1에서 h_2로 감소하게 된다.

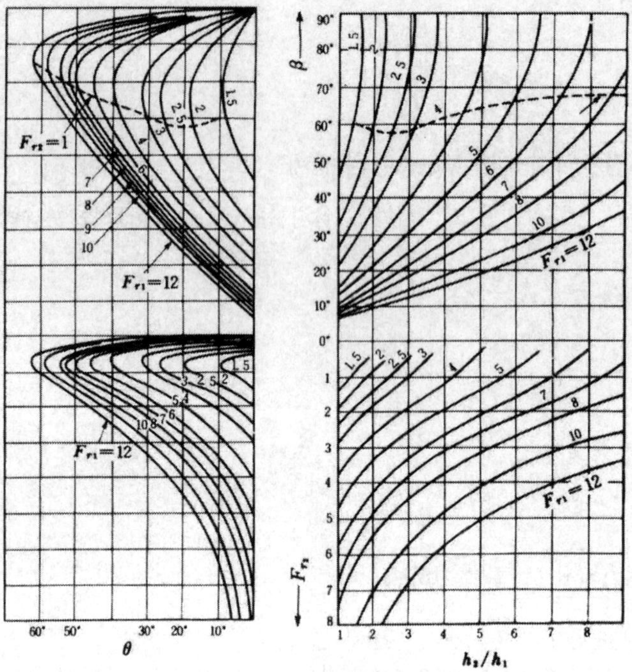

[그림 7-25] F_{r1}과 θ, β, h_2/h_1, F_{r2}와의 관계

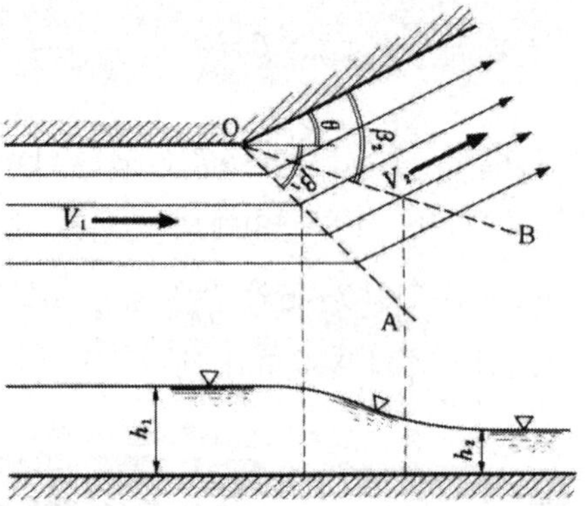

[그림 7-26] 부의 Mach 파

계산예 7-5

수심 30 cm 유속 8.5 m/sec의 사류가 흐를 때 $\theta = 20°$의 굴절벽에 의해서 생기는 충격파의 각 β와 대응수심 h_2를 구하여라. 단, 충격파의 하류 흐름도 사류라고 한다.

【해】 $h_1 = 0.3$ m, $V_1 = 8.5$ m/sec 이므로

$$F_{r1} = \frac{V_1}{\sqrt{gh_1}} = \frac{8.5}{\sqrt{9.8 \times 0.3}} = 4.95 \fallingdotseq 5$$

그림 7-25에서 $\theta = 20°$, $F_{r1} = 5$에 대한 하류의 Froude와 파각을 구하면

$$F_{r2} = 2.5, \qquad \beta = 30°$$

따라서

$$\frac{h_2}{h_1} = 3.0, \quad h_2 = 3 \times 0.3 = 0.9 \text{ m}$$

7.8.4 곡선수로의 사류

사류가 곡선수로의 측벽에 따라서 흐르는 경우는 굴절수로와는 달리 한 점에 있어서는 측벽의 변화각이 극히 작으며, $d\theta$로서 표시할 수 있다. 측벽에 연한 유속의 속도벡터가 $d\theta$만큼 변화하는 사이의 수면상승률을 dh라고 하면 dh는 다음과 같이 표시할 수 있다.*

$$dh = \frac{V^2}{g} \tan \beta \, d\theta \tag{7-61}$$

이 식을 비에너지 $H_e = h + V^2/2g = \text{const.}$의 조건으로 적분하면 다음과 같다.**

$$\theta = \sqrt{3} \tan^{-1} \sqrt{\frac{3h/2H_e}{1-3h/2H_e}} - \tan^{-1} \frac{1}{\sqrt{3}} \sqrt{\frac{3h/2H_e}{1-3h/2H_e}} - \theta_1 \tag{7-62}$$

이 식에 $3h/2H_e = 3/(2 + F_r^2)$을 대입하면

$$\theta = \sqrt{3} \tan^{-1} \frac{\sqrt{3}}{\sqrt{F_r^2 - 1}} - \tan^{-1} \frac{1}{\sqrt{F_r^2 - 1}} - \theta_1 \tag{7-63}$$

여기서 θ_1은 적분상수이며, 이것은 곡선의 시점, 즉 $\theta = 0$에 있어서의 수심 h가 h_1과 같다는 조건에서 정할 수 있다.

이와 같이 적분상류가 결정되면 식 (7-63)에서 θ와 벽면에 연한 Froude 수를 계산할 수 있다. 실제로 곡선벽에 따른 수면변화를 구하고자 할 때는 곡선벽을 $\Delta\theta$만큼 굴절하는 절선 이라고 생각하여 식 (7-62) 또는 식 (7-63)에서 각 $\Delta\theta$마다 수면상승고 Δh 또는 유속의 감소량 Δv를 계산한다. 이와 같이 흐름이 하나의 교란파면을 지난 후의 Froude 수를 구할 수 있고, 이것으로서 다음

* 식 (7-61)의 유도 방법은 부록 3 참조

** 식 (7-63)의 유도 방법은 부록 4 참조

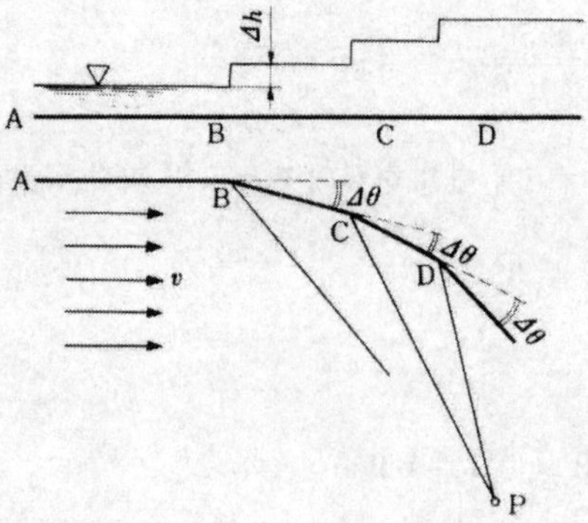

[그림 7-27] 연속적인 굴절에 의한 충격법

굴절점에 있어서의 Mach 각이 정해지며, 각 굴절점마다 교란파의 방향이 결정된다.

이 경우 수면상승고 Δh는 매우 작으므로 각 굴절점마다 충격파가 발생 하는 것은 아니고, 수위만 연속적으로 상승하고 **그림 7-27**에서 보는 바와 같이 이들의 교란파가 집중하는 곳에서 충격파가 된다. 이상의 계산에 있어서는 측벽이 수면의 안쪽으로 구부러진 경우 수위상승에 대해서 생각했으나 측벽이 바깥쪽으로 구부러진 경우는 수심은 점차적으로 낮아지고 (−)의 교란파가 생긴다.

7.8.5 곡선수로의 사류 반사파

곡선수로를 사류가 흐를 때는 **그림 7-28**과 같이 곡선의 시점 A에서 수면변동이 일어나기 시작하여 AM에 따라서 수위가 점차적으로 높아지고, 동시에 A_1에 있어서는 A점과는 반대로 부의 수면변동, 즉 수면저하의 교란파가 생기고, 이것이 A_1M_1에 따라서 점차적으로 수위가 저하된다. 앞 절에서 설명한 관계식은 반대쪽의 벽에 도달하는 점 M 및 M_1까지 적용할 수 있으나 그 이후는 교란파의 간섭이 일어난다.

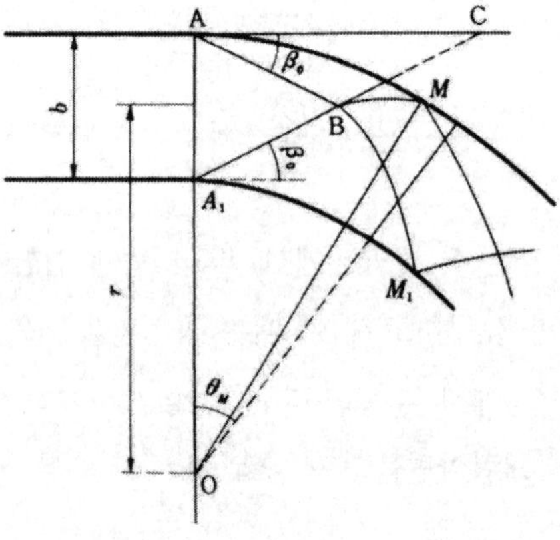

[그림 7-28] 곡선수로 충격법의 반사

수로폭 B, 곡률반경 r의 곡선수로에 있어서 간섭이 처음 일어나는 점 M의 위치를 Knapp는 다음과 같이 나타내고 있다[12].

$$\theta_M = \tan^{-1}\left\{\frac{B}{\left(r+\frac{B}{2}\tan\beta_0\right)}\right\} \tag{7-64}$$

여기서 β_0는 곡선시점 A의 Mach 각이며, 식 (7–57)에서 계산할 수 있다. A점에서 생긴 충격파와 A_1 점에서 생긴 충격파는 B에서 만나고 이것이 간섭하여 다시 벽면과 M에서 만나게 되는데, M에서 수위가 높아진다.

이 M의 수심을 Knapp는 다음 식으로 표시하였다.

$$h_M = \frac{V_0^2}{g}\sin^2\left(\beta_0 + \frac{\theta_M}{2}\right) \tag{7-65}$$

계산예 7-6

폭 2.5 m, 경사 1/40의 직사각형단면수로를 8 m^3/sec의 유량이 흐른다. 이 수로에 반지름 20 m, 중심각 45°의 곡선구간을 설치 하면 곡선부 벽의 높이를 얼마로 해야 할 것인가? 단, Manning의 평균유속공식의 조도계수를 n=0.014라고 한다.

【해】 우선 등류수심을 식 (6–78)에서 계산하면

$$A = Bh,\ S = B + 2h,\ R = \frac{Bh}{B+2h}$$

$$\frac{0.014 \times 8}{(1/40)^{1/2}} = 2.5\,h\left(\frac{2.5h}{2.5 \times 2h}\right)^{2/3}$$

$$0.71 = 2.5\,h\left(\frac{2.5h}{2.5 \times 2h}\right)^{2/3}$$

$$\therefore\ h_0 = 0.56\ \text{m}$$

한계수심은 $h_c = \sqrt{\dfrac{8^2}{9.8 \times 2.5^2}} = 1.02$ m

$h_c > h_0$이므로, 이 흐름은 사류이다.

$h_0 = h_1$이고, $V_1 = Q/Bh_1 = 8/2.5 = 5.71$ m/sec

$$F_{r1} = \frac{V_1}{\sqrt{gh_1}} = \frac{5.71}{\sqrt{9.8 \times 0.56}} = 2.44$$

벽면에 연한 수심은 식 (7-62)에서 계산할 수 있으나 이 식의 β_0는 식 (7-60)에서 계산하고, θ_M은 식 (7-64)에서 계산한다.

$$\beta_0 = \sin^{-1}\left(\frac{1}{F_{r1}}\right) = \sin^{-1}(0.4098) = 24°12'$$

$$\theta_M = \tan^{-1}\left\{\frac{2.5}{\left(20 + \frac{2.5}{2}\tan 24°12'\right)}\right\} = \tan^{-1} 0.2637 = 14°27'$$

$$h_M = \frac{5.71^2}{9.8}\sin^2\left(24°12' + \frac{14°27'}{2}\right) = 3.237 \times 0.274 \fallingdotseq 0.91\ \text{m}$$

연습문제

7-1. 다음 그림에 있어서 흐름 ①에서 흐름 ②로 변할 때의 수면곡선을 그림으로 표시하여라. 흐름 ①에서 흐름 ②로 변할 때의 수면곡선중에서 특히 명칭이 있으면 그 수면곡선명을 밝히고, 또 특이한 현상이 생기면 이것을 지적하여라.

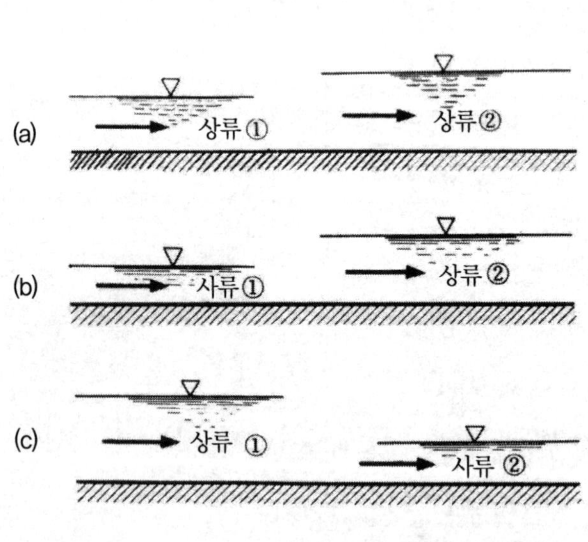

7-2. 그림과 같은 수로에 있어서 지배단면은 어느 곳인가?

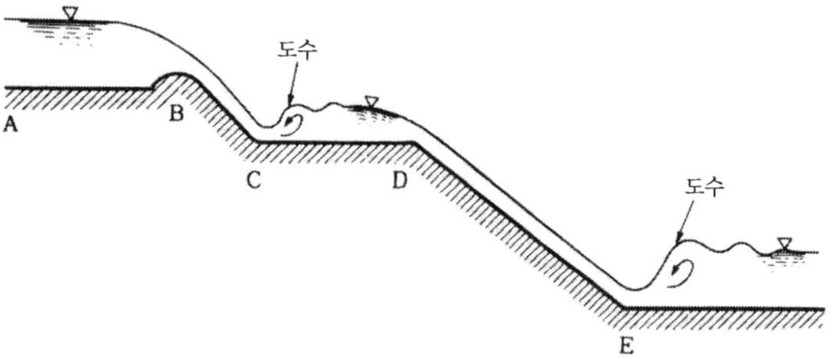

7-3. **【계산예 7–2】**의 수면곡선을 표준축차계산법으로 계산하여라.

7-4. 일정한 단면의 개수로에 있어서 수로경사가 다음 그림과 같이 변할 때의 수면곡선을 구하여라.

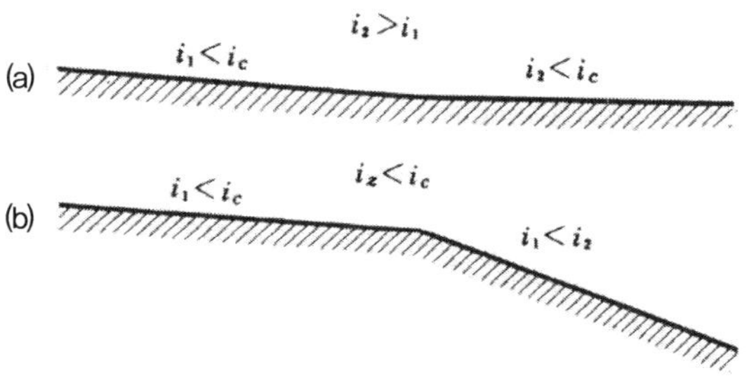

7-5. 수로폭이 수심에 비해서 매우 넓은 직사각형단면수로의 부등류 수면곡선을 Manning의 평균유속공식을 사용하여 구하면 다음 식과 같다.

$$\frac{dh}{dx} = \frac{1-(h_0/h)^3}{1-(h_c/h)^3}\, i_0$$

여기서 h는 x점의 부등류의 수심이고 h_0는 등류수심, h_c는 한계수심 그리고 i_0는 수로의 경사이다. 이 식을 사용하여 수로폭이 일정한 개수로부등류의 수면곡선을 상세히 설명하고, 이와 같은 수면곡선이 실제로 어떤 경우에 생기는가를 설명 하여라.

7-6. 수심 30 cm, 유속 8 m/s로 흐르는 사류가 $\theta = 20°$의 굴절벽에 의해서 충격파를 발생하고 있다. (1) Mach 각과 (2) 대응수심을 구하여라.

7-7. 수로폭 3 m, 경사 1/45의 직사각형수로를 9 m^3/sec 의 유량이 흐른다. 이 수로에 곡률반경 30 m, 중심각 45°의 곡선부를 설치하면 수로의 벽 높이를 얼마로 해야 할 것인가? 여기에 Manning의 평균유속공식의 조도계수를 $n = 0.025$ 라고 한다.

참고문헌

[1] B.A. Bakhmeteff : *Hydraulics of Open Channels*, p.82, McGraw Hill, 1932.

[2] 本間 安藝 共編 : 物部의 水理學, P. 252, 岩波書店, 東京, 1962.

[3] V.T. Chow : *Open Channel Hydraulics*, p. 252, McGraw Hill, 1982.

[4] 本間仁 : 水理學, p. 143, 丸善, 東京, 1967.

[5] S.M. Woodward and C.J. Posey : *Hydraulics of Steady Flow in Open Channels*, p. 94, John Wiley & Sons, 1955.

[6] 文獻(5)

[7] F. F. Escoffier : *Graphical Determination of Water Surface Profiles*, Proc, ASCE, Vol. 82, Hy.b, 1956.

[8] 村木嘉雄 : 開水路曲線部의 京部機構, 京都大學防災研究所 年報, 第8號, 1964.

[9] Knapp−Ippen : *High Velocity flow in open channel*(a Symposium), p. 1287−1385, Proc. of ASCE. Vol. 75, No. 9, 1949.

[10] A.T. Ippen : *Mechanics of supercritical flow*, Trans, of ASCE, Vol. 115, 1951.

[11] 文獻 (10), (11)

[12] 文獻 (10)

제8장

유체 속에 잠겨 있는 물체가 받는 유체력

우리들은 공기 속에 살고 있으며, 일상생활의 모든 면에 있어서 공기의 영향을 받는다. 공기뿐만 아니라 우리들은 물의 영향도 같이 받아가면서 현대사회에서 살아가고 있다. 공기 속을 나는 비행기, 대양을 항해하는 선박과 잠수함 등은 공기와 물의 저항력에 이길 수 있게 설계하여야 하고, 지상의 전주와 교량 그리고 대형 건축물은 태풍 때의 풍력에 견딜 수 있게 설계되어야 한다.

이와 같이 흐르는 유체 또는 움직이는 물체의 저항력은 우리들의 생활과 직접 관계가 있고, 비행기, 로케트처럼 속도가 빨라질수록 이 유체저항 문제는 그 중요성이 증가된다. 본장에서는 유체 속에 잠겨 있는 물체의 저항력에 대해서 논하기로 한다.

8.1 물체가 받는 유체력

흐르는 유체 속에 물체가 잠겨 있을 때 유체와 물체 사이에 상대적 운동이 있으면 물체는 유체에서 유체력을 받는다. 이 유체력은 흐름으로 인해서 생기는 압력변화와 마찰력이며, 이들의 합력 흐름방향의 성분을 항력(drag force)이라 하고, 흐름에 직각방향의 성분을 양력(lift force)이라 한다.

그림 8-1은 일정한 유속 V_0, 압력 p_0로 흐르는 유체속에 비행기의 날개 또는 수차의 날개가 놓여 있는 것을 나타낸다. 흐름이 날개 가까이 도달하면 유선이 변화하게 되고, 따라서 압력분포도 달라진다. 그림 (a)의 유선에서 알 수 있는 바와 같이 날개의 윗쪽 면의 압력이 p_0 보다 작고, 아래쪽 면의 압력은 p_0 보다 크다. 이 것은 날개에서 떨어진곳의 압력이 모두 p_0이므로 유선의 구부러진 형상에서 쉽게 알 수 있다. 날개 표면의 압력분포는 그림 (b)와 같이 된다. 날개 표면에 압력뿐만 아니라

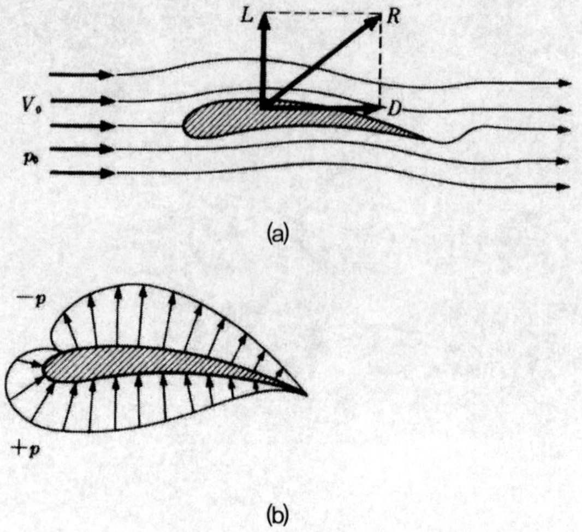

[그림 8-1] 날개에 작용하는 항력과 양력

마찰력도 작용한다.

날개 표면에 작용하는 압력과 마찰력의 합력을 R이라고 한다. R의 흐름 방향의 성분 D와 이에 직각방향의 성분 L이 각각 항력과 양력이다. 비행기는 이 양력 때문에 공중에 뜨게 되고, 수차는 회전하게 되는 것이다. 항력 중에는 압력에 의한 항력이 있고 마찰에 의한 항력이 있다. 전자를 압력항력(pressure drag), 후자를 마찰항력(frictional drag)이라고 한다.

마찰항력은 물체의 형상에 따라서 다르며 형상항력(form drag)이라고 할 때도 있다. 그리고 마찰항력은 물체표면의 마찰에 의한 것이며 표면항력(surface drag)이라고 할 때도 있다.

항력과 양력은 일반적으로 다음과 같이 표시한다.

$$D = C_0 A \frac{\rho V_0^2}{2} \tag{8-1}$$

$$L = C_L A \frac{\rho V_0^2}{2} \tag{8-2}$$

여기서,

C_D : 항력계수(coefficient of drag)

C_L : 양력계수(coefficient of lift)

ρ : 유체의 밀도

A : 물체를 흐름방향으로 투영한 투영면적

일반적으로 압력항력과 마찰항력을 명백히 구별하는 것은 매우 어려운 일이다. 엷은 평면과 같이 형상에는 별로 관계가 없는 경우는 주로 마찰항력이 작용한다고 생각하고, 평판에 직각방향으로 흐르는 경우의 항력 또는 구 등의 항력은 주로 형상항력에 의한 것으로 생각하면 된다.

8.2 마찰항력

마찰항력은 아주 얇은 평판이 일정한 유속으로 흐르는 흐름 속에 흐름 방향과 나란히 놓여 있을 때 작용하는 유체력을 구하면 알 수 있다.

그림 8-2와 같이 일정한 유속 V의 흐름 속에 흐름방향과 나란히 놓여 있는 평판을 생각한다. 평판 위에서는 유속이 0이고, 평판에서 떨어진 곳에서는 유속이 V이므로 일정한 구간 δ 사이는 유속이 V로부터 0으로 변화한다. 유속이 변화하는 구간 δ는 평판의 선단에 있어서 0이고, 하류에 갈수록 크게 한다. 실제로 δ는 매우 엷은 층이며, 이 엷은 층 내의 유속변화에 의한 마찰이 생기는 것이다. 이 층을 특히 경계층(boundary layer)이라고 한다. 평판의 마찰력은 경계층 내의 속도경사에 의해서 생기고, 그 크기는 경계층의 특성에 따라서 결정된다.

경계층에는 층류경계층(laminar boundary layer)과 난류경계층(turbulent boundary layer)이 있다. **그림 8-2** (a)와 같이 평판의 선단에서 경계층이 점차적으로 발달하여 한 점에서 경계층의 두께가 갑자기 커져 과도영역을 거쳐서 난류경계층으로 바뀌게 된다. 난류경계층내의 흐름은 난류이지만 평판에 아주 가까운 층에는 유속이 매우 낮은 층류층이 형성된다. 이 엷은 층류층을 층류저층

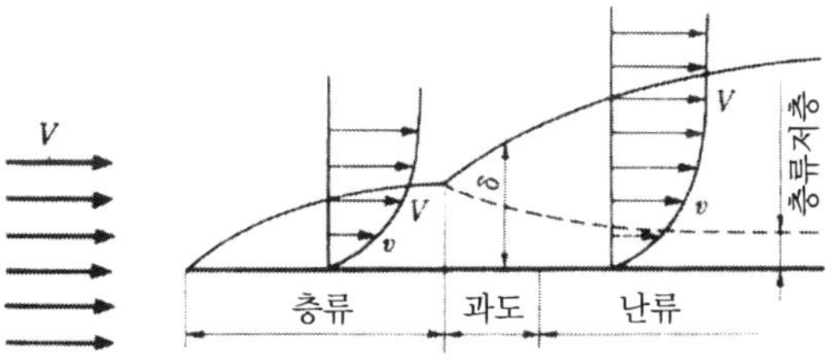

(a)

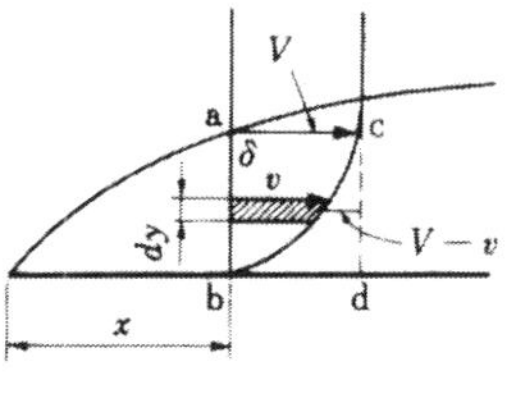

(b)

[그림 8-2] 경계층의 설명도

(laminar sublayer)이라고 한다.

그림에 있어서 평판의 폭을 b, 선단으로부터 x점의 경계층의 두께를 δ, 이 점에 있어서 평판으로부터 y점의 유속을 v라고 한다. 일정한 유속 V_0를 가진 흐름이 평판의 마찰에 의해서 유속이 그림 (b)의 b, c, d 부분과 같이 감소되었으므로 흐름이 가진 운동량이 b, c, d 부분만큼 작아졌다. 즉, 유체의 밀도를 ρ라고 하면 이 운동량의 차는

$$\rho b \int_0^\delta v(V_0 - v)dy$$

이고, 이것은 x 사이의 평판의 마찰저항 D_f와 같을 것이다.

$$D_f = \rho b \int_0^\delta v(V_0 - v)dy \tag{8-3}$$

경계층 내의 유속분포를 알면 식 (8-3)에서 마찰저항을 구할 수 있다. 지금 유속분포를 일반적으로 다음과 같이 놓는다.

$$v = V_0 f\left(\frac{y}{\delta}\right), \quad \frac{v}{V_0} = f\left(\frac{y}{\delta}\right) = f(\eta) \tag{8-4}$$

$$\eta = y/\delta$$

$$\eta = \frac{y}{\delta} \text{에서 } dy = \delta d\eta$$

그리고 $y \rightarrow \delta$까지 적분한다는 것은 결국 $\eta = 1$까지 적분하는 것과 동일하다.

$$D_f = \rho b \int_0^\delta v(V_0 - v)dy = \rho b \int_0^1 V_0 f(\eta)[V_0 - V_0 f(\eta)]\delta d\eta$$

$$= \rho b V_0^2 \delta \int_0^1 f(\eta)[1 - f(\eta)]d\eta = \rho b V_0^2 \delta \alpha \tag{8-5}$$

$$\alpha = \int_0^1 f(\eta)[1 - f(\eta)]d\eta$$

여기서 α는 경계층의 유속분포가 주어지면 계산할 수 있다.

다음에 평판의 선단으로부터의 거리 x점에 있어서 마찰응력을 τ_0라고 하면 이 점의 미소면적 dbx 부분에 작용하는 마찰저항은

$$dD_f = \tau_o b\, dx$$

이고 식 (8-5)를 고려하면

$$\tau_o = \frac{d\, D_f}{b\, dx} = \frac{1}{b} \frac{d}{dx} (\rho b V_0^2 \delta \alpha)$$

이 식에 있어서 δ 이외에는 모두 x와 독립적인 양이므로

$$\tau_o = \rho b V_0^2 \alpha \frac{d\delta}{dx} \tag{8-6}$$

식 (8–5)와 함께 식 (8–6)에서 경계층의 마찰응력을 계산할 수 있다.

8.3 층류경계층

앞 절에서 설명한 바와 같이 평판의 마찰항력과 마찰응력은 경계층의 두께와 유속분포가 주어지면 계산할 수 있다. 다음에는 층류경계층에 대해서 생각해 보기로 한다. 층류가 흐를 때의 마찰응력은 점성에 의한 유체의 변형 때문에 생기는 것이며, 식 (1–15)로 표시된다. 이 식에 있어서 $\eta = \frac{y}{\delta}$의 관계를 고려하면 $dy = \delta d\eta$에서

$$\tau_o = \mu \frac{dv}{dy} = \frac{\mu}{\delta} \frac{dv}{d\eta}\bigg|_{\eta=0}$$

그리고 $v = V_0 f(\eta)$의 관계에서

$$\frac{dv}{d\eta} = V_0 \frac{df(\eta)}{d\eta}$$

$$\tau_o = \frac{\mu}{\delta} \frac{df(\eta)}{d\eta}\bigg|_{\eta=0} = \frac{\mu V_0 \beta}{\delta} \tag{8-7}$$

여기서

$$\beta = \frac{df(\eta)}{d\eta}\bigg|_{\eta=0} \tag{8-8}$$

이며 β는 유속분포에 따라서 정해지는 무차원수이다. 식 (8–6)과 식 (8–7)의 τ_o은 같으므로

$$\delta\, d\delta = \frac{\mu\beta}{\rho V_0 \alpha} = dx \tag{8-9}$$

식 (8–9)가 경계층의 두께를 결정하는 미분방정식이다. 이 식을 적분하면

$$\frac{\delta^2}{2} = \frac{\mu\beta}{\rho V_0 \alpha} x + C$$

여기서 $x = 0$에 있어서 $\delta = 0$이므로 $C = 0$이다.

$$\delta = \sqrt{\frac{2\mu\beta x}{\rho V_0 \alpha}} = \sqrt{\frac{2\beta}{\alpha}} \frac{x}{\sqrt{R_e}} \tag{8-10}$$

$$R_e = \frac{V_0 x}{\nu}$$

식 중 R_e는 Reynolds 수이다. 관수로의 경우는 관의 지름을 규준의 길이로 한 Reynolds 수가 사용되었으나, 여기서는 규준의 길이를 평판의 선단에서의 거리 x를 사용한 Reynolds 수라는 것에 주의해야 한다.

식 (8–10)에서 경계층의 두께를 구하기 위하여 층류의 속도분포를 다음과 같이 놓는다.

$$v = v_{max}\left(1 - \frac{r^2}{a^2}\right)$$

여기서 v_{max}는 관 중심축의 유속이며 $v_{max} = V_0$이고, r는 평판으로부터의 거리, a는 평판으로부터 V_0까지의 거리이며 $a = \delta$이다. $r = \delta - y$로 놓으면

$$v = V_0\left(2\frac{y}{\delta} - \frac{y^2}{\delta^2}\right) \tag{8-11}$$

$$f(\eta) = \frac{v}{V_0} = \left(2\frac{y}{\delta} - \frac{y^2}{\delta^2}\right)$$

$$f(\eta) = 2\eta - \eta^2 \tag{8-12}$$

이와 같이 경계층 내의유속분포가 결정되면 α와 β를 계산할 수 있다. 식 (8–5)에서

$$\alpha = \int_0^1 f(\eta)[1 - f(\eta)]d\eta = \int_0^1 \eta(2-\eta)\,[1 - \eta(2-\eta)]d\eta = \frac{2}{15}$$

식 (8–8)에서

$$\beta = \left.\frac{df(\eta)}{d\eta}\right|_{\eta=0} = (2 - 2\eta)_{\eta=0} = 2$$

경계층의 두께는 식 (8–10)에서

$$\delta = \sqrt{\frac{2\beta}{\alpha}}\frac{x}{\sqrt{R_e}} = 5.48\frac{x}{\sqrt{R_e}} \tag{8-13}$$

마찰응력은 식 (8–7)에서

$$\tau_o = \frac{\mu V_0 \beta}{\delta} = \frac{2\mu V_0}{5.48\dfrac{x}{\sqrt{R_e}}} = 0.365\frac{\mu V_0}{x}\sqrt{R_e} \tag{8-14}$$

길이 x, 폭 b인 평판의 한 쪽 면에 작용하는 마찰항력은 다음과 같다. 식 (8–5)에서

$$D_f = \rho b V_0^2 \frac{5.48x}{\sqrt{R_e}}\frac{2}{15} = \frac{1.46}{\sqrt{R_e}}\,bx\frac{\rho V_0^2}{2} = C_f A \frac{\rho V^2}{2} \tag{8-15}$$

여기서

$$C_f = \frac{1.46}{\sqrt{R_e}}, \quad A = bx \tag{8-16}$$

식 (8–15)는 식 (8–1)과 같은 형이며, 마찰항력만을 생각하면 $C_f = C_D$이다. 결국 식 (8–16)에서 아는 바와 같이 마찰항력계수는 Reynolds 수의 함수라는 것을 알 수 있다. 식 (8–15)는

$$R_e < 5 \times 10^5$$

의 범위에서 성립된다고 한다[1], [2].

Blasius는 층류경계층 $R_e < 5 \times 10^5 \sim 5 \times 10^6$의 범위에 대하여 다음 식을 제안하였다[3].

$$C_f = \frac{1.328}{\sqrt{R_e}} \tag{8-17}$$

계산예 8-1

길이 50 cm, 폭 50 cm의 얇은 평판이 글리세린 속에서 30 cm/sec의 속도로 움직이는 경우 평판의 마찰항력을 계산하여라. 또 이때의 경계층의 두께를 구하여라. 여기서 글리세린의 동점성계수는 $\nu = 6.18\ \text{cm}^2/\text{sec}$이고 비중은 1.26이다.

【해】 Reynolds 수 $R_e = \dfrac{50 \times 30}{6.18} = 242.7 < 5 \times 10^5$

이 경우는 층류라고 할 수 있다.
식 (8–16)에서

$$C_f = \frac{1.46}{\sqrt{R_e}} = \frac{1.46}{\sqrt{242.7}} = 0.093$$

평판의 양면에 작용하는 마찰항력을 식 (8–15)에서 구하면

$$D_f = 2\, C_f\, A\, \frac{\rho V_0^2}{2} = 2 \times 0.093 \times 50 \times 50 \times \frac{1}{2} \times \frac{1.26}{980} \times 30^2$$
$$= 269.04\ \text{gr} = 0.27\ \text{kg}$$

경계층의 두께는 식 (8–13)에서

$$\delta = \sqrt{\frac{2\beta}{\alpha}}\,\frac{x}{\sqrt{R_e}} = \sqrt{\frac{2 \times 2}{\frac{2}{15}}}\,\frac{50}{\sqrt{242.7}} = 17.59\ \text{cm}$$

8.4 난류경계층

난류의 속도분포는 **그림 8-3**과 같이 층류와는 달리 벽면 부근에서 속도경사도가 크므로 마찰응력도 층류보다 크게 된다. 이 경우는 순수한 점성변화에 의한 마찰응력식 (8-17)에서 벽면의 마찰력을 구할 수는 없는 것이다. 난류에 대해서는 일반적인 마찰손실계수를 표시하는 식 (5-11)에서 τ_0를 구하는 것이 타당할 것이다. 식 (5-11)에서

$$\tau_o = f\frac{\rho V_m{}^2}{8} \tag{8-18}$$

여기서 V_m은 관의 평균유속이다. 관의 유속분포에서 아는 바와 같이 경계층의 두께는 관의 반지름과 같고 경계층 밖의 유속은 관축의 유속 v_{max}과 같다. 관축의 유속과 평균유속 V와의 관계는 실험에 의하면 다음과 같다[4].

$$v_{max} = (1.22 \sim 1.25)\,V$$

여기서 평균치를 취하여

$$v_{max} = 1.235\,V \tag{8-19}$$

를 사용하기로 한다.

식 (8-18)의 마찰손실계수 f는 Blasius의 식 (5-18)을 사용하고 식 (8-19)를 고려하면 마찰응력을 다음과 같이 쓸 수 있다.

$$\tau_o = \frac{0.316}{R_e{}^{1/4}}\frac{\rho V_0^2}{8} = \frac{0.023\,\rho V_0^2}{R_e{}^{1/4}} \tag{8-20}$$

위 식과 식 (8-6)은 같으므로

$$\rho V_0^2\,\alpha\frac{d\delta}{x} = \frac{0.023\,\rho V_0^2}{R_e{}^{1/4}} \tag{8-21}$$

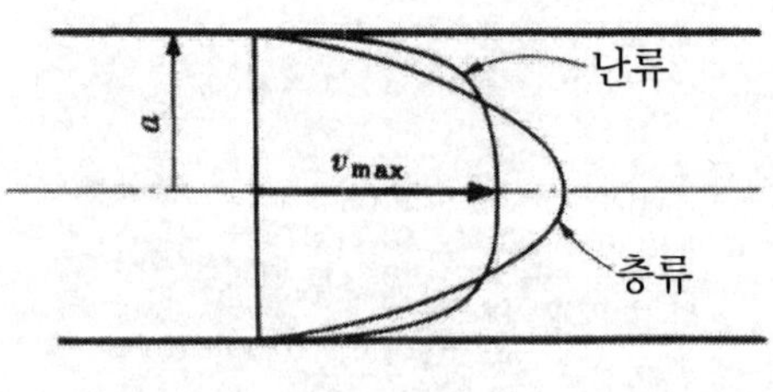

[그림 8-3]

이 식을 $x = 0$에 있어서 $\delta = 0$의 조건으로 적분하면

$$\delta = \left(\frac{0.0287}{\alpha}\right)^{4/5} R_e^{-1/5}\, x \tag{8-22}$$

식 (8-22)로 표시된 경계층의 두께는 유속분포가 주어지면 계산할 수 있다. 지금 난류의 유속분포에 Prandtl–Kármán의 식

$$v = v_{max}\left(\frac{y}{\delta}\right)^{1/7} = v_{max}\,\eta^{1/7} \tag{8-23}$$

을 사용하면 α는 다음과 같다.

$$\alpha = \int_0^1 f(\eta)[1 - f(\eta)]d\eta = \int_0^1 \eta^{1/7}(1 - \eta^{1/7})d\eta = \frac{7}{72}$$

따라서 경계층의 두께는 식 (8-22)에서

$$\delta = \left(\frac{0.0287}{\frac{7}{12}}\right)^{4/5} xR_e^{-1/5} = 0.378\, xR_e^{-1/5} \tag{8-24}$$

마찰항력은 식 (8-5)에서

$$D_f = \rho b\, V_0^2\, \alpha\delta = \rho b\, V_0^2\,(0.375\, xR_e^{-1/5})\,\frac{7}{72}$$

$$= (0.0734\, R_e^{-1/5})bx\,\frac{\rho V_0^2}{2} = C_f A\,\frac{\rho V_0^2}{2} \tag{8-25}$$

여기서

$$C_f = 0.0734\, R_e^{-1/5} \tag{8-26}$$

$$A = bx$$

식 (8-25)는 $R_e < 10^7$에 대하여 적용할 수 있다. C_f에 대하여 Schlichting은 다음의 실험식을 제안하고 있다[5].

$$C_f = \frac{0.455}{(\log_{10} R_e)^{2.58}} \tag{8-27}$$

마찰항력계수와 Reynelds 수의 관계를 그린 것이 **그림 8-4**이다. 이 그림에는 여러 사람들의 실험치도 기입되어 있다[6].

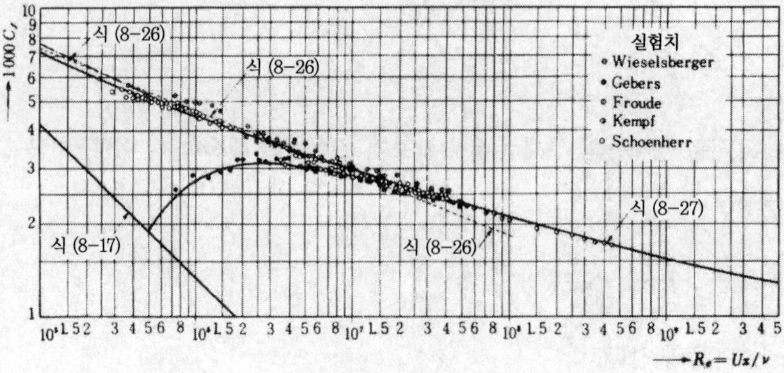

[그림 8-4] 마찰항력계수

계산예 8-2

길이 10 m, 높이 3 m, 폭 2.5 m의 trailer가 80 km/hr의 속도로 달릴 때 한 쪽 측면(10 m × 3 m면)의 표면항력을 구하여라. 그리고 이 면의 경계층 두께와 trailer 후단의 마찰응력을 구하여라. 여기서 공기는 $\nu = 0.15\ \mathrm{cm^2/s}$, $\rho = 0.122\ \mathrm{kg\text{-}s^2/m^4}$이다.

【해】 $V_0 - 80\ \mathrm{km/hr} = 80 \times 1000/3600 = 22.22\ \mathrm{m/sec}$

$$R_e = \frac{xV_0}{\nu} = \frac{10 \times 100 \times 22.22 \times 100}{0.15} = 1.47 \times 10^7$$

이 흐름의 Reynolds 수가 10^7보다 크므로, 이 흐름은 난류이며 식 (8–27)에서 마찰항력계수를 구할 수 있다.

$$C_f = \frac{0.455}{(\log_{10} R_e)^{2.58}} = \frac{0.455}{(\log_{10} 1.47 \times 10^7)^{2.58}} = 0.0028$$

마찰항력을 식 (8–25)에서 계산하면

$$D_f = C_f A \frac{\rho V_0^2}{2} = 0.0028 \times 10 \times 3 \times \frac{0.122 \times 22.22^2}{2} = 0.25\ \mathrm{kg}$$

trailer 뒤 끝단의 경계층의 두께는 식 (7–24)에서 구한다.

$$\delta = 0.378\, xR_e^{-1/5} = 0.378 \times 10 \times (1.47 \times 10^7)^{-1/5} = 0.141\ \mathrm{m}$$

tailer 끝단의 마찰력은 식 (8–20)에서

$$\tau_0 = \frac{0.023\, \rho V_0^2}{R_e^{1/4}} = \frac{0.023 \times 0.122 \times 22.22^2}{(1.47 \times 10^7)^{1/4}} = 0.023\ \mathrm{kg/m^2}$$

8.5 압력항력

일반적인 물체에 대해서는 마찰항력과 압력항력을 엄격히 구별하기가 어렵고, 실제로 구별해서 측정할 수도 없다. 그러나 **그림 8-5** (a), (b)와 같이 평판의 직각방향으로 물체가 흐를 때는 마찰항력이 매우 작고 압력항력이 크게 된다. 구 주위 흐름의 경우도 그림 (c)와 같이 Reynolds 수가 매우 작은 경우는 주로 마찰항력이 작용하고 그림 (d)와 같이 Reynolds 수가 큰 흐름의 경우는 마찰항력에 비해서 압력항력이 매우 크게 된다.

그림 (d)의 경우는 유선이 물체표면에서 떨어지는 박리점이 생기고 이보다 하류는 후류(wake)가 생긴다. 유선이 물체표면에서 박리점의 안쪽과 주류와의 경계면에는 유속의 불연적면이 생기고, 불연적면 부근에는 와(eddy)의 발생에 따라 유체저항을 증가시키는 압력분포가 된다. 이와 같이 유선이 물체 표면에서 박리되든가 유속의 불연적면이 생기는 경우는 수류의 일반적인 해석법을 적용할 수가 없다. 그림 (d)와 같은 경우는 표면항력보다 압력항력이 매우 크게 되며, 운동량의 법칙을 적용하여 압력항력을 구할 수 있다.

그림 8-6과 같이 균일한 흐름 속에 구가 있는 경우의 압력항력을 구하는 문제를 생각한다. 유선은 물체 표면의 한 점에서 박리되어 이 박리된 영역이 흐름과 함께 그림의 점선처럼 확산된다. 이 점선의 내부를 후류라고 한다. 그림과 같이 검사면 11′2′2를 설정하고 이 검사면을 유출입하는 운동량을 생각하면 다음과 같다. 검사면을 구에 비하여 충분히 넓게 하면 11′ 단면의 유속은 균일하고 V_0이다. 따라서 미소면적 dA에서 유입하는 유량은 $V_0\,dA$이고 운동량은 $\rho V_0^2\,dA$이다.

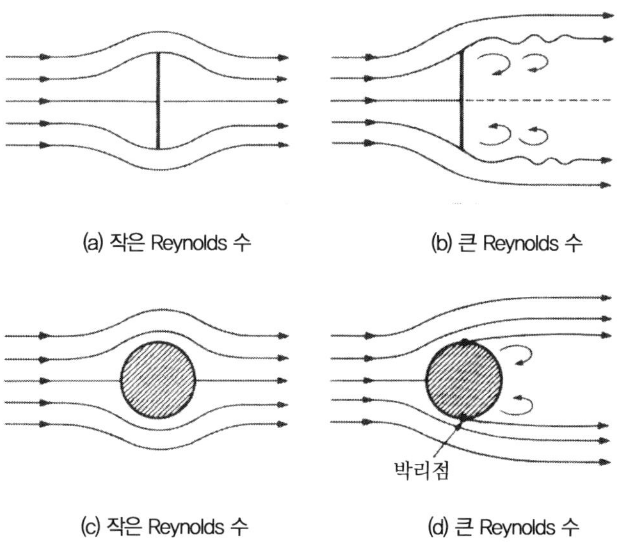

[그림 8-5] 물체 주위의 흐름과 박리

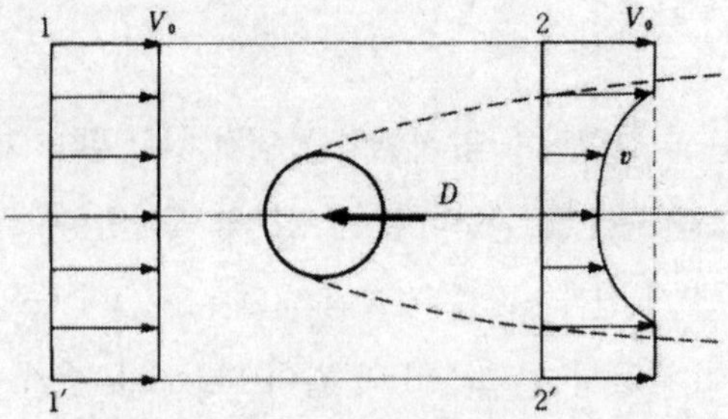

[그림 8-6] 후류의 확산과 유속분포

다음에 단면 22′의 유속은 균일하지 않고 일반적으로 $v(x, y)$이다. 22′ 단면에서 유출하는 유량도 $V_0\,dA$이며 따라서 운동량의 차는 다음과 같다.

$$\int_2 \rho V_0\, dA(V_0 - v)$$

단면 11′의 압력은 $\int_1 p\,dA$이고, 단면 22′의 압력은 $\int_2 p\,dA$, 그리고 구가 유체에 작용하는 힘을 D라고 하면 이 검사면에 작용하는 합력은

$$\Sigma F = \int_1 p\,dA - \int_2 p\,dA - D$$

결국 검사면 11′2′2 면에 운동량방정식을 적용하면 $\Sigma F = \dfrac{m}{\Delta t}(V_2 - V_1)$에서

$$\int_1 p\,dA - \int_2 p\,dA - D = \int_1 \rho\, V_0(V_0 - v)dA$$

지금 단면 11′와 22′의 압력을 같다고 하면

$$-D = \rho \int_2 V_0(V_0 - v)dA \tag{8-28}$$

유체가 구에 미치는 힘은 **그림 8-6**에 있어서 반대방향으로 작용한다.

식 (8-1)을 고려하면

$$D = C_D\, A\, \frac{\rho V_0^2}{2} = \rho \int_2 V_0(V_0 - v)dA$$

$$= \left[\, \frac{2}{V_0^2 A} \int V_0(V_0 - v)dA \,\right] A\, \frac{\rho V_0^2}{2} = C_D\, A\, \frac{\rho V_0^2}{2} \tag{8-29}$$

$$C_D = \frac{2}{V_0^2 A} \int V_0(V_0 - v)dA \tag{8-30}$$

여기서 A는 물체를 흐름방향에 직각인 면에 투영한 면적이다. 식 (8-30)에서 아는 바와 같이 형상항력계수 C_D는 $(V_0 - v)$, 즉 후류의 형상에 따라서 변화한다. 앞에서도 설명한 바와 같이 그림 (d)와 같이 Reynolds 수가 크고 유선이 물체 표면에서 박리되는 경우의 후류는 이론적으로 해석할 수 없으므로 C_D는 실험에서 구할 수밖에 없는 것이다. C_D를 Reynolds 수의 함수로 하여 실험에서 구한 것이 **그림 8-7, 8-8**이다. **그림 8-7**은 3차원물체에 대한 것이고, **그림 8-8**은 2차원물체에

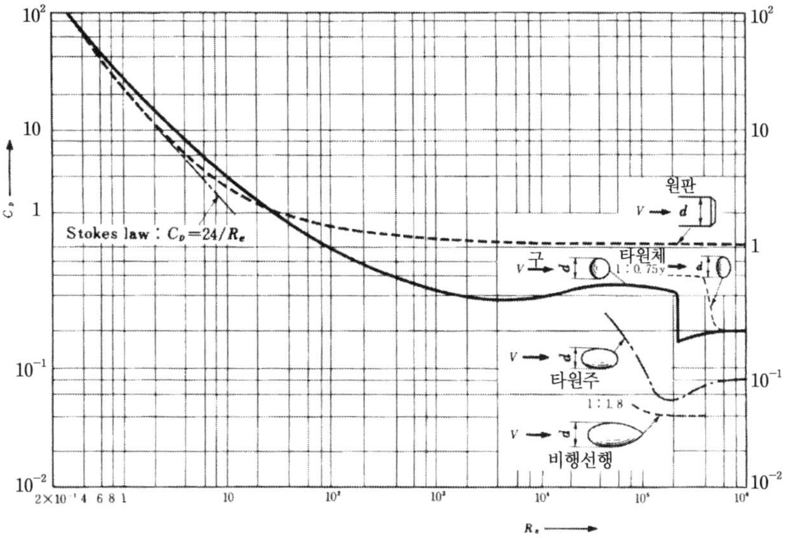

[그림 8-7] 3차원물체의 항력계수

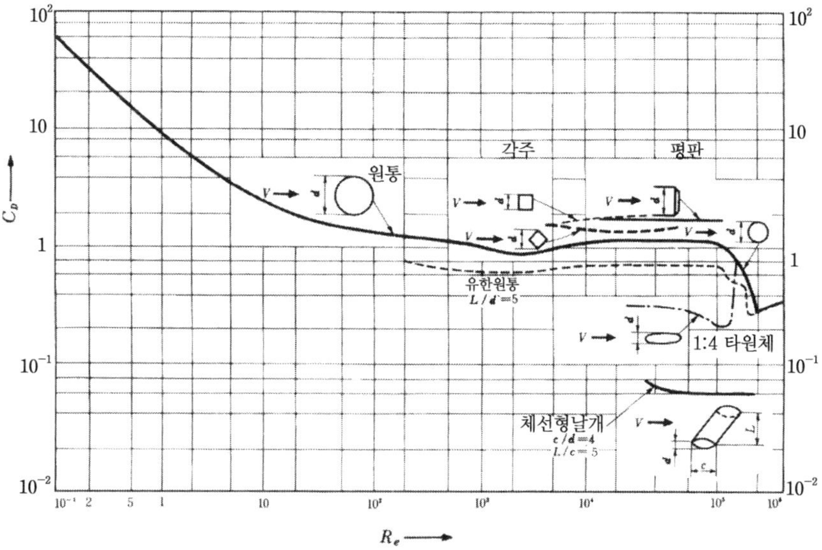

[그림 8-8] 2차원물체의 항력계수

대한 것이다. 이 경우 Reynolds 수의 기준의 길이는 모두 그림의 d를 사용한다.

8.6 Stokes의 법칙

그림 8-5 (c)와 같이 Reynolds 수가 작은 경우 $\left(\frac{dV}{\nu} < 1\right)$는 구에는 마찰항력 또는 점성변형저항력이 주로 작용한다. Stokes는 작은 Reynolds 수에 대하여 Navier–Stokes의 운동방정식을 풀어서 유속 V_0의 흐름 속에 놓여 있는 지름 d 구의 항력을 다음과 같이 구하였다.

$$D = 3\pi \mu d V_0 \tag{8-31}$$

여기서 μ는 유체의 점성계수이다. 이 식은 층류 속 구의 저항력에 대한 식이며 이것을 Stokes의 법칙이라고 한다.

식 (8–31)을 고쳐 쓰면

$$D = 3\pi \mu d V = \frac{24}{R_e} A \frac{\rho V^2}{2} = C_D A \frac{\rho V^2}{2} \tag{8-32}$$

$$C_D = \frac{24}{R_e}, \quad A = \frac{\pi}{4} d^2, \quad R_e = \frac{Vd}{\nu}$$

식 (8–32)에서 아는 바와 같이 층류 속 구의 항력계수는 Reynolds 수만의 함수이다. 대략 R_e가 1보다 작은 흐름은 층류라고 할 수 있다.

계산예 8-3

10°C의 정수 중에서 지름 30 cm, 길이 10 m의 원주가 축과 직각방향으로 2 m/sec로서 움직일 때의 저항력을 구하여라.

【해】 $\rho = \frac{w}{g} = 1/980 = 0.001$ gr–s²/cm⁴

$\nu = 0.013$ cm²/sec라고 하면

$$R_e = \frac{Vd}{\nu} = \frac{200 \times 30}{0.013} = 4.62 \times 10^5$$

그림 8–8에서 $R_e = 4.61 \times 10^5$에 대한 C_D는

$$C_D = 1.3$$

$$\therefore D = C_D A \frac{\rho V^2}{2} = 1.3 \times 30 \times 1000 \times \frac{0.001 \times 200^2}{2} = 7.8 \times 10^5 \text{ gr} = 780 \text{ kg}$$

8.7 침강속도 또는 구 지름의 직접계산법

유체 속에 잠겨 있는 물체의 항력은 식 (8-1) 또는 식 (8-29)에서 계산 할 수 있으나 **그림 8-7** 또는 **그림 8-8**에서 아는 바와 같이 항력계수는 Reynolds 수의 함수이다. 만일 유체의 밀도 ρ, 유속 V, 점성계수 μ 및 물체의 크기 d가 주어진다면 Reynolds 수를 결정할 수 있고, **그림 8-7** 또는 **그림 8-8**에서 항력계수를 구하여 항력도 계산할 수 있다.

물체의 저항문제로 실제 일어날 수 있는 문제는 다음과 같다.

(1) 물체의 크기(d)와 유체의 성질(ρ, μ)을 주어서 물체의 속도 또는 유체의 속도를 구하는 문제

(2) 유체의 속도 또는 물체의 속도와 유체의 성질을 주어서 물체의 크기를 구하는 문제

한 예로서 물체가 정수 중을 침강하는 경우 또는 침강속도를 측정하여 물체의 크기 d를 구하고자 할 때, 두 경우 모두 항력계수 C_D를 구할 필요가 있다. C_D는 **그림 8-7** 또는 **그림 8-8**에서 구하게 되는데, 이것은 Reynolds 수를 알아야 한다. Reynolds 수에는 침강속도와 물체의 크기가 모두 포함되어 있어 Reynolds 수를 결정할 수가 없으므로, 결국 C_D를 구할 수 가 없는 것이다.

따라서 **그림 8-7** 또는 **그림 8-8**을 사용할 때는 속도 또는 물체의 크기를 가정하고 다음에 이 속도 또는 물체의 크기에 대한 항력계수를 결정하여 이것을 계산하든가, 또는 계산한 속도 또는 물체 크기의 값이 가정치와 같을 때까지 되풀이 계산하는 시산법을 사용해야 한다. 그러나 다음과 같이 식 (8-1) 또는 식 (8-29)를 변형하여 도표를 그려 놓으면 이와 같은 시산법을 쓰지 않아도 항력을 직접 구할 수 있다[7].

지름이 d인 구가 밀도 ρ의 유체 속을 유속 V로서 침강하는 경우를 생각한다. 이때의 구의 항력은

$$D = C_D \frac{\pi d^2}{4} \frac{\rho V^2}{2}$$

이고 물체의 유체 중의 무게는

$$W = (\rho_s - \rho) g \frac{\pi d^3}{6}$$

이다. 여기서 ρ_s는 구의 밀도이다. 구가 등속도로 침강하는 경우는 $D = W$이므로

$$C_D \frac{\pi d^2}{4} \frac{\rho V^2}{2} = (\rho_s - \rho) g \frac{\pi d^3}{6}$$

$$\therefore V = \sqrt{\frac{4}{3} \frac{d}{C_D} \frac{(\rho_s - \rho)}{\rho} g} \tag{8-33}$$

식 (8−33)을 변형하면

$$V^2 = \frac{4}{3}\left(\frac{\rho_s}{\rho} - 1\right)\frac{g}{C_D}d$$

$$R_e^{\ 2} = \frac{4}{3}\frac{d^2}{\nu^2}\left(\frac{\rho_s}{\rho} - 1\right)\frac{g}{C_D}d$$

$$\sqrt{\frac{3}{4}}R_e\sqrt{C_D} = \left(\frac{\rho_s}{\rho} - 1\right)^{1/2}\frac{1}{\nu}d^{3/2}g^{1/2}$$

여기서 $R_e = \dfrac{Vd}{\nu}$ 이다.

위 식에 있어서

$$R_s \equiv \left(\frac{\rho_s}{\rho} - 1\right)^{1/2}\frac{1}{\nu}d^{3/2}g^{1/2} \tag{8-34}$$

으로 놓으면

$$\sqrt{\frac{3}{4}}R_e\sqrt{C_D} = R_s \tag{8-35}$$

다음에 식 (8−33)의 양변에 $\sqrt{\dfrac{V}{\nu}}$를 곱해서 변형하면

$$\frac{V^{3/2}}{\nu^{1/2}} = \left(\frac{4}{3}\right)^{1/2}\left(\frac{\rho_s}{\rho} - 1\right)^{1/2}\left(\frac{g}{C_D}\right)^{1/2}R_e^{1/2}$$

$$\frac{V^{3/2}}{\left[\nu\left(\dfrac{\rho_s}{\rho} - 1\right)g\right]^{1/2}} = \left(\frac{4}{3}\right)^{1/2}R_e^{1/2}\frac{1}{C_D^{\ 1/2}}$$

이 식의 좌변을 R_w라고 하면

$$R_w \equiv \frac{V^{3/2}}{\left[\nu\left(\dfrac{\rho_s}{\rho} - 1\right)g\right]^{1/2}} \tag{8-36}$$

$$\therefore\ R_w = \sqrt{\frac{4}{3}}\sqrt{R_e}\ \frac{1}{\sqrt{C_D}} \tag{8-37}$$

식 (8−35)와 식 (8−37)에서 R_e를 소거하면

$$R_w = \left(\frac{4}{3}C_D\right)^{3/4}R_s^{1/2} \tag{8-38}$$

식 (8−38)의 R_w는 침강속도 V만의 함수이고, R_s는 구의 지름 d만의 함수이다. Reynolds 수가 주어지면 **그림 8−7**에서 C_D를 구할 수 있고, 식 (8−34)와 식 (8−37)에서 R_s와 R_w를 계산할 수 있

다. 이와 같이 하여 Reynolds 수에 대한 R_s, R_w의 관계 곡선을 그릴 수 있다. 이와 같이 그린 곡선이 **그림 8–9**이다. 이 그림을 이용하면 구의 지름 d를 주어서 침강속도 V를 구할 수도 있고, 침강속도 V를 측정하여 지름 d를 직접 구할 수도 있다.

특히 Stokes의 법칙이 성립되는 범위는 $C_D = 24/R_e$이므로 식 (8–35)에서 R_s와 R_w는 다음과 같이 쓸 수 있다.

$$\sqrt{\frac{4}{3}R_e\sqrt{\frac{24}{R_e}}} = R_s \tag{8-39}$$

그리고 식 (8–37)에서

$$R_w = \sqrt{\frac{4}{3}}\ \sqrt{R_e}\ \sqrt{\frac{R_e}{24}} \tag{8-40}$$

이들 두 식에서 R_e를 소거하면 R_s와 R_w의 관계를 구할 수 있다.

$$R_w = \frac{R_s^{\,2}}{54\sqrt{2}} \tag{8-41}$$

식 (8–41)은 **그림 8–9**의 직선으로 표시되어 있다.

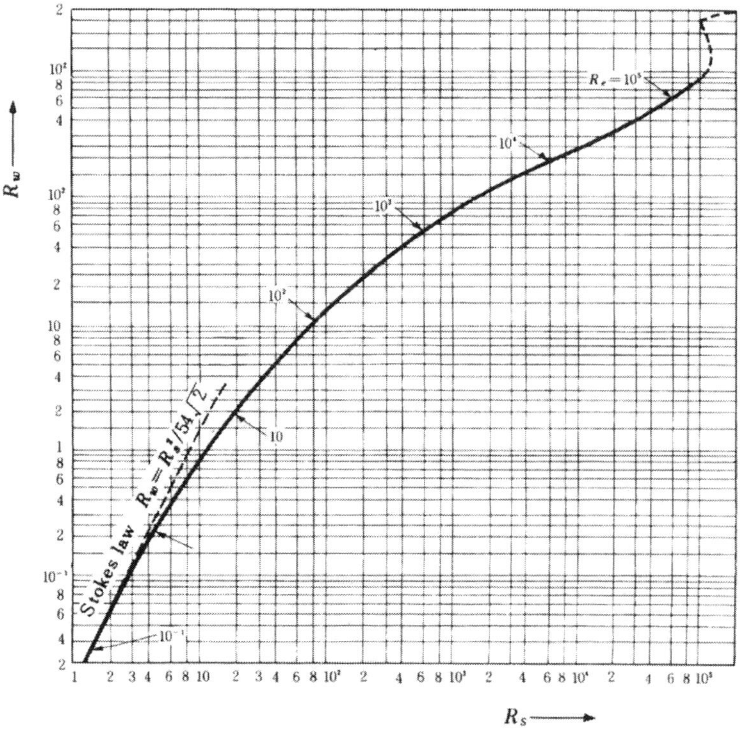

[그림 8–9] R_w와 R_s의 곡선

계산예 8-4

지름 0.495 mm, 비중 2.65의 토입자가 동점성계수 $\nu = 0.01\ \text{cm}^2/\text{sec}$의 물속을 침강할 때 그 한계침강속도는 얼마인가?

【해】 식 (8–34)에서

$$R_s = \left(\frac{\rho_s}{\rho} - 1\right)^{1/2} \frac{1}{\nu} d^{3/2} g^{1/2} = (1.65)^{1/2} \times \frac{1}{0.01} \times 0.0495^{3/2} \times 980 = 44.2$$

그림 8–9에서 $R_s = 44.2$에 대하여 $R_w = 5.4$이다. 식 (8–36)에서

$$R_w = \frac{V^{3/2}}{[0.01(1.65) \times 980]^{1/2}}$$

$$\therefore V^{3/2} = 5.4(0.01 \times 1.65 \times 980)^{1/2}$$

$$\therefore V = 5.4^{2/3}(0.01 \times 1.65 \times 980)^{1/3} = 7.8\ \text{cm/s}$$

연습문제

8-1. 길이 10 m, 높이 2.5 m, 폭 2.5 m인 trailer의 측면에 직각으로 풍속 5 m/sec의 바람이 부는 경우 이 trailer에 작용하는 풍력은 얼마인가? 공기의 동점성계수는 $\nu = 0.15\ \text{cm}^2/\text{s}$이고, 밀도는 $\rho = 0.122\ \text{kg-s}^2/\text{m}^4$이다.

8-2. 20°C의 정수 중을 지름 20 cm, 길이 5 m의 원주가 2 m/sec의 속도로 원주축의 직각방향으로 움직일 때 원주가 받는 저항력은 얼마인가?

8-3. 지름 0.3 mm, 비중 2.6의 구형 토입자가 동점성계수 $\nu = 0.01\ \text{cm}^2/\text{sec}$의 물 속을 침강할 때 그 한계침강속도는 얼마인가?

참고문헌

[1] H. Rouse : *Elementary Mechanics of Fluids*, p. 186, John Wiley, 1955.

[2] R.L. Daugherty : *Fluid Mechanics with Engineering Application*, p. 293, McGraw Hill, 1954.

[3] H. Schlichting : *Boundry Layer Theory*, p. 140, McGraw Hill, 1968.

[4] 植松時雄, 水力學, p. 161, 産業圖書, 東京, 1953.

[5] 文獻 [3], p. 638.

[6] 文獻 [3], p.639.

[7] 石原 本間 共編, 應用水理學 中 I, p.8, 丸善, 東京, 1958.

제9장

수류의 계측

수공학의 실제적인 문제로서 하천조사에 있어서는 수위와 속도 또는 유량의 측정이 중요한 과제이고, 상수도에 의한 용수공급에 있어서는 관 속을 흐르는 송수량의 측정이 매우 중요하다. 해안 또는 하천에 있어서는 부유사의 거동을 알기 위하여 유속과 난류의 변동속도를 측정해야 할 때가 있고, 방파제 등 수리구조물에 작용하는 압력을 측정할 필요가 있을 때도 있다.

특히 수리실험실에 있어서는 수리현상을 실험에 의해서 구명하게 되는 데, 이때 모든 수리학적량을 측정해야 하므로 측정방법을 정확히 알아야 한다. 수류의 측정방법은 전자공학 기타를 응용한 많은 방법이 있으나, 여기서는 주로 수리학의 이론을 이용한 것을 설명하기로 한다.

9.1 수심, 압력수두의 측정

수심 및 압력수두는 유속, 유량 등의 측정과 함께 수리실험실에 있어서 매우 중요한 일이다. 실험실에 있어서의 수위 및 수심측정은 주로 포인트 게이지(point gage)와 액주계(manometer)에 의한다. 포인트 게이지는 끝단에 바늘이 붙어 있고, 이 바늘 끝단이 수면과 접촉할 때의 척도에 의하여 수심을 측정하게 된다. 일반적인 포인트 게이지에는 버니어(vernier)가 부착되어 있어 1/10 mm까지 읽을 수 있다. 다음에 액주계로서 정지수의 수심 또는 압력수두를 측정할 때는 제2장에서 설명한 액주계를 사용할 수 있으나, 정확한 수심 또는 압력수두는 액주계의 모세관고를 고려하여 구해야 한다. 흐르는 물속의 정압력을 측정 할 때는 액주계의 설치 방법에 대해서 주의해야 한다.

그림 9-1과 같이 수로 또는 관수로의 측벽에 액주계를 설치하여 정수압을 측정하는 경우를 생각한다. 그림 (a)와 같이 액주계의 끝단이 벽면과 일치하고, 액주계에 의해서 유선이 구부러지지 않고

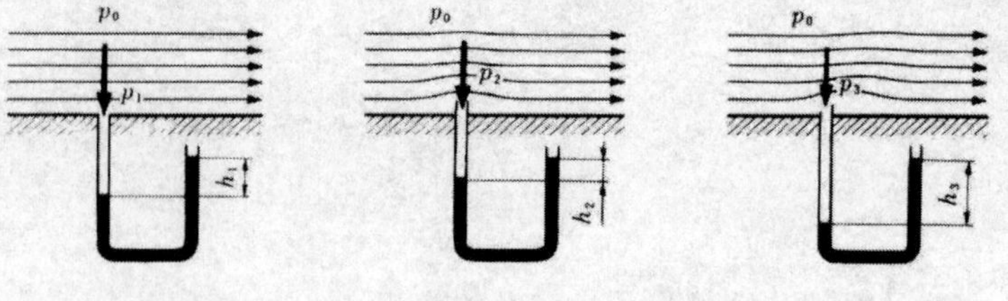

(a) $p_0 = p_1$ (b) $p_0 > p_2$ (c) $p_0 < p_3$

[그림 9-1] 액주계에 의한 정수압의 측정

벽면과 나란히 흐를 때는 액주계에서 측정한 압력 p_1은 정수압 p_0와 같다. 그림 (b)의 경우는 액주계의 끝단이 물속으로 나오게 되어 유선은 그림과 같이 구부러지며, 액주계에 의해서 측정된 압력 p_2는 정수압 p_0보다 작고, 그림 (c)의 경우는 이와 반대이다. 이것은 유선이 구부러짐으로 인해서 원심력이 작용하기 때문이다. 액주계에 의해서 압력을 측정할 때는 위에서 설명한 것에 특히 주의해야 한다. 즉, 일반적으로 흐르는 유체 속의 정압력을 액주계에 의해서 측정할 때는 액주관의 끝단을 유선에 직각으로 설치하여 유선이 구부러지지 않도록 해야 한다.

액주계 이외에도 여러 가지의 압력측정기가 있으나 일반적으로 많이 사용되는 것은 탄성검출부를 이용하는 부르동(Bourdon) 압력계, 격막식 압력계, 벨로스(Bellows) 압력계 등이다. 이들의 압력계는 **그림 9-2**와 같이 압력의 대소에 따라서 탄성체의 변형에서 압력을 구하게 되고, 이것을 눈금으로 표시하게 되는 기계식 압력계이다.

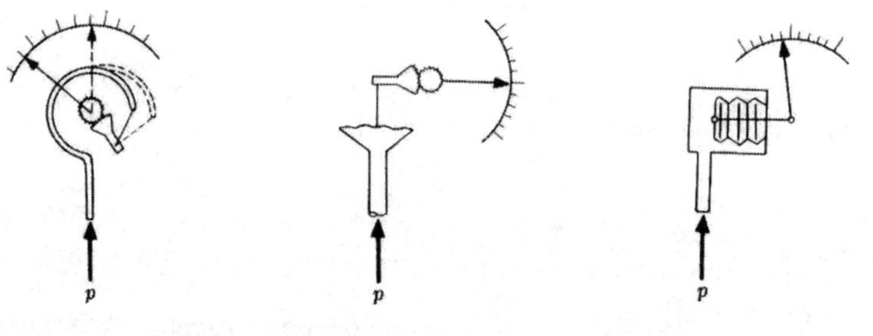

(a) Bourdon 압력계 (b) 격막식 압력계 (c) Bellows 압력계

[그림 9-2] 기계식 압력계

9.2 유속측정

유속의 측정은 실제로 하천의 유량을 구하고자 할 때 또는 실험실에서 각종 수리현상을 연구할

때 매우 중요하다. 유속의 측정에는 평균유속의 측정과 점유속의 측정이 있으나 본절에서는 주로 점유속측정에 대하여 논하기로 한다.

9.2.1 피토관(Pitot tube)

피토관은 Henri Pitot가 고안한 것이며, 한 점의 유속을 측정할 수 있다. 그 원리는 흐름의 정수압을 측정함으로써 유속을 구할 수 있는 것이다. **그림 9-3**과 같이 A점의 유속 v_A, 정수압 p_A의 흐름 속에 관의 끝단을 흐름의 방향과 반대 방향으로 하여 유선과 나란히 놓으면 관의 끝단 S는 하나의 정체점이 된다. 이 정체점의 압력 p_s를 측정하여 A점과 S점에 Bernoulli의 정리를 적용하면 다음과 같다.

$$\frac{v_A^{\ 2}}{2g} + \frac{p_A}{w} = \frac{p_S}{w}$$

$$\therefore\ v_A = \sqrt{\frac{2g(p_S - p_A)}{w}} \tag{9-1}$$

그러므로 정체점의 압력과 A점의 정압력 차를 측정할 수 있으면 식 (9-1)에서 A점의 유속 v_A를 계산할 수 있다.

그림 9-3과 같은 개수로의 경우는 A점의 정압력이 A점의 수심과 같으므로 직각으로 구부러진 유리관의 끝단을 흐름의 반대 방향으로 놓으면 유리관 끝단의 정체압 때문에 물은 h만큼 상승하게 된다. 이 h는 정체압과 정수압의 차이며

$$h = \frac{p_S}{w} - \frac{p_A}{w}$$

따라서 식 (9-1)에 이 관계를 대입하면

$$v_A = \sqrt{2\,gh} \quad \text{또는} \quad h = \frac{v_A^{\ 2}}{2g} \tag{9-2}$$

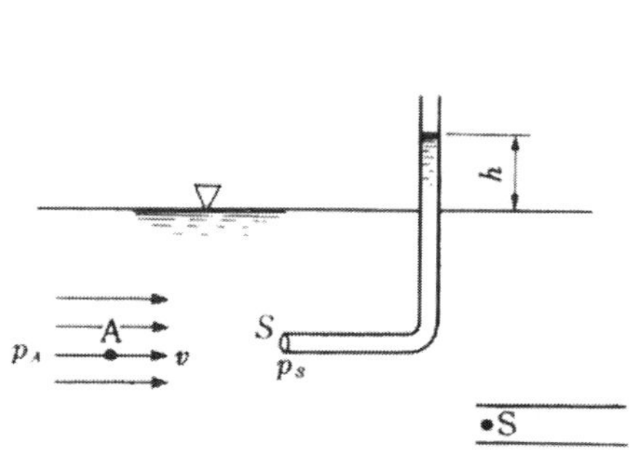

[그림 9-3] 피토관

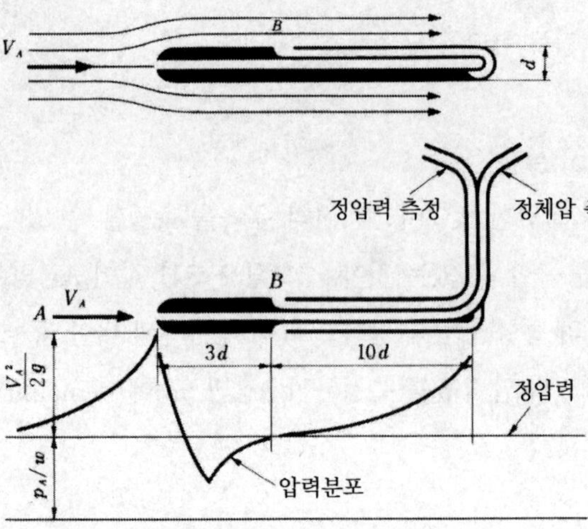

[그림 9-4] Prandtl형 피토관

그림 9-3과 같이 정수압을 분명히 알 수 있는 경우는 정체압만 측정하면 A점의 유속을 위에서 설명한 바와 같이 구할 수 있으나, 관 속의 흐름과 같이 정수압을 분명히 알 수 없는 경우는 다음과 같이 정체압과 정수압을 동시에 측정하여 구하게 된다.

그림 9-4와 같이 관의 끝단의 구멍 S에서 정체압을 측정하고, 유선이 관벽에 나란한 점 B에서 정수압을 측정하게 된다. 이들의 구멍은 별도로 압력계 또는 액주계에 연결되어 있으며, 측정된 압력의 차를 구하면 식 (9-1)에서 A점의 유속을 계산할 수 있다. 정체압과 정수압을 U자형 액주계에 연결하면 제2장에서 설명한 바와 같이 압력차를 쉽게 구할 수 있다.

9.2.2 회전식 유속계

회전식 유속계(current meter)는 프로펠러, 컵(cup) 등이 붙어 있는 회전차를 흐르는 물속에 넣으면 회전하게 되는데, 유속이 큰 물 속에 넣으면 회전속도가 빠르고, 유속이 작은 곳에서는 회전속도가 느리다. 이때 유속 v와 회전수 N은 비례하고, 일반적인 유속계는 다음과 같은 직선식으로 표시할 수 있다.

$$v = aN + b \tag{9-3}$$

여기서 a, b는 유속계마다 다른 계수이고 검정에 의해서 결정한다.

최근에는 소형 회전식 유속계가 제작되어 실험실에서 많이 이용하고 있는데, 이것은 유속을 수치로서 표시하는 소위 디지탈(digital)식으로 되어 있다. 회전식 유속계는 하천과 해안 조사에 사용하는 대형으로부터 실험실에서 사용하는 소형에 이르기까지 많은 종류가 있다.

9.3 관수로의 유량 또는 평균유속측정

관수로 내의 유량 또는 평균유속을 측정하는 방법은 여러 가지 있으나 여기서는 수리학적 원리를 이용하는 방법에 대하여 논하기로 한다.

9.3.1 벤투리미터

관수로의 일부에 **그림 9-5**와 같은 단면 축소부를 연결하여 단면 1과 단면 2의 압력차를 측정하여 유량을 구하는 장치를 벤투리미터(Venturi meter)라고 한다. 벤투리미터는 입구부, 수축부 및 확대부의 세 부분으로 되어 있다. 입구부에서는 점차적으로 유속이 증가함으로써 정수압이 감소되고, 수축부 에서는 유속이 가장 크고 따라서 정수압이 가장 낮아진다. 그리고 확대부 에서는 점차적으로 유속이 작게 되고 정수압도 회복되어 하류의 흐름으로 이행하게 된다. 이와 같이 세 부분의 관은 손실수두를 극소화시키기 위하여 될 수 있는 대로 원활한 형상으로 하는 것이 바람직하다.

관 속의 유량 또는 평균유속은 **그림 9-5**의 단면 1과 2의 압력차를 측정 하여 구하게 된다. 지금 단면 1과 2의 단면적, 평균유속 및 정수압을 각각 A_1, V_1, p_1 및 A_2, V_2, p_2라고 하고, 손실수두를 무시하면 Bernoulli의 정리에 의해 다음 식이 성립된다.

$$\frac{V_1^2}{2g}+\frac{p_1}{w}=\frac{V_2^2}{2g}+\frac{p_2}{w}$$

이 식은 관이 수평이라고 하여 구한 것이다. 유량 Q_t는 연속방정식에서

$$Q_t=A_1V_1=A_2V_2$$

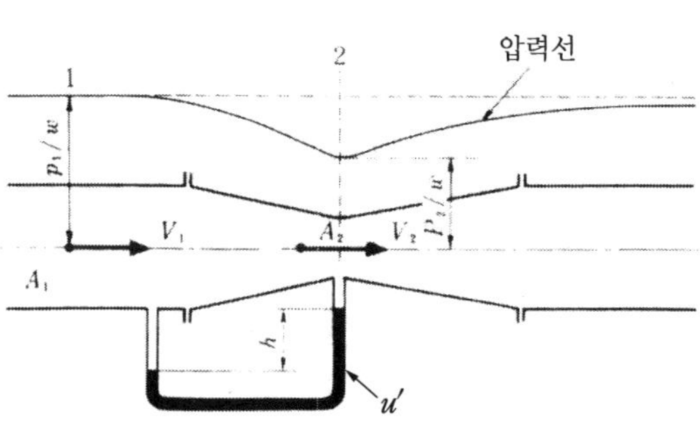

[그림 9-5] 벤투리미터

이고, 이 관계를 위의 식에 대입하면 다음 식이 성립된다.

$$\frac{p_1}{w}-\frac{p_2}{w}=\frac{V_2^2}{2g}\left\{1-\left(\frac{A_2}{A_1}\right)^2\right\}$$

$$\therefore Q_t=A_2V_2=\frac{A_2}{\sqrt{1-\left(\frac{A_2}{A_1}\right)^2}}\sqrt{2g\frac{(p_1-p_2)}{w}} \tag{9-4}$$

식 (7–4)는 마찰 및 형상손실이 없다고 가정하여 구한 것이므로 실제의 유량은 계수 C를 곱해서 다음과 같이 표시한다.

$$Q_t=CA_2V_2=\frac{CA_2}{\sqrt{1-\left(\frac{A_2}{A_1}\right)^2}}\sqrt{\frac{2g(p_1-p_2)}{w}} \tag{9-5}$$

여기서 C는 유량계수이며, 계기마다 다른 값을 가지며, 실험에 의해 결정하게 된다. C는 무차원량이고, Reynolds 수와 C의 관계는 **그림 9–6**와 같다.

그림 9–5와 같이 단면 1과 2의 압력차를 U자형 액주계로서 측정하면 액체 w'의 차 h를 사용하여 다음과 같이 쓸 수 있다.

$$Q=\frac{CA_2}{\sqrt{1-\left(\frac{A_2}{A_1}\right)^2}}\sqrt{2gh\left(\frac{w'}{w}-1\right)} \tag{9-6}$$

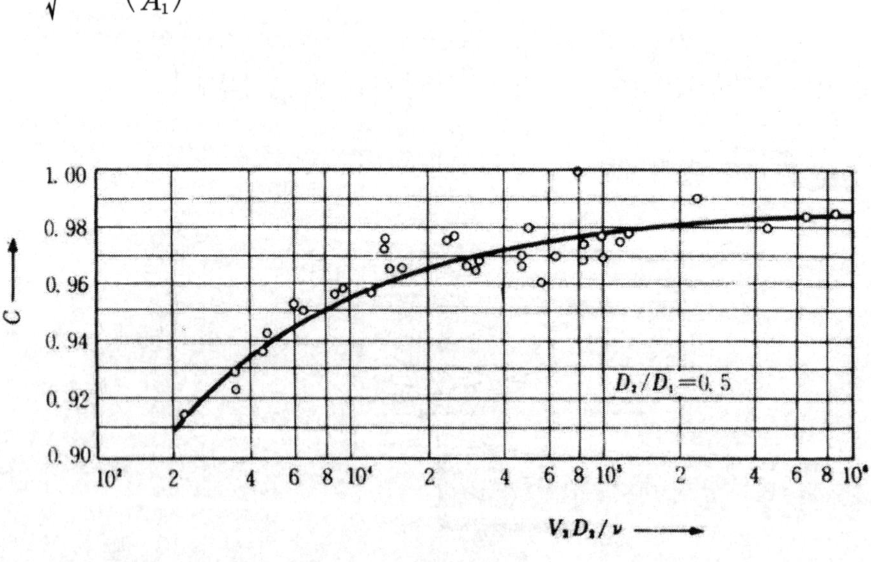

[그림 9–6] 벤투리미터의 유량계수

계산예 9-1

그림과 같은 venturi관에 장치된 U자 관 속의 수은주의 차가 6.5 cm라고 하면 이 관을 흐르는 유량은 얼마인가? 수은의 비중은 13.55라고 한다.

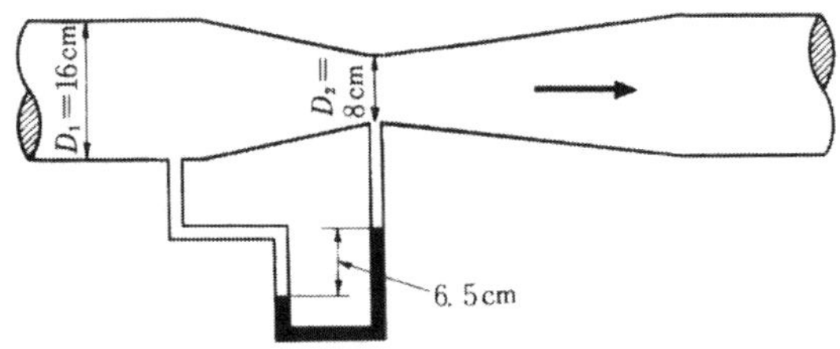

【해】

$$A_1 = \frac{3.14}{4} \times 16^2 = 200.96\ \text{cm}^2$$

$$A_2 = \frac{3.14}{4} \times 8^2 = 50.24\ \text{cm}^2$$

먼저 이론유속을 구하면 식 (9-6)에서

$$V_{2t} = \frac{1}{\sqrt{1-\left(\frac{A_2}{A_1}\right)^2}} \sqrt{2gh\left(\frac{w_m}{w}-1\right)}$$

$$= \frac{1}{\sqrt{1-\left(\frac{50.28}{200.96}\right)^2}} \sqrt{2 \times 980 \times 6.5\left(\frac{13.55}{1}-1\right)}$$

$$= 412.23\ \text{cm/s}$$

동점성계수를 $\nu = 0.011\ \text{cm}^2/\text{s}$라고 하면

$$R_e = \frac{V_2 D_2}{\nu} = \frac{412.23 \times 8}{0.011} = 2.99 \times 10^5$$

그림 9-6에서 $R_e = 2.99 \times 10^5$에 대한 C는 0.97

$$\therefore\ Q = CA_2 V_2 = 0.97 \times 50.24 \times 412.23$$

$$= 20085.12\ \text{cm}^3/\text{sec} = 20.01\ l/\text{sec}$$

9.3.2 관오리피스

관 속에 **그림 9-7**과 같이 구멍이 뚫린 얇은 판을 넣어서 유량을 측정 하는 장치를 관오리피스(pipe orifice)라고 한다. 오리피스판은 얇기 때문에 형태에 의한 유량의 변화는 적으나, 유선이 급격히 구부러짐에 따라서 생기는 에너지의 손실이 관지름과 오리피스판의 구멍지름의 비에 따라 변화하기 때문에 유량도 변화하게 된다.

오리피스를 통해서 흐르는 유선은 단면의 급격한 수축 때문에 **그림 9-7**의 단면 0에서 수맥이 가장 많이 수축되고 이 단면은 오리피스의 단면보다 작아진다. 이와 같은 수축부를 베나 콘트랙터(vena contracta)라고 한다. 베나 콘트랙터의 수맥 단면이 수축되어 작아짐에 따라 이 부분의 유속은 오리피스단면의 유속보다 크게 된다.

그림에 있어서 관의 단면을 1, 베나 콘트랙터의 단면을 0, 그리고 오리피스판의 단면을 2라고 하면 베나 콘트랙터의 단면적 A_0는 오리피스의 단면적 A_2보다 작으며,

$$A_0 = C_c A_2 \tag{9-7}$$

로 표시할 수 있다. 여기서 C_c를 수축계수(coefficient of contraction)라고 하고, 이것은 1보다 작은 값이다.

그림 9-7의 기호를 사용하여 단면 1과 0에 Bernoulli의 정리를 적용하면 식 (7-4)처럼 다음과 같이 된다.

$$V_0 = \frac{1}{\sqrt{1-(C_c A_2/A_1)^2}} \sqrt{2g \frac{p_1 - p_0}{w}} \tag{9-8}$$

식 (9-8)은 마찰, 기타의 손실수두가 없다고 하여 구한 식이다. 그러나 실제는 이들의 손실수두

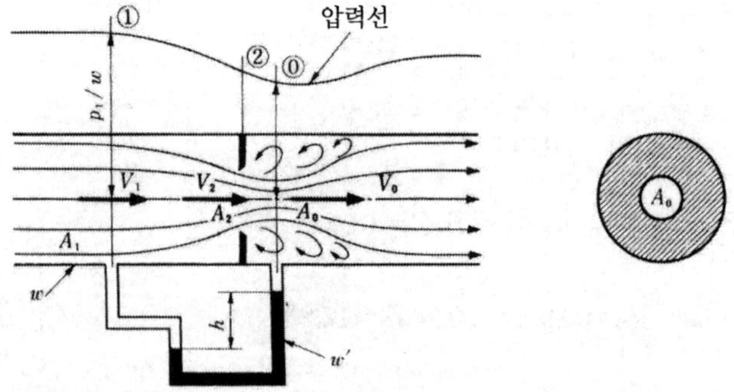

[그림 9-7] 관오리피스

가 있으므로 유속은 식 (9–8)의 V_2 보다 작으며, 실제의 유속을 V_{p2}라고 하면

$$V_{p2} = C_v V_0 \tag{9–9}$$

와 같이 표시할 수 있다. 여기서 C_v를 유속계수(coefficient of velocity)라고 한다. 이 관계를 식 (9–8)에 대입하면 유량은 다음 식으로 쓸 수 있다.

$$Q = C_c A_2 C_v V_0 = \frac{C_c C_v A_2}{\sqrt{1-(C_c A_2/A_1)^2}} \sqrt{2g \frac{p_1 - p_0}{w}} \tag{9–10}$$

식 (9–10)에 있어서

$$C_d = \frac{C_c C_v}{\sqrt{1-(C_c A_2/A_1)^2}} \tag{9–11}$$

라고 할 때 C_d를 유량계수(discharge coefficient)이고, 식 (9–10)은 다음과 같이 쓸 수 있다.

$$Q = C_d A_2 \sqrt{2g \frac{p_1 - p_0}{w}} \tag{9–12}$$

또는 **그림 9–7**과 같은 U자형 액주계를 사용하여 압력차를 측정하면 위의 식은

$$Q = C_d A_2 \sqrt{2gh\left(\frac{w'}{w} - 1\right)} \tag{9–13}$$

관오리피스는 구조가 간단하고 쉽게 만들 수 있는 특색이 있으나 단면이 급격히 변화하므로 벤튜리미터보다 압력손실이 크고, 일반적으로 유량계수가 작다. 만들기 쉽고 쓰기가 간단하다는 점에서 세계 각국에서 많이 사용하고 있으며 관오리피스의 구조, 유량계수 등을 규격화하고 있는 곳이 많다. 한 예로 유량계수 C_d는 미국기계학회(ASME)가 정한 **그림 9–8**을 이용하면 쉽게 구할 수 있

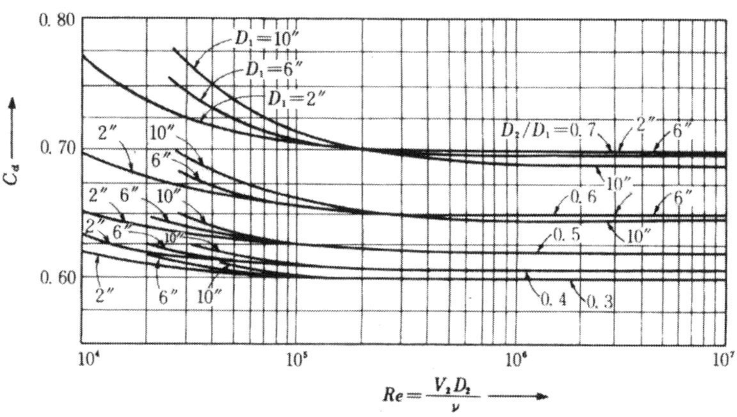

[그림 9–8] 유량계수(ASME)

다[1]. 이 그림을 보면 Reynolds 수가 어느 정도 크게 되면 유량계수는 오리피스단면의 지름과 관지름의 비에 따라서 결정 되고, Reynolds 수에는 관계없이 일정하게 된다. 이들의 실험치 이외의 범위의 경우는 실험에 의해서 검정하는 것이 바람직하다.

9.4 웨어에 의한 유량측정

수로를 가로 막고 **그림 9-9**와 같이 그 일부분으로 물을 흐르게 하여 유량을 측정하는 장치를 웨어(weir)라고 한다. 관수로에 있어서의 벤튜리관, 관오리피스 등은 압력을 저하시켜서 그 압력차를 측정함으로써 유량을 측정할 수 있었으나, 웨어의 경우는 웨어판에 의하여 수위차를 만들어서 유량을 측정하는 것이다.

그림 9-9에 있어서 나비 B의 수로를 막고, 나비 b 부분을 물이 넘어가게 하여 유량을 측정하게 되는데, 물이 넘어가는 부분의 형태에 따라서 직사각형웨어, 삼각에어, 제형웨어 등이 있다. 웨어를 넘어서 흐르는 유량은 웨어판의 정점(crest)의 형상과 b, W, 그리고 월류수심(over flow head) h에 따라서 다르다. 정점의 형상은 여러 가지 있으나 칼날처럼 날카로운 것을 예연웨어(sharp crested weir), 정점의 폭이 약간 두꺼운 것을 광정웨어(broad crest weir)라고 한다.

웨어를 넘어서 흐르는 수맥은 웨어판의 상류는 상류로서 흐르고, 웨어판을 지나면 사류가 되는 것이 보통이다. 웨어를 넘어서 흐르는 수맥이 사류가 되면 하류부의 영향을 받지 않으므로 유량은 월류수심에 의해서 결정된다. 그러나 하류의 수심이 크게 되어 웨어를 넘어서 흐르는 흐름이 상류가 되면 유량은 월류수심과 함께 하류수심에도 관계가 있다. 이와 같은 웨어를 잠수웨어(submerged weir)라고 한다. 그리고 월류수맥이 대기압을 받는 경우를 완전월류웨어라고 한다.

9.4.1 예연직사각형웨어

실험실에 있어서의 유량 또는 소규모 수로의 유량측정에는 삼각웨어와 함께 예연직사각형웨어가

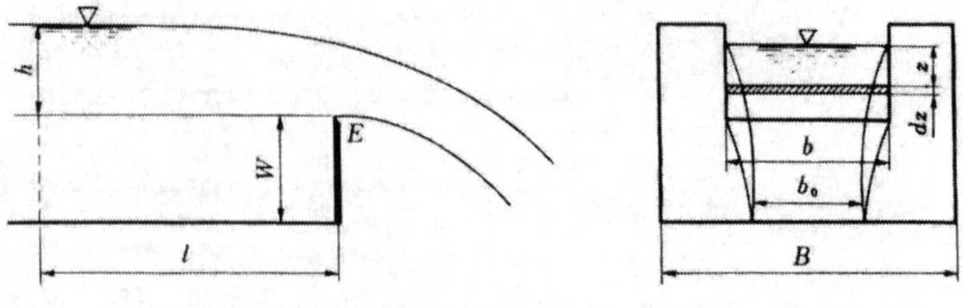

[그림 9-9] 웨어

많이 사용된다. 수로단면적에 비해서 웨어의 단면적이 작다고 하면 수로 내의 유속이 매우 작으므로 이것을 생략할 수도 있다. 이와 같은 경우는 **그림 9-9**에 있어서 수면에서 z점의 유속은

$$v = \sqrt{2gz}$$

로서 표시할 수가 있으므로 dz층을 통과하는 유량은 다음과 같이 표시할 수 있다.

$$dQ = b\,dzv = b\,dz\sqrt{2gz}$$

웨어의 단면 전체에 대한 유량은

$$Q = b\sqrt{2g}\int_0^h \sqrt{z}\,dz = \frac{2}{3}b\sqrt{2g}\,h^{3/2} \tag{9-14}$$

실제의 유량은 정점 부근의 유속분포와 손실수두 때문에 식 (9-14)보다 작아지고, 계수 C_d를 곱해서 다음과 같이 나타낸다.

$$Q = \frac{2}{3}C_d b\sqrt{2g}\,h^{3/2} = Cb\,h^{3/2} \tag{9-15}$$

유량계수 C_d 또는 C는 월류수심 h, 웨어의 두께, 정점의 높이 W, 수로의 나비 B, 웨어의 나비 b 등에 따라서 다르며 실험에 의해서 정하게 된다. 여러 사람에 의한 많은 실험공식이 있으나, 여기서는 몇 가지만을 소개하기로 한다.

(1) Francis 공식(미국, 1883년)

Francis는 수로의 유속, 즉 접근유속이 작은 경우에 대하여 다음과 같은 예연직사각형웨어의 실험공식을 발표하였다.

$$Q = 1.84\,b\,h^{3/2}\,(\mathrm{m^3/sec}) \tag{9-16}$$

특히 월류수맥의 단수축이 있는 경우는 b 대신 다음 식으로 표시되는 b_0를 사용한다.

$$b_0 = b - (0.1\,h)n \tag{9-17}$$

여기서 n은 단수축의 수이며, **그림 9-10**과 같이 양단수축의 경우는 $n = 2$, 일단수축의 경우는 $n = 1$, 그리고 전폭웨어의 경우는 $n = 0$이다.

Francis 공식의 적용 범위는 다음과 같다.

월류수심 : $h = 0.19 \sim 0.5$ m　　수 로 폭 : $B = 3.03 \sim 4.24$ m

웨어높이 : $W = 060 \sim 1.5$ m　　접근유속 : $V_a = 0.06 \sim 0.3$ m/sec

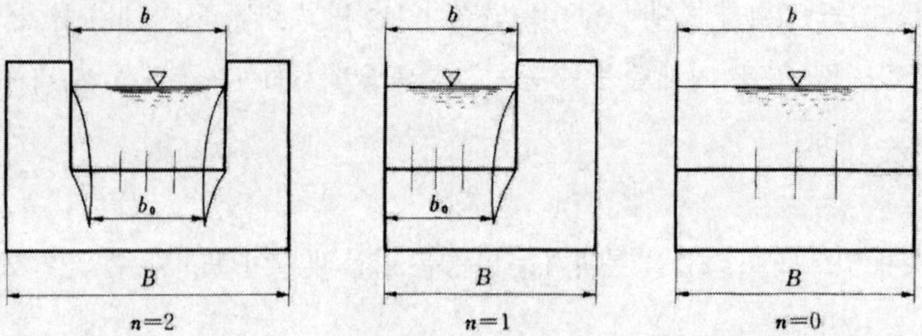

[그림 9-10] 단수축

웨 어 폭 : $b = 2.42 \sim 3.00$ m　　　　h의 측정점 : $l = 1.82$ m

(2) Rehbock 공식(독일, 1913년)

$$Q = \frac{2}{3}\sqrt{2g}\, C_d\, bh^{3/2}\,(\text{m}^3/\text{sec}),\quad C_d = 0.605 + \frac{1}{1000\,h} + 0.08\frac{h}{W} \tag{9-18}$$

이 공식은 수축이 없는 전폭웨어에 대한 것이며, 월류수심이 작을 때 잘 맞는다고 한다.

(3) 이타다니(판곡), 대지마(수도) 공식(일본, 1951년)

$$Q = Cb\,h^{3/2}\,(\text{m}^3/\text{sec})$$

$$C = 1.785 + \frac{0.00295}{h} + 0.237\frac{h}{W} - 0.428\sqrt{\frac{(B-b)h}{BW}} + 0.034\sqrt{\frac{B}{W}} \tag{9-19}$$

이 식은 b/B가 크고 W가 작은 경우까지 사용할 수 있도록 Rehbock의 공식을 수정한 형식으로 제안된 것이며[2], 일본의 공업규격에 채용되고 있다.

이 공식의 적용 범위는

$$B = 0.5 \sim 6.3\text{ m}$$

$$b = 0.15 \sim 5\text{ m}$$

$$W = 0.15 \sim 3.5\text{ m}$$

$$\frac{bW}{B^2} \geqq 0.06$$

$$h = 0.03 \sim 0.45\sqrt{b}$$

이고 종합오차는 ±1.4% 정도라고 한다.

계산예 9-2

폭 1.9 m의 weir 수조에 폭 75 cm의 직사각형 weir가 설치되어 있다. 월류수심이 20 cm일 때의 유량을 계산하여라. 여기서 weir의 높이는 1.3 m라고 한다.

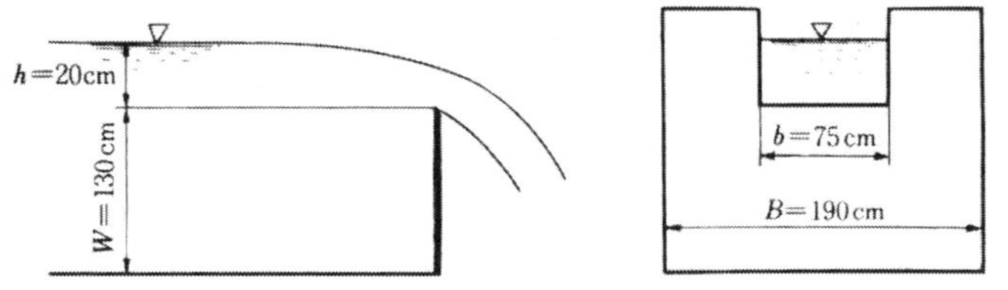

【해】

(1) Francis 공식

$$Q = 1.84[b - (0.1\,h)n]h^{1.5} = 1.85[0.75 - (0.1\,h) \times 2] \times 0.2^{1.5}$$
$$= 0.116\ \mathrm{m^3/sec} = 116\ l/\mathrm{sec}$$

(2) Rehbock 공식

$$C_d = 0.605 + \frac{1}{1000\,h} + 0.08\frac{h}{W}$$
$$= 0.605 + \frac{1}{1000 \times 0.2} + 0.08\frac{0.2}{1.3} = 0.622$$
$$Q = \frac{2}{3}\sqrt{2 \times 9.8} \times 0.622 \times 0.75 \times 0.2^{1.5}$$
$$= 1.38 \times 0.089 = 0.123\ \mathrm{m^3/s} = 123\ l/\mathrm{sec}$$

(3) 이타다니·다지마공식

$$C = 1.785 + 0.00295/0.2 + 0.237\frac{0.2}{1.3} - 0.428\sqrt{\frac{(1.9 - 0.75) \times 0.2}{1.9 \times 1.3}} = 1.706$$
$$Q = 1.706 \times 0.75 \times 0.2^{3/2} = 0.114\ \mathrm{m^3/s} = 114\ l/\mathrm{sec}$$

9.4.2 삼각웨어

삼각웨어는 보통 이등변삼각형이고, 실제로 많이 사용되는 것은 직각삼각웨어이다. 삼각웨어도 마찬가지로 수로의 단면에 비해서 웨어의 단면이 작은 경우는 접근유속을 생략할 수 있으므로 **그림 9-11의** 미소면적 bdz를 통해서 흐르는 유량 dQ는 다음과 같다.

$$dQ = C_d\, b\sqrt{2gz}\, dz$$

여기서 웨어의 각을 θ라고 하면

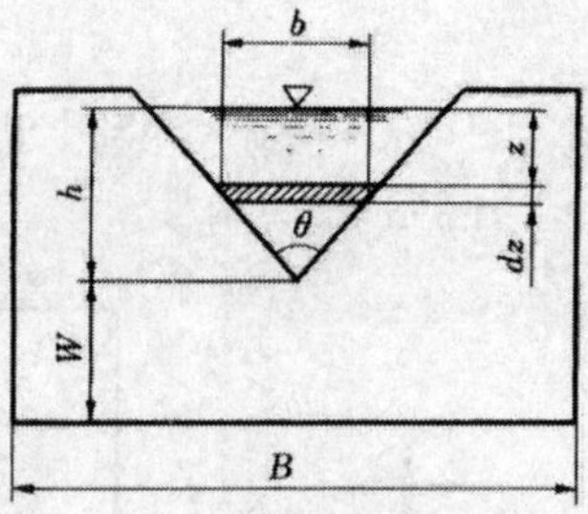

[그림 9-11] 삼각웨어

$$b = 2(h - z)\tan\frac{\theta}{2}$$

이므로 월류수심 h에 대한 월류량 Q는 다음과 같다.

$$Q = \int_0^h 2\,C_d(h - z)\tan\frac{\theta}{2}\sqrt{2gz}\,dz = \frac{8}{15}C_d\tan\frac{\theta}{2}\sqrt{2g}\,h^{5/2} \qquad (9\text{–}20)$$

특히 $\theta = 90°$의 경우는

$$Q = \frac{8}{15}C_d\sqrt{2g}\,h^{5/2} \qquad (9\text{–}21)$$

유량계수 C_d는 실험에서 결정하게 되는데, 몇 가지 실험공식을 열거하면 다음과 같다.

(1) Gourley–Crimp 공식(미국, 1915)

$$Q = 1.32\tan\frac{\theta}{2}\,h^{2.47}\ (\mathrm{m^3/sec}) \qquad (9\text{–}22)$$

(2) Strickland 공식

$$Q = \frac{8}{15}\sqrt{2g}\left(0.565 + \frac{0.0087}{\sqrt{h}}\right)h^{5/2}\ (\mathrm{m^3/sec}) \qquad (9\text{–}23)$$

이 식은 웨어각이 90°의 경우에 대한 것이고 예연삼각웨어에 대한 것이며, 그 적용 범위는 다음과 같다.

$$B = 4\,h + 0.3\ \mathrm{m}$$

$$W \geqq 4\,h$$

$$h > 0.05\ \mathrm{m}$$

(3) 누마지(소지)공식(일본, 1942)

$$Q = C\,h^{5/2}\ (\mathrm{m^3/sec}) \tag{9-24}$$

$$C = 1.354 + \frac{0.004}{h} + \left(0.14 + \frac{0.2}{\sqrt{W}}\right)\left(\frac{h}{B} - 0.09\right)^2 \tag{9-25}$$

이 식은 $\theta = 90°$에 대한 것이며, 일본의 공업규격에 채용된 것이다. 그 적용 범위는 다음과 같다.

$B = 0.5\,\mathrm{m} \sim 1.2\,\mathrm{m}$ $\qquad$ $W = 0.1\,\mathrm{m} \sim 0.75\,\mathrm{m}$

$h = 0.07\,\mathrm{m} \sim 0.26\,\mathrm{m}$ $\qquad$ $h \leqq B/3$

이 범위 내에서 측정유량의 오차는 $\pm 1.4\%$ 정도이다[3].

9.4.3 제형웨어

그림 9-12와 같은 제형웨어의 유량은 나비 b인 직사각형웨어의 유량과 각도가 θ, 수면폭이 $(B-b)$인 삼각웨어의 유량을 합한 것과 같다고 생각할 수도 있다. 접근유속을 생략할 수 있는 경우는 다음과 같이 쓸 수 있다.

$$Q = C_1 \frac{2}{3} b \sqrt{2g}\, h^{3/2} + C_2 \frac{8}{15} \tan\frac{\theta}{2} \sqrt{2g}\, h^{5/2} \tag{9-26}$$

실제의 유량은 계수 C_1과 C_2를 실험에서 정하면 된다.

Gourley-Crimp는 $B = 2.5\,\mathrm{m}$, $h + W = 1.8\,\mathrm{m}$, $h = 0.047 \sim 0.3\,\mathrm{m}$의 범위에 대해서 계수를 실험에서 결정하고 다음과 같이 표시하였다.

$$Q = 1.69\, b^{1.02} h^{1.47} + 1.32 \tan\frac{\theta}{2} h^{2.47}\ (\mathrm{m^3/sec}) \tag{9-27}$$

특히 예연웨어에 의한 양단수축이 있고, $\tan\frac{\theta}{2} = \frac{1}{4}$인 제형웨어의 유량은 유효폭(**그림 9-9**의 b_0)이 b인 직사각형웨어의 유량과 같다고 한다. 즉

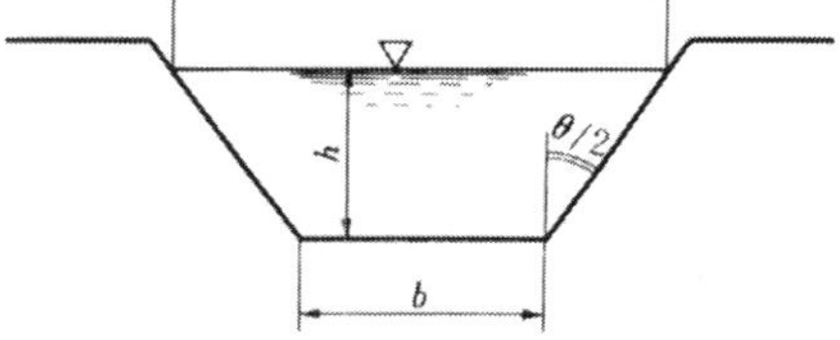

[그림 9-12] 제형웨어

$$Q = cb\,h^{3/2}$$

이와 같은 제형웨어를 Cippoletti웨어라 하고, 유량계수 C는 예연직사각형웨어에 대한 값을 사용한다.

9.4.4 광정웨어

월류수심 h에 비해서 웨어정부의 나비 L이 넓은 경우를 광정웨어(broad crested weir)라고 한다. 광정웨어의 정부 부근의 흐름은 **그림 9–13**과 같이 수심은 대략 일정하고 한계수심과 같이 된다. 상류의 흐름의 비에너지를 H_e라 하고, 이 점과 지배단면, 즉 한계수심이 생기는 단면에 대하여 Bernoulli의 정리를 적용하면

$$H_e = h + \frac{V_a^{\,2}}{2g} = h_c + \frac{V_c^{\,2}}{2g}$$

여기서 V_a는 접근유속이고, V_c는 한계유속이다. 수로폭을 b라고 하면 유량은 $Q = bh_c V_c$이고 $h_c = \frac{2}{3}H_e$이므로 위 식은 다음과 같이 고쳐 쓸 수 있다.

$$H_e = h + \frac{V_c^{\,2}}{2g} = \frac{2}{3}H_e + \frac{V_c^{\,2}}{2g}$$

$$V_c = \sqrt{2\,g\frac{1}{3}H_e}$$

$Q = bh_c V_c$에서

$$Q = bh_c V_c = b\frac{2}{3}H_e\sqrt{\frac{2}{3}g\,H_e} \qquad (9\text{–}28)$$

식 (9–28)은 Bélanger의 법칙에서 유도한 것이다. Bélanger의 법칙은 웨어 정점의 수심이 한계수심이면 주어진 비에너지 H_e로서 흐르는 유량이 최대가 된다는 것을 말한다.

식 (9–28)을 다음과 같이 고쳐서 사용하는 경우가 많다.

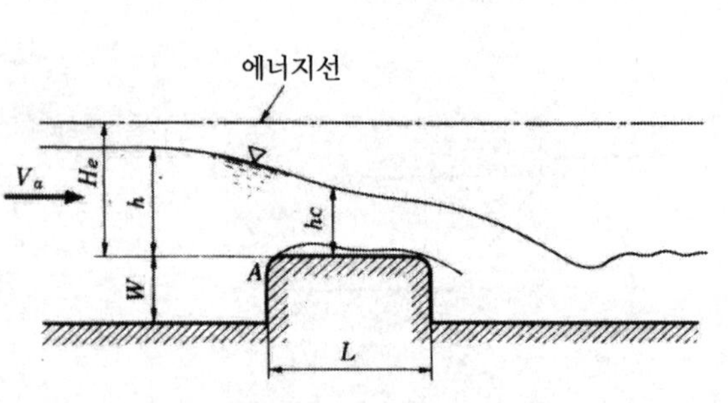

[그림 9–13] 광정웨어

$$Q = mb\,H_e\sqrt{2gH_e} = m\sqrt{2g}\;bH_e^{3/2} \tag{9-29}$$

$$m = \frac{2}{3}\sqrt{\frac{1}{3}} = 0.38$$

위 식에 있어서 m을 유량계수라고 한다. 실제의 웨어에 있어서는 웨어를 월류할 때의 곡류 등의 영향으로 수류내의 압력분포가 변화하므로, m이 반드시 $\frac{2}{3}\sqrt{\frac{1}{3}}$과 같이 되지는 않는다. 다음에 몇 개의 실험식을 들어서 설명하기로 한다.

접근유속이 매우 작은 경우는 근사적으로 비에너지 대신 월류수심을 사용할 수 있다.

(1) Govinda Rao 식

$$Q = m\sqrt{2g}\,b\,H_e^{3/2} = C_1\,bh^{3/2}\,(\mathrm{m^3/s})$$

$$\begin{aligned}
&0 < \frac{h}{L} \le 0.1 &&: C_1 = 1.642\left(\frac{h}{L}\right)^{0.022}\\
&0.1 \le \frac{h}{L} \le 0.4 &&: C_1 = 1.552 + 0.083\left(\frac{h}{L}\right)\\
&0.4 \le \frac{h}{L} \le (1.5\sim1.9) &&: C_1 = 1.444 + 0.352\left(\frac{h}{L}\right)\\
&(1.5\sim1.9) \le \frac{h}{L} &&: C_1 = 1.785 + 0.237\left(\frac{h}{L}\right)
\end{aligned} \tag{9-30}$$

이 식의 사용 범위는 다음과 같다.

$$0 < \frac{h}{L} \le 2.0 \qquad 0 < \frac{h}{W} < 1$$

(2) 홈마(본간)공식

$$Q = \mu\,bh_1\sqrt{2\,g\,h_1}\;(\mathrm{m^3/sec}) \tag{9-31}$$

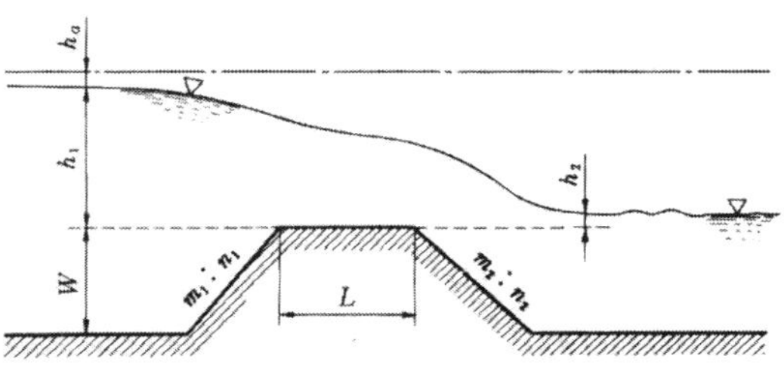

[그림 9-14] 제형웨어

유량계수 μ는 웨어 상하류의 경사, 월류수심 및 웨어의 높이에 따라서 변화한다고 하여 홈마가 실험에 의해서 구한 값은 **표 9-1**과 같다[4].

표 9-1 제형단면웨어의 유량계수(본간)

m_1/n_1	m_2/n_2	μ	h_2/h_1
3/4	3/5 이하	$0.31+0.23\dfrac{h_1}{W}$	0.6
3/2	1/1 부근	$0.29+0.32\dfrac{h_1}{W}$	0.45
3/1	2/3 부근	$0.28+0.37\dfrac{h_1}{W}$	0.25
직사각형	$h_1/L<\dfrac{1}{2}$	0.35	2/3

(3) 일류댐

댐에 의해서 저수지를 만들 때 홍수시에는 홍수량을 여수로를 통해서 방류하게 된다. 여수로에는 물이 넘어가는 부분이 있는데, 이것을 월류댐이라고 하고 여기서 방류량을 측정할 수가 있다. 월류댐의 표면형상은 일정하지 않으나 대체로 **그림 9-15**와 같이 예연웨어의 월류수맥의 아래쪽 곡선과 같이 하는 수가 많다. 이것은 물이 댐을 월류할 때 댐 표면과 월류수맥의 아래쪽 곡선과 일치시킴으로써 부압이 발생하지 않게 하기 위한 것이다.

미국공병단에서는 수리실험소에서 몇 가지의 월류댐 표준형을 만들고 상류면이 수직인 경우 **그림 9-15**의 원점 0로부터 하류부의 곡선을

$$y^{1.85}=2\,h_d^{\,0.85}\,x \tag{9-32}$$

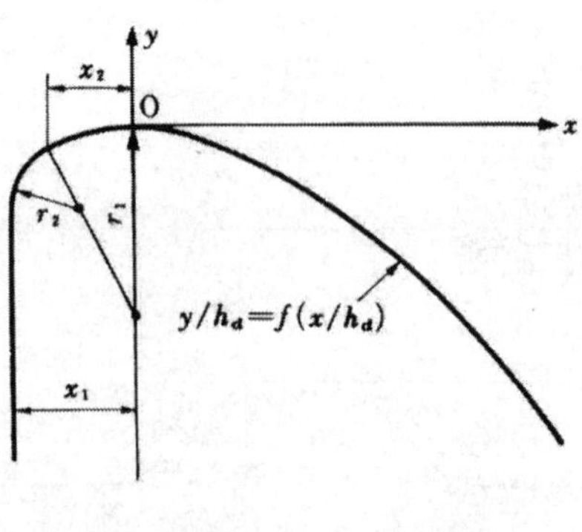

[그림 9-15] 월류댐의 표면형상

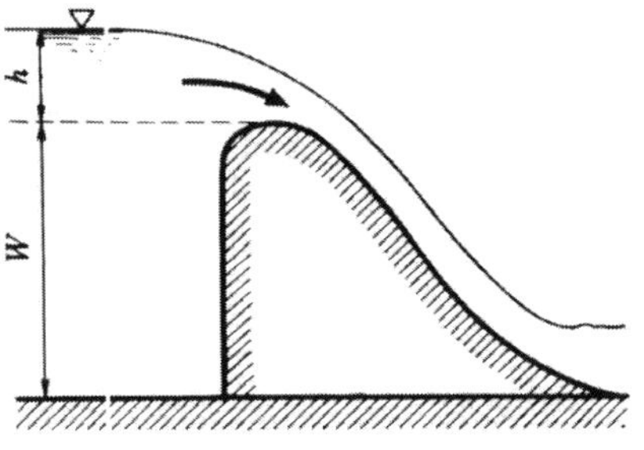

[그림 9-16]

로 정하고 있다[5]. 여기서 h_d는 설계월류수심이다. 그리고 O점보다 상류의 치수를 **표 9-2**와 같이 정하여 이 것을 WES형 표준월류댐 형상이라 하고 있다.

표 9-2 WES형 월류댐 형상

x_1/h_d	0.282
x_2/h_d	0.175
r_1/h_d	0.5
r_2/h_d	0.2

유량을

$$Q = CL\,h^{3/2}\ (\mathrm{m^3/sec}) \tag{9-33}$$

로 표시할 때, WES형 월류댐의 유량계 C는 2.21이다. 실제의 설계에 있어서는 저수지의 월류수심에 대한 유량을 실험에 의하여 측정하여 C를 식 (9-33)에서 계산하여 구하게 된다.

(4) 잠수웨어

그림 9-14에 있어서 웨어 하류수심 h_2가 작으면 웨어 정부의 흐름은 사류가 되어 월류량은 월류수심 h_1만의 함수가 되지만, h_2가 크게 되어 웨어 정부의 흐름이 상류가 되면 월류량은 h_1 뿐만 아니라 h_2에 따라서도 달라 진다.

만일, 하류수심 h_2가 웨어 상류의 비에너지 H_e와의 사이에

$$h_2 < \frac{2}{3} H_e$$

의 관계가 있으면 웨어 정부의 흐름은 사류가 되므로 월류량은 하류수심의 영향을 받지 않고 h_1에 의해서 결정되는 것이다. 이와 같은 경우를 완전월류라고 한다.

h_2가 크게 되어

$$h_2 > \frac{2}{3} H_e$$

의 관계가 있으면 웨어 정부의 흐름은 상류가 되므로 월류량은 하류의 영향을 받게 된다. 이와 같은

웨어를 잠수웨어(submerged weir)라고 한다.

큰 저수지에서 광정웨어를 통해서 방류하는 경우와 같이 상류수심을 일정하게 하고, 하류수심 h_2를 변화하게 하면 월류량과 h_2 사이의 관계는 **그림 9-17**과 같이 된다. 그림에서 알 수 있는 바와 같이 h_2가 $\frac{2}{3}H_e$가 될 때까지는 $h_1 = \text{const}$에 대하여 월류량이 일정하고, h_2가 $\frac{2}{3}H_e$보다 크게 되면 월류량은 점차적으로 적어져서 $h_2 = H_e$가 되면 0이 된다. 그러나 h_2가 $\frac{2}{3}H_e$에 가깝게 되면 하류의 물이 웨어 정부의 수압분포에 영향을 주게 되어 월류량은 작아지고 **그림 9-17**의 점선과 같이 변한다. 이와 같이 실제는 완전월류와 잠수웨어 사이는 과도상태가 생기는 경우를 불완전월류라 한다.

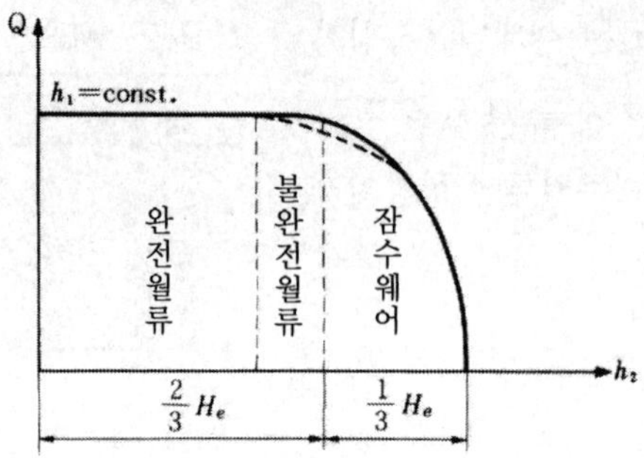

[그림 9-17] 하류수심과 유량의 관계 곡선

홈마(본간)는 제형웨어에 대하여 불완전월류 및 잠수웨어의 유량을 실험적으로 구하여 다음 식을 제안하였다[6].

불완전월류웨어

$$Q = \left(\alpha \frac{h_2}{h_1} + \beta\right) b h_1 \sqrt{2g\, h_1} \;\; (\text{m}^3/\text{sec}) \tag{9-34}$$

잠수 웨어

$$Q = \mu' b h_2 \sqrt{2\,g(h_1 - h_2)} \;\; (\text{m}^3/\text{sec}) \tag{9-35}$$

여기서 α, β 및 μ'의 실험치는 **표 9-3**과 같다.

식 (9-34) 및 식 (9-35)는 다음의 범위 내에서 실험한 값이다.

$W = 15\text{ cm}$

$L = 5\sim20\text{ cm}$

$b = 15\text{ cm}$

표 9-3 잠수웨어의 유량계수(홈마)

m_1/n_1	m_2/n_2	$-\alpha/\mu$	β/μ	h_2/h_1의 경계치	μ'/μ
0~3/4	3/5 이하	0.03	1.018	0.7	2.6
0~3/2	1/1 부근	0.20	1.090	0.8	2.6
0~3/1	3/2 부근	0.124	1.032	0.8	2.6
직사각형	$h_1/L < \frac{1}{2}$			2/3	2.6

9.5 벤투리 플룸

관수로의 유량을 측정하는 벤류리미터의 원리를 개수로에 적응한 것이 벤투리 플룸(Venturi flume)이다. **그림 9-18**과 같이 수로폭을 축소시키는 동시에 일부분의 경사를 급하게 하면 단면 위의 수심이 한계수심이 된다. 이와 같은 Venturi flume에 있어서 단면 1과 2 사이의 손실수두를 무시 하면

$$H_e = h_1 + \frac{V_1^2}{2g} = h_c + \frac{V_c^{\,2}}{2g}$$

여기서 $h_c = \frac{2}{3} H_e$로 놓을 수 있으므로 위 식을 다음과 같이 쓸 수 있다.

$$V_c = \sqrt{\frac{2g}{3} H_e} \tag{9-36}$$

이와 같이 개수로의 일부분에 한계수심을 만들어서 유량을 측정할 수 있는 장치는 Parshall에 의해서 연구된 것이다[7].

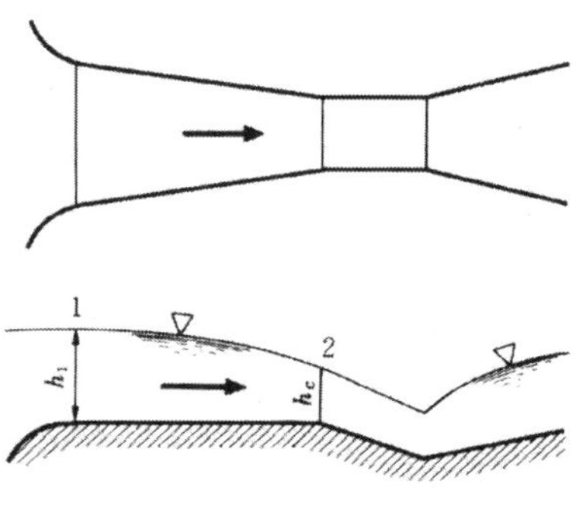

[그림 9-18] venturi flume

9.6 원통웨어와 나팔형 웨어

9.6.1 원통웨어

그림 9-19과 같은 원통형 웨어는 저수지의 물을 방류할 때 사용한다. 이와 같은 웨어는 직선적인 월류댐을 만들 수 없는 좁은 지점에 사용하면 편리하다. 지금 그림과 같이 반지름 R의 예연웨어라고 하고 웨어정점과 저수지의 수위차 즉 월류수심을 h라고 하면 유량은 다음과 같이 쓸 수 있다.

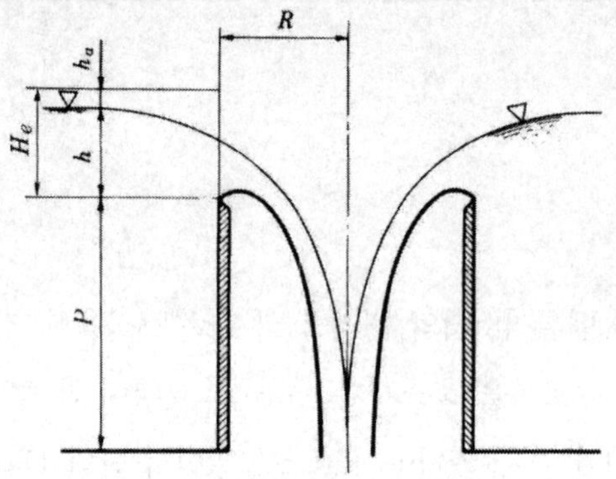

[그림 9-19]

$$Q = C_s\, 2\pi R\, h^{3/2} \tag{9-37}$$

유량계수 C_s에 대한 Wagner[8]의 실험결과는 **그림 9-20**과 같으며 C_s는 H_e/R의 증가에 따라 작아지고 P/R가 작아지면 C_s는 커진다.

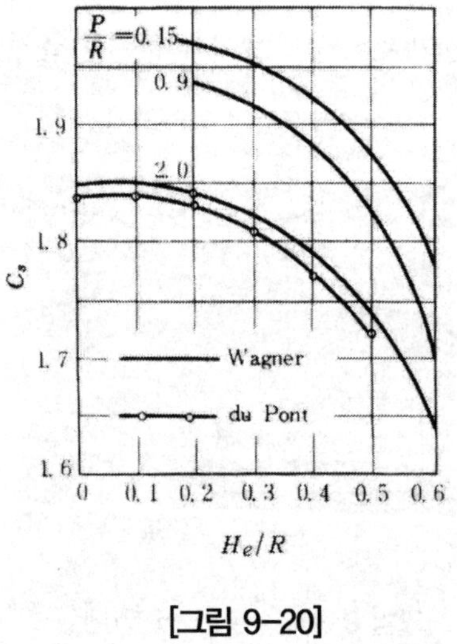

[그림 9-20]

9.6.2 나팔형 웨어

나팔형 웨어(morning glory spillway)는 **그림 9-21**과 같이 그 입구가 나팔형으로 되어 있고, 원통형 웨어와 함께 매우 좁은 곳에 여수로를 만들때 사용된다. 나팔형 웨어의 흐름은 다음과 같은 두 가지가 있다.

(1) 그림 (a)처럼 물은 자유월류하고 수맥은 수면이 만나는 중앙에 교차하며, 이 점에서 공기를 급수하게 된다.

(2) 그림 (b)처럼 웨어가 완전히 물속에 잠겨 있는 것이며, 흐름 전체는 관수로의 흐름이 되고 웨어는 관의 입구와 같다.

웨어에 정점의 반지름을 R, 그리고 월류수심을 h라고 하면 (1)의 자유월류 때의 유량은 다음과 같다.

$$Q = C_1 2\pi R\, h^{3/2} \tag{9-38}$$

(2)와 같이 완전히 물에 잠겨 있는 경우의 유량은 관수로와 같이 하여 구할 수 있다. 지금 방류관 AA 단면의 단면적을 a, 방류구에서 저수지수면까지의 높이를 h_2, 웨어 크래스트까지의 높이를 P라고 하면 유량은 다음과 같다.

$$Q = C_2 a\, h_2^{1/2} = C_2 a(h+P)^{1/2} \fallingdotseq C_2 a\, P^{1/2}\left(1+\frac{h}{2P}\right) \tag{9-39}$$

식 (9-39)에 있어서 월류수심 h와 Q의 관계곡선을 그리면 **그림 9-21**과 같이 되어 처음에는 Q가 $h^{3/2}$에 비례하여 증가하게 되지만, 일정한 h 이상으로 되면 Q는 h에 비례하게 된다. 이것은 웨어가 완전히 물에 잠기게 되면 h가 증가하더라도 Q의 증가율이 작아진다는 것을 의미한다.

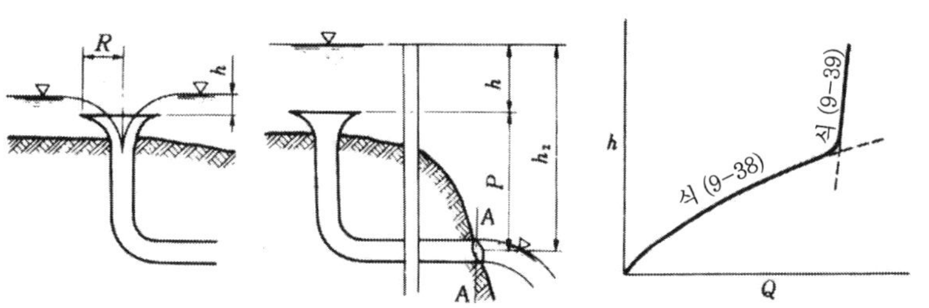

(a) (b) (c)

[그림 9-21]

연습문제

9-1. 관축의 유속을 측정하기 위하여 끝단에 구멍이 뚫린 가는 유리관을 그림과 같이 설치하였을 때 유리관 내의 수은주의 차는 $h = 5$ cm 이었다. 관축의 유속을 계산하여라.

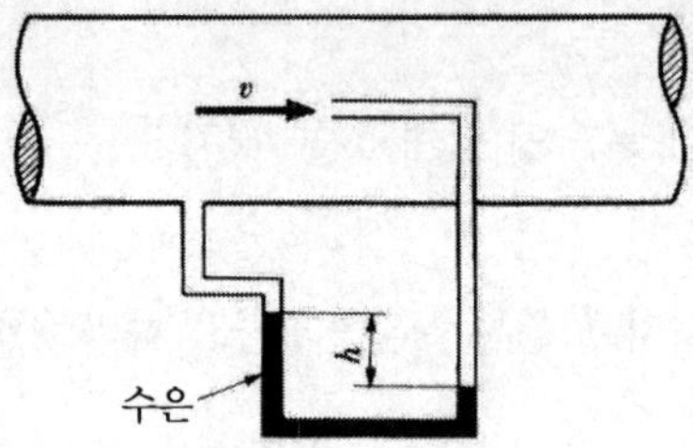

9-2. 지름 20 cm의 관에 지름 8 cm의 관 orifice를 넣어서 유량을 측정하기로 하였다. orifice 상하류의 관벽에 연결한 U자형 유리관 속 수은주의 차가 6 cm라고 하면 관내를 흐르는 유량은 얼마인가?

9-3. 최대유량 100 l/sec를 예연직사각형 weir로 측정할 계획이다. 월류수심을 25 cm 이하로 한정하고 이 weir를 설계하여라.

9-4. 넓은 저수지의 끝단에 그림과 같은 광정 weir를 설치하여 방류할 때 하류수심에 따라서 방류량이 어떻게 변화하는가를 설명하여라.

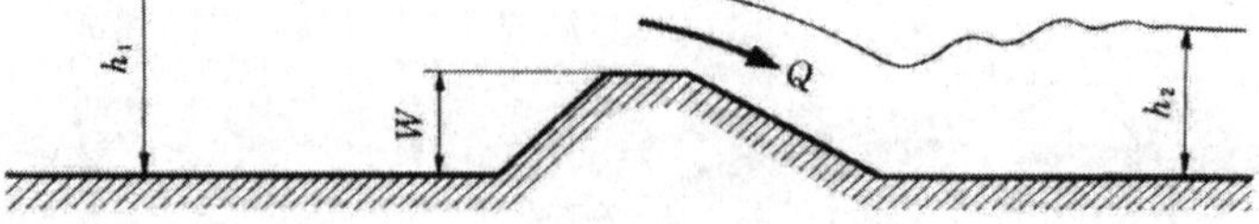

참고문헌

[1] H. Rouse : *Elementary Mechanics of Fluids*, p. 203, John Wiley and Sons, 1946.

[2] 板谷·手島 : Rehbok 公式을 基礎로 한 矩形 웨어의 流量公式, 日本機械學會論文集, Vol. 17, No. 56, 1951.

[3] 沼知·黑川·測澤 : 三角피웨어의 流量公式 第1報, 日本機械學會論文集, Vol. 6, No. 22, 1940.

[4] 本間仁 : 低溢流 웨어의 流量公式, 日本土木學會誌, Vol. 26, No. 9, 1940.

[5] V.T. Chow : *Open Channel Hydraulics*, p. 365, McGraw Hill, 1959.

[6] 文獻[4]

[7] H. Rouse : *Engineering Hydraulics*, p. 220, John Wiley & Sons, 1950.

[8] W.C. Wagner : *Morning Glory Shaft Spillway*, Proc. ASCE, Vol. 80, No, 432, 1954.

제10장

파동

10.1 파동의 요소와 분류

파동은 어떤 물질 또는 매질을 통해서 일정한 형상 또는 상태가 전파하는 현상을 말한다. 매질과 전파하는 형식에 따라서 여러 가지의 종류가 있으나 수리학에 있어서는 수면변동이 전파하는 표면파와 압력변동이 전파하는 압력파, 그리고 밀도변동이 전파하는 밀도파를 취급한다. 본장에 있어서는 주로 수면을 전파하는 표면파만을 취급하기로 한다.

10.1.1 파동방정식

파동이 진행하는 방향을 x라고 하고, 파동에 의해서 전파되는 양을 $y = f(x)$라고 하면

$$y = f(x - ct) \tag{10-1}$$

는 이와 같은 양이 속도 c로서 x방향으로 전파되는 것을 뜻한다. 이것은 다음과 같은 사실에서 알 수 있다.

그림 10-1에서 보는 바와 같이 시간이 t에서 $t + \Delta t$로 되면 속도 c로서 전파되는 양은 x에서 $x + c\Delta t$로 진행하고, y는

$$y = f[(x + c\Delta t) - c(t + \Delta t)] = f(x - ct)$$

와 같이 되어 시간 $t + \Delta t$, 위치 $x + c\Delta t$에 있어서의 양은 시간 t, 위치 x에 있어서의 양과 같다. 즉 $y = f(x)$인 양이 변화하지 않고 x방향으로 속도 c로서 전파된다는 것을 의미한다.

$-x$방향으로 속도 c로서 전파하는 양은

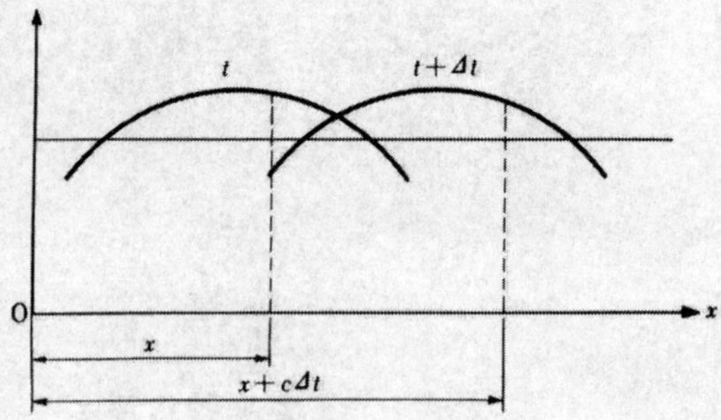

[그림 10-1]

$$y = F(x + ct) \tag{10-2}$$

로서 표시할 수 있다. 이것은 $t + \Delta t$시각에 $x - c\Delta t$의 위치로 진행하게 되므로

$$y = f[(x - c\Delta t) + c(t + \Delta t)] = F(x + ct)$$

와 같이 되어 $y = F(x)$인 양이 변화하지 않고 $(-)x$방향으로 전파된다는 것을 의미한다.

식 (10-1)에 있어서 $x - ct = \zeta$로 놓으면

$$y = f(\zeta)$$

이고 ζ는 x와 t의 함수이다. 이들이 연속적이라고 하면 다음과 같은 관계가 있다.

$$\frac{\partial y}{\partial t} = \frac{\partial y}{\partial \zeta}\frac{\partial \zeta}{\partial t} = -c\frac{\partial y}{\partial \zeta}$$

$$\frac{\partial^2 y}{\partial t^2} = \frac{\partial}{\partial y}\left(-c\frac{\partial y}{\partial \zeta}\right)\frac{\partial y}{\partial t} = c^2\frac{\partial^2 y}{\partial \zeta^2}$$

같은 방법으로 x로서 미분하면

$$\frac{\partial y}{\partial x} = \frac{\partial y}{\partial \zeta}\frac{\partial \zeta}{\partial x} = \frac{\partial y}{\partial \zeta}$$

$$\frac{\partial^2 y}{\partial x^2} = \frac{\partial}{\partial \zeta}\left(\frac{\partial y}{\partial \zeta}\right)\frac{\partial \zeta}{\partial x} = \frac{\partial^2 y}{\partial \zeta^2}$$

이들의 관계에서

$$\frac{\partial^2 y}{\partial t^2} = c^2\frac{\partial^2 y}{\partial x^2} \tag{10-3}$$

식 (10-3)은 식 (10-1)에서 구한 것이며 식 (10-1)은 식 (10-3)의 미분 방정식에 하나의 해가 된

다. 식 (10−3)을 파동방정식이라고 하고, 이 식의 일반해는 다음과 같이 된다.

$$y = f(x - ct) + F(x + ct) \tag{10-4}$$

위 식의 우변 제1항은 앞에서 설명한 바와 같이 진행파를 표시하고 제2항은 역행파를 표시한다.

10.1.2 파장, 주기, 파속

식 (10−1)의 함수 f에 따라서 파형이 결정된다. 지금 **그림 10−2**와 같이 진폭 a에 물의 파동을 수면변동 η의 sin파라고 하면 이 경우의 파형은 다음과 같이 쓸 수 있다.

$$\eta = a\sin(kx - \sigma t) \tag{10-5}$$

sin 파는 각도가 2π만큼 진행하면 그 값이 처음의 값과 같이 되는 함수이다.

$t = 0$에 있어서는 $\eta = a\sin kx$와 같은 sin파를 얻을 수 있다. $t = 0$일때 파형의 위치 x와 $\left(x + \frac{2\pi}{k}\right)$의 위치에 있어서의 η를 비교해 보면

$$\eta = a\sin k\left(x + \frac{2\pi}{k}\right) = a\sin kx \tag{10-6}$$

와 같이 되어 x점의 η와 $x + \frac{2\pi}{k}$ 점의 η는 같다. 파동에 있어서 전후파형의 대응점 사이의 거리를 파장(wave length)이라고 한다. 파장을 L로 쓰면

$$L = \frac{2\pi}{k} \tag{10-7}$$

파형이 동일한 점 사이의 sin파의 각도는 2π이다. 위 식에서

$$k = \frac{2\pi}{L} \tag{10-8}$$

이므로 k는 $2\pi/L$와 같다. 즉, k는 2π 사이에 파장 L의 파동이 몇 개 존재하는가를 나타내는 것이

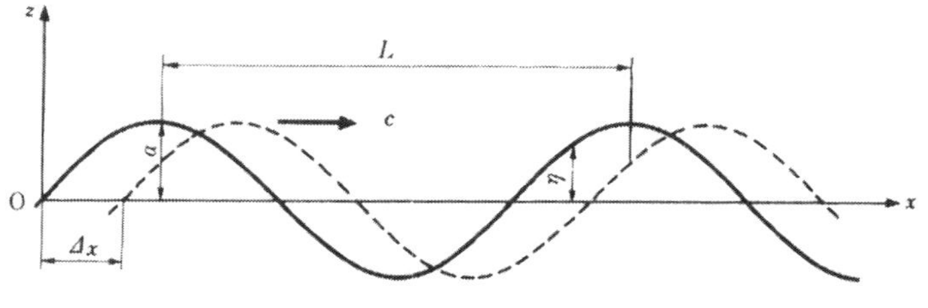

[그림 10−2] sin 파

므로 k를 파수(wave number)라고 한다.

한 점에 있어서 파형을 기록하면 파동의 진행은 수면의 상하운동으로 기록된다. 이 수면의 상하운동에 있어서 대응점이 나타나는 시간간격을 주기(wave period)라고 하고 T로서 표시한다.

파장의 경우와 마찬가지로 식 (10-5)에서

$$\sigma T = 2\pi \tag{10-9}$$

이다.

계수 σ는

$$\sigma = \frac{2\pi}{T} \tag{10-10}$$

로 쓸 수 있고, 이것은 2π 시간 사이에 통과한 파수 또는 파동의 출현회수이며, 각진동수 또는 각주파수라고 한다. 1초 사이에는

$$f = \frac{1}{T} \tag{10-11}$$

이며 이 것을 진동수 또는 주파수라고도 한다.

그림 10-2에 있어서는 파동이 $+x$방향으로 진행하고 있다. 지금 $x = 0$점에 있어서 $t = 0$이라고 할 때, 이 0점과 같은 상태가 진행하는 속도를 구해 보기로 한다. 파형이 변화하지 않고 진행한다고 하면 파동의 모든 점은 0점의 진행속도와 같은 속도로 진행한다. 0점은

$$\eta = a\sin(kx - \sigma t) = a\sin 0 = 0$$

을 만족하는 위상각이 0인 점이다.

지금 0점이 Δt 시간 사이에 Δx만큼 진행한 것이라고 하면 0점의 진행속도 c는

$$c = \Delta x/\Delta t$$

이다.

Δx점으로 이동 후에도 $\eta = 0$이므로 $x = \Delta x,\ t = \Delta t$로서 계산되는 위상각$(kx - \sigma t)$도 0이 되어야 할 것이다. 즉, 식 (10-5)에 있어서

$$k\Delta x - \sigma\Delta t = 0$$

$$\therefore\ c = \frac{\Delta x}{\Delta t} = \frac{\sigma}{k} = \frac{2\pi/T}{2\pi/L} = \frac{L}{T} \tag{10-12}$$

따라서 0점의 진행속도, 즉 파속 c는 식 (10-12)와 같다.

식 (10-5)의 파형을 파고 H, 파장 L, 주기 T 및 파속 c로서 표시하면 다음과 같다.

$$\eta = \frac{H}{2}\sin\left(\frac{2\pi}{L}x - \frac{2\pi}{T}t\right) = \frac{H}{2}\sin\frac{2\pi}{L}\left(x - \frac{L}{T}t\right) = \frac{H}{2}\sin\frac{2\pi}{L}(x - ct) \qquad (10-13)$$

계산예 10-1

파고 5 m, 파장 60 m, 주기 8초인 sin 파의 진행파의 식을 구하여라.

【해】

$$\eta = \frac{H}{2}\sin(kx - \sigma t), \qquad k = \frac{2\pi}{L} = \frac{2 \times 3.14}{60} = 0.104$$

$$\sigma = \frac{2\pi}{T} = \frac{2 \times 3.14}{8} = 0.785, \qquad H = 5\,m$$

$$\therefore \eta = 2.5\sin(0.104x - 0.785t)$$

또는

$$\eta = \frac{H}{2}\sin k(x - ct), \qquad c = \frac{\sigma}{k} = \frac{0.785}{0.104} = 7.54$$

$$\therefore \eta = 2.5\sin 0.104(x - 7.54t)$$

10.1.3 파동의 종류

어떤 원인에 의해서 발생한 물의 파동은 그 원인을 제거한 후에도 계속 하여 파동운동을 하게 되는데, 이때 파동에 작용하는 힘은 중력과 표면장력이다. 이들 두 가지 힘 중에서 중력이 주로 파동을 지배하는 경우를 중력파(gravity wave)라고 하고, 표면장력이 주로 파동을 지배하는 경우를 표면장력파(capillary wave)라고 한다. 중력파는 유체의 내부에 생기는 내부파에 대응해서 표면파라고도 한다.

표면장력파는 파고와 파장이 매우 작으며, 특수한 경우에 대해서만 취급하고 일반적으로 물의 파동이라는 것은 주로 중력파라고 생각해도 좋다. 중력파 중에서 특히 파장이 수심에 비해서 매우 길고 연직가속도가 수평가속도에 비해서 무시할 수 있을 정도로 작은 파동을 장파(long wave)라고 하고, 수심이 파장에 비해서 매우 큰 파동은 파동에 의한 물의 운동이 해저까지 미치지 못하고 수면 부근에 집중되어 있다. 이와 같은 파동을 심해파(deep water wave)라고 한다. 심해파에 비해서 수심이 비교적 얕아서 물의 운동이 해저의 영향을 받는 파동을 천해파(shallow water wave)라고 한다.

수심 h와 파장 L에 따라서 이들의 파동을 다음과 같이 구별한다.

심해파 ······· $h \geq \dfrac{L}{2}$

천해파 ······· $\dfrac{L}{2} > h \geq \left(\dfrac{1}{20} \sim \dfrac{1}{25}\right) L$

장　파 ······· $h < \left(\dfrac{1}{20} \sim \dfrac{1}{25}\right) L$

심해파와 천해파의 구별은 뒷 절에서 이론적으로 설명될 것이다.

파동을 이론적으로 취급할 때는 미소진폭파(small amplitude wave)와 유한진폭파(finit amplitude wave)로 나눌 때가 있다. 파고와 파장의 비 H/L를 파형경사(wave steepness)라고 하는데, 이 값이 매우 작은 경우가 미소진폭파이다.

파동운동은 파형경사의 지배를 받고 있으나 미소진폭파는 H/L의 고차에 미소항을 생략할 수 있으므로 수학적인 취급이 매우 간단하다는 이점이 있다.

10.2 장파

유체의 일반적 운동에 대한 Euler의 운동방정식을 장파에도 적용할 수가 있는 것이다. **그림 10-3과** 같이 x축을 정수면, z축을 연직상향으로 취하고, x, z면내의 2차원흐름을 생각하면 Euler의 식은 식 (3-18)에서 다음과 같이 쓸 수 있다.

$$\left.\begin{aligned} \frac{\partial u}{\partial t} + u\frac{\partial u}{\partial x} + w\frac{\partial u}{\partial z} &= -\frac{1}{\rho}\frac{\partial p}{\partial x} \\ \frac{\partial w}{\partial t} + u\frac{\partial w}{\partial x} + w\frac{\partial w}{\partial z} &= -g - \frac{1}{\rho}\frac{\partial p}{\partial z} \end{aligned}\right\} \qquad (10-14)$$

여기서 $X = Y = 0$, $Z = -g$이다.

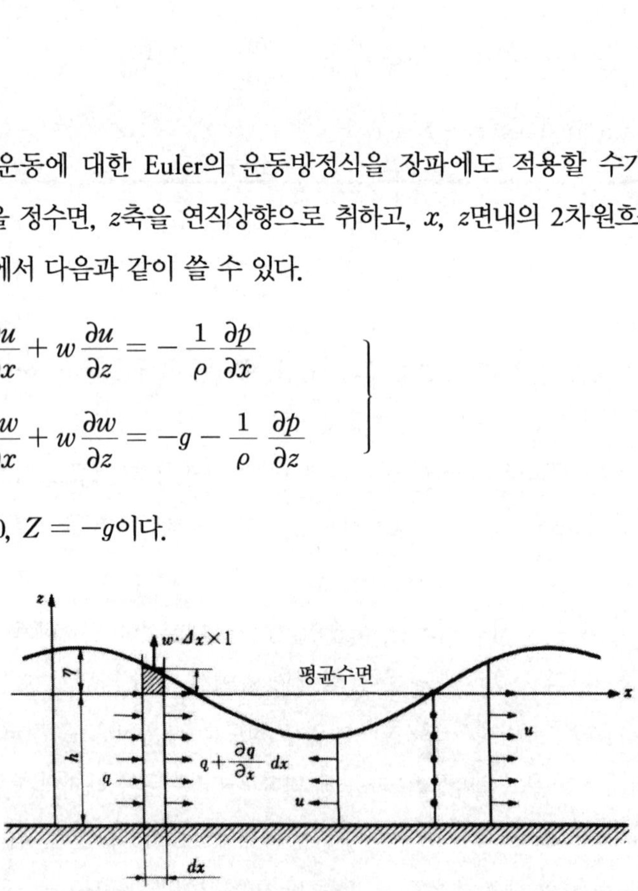

[그림 10-3] 연속방정식의 기호

장파는 파고에 비해서 파장이 길기 때문에 연직방향의 속도성분이 다른 항에 비해서 작으므로 이것을 무시하면 식 (10−14)의 둘째 식의 좌변은 0으로 놓을 수 있다.
따라서

$$0 = -g - \frac{1}{\rho}\frac{\partial p}{\partial z}$$

위 식을 적분하면

$$p = -\rho g\, z + \text{const.}$$

그림 10−3에 있어서 $z = \eta$에 있어서 $p = 0$이므로 위 식은 다음과 같이 쓸 수 있다.

$$p = \rho g(\eta - z) \tag{10-15}$$

위 식은 z점의 물속에 압력을 표시하는 것이며, 정수면으로부터 아래쪽으로 (−) z점의 압력은 정수압분포라는 것을 표시한다. 장파의 파동 내부의 압력은 모든 점에 있어서 정수압분포이다.

식 (10−14)의 첫번째 식의 $\dfrac{\partial u}{\partial x}$는 연속방정식

$$\frac{\partial u}{\partial x} + \frac{\partial w}{\partial z} = 0$$

에 있어서 $-\dfrac{\partial w}{\partial z}$와 같으므로 $u\dfrac{\partial u}{\partial x}$와 $w\dfrac{\partial u}{\partial z}$는 생략할 수 있다. 따라서 식 (10−14)의 첫번째 식은 다음과 같이 쓸 수 있다.

$$\frac{\partial u}{\partial x} = -\frac{1}{\rho}\frac{\partial p}{\partial x} \tag{10-16}$$

식 (10−15)에 있어서 η는 x와 t의 함수이고 z에는 관계 없으므로

$$\frac{\partial p}{\partial x} = \rho g\frac{\partial \eta}{\partial x} \tag{10-17}$$

이고, 이것을 식 (10−16)에 대입하면

$$\frac{\partial u}{\partial t} = -g\frac{\partial \eta}{\partial x} \tag{10-18}$$

식 (10−17)과 식 (10−18)이 장파의 운동방정식이다.

다음에 이 경우의 연속방정식은 **그림 10−3**과 같이 Δx 떨어진 두 단면 사이의 물의 출입을 생각하여 구할 수 있다. 수면변동속도는

$$w = \frac{\partial \eta}{\partial t}$$

이고, x점의 단위폭당의 유량을 q라고 하면 $x+\Delta x$점의 유량은 $q+\dfrac{\partial q}{\partial x}\Delta x$라고 할 수 있으므로

$$w\,\Delta x = q-\left(q+\frac{\partial q}{\partial x}dx\right)$$

x방향의 물 입자 속도를 u라고 하면 다음과 같이 쓸 수도 있다.

$$w\,\Delta x = u(h+\eta)-\left[u(h+\eta)+\frac{\partial\{u(h+\eta)\}}{\partial x}\Delta x\right]$$

이 식을 정리하면

$$w=\frac{\partial \eta}{\partial t}=-\frac{\partial}{\partial x}[u(h+\eta)] \tag{10-19}$$

식 (10−19)가 이 경우의 연속방정식이다. 이 식의 우변을

$$\frac{\partial}{\partial x}[u(h+\eta)]=(h+\eta)\frac{\partial u}{\partial x}+u\frac{\partial}{\partial x}(h+\eta)$$

로 변형하고, 제2항을 제1항에 비해서 작은 것이라 하여 이것을 생략한다. η도 h에 비해서 생략할 만큼 작다고 하면 식 (10−19)는 다음과 같이 쓸 수 있다.

$$\frac{\partial \eta}{\partial t}=-h\frac{\partial u}{\partial x} \tag{10-20}$$

식 (10−18)과 식 (10−20)에서 u를 소거하면 다음과 같은 파동방정식을 얻을 수 있다.

$$\frac{\partial^2 \eta}{\partial t^2}=gh\frac{\partial^2 \eta}{\partial x^2} \tag{10-21}$$

식 (10−21)이 장파에 대한 파동방정식이며, 식 (10−3)의 일반파동방정식과 비교하면 장파의 파속은

$$c=\sqrt{gh} \tag{10-22}$$

와 같고 수심만의 함수이다.

다음에는 장파가 전파할 때 수분자의 운동을 알기 위하여 파형을

$$\eta=f(x-ct) \tag{10-23}$$

라고 하면 식 (10−18)에서

$$\frac{\partial \eta}{\partial t}=-gf'(x-ct)$$

와 같이 되고 이것을 적분하여

$$u = \frac{g}{c} f(x - ct) + \varphi(x) \tag{10-24}$$

$\varphi(x)$는 적분상수이고 x의 함수이지만 이 식을 식 (10-18)에 대입하면 $\varphi'(x) = 0$, 즉 $\varphi = \text{const.}$ 라는 것을 알 수 있다. 식 (10-24)는

$$u = \frac{g}{c} f(x - ct) + \text{const.} = \frac{g}{\sqrt{gh}} \eta + \text{const.} \tag{10-25}$$

식 (10-25)는 장파가 진행할 때의 수분자의 속도를 나타내는 식이다. 이 식에 있어서의 const.는 속도의 차원을 가지는 상수이며, 이것은 물이 전체적으로 x방향으로 흐르는 속도이고, 정지수면을 장파가 진행할 때는 이 상수는 0이고, 이때 수분자의 속도는

$$u = \sqrt{\frac{g}{h}} \eta \tag{10-26}$$

로 표시된다. 위 식에 있어서 $\sqrt{\frac{g}{h}} > 0$이므로

$\eta > 0$ 이면 $u > 0$

$\eta = 0$ 이면 $u = 0$

$\eta < 0$ 이면 $u < 0$

이다. 즉, 수면이 정수면보다 위에 있는 경우는 수분자는 파동의 진행방향과 같은 방향으로 운동하고, 수면이 정수면보다 아래에 있는 경우는 수분자는 파동의 진행방향의 반대방향으로 움직인다. 이와 같은 수분자의 운동은 **그림 10-3**에 그려져 있다.

계산예 10-2

$\eta = 2\sin(0.01\,x - 0.08t)$로서 표시되는 장파의 파속, 파장 및 수분자의 최대속도를 구하여라.

【해】 $\eta = a\sin(kx - \sigma t)$에서

$$k = \frac{2\pi}{L} = 0.01 \qquad \therefore L = \frac{2 \times 3.14}{0.01} = 628\text{ m}$$

$$\sigma = \frac{2\pi}{T} = 0.08 \qquad \therefore T = \frac{2 \times 3.14}{0.08} = 78.5\text{ sec}$$

$$c = \frac{\sigma}{k} = \frac{0.08}{0.01} = 8\text{ m/sec}$$

장파의 파속 $c = \sqrt{gh}$ 에서 h를 구하면

$$h = \frac{c^2}{g} = \frac{8^2}{9.8} = 6.53 \text{ m}$$

수분자의 속도는 식 (10−26)에서 $u = \sqrt{\frac{g}{h}}\eta$이고 u_{max}은 $\eta = \frac{H}{2}$일 때이다. 즉

$$u = \sqrt{\frac{g}{h}}\frac{H}{2} = \sqrt{\frac{9.8}{6.53}} \times 2 = 2.45 \text{ m/sec}$$

10.3 미소진폭파의 천해파

파행경사가 비교적 작은 파동이 미소진폭파이며, 연직방향의 가속도와 H/L에 관한 고차의 미소항은 생략할 수 있다. 중력의 작용하에 완전유체의 표면에 파동이 진행하는 경우는 속도 potential을 가지는 동시에 비회전류라고 생각할 수 있다.

실제의 물은 점성이 있기 때문에 경계면 부근에 있어서는 와가 발생하여 회전류가 되지만, 심해파와 같이 해저의 영향이 작은 경우는 비회전운동으로 취급할 수 있다.

10.3.1 표면파의 조건

그림 10−4와 같이 파동이 진행하는 방향으로 x축, 연직상향으로 z축이라고 하고 xz 면 내의 2차원 운동을 생각한다. 비회전운동이라고 하면 Euler의 운동방정식을 적용할 수 있다. 지금 $\rho =$ const. $\Omega = (-)gz$로 놓으면 Euler 식을 적분한 식 (3−39)에서

$$-\frac{\partial\phi}{\partial t} = \frac{1}{2}q^2 + gz + \frac{p}{\rho} = F(t) \tag{10-27}$$

파고가 작은 경우는 수분자의 속도가 매우 작다고 생각할 수 있으므로 q^2은 다른 항에 비해서 생략할 수 있다. $F(t)$는 시간의 함수이며, 이것을 $\frac{\partial\phi}{\partial t}$ 항에 포함시키면 다음과 같이 쓸 수 있다.

$$-\frac{\partial\phi}{\partial t} + gz + \frac{p}{\rho} = 0$$

$$\therefore \frac{p}{\rho} = \frac{\partial\phi}{\partial t} - gz \tag{10-28}$$

식 (10−28)은 미소진폭파가 진행할 때 수중의 압력분포를 나타내는 식이다. 이 식에서 아는 바와 같이 파동이 진행할 때 수중의 압력은 정수압분포가 아니다. 즉, 정수압 $p = -\rho gz$에 $\rho\frac{\partial\phi}{\partial t}$가 첨가

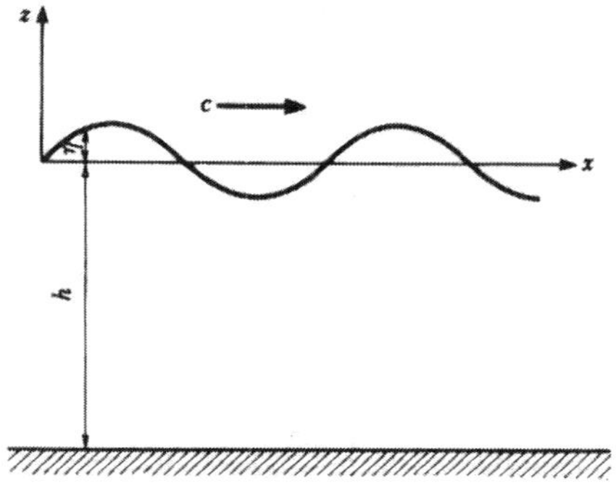

[그림 10-4]

된 것이다.

수면, $z=\eta$에 있어서는 $p=0$이므로 식 (10-28)은

$$0=\rho\frac{\partial\phi}{\partial t}-\rho g\eta \qquad \therefore\ \eta=\frac{1}{g}\left(\frac{\partial\phi}{\partial t}\right)_{z=\eta} \tag{10-29}$$

와 같이 되고, 수면에 있어서의 연직속도

$$w=\frac{\partial\eta}{\partial t}=\left(\frac{\partial\phi}{\partial z}\right)_{z=\eta} \tag{10-30}$$

식 (10-29)의 수면변동식과 식 (10-30)의 수면 연직속도식에서 수면조건의 식을 구할 수 있다. 즉, 식 (10-29)를 t로서 미분하여 이것을 식 (10-30)에 대입하면

$z=\eta$에 있어서

$$\frac{\partial^2\phi}{\partial t^2}+g\frac{\partial\phi}{\partial z}=0 \tag{10-31}$$

미소진폭파는 $z=\eta$에 있어서의 $\frac{\partial\phi}{\partial z}$가 $z=0$ 부근의 값과 근사적으로 같다고 할 수 있으므로 식 (10-32)를 $z=0$에 있어서의 수면조건식으로 사용하기로 한다.

다음에 수저의 조건은 $z=-h$에 있어서 바닥에 직각방향의 수분자의 속도는 0이므로 다음과 같이 쓸 수 있다.

$z=-h$에 있어서

$$w=\left(\frac{\partial\phi}{\partial z}\right)_{z=-h}=0 \tag{10-32}$$

미소진폭파는 속도 potential을 가지고 있으므로 x 및 z방향의 수분자 속도는 각각

$$u=-\frac{\partial\phi}{\partial x},\quad w=-\frac{\partial\phi}{\partial z}$$

로서 표시할 수 있고, 2차원 파동운동에 대한 연속방정식은 다음과 같다.

$$\frac{\partial^2\phi}{\partial x^2}+\frac{\partial^2\phi}{\partial z^2}=0 \tag{10-33}$$

이 식은 Laplace의 방정식이다. 미소진폭파의 속도 potential은 수면조건과 수저조건을 만족하는 ϕ를 구하면 알 수 있다.

10.3.2 천해파의 속도 potential

파동에 의한 수분자의 운동이 수저까지 미치는 경우가 천해파이다. 이 절에서는 수면조건과 수저조건을 만족하는 속도 potential을 Laplace 방정식에서 구하기로 한다.

수심 h가 일정한 수역을 각주파수 σ의 파동이 진행할 때의 속도 potential을 다음과 같이 가정한다.

$$\phi=f(z)\cos(kx-\sigma t)=f(x)\cos k\left(x-\frac{\sigma}{k}t\right)=f(z)\cos k(x-ct) \tag{10-34}$$

위 식에 있어서 수면조건과 수저조건을 만족하는 $f(z)$를 구하면 이 경우의 속도 potential을 구할 수 있다. 식 (10−34)를 각각 x 및 z에 대해서 미분하면

$$\frac{\partial^2\phi}{\partial x^2}=-k^2f(z)\cos k(x-ct)$$

$$\frac{\partial^2\phi}{\partial z^2}=f''(z)\cos k(x-ct)$$

이 관계를 연속방정식 (10−33)에 대입하면

$$\frac{\partial^2\phi}{\partial x^2}+\frac{\partial^2\phi}{\partial z^2}=[f''(z)-k^2f(z)]\cos k(x-ct)=0$$

$$\therefore\ f''(z)+k^2f(z)=0 \tag{10-35}$$

식 (10−35)의 일반해는 적분상수를 A, B라고 하면

$$f(z)=Ae^{kz}+Be^{-kz} \tag{10-36}$$

$$\therefore\ \phi=(Ae^{kz}+Be^{-kz})\cos k(x-ct) \tag{10-37}$$

적분상수 A 및 B는 수면 및 수저조건에서 구할 수 있다. 수저 $z=-h$에 있어서는 $\frac{\partial\phi}{\partial z}=0$이므로 식 (10−37)에서

$$\frac{\partial\phi}{\partial z}=k(Ae^{kz}-Be^{-kz})\cos k(x-ct)=0 \tag{10-38}$$

과 같이 쓸 수 있고, 이 식은 t, x에는 관계 없이 성립되므로 $z = -h$에 있어서

$$Ae^{-kh} - Be^{kh} = 0$$

$$Ae^{-kh} = Be^{kh} = \text{const.} = \frac{\bar{a}}{2} \tag{10-39}$$

여기서

$$A = \frac{\bar{a}}{2} e^{kh}, \qquad B = \frac{\bar{a}}{2} e^{-kh}$$

위의 관계식에서 식 (10−37)은 다음과 같이 쓸 수 있다.

$$\phi = \frac{\bar{a}}{2} [e^{k(h+z)} + e^{-k(h+z)}] \cos k(x - ct) \tag{10-40}$$

여기서

$$\frac{1}{2} [e^{k(h+z)} + e^{-k(h+z)}] \cos k(h + z)$$

이므로 식 (10−40)은 다음과 같은 간단한 식으로 고쳐 쓸 수 있다.

$$\phi = [\ \bar{a} \cos h\, k(h + z)] \cos k(x - ct) \tag{10-41}$$

식 (10−41)이 이 경우의 속도 potentia이다. 이것은 진폭이 $[\ \bar{a} \cos h\, k(h + z)]$인 파동을 나타낸다.

10.3.3 파속과 수분자의 운동

파속은 수면변동의 상태가 전파해가는 속도이므로 수면조건에서 구할 수 있다. 미소진폭파의 속도 potential 식 (10−41)을 수면조건식 (10−31)에 대입하면

$$\frac{\partial^2 \phi}{\partial t^2} + g \frac{\partial \phi}{\partial z} = -k^2 c^2 \bar{a} \cos h\, k(h + z) \cos k(x - ct)$$
$$+ gk\, \bar{a} \sin h\, k(h + z) \cos k(x - ct) = 0$$
$$- k^2 c^2 \bar{a} \cos h\, k(h + z) + gk\, \bar{a} \sin h\, k(h + z) = 0$$

파고가 수심에 비해서 매우 작다고 하면 위 식은

$$-k^2 c^2\ \bar{a} \cos h\, kh + gh\bar{a} \sin k\, kh = 0$$

$$\therefore\ k^2 c^2 = \frac{g\, k\bar{a} \sin h\, kh}{\bar{a} \cos h\, kh} \tag{10-42}$$

$k = 2\,\pi/L$를 이용하면

$$c = \sqrt{\frac{gL}{2\pi} \tan h \frac{2\pi h}{L}} \tag{10-43}$$

수심과 파장이 주어지면 식 (10−43)에서 파속을 계산할 수 있으나 $c = L/T$의 관계가 있으므로 수심과 주기가 주어져도 파속을 계산할 수 있다.

식 (10−43)의 c와 L의 관계 곡선을 그리면 **그림 10−5**와 같이 되어 파장이 길게 되면 파속 c는 장파의 파속 $\sqrt{gh}$에 접근하게 된다.

상수 $\bar{a}$를 구하기 위하여 파고 $2a$의 파형을 sin 파라고 하면

$$\eta = a \sin k(x - ct)$$

이고, 이것이 식 (10−29)의 $z = 0$일 때의 수면조건과 같다고 하면

$$\eta = a \sin k(x - ct) = \frac{1}{g}\left(\frac{\partial \phi}{\partial t}\right)_{z=0}$$

위 식에 식 (10−41)을 대입하면

$$\eta = \frac{1}{g} \bar{a} c\, k \cos h\, kh \sin k(x - ct) \tag{10-44}$$

식 (10−44)의 η는

$$\eta = a \sin k(x - ct)$$

와 같으므로

$$\frac{1}{g} \bar{a} c\, k \cos h\, kx \sin k(x - ct) = a \sin k(x - ct)$$

$$\therefore\ \bar{a} = \frac{ga}{ck \cos h\, kh} \tag{10-45}$$

식 (10−41)과 식 (10−45)에서 이 경우의 속도 potential을 얻을 수 있다.

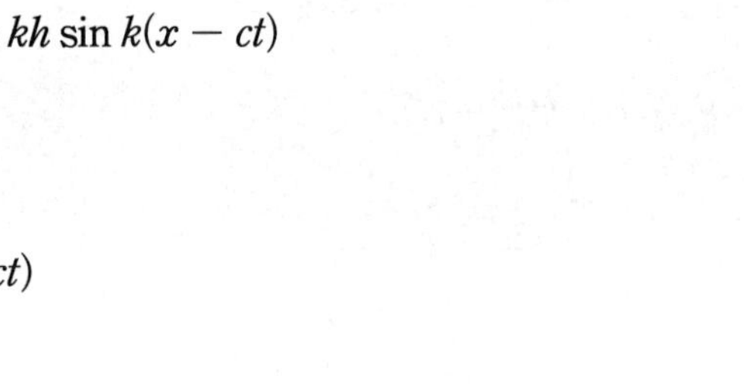

[그림 10−5] 장파의 파속

$$\phi = \frac{ag}{ck}\frac{\cos h\,k(h+z)}{\cos h\,kh}\cos k(x-ct) \tag{10-46}$$

다음에는 파동작용으로 인해서 움직이는 수분자의 속도를 구하기로 한다. 파동의 진행방향 및 이에 직각방향의 수분자의 운동속도를 u, w라고 하면

$$\left.\begin{aligned} u &= -\frac{\partial\phi}{\partial x} = \frac{ga}{c}\frac{\cos h\,k(h+z)}{\cos h(kh)}\sin k(x-ct) \\ w &= -\frac{\partial\phi}{\partial z} = \frac{ga}{c}\frac{\sin h\,k(h+z)}{\cos h(kh)}\cos k(x-ct) \end{aligned}\right\} \tag{10-47}$$

하나의 수분자 평균위치를 $\bar{x}$, $\bar{z}$라고 하고, 시각 t에 있어서의 수분자 위치를 x, z라고 하면 수분자의 속도는 각각

$$u = \frac{d}{dt}(x-\bar{x}), \qquad w = \frac{d}{dt}(z-\bar{z})$$

이므로 이 식과 함께 식 (10−47)에서 다음 식이 성립된다.

$$\left.\begin{aligned} \frac{d}{dt}(x-\bar{x}) &= \frac{ga}{c}\frac{\cos h\,k(h+z)}{\sin h\,kh}\sin k(x-ct) \\ \frac{d}{dt}(z-\bar{z}) &= \frac{ga}{c}\frac{\sin h\,k(h+z)}{\sin h\,kh}\cos k(x-ct) \end{aligned}\right\} \tag{10-48}$$

위 식을 적분하여 x, z를 t의 함수로 표시할 수 있으면 수분자가 움직이는 궤도를 구할 수 있다. 그러나 이들 식에 있어서 x와 z가 t의 함수이므로 우변의 적분이 어렵다. 그러나 $(x-\bar{x})$와 $(z-\bar{z})$가 매우 작다고 생각하여 근사적으로 x, z 대신 $\bar{x}$, $\bar{z}$를 사용한다면 적분이 가능하다. 이와 같이 가정하여 식 (10−48)을 일주기 사이에 대해서 적분하면

$$\left.\begin{aligned} x-\bar{x} &= a\frac{\cos h\,k(h+\bar{z})}{\sin h\,kh}\cos k(\bar{x}-ct) \\ z-\bar{z} &= a\frac{\sin h\,k(h+\bar{z})}{\sin h\,kh}\sin k(\bar{x}-ct) \end{aligned}\right\} \tag{10-49}$$

식 (10−49)에서 t를 소거하면 수분자의 운동궤도를 구할 수 있다. 이 두 식을 자승하여 더하면

$$\frac{(x-\bar{x})^2}{\left[a\dfrac{\cos h\,k(h+\bar{z})}{\sin h\,kh}\right]^2} + \frac{(z-\bar{z})^2}{\left[a\dfrac{\sin h\,k(h+\bar{z})}{\sin h\,kh}\right]^2} = 1 \tag{10-50}$$

위 식은 타원의 방정식이며, 수평축 반지름과 연직축 반지름은 다음과 같다.

$$\text{수평축 반지름} = \frac{a \cos h\, k(h+\bar{z})}{\sin h\, kh}$$

$$\text{연직축 반지름} = \frac{a \sin h\, k(h+\bar{z})}{\sin h\, kh}$$

식 (10−50)으로서 표시되는 수분자의 궤도는 **그림 10−6**과 같다. 수분자의 궤도 반지름은 수심이 깊을수록 작아진다. 수저 $\bar{z} = -h$에 있어서는 수평축의 반지름이 $a/\sin h\, kh$이고, 연직축의 반지름이 0이 되므로 수저에 있어서 수분자는 바닥에 연해서 수평왕복운동을 하게 된다.

다음에 식 (10−44)와 식 (10−47)에서 u와 η의 관계를 구하면 다음과 같다.

$$\frac{u}{\eta} = \frac{g \cos h\, k(h+z)}{\cos h\, kh} > 0 \tag{10−51}$$

수분자의 수평속도와 수면변동 η는 동위상이라는 것을 알 수 있다. 즉 수분자의 수평속도 방향은

$\eta > 0$ 일 때 $u > 0$

$\eta < 0$ 일 때 $u < 0$

수분자의 운동은 **그림 10−6** (b)와 같이 파봉부분에서는 x방향으로 움직이고, 파곡부분은 x의 반대방향으로 움직인다. 타원궤도 위의 수분자의 최대속도는 **그림 10−6** (b)와 같이

M 점에서 $+u_{max}$

M′ 점에서 $-u_{max}$

N 점에서 $+w_{max}$

N′ 점에서 $-w_{max}$

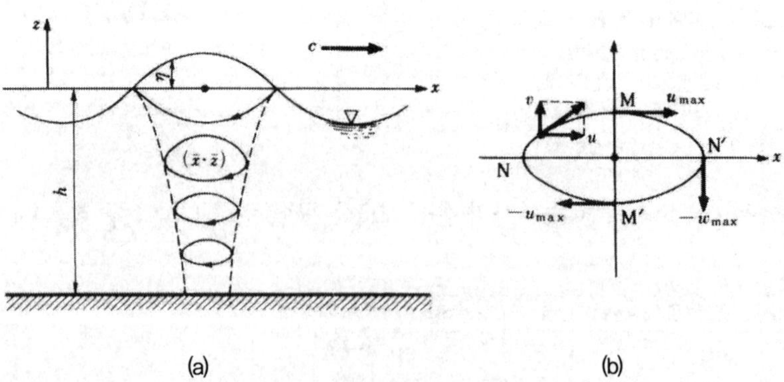

[그림 10−6] 천해파의 수분자 궤도

이 생기고, 그 크기는 식 (10−47)에서 구할 수 있다.

$$\left.\begin{aligned} u_{max} &= \frac{ack \cos h\, k(h+z)}{\cos h\, kh} \\ w_{max} &= \frac{ack \sin h\, k(h+z)}{\sin h\, kh} \end{aligned}\right\} \qquad (10-52)$$

$z = -h$ 점, 즉 수저에 있어서는 w는 0이고 수평방향의 유속은

$$u_{max} = \frac{ga}{c} \frac{1}{\sin h\, kh} \qquad (10-53)$$

이다.

10.3.4 수심, 주기, 파장의 수표

$c = L/T$의 관계가 있으므로 식 (10−43)은 다음과 같이 쓸 수 있다.

$$c = \frac{L}{T} = \sqrt{\frac{gL}{2\pi} \tan h \frac{2\pi h}{L}} \qquad (10-54)$$

위 식은 수심, 주기 및 파장의 관계를 나타낸다. 일반적으로 h와 T가 주어지면 L을 계산하는 것이 보통인데, 이 계산은 매우 복잡하므로 h, T 및 L의 관계를 미리 계산하여 만든 **부표 10−1***을 이용하면 편리하다.

계산예 10−3

수심 6 m, 파고 1.2 m, 주기 5초의 표면파의 파장과 파속을 계산하여라.

【해】 부표 10−1을 이용하면

수심 6 m, 주기 5초에 대한 파장은

$$L = 32.25 \text{ m}$$

$$\therefore\ c = \frac{L}{T} = \frac{32.25}{5} = 6.45 \text{ m/s}$$

계산예 10−4

【계산예 10−3】에 있어서 수저의 수분자 최대속도를 계산하여라.

* 부록 10−1 참조

【해】 $$u_{max} = \frac{ack}{\sin h\, kh}$$

$$a = 0.6\ \text{m}$$

$$c = 6.45\ \text{m}$$

$$k = \frac{2\pi}{L} = \frac{2 \times 3.14}{32.25} = 0.19$$

$$h = 6\ \text{m}$$

$$u_{max} = \frac{0.6 \times 6.45 \times 0.19}{\sin h(0.19 \times 6)} = \frac{0.735}{1.46} = 0.5\ \text{m/s}$$

10.3.5 파동에 의한 수중의 압력변동

미소진폭파에 대한 수중의 압력은 식 (10−28)로 표시된다. 이 식을 고쳐 쓰면

$$p = +\rho \frac{\partial \phi}{\partial t} - \rho g z \tag{10-55}$$

위 식의 우변 제2항은 정수압이므로 파동운동으로 인하여 압력 $\rho \frac{\partial \phi}{\partial t}$가 이에 첨가된 것이다. 즉, 수면에 파동이 진행할 때 수중의 압력은 정수압분포가 아니고 파동에 의한 압력이 첨가되는 것이다.

정수압에 첨가된 압력변동을 Δp라고 하고 식 (10−28)을 고려하면

$$\Delta p = \rho \frac{\partial \phi}{\partial t} = \rho g a \frac{\cos h\, k(h+z)}{\cos h\, kh} \sin k(x - ct) \tag{10-56}$$

위 식에 있어서 $\eta = a \sin k(x - ct)$이고 식 (10−55)를 참조하면

$$p = \rho g a \frac{\cos h\, k(h+z)}{\sin h\, kh} \eta - \rho g z \tag{10-57}$$

위 식에 있어서

$$K_p = \frac{\cos h(h+z)}{\cos h\, kh} \tag{10-58}$$

로 놓으면 식 (10−57)은 다음과 같이 쓸 수 있다.

$$\frac{p}{\rho g} = K_p \eta - z \tag{10-59}$$

이 식에서 K_p는 파동운동 때문에 생기는 수중의 압력수두이며, 이것을 압력변동계수[1]

(pressure response factor)라고 한다. 지금 $z=0$, 즉 정수면의 압력수두에 대해서 생각하면

$$K_p = 1$$

이고,

$$\frac{p}{\rho g} = \eta \tag{10-60}$$

$z=0$점의 압력은 정수면 위의 수두 η에 대한 압력이므로 정수면 위의 압력은 항상 정수압분포라는 것을 알 수 있다.

다음에는 $z=-h$, 즉 수저에 있어서는

$$K_p = \frac{1}{\cos h\, kh} \qquad \therefore \frac{p}{\rho g} = \frac{\eta}{\cos h\, kh} + h \tag{10-61}$$

수저의 정수압분포는

$$\frac{p}{\rho g} = (h+\eta) \tag{10-62}$$

이므로 식 (10−61)과 (10−60)을 비교하면 다음과 같은 사실을 알 수 있다.

(1) 수면이 정수면보다 위에 있는 경우는 $(+\eta)$

$$h + \frac{\eta}{\cos h\, kh} < h + \eta$$

이며, 수저의 압력은 정수분포의 경우보다 작다.

(2) 수면이 정수면보다 아래에 있는 경우는 $(-\eta)$

$$h - \frac{\eta}{\cos h\, kh} > h - \eta$$

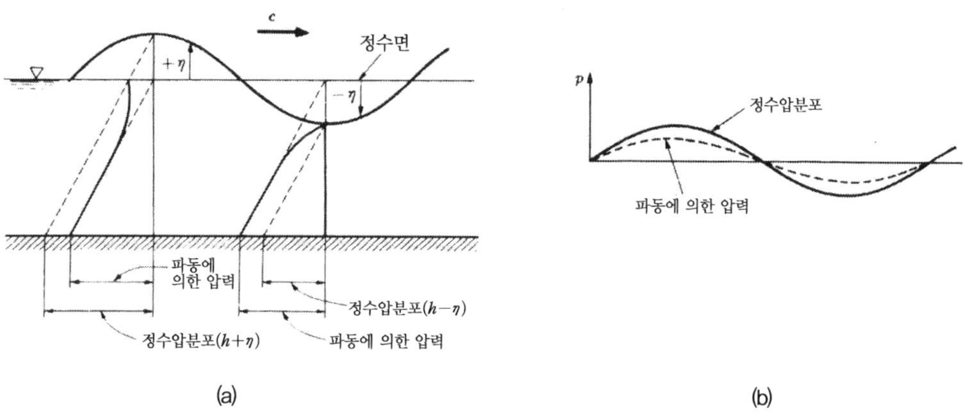

[그림 10-7] 파동운동에 의한 압력분포

이며, 수저의 압력은 정수분포의 경우보다 크다.

이상 설명한 압력분포는 **그림 10-7** (a)에 그려져 있고, 파형과 파동에 의한 압력의 위상분포는 (b)에 그려져 있다.

계산예 10-5

【계산예 10-3】에서 수저의 압력변동을 계산하여라.

【해】 압력변동의 진폭은 식 (10-57)에서 계산할 수 있다. 특히 수저의 압력변동은 $Z = (-)h$에 있어서

$$\Delta p_h = \frac{\rho g a}{\cos h\, kh}$$

이 식에

$$a = 0.6 \text{ m}, \qquad \rho = \frac{w}{g} = \frac{1}{9.8} = 0.102, \qquad k = 0.19, \qquad L = 32.25 \text{ m}$$

등을 대입하면

$$\Delta p_h = \frac{0.102 \times 9.8 \times 0.6}{\cos k(0.19 \times 6)} \quad \frac{0.6}{\cos k\, 1.14} = \frac{0.6}{1.01} = 0.59 \text{ t/m}^2$$

10.4 미소진폭파, 심해파

수심이 파장보다 매우 큰 경우가 심해파이다. 천해파의 각 식에 있어서 $kh = \frac{2\pi h}{L} \to \infty$, 즉 $h/L \to \infty$의 경우가 심해파이다. 천해파에 대한 식 (10-43)~(10-50)에 $kh \to \infty$의 조건을 적용하면 다음과 같다.

$$c = \sqrt{\frac{gL}{2\pi} \tan h \frac{2\pi h}{L}} = \sqrt{\frac{gL}{2\pi}} \tag{10-63}$$

$$\phi = \frac{ga}{c} \frac{\cos h\, k(h+z)}{\sin h\, kh} \cos k(x - ct)$$

$$= \frac{ga}{c} \frac{e^{k(h+z)} + e^{-k(h+z)}}{e^{kh} - e^{-kh}} = ace^{kz} \cos k(h - ct) \tag{10-64}$$

$$\left.\begin{aligned}(x-\bar{x}) &= ae^{kz}\cos k(\bar{x}-ct)\\(z-\bar{z}) &= ae^{kz}\sin k(\bar{x}-ct)\end{aligned}\right\} \quad (10-65)$$

$$(x-\bar{x})^2+(z-\bar{z})^2=a^2e^{2kz} \quad (10-66)$$

$$\left.\begin{aligned}u &= \frac{ga}{c}e^{kz}\sin k(x-ct)\\w &= \frac{ga}{c}e^{kz}\cos k(x-ct)\end{aligned}\right\} \quad (10-67)$$

$$\tan h\frac{2\pi h}{L} \fallingdotseq \tan h\pi$$

$$\therefore \frac{2\pi h}{L} \fallingdotseq \pi, \quad \frac{h}{L} \fallingdotseq \frac{1}{2} \quad (10-68)$$

따라서 천해파와 심해파의 한계는 식 (10-68)이라고 생각할 수 있다. 즉 수심이 파장의 1/2보다 깊을 때의 파동을 심해파라고 한다.

심해파의 특성은 다음과 같다.

(1) 심해파의 파속은 수심에는 관계 없이 파장에만 관계한다.

(2) 심해파의 수분자 운동은 식 (10-65)와 같이 $\bar{x}$, $\bar{z}$를 중심으로 반지름 ae^{kz} 또는 $\frac{H}{2}e^{kz}$의 원운동을 한다(**그림 10-8**).

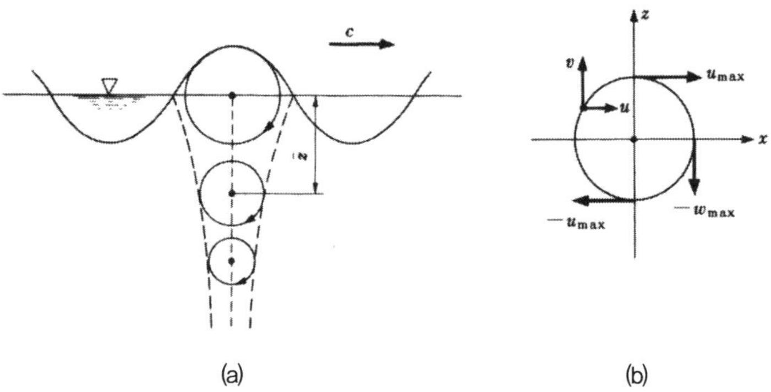

[그림 10-8] 심해파의 수분자 궤도

10.5 표면파의 에너지와 군속도

10.5.1 표면파의 에너지

파동의 에너지는 물이 평균수면을 중심으로 상승 또는 하강함으로써 생기는 위치에너지와 수분

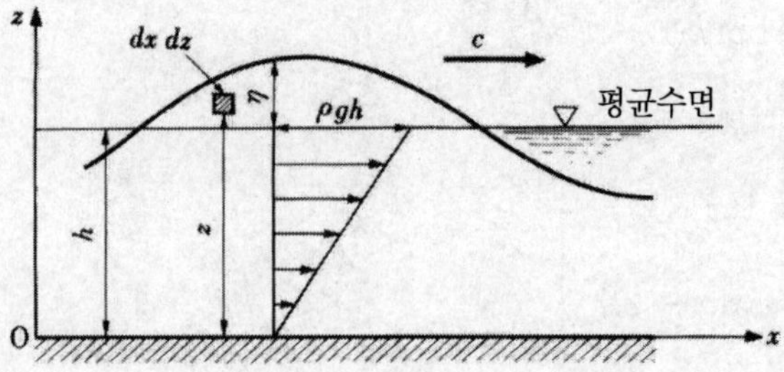

[그림 10-9] 파동의 위치에너지의 분포

자의 운동에 의한 운동에너지가 있으며, 이들을 합한 것이 운동의 전에너지이다. 먼저 수심 h의 수역을 x방향으로 진행하는 파동의 평균수면에 대한 위치에너지에 대해서 생각해 보기로 한다. 지금 수저에 연해서 x축을 취하면 z의 높이에 있는 $dx\,dz \times 1$에 물의 위치에너지는 $z\rho g\,dx\,dz$라고 할 수 있다. x축과 평균수면 사이에 있어서는 위치에너지가 직선적으로 변화하고, 일파장당 $\frac{1}{2}\rho g\,h^2L$이다. 따라서 일파장 단위폭당의 위치에너지는 다음과 같이 쓸 수 있다.

$$E_p = \int_0^L \int_0^{h+\eta} \rho g\,dz\,dx\,z - \frac{\rho g}{2}h^2L$$

$$= \frac{1}{2}\rho g\left(h^2L + 2h\int_0 \eta dx + \int_0^L \eta^2\,dx\right) - \frac{\rho g}{2}h^2L$$

이 식에 있어서 파형을 $\eta = a\sin k(x - ct)$라고 하면 수면은 평균수면에 대해서 대칭이므로

$$\int_0^L \eta dx = 0$$

$$E_p = \frac{1}{2}\rho g\int_0^L \eta^2 dx = \frac{\rho g}{2}\int_0^{2\pi/k} a^2\sin^2 k(x - ct)dx$$

$$= \frac{\rho g}{2}a^2\left[\frac{1}{2}\frac{2\pi}{k} - \frac{1}{4k}\sin 2k\frac{2\pi}{k}\right] = \frac{\rho g}{2}a^2\frac{\pi}{k}$$

$a = H/2,\ k = 2\pi/L$를 사용하면 단위폭당 1파장당의 위치에너지를 구 할 수 있다.

$$E_p = \frac{\rho g}{16} = H^2 L \tag{10-69}$$

다음에 수분자의 운동에 의한 운동에너지를 E_k라고 하면 단위폭당 1파장에 대해서

$$E_k = \frac{1}{2}\rho\int_0^L\int_{-h}^{h+\eta}(u^2 + w^2)dx\,dz = \frac{1}{2}\rho\int_0^L\int_{-h}^{h+\eta}\left\{\left(\frac{\partial\phi}{\partial x}\right)^2 + \left(\frac{\partial\phi}{\partial z}\right)^2\right\}dx\,dx$$

위 식의 속도 potential에는 식 (10-46)을 사용하고 적분은 근사적으로 수저에서 정수면까지 한

다고 하면 다음과 같다[2].

$$E_k = \frac{\rho g a^2}{4} L = \frac{\rho g}{16} H^2 L \tag{10-70}$$

따라서 표면파의 운동에너지는 위치에너지와 같고 단위폭당 1 파장당의 전에너지는 다음과 같다.

$$E = E_p + E_k = \frac{1}{8} \rho g H^2 L \tag{10-71}$$

계산예 10-6

주기 6초, 파고 2 m의 심해파의 파장, 파속 그리고 단위수면적당의 에너지를 계산하여라.

【해】 $T = L/c$와 식 (10-63)에서

$$c = \frac{L}{T}$$

$$\sqrt{\frac{gL}{2\pi}} = \frac{L}{T}$$

파 장 : $\therefore\ L = \dfrac{gT^2}{2\pi} = \dfrac{9.8 \times 6^2}{2 \times 3.14} = 56.18\ \mathrm{m}$

파 속 : $c = \dfrac{L}{T} = \dfrac{56.18}{6} = 9.36\ \mathrm{m/s}$

에너지 : $E = \dfrac{1}{8} \rho g H^2 = \dfrac{1}{8} \times 1.03 \times 2^2 = 0.515\ \mathrm{t\text{-}m/m^2}$

10.5.2 군속도

앞 절에서 설명한 파동은 단일 sin 파에 대한 것이다. 그러나 실제 해면의 파동은 파장과 주기가 다른 파동들이 합성되어 진행하는 불규칙파이다. 특수한 경우로서 파고는 같고 파장과 주기 또는 파속이 약간 다른 2개의 sin 파를 합성하는 경우를 생각한다.

$$\begin{aligned} \eta &= \eta_1 + \eta_2 = a \sin k_1(x - c_1 t) + a \sin k_2(x - c_2 t) \\ &= 2a \cos\left(\frac{k_1 - k_2}{2} x - \frac{k_1 c_1 - k_2 c_2}{2} t\right) \times \sin\left(\frac{k_1 - k_2}{2} x - \frac{k_1 c_1 + k_2 c_2}{2} t\right) \end{aligned} \tag{10-72}$$

2개의 파동을 합성하면 또 하나의 파동이 된다. 합성된 파동은 sin 파와 cos 파의 곱으로 표시된다. cos 파는

파장 : $\dfrac{4\pi}{k_1 - k_2}$, 주기 : $\dfrac{4\pi}{k_1 c_1 - k_2 c_2}$

이고 그 진폭은 sin 파로서 표시된다.

그리고 진폭인 sin 파는

$$\text{파장}: \frac{4\pi}{k_1+k_2}, \qquad \text{주기}: \frac{4\pi}{k_1c_1+k_2c_2}$$

이며, cos 파의 파장과 주기는 sin 파의 파장 및 주기에 비해서 매우 크다. 따라서 이 합성파는 $2a\cos(k_1k_2/2\cdot x-\sigma_1-\sigma_2 2t)$를 진폭으로 하는 sin 파가 된다.

2개의 파동 η_1과 η_2의 파장 $2\pi/k_1$, $2\pi/k_2$와 주기 $2\pi/k_1c_1$, $2\pi/k_2c_2$의 차가 매우 작다고 하면 cos 파의 파장 및 주기는 sin 파에 비해서 매우 크다. 그러므로 **그림 10-10**과 같이 진폭 $2a$인 다수의 sin 파로 성립된 cos 파가 형성된다고 생각할 수 있다. 이와 같이 sin 파가 모여서 cos 파를 형성하고 이것은 sin 파의 포락선 (envelope)에 의해서 만들어진 것이라고 생각할 수 있다. sin 파의 군이 형성하는 포락파를 군파(group wave)라고 한다.

조용한 수면에 돌을 던져 넣을 때 생기는 파동이 사방으로 전파되어 갈 때 하나하나의 파동과 함께 파동의 무늬가 형성되어 전파되어 가는 것을 볼 수 있는데 이 무늬가 군파이다.

지금 군파의 파속, 즉 cos 파의 파속을 C_G라고 하면

$$C_G=\frac{L}{T}=\frac{\dfrac{4\pi}{k_1-k_2}}{\dfrac{4\pi}{k_1c_1-k_2c_2}}=\frac{k_1c_1-k_2c_2}{k_1-k_2}=\frac{d(kc)}{dk} \tag{10-73}$$

C_G를 군속도(group velocity)라고 한다. sin 파의 파속은

$$\frac{k_1c_1+k_2c_2}{k_1+k_2}=\frac{2kc}{2k}=c$$

와 같이 되어 η_1, η_2파의 파속과 같다.

식 (10-73)을 변형하면

$$C_G=\frac{d(kc)}{dk}=c+k\frac{dc}{dk} \tag{10-74}$$

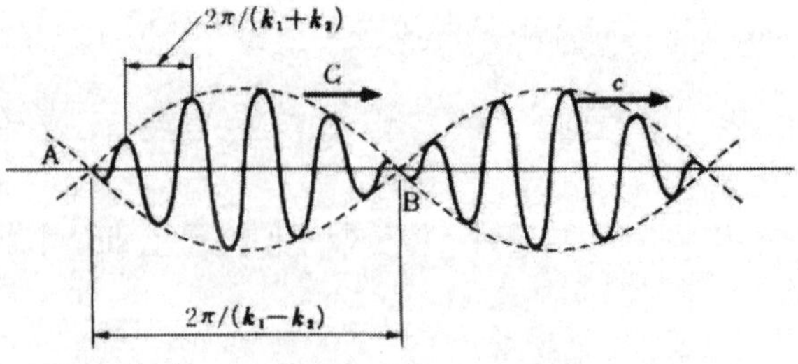

[그림 10-10] 군파

이 관계 식에 $k=2\pi/L$를 고려하면 군속도와 파장과의 관계를 얻을 수 있다.

$$C_G = c - L\frac{dc}{dL} \tag{10-75}$$

장파의 파속은 $c=\sqrt{gh}$ 이므로 위 식은 다음과 같다.

$$C_G = c \tag{10-76}$$

장파의 경우는 군속도와 하나하나의 파속은 같다.

천해파의 파속 식 (10−43)과 군속도를 비교해 보면 다음과 같다. 식 (10−43)의 양변의 대수를 취하면

$$2\ln c = \ln g - \ln k + \ln(\tan h\, kh)$$

$$\frac{2}{c}\,\frac{dc}{dk} = -\frac{1}{k} + 2h \operatorname{cosech} 2kh$$

이 관계를 식 (10−74)에 대입하면

$$C_G = \frac{1}{2}c(1 + 2\,kh \operatorname{cosech} 2kh = \frac{c}{2}\left[1 + \frac{4\,\pi h}{L}\quad\frac{1}{\sin h\dfrac{4\,\pi h}{L}}\right] = nc \tag{10-77}$$

여기서

$$n = \frac{1}{2}\left[1 + \frac{4\,\pi h}{L}\quad\frac{1}{\sin h\dfrac{4\,\pi h}{L}}\right]$$

다음에 심해파는 $\frac{h}{L} > \frac{1}{2}$ 의 경우이며, 이 경우는 식 (10−77)의 n의 값은 $\frac{1}{2}$에 접근하게 되므로

$$C_G = \frac{1}{2}c \tag{10-78}$$

심해파는 군속도가 하나하나의 파속(sin 파)보다 작으므로 **그림 10−10**에 있어서 A점에서 순차적으로 sin 파가 발생하고, 이것이 빠른 파속으로 B에 도달하면 소멸된다.

10.5.3 파동에너지의 전달

파동이 수면을 전파될 때는 수분자가 파동과 같이 진행하는 것이 아니라 파동에너지가 순차적으로 전달되고, 수분자는 한정된 구간에서 원 또는 타원운동을 하는 것이다. 다음에는 파동에너지가 어떻게 전달되는가를 생각해 보기로 한다. **그림 10−11**에 있어서 AA′ 단면을 파동의 선단이라고 한다. 파동이 오른쪽으로 전파됨에 따라서 AA′ 단면의 오른쪽 정지수에 차례차례로 에너지를 전달

하게 되는 것이다. 이때 AA′ 단면을 통해서 왼쪽의 파동이 오른쪽의 정지수에 전달하는 에너지는 AA′ 단면 왼쪽의 물이 오른쪽 물에 대해서 하는 일과 같다.

그림에 있어서 x축에 직각방향의 면 $dz \times 1$에 작용하는 일을 생각한다. 이 면에 작용하는 파동에 의한 압력을 Δp, 수분자의 x방향의 속도성분을 u라고 하면 AA′ 면의 왼쪽 물이 오른쪽 정지수에 대해서 단위시간에 하는 일은

$$dW = \Delta pu\, dz\, 1 \tag{10-79}$$

이고, 수면에서 바닥까지의 전단면에 대해서는

$$W = \int_{-h}^{\eta} \Delta p \frac{\partial \phi}{\partial x} dz \tag{10-80}$$

위 식의 Δp는 식 (10-59)에서 구할 수 있고, ϕ는 식 (10-46)에서 구할 수 있다. 이들의 관계식을 식 (10-80)에 대입하여 적분하게 되는데, 수면까지의 적분은 매우 어려우므로 근사적으로 정수면까지 적분한다.

$$\begin{aligned} W &= \rho g a^2 ck \frac{\sin^2 k(x-ct)}{\sin h^2 - kh} \int_{-h}^{0} \cos h^2 k(h+z) dz \\ &= \frac{\rho g}{2} a^2 c(1 + 2kh \operatorname{cosech} 2kh) \sin^2 k(x-ct) \end{aligned} \tag{10-81}$$

그림 10-11의 AA′ 단면에 대해서 하는 일은 위 식에서 아는 바와 같이 시간에 따라서 변동한다. 그러나 우리들이 에너지의 전달에 대해서 필요한 것은 1주기 사이의 전달량이다. 1주기 사이의 에너지의 평균전달량을 $\overline{W}$라고 하면 $\overline{W}$는 식 (10-81)을 1주기에 대해서 적분하고 이것을 주기로 나누면 된다. 즉

$$\overline{W} = \frac{L}{T} \int^{T} W dt = \frac{\rho g}{2} a^2 \left[\frac{1}{2} c(1 + 2kh \operatorname{cosech} 2kh) \right]$$

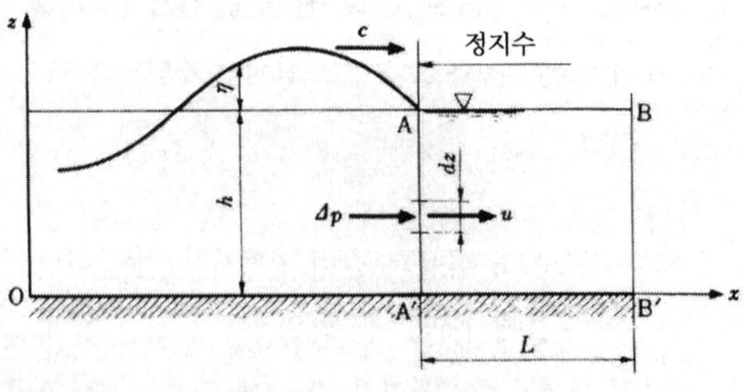

[그림 10-11] 에너지의 전달

$$= \frac{\rho g}{2} a^2 C_G = \frac{\rho g}{8} H^2 C_G \tag{10-82}$$

여기서 C_G는 군속도이고 H는 파고이다. 식 (10−82)의 $\frac{\rho g}{8} H^2$은 단위해면적당의 파도 H의 파동에너지이다.

$$\overline{W} = \frac{\rho g}{8} H^2 C_G = E C_G \tag{10-83}$$

파동에너지는 군속도로서 전파된다는 것을 알 수 있다.

10.6 중복파

파고, 파장 및 주기가 모두 동일한 $(+)x$방향의 진행파와 $(-)x$방향의 진행파를 합성한 파동을 생각한다.

$(+)x$방향으로 진행하는 cos 파를

$$\eta_1 = a \cos k(x - ct)$$

$(-)x$방향으로 진행하는 cos 파를

$$\eta_2 = a \cos k(x + ct)$$

라고 하고 이들을 합성하면

$$\eta = \eta_1 + \eta_2 = [2\,a \cos kx] \cos kct \tag{10-84}$$

이것은 [ ] 안이 진폭이 되는 하나의 파동이다. 이와 같은 파동은 진폭이 $(+)2a$에서 $(-)2a$까지 변화하는 파동이지만 진행파는 아니다. 이와 같은 파동을 정상파(standing wave) 또는 중복파(clapotis)라고 한다. 중복파는 진행파가 직립제 전면에 도달하면 더 이상 진행할 수가 없게 될 때 생기는 것이다. 중복파의 속도 potential은 식 (10−46)에서 구할 수 있다. 진행파 및 역행파의 속도 potential을 각각 ϕ_1, ϕ_2라고 하면

$$\left.\begin{aligned} \phi_1 &= \frac{ga}{c} \frac{\cosh k(h+z)}{\sinh kh} \sin k(x - ct) \\ \phi_2 &= -\frac{ga}{c} \frac{\cosh k(h+z)}{\sinh kh} \sin k(x + ct) \end{aligned}\right\} \tag{10-85}$$

중복파의 속도 potential은 이들을 합성하여 구할 수 있다.

$$\phi = \phi_1 + \phi_2 = 2\frac{ga}{c}\ \frac{\cos h\, k(h+z)}{\sin h\, kh}\cos kx \sin kct \tag{10-86}$$

x 및 z방향의 속도성분은

$$\left.\begin{aligned} u &= -\frac{\partial\phi}{\partial x} = -2\frac{ag}{c}\ \frac{\cos h\, k(h+z)}{\sin h\, kh}\sin kx \sin kct \\ w &= -\frac{\partial\phi}{\partial z} = 2\frac{ag}{c}\ \frac{\sin h\, k(h+z)}{\sin h\, kh}\cos kx \sin kct \end{aligned}\right\} \tag{10-87}$$

위 식에서 아는 바와 같이 수분자의 수평속도성분은 $\sin k\, kx = 0$, 즉 $x = n\pi/k$에 있어서 0이다.

그림 10-12와 같이 $x = 0$점에 직립제가 있는 경우는 $(-)x$방향으로 진행한 파동이 직립제에서 정지되고, 수평속도가 0이 되어 $(+)x$방향의 반사파와 합성되어 중복파가 생긴다.

식 (10-87)에서 아는 바와 같이 $x = n\pi/k$점에 있어서는 연직속도 w가 최대가 되고, 수면변동 η는 입사파의 2배가 되어 최대가 된다. 이와 같은 점을 복(loop)이라고 한다. 그리고 $x = \left(n + \frac{1}{2}\right)/k$점에 있어서는 수평속도 u가 최대가 되고 연직속도 w와 수면변동 η는 항상 0이다. 이와 같은 점을 절(node)이라고 한다.

중복파의 수분자 평균위치 $(\bar{x},\ \bar{z})$에 대한 변위도 식 (10-49)에서 구할 수 있다. 즉, $(\bar{x},\ \bar{z})$에 있었던 수분자가 시각 t 후에는 $(x,\ z)$로 이동한 것이라고 하면

$$\left.\begin{aligned} \xi &= x - \bar{x} = ag\frac{\cos h\, k(h+\bar{z})}{\sin h\, kh}\sin k\bar{x} \sin kct \\ \zeta &= z - \bar{z} = -ag\frac{\sin h\, k(h+\bar{z})}{\sin h\, kh}\cos k\bar{x} \sin kct \end{aligned}\right\} \tag{10-88}$$

위 식에서 t를 소거하면 수분자의 운동궤도를 구할 수 있다.

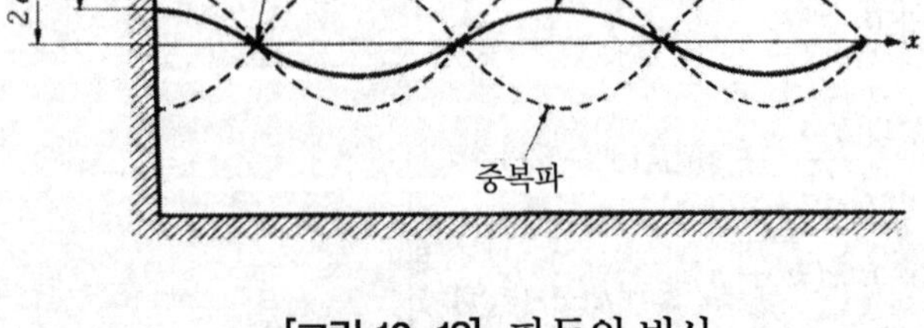

[그림 10-12] 파동의 반사

$$\frac{\zeta}{\xi} = -\tan h\, k(h+\bar{z}) \cot k\bar{x} \tag{10-89}$$

위 식에 있어서 우변은 위치 $(\bar{x},\ \bar{z})$가 주어지면 일정하므로 시간에는 관계 없이 상수이고, ξ는 수평변위, ζ는 연직변위이므로 결국 이 식의 좌변은 수평변위와 연직변위의 비이다. 이 식은 이들 변위의 비가 일정하다는 것을 나타내는 것이고 이들은 서로 직선 관계에 있다.

이상과 같이 수분자의 이동궤도는 $(\bar{x},\ \bar{z})$을 중심으로 하는 일정경사의 직선이라는 것을 알 수 있다. $x = n\pi/k$ 점, 즉 복에 있어서는 수평속도가 0이므로 수분자는 연직운동을 하고, $x = \left(n + \frac{1}{2}\right)/k$점, 즉 절에 있어서는 수면변동이 0이므로 수평방향의 왕복운동을 하게 된다.

이때 유선의 식은 식 (10-89)에서 다음과 같다.

$$\frac{\zeta}{\xi} = \frac{dz}{cx} = -\tan h\, k(h+z) \cot kx \tag{10-90}$$

이 식을 적분하면 이 경우의 유선을 구할 수 있다.

$$\sin h\, k(h+z) \sin kx = \text{const.} \tag{10-91}$$

중복파의 수분자는 비정상적으로 운동하지만 이 유선의 식은 **그림 10-13**과 같이 시간적으로 변동하지 않는 유선이라는 것을 알 수 있다.

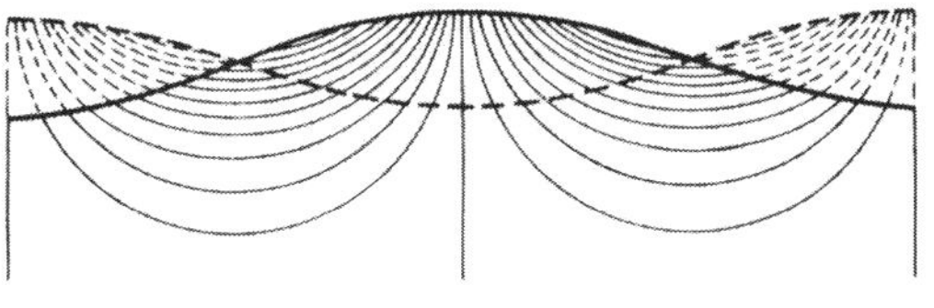

[그림 10-13] 중복파의 유선

10.7 표면장력파

앞 절에서 논한. 장파와 미소진폭파 등에서는 표면장력을 무시했으나 파장이 아주 작은 파동은 파동의 질량이 작아지고 따라서 중력의 영향보다는 표면장력의 영향이 크게 된다. 특히 축척이 작은 파동모형실험에 있어서는 표면장력의 영향이 아주 중요하다.

그림 10-14와 같이 정수면을 x축, 연직상향으로 z축을 취하고, Δx 떨어진 점에 각각 표면장력 σ가 작용한다고 하면

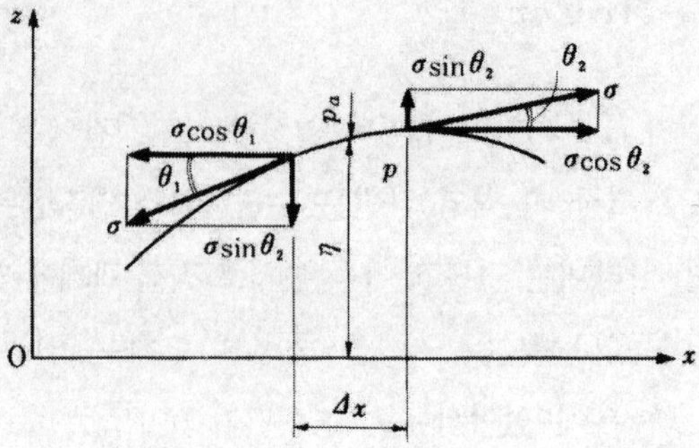

[그림 10-14] 표면장력파의 기호

$$\sigma \cos \theta_1 \fallingdotseq \sigma \cos \theta_2 = K$$

라고 쓸 수 있다.

즉, x방향에 대해서는 표면장력이 평형을 이루고 있다. 표면에는 대기압 p_a가 작용하고, 표면의 얇은 막의 수중에 압력 p가 작용하고, σ와 x축 사이의 각 θ가 매우 작다고 생각하면

$$\sin \theta_1 \fallingdotseq \tan \theta_1 = \frac{\partial \eta}{\partial x}$$

$$\sin \theta_2 \fallingdotseq \tan \theta_2 = \frac{\partial \eta}{\partial x} + \frac{\partial^2 \eta}{\partial x^2} \Delta x$$

표면장력의 z방향의 성분의 차

$$\sigma \sin \theta_2 - \sigma \sin \theta_1 = \sigma \frac{\partial^2 \eta}{\partial x^2} \Delta x$$

는 압력 p와 p_a의 차와 같다.

$$p_0 \Delta x - p \Delta x = \sigma \frac{\partial^2 \eta}{\partial x^2} \Delta x$$

$$\therefore \sigma \frac{\partial^2 \eta}{\partial x^2} + p - p_0 = 0$$

p는 이 경우 $z = \eta$에 있어서의 압력이므로 위 식에서

$$p_{z=\eta} = p_0 - \sigma \frac{\partial^2 \eta}{\partial x^2} \tag{10-92}$$

위 식이 표면장력을 고려한 파동의 표면조건이다. 이 파동운동을 비회전운동이라고 하면 식 (10-29)가 성립되므로 표면에 있어서는

$$\left(\frac{p}{\rho}\right)_{z=\eta} = \left(\frac{\partial\phi}{\partial t}\right)_{z=\eta} - gz \tag{10-93}$$

따라서 식 (10−93)과 함께 다음 식이 성립된다.

$$\frac{p_a}{\rho} - \frac{\sigma}{\rho}\frac{\partial^2\eta}{\partial x^2} = \left(\frac{\partial\phi}{\partial t}\right)_{z=\eta} - gz$$

위 식에 있어서 p_a/ρ는 상수이므로 $\dfrac{\partial\phi}{\partial t}$에 포함시키면 위 식은 다음과 같이 쓸 수 있다.

$$\sigma\frac{\partial^2\eta}{\partial x^2} - \rho gz = \rho\left(\frac{\partial\phi}{\partial t}\right)_{z=\eta} \tag{10-94}$$

이 식이 이 경우의 자유표면에 있어서의 압력조건이다. 속도 potential은 식 (10−41)과 같다고 하고, 자유표면의 조건을 근사적으로 $z = 0$에 대해서 생각하면

$$\phi = \bar{a}\cos h\, kh \cos k(x - ct)$$

$$\left(\frac{\partial\phi}{\partial t}\right)_{z=0} = \bar{a}\, kc \cos h\, kh \sin k(x - ct)$$

따라서 위 식을 $\left(\dfrac{\partial\phi}{\partial t}\right)_{z=\eta}$의 근사치로 사용하면 식 (10−94)에서

$$\sigma\frac{\partial^2\eta}{\partial x^2} - \rho gz = -\rho\bar{a}\, kc \cos h\, kh \sin k(x - ct)$$

이 미분방정식의 해는

$$\eta = A\sin k(x - ct) \tag{10-95}$$

와 같은 형이 되므로 이것을 위 식에 대입하여 A를 결정하면

$$\eta = \frac{\rho\bar{a}\, kc \cos h\, kh}{\sigma k^2 + \rho g}\sin k(x - ct) \tag{10-96}$$

이 관계를 수면조건식 (10−31)에 대입하고 $z = \eta$ 대신 $z = 0$이라고 하면

$$(kc)^2 = \frac{k}{\rho}(\sigma k^2 + \rho g)\tan h\, kh$$

$k = 2\pi/L$의 관계를 사용하면

$$c = \sqrt{\left(\frac{2\pi\sigma}{\rho L} + \frac{gL}{2\pi}\right)\tan h\frac{2\pi h}{L}} \tag{10-97}$$

식 (10−97)이 표면장력파의 파속을 표시하는 식이다. 심해파의 경우는

$$\tan h\frac{2\pi h}{L} \fallingdotseq 1$$

이므로

$$c = \sqrt{\frac{2\pi\sigma}{\rho L} + \frac{gL}{2\pi}} \tag{10-98}$$

식 (10−98)의 c와 L의 관계 곡선을 그리면 **그림 10−15**와 같다. 이 그림에 있어서 곡선 ①은 중력파의 파속이고, ②는 순수한 표면장력파의 파속

$$c = \sqrt{\frac{2\pi\sigma}{\rho L}} \tag{10-99}$$

의 관계 곡선이다.

그림에서 보는 바와 같이 식 (10−98)의 곡선은 극치 c를 가지고 있다. c에 대한 파장을 L_m이라고 하면 $\frac{dc}{dL} = 0$에서 L의 최소치 L_m을 구하면

$$L_m = 2\pi\sqrt{\frac{\sigma}{\rho g}} \tag{10-100}$$

그림 10−15에 아는 바와 같이 파장이 L_m일 때는 곡선 ①로 표시되는 중력파의 파속과 곡선 ②로 표시되는 표면장력파의 파속은 동일하다. 즉

$$\sqrt{\frac{2\pi\sigma}{\rho L}} = \sqrt{\frac{gL}{2\pi}} \tag{10-101}$$

$$\therefore\ c_m = \sqrt{\frac{2\pi\sigma}{\rho L_m}} = \sqrt{\frac{gL_m}{2\pi}} \tag{10-102}$$

따라서 식 (10−102)에 의해서 표시되는 파속보다 작은 파속의 파동은 존재하지 않는다는 것을 알 수 있다. 그리고 파장이 L_m보다 긴 파장을 가진 파동은 중력의 영향이 매우 큰 파동이고, L_m보다 작은 파장의 파동은 표면장력의 영향이 우세하다.

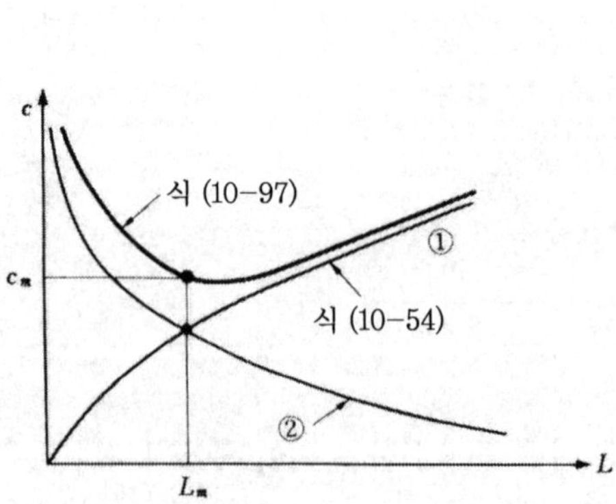

[그림 10−15] 표면장력파의 파속

수온 15°C의 물의 표면장은 $\sigma = 73.6$ dyn/cm이므로

$$c_m = 23.2 \text{ cm/sec}$$

$$L_m = 1.72 \text{ cm}$$

이것으로서 실제의 수면에는 파속 23.2 cm/s, 파장이 1.72 cm 보다 작은 파동은 생기지 않는다고 생각할 수 있다.

연습문제

10-1. 파고 3 m, 주기 7초, 파속 6 m/sec의 sin 파의 식을 구하여라.

10-2. 수심 10 m, 파장 60 m의 해면파가 진행할 때의 군속도를 계산하여라.

10-3. 수심 8 m의 해면에 설치된 부표가 파동에 의해서 상하운동을 하고 있다. 부표가 1분 동안에 15회 상하운동을 할 때의 파고는 2 m이었다. 이 파동의 파장, 파속, 군속도 및 에너지의 전달량을 계산하여라.

10-4. 【문 10-3】에 있어서 해저에 유속의 진폭, 수분자의 최대유속 및 파동에 의한 압력변동의 진폭을 계산하여라.

10-5. 파고 1.2 m의 파동이 수심 10 m의 운하를 주기 1분 30초로서 진행한다. 이때 파속과 수분자의 최대속도를 구하여라.

참고문헌

[1] A.T. Ippen : *Estuary and Coastline Hydrodynamics*, p. 33, McGrawHill, 1966.

[2] 文獻 (1), p. 53.

파동에 대한 일반적 참고서는 다음과 같다.

(1) Lamb : *Hydrodynamics*, 6th ed., 1932.

(2) 本間仁 : 水理數, 丸善, 東京, 1952.

(3) 安守漢 : 水理學, 東明社, 1981.

(4) 堀川淸司 : 海岸工學, 東京大學出版會, 1973.

(5) 荒木正夫·椿東一郎 : 水理學演習, 森北出版, 1963.

(6) R.L. Wiegel : *Oceanographical Engineering*, Prentice–Hal 1, 1964.

제11장

관수로의 비정상류

관수로의 비정상류에는 여러 가지 경우가 있다. 몇 가지 예를 들면 다음과 같다.

(1) 저수지에 물을 공급하지 않고 관수로에 의해서 방류시키는 경우. 이 경우는 물이 방류됨에 따라서 저수지의 수위는 점차적으로 저하되고, 따라서 관수로내의 유속은 시간의 경과에 따라서 작아 진다.

(2) 두 개의 저수지를 관수로서 연결하여 수위가 높은 저수지에서 수위가 낮은 저수지로 물을 공급하는 경우. 이 경우는 시간의 경과에 따라서 양 저수지의 수위차는 적어지고, 따라서 관수로의 속도도 시간에 따라서 작아진다. 그리고 마지막에는 양 저수지의 수위차는 없어지고 관수로의 속도도 0이 된다.

(3) 저수지에서 압력수로를 통해서 발전소의 수차에 물을 공급할 때 압력관의 말단에 있는 밸브로서 유량을 조절하는 경우. 이 경우는 수차에 공급되는 물을 부하에 알맞게 발전하기 위하여 밸브로서 조절하게 되는데 이때 압력관 속의 유속과 압력은 시시각각으로 변화하게 된다.

이상 몇 가지 관수로의 비정상류의 예를 들었으나 본장에서는 이와 같은 비정상류의 특성과 그 해석법에 대하여 논하기로 한다.

11.1 관수로에 의한 비정상배수

11.1.1 자유방출

그림 11-1과 같이 수조에 연결된 길이 l, 지름 D의 관수로로서 물을 대기 중으로 자유방출하는

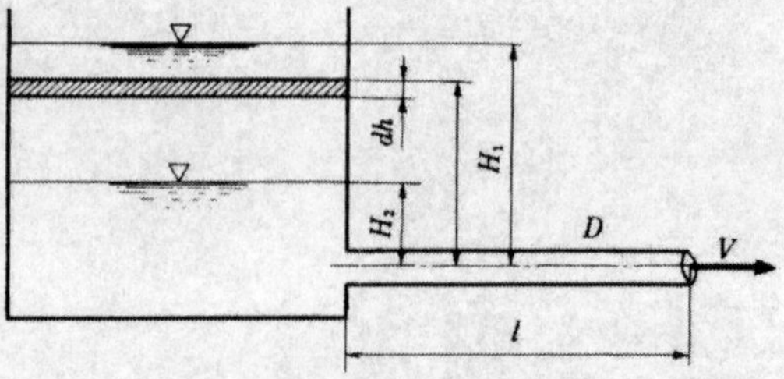

[그림 11-1] 관수로에 의한 배수

경우를 생각한다. 수조의 넓이는 일정하고 배수 중에 물의 공급이 없다고 하면 시간의 경과에 따라서 수위는 낮아지고 관수로내의 유속도 작아 진다. 수조의 수면과 방출구 사이의 높이 차를 일반적으로 h라고 하면 방류유속 V는 다음과 같이 쓸 수 있다.

$$V = \sqrt{\frac{2gh}{1 + f_e + f\,\dfrac{l}{D}}} \tag{11-1}$$

V는 관수로의 평균유속이고, f_e는 수조에서 관으로 유입할 때의 유입손실계수, f는 관의 마찰손실계수이다.

다음에 수조의 단면적을 A, 관수로의 단면적을 a, 그리고 dt 시간에 수조수위가 dh만큼 강하된 것이라고 하면 dt사이에 관을 통해서 흐르는 유량 dQ는

$$dQ = a\,V\,dt = a\sqrt{\frac{2gh}{1 + f_e + f\,\dfrac{l}{D}}}\,dt \tag{11-2}$$

dt 시간에 관수로를 통해서 dQ만큼 방류되고 수조의 수위가 dh만큼 강하되므로 식 (11-2)과 함께

$$dQ = -Adh$$

$$a\sqrt{\frac{2gh}{1 + f_e + f\,\dfrac{l}{D}}}\,dt = -\,Adh$$

수조의 수위가 H_1에서 H_2로 될 때까지의 시간은 위 식을 적분하면 구할 수 있다.

$$t = -\frac{A\sqrt{1 + f_e + f\dfrac{l}{D}}}{a\sqrt{2g}}\int_{H_1}^{H_2}\frac{1}{\sqrt{h}}\,dh = \frac{2A\sqrt{1 + f_e + f\dfrac{l}{D}}}{a\sqrt{g}}\left(H_1^{1/2} - H_2^{1/2}\right) \tag{11-3}$$

11.1.2 두 수조를 관수로로서 연결하는 경우

그림 11-2와 같이 수위차가 있는 두 수조를 지름 D, 길이 l의 관수로로서 연결하면 물은 높은 수위의 수조에서 낮은 수위의 수조로 흐르게 되므로, 시간에 따라서 높은 수위의 수조 수위는 낮아지고, 낮은 수위의 수조 수위는 높아져서 양수조의 수위차는 점차적으로 작아진다. 수면차의 감소에 따라서 관수로의 유속도 시간과 함께 느려진다.

수조 Ⅰ과 Ⅱ의 단면적을 각각 A_1, A_2라고 하고, dt 시간 사이에 각수조의 수위변화량을 dh_1, dh_2라고 하면 연속방정식에서

$$A_1\, dh_1 = A_2\, dh_2 \qquad \therefore\ dh_2 = \frac{A_1}{A_2}\, dh_1$$

$dh = dh_1 + dh_2$라고 하면

$$dh = dh_1 + \frac{A_1}{A_2}\, dh_1 = \left(\frac{A_1 + A_2}{A_2}\right) dh_1$$

$$\therefore\ dh_1 = \frac{A_2}{A_1 + A_2}\, dh$$

dt 시간 사이에 수조 Ⅰ의 감소수량은 $A_1\, dh_1$이고, 이것을 dQ라고 하면

$$dQ = -A_1\, dh_1 = -\frac{A_1\, A_2}{A_1 + A_2}\, dh$$

dQ는 또 dt 시간 사이에 관수로를 통해서 수조 Ⅱ로 유입된 양과 같으므로, 관수로의 단면적을 a 라고 하면

$$a\, V = dQ$$

$$a\sqrt{\frac{2\,gh}{1 + f_e + f\,\dfrac{l}{D}}}\, dt = -\frac{A_1\, A_2}{A_1 + A_2}\, dh$$

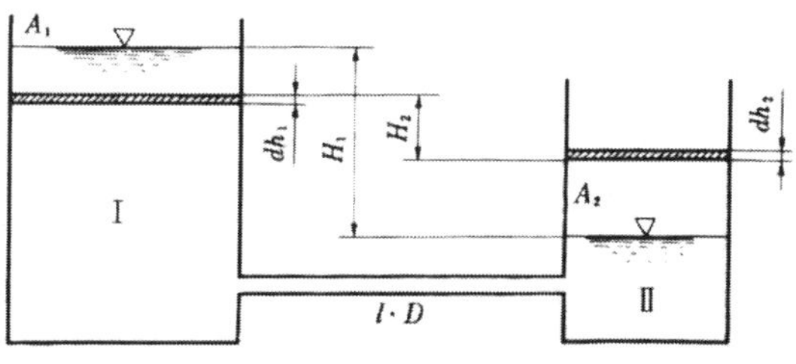

[그림 11-2] 두 수조내의 진동

$$t = -\frac{\sqrt{1 + f_e + f\dfrac{l}{D}}}{a\sqrt{2g}} \frac{A_1 A_2}{A_1 + A_2} \int_{t_1}^{t_2} \frac{dh}{\sqrt{h}}$$

$$= \frac{\sqrt{1 + f_e + f\dfrac{l}{D}}}{a\sqrt{2g}} \frac{2 A_1 A_2}{A_1 + A_2} (H_1^{1/2} - H_2^{1/2}) \tag{11-4}$$

11.2 관수로내에서 물의 진동

11.2.1 마찰저항을 무시하는 경우

그림 11-3과 같이 U자관내의 물 진동을 생각해 보기로 한다. 정수상태에 있어서는 양관의 자유수면은 동일 수평면에 있으나 어떤 순간에 양쪽 관의 수면차를 $2z$로 하여 자유상태로 두면 관내의 물은 진동을 하게 된다. 이 경우에 수주의 진동은 Bernoulli의 정리를 적용하여 해석할 수가 있다.

식 (3-43)에 있어서 $\Omega = -gz$, $\rho = \text{const.}$라고 하고, 적분상수 $F(t)$를 $\dfrac{\partial \sigma}{\partial t}$ 속에 포함시키면

$$\frac{\partial \phi}{\partial t} = \frac{1}{2} V^2 + \left(gz + \frac{p}{\rho} \right) \tag{11-5}$$

여기서 z는 **그림 11-3**과 같이 정수면에서 연직상향으로 취하고 s를 관축에 연한 길이, V를 관축 방향의 유속이라고 하면 V는 s에 연해서 일정하다. 즉,

$$\frac{dV}{ds} = 0 \tag{11-6}$$

식 (11-5)의 각 양의 s에 연한 변화를 구하면

$$\frac{d}{ds}\left(\frac{\partial \phi}{\partial t} \right) = \frac{d}{ds}\left(\frac{1}{2} V^2 \right) + \frac{d}{ds}\left(gz + \frac{p}{\rho} \right)$$

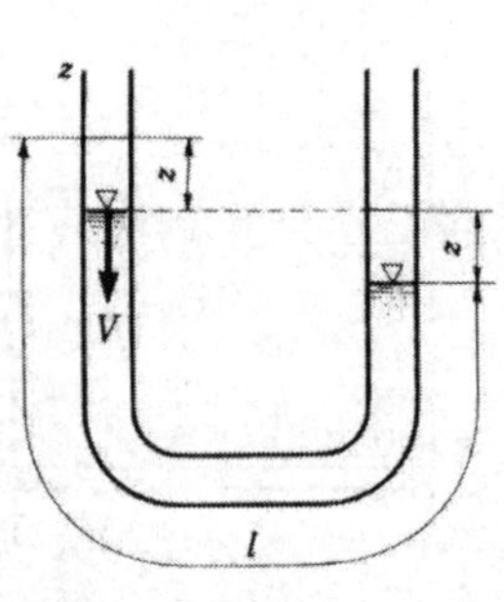

[그림 11-3] 관내의 물 진동

식 (11−6)을 고려하고, $\frac{d}{ds}\left(\frac{\partial\phi}{\partial t}\right) = -\frac{dV}{dt}$, (−)$z$방향으로 (+)$V$ 그리고 $V = \frac{dz}{dt}$를 사용하면 위 식은 다음과 같이 된다.

$$\left.\begin{aligned} \frac{d^2z}{dt^2} &= \frac{d}{ds}\left(gz + \frac{p}{\rho}\right) \\ \frac{1}{g}\frac{dz^2}{dt^2} &= \frac{d}{ds}\left(z + \frac{p}{\rho g}\right) \end{aligned}\right\} \tag{11-7}$$

식 (11−7)의 좌변은 s에는 관계 없고 t만의 함수이다. 따라서 우변도 s에는 관계 없이 관 전체를 통해서 일정해야 한다. 위 식의 우변은 관의 양단 끝의 $\left(z + \frac{p}{\rho g}\right)$의 값, 즉 $-z$와 $+z$의 차를 수주의 길이 l로서 나눈 값과 같다.

$$\frac{d}{ds}\left(z + \frac{p}{\rho g}\right) = \frac{-2z}{l}$$

$$\therefore \frac{d^2z}{dt^2} = -\frac{2g}{l}z \tag{11-8}$$

식 (11−8)의 일반해는

$$z = C\cos\left(\sqrt{\frac{2g}{l}}\,t\right) \tag{11-9}$$

초기조건 $t = 0$에 있어서 $z = Z$라고 하면 $C = Z$이다.

$$\therefore z = Z\cos\left(\frac{\sqrt{2g}}{l}\,t\right) \tag{11-10}$$

이 식은 진동을 표시하는 식이며, 그 주기는 다음과 같다.

$$T = 2\pi\sqrt{\frac{l}{2g}} \tag{11-11}$$

11.2.2 마찰저항을 고려하는 경우

U자관내의 수주의 진동을 마찰을 고려하는 경우에 대하여 풀기로 한다. 관내의 수주 속도가 비교적 작다고 하면 마찰에 의한 손실수두는 CV로 표시할 수 있다. 이 경우의 기본식 (11−7)은 다음과 같이 쓸 수 있다.

$$\frac{1}{g}\frac{d^2z}{dt^2} = \frac{d}{ds}\left(z + \frac{p}{\rho g}\right) + CV \tag{11-12}$$

$V = -\frac{dz}{dt}$이라고 쓰고, 식 (11−8)과 같은 형으로 쓰면

$$\frac{dz^2}{gdt^2} + C\frac{dz}{dt} + \frac{2z}{l} = 0 \tag{11-13}$$

식 (11–13)의 일반해는

$$z = C_1 e^{(p_1+p_2)t} + C_2 e^{(p_1+p_2)t} \tag{11-14}$$

여기서

$$p_1 = -\frac{Cg}{2}, \qquad p_2 = \sqrt{\frac{C^2 g^2}{4} - \frac{2g}{l}} \tag{11-15}$$

$t = 0$에 있어서 $z = Z,\ v = \dfrac{dz}{dt} = 0$이라고 하면

$$z = Z, \qquad Z = C_1 + C_2 \tag{11-16}$$

식 (11–14)를 t로서 미분하면

$$\frac{dz}{dt} = C_1(p_1+p_2)e^{(p_1+p_2)t} + C_2(p_1+p_2)e^{(p_1+p_2)t}$$

$t = 0$에 있어서 $\dfrac{dz}{dt} = 0$이므로

$$C_1(p_1+p_2) + C_2(p_1+p_2) = 0 \tag{11-17}$$

식 (11–16)과 식 (11–17)에서

$$C_1 = -\frac{Z}{2}\,\frac{p_1-p_2}{p_2}, \qquad C_2 = \frac{Z}{2}\,\frac{p_1+p_2}{p_2}$$

이 관계를 식 (11–12)에 대입하면

$$z = \frac{Z}{2}e^{p_1 t}\left(-\frac{p_1-p_2}{p_2}e^{p_2 t} + \frac{p_1+p_2}{p_2}e^{-p_2 t}\right) \tag{11-18}$$

p_2가 실수인 경우, 즉

$$\frac{C^2 g^2}{4} \geq \frac{2g}{l} \tag{11-19}$$

의 경우는 관내의 수주는 진동하지 않고 z가 점차적으로 작아지고, 결국은 0으로 된다. 그러나

$$\frac{C^2 g^2}{4} < \frac{2g}{l} \tag{11-20}$$

의 경우는 p_2가 허수가 되며, 이것을

$$p_2 = ik$$

로 놓으면

$$z = \frac{Z}{2} e^{p_1 t}\left(\frac{i p_1 + k}{k} e^{tki} - \frac{i p_1 - k}{k} e^{-ikt} \right)$$

$$\therefore\ z = \frac{Z}{2} e^{p_1 t}\left(2 \cos h\, kt - \frac{2 p_1}{k} \sin h\, kt \right) \tag{11-21}$$

위 식은 $e^{p_1 t}$가 감쇠율이 되는 진동운동이다.

11.3 두 수조내의 물 진동

11.3.1 마찰저항을 무시하는 경우

두개의 수조 Ⅰ, Ⅱ를 길이 l, 지름 D의 관수로로서 연결하여 물을 통하게 하고, 양수조의 수면 차를 만들어서 물이 진동하는 경우를 생각한다. 이 경우는 Bernoulli의 정리를 응용하여 물의 진동을 해석할 수 있다. 관수로의 단면적이 수조의 단면적에 비해서 매우 작다고 하면 수조내의 가속도는 무시할 수 있으므로 이 경우의 물 진동도 식 (11–7)을 적용하여 해석할 수 있다.

그림11–4에 있어서 수조의 단면적을 각각 A_1, A_2, 관수로의 단면적을 a, 정수면을 기준으로 상향으로 $+z$축을 취하고, 각 수조의 수위변동량을 z_1, z_2라고 하면 연속방정식에서

$$z_1 A_1 = z_2 A_2 \qquad \therefore\ z_1 = \frac{A_1}{A_2} z_1$$

수조의 물 속도를 각각 V_1, V_2라고 하면 Ⅰ에서 Ⅱ로 흐를 때를 $+V$라고 하면

$$V_1 = -\frac{dz_1}{dt}, \qquad V_2 = \frac{dz_2}{dt} = \frac{A_1}{A_2}\frac{dz_1}{dt}$$

식 (11–7)의 우변 동수경사는 다음과 같다.

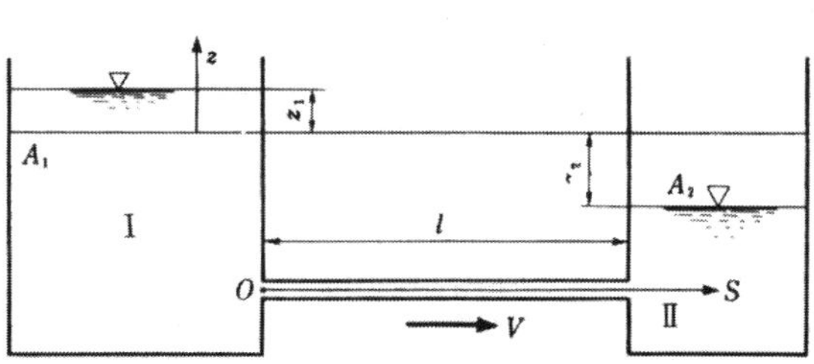

[그림 11–4] 두 수조내의 물 진동

$$\frac{d}{ds}\left(z+\frac{p}{\rho g}\right)=+\frac{z_2-z_1}{l}=-\frac{z_1-z_2}{l} \tag{11-22}$$

관수로의 물 속도는

$$V=\frac{A_1}{a}V_1=-\frac{A_1}{a}\frac{dz_1}{dt} \tag{11-23}$$

이 관계를 식 (11-7)에 대입하면

$$\frac{A_1}{a}\frac{dz^2}{dt^2}+\frac{z_1}{l}\left(1+\frac{A_1}{A_2}\right)=0 \tag{11-24}$$

위 식이 이 경우의 수면 진동에 관한 미분방정식이며, $t=0$에 있어서

$$z_2-z_2=-2Z$$

이라고 하면

$$z_1=2Z\frac{A_2}{A_1+A_2}\cos\sqrt{\frac{ga}{l}\frac{A_1+A_2}{A_1A_2}}\cdot t \tag{11-25}$$

진동의 주기는

$$T=2\pi\sqrt{\frac{l}{2a}\frac{A_1A_2}{(A_1+A_2)}} \tag{11-26}$$

11.3.2 마찰저항을 고려하는 경우

그림 11-4에 있어서 관수로의 마찰저항을 고려하는 경우의 진동에 대해서 생각한다. 물이 Ⅰ에서 Ⅱ로 흐를 때를 $V>0$이라고 하면 단위길이 당의 마찰손실수두는 다음과 같다.

$$\frac{dh}{ds}=\frac{f}{D}\frac{V^2}{2g} \tag{11-27}$$

이 경우의 운동방정식은 식 (11-12)와 같이 하여 구할 수 있다.

$$\frac{dV}{gdt}+\frac{d}{ds}\left(z+\frac{p}{\rho g}\right)\pm\frac{dh}{ds}=0$$

$$\frac{dV}{gdt}+\frac{d}{ds}\left(z+\frac{p}{\rho g}\right)\pm\frac{f}{D}\frac{V^2}{2g}=0 \tag{11-28}$$

(±)부호는 Ⅰ에서 Ⅱ로 흐를 때가 (+)이고 Ⅱ에서 Ⅰ로 흐를 때가 (−)이다. 식 (11-28)의 제3항은 식 (11-23)을 고려하면

$$\frac{f}{D}\frac{V^2}{2g}=\frac{f}{2gD}\left(\frac{A_1}{a}\frac{dz_1}{dt}\right)^2$$

$$\therefore \frac{A_1}{ag}\frac{dz_1^{\,2}}{dt^2}+\frac{z_1}{l}\left(1+\frac{A_1}{A_2}\right)\mp\frac{f}{2gD}\frac{A_1^{\,2}}{a}\left(\frac{dz_1}{dt}\right)^2=0 \tag{11-29}$$

여기서

$$\frac{f}{D}\frac{A_1}{a}=m,\qquad \frac{ag}{A_1 l}\left(\frac{A_1+A_2}{A_2}\right)=n^2$$

로 놓으면 식 (11–29)는 다음과 같이 쓸 수 있다.

$$\frac{d^2z_1}{dt^2}\mp\frac{m}{2}\left(\frac{dz_1}{dt}\right)^2+n^2z_1=0 \tag{11-30}$$

이 식을 적분하면

$$e^{\mp mz_1}\left[\left(\frac{dz_1}{dt}\right)^2\mp\frac{2n^2}{m}z_1-\frac{2n^2}{m^2}\right]+C=0 \tag{11-31}$$

적분상수 C는 수위가 극대로 될 때의 조건 $z_1=Z_1$, $\frac{dz_1}{dt}=0$의 관계에서 구할 수 있다.

$$C=\frac{2n^2}{m^2}(\pm mZ+1)e^{\mp mZ} \tag{11-32}$$

따라서 식 (11–31)은 다음과 같이 쓸 수 있다.

$$\frac{dz_1}{dt}=\mp\sqrt{\frac{2n^2}{m^2}\left[\pm mz_1+1-(\pm mZ+1)e^{\mp(z_1-Z)}\right]} \tag{11-33}$$

식 (11–33)을 다시 적분하여 z_1을 구하는 일은 매우 어려운 일이므로 일반적으로 수치적분에 의하여 구하는 경우가 많다. 그러나 z_1의 극대치 Z의 값은 다음과 같은 관계가 있다. $\frac{dz_1}{dt}=0$일 때 Z의 값을 $t=0$에서 차례로 Z_0, Z_1, $Z_2\cdots$라고 한다. 이 경우 물의 운동은 **그림 11–5**와 같은 감쇠진동을 하게 되는데, 실선은 수조 Ⅰ에서 Ⅱ를 향해서 흐를 때이고, 점선은 Ⅱ에서 Ⅰ로 흐를 때이다.

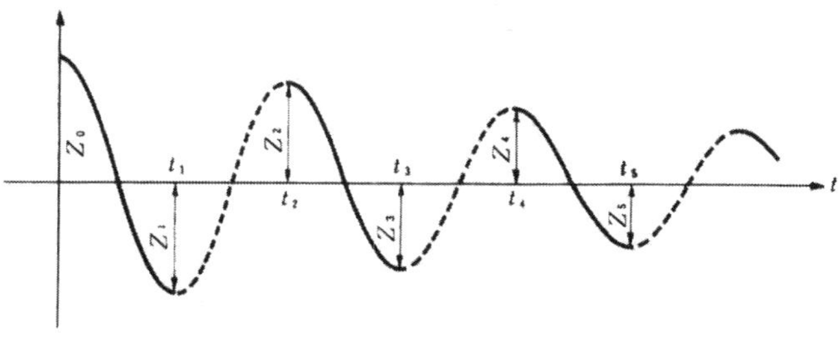

[그림 11–5]

그림 11-5와 같이 $t=0$에 있어서 $z_1=Z_0$이고, $\frac{dz_1}{dt}=0$의 조건을 사용하면 차례로 수면의 최고 또는 최저가 되는 시간 t_1, t_2, t_3 …에 대한 z_1의 값 $-Z_1$, $+Z_2$, $-Z_3$, … 등을 구할 수 있다.

적분상수는 흐름의 방향이 변할 때마다 달라지므로 다음과 같이 정한다.

$$t=0\sim t_1, \quad V>0, \quad C_1$$

$$t=t_1\sim t_2, \quad V<0, \quad C_2$$

$$t=t_2\sim t_3, \quad V>0, \quad C_3$$

식 (11-32)에서

$$t=0, \qquad mZ_0+1=\frac{m^2}{2n^2}C_1e^{mZ_0}$$

$$t=t_1, \quad -mZ_1+1=\frac{m^2}{2n^2}C_1e^{-mZ_0}$$

$$mZ_1+1=\frac{m^2}{2n^2}C_2e^{mZ_1}$$

$$t=t_2, \quad -mZ_2+1=\frac{m^2}{2n^2}C_2e^{-mZ_2}$$

$$mZ_2+1=\frac{m^2}{2n^2}C_3e^{mZ_2}$$

따라서 미리 Z_0가 주어진다면 차례로 C_1, C_2, C_3, …를 소거함으로써 Z_1, Z_2, Z_3, …를 구할 수 있다.

11.4 수격작용

11.4.1 관내 물의 압력상승

그림 11-6과 같이 저수지 수평관을 통해서 물을 방류하는 경우를 생각한다. 관수로를 통해서 평균유속 V_0로서 방류하고 있을 때 관의 말단에 있는 밸브를 단시간에 닫으면 관내 물의 유속은 급격히 작아진다. 유속 V_0로 흐를 때의 마찰손실계수는 h였으나 유속이 저하됨에 따라 마찰손실계수도 감소하고 그림의 h'로 된다. 따라서 밸브 지점의 압력은

$$w(h-h')=w\,\Delta h \tag{11-34}$$

만큼 상승하게 된다. 이와 같은 유속감소와 압력상승현상은 상류쪽으로 전파하게 된다. 이것이 관의 유입구 A에 도달한 순간 상승압력은 저수지에 흡수되어 압력은 작아진다. 다음 순간에는 저하

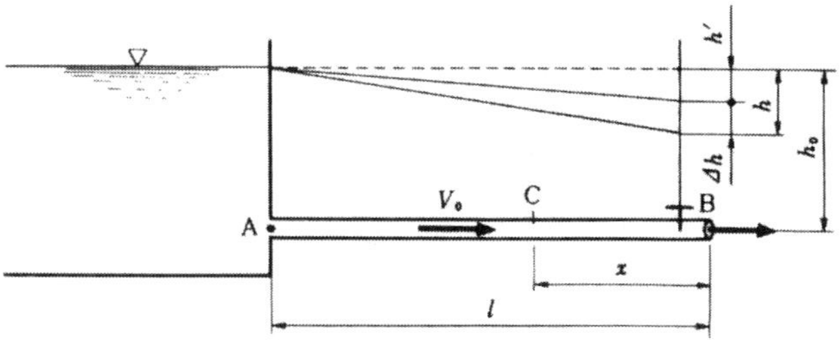

[그림 11–6]

된 압력상태가 다시 하류쪽으로 전파되고, 밸브점에 도달하면 이 상태가 다시 상류로 전파되는 것이다. 이와 같이 압력파가 관수로내를 왕복전파되는 현상을 수격작용(water hammer)이라고 한다.

관수로내를 압력파가 전파하는 현상은 물의 압축성과 관벽의 탄성이 영향을 받게 된다. 관의 말단에 있는 밸브의 개방도를 시간에 따라서 변화시키면 관수로내의 유속과 압력도 시간에 따라서 변화하는 동시에 각 위치에 있어서도 변화한다. 이와 같은 유속과 압력의 변화를 **그림 11–7**을 사용하여 설명하기로 한다. 이 그림은 관의 끝단에 있는 밸브를 순간적으로 닫는 경우의 유속 변화를 표시하는 것이다.

그림에서 (1)은 밸브를 닫는 순간을 표시하는 것이며, 밸브점의 유속은 0이지만 상류는 여전히 최초의 속도 V_0로 흐르고 있다. (2)는 압력상승이 밸브점으로부터 관의 유입구, 즉 저수지에 도달한

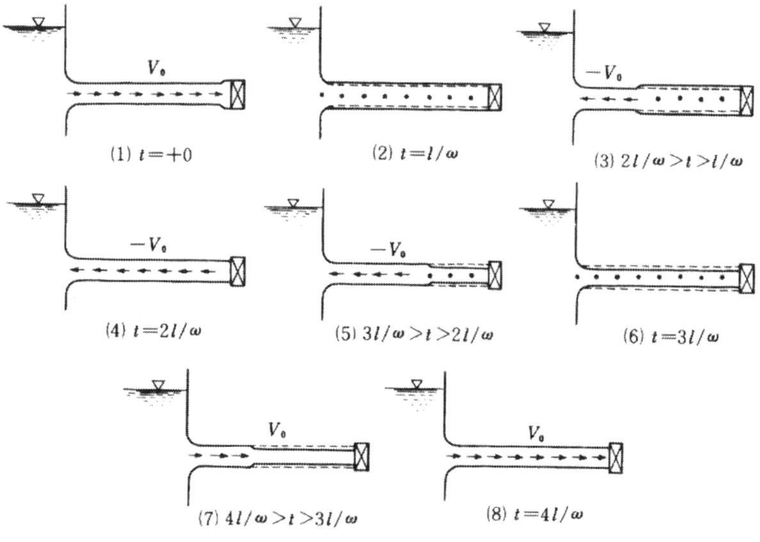

[그림 11–7] 압력파의 왕복전파

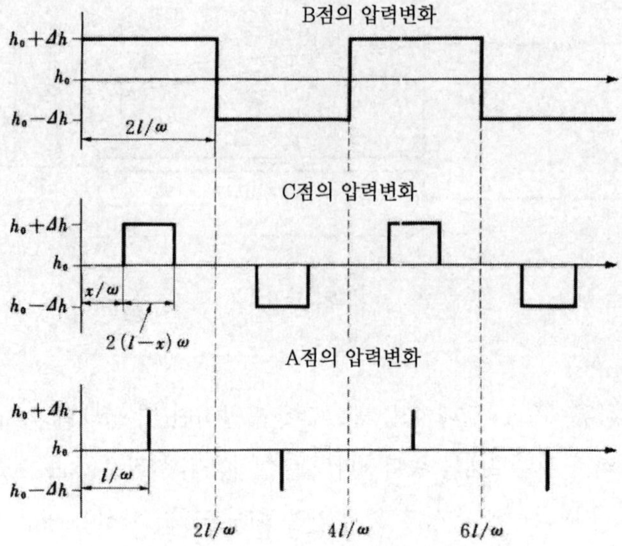

[그림 11-8] 관내의 압력변동

순간의 상태이며, 관내의 압력은 모두 Δh만큼 상승한 상태이다. (3)은 저수지에 도달한 압력파가 저수지에 흡수되어 최초의 압력으로 회복되는 상태이며, 이 상태가 밸브쪽으로 전파하게 된다. (4)는 압력회복상태가 밸브에 도달한 순간이고, (5)는 최초의 압력보다 작은 압력의 상태가 상류로 전파하고 있고, (6)은 이것이 저수지에 도달한 순간이다. (7)은 관의 입구로부터 최초의 압력으로 되돌아가는 상태이고, (8)은 관 전체가 최초의 흐름과 같이 된 상태이며, 밸브를 닫은 직전과 같다.

관수로의 마찰손실을 무시하면 관수로내의 유속과 압력변동은 (1)에서 (8)까지의 상태가 되풀이 된다. 이 경우 **그림 12-6**의 A, C 및 B점의 압력의 시간적 변화는 **그림 11-8**과 같다. 이 그림에서 아는 바와 같이 관입구 A점의 압력은 순간적으로 상승 또는 하강하지만 즉시 저수지의 압력과 같이 된다. **그림 11-8**에 있어서 ω는 압력파의 전파속도이고 l은 관길이이다. 관 끝단의 밸브점에 있어서 Δt 시간에 유속이 ΔV만큼 저하되었다고 하면 압력은 Δp만큼 상승되고, 이 압력상승상태가 속도 ω로서 상류로 전파하게 된다.

여기서 순간적인 속도변화 ΔV에 의해서 상승한 압력수두변화량 Δh의 선단이 임의의 시각에 **그림 11-9**의 A 단면까지 전파한 것이라고 한다. 이때부터 Δt 시간 후에는 A로부터 $\omega\,\Delta t$인 상류의 B점에 전파된다. 이때 AB부분에 운동량방정식을 만들면 다음과 같다.

관의 단면적을 A라고 하면 $F = Ma = \dfrac{M}{\Delta t}\Delta V$에서

$$\rho g\, A\, \Delta h = \frac{\rho\omega\, A\, \Delta t}{\Delta t}\Delta V \qquad \therefore\ \Delta h = \frac{\omega}{g}\Delta V \tag{11-35}$$

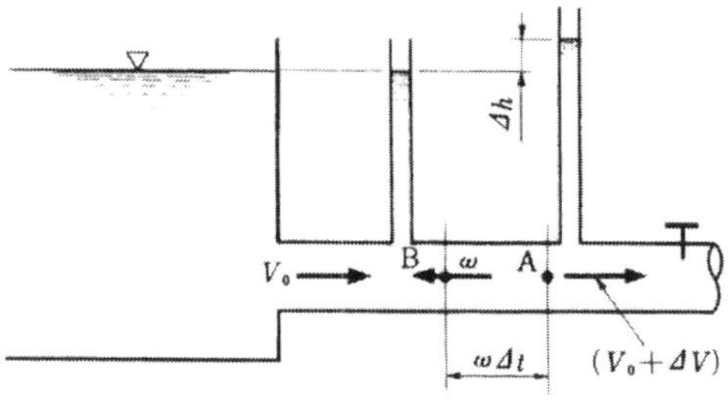

[그림 11-9]

식 (11-35)를 Joukowsky의 식이라고 한다. 밸브를 순간적으로 폐색하여 V_0를 0으로 하면

$$\Delta h = \frac{\omega}{g} V_0 \tag{11-36}$$

유속 V_0로 흐르는 관수로의 물은 순간적으로 정지시키면 관내의 압력은 식 (11-36)의 Δh만큼 상승하게 된다.

11.4.2 압력파의 전파

관의 끝단에 있는 밸브를 순간적으로 닫을 때 관축에 연한 압력분포는 **그림 11-10** (a)와 같이 저수지로 향하여 전파된다. 이때의 상승압력수두 Δh는 식 (11-36)에서 계산할 수 있다. 다음에는

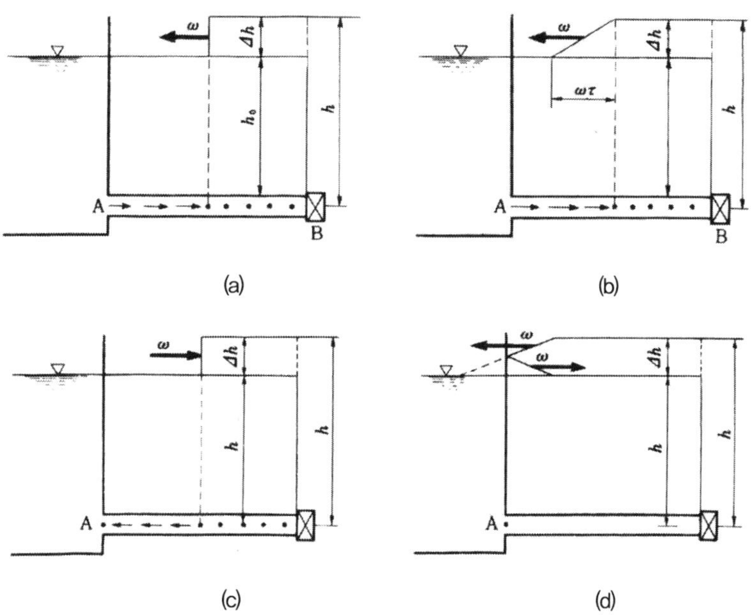

[그림 11-10]

밸브를 완전폐색하는데 τ시간이 걸렸다고 하면 이때의 압력분포는 그림의 (b)와 같이 된다. 이 그림은 압력파가 저수지에 도달하기 전에 완전폐색된 경우이며, 이 경우의 상승압력수두는 식 (11–36)에서 구할 수 있다.

밸브의 폐색으로 인하여 생긴 압력파는 관내를 전파하여 저수지 A에 도달하면 저수지의 수면이 넓으므로 A점에 있어서 저수지의 압력과 같이 된다. 이와 같은 일정한 압력상태가 다시 하류로 향하여 전파되는데, 이것이 반사파이다.

그림 11–10 (c)는 밸브를 순간적으로 폐색할 때의 상승압력파가 A에 도달한 후, 다시 밸브를 향하여 전파되는 반사파를 표시한다. 그림 (d)는 그림 (b)의 압력파가 반사하는 모양을 표시한다. 밸브를 닫는 시간 τ는 압력파가 관수로를 왕복하는데 필요한 시간보다 짧으면, 즉 $\tau < 2l/\omega$의 경우는 $t = \tau$가 되면 압력은 $\Delta h = \omega \dfrac{V_0}{g}$에 도달한다. 압력파의 선단이 저수지에 도달하면 (+)의 압력파는 (−)의 압력파가 되어 반사되고, 시각 $t = 2l/\omega$ 이후는 (−)의 압력파의 영향이 나타나기 시작한다. 이와 같이 밸브 폐색시간이 길면, 즉 $\tau > 2l/\omega$의 경우는 밸브점의 압력은 $\dfrac{\omega}{g} V_0$로 되기 전에 반사파의 영향을 받게 되어 $\dfrac{\omega}{g} V_0$에 도달하지 못한다. $\tau < 2l/\omega$의 경우를 급폐색, $\tau > 2l/\omega$의 경우를 완폐색이라고 한다.

11.4.3 수격작용의 기본식

수격작용에 있어서는 수압이 매우 크므로 마찰손실수두는 이에 비해서 무시할 수 있으나 물의 압축성과 관벽의 탄성변형은 무시할 수 없을 만큼 수격작용에 큰 영향을 미친다.

그림 11–11과 같이 밸브의 위치를 원점으로 하고, 관축을 따라서 흐름방향으로 x축을 취하고, 식 (11–5)를 이 경우에 대해서 응용하면 다음과 같다. 식 (11–5)의 각 항의 관축에 대한 변화율을 구하면

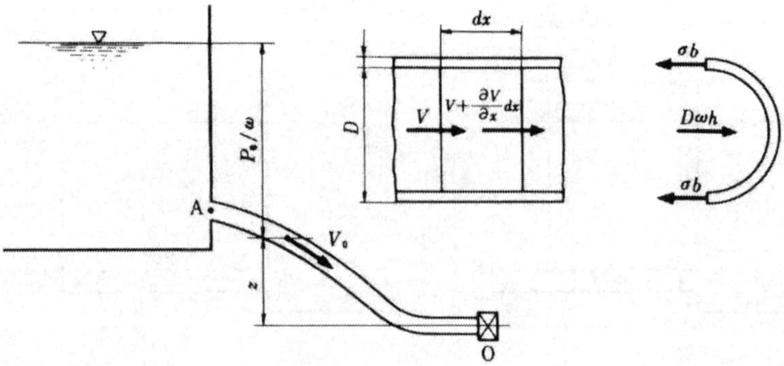

[그림 11–11]

$$\frac{\partial}{\partial x}\left(\frac{\partial \phi}{\partial t}\right) = \frac{\partial}{\partial x}\left(\frac{1}{2}V^2\right) + \frac{\partial}{\partial x}\left(gz + \frac{p}{\rho}\right)$$

물의 압축성을 무시하면 위 식의 우변 제1항은 0이 되지만 압축성을 고려하면 이 항은 0이 아니다. 그러나 이 항은 x축에 연한 압력변화율과 속도의 시간적 변화에 비해서 매우 작으므로 이 경우는 이것을 생략하면 위 식은 다음과 같이 쓸 수 있다.

$$-\frac{\partial V}{\partial t} = \frac{\partial}{\partial x}\left(gz + \frac{p}{\rho g}\right) = g\frac{\partial}{\partial x}\left(z + \frac{p}{\rho g}\right) - \frac{\partial V}{\partial t} = g\frac{\partial h}{\partial t} \tag{11-37}$$

여기서 h는 압력수두의 높이이며, $h = z + \dfrac{p}{\rho g}$ 이다.

다음에 연속방정식을 구하기 위하여 **그림 11-11** (b)와 같이 길이 dx, 단면적 A의 수주를 생각하면 dt 시간 사이에 압력수두가 dh만큼 상승한 것이라고 하면 수주의 체적 변화량 $d\bar{V}_1$와 압력의 증가량 Δp 사이에는 다음의 관계가 있다.

$$d\bar{V}_1 = -\frac{\bar{V}\,dp}{E_w} = -\frac{(Adx)w\,dh}{E_w} \tag{11-38}$$

여기서 E_w는 물의 체적탄성계수이다.

지금 압력증가에 의하여 관지름이 팽창하여 이 부분의 체적이 $d\bar{V}_2$ 만큼 증가된 것이라고 하면 $d\bar{V}_2$는 다음과 같이 쓸 수 있다. 압력의 증가에 관의 지름이 ΔdE 만큼 늘어나고, 관벽의 압력이 σ에서 $\sigma + \Delta\sigma$로 되었다고 하면

$$Dw\,dh = 2b(d\sigma)$$

$$\therefore\ d\sigma = \frac{Dw\,dh}{2b} \tag{11-39}$$

여기서 b는 관의 두께이다.

관재료의 탄성계수를 E_s라고 하면 관지름의 증가율은 다음과 같다.

$$\frac{dD}{D}E_s = d\sigma = \frac{Dw\,dh}{2b} \tag{11-40}$$

$$\therefore\ d\bar{V}_2 = \frac{\pi D\,dD}{2}dh = \frac{AD}{bE_s}wd\,h\,dx \tag{11-41}$$

dx의 양 끝단 유속을 각각 V_1, $\left(V_1 + \dfrac{\partial V_1}{\partial x}dx\right)$라고 하면 dt 시간에 이 부분에 출입하는 수량의 차는

$$-\frac{dV_1}{dx}dx\,d\,A\,dt$$

이고, 압력의 증가에 의하여 dx 부분의 물의 체적이 $d\bar{V}_1$ 만큼 감소하고 관지름이 팽창하여

이 부분의 물 체적이 $d\bar{V}_2$ 만큼 증가하게 되므로 결국 dt 시간에 이 부분에 저장되는 물의 양은 $(d\bar{V}_1 + d\bar{V}_2)$이다. 체적의 변화가 이 부분에 유출입하는 물의 양과 같으므로

$$-\frac{d\bar{V}_1}{dx}\,dx\,d\,A\,dt = d\bar{V}_1 + d\bar{V}_2 \tag{11-42}$$

$d\,A\,dx = d\bar{V}_2$에서

$$dA = \frac{d\bar{V}_2}{dx} = \frac{AD}{bE_s}\,w\,dh$$

식 (11–38)과 식 (11–41)을 참조하면 관축에 연한 유속변화는 다음과 같다.

$$-\frac{dV}{dx} = \left(\frac{1}{E_w} + \frac{D}{bE_s}\right) w\,\frac{dh}{dt} \tag{11-43}$$

이 식이 이 경우의 연속방정식이다.

식 (11–37)과 식 (11–43)에서 V를 소거하면 식 (11–44)를 얻을 수 있고, 이 식에서 다시 h를 소거하면 식 (11–45)를 얻을 수 있다.

$$\frac{\partial^2 h}{\partial t^2} = \omega^2\,\frac{\partial^2 h}{\partial x^2} \tag{11-44}$$

$$\frac{\partial^2 V}{\partial t^2} = \omega^2\,\frac{\partial^2 V}{\partial x^2} \tag{11-45}$$

여기서

$$\omega^2 = \frac{1}{\rho\left(\dfrac{1}{E_w} + \dfrac{D}{bE_s}\right)} \tag{11-46}$$

식 (11–44)와 식 (11–45)가 수격작용에 대한 기본방정식이다. 이들의 식은 파동방정식이라는 것을 쉽게 알 수 있다. 이들의 식은 식 (8–3)과 동형이며, ω는 파동의 전파속도라는 것도 식 (8–3)에서 알 수 있다.

식 (11–44)와 식 (11–45)의 일반해는 8.1절에서 설명한 바와 같이 다음과 같다.

$$h = F\left(t + \frac{x}{\omega}\right) + f\left(t - \frac{x}{\omega}\right) + c \tag{11-47}$$

$$V = -\frac{g}{\omega}\left\{F\left(t + \frac{x}{\omega}\right) - f\left(t - \frac{x}{\omega}\right)\right\} + c \tag{11-48}$$

처음에 정상적으로 흐를 때의 유속을 V_0, 압력수두를 h_0라고 하면, $t = 0$, $x = 0$에 있어서 $V = V_0$, $h = h_0$이고, $F(0) = f(0) = 0$이며, 이들의 식은 다음과 같이 된다.

$$h = h_0 + F\left(t + \frac{x}{\omega}\right) + f\left(t - \frac{x}{\omega}\right) \tag{11-49}$$

$$V = V_0 - \frac{g}{\omega}\left\{F\left(t + \frac{x}{\omega}\right) - f\left(t - \frac{x}{\omega}\right)\right\} \tag{11-50}$$

여기서 $F\left(t + \frac{x}{\omega}\right)$는 x의 (−) 방향으로 전파되는 진행파이고, $f\left(t - \frac{x}{\omega}\right)$는 x의 (+) 방향으로 전파되는 반사파이다. 식 (11−48)과 식 (11−49)를 Allievi의 식이라고 한다.

ω는 압력파의 전파속도이며, 식 (11−46)에서

$$\omega = \sqrt{\frac{1}{\left(\frac{1}{E_w} + \frac{D}{bE_s}\right)\rho}} = \sqrt{E_w/\rho} \Bigg/ \sqrt{1 + \frac{DE_w}{bE_s}} \tag{11-51}$$

관의 변형이 없다고 하면

$$\omega = \sqrt{\frac{E_w}{\rho}} \tag{11-52}$$

이고 이것은 물속을 전파하는 압력파의 속도(음속)와 같다. 보통의 수압관의 체적탄성계수는 $E_s = 2.1 \times 10^7\ \mathrm{t/m^2}$ 그리고 **표 1−3**과 같이 물의 체적탄성계수는 $E_w \fallingdotseq 2 \times 10^4\ \mathrm{kg/cm^2} = 2 \times 10^5\ \mathrm{t/m^2}$ 정도이므로 $D/b = 100$에 대해서 $\omega \fallingdotseq 1000$ m/sec 정도이다. 15°C의 물속을 전파하는 압력파의 속도는 $\omega \fallingdotseq 1400$ m/sec 정도이다.

11.4.4 Allievi의 해법

관수로가 충분히 넓은 저수지에 연결되어 있는 경우는 관수로의 입구 A점, 즉 $x = -l$ 점에 있어서 항상 $h = h_0$이므로 식 (11−49)는 다음과 같이 쓸 수 있다.

$$\Delta h = h - h_0 = F\left(t - \frac{l}{\omega}\right) + f\left(t + \frac{l}{\omega}\right) = 0$$

$$\therefore\ F\left(t - \frac{l}{\omega}\right) = -f\left(t + \frac{x}{\omega}\right) \tag{11-53}$$

$t = t_i + l/\omega$로 놓으면

$$F(t_i) = -f\left(t_1 + \frac{2l}{\omega}\right) \tag{11-54}$$

이 식은 밸브점에서 발생한 직접파 F가 관의 유입구 A에 도달하면 여기서 절대치가 동일한 전반사파가 발생한다는 것을 뜻한다.

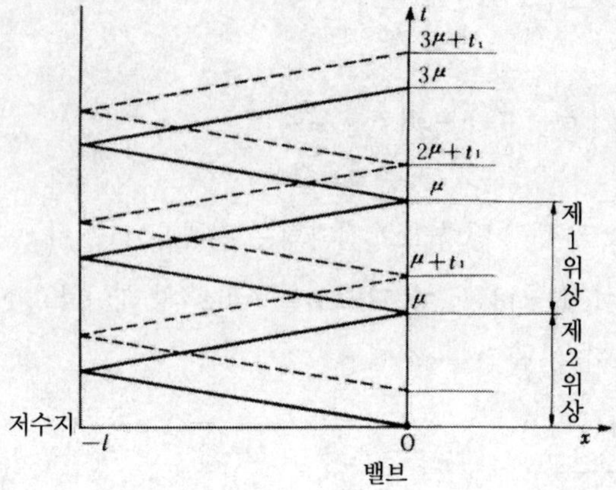

[그림 11–12] 수격파의 전파

관수로내를 압력파가 전파하는 모양을 $x \sim t$ 면에 그리면 **그림 11–12**와 같다. 이 그림에는 $t = 0$ 및 $t = t_1$ 때 밸브에서 출발한 압력파가 전파하는 모양이 그려져 있다. 실선은 직접파 F를 나타내고 점선은 반사파 f를 나타낸 것이다. $t = 0$일 때 $x = 0$점을 출발한 직접파는 시각 $t = l/\omega$일 때 관의 유입구 $(x = -l)$에 도달하고, 여기서 반사파(f)가 되어 $t = 2\,l/\omega$일 때 처음 출발한 밸브점에 되돌아온다. 그리고 $t = t_1$일 때 $x = 0$점을 출발한 압력파는 $t = t_1 + l/c$일 때 관의 유입구 $(x = -l)$에 도달하고, 여기서 반사파 (f)가 되어 $t = t_1 + 2\,l/\omega = t_1 + \mu$ 때 밸브지점에 되돌아온다. 이 이후의 시각에는 이와 같은 상태를 되풀이하게 된다.

일반적으로 수격작용에는 $t = 0$일 때 밸브지점을 출발한 압력파가 관수로 l를 1왕복하는 사이를 제1위상, 그 다음의 1왕복의 사이를 재2위상이라고 한다. 압력파가 관수로를 1왕복하는 시간을 μ라고 하면 제2위상, 제3위상, ……의 시간을 2μ, 3μ, ……로 표시할 수 있으므로 매우 편리하다.

시각 t_1을 $0 \leq t_1 \leq \mu$를 취하면 제1, 2, …, n 위상은 다음과 같이 표시할 수 있다.

$$t_1 + \mu, \quad t_1 + 2\mu + \cdots + t_1 + n\mu, \cdots$$

이 기호를 사용하면 식 (11–53)과 식 (11–54)에서 각 위상에 대한 압력수두를 다음과 같이 표시할 수 있다.

$$\begin{aligned} h_1 &= h_0 + F(t_1) \\ h_2 &= h_0 + F(t_1 + \mu) + f(t_1 + \mu) = h_0 + F(t_1 + \mu) - F(t_1) \\ &\cdots\cdots\cdots\cdots \\ h_n &= h_0 + F(t_1 + 2\mu) + f[t_1 + (n-1)\mu] = h_0 + F(t_1 + n\mu) - F[t_1 + (n-1)\mu] \end{aligned} \qquad (11\text{–}55)$$

지금 $F_n = F[t_1 + (n-1)\mu]$라고 하고 식 (11−54)를 고려하면 식 (11−55)는 다음과 같이 쓸 수 있다.

$$\left.\begin{aligned} & F_{n-1} = -f_n \\ & h_1 = h_0 + F_1 \\ & h_2 = h_0 + F_2 - F_1 \\ & \cdots\cdots\cdots\cdots \\ & h_n = h_0 + F_n - F_{n-1} \end{aligned}\right\} \tag{11−56}$$

같은 방법으로 각 위상의 유속도 다음과 같이 표시할 수 있다.

$$\left.\begin{aligned} & V_1 = V_0 - \frac{g}{\omega}F_1 \\ & V_2 = V_0 - \frac{g}{\omega}(F_2 + F_1) \\ & \cdots\cdots\cdots\cdots \\ & V_n = V_0 - \frac{g}{\omega}(F_n + F_{n-1}) \end{aligned}\right\} \tag{11−57}$$

식 (11−56)과 식 (11−57)에서 F를 차례로 소거하면

$$\left.\begin{aligned} & h_1 - h_0 = \frac{\omega}{g}(V_0 - V_1) \\ & h_1 + h_2 - 2h_0 = \frac{\omega}{g}(V_0 - V_2) \\ & \cdots\cdots\cdots\cdots \\ & h_{n-1} + h_n - 2h_0 = \frac{\omega}{g}(V_{n-1} - V_n) \end{aligned}\right\} \tag{11−58}$$

식 (11−58)을 Allievi의 연쇄방정식(interlocked series)이라고 한다. 식 (11−58)에서 관수로의 한 점의 각 위상에 대한 압력수두와 유속의 관계를 계산할 수가 있다. 이 식의 n번째의 식을 보면 전 위상에 대한 h_{n-1}과 V_{n-1}이 주어지더라도 두 개의 미지량 h_n과 V_n이 있으므로 이 식을 풀려면 h_n과 V_n의 관계를 나타내는 또 하나의 식이 필요하다.

Allievi는 밸브에서 유출하는 유량과 그 점의 압력수두와의 관계식을 만들었다. 즉, 밸브의 단면적을 a, 이 단면의 유속을 v, 관수로의 단면적을 A라고 하면

$$AV = av$$

이고, 밸브단면의 유속을 오리피스의 유속과 같다고 하여

$$v = \sqrt{2gh}$$

로서 표시하면 연속방정식에서 다음과 같이 된다.

$$V = \frac{a}{A} v = \phi(t) \sqrt{2gh} \tag{11-59}$$

$$\phi(t) = \frac{a}{A}$$

여기서 ϕ는 밸브의 상대개방도를 나타낸 양이며, 이것은 밸브를 점차적으로 폐색하면 시간의 함수이다.

$t = 0$에 있어서의 밸브지점의 단면을 a_0, 유속을 v_0, 그리고 관수로의 유속을 V_0라고 하면

$$\phi(0) = \frac{a_0}{A} = \frac{V_0}{v_0} \tag{11-60}$$

이고 만일 $t = 0$에 있어서 관수로의 단면적과 밸브지점의 단면이 같다고 하면

$$\phi(0) = 1 \tag{11-61}$$

다음에는 밸브를 직선적으로 폐색한다고 하면 $t \leqq \tau$에 있어서는

$$\phi(t) = \left(1 - \frac{t}{\tau}\right) \phi(0) \tag{11-62}$$

여기서 τ는 밸브를 닫는 데 필요한 시간이다.

11.4.5 밸브지점의 압력변화

밸브를 닫는 시간이 압력파의 주기보다 짧은 경우, 즉 $\tau < \mu$의 경우의 $x = 0$점의 압력변화는 식 (11−58)의 제1식에서 계산할 수 있고 밸브를 완전폐색하는 경우는 식 (11−36)에서 계산할 수 있다.

식 (11−59)를 식 (11−58)에 대입하면

$$\phi \sqrt{2gh} = V_0 - \frac{g}{\omega}(h - h_0)$$

양변을 제곱하여 정리하면

$$h^2 - 2h\left(h_0 + \frac{\omega}{g} V_0 + \frac{\omega^2}{g} \phi^2\right)\left(h_0 + \frac{\omega}{g} V_0{}^2\right) = 0$$

$$\therefore h = \left(h_0 + \frac{\omega}{g} V_0 + \frac{\omega}{g} \phi^2\right)$$

$$\pm \sqrt{\left(h_0 + \frac{\omega}{g} V_0 + \frac{\omega}{g} \phi^2\right)^2 - \left(h_0 + \frac{\omega}{g} V_0\right)^2} \tag{11-63}$$

식 (11−63)이 밸브를 닫는 사이의 $x = 0$점의 압력변화를 표시하는 식이며, 각 시각에 대한 상대개방도 $\phi(t)$가 주어지면 그 시각에 대한 압력수두를 계산할 수 있다. 밸브를 순간적으로 닫는 경우의 최대상승압이 $\left(h_0 + \frac{\omega}{g} V_0\right)$이므로 식 (11−63)의 (±) 부호 중에서 (−)를 택한다.

다음에는 밸브를 닫는 시간이 압력파의 주기보다 긴 경우의 $x = 0$점의 압력변화에 대해서 생각한다. 일반적으로 $(n-1)\mu < t < n\mu$ 사이에도 밸브의 폐색이 계속되고 있다고 하면 식 (11−57)에서

$$V_n = V_0 - \frac{g}{\omega}(F_n + F_{n-1})$$

그리고 식 (11−58)에서

$$V_n = \phi_n \sqrt{2\,gh_n}$$

이 두 식에서

$$h_n^{\,2} - 2\,h_n\left(h_0 + \frac{\omega}{g} V_0 - 2\,F_{n-1} + \frac{\omega^2}{g}\phi_n^{\,2}\right) + \left(h_0 + \frac{\omega}{g} V_0 - 2\,F_{n-1}\right)^2 = 0$$

$$h_n = \left(h_0 + \frac{\omega}{g} V_0 - 2\,F_{n-1} + \frac{\omega^2}{g}\phi_n^{\,2}\right)$$

$$- \sqrt{\left(h_0 + \frac{\omega}{g} V_0 - 2\,F_{n-1} + \frac{\omega}{g}\phi_n^{\,2}\right)^2 - \left(h_0 + \frac{\omega}{g} V_0 - 2\,F_{n-1}\right)^2} \tag{11-64}$$

밸브의 상대개방도를 주어서 식 (11−64)에서 차례로 h_n을 계산할 수 있다.

11.4.6 최대상승압

$x = 0$점에 있어서 $\phi(0) = 1$로 하면 식 (11−59)에서

$$V_0 = \sqrt{2\,gh_0}$$

$$v = \sqrt{2\,gh}$$

에서

$$v = V_0\sqrt{\frac{h}{h_0}} \tag{11-65}$$

식 (11−65)를 식 (11−59)에 대입하면

$$V = \phi(t)\,V_0\sqrt{\frac{h}{h_0}} = \phi(t)\,V_0\sqrt{h'} \tag{11-66}$$

여기서

$$h' = h/h_0$$

식 (11–66)을 식 (11–58)에 대입하여 무차원화하면 다음과 같다.

$$\begin{aligned} & h' - 1 = 2\rho(1 - \phi_1\sqrt{h_1'}) \\ & h_1' + h_2' - 2 = 2\rho(\phi_1\sqrt{h_1'} - \phi_2\sqrt{h_2'}) \\ & \cdots\cdots\cdots\cdots \\ & h'_{n-1} + h_n' - 2 = 2\rho(\phi_{n-1}\sqrt{h'_{n-1}} - \phi_n\sqrt{h_n'} \end{aligned} \qquad (11-67)$$

여기서

$$\rho = \frac{\omega V_0}{2gh_0}$$

$$h_1' = h_1/h_0, \quad h_2' = h_2/h_0 \cdots\cdots h_n' = h_n/h_0$$

$$\phi_1 = a_1/A, \quad \phi_2 = a_2/A, \cdots\cdots \phi_n = \frac{a_n}{A}$$

식 (11–67)은 밸브점의 압력에 관한 무차원식이며, 식 중 ρ를 Allievi의 관로상수라고 한다.

급폐색의 경우 $x = 0$점의 최대상승압력은 식 (11–36)과 같으나 완폐색의 경우는 반사파의 영향 때문에 $\omega V_0/g$까지 상승하지 못한다. 일반적으로는 식 (11–67)에서 h_1', h_2', ……h_n'를 차례로 계산할 수 있다. 밸브를 직선적으로 폐색하는 경우 이들은 하나의 극한치 h_m'에 접근하게 된다.

Allievi는 식 (11–67)에 있어서

$$h'_{n-1} \fallingdotseq h_n' \fallingdotseq h_m'$$

로 놓고 다음과 같이 h_m'를 계산하였다.

$$2h_m' - 2 = 2\rho\sqrt{h_n'}(\phi_{n-1} - \phi_n) \qquad (11-68)$$

여기서 밸브의 상대개방도 ϕ는 식 (11–62)에서

$$\phi_{n-1} - \phi_n = \rho\left\{1 - \frac{t + (n-1)\mu}{\tau}\right\} - \left(1 - \frac{t + n\mu}{\tau}\right) = \frac{\mu}{\tau} = \frac{1}{\theta} \qquad (11-69)$$

과 같이 되므로 식 (11–68)은 다음과 같이 쓸 수 있다.

$$h_m' - 1 = \frac{\rho}{\theta}\sqrt{h_n'}$$

$$\therefore \sqrt{h_m'} = \frac{\rho}{2\theta} + \sqrt{\left(\frac{\theta}{2\rho}\right)^2 + 1} \qquad (11\text{–}70)$$

h'가 h_m'에 접근할 때는 **그림 11–13**과 같은 세 가지가 있다.

(1) $\rho < 1$의 경우이며, $h_1' > h_m'$, $h_2' < h_m'$, $h_3' > h_m'$ ……—이다.

(2) $\rho = 2$의 경우이며, $h_3' > h_m'$, $h_4' < h_m'$, $h_5' > h_m'$ …… 이다. 이 경우 h_3'가 최대이다. 그러나 h_3' 와 h_m'의 차는 극히 작다.

(3) ρ가 매우 큰 경우이며, h_m'가 가장 크다.

이상과 같이 최대상승압력은 밸브를 닫는 순간에 생기는 것이 아니고 ρ와 θ의 관계에 따라 최대압력이 생기는 주기가 다르다. 그러나 일반적으로 ρ와 θ의 값이 크면 h_m'가 최대가 되는 경우가 많다. Allievi는 밸브를 직선적으로 받는 조건하의 여러 가지 경우에 대해서 계산하고 $h'_{\max}$와 ρ 및 θ의 관계를 나타내는 **그림 11–15**와 같은 도표를 작성하였다. 그림에 있어서 점선은 $h'_{\max}$이 일어날 때의 위상을 표시한 것이다.

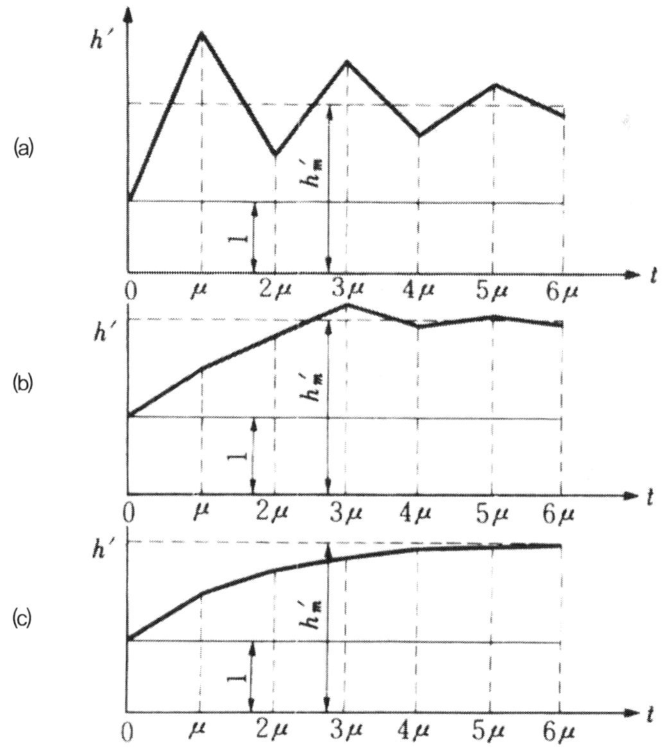

[그림 11–13] h'가 h_m'에 접근하는 방법

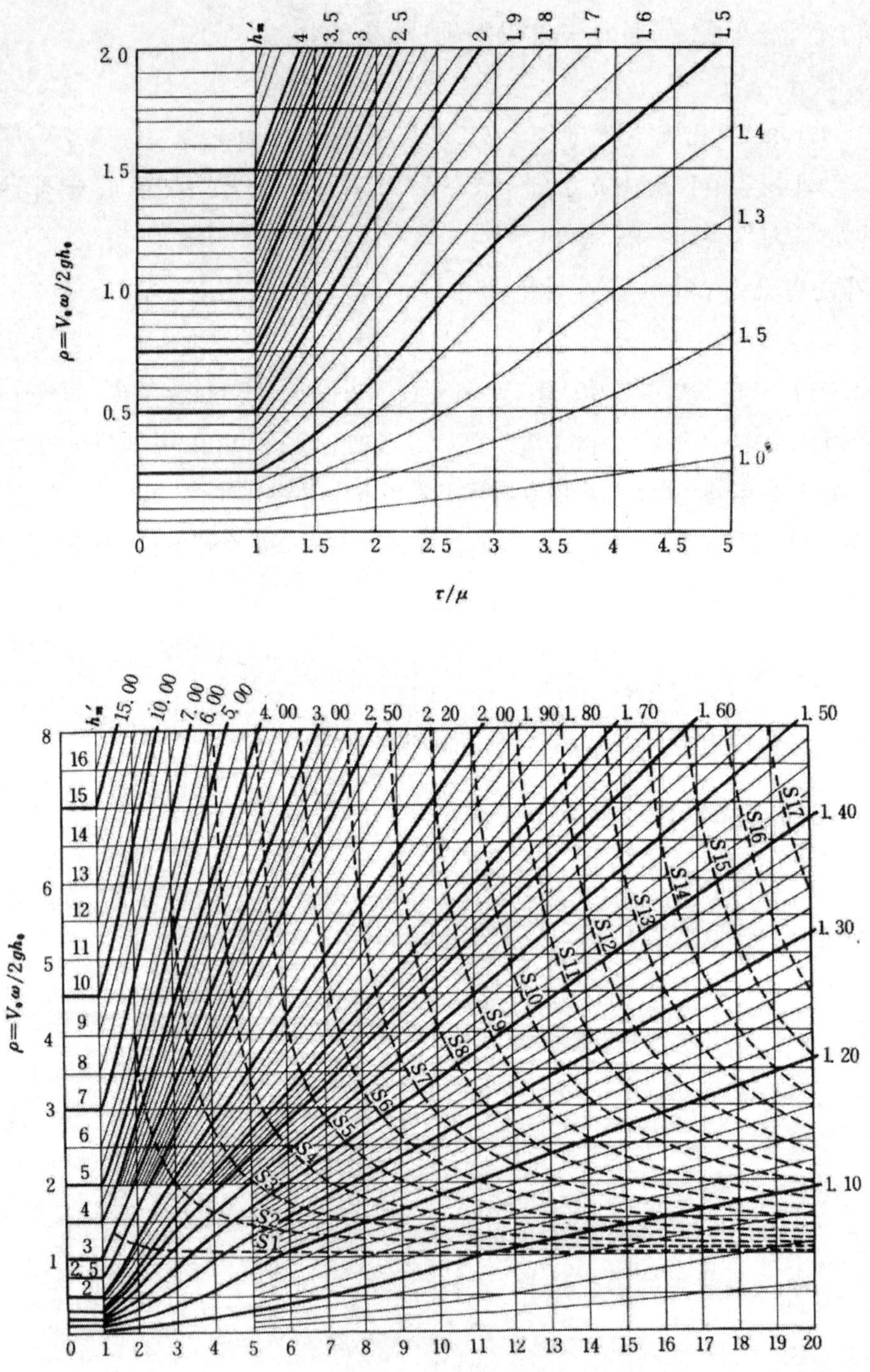

[그림 11-14] h_m'와 ρ 및 θ의 관계(Allievi)

11.4.7 임의점의 압력변화

일반적으로 $x = x$점 있어서 저수지로 향하는 $-x$ 방향의 압력파는 $x = 0$점보다 x/ω 시간 늦게 도달하고 밸브로 향하는 $+x$ 방향의 압력파는 $x = 0$점보다 빨리 도달한다. 그러므로 $t < x/\omega$ 시각에 있어서는 $x = x$점의 압력과 유속은 최초의 정상적인 흐름 때와 같이 $h = h_0$, $V = V_0$이다.

다음에는 $x/\omega < t < (2l - x)/\omega$ 사이의 시간, 즉 직접파가 $x = x$점을 통과한 후 반사파가 이 점에 도달하기 전에는 반사파의 영향이 없으므로

$$h = h_0 + F\left(t + \frac{x}{\omega}\right) \tag{11-71}$$

$$V = V_0 - \frac{g}{\omega} F\left(t + \frac{x}{\omega}\right) \tag{11-72}$$

$x = x$점에 있어서 반사파의 영향을 받게 되면 이때의 압력과 속도는 식 (11–49)와 식 (11–50)에서 구할 수 있다. 이들의 식에서 f를 소거하면

$$h_{xt} - h_{x0} = -\frac{\omega}{g}(V_{x0} - V_{xt}) + 2F(t + x/\omega) \tag{11-73}$$

여기서 h_{xt}, h_{x0}, V_{x0}, V_{xt}는 각각 $x = x$점에 있어서의 $t = t$, $t = 0$때의 양이다. 식 (11–73)은 임의의 시간에 대해서 성립되므로 $t = t_1$, $x = x_1$ 때도 성립되어야 한다. 이 경우는

$$h_{x_1t_1} - h_{x_10} = -\frac{\omega}{g}(V_{x_10} - V_{x_1t_1}) + 2F(t_1 + x_1/\omega) \tag{11-74}$$

그림 11–16 (a)에 있어서 밸브지점에서 저수지로 향하는 압력파는 $x = -x$점과 $x = -x_1$점에 있어서

$$F\left(t + \frac{x}{\omega}\right) = F\left(t_1 + \frac{x_1}{\omega}\right)$$

이므로 식 (11–73)과 식 (11–74) 그리고 $h_{x0} = h_{x_10}$, $V_{x0} = V_{x_10}$를 고려하면 다음과 같이 쓸 수 있다.

$$h_{xt} - h_{x_1t_1} = \frac{\omega}{g}(V_{xt} - V_{x_1t_1}) \tag{11-75}$$

이 식은 압력파가 $x = 0$점에서 저수지로 향해서 전파될 때 $x = x_1$과 $x = x$점의 압력수두와 유속의 관계를 나타낸 식이다.

동일한 방법으로 식 (11–49)와 식 (11–50)에서 F를 소거하면 다음과 같이 된다.

$$h_{xt} - h_{x0} = \frac{\omega}{g}(V_{x0} - V_{xt}) + 2f\left(t - \frac{x}{\omega}\right) \tag{11-76}$$

이 관계는 $t = t_2$에 있어서 $x = x_2$점에 있어서도 성립되므로

$$h_{x_2t_2} - h_{x_20} = \frac{\omega}{g}(V_{x_20} - V_{x_2t_2}) + 2f\left(t_2 - \frac{x_2}{\omega}\right) \tag{11-77}$$

식 (11–75)를 유도할 때와 같이 하여 식 (11–76)과 식 (11–77)에서 $f(t - x/\omega)$를 소거하면

$$h_{xt} - h_{x_2t_2} = -\frac{\omega}{g}(V_{xt} - V_{x_2t_2}) \tag{11-78}$$

이 식은 압력파가 저수지에서 밸브로 향하여 전파될 때 $x = x$점과 $x = x_2$ 점의 압력수두와 유속의 관계를 나타내는 식이다.

식 (11–76)과 식 (11–78)을 무차원화하면 다음과 같다.

$$h'_{xt} - h'_{x_1t_1} = 2\rho(V'_{xt} - V'_{x_1t_1}) \tag{11-79}$$

$$h'_{xt} - h_{x_2t_2} = -2\rho(V'_{xt} - V'_{x_2t_2}) \tag{11-80}$$

여기서, $h'_{xt} = h_{xt}/h_{x0}$, $h'_{x_1t_1} = h_{x_1t_1}/h_{x0}$ ······이고, $V'_{xt} = V_{xt}/V_{x0}$, $V'_{x_1t_1} = V_{x_1t_1}/V_{x0}$······이다.

식 (11–79)와 식 (11–80)이 이 경우 기본식이다. 이 식의 경계조건으로서는 $x = 0$에 있어서

$$V'_{0t} = \phi(t)\sqrt{h'_{0t}} \tag{11-81}$$

이고, 저수지 A점에 있어서는

$$h' = 1 \tag{11-82}$$

이다.

식 (11–79)와 식 (11–80)의 h'와 V'는 직선적으로 변화한다. $h' \sim V'$ 평면 위에 이들 두 식을 도시하면 각각 2ρ 및 -2ρ의 경사를 가진 직선이 되므로 간단한 도식계산이 가능하다.

계산예 11-1

지름 2 m, 관벽의 두께 2.5 cm, 길이 1000 m의 강관을 9 m³/sec의 유량이 흐르고 있다. 관수로의 끝단에 있는 밸브를 4초사이에 직선적으로 폐색할 때

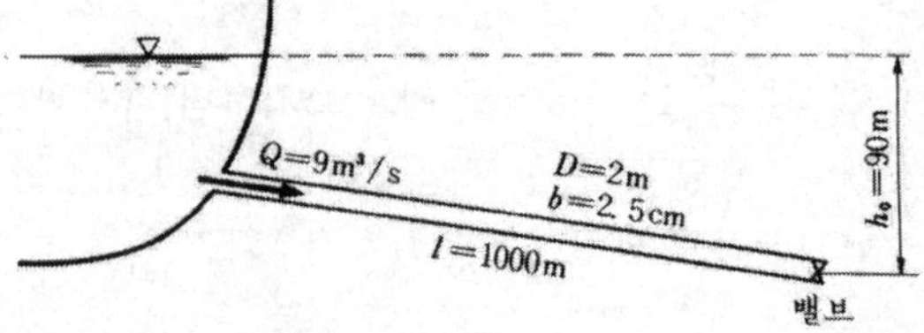

(1) 압력파의 전파속도

(2) 수격파에 의한 밸브점의 최대상승압력

(3) 최대압력이 생기는 위상

을 계산하여라. 여기서 $E_w = 2.24 \times 10^5\ \text{ton/m}^2$, $E_s = 2.1 \times 10^7\ \text{ton/m}^2$, 그리고 밸브점의 정수압은 90 m라고 한다.

【해】 (1) 전파속도

식 (11-51)에서

$$\omega = \sqrt{\frac{E_w g}{w}} \Bigg/ \sqrt{1 + \frac{DE_w}{bE_s}} = \frac{\sqrt{\dfrac{9.8 \times 2.24 \times 10^5}{1}}}{\sqrt{1 + \dfrac{2 \times 2.24 \times 10^5}{0.25 \times 2.1 \times 10^7}}}$$

$$= \frac{1481.6^2}{1.38} = 1073\ \text{m/sec}$$

(2) 밸브점의 최대상승압력

$$\text{압력파의 주기 } \mu = \frac{2l}{\omega} = \frac{2 \times 1000}{1073} = 1.8\ \text{sec}$$

$$\theta = \frac{\tau}{\mu} = \frac{4}{1.8} = 2.22$$

$$V_0 = \frac{Q}{A} = \frac{4 \times 9}{3.14 \times 2^2} = 2.87\ \text{m/sec}$$

$$\rho = \frac{\omega V_0}{2gh_0} = \frac{1073 \times 2.87}{2 \times 9.8 \times 90} = \frac{3.079.51}{1764} = 1.75$$

그림 11-15에서

$$h'_{\max} = 2.35 \qquad \therefore\ h'_{\max} = 2.35 \times 90 = 211.5\ \text{m}$$

(3) 최대압력이 생기는 위상

압력파의 주기는 1.8 sec이므로 제2위상 때 최대압력이 생긴다.

계산예 11-2

관장 400 m, 밸브점의 정수압 $h_0 = 90$ m, 관내의 평균속도 $V_0 = 2.5$ m/sec, 압력파의 전파속도 $\omega = 1000$ m/sec의 관계통에 있어서 관끝단의 밸브를 3초에 폐색할 때 밸브점의 압력변화를 구하여라.

【해】 $\mu = 2l/\omega = 2 \times 400/1000 = 0.8$초, $\tau = 3$초이므로 밸브가 완전폐색될 때까지 압력파는 3왕복하고 0.6초가 남는다.

$t = 0$에 있어서는

$$v_0 = \sqrt{2\,gh_0} = \sqrt{2 \times 9.8 \times 90} = 42 \text{ m/sec}$$

$$V_0 = 2.5 \text{ m/sec}$$

상대개방속도는 식 (11-60)에서

$$\phi(0) = \frac{a_0}{A} = \frac{V_0}{v_0} = \frac{2.5}{42} = 0.0595$$

밸브를 직선적으로 개방한다고 하면 식 (11-60)에서

$$\phi(t) = \left(1 - \frac{t}{\tau}\right)\phi(0) = \left(1 - \frac{t}{3}\right) \times 0.0595$$

압력파의 주기는 $\mu = 0.8$ 초이므로 밸브를 폐색하는 사이에 압력파는 관을 3왕복하고도 0.6초가 남는다. 따라서

$$t = t_1 = 0.6 \text{ 초}$$

$$t = t_1 + \mu = 0.6 + 0.8 = 1.4 \text{ 초}$$

$$t = t_1 + 2\,\mu = 0.6 + 2 \times 0.8 = 2.2 \text{ 초}$$

$$t = t_1 + 3\,\mu = 0.6 + 3 \times 0.8 = 3 \text{ 초}$$

에 대해서 h를 계산한다.

(1) $0 < t < 0.8$ 초 주기

이 기간은 압력파가 밸브점에 되돌아오지 않으므로 제1위상이다. 식 (11-64)에 있어서 $F_{n-1} = 0$이므로

$$h_1 = \left(h_0 + \frac{\omega}{g}\,V_0 + \frac{\omega^2}{g}\phi_1^{\,2}\right) - \left[\left(h_0 + \frac{\omega}{g}V_0 + \frac{\omega^2}{g}\phi_1^{\,2}\right)^2 - \left(h_0 + \frac{\omega}{g}V_0\right)^2\right]^{1/2}$$

$$\phi_1 = \left(1 - \frac{t}{3}\right) \times 0.0595$$

$$\frac{\omega^2}{g}\phi_1^{\,2} = \frac{1000^2}{9.8} \times \left(1 - \frac{t}{3}\right)^2 \times 0.0595^2 = 40.14(3-t)^2$$

$$h_1 = \left\{90 + \frac{1000}{9.8} \times 2.5 + 40.14(3-t)^2\right\}$$

$$- \sqrt{\left\{90 + \frac{1000}{9.8} \times 2.5 + 40.14(3\,t)^2\right\}^2 - \left(90 + \frac{1000}{9.8} \times 2.5\right)^2}$$

$$t = 0.4 \text{ 초},\ h_1 = 105.61 \text{ m}$$

$$t = 0.6 \text{ 초},\ h_1 = 114.6 \text{ m}$$

$$t = 0.8 \text{ 초},\ h_1 = 124.8 \text{ m}$$

(2) $0.8 < t < 1.6$ 초

이 기간은 제2위상이다. 식 (11-64)에 필요한 수치를 대입하면

$$h_2 = \left\{90 + \frac{1000}{9.8} \times 2.5 - 2F_1 + 40.14(3-t)^2\right\}$$
$$- \sqrt{\left\{90 + \frac{1000}{9.8} \times 2 - 2F_1 + 40.14(3-t)^2\right\}^2 - \left\{90 + \frac{1000}{9.8} \times 2.5 - 2F_1\right\}^2}$$

식 (11–56)과 식 (11–71)에서

$$F_1 = h_1 - h_0, \qquad F_1 = F\left(t_1 + \frac{x}{\omega}\right) = F(t_1 + \mu)$$

$$t = 1.2\text{초}\ F_1 = F(t_1 - \mu) = F(0.4 + \mu), \qquad F_1 = 105.61 - 90 = 15.61$$

$$t = 1.4\text{초}\ F_1 = 114.6 - 90 = 24.6$$

$$t = 1.6\text{초}\ F_1 = 124.8 - 90 = 34.8$$

위 식에 F_1의 값을 대입하면

$$t = 1.2\text{초}, \quad h_2 = 129.7\ \text{m}$$

$$t = 1.4\text{초}, \quad h_2 = 131.5\ \text{m}$$

$$t = 1.6\text{초}, \quad h_2 = 131.55\ \text{m}$$

(3) $1.6 < t < 2.4$ 초 기간

이 기간은 제3위상이다.

$$h_3 = \left(h_0 + \frac{\omega}{g}V_0 - 2F_2 + \frac{\omega^2}{g}\phi_3^2\right)$$
$$- \sqrt{\left(h_0 + \frac{\omega}{g}V_0 - 2F_2 + \frac{\omega^2}{g}\phi_3^2\right)^2 - \left(h_0 + \frac{\omega}{g}V_0 - 2F_2\right)^2}$$

F_2는 식 (11–56)에서 $F_2 = h_2 - h_0 + F_1$

$$t = 2.0\ \text{sec} \quad F_2 = F(t_1 + 2\mu) = F(0.4 + 1.6)$$
$$F_2 = 129.7 - 90 + 15.61 = 55.3$$

$$t = 2.2\ \text{sec} \quad F_2 = F(t_1 + 2\mu) = F(0.6 + 1.6)$$
$$F_2 = 131.5 - 90 + 24.6 = 66.1$$

$$t = 2.4\ \text{sec} \quad F_2 = F(t_1 + 2\mu) = F(0.8 + 1.6)$$
$$F_2 = 131.55 - 90 + 34.8 = 76.35$$

$$t = 2.0\ \text{sec} \quad h_3 = 131.95$$

$$t = 2.2\ \text{sec} \quad h_3 = 130.79$$

$$t = 2.4\ \text{sec} \quad h_3 = 130.89$$

(4) $t = 3$ sec

이 경우는 밸브가 완전폐색하는 순간이며, 제4위상의 시작이다.

$$F_3 = h_3 - h_0 - F_2$$

$$t = 3\,\text{sec} \quad F_3 = F(t_1 + 3\mu) = F(0.6 + 2.4)$$

$$F_3 = 130.79 - 90 + 66.1 = 106.89$$

$$h_4 = 131.2\text{ m}$$

(5) $t < 3$ sec

이 경우는 밸브가 완전히 폐색된 후이며, $\phi_n = 0$으로 하여 같은 계산을 되풀이하면 압력을 구할 수 있다. 다음에는 관의 유속을 구하기로 한다. 유속은 식 (11-57)에서 구할 수 있다.

$$V_n = V_0 - \frac{g}{\omega}(F_n + F_{n-1})$$

$t = 0.6$ 초

$$V_1 = V_0 - \frac{g}{\omega}(F_1 + 0) = V_0 - \frac{g}{\omega}(h_1 - h_0)$$

$$= 2.5 - \frac{9.8}{1000}(114.6 - 90) = 2.5 - 0.24 = 2.26\text{ m/s}$$

$t = 1.4$ 초

$$V_2 = V_0 - \frac{g}{\omega}(F_2 + F_1) = 2.5 - \frac{9.8}{1000}(55.3 + 26.4)$$

$$= 2.5 - 0.801 = 1.699\text{ m/s}$$

$t = 2.2$ 초

$$V_3 = V_0 - \frac{g}{\omega}(F_3 + F_2) = 2.5 - \frac{9.8}{1000}(106.87 + 66.1)$$

$$= 2.5 - 1.695 = 0.8\text{ m/sec}$$

$t = 3.0$ 초

$$V_4 = 0$$

이상 계산한 압력수두 h와 유속 V의 변화는 그림과 같다.

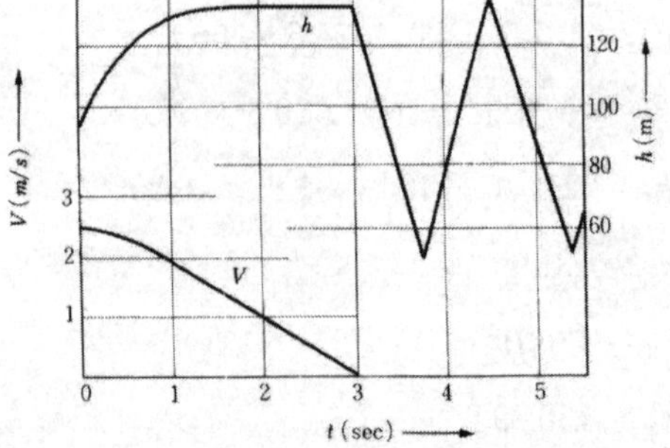

11.5 수압조절수조

11.5.1 수압조절수조의 기본식

수력발전소에 있어서 압력수로와 수압관을 통해서 저수지의 물을 수차에 공급하는 경우 수차의 사용수량이 급증하면 유량의 부족을 초래하고, 반대로 사용수량이 급감하면 수압관의 압력상승을 초래하게 된다. 이와 같은 현상은 수로와 수차에 좋지 못한 영향을 주게 되므로 이것을 개선하기 위하여 압력수로와 수압관 사이에 자유수면을 가진 수압조절수조(surge tank)를 설치하는 경우가 많다. 수압조절수조에는 여러 가지 종류가 있으나, 여기서는 **그림 11-15**와 같은 단동수압조절수조(simple surge tank)에 대해서 논하기로 한다.

그림에 있어서 저수지를 Ⅱ, 수조를 Ⅰ이라고 하고 수차에 공급되는 수량이 급변할 때의 수조 내의 수면변동에 대해서 생각하기로 한다. 이 경우의 연속방정식은 수차의 사용수량을 Q, 수조의 단면적을 A, 압력수로의 단면적을 a, 압력수로내의 평균유속을 V라고 하면 다음과 같이 쓸 수 있다.

$$aV = A\frac{dz}{dt} + Q \tag{11-83}$$

이 경우의 수조를 포함한 관계통에 대한 운동방정식은 식 (11-28)과 같다. 이 식에서 압력수로내의 동수경사는 저수지의 수면이 일정하므로 다음 식과 같이 쓸 수 있다.

$$\frac{d}{ds}\left(z + \frac{p}{\rho g}\right) = \frac{z}{l} \tag{11-84}$$

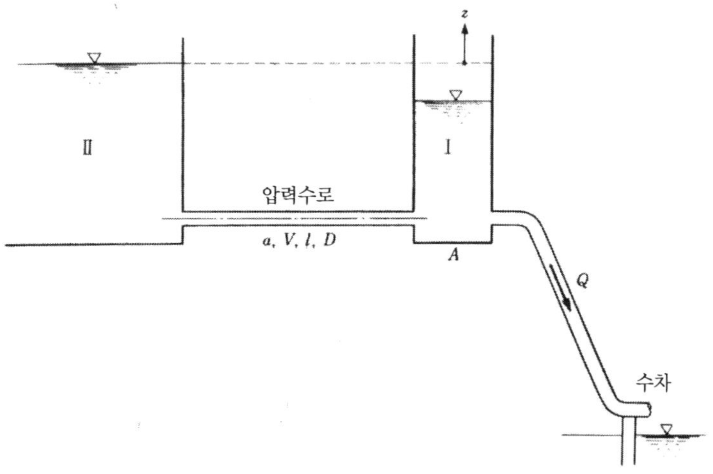

[그림 11-15] 조압수조를 포함한 관계통

여기서 s는 관축에 연한 길이이고, l은 압력수로의 길이, 그리고 z는 수조의 정수면에 원점을 둔 윗쪽으로 (+)를 가진 축이다. 식 (11−84)를 식 (11−28)에 대입하면 이 경우의 관계통에 대한 운동 방정식을 다음과 같이 쓸 수 있다.

$$\frac{dV}{gdt} + \frac{z}{l} \pm \frac{f}{D}\frac{V^2}{2g} = 0$$

$$\therefore \frac{l\,dV}{gdt} = -z \mp f\frac{l}{D}\frac{V^2}{2g} \tag{11−85}$$

식 (11−85)는 수조를 포함한 수로계통의 비정상류에 대한 기본식이다. 이 식은 수치적분 또는 도식적분법에 의해서 풀 수 있으나, 다음과 같은 계차식으로 고쳐 쓰면 편리하다. 식 (11−83)과 식 (11−85)는 다음과 같다.

$$\Delta z = \frac{aV - Q}{A}\Delta t \tag{11−86}$$

$$\Delta V = \frac{g}{l}\Delta t\left(-z \mp f\frac{l}{D}\frac{V^2}{2g}\right) \tag{11−87}$$

11.5.2 사용수량을 순간적으로 차단하는 경우

수압조절수조에 대한 기본식을 엄밀히 해석할 수 있는 경우는 수차의 사용수량을 순간적으로 차단할 때이다. 즉, **그림 11−15**의 저수지와 수조를 포함한 관계통에 있어서 사용수량을 순간적으로 차단하면 **그림 11−4**와 동일하게 된다. **그림 11−4**에 대한 기본식 (11−29)에 있어서 $A_2 = \infty$로 하면 이 경우의 기본식이 된다. 즉

$$\frac{dz^2}{dt^2} + \frac{ag}{A_1\,l}z \mp \frac{f}{2D}\frac{A}{a}\left(\frac{dz}{dt}\right)^2 = 0 \tag{11−88}$$

이 식의 해석은 식 (11−29)의 경우와 동일하다.

11.5.3 자유서지

저수지와 수압조절수조를 포함한 관계통에 있어서 수차의 사용수량이 변화하면 수조의 수면은 동요하게 되는데, 특히 압력수로의 마찰손실을 무시할 때의 수면동요의 극대치와 극소치를 자유서지(free surge)라고 한다. 자유서지는 식 (11−83)과 식 (11−85)에서 계산할 수 있다. 이들 두 식에서 다음 식을 얻을 수 있다.

$$\frac{l}{g}\frac{A}{a}\frac{dz}{dt^2} + z = 0 \tag{11−89}$$

이 식은 식 (11−8)과 동일형이며, 그 일반해는 다음과 같다.

$$z = C_1 \cos(2\pi t/T) + C_2 \sin(2\pi t/T) \tag{11-90}$$

여기서 주기는

$$T = 2\pi\sqrt{\frac{l}{g}\frac{A_1}{A}}$$

사용수량 Q를 순간적으로 차단한다고 하면 $t = 0$에서

$$z = 0, \qquad \frac{dz}{dt} = \frac{a}{A}V_0$$

라고 하면 $C_1 = 0$이다. 따라서

$$\left.\begin{aligned} z &= C_2 \sin(2\pi t/T) \\ \frac{dz}{dt} &= C_2\frac{2\pi}{T}\cos(2\pi t/T) \end{aligned}\right\} \tag{11-91}$$

$t = 0$에 있어서 $\dfrac{dz}{dt} = \dfrac{a}{A}V_0$의 조건에서

$$C_2 = V_0\sqrt{\frac{la}{gA}}$$

결국 식 (11−90)은 다음과 같다.

$$z = V_0\sqrt{\frac{la}{gA}}\sin(2\pi t/T) \tag{11-92}$$

따라서 자유서지의 진폭은 다음과 같다.

$$z_* = V_0\, l/gA \tag{11-93}$$

11.5.4 직선적 개폐에 의한 최고, 최저 수위

Calama Gaden은 마찰을 고려한 경우의 수압조절수조내에 물의 운동을 자유서지의 값으로 무차원화하여

$$z' = \frac{z}{z_*}, \qquad V' = \frac{V}{V_0}, \qquad h' = \frac{h}{z_*}, \qquad \theta = \frac{\tau}{T}$$

로 놓고, 식 (11−86)과 식 (11−87)을 계산하였다. 여기서 h는 정상적으로 흐를 때의 압력수로내의 마찰손실수두, τ는 유량이 Q 만큼 증가하는데 필요한 시간이다.

그림 11-16은 유량이 직선적으로 0으로 변화하는 경우의 최고상승수위 z_m'를 구하는 도표이다. 이 그림에 있어서 최고상승수위가 유량이 0으로 되는 과정에 일어나는 영역이 M 영역이고, 수차의 사용수량을 완전히 차단한 후에 최고수위가 일어나는 영역이 N 영역이다. 그리고 **그림 11-17**은 사용수량을 증가시키는 경우의 수조내의 최저수위 z_m'를 구할 수 있는 도표이다. 이 그림은 유량을 0으로부터 최대유량까지 직선적으로 증가시키는 도표이다. 그림에 있어서 최저수위가 밸브를 개방

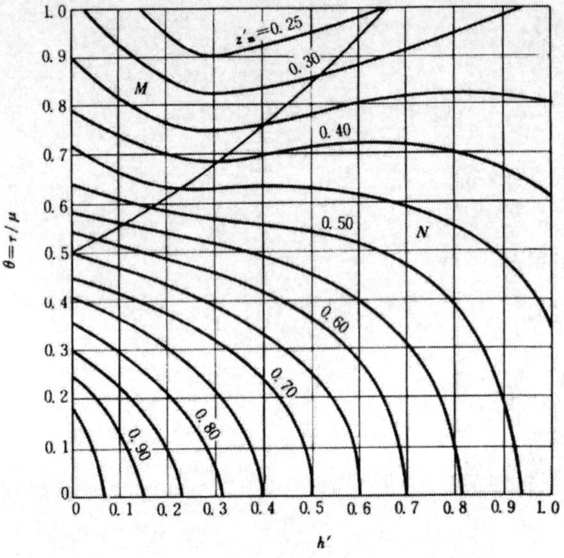

[그림 11-16] 직선폐색시의 최고수위를 구하는 도표

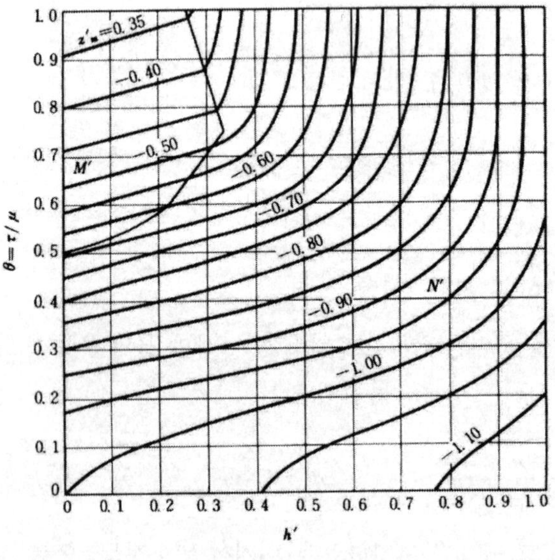

[그림 11-17] 직선개방시 최저수위를 구하는 도표

하는 과정에 일어나는 영역이 M' 영역이고 밸브를 완전 개방한 후에 최저수위가 일어나는 영역이 N' 영역이다.

참고문헌

본장에서 참조한 참고문헌은 다음과 같다.

[1] 安守漢 : 水理學, 東明社, 1981.

[2] 本間仁 : 高等水理學, 工業 圖書, 東京, 1937.

[3] 本間仁 : 水理學, 丸書出版, 東京, 1967.

제12장

개수로의 비정상류

홍수시 하천의 수류는 전유역에 내린 우수가 하천으로 유입하기 때문에 수심, 유속, 유량 등이 시시각각으로 변하는 비정상류가 된다. 하천상류에 있는 댐이 파괴되면 저수지의 물은 일시에 방류되어 하류하천의 수심, 유속, 유량 등은 급격히 증가하고, 이 상태가 하류로 파상으로 전파 된다. 감조하천에 있어서는 하구의 조위 변화에 따라 흐름이 변화한다. 이와 같은 흐름은 모두 하천의 부정류의 예이다. 일반 홍수류는 매우 서서히 변화하는 비정상류이지만 댐의 파괴에 의한 수류는 급격히 변화하는 비정상류이다. 본장에 있어서는 개수로의 수류가 시간에 따라서 변화하는 비정상류의 이론을 논하기로 한다.

실제 하천의 비정상류는 삼차원 운동이지만 비정상류의 삼차원 흐름은 그 해석이 매우 어려우므로 여기서는 수류의 흐름방향 성분만을 생각하고, 전단면을 통해서 동일 조건으로 취급하는 일차원 흐름이라고 하여 해석한다.

12.1 개수로 비정상류의 기본방정식

12.1.1 연속방정식

그림 12-1과 같이 흐름방향으로 x 축을 취하고 dx 떨어진 두 개의 단면 1, 2를 생각하면 1 단면에서 유입하는 유량을 $Q = AV$라고 하면 dx 떨어진 2 단면에서 유출하는 유량은 $Q + dQ = Q + \frac{\partial Q}{\partial h} dx$이다. 이들의 차는

$$Q - \left(Q + \frac{\partial Q}{\partial x} dx\right) = -\frac{\partial Q}{\partial x} dx$$

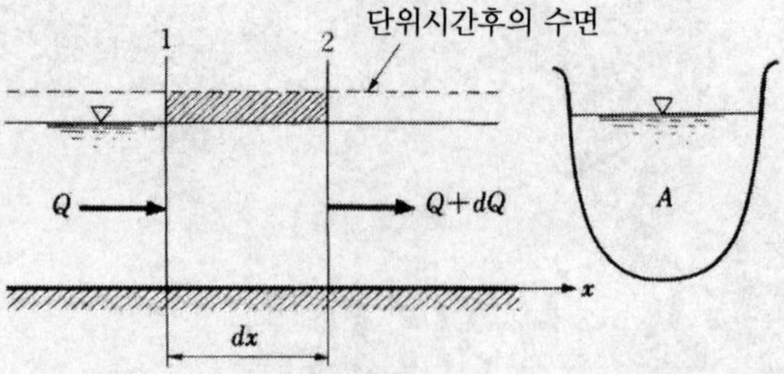

[그림 12-1]

이것은 단위시간내에 이 부분에 저류하는 수량과 같을 것이다. dx 구간에 단위시간에 저류되는 수량은 단위시간당의 단면적 증가량을 $\frac{\partial A}{\partial t}$ 라고 하면 저유량은 $\frac{\partial A}{\partial t}dx$ 이다. 이들이 같으므로 연속 방정식은 다음과 같다.

$$\frac{\partial A}{\partial t} + \frac{\partial Q}{\partial t} = 0 \tag{12-1}$$

또는 $Q = AV$를 사용하면

$$\frac{\partial A}{\partial t} + V\frac{\partial A}{\partial x} + A\frac{\partial V}{\partial x} = 0 \tag{12-2}$$

식 (12-2)가 비정상류의 연속방정식이다.

12.1.2 운동방정식

식 (4-49)~(4-51)은 각각 x, y, z축 방향에 대한 난류의 운동방정식이다. 우리들이 취급하는 실제의 흐름은 대부분은 난류이고, 이들 식 중의 질량력 X, Y, Z는 중력 g의 x, y, z축 방향의 성분이다. 그리고 실제 문제를 해석하는데 있어서는 3차원적으로 해석하는 것보다 1차원적으로 해석하는 것이 간편하고 실용적이다.

앞에서 설명한 바 있거니와 개수로의 비정상류는 3차원해석이 어려우므로 이들 3차원의 식을 1차원 흐름의 식으로 고쳐서 이용해야 한다.

식 (4-49)~(4-51)을 1차원 흐름에 대한 식으로 고칠 때는 x방향을 주류로 취하고, 식 (4-49)에 U, 식 (4-50)에 V, 식 (4-41)에 W를 곱해서 이들을 가하고 적분하면 된다.*

---

* 부록 2와 같은 방법으로 식 (12-3)을 유도함.

$$\frac{1}{g}\frac{\partial V}{\partial t}+\frac{\partial}{\partial x}\left(\frac{V^2}{2g}\right)+\frac{1}{\rho g}\frac{\partial p}{\partial x}+\frac{\partial z}{\partial x}=-\frac{\tau_0}{\rho g R} \tag{12-3}$$

여기서 V는 단면의 평균유속 $\frac{p}{\rho g}$는 수로 바닥에 있어서의 압력수두이며, 수심을 h라고 하면 $\frac{p}{\rho g}=h$, z는 기준수평면으로부터 수로 바닥까지의 높이, τ_0는 수로 윤변의 전단력, R은 단면의 수리평균심이다. 이 식에 있어서 에너지 보정계수 α와 운동량보정계수 β는 모두 1이라고 하였다.

단면 윤변의 전단력 τ_0를 Chezy의 평균유속공식 또는 Manning의 평균유속공식에서 구하면 다음과 같다.

$$\tau_0=\frac{\rho g V^2}{C^2}=\frac{\rho g n^2 V^2}{R^{1/3}} \tag{12-4}$$

식 (12−4)의 관계를 식 (12−3)에 대입하고, $\frac{\partial z}{\partial x}=-\sin\theta$라고 놓으면

$$\frac{1}{g}\frac{\partial V}{\partial t}+\frac{\partial}{\partial t}\left(\frac{V^2}{2g}\right)+\frac{\partial h}{\partial x}-\sin\theta+\frac{n^2V^2}{R^{4/3}}=0 \tag{12-5}$$

여기서 θ는 수로 바닥의 경사이며, 일반하천에 있어서는 θ가 매우 작으므로 $\sin\theta \fallingdotseq 1$로 하는 경우가 많다.

식 (12−5)가 개수로비정상류에 대한 운동방정식이며, 수심 h와 유속 V를 위치 x와 시간 t의 함수로 규정하는 기본식이다. 이 식에 있어서 좌변 제1항은 가속도의 경사, 제2항은 수로 바닥에 대한 속도수두의 경사, 제3항은 수로 바닥에 대한 수면의 경사, 제4항은 기준수평면에 대한 수로 바닥의 경사, 그리고 제5항은 수로 바닥에 대한 마찰수두의 경사이다.

연속방정식 (12−2)와 운동방정식 (12−5)를 연립으로 풀면 개수로의 비정상류, 예로서 홍수류, 감조하천류 등의 수리현상을 알 수가 있을 것이지만 이들의 식을 해석적으로 또는 수치적으로 푸는 일은 그리 쉽지 않다.

12.2 홍수류

12.2.1 홍수류의 특성

유역에 내린 강우가 지표면를 통해서 하천에 유입함으로써 하천의 수위와 유량이 급격히 증가하는 현상을 홍수(flood)라고 한다. 홍수시에는 한 점에 있어서도 수위 또는 유량이 변화하는 동시에 하천에 연해서도 각 위치마다 유량이 변화한다. 한 점에 있어서 시간에 따라서 수위가 변화하는 모양(이것을 홍수파라고 함)은 **그림 12−2**와 같이 처음에 수위가 증가할 때 는 홍수파형이 급하고 수위가 저하될 때는 홍수파형이 매우 평탄해진다. 수위가 상승한 다음 점차적으로 수위가 하강하는

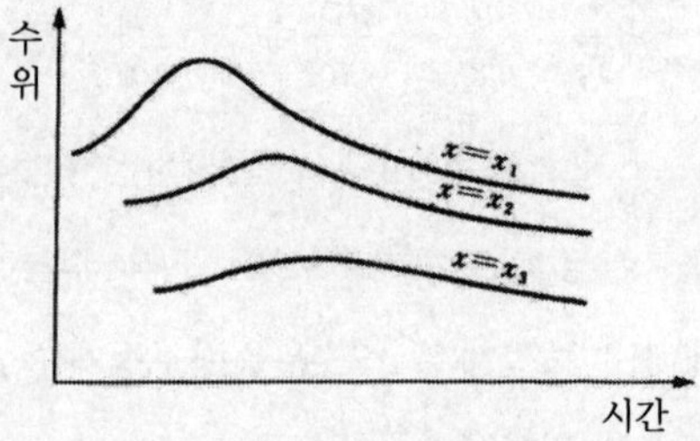

[그림 12-2] 홍수파

사이에는 반드시 수위, 유량 또는 유속의 극대치가 생긴다.

하천 상류의 한 점 $x = x_1$점의 수심, 또는 유량을 주어서 하류의 한 점 $x = x_2$점의 수심 또는 유량의 시간적 변화를 구하려면 원리적으로는 연속방정식 (12-2)와 운동방정식 (12-5)를 풀면 된다. 그러나 이들의 방정식을 직접 해석적으로 풀기는 어려우므로 근사계산법 또는 수치계산법에 의해서 풀게 된다.

현재까지 연구된 방법은 다음과 같다.

(1) 수심과 유속의 증가량이 처음 정상류의 수심과 유속에 비해서 매우 작다고 생각하여 가속도의 항을 생략하고 미소진폭파의 이론을 적용하여 푸는 방법
(2) 홍수파의 파장과 계속 시간이 길고 운동의 변화가 완만하다고 생각하여 운동방정식의 가속도항을 생략하는 소위 의사정상류라고 하여 푸는 방법
(3) 특성곡선법을 이용하여 도식적으로 푸는 방법
(4) 수치계산법

이들의 방법 중에서 (1)의 방법은 하야시(임) 등의 해법이 있으나 실제 홍수시의 수심은 기저유의 수심 수 배가 된다는 것을 생각할 때 이 방법을 사용하면 오차가 너무 크게 된다[1]. (2)의 방법에 대한 것도 많은 사람에 의해서 연구되고 있으나 홍수류를 의사정상류로 가정하여 푸는 것이다. (3)의 특성곡선법에 의한 도식방법은 일반적으로 많이 사용하고 있다. (4)의 방법은 최근에 전자계산기의 발달과 함께 다른 방법보다는 빨리 그리고 정밀하게 계산할 수 있다. 본절에 있어서는 주로 특성곡선에 의한 도식방법에 대하여 설명하기로 한다.

12.2.2 특성곡선을 이용한 홍수류의 해법

식 (12-5)에 있어서 $i_0 = \sin\theta$, $i_f = \dfrac{n^2V^2}{R^{4/3}}$으로 놓고 수심 h의 수역을 전파하는 장파의 파속을 c라고 하면 $c = \sqrt{gh}$ 이고, $d(gh) = d(c^2) = 2\,c\,dc$의 관계를 이용하면 다음과 같이 쓸 수 있다.

$$\frac{1}{g}\frac{\partial V}{\partial t}+\frac{1}{2g}\frac{\partial V^2}{\partial x}+\frac{2c}{g}\frac{dc}{\partial x}-i_0+i_f=0$$

$$\frac{1}{g}\frac{\partial V}{\partial t}+V\frac{\partial V}{\partial x}+\frac{2c\,dc}{\partial x}=g(i_0-i_f) \tag{12-6}$$

지금 단순한 경우를 생각하여 수로폭 B의 직사각형단면에 대하여 식 (12-6)을 적용하면 $A=Bh$, $Q=Bh\cdot V$이므로 이 경우의 연속방정식 (12-2)는 다음과 같이 쓸 수 있다.

$$\frac{\partial h}{\partial t}+V\frac{\partial h}{\partial x}+h\frac{\partial V}{\partial x}=0 \tag{12-7}$$

위 식에 g를 곱해서 $c^2=gh$의 관계를 이용하면 다음과 같이 바꿔 쓸 수 있다.

$$2V\frac{\partial c}{\partial x}+c\frac{\partial V}{\partial x}+2\frac{\partial c}{\partial x}=0 \tag{12-8}$$

여기서 식 (12-6)과 식 (12-8)의 화와 차를 만들면

$$\left.\begin{aligned}\frac{\partial V}{\partial t}+(V+c)\frac{\partial V}{\partial x}+2\frac{\partial c}{\partial t}+2(V+c)\frac{\partial c}{\partial x}=g(i_0-i_f)\\ \frac{\partial V}{\partial t}+(V-c)\frac{\partial V}{\partial x}-2\frac{\partial c}{\partial t}-2(V+c)\frac{\partial c}{\partial x}=g(i_0-i_f)\end{aligned}\right\} \tag{12-9}$$

이 식들을 정리하면

$$\left.\begin{aligned}(V+c)\frac{\partial(V+2c)}{\partial x}+\frac{\partial(V+2c)}{\partial t}=g(i_0-i_f)\\ (V-c)\frac{\partial(V-2c)}{\partial x}+\frac{\partial(V-2c)}{\partial t}=g(i_0-i_f)\end{aligned}\right\} \tag{12-10}$$

다시 고쳐 쓰면

$$\left.\begin{aligned}\left\{\frac{\partial}{\partial t}+(V+c)\frac{\partial}{\partial x}\right\}(V+2c)=g(i_0-i_f)\\ \left\{\frac{\partial}{\partial t}+(V-c)\frac{\partial}{\partial x}\right\}(V-2c)=g(i_0-i_f)\end{aligned}\right\} \tag{12-11}$$

$$\left.\begin{aligned}\left\{\frac{\partial}{\partial t}+(V+c)\frac{\partial}{\partial x}\right\}\{V+2c-g(i_0-i_f)t\}=0\\ \left\{\frac{\partial}{\partial t}+(V-c)\frac{\partial}{\partial x}\right\}\{V-2c-g(i_0-i_f)t\}=0\end{aligned}\right\} \tag{12-12}$$

식 (12-12)는 각각 $\{V\pm 2c-g(i_0-i_f)t\}$인 함수가 $V\pm c$의 속도로 x의 (+)방향 또는 (−)방향으로 움직이는 점에 관해서 일정하다는 것을 나타내는 것이다.

따라서 $\{V\pm 2c-g(i_0-i_f)t\}$는 $dx/dx=V\pm c$인 상미분방정식에 따라서 변화하는 점에 관

해서 항상 일정하다는 것을 나타내는 것이다.

지금 $x \sim t$ 평면에 있어서 $dx/dt = V \pm c$의 관계를 표시하는 곡선을 그리면 그 곡선 위에서 $\{V \pm 2c - g(i_0 - i_f)t\}$는 일정하다. 따라서 식 (12-12)는

곡선 : $\dfrac{dx}{dt} = v + c$ 위에서는

$$V + 2c - g(i_0 - i_f)t = \text{const.} \tag{12-13}$$

곡선 : $\dfrac{dx}{dt} = V - c$ 위에서는

$$V - 2c - g(i_0 - i_f)t = \text{const.} \tag{12-14}$$

와 같이 된다.

결국 부정류의 기본식 (12-6)과 식 (12-7)을 푸는 일은 식 (12-13)과 (12-14)를 연립으로 푸는 것에 귀착된다. 이와 같은 곡선을 특성곡선(characteristic curve)이라고 한다. 식 (12-13)과 (12-14)를 다음과 같이 고쳐 쓸 수도 있다.

곡선 : $\dfrac{dx}{dt} = V + c$ 위에서는

$$d(V + 2c) = g(i_0 - i_f)dt \tag{12-15}$$

곡선 : $\dfrac{dx}{dt} = V - c$ 위에서는

$$d(V - 2c) = g(i_0 - i_f)dt \tag{12-16}$$

식 (12-15)와 (12-16)은 일반적으로 해석적으로 풀 수는 없으므로 차분법에 의하여 수치적분에 의해서 풀 수는 있다. 이들 식을 차분화하면

직선 : $\dfrac{\Delta x}{\Delta t} = V + c$ 위에서는

$$\Delta(V + 2c) = g(i_0 - i_f)\Delta t \tag{12-17}$$

직선 : $\dfrac{\Delta x}{\Delta t} = V - c$ 위에서는

$$\Delta(V - 2c) = g(i_0 - i_f)\Delta t \tag{12-18}$$

이들의 식은 초기조건과 경계조건을 주면 풀 수 있다. 이들을 수치적으로 또는 도식적으로 푸는 여러 가지의 방법이 제안되고 있다. 다음에 계산원리에 대해서 간단히 설명하기로 한다.

비정상류의 일반식을 이 특성곡선법에 의해서 푸는 방법은 Massau[2]에 의해서 제안되었고, Stokes[3], Putman[4], Lin[5] 등에 의해서 도식해법이 시도되고 있다.

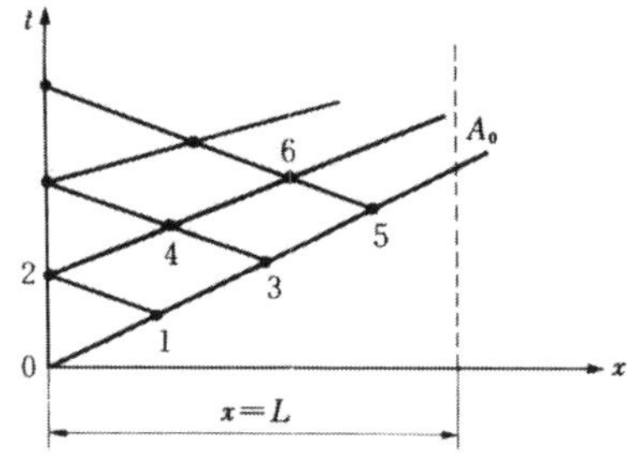

[그림 12-3]

수로에 연해서 x축을 취하고 하류에서 상류로 향하는 방향을 x의 (+) 방향이라고 한다. **그림 12-3**과 같이 $x \sim t$ 평면을 생각한다.

지금 초기조건과 경계조건을 $t = 0$에 있어서 $h = h_0$, $h(0,\ t) = h(t)$라고 한다. 즉, 각 축 위의 각 점에 있어서는 $t = 0$때의 V와 h가 주어지고, t축 위의 모든 점에 있어서는 하류단 $x = 0$에 있어서의 h가 주어지고, 상류단 $x = L$에 있어서는 각 시각의 유입량 또는 V가 주어진다.

이와 같은 조건 하에 있어서의 각 시각의 V와 c를 계산할 수 있다. 초기 조건으로서는 처음에 등류상태로서 흐른다고 하면 등류속도를 V_0, 등류수심을 h_0라고 하면 이때의 파속은 $c = \sqrt{gh_0}$이다.

그림에 $\dfrac{dx}{dt} = V_0 + c_0$의 직선을 그려 넣으면 이것은 $\overline{OA}$ 하나의 특성곡선이다. $x \sim t$ 평면에 있어서 이 직선 $\overline{OA}$에 의해서 $x = 0$, $t = 0$ 이후 경계조건의 변화가 전파되지 않는 영역과 변화가 전파되어 초기조건과 다른 영역으로 구별된다. $\overline{OA}$는 교란이 하류에서 상류로 향하여 전파 되어 가는 상태를 나타내는 선이다.

그림 12-3의 직선 $\overline{OA}$ 위에 적당한 간격으로 점 1, 3, 5를 취하면 각 점에 있어서는 $V = V_0$, $c = c_0$이다. 점 $1(x_1,\ t_1)$을 통과하는 특성곡선 1-2의 경사는

$$\frac{\Delta x}{\Delta t} = V_0 - c_0$$

가 되고 점 1에서 이 경사의 직선을 그리면 점 2의 위치 $(0,\ t_2)$가 구해진다.

점 1과 점 2의 시간차는

$$\Delta t_{1-2} = t_2 - t_1$$

이므로 식 (12-18)에서

$$V_2 - 2c_2 = V_1 - 2c_1 + g(i_0 - \bar{i}_f)\Delta t_{2-1} \tag{12-19}$$

여기서 i_f는 점 1과 2의 평균치를 취한다.

V_2는 $x = 0$에 있어서 $t = t_2$때의 수심 h_2가 경계조건으로 주어져 있으므로 구할 수 있고, $\bar{i}_f$를 가정하여 식 (12–19)에서 계산할 수가 있다. V_2가 결정 되면 V_2와 c_2에서 다시 특성곡선 2–1의 경사 $\Delta x/\Delta t = V_2 - c_2$를계산한다. 계산치와 가정한 $\dfrac{\Delta x}{\Delta t} = V_1 - c_1$을 비교하여 만일 차가 크면, 양자의 평균경사에서 제2근사치를 구하면 보다 정밀도가 높은 값을 구할 수 있다.

다음에 점 3(x_3, t_3)에 있어서는 점 1과 같이 $V = V_0$, $c = c_0$이므로 그림과 같이 특성곡선 4–3은 $\Delta x/\Delta t = V_0 - c_0$를 사용하여 그릴 수 있다. 점 2(0, t_1)에 있어서는 V_2, c_2가 이미 계산되어 있으므로 특성곡선 4–2는 $\Delta x/\Delta t = V_2 + c_2$를 사용하여 그릴 수 있고, 양 직선의 교점인 점 4의 제1근사치 (x_4, t_4)를 구할 수 있다.

다음에는 점 2와 4 사이에 식 (12–17)을 적용하고, 점 3, 4에 식 (12–18)을 적용하면

$$V_4 + 2c_4 = V_2 + 2c_2 + g(i_0 - \bar{i}_{f4-2})\Delta t_{4-2} \tag{12–20}$$

$$V_4 - 2c_4 = V_3 - 2c_3 + g(i_0 - \bar{i}_{f4-3})\Delta t_{4-3} \tag{12–21}$$

여기서 $\bar{i}_{f4-2}$와 $\bar{i}_{f4-3}$은 앞에서 설명한 바와 같이 계산한다. 그리고 Δt_{3-4}와 Δt_{4-3}은 그림에서 구할 수 있으므로 식 (12–20)과 (12–21)의 미지수는 V_4, c_4의 2개이므로 양 식에서 구할 수 있다. 이와 같이 V_4, c_4의 제1근사치가 구해지면 점 4와 3, 그리고 점 4와 2사이의 경사는 앞에서 설명한 바와 같은 방법으로 수정하여 점 4의 제2근사치를 구할 수 있으므로 다시 V_4, c_4를 구할 수 있다.

이상 설명한 방법을 되풀이하면 $x \sim t$ 평면 위에 특성곡선군을 그릴수 있고, 그 각교점에서 V와 c가 순차적으로 계산된다. 그리고 $x = L$점에 있어서의 경계조건은 식 (12–19)와 같은 방정식이 $x = L$의 조건을 포함 하여 성립되므로 $x = 0$의 경우와 같이 취급할 수 있다.

다음에는 특성곡선군의 각 교점 이외의 점은 교점에 있어서의 V, c의 값에서 보간법에서 구할 수 있으므로 $x \sim t$ 평면 위의 모든 점의 V, c를 구할 수 있다.

12.3 홍수조절지의 계산

12.3.1 홍수조절지의 기본방정식

일반적으로 홍수조절지는 수면적이 넓고 수심이 깊으며 유속이 매우 작으므로 운동방정식 (12–5)의 가속도경사, 속도수두의 경사, 마찰수두의 경사를 무시할 수 있으므로 다음과 같이 쓸 수 있다.

$$-\sin\theta + \frac{\partial h}{\partial x} = 0$$

여기서 $\sin\theta$는 하상의 경사이며, $\sin\theta = i_0$이다. $\dfrac{\partial h}{\partial x}$는 수로 바닥에 대한 수면의 경사이다. 따

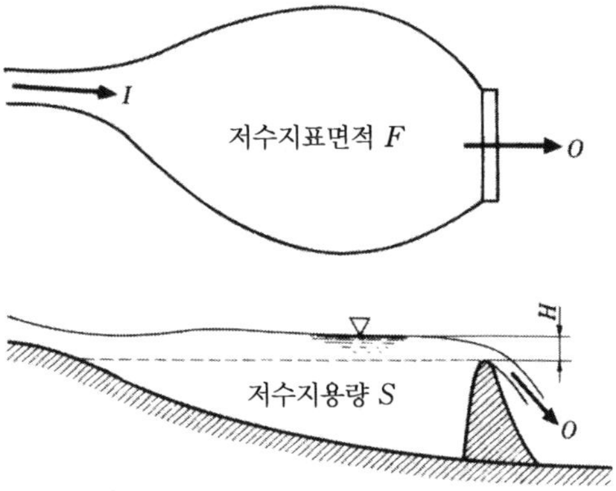

[그림 12-4] 홍수조절지

라서 위 식을 다음과 같이 쓸 수 있다.

$$i_0 - \frac{\partial h}{\partial x} = -\frac{\partial H}{\partial x} = 0 \tag{12-22}$$

위 식에서 아는 바와 같이 저수지의 수면은 흐름방향에 대해서 수평을 유지하면서 상승 또는 하강한다고 생각되므로, 홍수조절지의 문제는 연속방정식만을 사용하여 해석할 수 있다.

시각 t때 의 저수지로 유입하는 유량을 I, 유출량을 O, 저수지의 용량을 S라고 하면 연속조건은 다음과 같다.

$$I - O = \frac{dS}{dt} \tag{12-23}$$

S는 수심 H의 함수이므로 저수지의 표면적을 F라고 하면

$$\frac{dS}{dt} = \frac{dS}{dH} = \frac{dH}{dt} = F\frac{dH}{dt}$$

유출량 O는 일반적으로 댐의 방류량이므로 O는 수심의 함수이다. 일반적인 월류댐의 경우는 $O = CLH^{1.5} = f(H)$이다. 위의 관계식들을 이용하면 식 (12-23)은 다음과 같이 쓸 수 있다.

$$I = O + F\frac{dH}{dt} = f(H) + F\frac{dH}{dt} \tag{12-24}$$

유입량 I는 시간의 함수로서 주어지므로 위 식에서 H와 t의 관계를 알 수 있고, 유출량 O의 시간적 변화도 알 수 있다.

식 (12-24)는 수치적분법에서 풀 수 있으나, 간단한 도식계산법으로 풀 수도 있다. 저수지에 있어서는 일반적으로 $H_{\max}$일 때 $O_{\max}$이 되고, **그림 12-5**와 같이 I 곡선과 O 곡선을 t에 대하여 그리

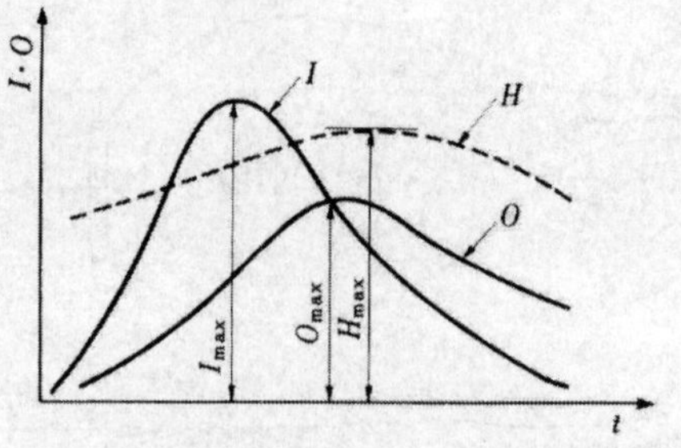

[그림 12-5] 조절곡선

면 이들 양곡선이 만나는 점이 O_{max}의 점과 일치한다.

12.3.2 수치계산법

식 (12-23)을 차분방정식

$$\Delta S = (I - O)\Delta t, \quad I\,\Delta t = \Delta S + O\,\Delta t$$

로 고쳐 쓰고, $t = t_1$의 양에 첨자 1, $t = t_1 + \Delta t$의 양에 첨자 2를 붙이면

$$\begin{aligned} \frac{1}{2}(I_1 + I_2)\Delta t &= (S_2 - S_1) + \frac{1}{2}(O_1 + O_2)\,\Delta t \\ &= \left(S_2 + \frac{O_2}{2}\Delta t\right) - \left(S_1 - \frac{O_1}{2}\Delta t\right) \end{aligned} \tag{12-25}$$

지금

$$\phi = \frac{S}{\Delta t} + \frac{1}{2}O, \quad \Psi = \frac{S}{\Delta t} - \frac{1}{2}O$$

로 놓으면 식 (12-25)는 다음과 같이 쓸 수 있다.

$$\phi_2 = \frac{1}{2}(I_1 + I_2) + \Psi_1 \tag{12-26}$$

일반적으로

$$\phi_{n+1} = \frac{1}{2}(I_n + I_{n+1}) + \Psi_n \tag{12-27}$$

Δt를 일정하게 하면 ϕ, Ψ는 모두 저수지 H만의 함수이므로 ϕ, Ψ와 H의 관계를 미리 도표로 표시해 놓으면 편리하다. 시각 t_1때의 I_1, Ψ_1 및 $t_1 + \Delta t$때의 I_2가 주어지면 식 (12-26)에서 ϕ_2를 계산할 수 있다. 따라서 $\phi \sim H$ 곡선에서 $t_1 + \Delta t$때 저수지의 수위 H_2가 구해지고, $O \sim H$ 곡선에서

Q_2를 구할 수 있다. 이 수치계산법을 Ekdahl의 방법이라고 한다.

12.3.3 도식해법

식 (12–25)의 관계를 도식해법에 의해서 푸는 방법은 물부의 방법[6], Cheng의 방법[7] 등이 있으나 여기서는 Cheng의 방법에 대해서 설명하기로 한다.

식 (12–25)를

$$\frac{1}{2}(I_1 + I_2)\Delta t + \left(S_1 - \frac{1}{2}O_1\,\Delta t\right) = S_2 + \frac{1}{2}O_2\,\Delta t \qquad (12\text{–}28)$$

와 같이 고쳐서 이 식의 해를 도식적으로 구하는 방법이다. 즉, I_1, I_2 및 O_1을 주어서 O_2를 도식으로 구하게 되는데, 다음에 순차적으로 설명하기로 한다.

(1) **그림 12–6**의 오른쪽 반은 종축에 유량, 횡축에 시간을 취해서 주어진 $I\sim t$ 곡선을 그린다.

(2) 왼쪽 반은 종축에 유량, 횡축에 저수지의 용량을 취해서 O와 $S+\frac{1}{2}O\,\Delta t$의 관계 곡선을 그린다. 이 곡선을 a라고 한다. 어떤 경우는 Δt를 적당한 간격으로 분할하면 O, S는 H의 함수이므로 $O\sim H$, $S\sim H$ 곡선에서 H에 대응하는 O, S를 구해서 $O\sim S+\frac{1}{2}O\,\Delta t$ 곡선을 그릴 수도 있다.

(3) 별도로 유량 Q와 $Q\,\Delta t$의 관계 곡선을 그려 놓는다. $t=t_1$ 때의 유량에서 $t_1+\Delta t$ 때의 유량 Q_2를 구하는 도표이다.

(4) t_1 시각의 유출량 A점에서 수평선을 그려서 a 곡선과의 교점을 B라고 한다.

(5) B점에서 $Q\,\Delta t$ 직선에 나란한 선을 긋는다.

(6) $t+\frac{1}{2}\,\Delta t$ 시각 때의 유입량을 나타내는 C에서 수평선을 그려서 (5)의 평행선과의 교점을 D라고 한다.

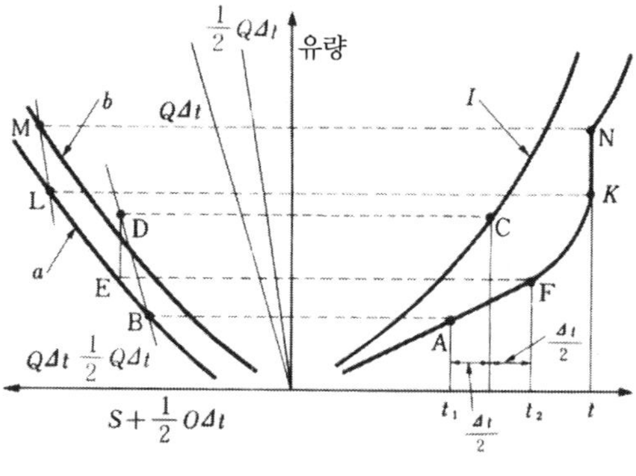

[그림 12–6] 홍수조절지의 도해법

(7) D점을 통하는 연직선을 그려서 a 곡선과의 교점을 E라고 한다.

(8) E점에서 수평선을 그려서 $t + \Delta t$ 점에서 시간축에 수직으로 세운 직선과의 교점을 F라고 한다.

이상과 같은 순서로 F점을 구하면 F점의 유량이 $t + \Delta t$ 시각의 유출량이다. 이와 같은 방법을 되풀이하면 각 시각의 유출량을 구할 수 있다. 다음에는 유출량을 수문조작으로 조절하는 경우는 다음과 같이 한다.

(1) 수문을 조작하여 유출시킬 때는 orifice 유출인 경우가 많으므로 자유월류 때와는 달리 O와 H의 관계곡선이 달라진다. $O \sim H$ 곡선과 $S \sim H$ 곡선, O와 $S + \frac{1}{2} O \, \Delta t$와의 새로운 곡선 b를 그린다.

(2) Q와 $\frac{1}{2} Q \, \Delta t$의 관계 곡선을 그린다.

(3) K점에서 수평선을 그려서 a 곡선과의 교점을 L이라고 한다.

(4) L점에서 $\frac{1}{2} Q \, \Delta t$선에 나란한 선을 그려서 b 곡선과의 교점을 M이라고 한다.

(5) M점에서 수평선을 그려서 $t = t_n$인 수직선과의 교점을 N이라고 한다.

N점이 구해지면, 다음은 b 곡선을 사용하여 A점에서 F점을 구한 방법으로 작도를 하면 된다.

12.4 단파

12.4.1 단파의 특성

일정한 유량이 흐르는 하천에 있어서 상류의 댐이 파괴되든가, 또는 수문을 일시에 개방하면 저수지의 많은 물이 일시에 하천 하류로 유하하게 되는데, 그 전면에 있어서의 수면은 급경사를 이루고 하류로 진행하게 된다. 이것을 단파(hydraulic bore)라고 하는데, 단파는 그 발생기구에 따라서 네 가지가 있다.

그림 12-7의 (a)는 상류의 유량이 급증하여 이것이 하류로 전달되는 경우이고, 그림 (b)는 상류의 유량이 급감하여 이 유량감소상태가 하류로 전달되는 경우이다. 이 두 가지 경우는 모두 단파가 ω인 파속으로 하류로 전파된다. 그림 (c)는 하류에 있는 수문을 갑자기 열어서 유량이 급증함으로써 수심이 급감되는 상태가 상류로 전파되는 경우이고, (d)는 처음 수심 h_0, 유속 V_0로 흐르는 것을 하류의 수문을 갑자기 막아서 수류를 차단하는 경우이며 수심이 급증하는 상태가 상류로 전파되는 경우이다.

이들 4가지 중에서 처음의 수심 h_0가 변화 후의 수심 h_1보다 작은 경우 그림 (a), (d)같이 수면의 불연속면이 그대로 유지되지만, 그림 (b), (c)와 같이 $h_0 > h_1$인 경우는 수면의 불연속면은 점차적

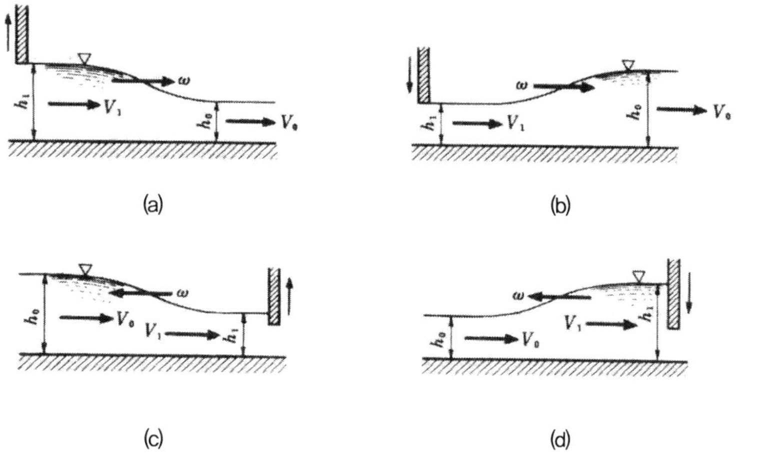

[그림 12-7] 단파의 4가지 형태

으로 완화되어 연속적인 수면으로 이행한다. 전자는 단파가 수심이 큰 수역에서 수심이 낮은 수역으로 전파되는 소위 전진파면을 가진 단파이며 이것을 정의 단파라고 하고, 그림 (b), (c)와 같이 수심이 얕은 수역에서 수심이 깊은 수역으로 전파되는 소위 후진파면을 가진 단파를 부의 단파라고 한다.

12.4.2 단파의 전파속도

단파가 진행함에 따라서 그 파형이 변하지 않는다고 하면 단파의 전파 속도로서 움직이는 좌표계에서 관측하면 단파는 정지상태에 있고, 이때의 현상은 정상적이라고 할 수 있으므로 개수로의 도수와 같은 해석방법을 적용할 수 있다.

그림 12-8과 같이 균일한 단면을 가진 수로의 단파를 생각하고, 그 전파속도를 ω, 단파가 도달하기 전의 단면적, 유속, 유량 및 수심을 각각 A_0, V_0, Q_0, h_0라고 하고, 단파에 대한 이들의 양을

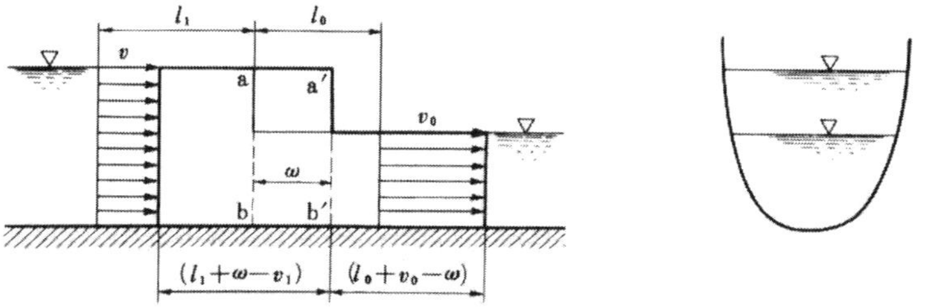

[그림 12-8]

A_1, V_1, Q_1, h_1이라고 한다. 이 경우의 연속방정식과 운동방정식을 구하기 위하여 단파의 불연속파면에서 상하류에 각각 l_1 및 l_0의 거리에 있는 단면을 생각한다.

처음에 파면이 ab에 있었으나 단위시간 후에는 a′b′로 이동한 것이라고 하면

$$A_1 l_1 + A_0 l_0 = A_1 (l_1 + \omega - V_1) + A_0(l_0 + V_0 - \omega)$$

$$\therefore\ A_1(\omega - V_1) = A_0(\omega - V_0) = Q \tag{12-29}$$

식 (12–29)가 이 경우의 연속방정식이다.

다음에 연속방정식은 운동량의 변화가 양단에 작용하는 수압과 같다는 조건에서 구할 수 있다.

$$\rho g h_{G1} A_1 - \rho g h_{G0} A_0 = \rho[A_1 (l_1 + \omega - V_1)V_1 + A_0(l_0 + V_0 - \omega)V_0] - \rho[A_1 l_1 V_1 + A_0 l_0 V_0]$$

$$A_0(\omega - V_0)(V_1 - V_0) = g[h_{G1} A_1 - g h_{G0} A_0] \tag{12-30}$$

식 (12–30)이 이 경우의 운동량방정식이다.

단파의 전파속도는 식 (12–29)에서 구할 수 있다.

$$\omega = \frac{(A_1 V_1 - A_0 V_0)}{A_1 - A_0} \tag{12-31}$$

지금 직사각형의 수로에 대해서 생각하면 식 (12–29)는 $A = bh$에서

$$h_1(\omega - V_1) = h_0(\omega - V_0) = q \tag{12-32}$$

식 (12–31)은

$$h_0(\omega - V_0)(V_1 - V_2) = g\frac{1}{2}(h_1^2 - h_0^2) \tag{12-33}$$

따라서 전파속도는 다음과 같다.

$$\omega = \frac{h_1 V_1 - h_0 V_0}{h_1 - h_0} = \frac{q_1 - q_2}{h_1 - h_0} \tag{12-34}$$

식 (12–32)와 식 (12–33)에서 V_1을 소거하면

$$\omega = V_1 \pm \sqrt{g h_0}\left[\frac{1}{2}\frac{h_1}{h_0}\left(\frac{h_1}{h_0} - 1\right)\right]^{1/2} \tag{12-35}$$

식 (12–35)에 있어서 ±의 부호 중에서 (+)의 경우가 흐름방향으로 전파 하는 단파를 표시하고, (−)의 경우는 단파가 흐름의 반대방향으로 전파하는 단파를 표시한다.

식 (12–34), 식 (12–35)에서 유량의 급변에 의해서 발생하는 단파의 파고 $(h_1 - h_0)$ 또는 전파속

도 ω를 구할 수 있다.

12.5 감조하천

12.5.1 감조하천의 수리특성

하천수가 바다로 유입하는 하구부에 있어서는 하천의 수심, 유속, 유량 등은 해면에 따라서 변화하게 된다. 특히 간만의 차가 큰 바다에 유입하는 하천일수록 해면의 영향을 많이 받는다. 그리고 하천의 수면경사가 작을수록 해면변동의 영향을 하천의 상류까지 받게 된다.

그림 12-9와 같이 하천의 수심, 유속 등은 해면의 영향을 받게 되는데, 하천의 상류의 한 점 C보다 상류의 하천수는 해면의 영향을 받지 않는다. 이와 같이 해면의 영향을 받는 구간 L_C 부분을 감조부라고 한다.

일반적으로는 해수의 비중이 하천수의 비중보다 크므로 하천수는 해수의 윗 부분을 떠서 바다로 유입하게 된다. 즉, **그림 12-10**과 같이 하천수는 하구의 유수단면의 일부분에서 흐르고 하천수의 아래 부분은 밀도가 큰 해수가 그림처럼 하천의 바닥에 연해서 역류하게 된다. 이와 같은 쐐기

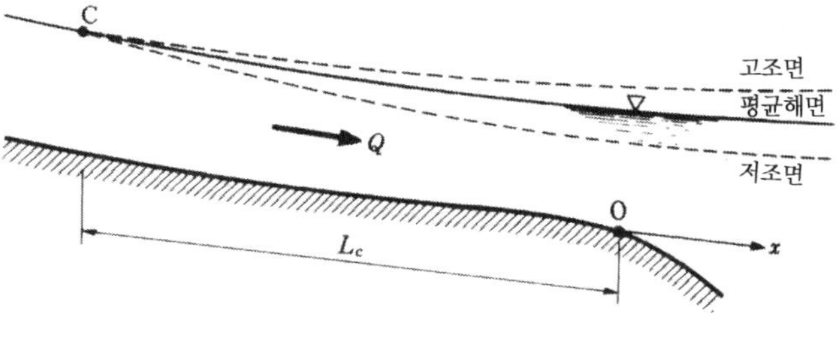

[그림 12-9] 감조하천의 수면

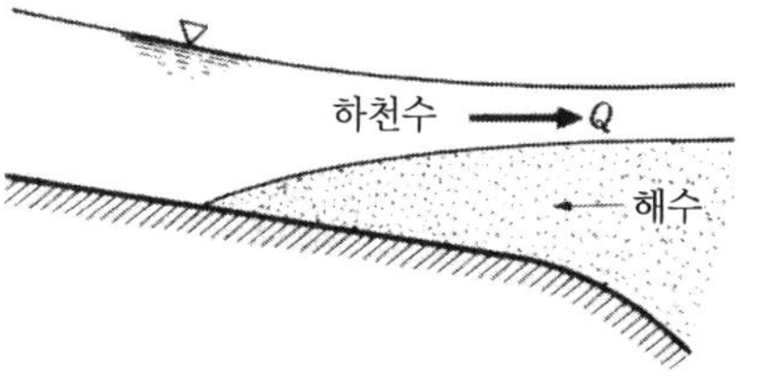

[그림 12-10] 염수쐐기

모양의 해수의 역류부분을 염수쐐기(salt wedge)라고 한다.

일반하천에 있어서는 하수의 유속이 비교적 작고 하천의 교란이 작을 때 염수쐐기가 생기고, 하천수의 유속이 크고 파랑 등에 의한 교란이 크면 해수와 하천수는 완전 혼합되어 염수쐐기는 생기지 않는다. 이하의 이론적 취급에 있어서는 하구에 염수쐐기가 생기지 않고 해수와 하수가 완전 혼합하여 바다로 유입하는 경우를 생각한다.

12.5.2 감조하천의 기본방정식

감조하천에 대해서도 일반적인 비정상류의 기본식 (12–5)를 적용할 수 있고 이 경우의 연속방정식도 식 (12–1) 또는 (12–2)를 적용할 수 있다. 이들 식에 있어서 x는 하류방향으로 (+)로 취한 것이다.

식 (12–5)에 있어서 $\sin\theta = i_0$로 놓으면 다음과 같이 쓸 수 있다.

$$\frac{1}{g}\frac{\partial V}{\partial t} + \frac{V}{g}\frac{\partial V}{\partial x} + \frac{\partial h}{\partial x} - i_0 + \frac{n^2 V^2}{R^{4/3}} = 0 \tag{12-36}$$

이에 대한 연속방정식은

$$\frac{\partial A}{\partial t} + \frac{\partial Q}{\partial x} = 0 \tag{12-1}$$

지금 기준면으로부터 수면까지의 높이, 즉 수위를 Z라고 하면 **그림 12–11**을 참조하여

$$i_0 = \sin\theta = \frac{-\Delta z}{\Delta x}$$

$$\frac{\partial h}{\partial t} - \left(-\frac{\Delta z}{\Delta x}\right) = \frac{\partial}{\partial x}(h+z) = \frac{\partial Z}{\partial x}$$

따라서 식 (12–34)를 다음과 같이 쓸 수 있다.

$$\frac{\partial V}{g\partial t} + \frac{V}{g}\frac{\partial V}{\partial x} + \frac{\partial Z}{\partial x} + \frac{n^2 V^2}{R^{4/3}} = 0 \tag{12-37}$$

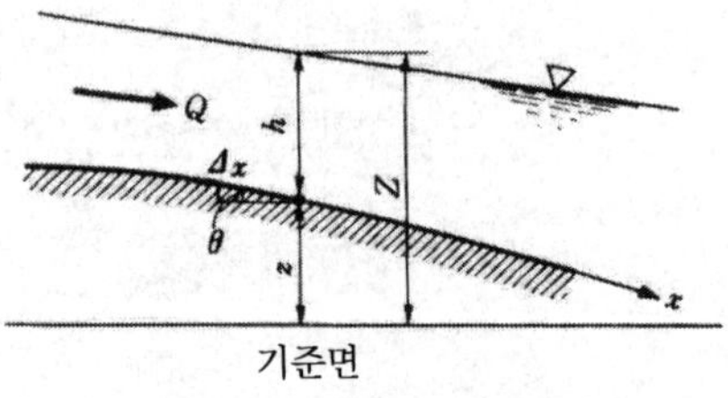

[그림 12–11]

B를 수위 Z때의 수면폭 이라고 하면 $\Delta A = B\Delta Z$이므로 연속방정식을 다음과 같이 고쳐 쓸 수 있다.

$$\frac{\partial Z}{\partial t} B + \frac{\partial Q}{\partial x} = 0$$

$$\frac{\partial Z}{\partial t} + \frac{\partial Q}{B \partial x} = 0 \tag{12-38}$$

식 (12-37)에는 하천유속의 시간적 변화와 각 위치에 있어서의 유량, 유속과 수위변화가 포함되어 있으므로 이 식을 풀면 이들의 미지수를 구할 수 있다.

이 식들은 전자계산기에 의해서 계산할 수 있으나 이때의 경계조건은 다음과 같다.

$$\left.\begin{array}{l} \text{하구}(x = 0\text{점})\text{에 있어서 } Z = f(t) \\ \text{감조부의 상류 끝단에 있어서 } Q = Q_0 \end{array}\right\} \tag{12-39}$$

즉, 하구에 있어서의 조위곡선과 상류에 있어서의 감조부에 유입하는 하천고유유량이 주어져야 한다.

참고문헌

[1] 林奉造 : *Mathematical Study of the Motion of Intumescences in Open Channel* 日本土木學會論文集, 11號, 1951.

[2] V.T. Chow : *Open Channel Hydraulies*, p. 587, McGraw Hill, 1982.

[3] J.J. Stoker : *Water Waves, Inter science Publisher*, p. 333, 1957.

[4] H.J. Putman : *Unsteady flow in Open Channel*, Tran. AGU, Vol. 29, no. 2, April, 1948.

[5] P.V. Lin : *Numerical Anlysis of Continuous Unsteady flow in Open Channels*, Trans. AGU, Vol. 33 no.2, April, 1952.

[6] 本間·安藝, 共編 : 物部水理, p. 633, 岩波書店, 東京, 1962.

[7] H.M. Cheng : *A graphical solution for flood routing problems*, Civil Engineering, Vol. 16, 1946.

제13장

토사의 소류와 부유

자연하천에 있어서는 물의 흐름에 따라서 어떤 형식으로 유입된 토사 또는 하상에 있던 토사가 물과 함께 하류로 유송된다. 상류에서 유송된 토사가 일정한 장소에서 퇴적되는 경우도 있고, 하상에 있던 토사를 유송함으로써 하상이 세굴되는 경우도 있다. 특히 홍수 때는 아주 가는 토사가 하천 물에 떠서 하구를 통해 바다로 방류되는 경우도 있다.

이와 같이 하천을 통해서 토사가 하천하류부 또는 바다로 유출되는데, 하천수에 의해서 운반되는 토사를 유사(transport of sediment)라고 한다. 앞 장에서 논한 여러 가지의 수리학적 문제는 주로 물에 대한 것이었으나, 본장에 있어서는 물과 토사의 상호작용에 대해서 논하기로 한다.

13.1 유사

13.1.1 유사의 수리학적 특성

토사의 방류, 퇴적 등의 현상은 수리학적 조건의 지배를 받지만 토사 자체에도 관계가 있다. 토사의 특성으로서는 흙 입자의 하나하나의 특성과 집단적인 특성을 생각할 수 있다. 하나하나 입자의 특성은 입자의 크기, 형상 및 비중 등을 생각할 수 있고, 집단적인 특성으로서는 입도분포곡선을 생각할 수 있다. 유사문제에 관한 이론에 있어서는 입자의 형상은 고려하지 않고 입자의 크기와 비중만을 고려하고, 집단적인 특성으로서는 입도분포곡선에 있어서 적당한 대표치를 사용하게 된다.

일반적으로 토사의 입도분포는 **그림 13-1**과 같은 입도가적곡선으로 표시하는 경우가 많다. 그림에 있어서 d는 입자의 지름 또는 채구멍의 크기이고 p는 채를 통과한 토사중량의 전시료의 중량에 대한 백분율이다. 이 곡선에 있어서 $p = 50\%$에 대응하는 입경 d_{50}을 중앙입경, $p = 10\%$에 대응하는

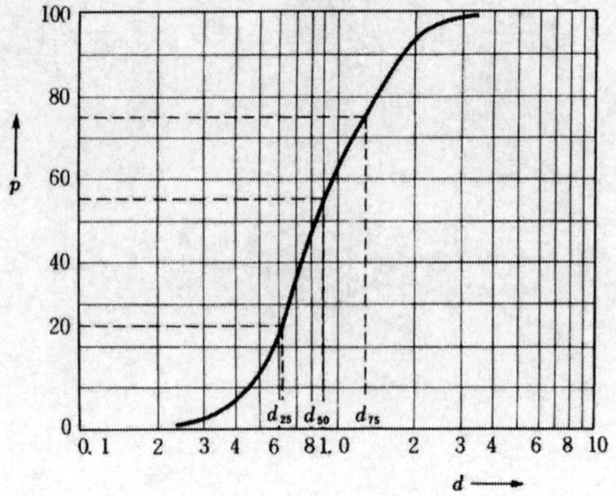

[그림 13-1] 토사의 입도분포곡선

입경 d_{10}을 유효입경이라고 한다. 이 외에 유사문제에 있어서는 입도분포곡선을 대표하는 다음과 같은 몇 가지 입경을 사용한다.

$$d_m = \sum_{p=0}^{p=100} \Delta pd \,/ \sum_{p=0}^{p=100} \Delta p \tag{13-1}$$

$$M = \sum_{p=0}^{p=50} \Delta pd \,/ \sum_{p=50}^{p=100} \Delta pd \tag{13-2}$$

$$\lambda = \sum_{p=0}^{p=pm} \Delta pd \,/ \sum_{p=pm}^{p=100} \Delta pd \tag{13-3}$$

$$\beta = (2 + M) \,/\, (1 + 2M) \tag{13-4}$$

여기서 d_m을 평균입경, M을 Kramer의 균등비라고 하고, p_m은 d_m에 대한 백분율이다.

13.1.2 토사의 유송형식과 기구

수류에 의해서 토사가 유송되는 경우 그 운동형식은 소류에 의한 것과 부유에 의한 것이 있다. 전자는 입자가 하상을 전동, 활동 또는 도약하면서 이동하는 형식이고, 후자는 수류의 난류작용에 의해서 입자가 물속에 떠서 물과 함께 유송되는 형식이다. 전자를 소류사, 후자를 부유사라고 한다.

그림 13-2는 하상 부근의 유속분포와 유선 그리고 토사를 그린 것이다. 유선이 그림과 같이 위로 구부러진 경우는 입자에는 항력 D와 양력 L이 작용할 것이다. 그리고 하상 부근의 난류 때문에 이 항력과 양력은 변동한다. 이와 같은 항력과 양력이 모래 입자의 이동에 어떻게 작용하는가를 생각해 보기로 한다.

어떤 입자에 작용하는 항력과 양력 합력의 인접한 입자와의 접촉점에 대한 모멘트가 이 점에 대한 입자 무게의 모멘트보다 크면 움직이기 시작하고 안정상태로 될 때까지 이동한다. 일반적으로

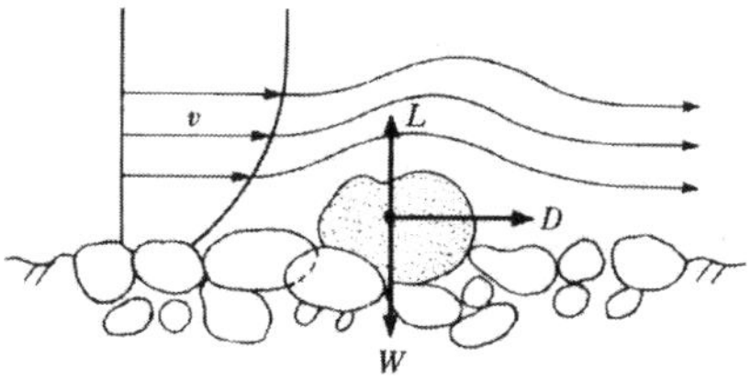

[그림 13-2]

입자에 양력이 작용하면 입자는 떠오르고 다음 순간에 양력과 자중의 평형에 따라서 다시 하상으로 가라앉는다. 그러나 일단 떠오른 입자는 난류에 의해서 하상 부근을 계속적으로 떠서 유송되는 경우도 있다. 이와 같은 형식을 도약이라고 한다. 이 이외에 입자는 하상을 굴러서 유송되는 형식이 있고 또는 하상을 활동하여 유송되는 형식도 있다. 이들 형식 중에서 어느 형식에 의해서 입자가 유송되는가는 명백하지는 않다.

따라서 유사론에 있어서는 하상 부근을 이동하는 입자를 소류사(bed load), 수중에 떠서 유송되는 입자를 부유사(suspended load)라고 하여 크게 두 가지로 나누어서 생각하는 것이 보통이다. 유사문제는 하상토사의 복잡성과 수류 자체의 다양성 때문에 이론적으로 취급하는 것은 매우 어렵다.

13.2 한계소류력

13.2.1 유수의 소류력

그림 13-3과 같은 등류수로를 생각하여 유수단면적을 A, 수로의 경사각을 θ 그리고 l 구간을 생각하고 이 구간 물의 무게를 W, 윤변을 S, 윤변에 작용하는 마찰력 τ_0라고 하면 다음 식이 성립된다.

$$\tau_0\, lS = W \sin\theta = wl\, A \sin\theta$$

여기서 $\sin\theta = I$, $\dfrac{A}{S} = R$로 놓으면 위 식은 다음과 같이 쓸 수 있다.

$$\tau_0 = wRI \tag{13-5}$$

이 식의 τ_0는 유수가 수로의 윤변에 작용하는 단위면적당의 마찰력이며, 이것을 유수의 소류력(tractive force)이라고 한다. 마찰속도를 U_*라고 하면, $U_* = \sqrt{\dfrac{\tau_0}{\rho}}$ 에서

$$U_* = \sqrt{gRI} \tag{13-6}$$

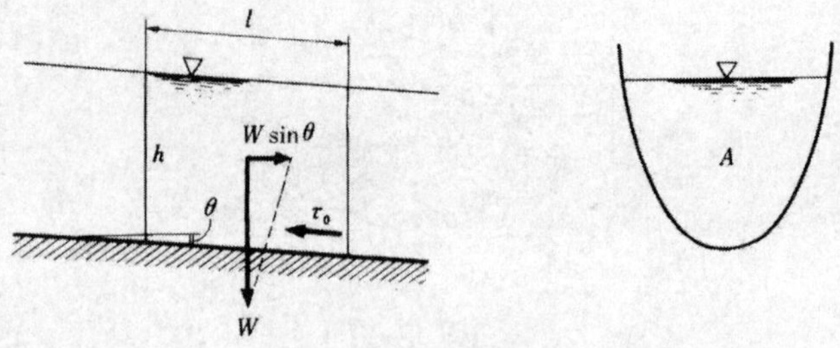

[그림 13-3] 소류력

흐름이 등류가 아닌 경우는 식 (13-5)의 I 대신 에너지경사를 사용하면 이 식을 사용할 수 있다.

13.2.2 한계소류력

수로의 윤변에 작용하는 유수의 소류력은 물의 점성 때문에 생기는 흐름방향의 전단력이며, 이것이 수로윤변의 저항력보다 크면 토사는 움직이게 된다. 하상토사가 움직이기 시작할 때의 소류력을 한계소류력(critical tractive force)이라고 한다. 한계소류력은 하상토사의 크기, 비중 및 혼합상태에 따라서 다르다.

한계소류력에 대해서는 많은 사람들의 연구가 있으나 이론적인 연구보다는 실험적 연구가 많다. 그러나 하천토사의 성질의 다양성과 실험 방법의 복합성 때문에 보편적인 실험공식은 극히 적다. 다음에 몇 가지 실험 공식을 열거하기로 한다.

(1) Shields 공식

Shields는 토사와 수리량과 한계소류력 사이의 무차원함수 관계를 유도 하여 소위 Shields 곡선을 제안하였다[1]. 이 무차원 함수 관계식이 많은 사람들에 의한 실험치와 비교적 잘 맞는다고 한다. 그러나 Shields 공식은 하상토사의 입경이 균일한 경우에 대한 것이며, 혼합입경에 대해서는 아직 연구가 완전히 되어 있지 않다.

그림 13-4와 같이 하상에 있는 지름 d의 하나의 토사입자를 생각하여 이 입자에 작용하는 수류의 힘을 D, 입자의 수중무게를 W, 입자의 저항력을 F, 그리고 토사입자 부근의 대표유속을 v라고 하고, 흐름방향의 입자의 투영면적을 $a_1 d^2$이라고 하면 입자에 작용하는 유수의 저항력은 다음과 같이 표시할 수 있다.

$$D = C_D a_1 d^2 \frac{\rho v^2}{2}$$

여기서 a_1은 입자의 형상을 나타내는 계수이고, C_D는 항력계수이며, 이것은 Reynolds 수의 함수

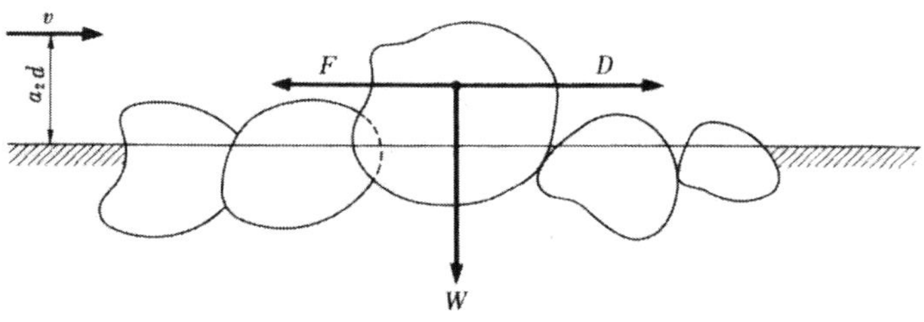

[그림 13-4]

이다. 따라서

$$D = \phi_1\left(a_1 \frac{vd}{\nu}\right)\rho v^2 d^2 \tag{13-7}$$

이고, v는 평균하상에서 입경에 비례하는 거리 $y = a_2 d$ 점의 유속이라고 하면 식 (4-59)에서 다음과 같이 쓸 수 있다.

$$v = U_* \phi_2\left(a_2,\ \frac{U_* d}{\nu}\right)$$

$U_* = \sqrt{\tau_0/\rho}$를 고려하면 결국 식 (13-7)은 다음과 같다.

$$D = \tau_0 d^2 \phi_3\left(a_1 a_2\ \frac{U_* d}{\nu}\right) \tag{13-8}$$

다음에 입자의 저항력 F는 입자의 밀도를 ρ_s, 체적을 $a_3 d^3$, 마찰계수를 μ라고 하면

$$F = \mu(\rho_s - \rho)ga_3 d^3 = a_4(\rho_s - \rho)gd^3 \tag{13-9}$$

하상의 입자가 움직이기 위해서는 $D > F$의 조건을 만족해야 하고, 입자가 움직이기 시작하는 한계조건은 $D = F$이다. 따라서 한계소류력을 τ_C, 한계마찰속도를 U_{*C}라고 하면

$$\tau_C d^2 \phi_3\left(a_1, a_2,\ \frac{U_{*C} d}{\nu}\right) = a_4(\rho_s - \rho)gd^3 \tag{13-10}$$

위 식에 있어서 a_1, a_2 및 a_3은 상류이므로 결국 τ_C 또는 U_{*C}는 한계입경 Reynolds 수 $U_{*C} \cdot d/\nu$의 함수이다.

식 (13-10)을 정리하면

$$\frac{U^2_{*C}}{\frac{1}{\rho}(\rho_s - \rho)gd} = \frac{\tau_C}{(\rho_s - \rho)gd} = \phi\left(\frac{U_{*C} d}{\nu}\right) \tag{13-11}$$

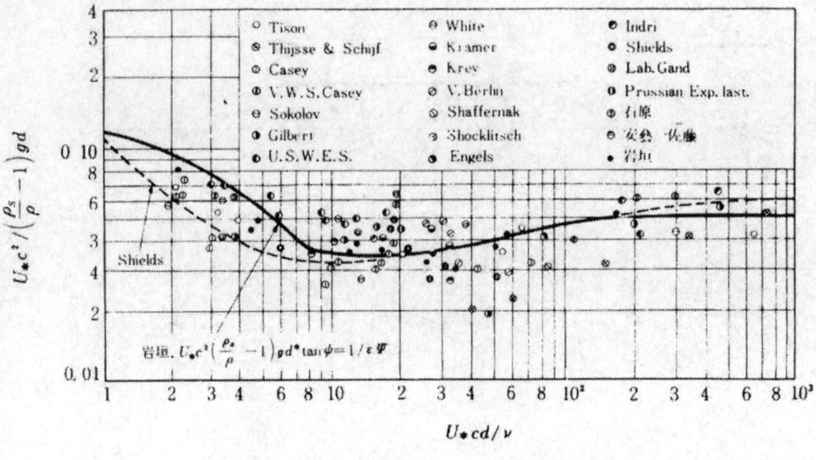

[그림 13-5] Shields 곡선

식 (13-11)이 한계소류력과 토사입경과의 관계를 나타내는 Shields의 일반식이다. 이 식에 있어서 $\frac{U_* d}{\nu}$ 는 입경 Reynolds 수이고, 좌변은 한계수류력의 무차원수이다.

식 (13-11)의 함수 ϕ는 실험에서 결정하는 계수이며, 여러 사람들의 실험자료에서 결정하였다. Shields는 자신의 실험치와 여러 사람들의 실험자료에서 **그림 13-5**와 같은 실험곡선을 제안하였다.

이 실험곡선에 의하면 입경 Reynolds 수가 크면 한계소류력은 일정한 값으로 접근하게 되고 전체적인 평균치로서 다음 식으로 표시할 수 있다.

$$\frac{\tau_C}{(\rho_s - \rho)gd} = 0.05 \tag{13-12}$$

식 (13-12)는 균일입경에 대한 한계소류력의 대략 치를 계산하는 데 사용 할 수 있다.

(2) 이와가끼(岩垣) 공식[2]

이와가끼는 식 (13-11) $U_{*C}^2 / \left(\frac{\rho_s}{\rho} - 1\right) gd$를 $R_* = \left[\frac{1}{\rho}(\rho_s - \rho)gd^3/\nu\right]^{1/2}$의 함수로 표시한 다음과 같은 식을 제안하였다.

$$R_* \geqq 671, \quad U_{*C}^2 = 0.05\left[\left(\frac{\rho_s}{\rho} - 1\right)\right]gd$$

$$167.7 \leq R_* \leq 671, \quad U_{*C}^2 = \left\{0.01505\left(\frac{\rho_s}{\rho} - 1\right)g\right\}^{25/22} \nu^{-3/11} d^{31/22}$$

$$54.2 \leq R_* \leq 162.7, \quad U_{*C}^2 = 0.034\left(\frac{\rho_s}{\rho} - 1\right)gd \tag{13-13}$$

$$2.14 \leq R_* \leq 54.2, \quad U_{*C}^2 = \left\{0.1235\left(\frac{\rho_s}{\rho} - 1\right)g\right\}^{25/32} \nu^{7/16} d^{21/32}$$

$$R_* \leq 2.14, \quad U^2_{*C} = 0.14\left(\frac{\rho_s}{\rho} - 1\right)gd$$

식 (13-13)에 있어서 $\rho_s/\rho = 2.65$, $\nu = 0.01\ \text{cm}^2/\text{sec}$, $g = 980\ \text{cm/sec}^2$으로 놓으면 다음과 같이 쓸 수 있다.

$$\begin{aligned} d \geq 0.303\ \text{cm}, &\quad U^2_{*C} = 80.9\,d \\ 0.188 \leq d \leq 0.303\ \text{cm}, &\quad U^2_{*C} = 134.6\,d^{31/22} \\ 0.0565 \leq d \leq 0.118\ \text{cm}, &\quad U^2_{*C} = 55.0\,d \\ 0.0065 \leq d \leq 0.0565\ \text{cm}, &\quad U^2_{*C} = 8.41\,d^{11/32} \\ d \leq 0.0065\ \text{cm}, &\quad U^2_{*C} = 226\,d \end{aligned} \tag{13-14}$$

이와가끼의 공식은 균일입경 토사에 대한 실험식이다.

(3) 구리하라(栗原) 공식[3]

식 (13-11)은 양변에 τ_C가 포함되어 있어서 계산이 복잡하므로 구리하라는 이 식을 사용하기 쉽게 고쳐서 혼합입경에도 사용할 수 있는 다음의 실험식을 제안하였다.

$$\frac{\tau_C}{\beta(\rho_s - \rho)gd} = \frac{U^2_{*C}}{\dfrac{1}{\rho}(\rho_s - \rho)\beta gd} = \phi\left(\frac{U_{*C}}{\beta\nu}d\right) = \phi'(X) \tag{13-15}$$

로 놓고, $\phi(X)$를 다음과 같이 표시하였다.

$$\begin{aligned} \log_{10} X < -1.0, &\quad \phi'(X) = -0.047\log_{10} X - 0.023 \\ -1.0 < \log_{10} X < -0.6, &\quad \phi'(X) = 0.01\log_{10} X + 0.034 \\ -0.6 < \log_{10} X, &\quad \phi'(X) = 0.0517\log_{10} X + 0.057 \end{aligned} \tag{13-16}$$

$$X \fallingdotseq \left\{\frac{(\rho_s - \rho)}{\beta\rho}\right\}^{1/3} d_m$$

이고, β는 식 (13-4)와 같다. 식 (13-16)에 있어서 $X = \left(\dfrac{\rho_s - \rho}{\rho}\right)^{1/2} d_m$을 사용할 때는 X가 무차원량이 아니고, d_m은 cm의 단위를 사용한다.

(4) 안-고공식

Shields 곡선은 균일입경토사에 대한 식이므로 이 것을 혼합입경토사에 적용하려면 입도분포곡선을 대표할 수 있는 대표입경을 균일입경 대신 사용해야 한다. 혼합입경토사의 대표치로서는 앞에서 설명한 d_{50}, d_m, M, λ 및 β 등을 열거할 수 있으나 이들의 대표치가 과연 하상토사가 유수에 의해서 시동할 때의 토사의 특성을 나타낼 수 있을 것인가 하는 것이 문제이다.

안-고는 혼합입경토사에 대한 그들의 실험치를 해석한 바, 이들의 대표치를 사용한 실험치는 균일입경 토사에 대한 Shields 곡선에 맞지 않는다는 것을 확인하고, 상술한 대표치 이외에 새로운 대표치를 사용하였다. 그리고 Shields 곡선에 있어서 입경 Reynolds 수와 한계소류력의 무차원수에 d_{50}을 사용하는 경우는 이에 보정계수을 곱해야 한다는 것을 제안하였다[4], [5].

일반적으로 하상토사가 움직이기 시작할 때의 조건을 정확하게 판정하는 일은 매우 어렵다. 특히 혼합입경의 토사의 경우는 움직이기 시작하는 입경과 움직이기 시작할 때의 입자수의 판정에 따라서 한계소류력이 달라진다.

이와 같은 판정규준은 여러 사람에 의해서 제안되고 있으나 여기서는 다음과 같은 시동조건 하에서 한계소류력을 구하였다.

① 혼합입경 토사 중에서 아주 가는 입자가 움직일 때
② 하상 표면에 있는 중 정도의 입경을 가진 토사가 다수 움직이기 시작할 때
③ 하상 표면에 있는 중 정도의 입경의 토사가 전하상에 걸쳐서 다수 움직이기 시작할 때

의 조건에서 한계소류력을 구하였다.

실험에서 구한 소류력과 소류사량을 **그림 13-6**과 같이 그린다. 위에서 설명한 3가지의 시동조건에 대한 유사량과 소류력의 관계곡선을 그려서 그 곡선을 연장하여야 $q_B = 0$의 점을 구하면 이것이 한계소류력 $U_{*}{}^{2}{}_{C}/(\rho_s/\rho - 1)gd_R$이다.

이때 사용한 혼합입경의 대표치는 무차원 입도곡선에서 구한 대표입경 d_R이다. 즉, Yalin이 제안한[6] **그림 13-7**과 같은 무차원 곡선에 있어서 입도곡선과 대각선 ab와의 교점의 입경을 대표치로 사용한 것이다. 이와 같은 입도곡선의 대표치는 입자가 시동할 때의 하상을 표현하는 데 가장 적합하다고 인정된다.

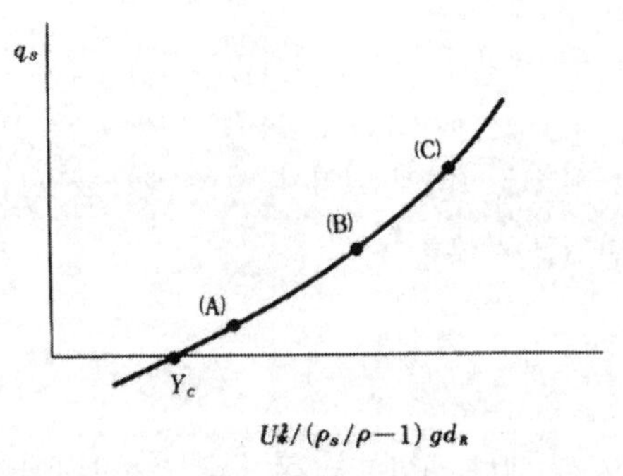

[그림 13-6] 한계소류력의 결정법

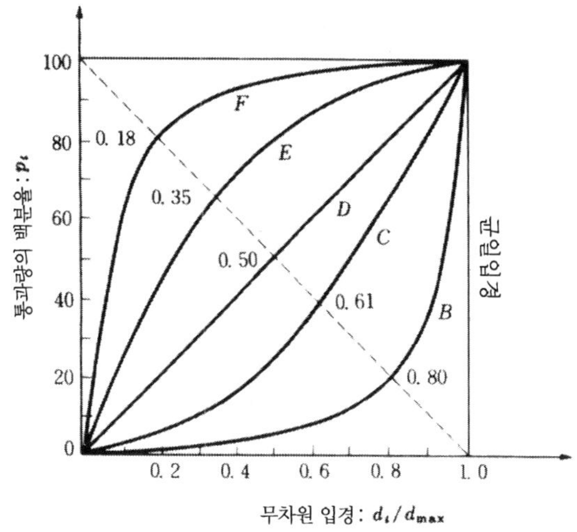

[그림 13-7] 무차원 입도곡선과 대표치 d_R

이상 설명한 입도곡선의 대표치를 사용하면 Shields 곡선은 다음과 같이 쓸 수 있다.

$$\frac{\tau_C}{(\rho_s-\rho)gd_R}=\phi\left(\frac{U_*cd_R}{\nu}\right) \tag{13-17}$$

그림 13-8에 식 (13-17)의 실험치가 기입되어 있다.

입경 Reynolds 수와 무차원 한계소류력에 혼합입경의 대표치로 d_{50}을 사용하는 경우는 무차원 한계소류력을 보정하면 d_R을 사용한 것과 같은 결과를 얻을 수 있다. 즉, 식 (13-11)을 다음 식과 같이 보정한다.

$$\frac{\tau_C}{(\rho_s-\rho)gd_{50}\varepsilon_R}=\phi\left(\frac{U_*cd_{50}}{\nu}\right) \tag{13-18}$$

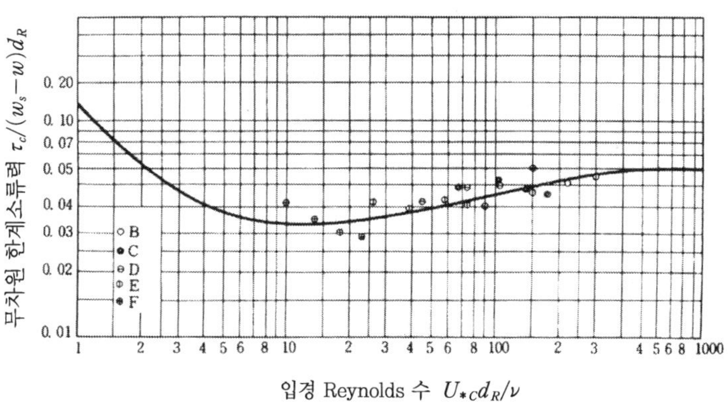

[그림 13-8] Shields 곡선

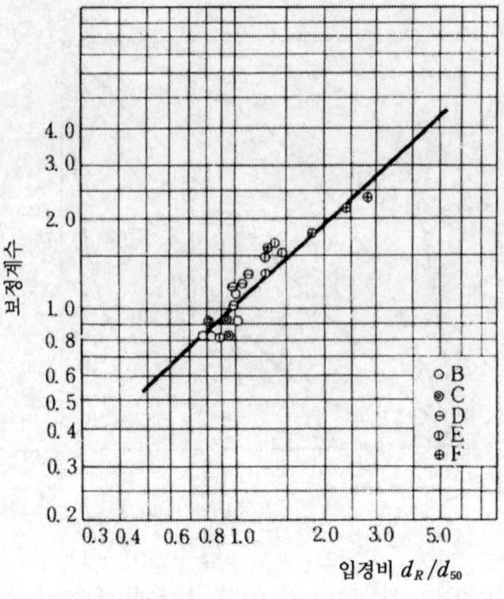

[그림 13-9] 보정계수의 실험치

여기서 ε_R은 무차원 한계소류력에 대한 보정계수이다. ε_R과 d_R/d_{50}의 관계는 **그림 13-9**와 같이 대략 직선적으로 변화하고 다음과 같이 표시할 수 있다.

$$\varepsilon_R = \left(\frac{d_R}{d_{50}}\right)^{0.92} \tag{13-19}$$

실험치를 d_{50}을 사용한 입경 Reynolds 수에 대해서 ε_R로 보정한 무차원 한계소류력을 그리면 **그림 13-10**과 같다. **그림 13-8**과 **그림 13-10**의 실험곡선에 의하면 입경 Reynolds 수가 커지면 무차원 한계소류력은 대략 일정한 값으로 접근하게 되고, 전체적인 평균치로서 다음 식으로 표시할 수 있다.

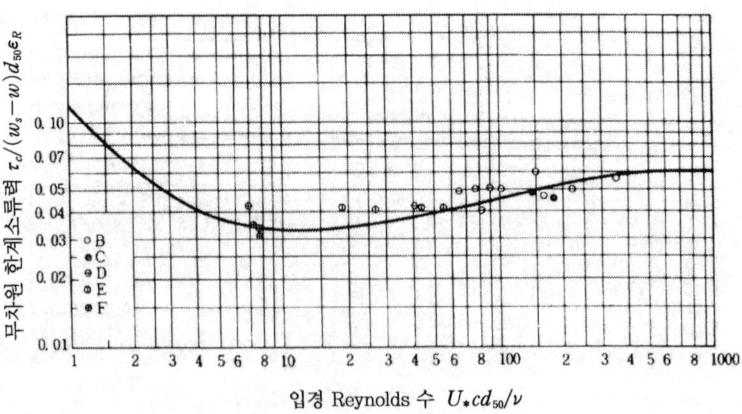

[그림 13-10] Shields 곡선

$$\frac{\tau_C}{(\rho_s - \rho)gd_R} = 0.05 \tag{13-20}$$

또는

$$\frac{\tau_C}{(\rho_s - \rho)gd_{50}\varepsilon_R} = 0.05 \tag{13-21}$$

계산예 13-1

경사 1/1000의 수로를 수심 3 m의 등류가 흐를 때, 이 수로의 소류력과 마찰속도를 계산하여라. 단, 수심에 비해서 수로폭이 매우 넓다고 한다.

【해】 식 (11-5)와 식 (11-6)에서

$$\tau_0 = wRI = whI = 1\ \text{gr/cm}^3 \times 300\ \text{cm} \times 0.01 = 0.3\ \text{gr/cm}^2 = 3\ \text{kg/m}^2$$

$$U_* = \sqrt{\frac{\tau_0}{\rho}} = \sqrt{\frac{g\tau_0}{w}} = \sqrt{\frac{980 \times 0.3}{1}} = 17.15\ \text{cm/s}$$

계산예 13-2

경사 1/2000의 폭이 넓은 하천 바닥에 평균입경 0.5 cm의 모래가 깔려 있다. 이 하천의 모래가 움직이기 시작하는 한계의 수심은 얼마인가?

【해】 $U_*c = g\,R_C\,I \fallingdotseq g\,h_C\,I$

(1) 암탄공식을 사용하면

$$U^2_{*C} = 80.9\,d = 80.9 \times 0.5 = 40.45\ \text{cm}$$

$$\therefore\ h_C = \frac{U^2_{*C}}{gI} = \frac{40.45}{980 \times 1/2000} = 82.55\ \text{cm/sec}$$

(2) Shields 공식

입경 Reynolds 수를 구하면 $\dfrac{U_{*C}d}{\nu} = \dfrac{40.45 \times 0.5}{0.01} = 2.02 \times 10^3$

따라서 Shields 곡선에서 $\dfrac{U^2{}_{*C}}{\left(\dfrac{\rho^s}{\rho} - 1\right)gd} = 0.05$

$\rho_s = 2.65$를 사용하면 $U^2_{*C} = 0.05 \times \left(\dfrac{\rho_s}{\rho} - 1\right)gd = 0.05 \times (1.62)980 \times 0.5 = 40.425$

$$\therefore\ h_C = \frac{U^2_{*C}}{gI} = \frac{40.425}{980 \times \dfrac{1}{2000}} = 82.5\ \text{cm}$$

13.3 이동하상의 형태

13.3.1 바닥형상의 변화

바닥이 평탄한 수로를 물이 흐를 때 유속이 점차적으로 빠르게 되면 바닥에 작용하는 유수의 마찰력이 한계소류력보다 크게 되어 바닥에 깔려 있는 토사는 움직이기 시작한다. 바닥의 토사가 움직이기 시작하면 바닥의 모래는 작은 파상으로 되고 이것이 계속되면 바닥 부근의 비교적 굵은 모래는 **그림 13-11**의 a 또는 b와 같이 바닥 부근을 움직이면서 하류로 운반되고 작은 입자의 모래는 c와 같이 물속으로 떠서 유송된다. 이와 같은 파상의 바닥을 사련(ripple)이라고 한다.

사련의 이동과 형상은 흐름의 Froude 수의 함수이고, Froude 수가 작은 범위에 있어서는 **그림 13-12** (a) 같이 하류 쪽의 경사가 급한 형상인 dune형이 되고, Froude 수가 1보다 크게 되면 일단 사련이 없어지고 평탄한 하상으로 변한다. 유속이 커져서 Froude 수가 더 크게 되면 그림 (b)와 같이 둥근 파상하상이 된다. 이때 생긴 파상하상은 상류로 향해서 움직이는 antidune형의 사련이 된다.

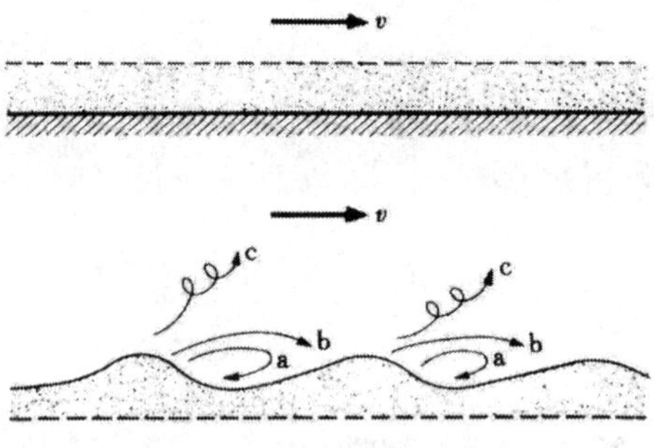

[그림 13-11] 하상토사의 운동

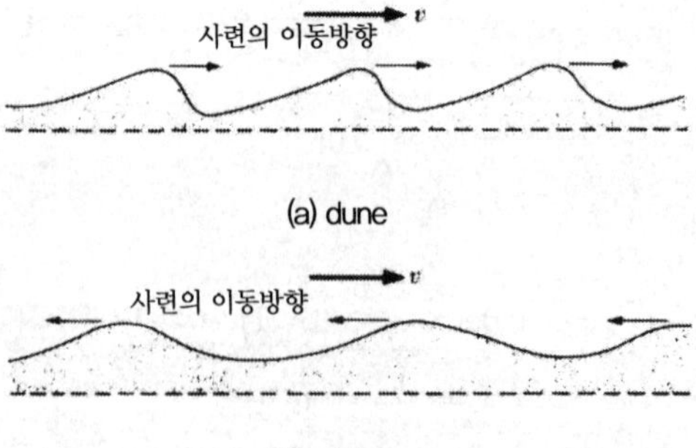

[그림 13-12] 사련의 이동

유속의 증가에 따라서 하상은 결국 ripple 또는 dune→flat bed→antidune의 순서로 변화하게 된다.

13.3.2 하상형태의 구분

각종 하상형태의 발생조건과 그 구분에 대해서는 실험적으로 그리고 이론적으로 많은 연구가 이루어졌다. 이들의 연구는 모두 수리량과 하상토사의 성질로서 표시되어 있다. 다음에 그 몇 가지에 대해서 논하기로 한다.

(1) Liu의 방법

Liu는 입경 Reynolds 수 $\frac{U_* d}{\nu}$ 와 $\frac{U_*}{V_s}$ 의 관계 도상에서 하상형태를 구분하고 있다[7]. 여기서

U_* : 마찰속도　　　　d : 입경

ν : 동점성계수　　　　V_s : 입자의 침강속도

이다.

Liu의 연구에 의하면 입경 Reynolds가 작은 범위 내에서는 유속이 Shields의 한계소류력에 해당하는 값을 넘어도 사련은 생기지 않으나 입경 Reynolds 수가 크게 되면 Shields의 한계소류력에 도

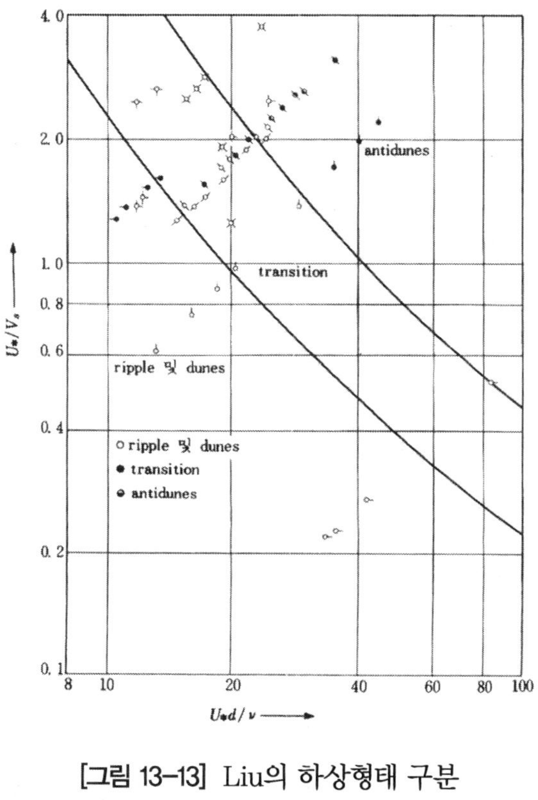

[그림 13-13] Liu의 하상형태 구분

달하면 사련이 생긴다고 한다. Liu의 하상형태구분은 **그림 13-13**과 같다.

(2) Garde 및 Raju의 방법

Garde와 Raju는 상대수심 R/d과 수면경사 $\frac{Iw}{\varDelta\gamma_s}$의 관계에서 하상형태를 구분하고 있다[8]. 여기서

I : 수면경사

$\varDelta\gamma_s$: 토사의 단위중량과 물의 단위중량의 차

w : 물의 단위중량

R : 수리평균심

d : 입경, 혼합입경의 경우는 d_{50}

$$\frac{R}{d} \sim \frac{Iw}{\varDelta\gamma_s}$$

의 관계도에서 하상형태를 구분하는 그림은 **그림 13-13, 13-14**와 같다.

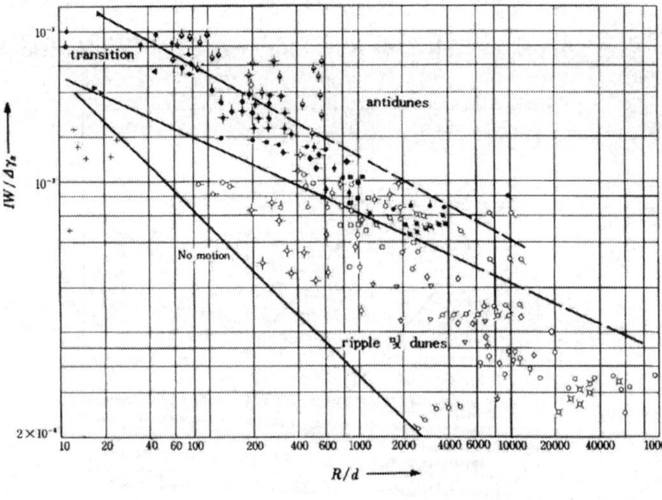

[그림 13-14] Garde 및 Raju의 하상형태 구분

13.4 소류사량

소류형식에 의한 하상토사의 운동은 물과 모래의 상호작용에 의해서 이루어지는 것이므로 이론적으로나 실험적으로 그 운동기구를 명백히 하는 일은 매우 어려운 일이다. 하상토사에는 양압력과 소류력이 작용한다고 생각되나 이들의 힘이 실제 입자에 어떻게 작용할 것인가를 구체적으로

구명하는 것은 매우 어려운 일이므로 옛부터 유사량을 논할 때는 하나하나의 입자보다는 하천 바닥의 어떤 층의 이동을 논하는 방식을 택한 것이다. DuBoys는 약 100년 전에 소류력과 유사량의 관계를 하상의 어떤 층의 이동을 구명함으로써 해석하려고 노력하였다. 그러나 Einstein은 소류력보다는 오히려 양압력에 의해서 하상토사가 이동한다고 하여 유사량을 구하고 있다. 다음에 이들의 연구에 대해서 논하기로 한다.

13.4.1 한계소류력으로서 표시된 공식

DuBoys는 하상토사의 이동은 두께가 nd인 층에만 일어나고 그 이동속도는 최상층에서 최하층까지 직선적이라고 가정하고, 최하층에 한계소류력이 작용한다고 한 것이다. 여기서 d는 토사입자의 입경이다.

그림 13-15와 같이 하상의 이동층을 n 등분하여 각 층의 두께를 d, 각 층의 이동속도를 아래로부터 0, Δu, $2\,\Delta u$, $3\,\Delta u$ ……$(n-1)\Delta u$라고 하고, 토사의 밀도를 ρ_s라고 하면 중량으로 표시된 단위폭당의 이동량 q_B는 다음과 같이 쓸 수 있다.

$$q_B = \rho_s\, g n d (n-1)\,\frac{\Delta u}{2} \tag{13-22}$$

DuBoys는 이동층 저면의 저항력과 한계소류력이 같다고 하여 저면의 마찰력 τ_0를 구하였다. 토사층의 마찰계수를 μ라고 하면

$$\tau_0 = \mu(\rho_s - \rho) g n d$$

이고, 한계소류력은 상층이 움직이기 시작할 때의 저항력이므로 다음과 같이 쓸 수 있다.

$$\tau_{0C} = \mu(\rho_s - \rho) g d$$

이들이 같다고 하면

$$\tau_0 = n\,\tau_{0C} \tag{13-23}$$

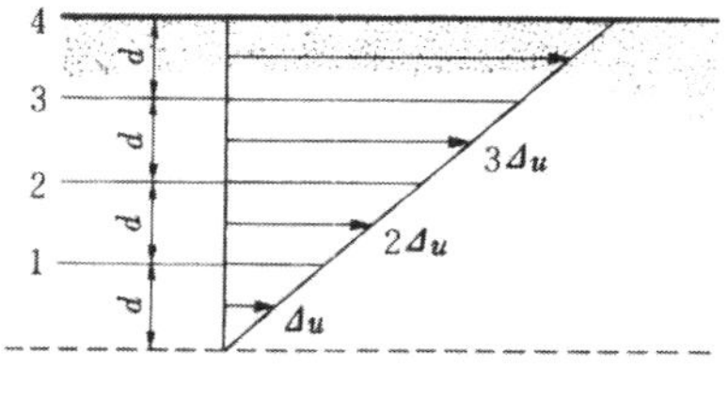

[그림 13-15]

와 같이 되어 앞에서 정의한 n은 결국 이동층 저면의 마찰력과 이동층 최상층의 한계소류력과의 비라는 것을 알 수 있다. 식 (13-22)의 관계와 식 (13-23)에서 소류사량을 다음과 같이 쓸 수 있다.

$$q_B = \frac{\rho_s g \,\Delta ud}{2\,\tau_{0C}^2}\tau_0(\tau_0 - \tau_{0C}) = \phi\,\tau_0(\tau_0 - \tau_{0C}) \tag{13-24}$$

식 (13-24)가 DuBoys의 소류사량공식이다[9]. DuBoys의 식에 있어서 유사량을 체적으로 표시하면

$$q_B = C_s\,\tau_0(\tau_0 - \tau_{0C}) \tag{13-25}$$

여기서 ϕ 및 C_s는 하상토사의 성질에 따라서 변화하는 계수이며, 몇 가지의 실험공식이 있다.

Schoklitsch 공식 (1914)

$$q_B = 0.54\,\frac{\rho_s}{\rho_s - \rho}\tau_0(\tau_0 - \tau_{0C})\ \text{kg/sec/m} \tag{13-26}$$

Chang 공식 (1937) [10]

$$q_B = k\,n_M\,\tau_0(\tau_0 - \tau_{0C})\ \text{kg/sec/m} \tag{13-27}$$

여기서 n_M은 Manning의 평균유속공식의 조도계수이고, k는 다음과 같다.

$$\rho_s = 2.65, \qquad d_m = 0.23\ \text{mm}\ ;\ k = 10 \times 10^4$$

$$\rho_s = 2.02, \qquad d_m = 0.32\ \text{mm}\ ;\ k = 21 \times 10^4$$

13.4.2 Einstein의 소류사량공식

Einstein은 하상표면의 토사는 유수의 난류에 의한 양력이 토사의 수중 무게보다 크게 되면 움직이기 시작하고, 입자는 일정한 거리를 이동한 후 다시 하상에 정착한다고 생각하고 토사입자의 이동확률에서 소류사함수라는 무차원함수를 유도하였다[11].

지금 하상의 단위폭당 단위시간에 움직이는 입자의 수를 N_s, 입자의 평균이동거리를 l, 하상의 단위면적내의 입자의 수를 n_b, 그리고 단위시간에 입자가 움직이는 확률을 P_s라고 하면 하상의 단위면적내에 단위시간에 유입하는 입자의 수는 N_b/l 이고, 움직이는 입자의 수는 $n_b\,P_s$이다. 평형상태가 되면 이들은 같으므로

$$\frac{N_b}{l} = n_b\,P_s \tag{13-28}$$

여기에 P_s의 차원은 $[T^{-1}]$이다. Einstein은 하나의 입자가 다른 입자에 의해서 치환되는데 소요

되는 시간을 t_1이라고 하여 P_s를 절대확률 P_a로 고쳐 썼다.

$$P_a = P_s t_1 \tag{13-29}$$

t_1은 실험적으로 구할 수 없으므로 입자가 그 자체의 크기 d를 침강하는데 소요되는 시간에 비례한다고 하여 다음과 같이 표시하였다.

$$t_1 \propto \frac{d}{v_s} \propto \left\{ \frac{d}{\left(\frac{\rho_s}{\rho} - 1\right)g} \right\}^{1/2} \tag{13-30}$$

식 중 v_s는 입자의 침강속도이며, 식 (13-30)과 같다. N_b는 q_B/d^3, l은 d, 그리고 n_b는 l/d^2에 각각 비례하므로 결국 식 (13-30)은 다음과 같이 쓸 수 있다.

$$\frac{q_B}{\alpha_1 d^4} = \left(\frac{P_a}{\alpha_1 d^2}\right)\left\{\left(\frac{\rho_s}{\rho} - 1\right)\frac{g}{d}\right\}^{1/2} \tag{13-31}$$

여기서 α_1, α_2는 비례상수이다.

다음에 $(1 - P_a)$의 입자는 $\alpha_3 d$만큼 이동한 후 그 곳에서 안정된 것이라고 생각하면 입자의 평균이동거리는 다음과 같다.

$$l = \alpha_3 d/(1 - P_a) \tag{13-32}$$

식 (13-31)을 유도할 때는 l이 d에 비례한다고 가정하였으나 식 (13-32)의 관계를 사용하면 식 (13-30)은 다음과 같이 쓸 수 있다.

$$\frac{q_B}{\alpha_1 d^3 \alpha_2 d/(1 - P_a)} = \frac{1}{\alpha_1 d^2} \quad \frac{P_a}{\left\{d\Big/\left(\frac{\rho_s}{\rho} - 1\right)\right\}^{1/2}}$$

이 식을 정리하면

$$\frac{P_a}{(1 - P_a)} = \frac{1}{\alpha_1}\Phi = \alpha_* \Phi \tag{13-33}$$

여기서

$$\Phi = q_B \Big/ \left\{\left(\frac{\rho_s}{\rho} - 1\right) g d^3\right\}^{1/2} \tag{13-34}$$

식 중 α_*는 상수이고, Φ는 무차원수이며, 이것을 Einstein의 소류사운송 강도(intensity of bed transports)라고 한다.

한편 P_a는 토사의 입자에 작용하는 양력 L이 입자의 수중무게 W보다 큰 확률, 즉 $1 > W/L$로 되는 확률을 뜻하는 것이다. 여기서 W는 $g(\rho_s - \rho)d^3$에, L은 $\rho v^2 d^2 (1+\eta)$에 그리고 v는 U_*에 비례하므로 $1 > W/L$의 부등식은

$$1 > B \frac{g(\rho_s - \rho)d^3}{\rho U_*^2 d^2(1+\eta)}$$

즉

$$|1+\eta| \geq B \frac{g(\rho_s - \rho)d}{\rho U_*} = B\Psi \tag{13-35}$$

와 같이 된다. 여기서

$$\Psi = \left(\frac{\rho_s}{\rho} - 1\right) gd \,/\, U_*^2 \tag{13-36}$$

B는 비례상수, η는 시간에 따라서 변화하는 계수이며, $(\pm)$의 부호를 가질 수 있다. 그러나 L은 $(+)$의 경우만을 생각하므로, $(1+\eta)$는 절대치를 취할 필요가 있다. 식 (13–34)의 Ψ를 흐름의 강도(flow intensity)라고 하고, Φ와 함께 중요한 무차원이다.

Einstein은 소류사운송강도 Φ와 흐름의 강도 Ψ를 사용하여 소류사량에 대한 다음 식을 제안하였다.

$$P_a = 1 - \frac{1}{\sqrt{\pi}} \int_{-B_*\phi - \frac{1}{\eta_0}}^{B_*\phi - \frac{1}{\eta_0}} e^{-t^2} dt = \frac{\alpha_* \Phi}{1 - \alpha_* \Phi} \tag{13-37}$$

이 식에 있어서 $1/\eta_0 = 2$라고 하고 실험에서 $B_* = 0.143$, $\alpha_* = 43.5$를 구하고 Φ와 $1/\Psi$의 관계를 그린 것이 **그림 13–16**이다.

식 (13–37)은 균일입경에 대한 식이다. 혼합입경에 대해서는 Einstein은 다음과 같이 취급하였다. 혼합입경의 토사를 입경별로 몇 개의 군으로 나누어서 각 입경절단내의 평균입경을 d라고하고 Φ와 Ψ를 다음과 같이 보정하였다.

$$\Phi_* = \Phi_{iB} / i_b \tag{13-38}$$

$$\Psi_* = \xi Y \left(\frac{\beta^2}{\beta_x^{\,2}}\right) \Psi \tag{13-39}$$

여기서 i_b, i_β는 주어진 입경절단의 토사가 하상토사 및 유송토사 중에서 차지하는 비율이고, ξY 및 $\beta^2/\beta_*^{\,2}$는 다음과 같다. ξ는 가는 입자가 굵은 입자에 의해서 덮히는 데 대한 보정계수이고, d/X의 함수이며, **그림 13–17**과 같다. 여기서 X의 값은

$$\frac{d_{65} U_*}{11.6\,\nu x} > 1.80, \qquad X = 0.77 \frac{d_{65}}{x}$$

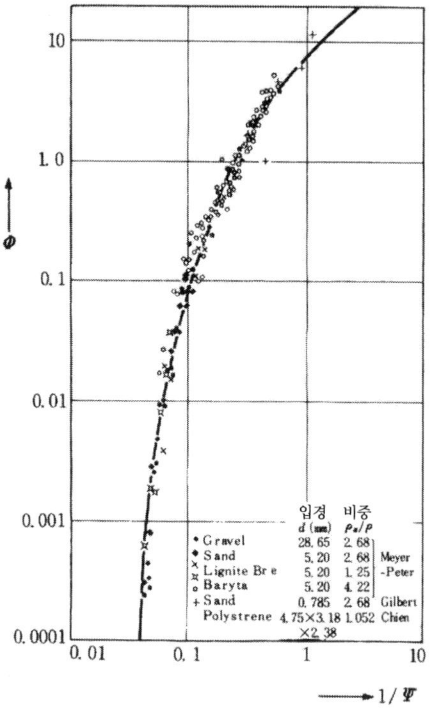

[그림 13-16] Einstein의 소류사함수

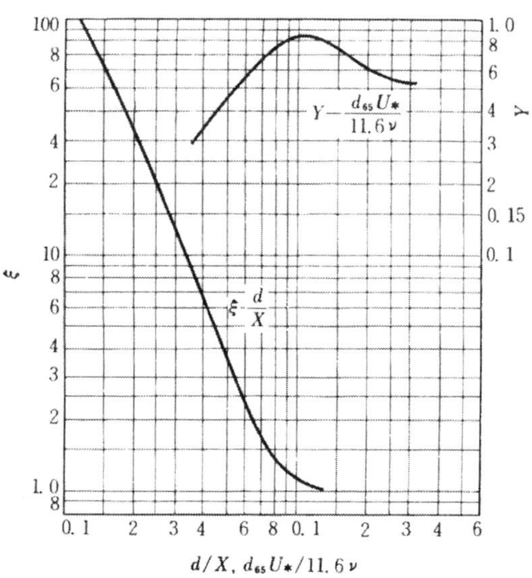

[그림 13-17] ξ와 Y의 관계 곡선

$$\frac{d_{65}U_*}{11.6\,\nu x} < 1.8\ ;\ X = 1.39(11.6\,\nu/U_*) \tag{13-40}$$

x는 $d_{65}U_*/11.6\,\nu$에 따라서 변화하는 값이며, **표 13-1**과 같다. 그리고 β^2/β_x^2은 다음 식에서 구한다.

$$\frac{\beta^2}{\beta_x^2} = \left\{\frac{\log_{10} 10.6}{\log_{10} 10.6\left(\dfrac{Xx}{d_{65}}\right)}\right\}^2 \tag{13-41}$$

입경이 균일할 때, $x = 1$의 경우는

$$\xi = Y = \frac{\beta^2}{\beta_x^2} = 1$$

이고, $i_p = i_B$이다.

그리고 U_*는 다음 식에서 구한다.

$$U_*^2 = g\,R_b'\,I_e \tag{13-42}$$

표 13-1 식 (13-5)의 x의 값(Einstein)

$d_{65}U_*/11.6\,\nu$	x
0.2	0.71
0.3	1.01
0.4	1.21
0.5	1.39
0.6	1.49
0.7	1.55
0.8	1.59
1.0	1.62
1.5	1.53
2.0	1.38
3.0	1.19
4.0	1.10
5.0	1.05
6.0	1.03
7.0	1.02
10 이상	1.00

여기서 I_e는 에너지경사이며, 마찰경사 I_f와 같고, R_b'는 하상토사에 대한 저항의 경심이며, 다음 식에서 구한다.

$$\frac{V}{\sqrt{g\,R_b'\,I_e}} = 5.75\log_{10}\left(\frac{12.27\,R'_b\,x}{d_{65}}\right) \tag{13-43}$$

여기서 V는 평균유속이다.

이상 Einstein의 소류사량의 계산방법에 대해서 논했으나 계산순서를 정리하면 다음과 같다.

① 식 (13−43)에서 R_b'를 구한다.

② $U_* = \sqrt{g R_b' I_e}$ 에서 U_*를 계산한다.

③ 식 (13−36)에서 Ψ를 계산한다.

④ **그림 13−15**에서 Ψ에 대한 Φ를 구한다.

⑤ 식 (13−34)에서 q_B를 계산한다.

⑥ 하천토사의 입도분포곡선에서 각 입경의 함유율(p%)을 미리 구해놓는다.

⑦ 각 입경의 함유율 p의 유사량을 pq_B에서 구한다.

⑧ 전입자에 대한 유사량은 $\sum pq_B$에서 구한다.

계산예 13-3

수면경사 1/1330, 수심 $h = 1.61$ m, 하폭 $b = 33$ m, 평균유속 $V = 1.806$ m/sec의 하천의 하상토사의 입경분포는 다음과 같다. 토사의 비중을 2.67, 동점성계수를 $\nu = 1.01 \times 10^{-6}$ m^2/sec 라고 하고 유사량을 계산하여라.

입경(mm)	평균입경	(p%)
20~15	17.32mm	0.5
15~10	12.25	4.6
10~5	7.07	10.1
5~1.9	3.08	16.9
1.9~0.864	1.28	15.6
0.864~0.495	0.68	28.3
0.495~0.221	0.31	19.6
0.221~0.107	0.154	4.2
0.107~0.074	0.089	0.1
0.074~0	0.037	0.1

【해】 수리량의 계산

(1) 식 (13−43)에서 R_b'를 구한다.

$x = 1$ 이라고 하여

$$\sqrt{g R_b' I} = V/\{5.75 \log_{10} (12.27 R^1 / d_{65})\}$$

로 변형하고 $R_b' = 1$ m로 가정하면

좌변 : $\sqrt{980 \times 100 \times \dfrac{1}{1330}} = 8.58$

우변 : $180.6 / 5.75 \log_{10}(12.27 \times 100/0.163) = 8.10$

$R_b' = 0.9$ 로 가정하면

좌변 : $\sqrt{980 \times 90 \times \dfrac{1}{1330}} = 8.24$

우변 : $180.6/ \{5.75 \log_{10}(12.27 \times 90/0.163)\} = 8.20$

$R_b' = 0.91$ m로 가정하면

좌변 : $\sqrt{980 \times 91 \times \dfrac{1}{1330}} = 8.20$

우변 : $180.6 / 5.75 \log_{10}(12.27 \times 91/0.163) = 8.21$

$R_b' = 0.91$ m를 사용한다.

(2) U_*의 계산

$$U_* = \sqrt{g\, R_b'\, I_e} = \sqrt{9.8 \times 0.91 \times \frac{1}{1330}} = \sqrt{0.0067} = 8.2 \times 10^{-2}\ \text{m/sec}$$

(3) Ψ의 계산 식 (13–36)에서

$$\Psi = \left(\frac{\rho_s}{\rho} - 1\right)\frac{gd}{U_*}$$

한 예로서 $d = 1.28$ mm $= 0.128$ cm를 사용하면

$$\Psi = \left(\frac{2.67}{1} - 1\right) \times 980 \times 0.128/8.2^2 = 3.12$$

(4) **그림 13–15**에서 $1/\Psi = 1/3.12 = 0.32$에 대한 ϕ를 구하면

$$\phi = 2.5$$

(5) 식 (13–34)에서 $w_s = 2.67$ gr/cm^{3}라고 하면

$$q_B = w_s \Phi\left\{\left(\frac{\rho_s}{\rho} - 1\right)gd^3\right\}^{1/2} = 2.67 \times 2.5 \left\{\left(\frac{2.67}{1} - 1\right)980 \times 0.128^3\right\}^{1/2}$$

$$= 12.367\ \text{gr/sec/cm} = 1.236\ \text{kg/sec/m}$$

(6) $d = 1.28$ mm의 입경은 전시료 중에서 $p = 15.6\%$를 차지하므로

$$pq_B = 0.156 \times 1.236 = 0.193$$

위의 계산은 입경 1.9~0.864 mm, 평균입경 $d = 0.128$ cm에 대한 계산이다. 각 입경에 대해서도 계산하면 다음 표와 같다.

d(mm)	p(%)	Ψ	Φ	pq_B
17.32	0.5	42.43	0	0
12.25	4.6	30.03	0.002	0.0015
7.05	10.1	17.34	0.05	0.033
3.08	16.9	7.56	0.58	0. 182
1.28	15.6	3.14	2.5	0. 194
0.65	28.3	1.60	1.03	1.03
0.33	19.6	0.81	0.078	0.078
0.154	4.2	0.38	0.0003	0.003
0.089	0.1	0.22	–	–
0.037	0.1	0.09	–	–
합계				0.464

$\sum pq_B = 0.464$ kg/sec/m

13.4.3 각종 소류사공식의 비교

Einstein의 소류사공식 이외에도 유사한 공식이 많이 제안되고 있다. 지금

$$\tau_* = \frac{\tau_0}{(\rho_s - \rho)gd} = \frac{{U_*}^2}{\left(\frac{\rho_s}{\rho} - 1\right)gd}$$

$$\tau_{*C} = \frac{\tau_C}{(\rho_s - \rho)gd} = \frac{U^2{}_{*C}}{\left(\frac{\rho_s}{\rho} - 1\right)gd}$$

$$q_{B*} = q_B / U_* d$$

로 놓으면 여러 가지 공식을 간편하게 표시할 수 있다.

(1) Einstein 공식

$$q_{B*} = \Phi \, {\tau_*}^{-1/2} \tag{13-44}$$

(2) Brown 공식[12]

$$q_{B*} = 10 \, {\tau_*}^2 \tag{13-45}$$

(3) 사또·긱가와·아시다(佐藤·吉川· 芦田)공식[13]

$$q_{B*} = \tau_{*} \varphi F \tag{13-46}$$

여기서 φ는 Manning 식의 조도계수에 따라서 변화하는 계수이다.

$n \geq 0.025$ 이면 $\varphi = 0.623$

$n \leq 0.025$ 이면 $\varphi = 0.623(40\,n)$

F는 τ_0/τ의 함수이며, **그림 13-18**과 같다.

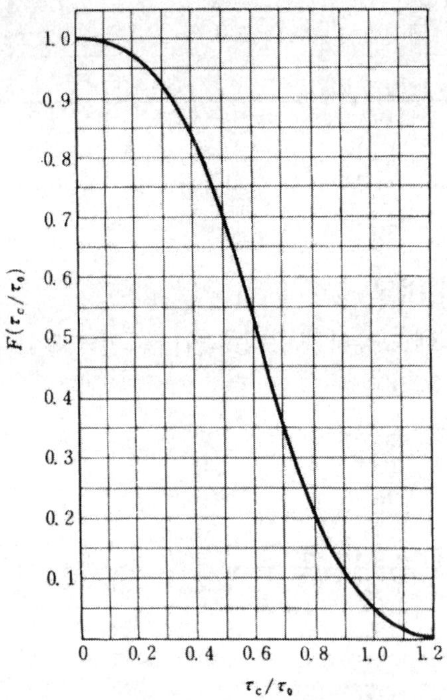

[그림 13-18] F와 τ_c/τ_0와의 관계

(4) Shields 공식[14]

$$q_{B*} = 6.23\,a\,\tau_{*}(\tau_{*} - \tau_{*C}) \tag{13-47}$$

$$a = V/U_{*}$$

이상 몇 가지 소류사공식을 열거하였으나 이들 공식의 q_{B*}와 τ_*의 관계를 그리면 **그림 13-19**와 같다.

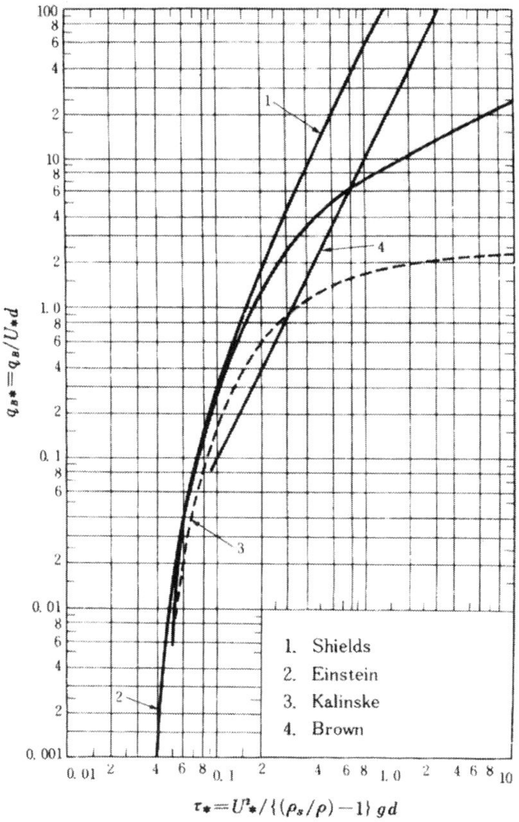

[그림 13-19] 소류사량에 대한 각종 공식의 비교

13.5 부유유사량

13.5.1 난류 속의 부유물의 분포

유수 중을 물보다 비중이 큰 고체입자가 떠서 유하되는 것은 난류의 와 운동 때문이다. 흐름 속에 떠 있는 입자에 작용하는 연직방향으로 작용하는 무게보다 난류의 변동속도에 의한 위쪽으로 작용하는 힘이 크기 때문에 뜨는 것이다. 따라서 부유물의 수송은 앞 장에서 논한 난류의 확산 작용에 의한 것이다.

그림 13-20에 있어서 하상에 연해서 흐름방향으로 x축, 연직방향으로 z축을 취하고, x방향의 시간적 평균유속을 u, 변동속도를 u', z방향의 변동속도를 v'라고 하면 부유물은 v'에 의해서 물속에 뜨게 되는 것이다. 유수의 단위체적 속에 떠 있는 부유물의 질량, 즉 농도를 c라고 하면 단위시간에 z방향으로 운반되는 부유물의 양은 cv'이고, z방향의 농도가 연속적으로 분포되어 있다고 하면

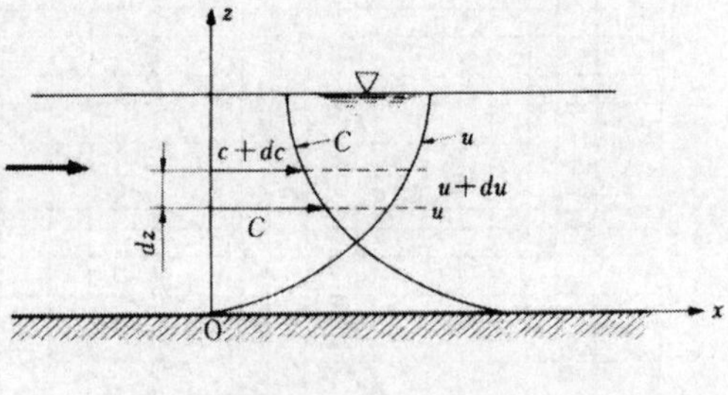

[그림 13-20] 유속분포와 농도분포

(−) z방향으로 운반되는 양은 $(c + dc)v'$이다. 따라서 위쪽으로 운반되는 양은

$$q_s = cv' - \left(c + \frac{\partial c}{\partial z}dz\right)v' = -\frac{dc}{dz}dzv' = -\varepsilon_z \frac{\partial c}{\partial z} \tag{13-48}$$

여기서 $\varepsilon_z = v'\,dz$이고, ε_z는 식 (4−46)의 와동점성계수에 해당하는 계수이며, 부유사의 수송계수라고 한다.

부유입자의 운동이 평형상태에 도달하면 변동속도에 의해서 위쪽으로 운반되는 양과 입자의 무게에 의해서 침하하는 양은 동일하다. 단위수평면을 통해서 부강하는 양은 입자의 침강속도를 v_s라고 하면 $v_s c$이고, 이것은 q_s와 같다.

$$-\varepsilon_s \frac{dc}{dz} = v_s c$$

$$v_s c + \varepsilon_x \frac{\partial c}{\partial z} = 0 \tag{13-49}$$

여기서 침강속도 v_s는 일정하다. 식 (11−49)가 난류 속의 부유물에 관한 연속방정식이다. 이 식을 $\varepsilon_s = \mathrm{cont.}$ 그리고 $z = a$에서 $c = c_a$의 조건으로 적분하면

$$\ln \frac{c}{c_a} = -v_s \int_a^z \frac{dz}{\varepsilon_x} = \frac{v_s}{\varepsilon_z}(z - a) \tag{13-50}$$

$$\therefore\ \frac{c}{c_a} = e^{-\frac{v_s}{\varepsilon z}}\ (z - a) \tag{13-51}$$

부유입자의 연직방향의 농도분포는 지수곡선이고, 입자가 클수록 농도는 급격히 변화한다는 것을 알 수 있다.

다음에는 난류 속의 전단력은 식 (4−46)으로 표시되므로 $\varepsilon_s = \beta\varepsilon$로 놓으면

$$\varepsilon_s = \frac{\beta\tau}{\rho \dfrac{du}{dz}}$$

이 관계를 식 (13−50)에 대입하면

$$\ln\frac{c}{c_a} = -\rho v_s \int \frac{du/dz}{\beta\tau}\,dz \tag{13-52}$$

전단력이 직선적으로 분포한다고 하면

$$\tau = \frac{h-z}{h}\,\tau_0$$

의 관계가 있고, 유속분포에 식 (4−64)를 사용하면 식 (13−52)는 다음과 같이 적분된다.

$$\ln\frac{c}{c_a} = \frac{v_s}{\beta\kappa U_*}\ln\left(\frac{h-z}{z}\quad\frac{a}{h-a}\right)$$

$$\therefore\ \frac{c}{c_a} = \left(\frac{h-z}{z}\quad\frac{a}{h-a}\right)^2 \tag{13-53}$$

여기서

$$Z = \frac{v_s}{\beta\kappa U_*}$$

이고, h는 수심, τ_0은 바닥의 마찰응력, 그리고 κ는 Karman의 상수이다. 식 (13−53)은 Rouse에 의해서 유도된 것이며, 실제의 부유사분포에 잘 맞는다고 한다[15]. 이 식으로 농도분포를 구하려 할 때는 $z = a$점, 즉 저면의 농도분포 c_a가 주어져야 한다. 식 중 β는 부유입자의 입경에 따라서 다르지만 일반적으로 $\beta = 1 \sim 1.5$ 정도라고 한다.

13.5.2 Einstein의 부유사량공식

하천의 한 단면을 통해서 수송되는 부유사량은 농도와 속도를 곱한 값을 하상에서 수면까지 적분하면 된다. 지금 하천의 단위폭당 단위시간에 유송되는 부유사량을 q_s라고 하면

$$q_s = \int_a^h cu\,dz \tag{13-54}$$

Einstein은 농도분포에 식 (11−53)을 사용하고 유속분포에

$$u = 5.75\,U_*\log_{10}\left(30.2\frac{zx}{d_{65}}\right) \tag{13-55}$$

를 사용하여 식 (11−54)를 적분하여 다음 식을 유도하였다[16].

$$q_s = 11.6\,U_*\,c_a\,a(PI_1 + I_2) \tag{13-56}$$

여기서

$$\left.\begin{aligned} P &= 2.303 \log_{10}\left(\frac{30.2\,xh}{d_{65}}\right) \\ I_1 &= 0.216\ \frac{{y_a}^{Z-1}}{(1-y_a)^Z}\int_{y_0}^{1}\left(\frac{1-y}{y}\right)^Z dy \\ I_2 &= 0.216\ \frac{{y_a}^{Z-1}}{(1-y_a)^Z}\int_{y_0}^{1}\left(\frac{1-y}{y}\right)^Z \ln y\cdot dy \\ y_a &= \frac{a}{h_1}, \qquad y = \frac{z}{h} \end{aligned}\right\} \tag{13-57}$$

그리고 d_{65}는 하상토사의 입도분포곡선에 있어서 $p = 65\%$에 대한 입경, x는 $d_{65}\,U_*/11.6\,\nu$에 따라서 변화하는 값이며, **그림 13-21**에서 구한다. I_1 및 I_2는 Z 및 a/h의 함수이며, 식 (13-57)을 수치적분하여 그린 **그림 13-22**, **그림 13-23**에서 구할 수 있다.

Einstein은 이 식에서 부유사량을 계산할 때 c_a를 $a = 2\,d$점의 농도를 사용해야 한다고 주장하고, 이것이 소류사형식으로 움직이는 토사의 $2\,d$점의 농도와 같다고 생각하여

$$c_a = c_{2d} = q_B/(2\,d\,U_*\,116) \tag{13-58}$$

의 관계를 제안하였다. 여기서 q_B는 소류사량이다.

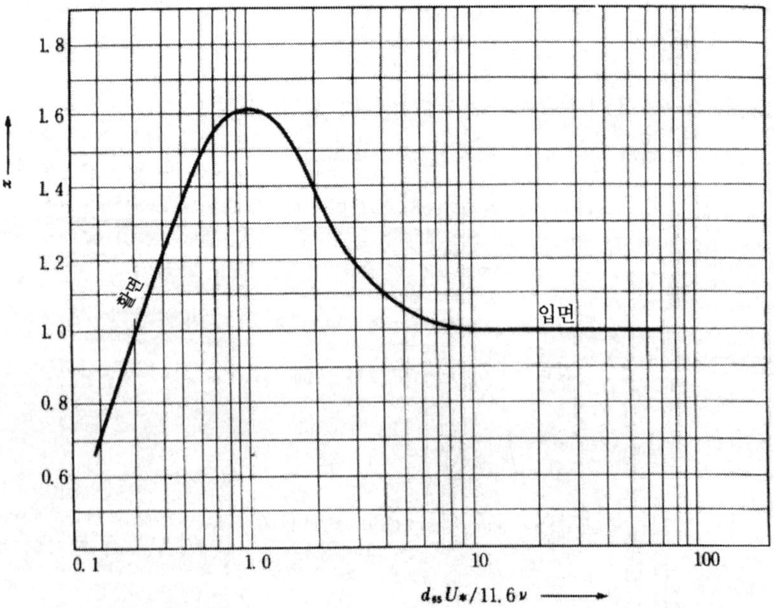

[그림 13-21] x와 $d_{65}\,U_*/11.6\nu$의 관계

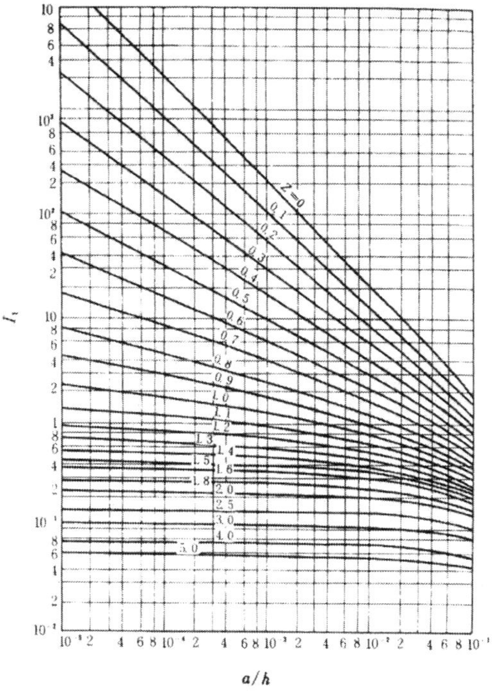

[그림 13-22] I_2와 Z 그리고 a/h의 관계

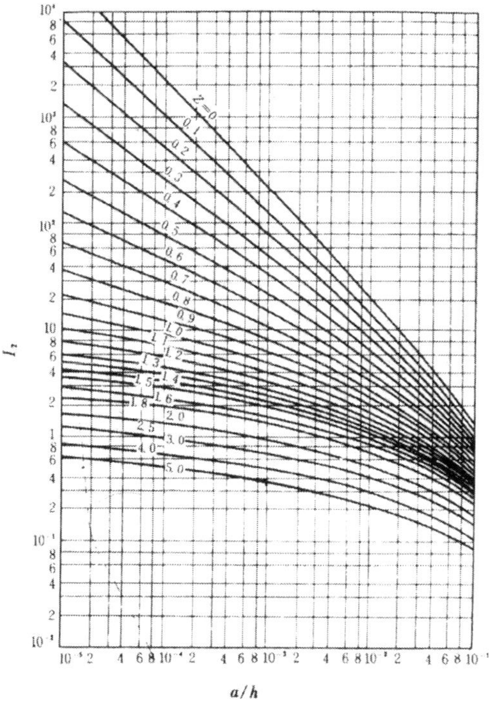

[그림 13-23] I_2와 Z 그리고 a/h의 관계

13.5.3 Kalinskc의 부유사량공식

Kalinske[17]는 부유사의 농도분포식에 식 (13-46)을 사용하고 유속분포식에

$$\frac{v}{V} = 1 + 1.70\sqrt{g}\left(\frac{n}{h^{1/6}}\right)\left(1 + \ln\frac{z}{h}\right) \tag{13-59}$$

를 사용하여 식 (13-54)를 $z = a$에서 $z = h$까지 적분하여 부유사량을 구하였다.

$$q_s = \int_a^h u\, c\, dz = qc_a\, Pe^{15av_s/hU_*} \tag{13-60}$$

여기서 V는 평균유속, n은 Manning의 조도계수, q는 단위폭당의 유량, P는 $n/h^{1/6}$과 v_s/U_*에 따라 정해지는 양이며, **그림 13-24**에서 구한다.

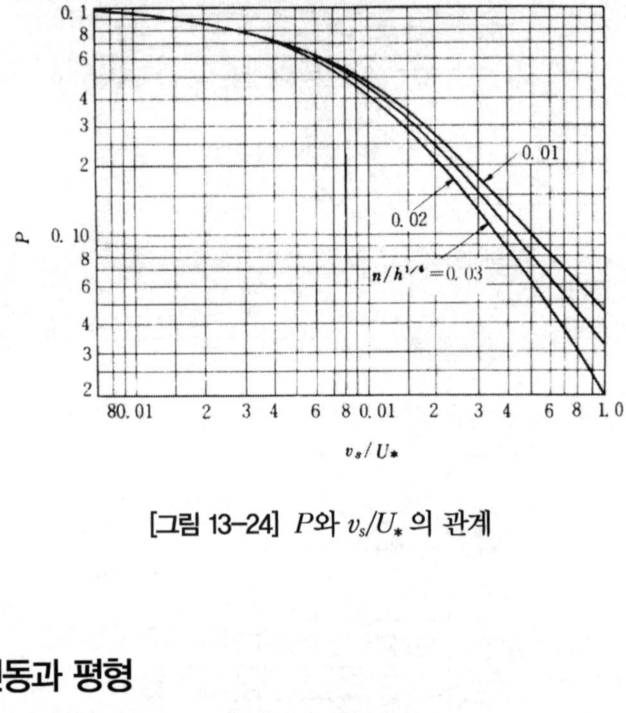

[그림 13-24] P와 v_s/U_* 의 관계

13.6 하상의 변동과 평형

그림 13-25와 같이 하천의 상하류에 2개의 단면을 생각하면 상류의 단면 ①을 통과한 유사량이 하류의 단면 ②를 통과한 유사량보다 많으면 이 구간에 있어서 추적이 일어나고, 반대로 적으면 이 구간의 하상에는 세굴현상이 일어난다. 이와 같이 하천의 평균적 하상고의 변동은 각 단면의 유사량의 불균형에 의해서 규정된다. 지금 단면 ①을 통해서 $B \times \Delta x$의 구간에 유입하는 유사량을 Q_s, ② 단면을 통해서 이 구간으로부터 유출하는 유사량을 Q_s'라고 하면 이들의 차

$$Q_s' - Q_s = \Delta Q \tag{13-61}$$

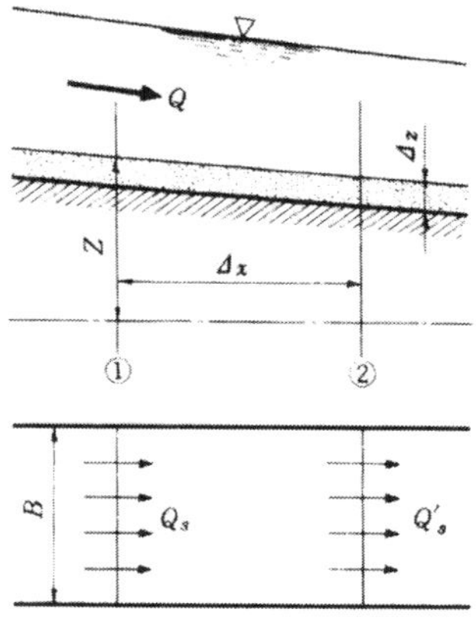

[그림 13-25]

가 (+)이면 이 구간은 세굴되고, Δt 시간에 $\Delta Q_s \cdot \Delta t$만큼 이 구간에서 유출된다. 이 유출토사 때문에 Δx 구간의 하상이 ΔZ만큼 저하된 것이라고 하면 유출토사의 양은

$$B\,\Delta x\,\Delta Z(1-\lambda)$$

이다. 여기서 λ는 토사의 공극률이며, $(1-\lambda)$는 토사의 실질부분이다. 이것이 Δt 시간에 단면을 통과한 토사의 차와 같으므로

$$\Delta Q_s\,\Delta t = B\,\Delta x\,\Delta Z(1-\lambda)$$

$$\frac{\Delta Z}{\Delta t} \pm \frac{\Delta Q_s}{B(1-\lambda)\Delta x} = 0$$

또는

$$\frac{\partial Z}{\partial t} \pm \frac{1}{B(1-\lambda)}\frac{\partial Q_s}{\partial x} = 0 \qquad (13-62)$$

식 (13-62)에 있어서 단면 ①에서 유입하는 토사량이 단면 ②에서 유출하는 토사량보다 많으면 (+)이고, 반대이면 (−)이다.

하상변동을 계산할 때는 각 지점에 있어서의 수심과 유사량 Q_s를 계산한다. Δt 시간내에 있어서는 시각 t의 값을 가지는 것이라고 한다. 식 (13-62)를 차분식으로 고체서 각 지점간의 ΔZ를 구하게 된다.

$$\Delta Z = \frac{-\Delta Q_s}{B(1-\lambda)\Delta x}\Delta t \qquad (13-63)$$

이와 같이 시각 $t+\Delta t$때의 하상고의 차 ΔZ가 구해진다. 상류의 경우는 하류로부터 상류로 향하여 순차적으로 계산을 되풀이하면 된다.

연습문제

13-1. 수심에 비해서 폭이 넓은 하천에 있어서 수심 1.5 m, 수면경사 1/1200의 등류가 흐른다고 하면 소류력과 마찰속도는 얼마인가?

13-2. 다음 표와 같은 입도분포를 가진 하상 모래의 평균입경 d_m, 중앙입경 d_{50} 및 안-고의 대표입경 d_R을 구하여라.

입경 (mm)	2.5	1.2	0.6	0.3	0.15	0.104	0.088	0.074	0.06
$p(\%)$	98.95	96.83	83.57	41.84	21.26	5.26	2.94	2.59	1.30

13-3. 문 13-2의 표에서 모래의 비중이 2.64이다. 이 모래의 한계소류력을 (1) Shields 공식, (2) 이와가게공식, (3) 구리하라공식, (4) 안-고공식에서 계산하여라.

13-4. 수면경사 1/1350, 수심 1.5 m, 폭 30 m, 평균유속 1.4 m/sec의 하천 바닥의 입경분포가 **문 13-2**와 같다고 하면 유사량은 얼마인가? 모래의 비중은 2.64라고 한다.

13-5. $I_f = 1/1300$, 수심 $h = 1.60$ m, 수로폭 $b = 30$ m, 평균유속 1.5 m/sec, 입자의 단위중량 $w_s = 2.67$ gr/cm^{3}의 소류량을 계산하여라. 입도분포는 다음 표와 같다.

입경 d(mm)	평균입경(mm)	함유량 $p(\%)$
20~5	10	15.4
5~1.9	3.08	16.9
1.9~0.864	1.28	15.6
0.864~0.495	0.654	28.2
0.495~0.221	0.331	19.6
0.221~0.107	0.154	4.2

참고문헌

[1] H. Rouse : *Engineering hydraulics*, p. 789 John Wiley & Sons, 1949.

[2] 岩垣雄 : 限界掃流力에 관한 實驗的 硏究, 限界掃流力의 流體力學的 硏究(1), 日本土木學會論文集, 第41號, 1956.

[3] 栗原道德 : 限界掃流力에 대해서, 九州大學 流體工學硏究所 報告, Vol. 4, no. 3, 1948.

[4] Soo Hahn Ahn, Jae Ung Ko : *The Critical Tractive Forces of Non−Uniform Sand Bed*, Proc. of International Symposium on Refined Flow Modeling and Turbulent Measurement, Vol. 1. The University of Iowa, 1985. 9.

[5] Soo Hahn Ahn, Jae Ung Ko : *The Critical Tractive Forces of Non−Uniform Sand Bed*, Proc. of 5th Congress, Asian and Pacific Reginal Division of the International Association for Hydraulic Research, 1986.

[6] M.L. Yalin : *Mechanics of Sediment Transport*, Chap. 4, Pergamon Press, 1977.

[7] H.K. Liu : *Mechanices of Sediment−Riple Formatio*n, Proc. ASCE, Vol. 83, No. Hy2, 1957 .

[8] R.J. Garde, K.G. Ranga Raju : *Criteia for alluvial Stream*, Pore. ASCE, Vol. 89, Hy. 6, 1963.

[9] H, Rouse : *Engineering Hydraulics*, p. 794 John Wilee & Sons, 1949.

[10] Y.L. Chang : *Laboratory Investigation of Flume Traction and Transportation*, Trans. ASCE, Vol. 104, p. 1246−1313, 1939.

[11] H.A. Einstein : *Formulas for the Transportation of Bed Load*, Trans. ASCE, Vol. 107, p. 561−577, 1942.

[12] 文獻[1] p.799.

[13] 佐藤·吉川·芦田 : 河床砂礫의 掃流運搬에 관한 硏究, 日本土木硏究所 報告, 1967.

[14] 石原藤次郎編 : 응용수리학 중 I, p. 32, 丸善, 東京, 1958.

[15] H. Rouse : *Modern Conception of the Mechanics of Turbulence*, Trans. ASCE, Vol. 111, p.463−543, 1937.

[16] H.A. Einstein : *The Bed−Load Function for Sediment Transportation in Open Channel Flows*; USDA, Soil Conservation Service, Technical Bulletin, No. 1026, 1950.

[17] A.A. Kalinshe, E.W. Lane : *Engineering Calculation of Suspended Sediments*, Trans. AGU, Vol. 22, 1941.

제14장

지하수의 흐름

지중의 토사층은 흙의 실질부와 공극으로 되어 있고, 공극은 일반적으로 연속적으로 연결되어 있다. 이 지중의 공극에 충만되어 있는 물을 지하류라고 하고, 지하수가 공기와 접하는 면을 지하수면이라고 한다. 따라서 지하수면은 대기압이 작용하고 있으므로 지하수는 동수경사에 의해서 유동한다. 지중의 공극은 흙의 입경에 따라 다르지만 일반적으로 매우 작은 것이므로 이 사이를 흐르는 물의 속도도 매우 느리다. 즉, 지하수의 흐름은 Reynolds 수가 아주 작은 층류라고 생각할 수 있다. 본장에서는 지하수의 흐름에 대해서 논하기로 한다.

14.1 Darcy의 법칙

지중의 토사 간극은 일정하지 않으므로 지중을 유동하는 지하수는 일정한 방향으로 흐르는 것은 아니다. 그러나 어떤 검사면을 생각하면 전체적으로 대략 같은 방향으로 흐르는 것을 알 수 있다. 지하수의 유동방향에 수직한 단면의 단면적을 A, 이 단면을 통해서 흐르는 유량을 Q라고 하면 A를 통해서 흐르는 지하수의 평균유속은

$$v = \frac{Q}{A}$$

이다. 이 v를 지하수의 유속이라고 한다. 물론 v는 지하수 실제의 유속은 아니다. 토사의 간극률을 λ라고 하면 지하수가 흐르는 실제의 단면적은 λA이고, 실제의 유속을 v'라고 하면

$$v' A\lambda = vA\,, \qquad v' = \frac{v}{\lambda} \tag{14-1}$$

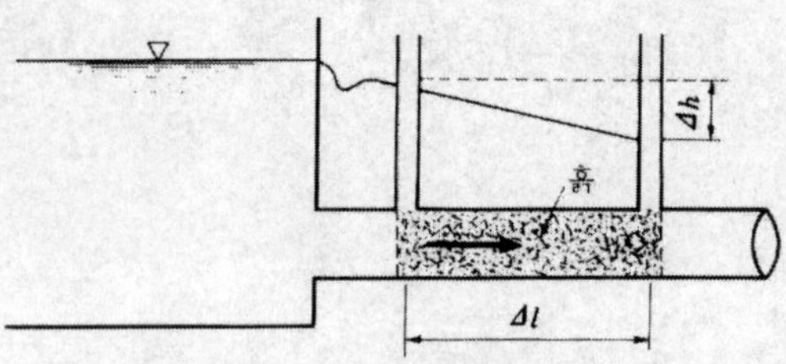

[그림 14-1]

그림 14-1과 같은 관수로의 Δl 구간에 토사를 넣어서 물을 흐르게 할 때의 손실수두를 Δh라고 하면 지하수의 유속은 다음과 같이 쓸 수 있다.

$$v \propto \frac{\Delta h}{\Delta l} \qquad v = k\frac{\Delta h}{\Delta l} = kI \tag{14-2}$$

$$I = \frac{\Delta h}{\Delta l}$$

또는

$$\frac{\Delta h}{\Delta l} = \frac{v}{k} \tag{14-3}$$

여기서 I는 동수경사이나 Δl 구간을 흐르는 지하수의 유속이 매우 작으므로 이것은 에너지선의 경사와 같다고 생각할 수도 있다. 식 (14-2)는 Darcy(프랑스, 1856년)가 실험에 의해서 제안한 것이며, 이것을 Darcy의 법칙(Darcy's Law)이라고 한다.

k는 물의 점성계수, 토사의 입경과 간극률에 따라서 변화하는 계수이며, 이것을 투수계수(coefficient of permeability)라고 한다. 이 경우 단면적 A를 통해서 흐르는 유량은 다음과 같다.

$$Q = vA = kI\,A \tag{14-4}$$

식 (14-3)에서 아는 바와 같이 손실수두 Δh는 유속의 1승에 비례하므로 Darcy의 법칙은 층류에 대한 마찰저항공식이라는 것을 알 수 있다. 즉, 원관에 대한 Poiseuille의 법칙과 같다. Poiseuille의 법칙을 고쳐 쓰면

$$\frac{\Delta h}{\Delta l} = \left(\frac{C\mu}{\rho g\, d^2}\right) v \tag{14-5}$$

와 같이 되어 식 (14-3)과 같은 형의 식이 된다. 식 (14-5)는 지름 d의 세관을 흐르는 층류에 대한 공식이며, 이것을 토사의 간극 d 또는 지름 d의 흙속을 흐르는 지하수의 유동에도 적용할 수 있는 것이다.

식 (14–3)과 식 (14–5)에서

$$\frac{1}{k} = \left(\frac{C\mu}{\rho g\, h^2}\right) \text{ 또는 } k = \frac{\rho g\, d^2}{C\mu} = \frac{g\nu\, d^2}{C} \tag{14–6}$$

라고 할 수 있다. 이 식에서 투수계수는 입경의 자승과 동점성계수에 비례한다는 것을 알 수 있다.

14.2 투수계수

14.2.1 투수계수의 실험식

앞 절에서 설명한 바와 같이 지하수의 유동특성은 투수계수에 따라서 정해진다. 일반적으로 지하수의 유속 또는 유량은 적당한 방법으로 투수계수를 결정한 다음 동수경사를 주어서 계산하게 된다. 동수계수는 식 (14–6)에서 아는 바와 같이 수온, 토사의 입경 또는 간극률에 따라서 변화하게 된다. 투수계수의 차원은 $[LT^{-1}]$이므로 이 것은 속도와 같은 차원이다. Darcy의 법칙을

$$v = k\frac{\Delta h}{\Delta l} = \frac{k'}{\mu}\,\frac{\Delta h}{\Delta l} = k''\,\frac{\rho g}{\mu}\,\frac{\Delta h}{\Delta l} \tag{14–7}$$

로 표시하여 k와 함께 k', k''를 사용하는 경우도 있다. k'의 차원은 $[MT^{-2}]$이고 k''의 차원은 $[L^2]$이다. k''는 액체의 종류에는 관계 없는 계수이며, 물 이외의 액체에도 사용할 수 있다. 지중의 석유의 유동을 취급할 때는 k''를 사용하면 편리하다.

k''는 Darcy 단위가 사용된다. 1 기압/cm의 압력경사 하에 1 centipoise의 점성을 가진 액체가 단면적 1 cm^{2}를 매초 1 cc의 유량이 흐를 때 k''의 값을 1 Darcy라고 한다.

투수계수를 토사의 평균입경 d_m 또는 유효입경 d_{10}과 간극률의 함수로 표시하는 실험공식이 많이 제안되고 있는데, 그 중 몇 가지를 열거하면 다음과 같다.

(1) Hazen 식

$$k = 116\, d_{10}^2(0.7 + 0.03\, t) \text{ cm/sec} \tag{14–8}$$

여기서 t°C는 수온이고, d_{10}는 토사의 유효경(cm)이다.

(2) Kozeny 식

$$k = C_3\frac{\lambda}{(1-\lambda)^2}\, d^2 \text{ cm/sec} \tag{14–9}$$

여기서 C_3은 입자의 형상에 따라서 변화하는 계수이며

모가 난 규사 : $C_3 = 75$

모가 난 석영 석회사 : $C_3 = 180$

유리구 : $C_3 = 400$

d는 $\varDelta$를 채구멍 d_1과 d_2 사이에 있는 토사량의 전토사량에 대한 비라고 하면 d_{12}를

$$\frac{1}{d_{12}} = \frac{1}{3}\left(\frac{1}{d_1} + \frac{2}{d_1 + d_2} + \frac{1}{d_2}\right)$$

이라고 할 때

$$\frac{1}{d} = \Sigma \frac{\varDelta}{d_{12}}$$

를 만족하는 입경이다.

이상 설명한 실험식들은 모두 실험을 하지 않고 토사의 입경, 수온 및 토사의 간극률 에서 투수계수를 추정하는 실험식이다.

14.2.2 투수계수의 실험실에서의 측정법

지하수의 유동은 투수계수에 의해서 좌우된다. 따라서 투수계수의 정확한 추정은 지하수의 유동을 보다 정확하게 해석할 수가 있다. 앞에서 설명한 실험식에 의한 방법은 투수계수의 대략치를 추정하는 데 도움이 되지만 보다 정확한 지하수의 유동을 해석하려 할 때는 실험실에서 실험에서 구하는 실내법과 현장에서의 실측에서 구하는 야외법이 있다. 야외법에 의한 투수계수의 실측법은 뒷 절에서 설명하기로 하고 여기서는 실내법에 대해서 설명하기로 한다.

실내법에는 정수두법과 강수두법의 두 가지가 있다.

(1) 정수두법

시료를 교란하지 않고 될 수 있는 대로 자연상태로 채취하여 **그림 14-2** (a)와 같은 장치에 넣어서 일정한 수두차 h를 유지하면서 삼투유량 Q를 측정한다. 정수두법은 굵은 모래와 같이 투수계수가 큰 경우에 사용된다. 투수계수 k는 식 (14-2)에서 계산할 수 있다.

(2) 강수두법

강수두법은 **그림 14-2** (b)와 같은 장치 속에 시료를 넣어서 일정한 시간 내의 수위의 강하량을 측정하여 투수계수를 구하는 방법이며, 토사입자가 가는 투수계수가 작은 경우에 사용된다.

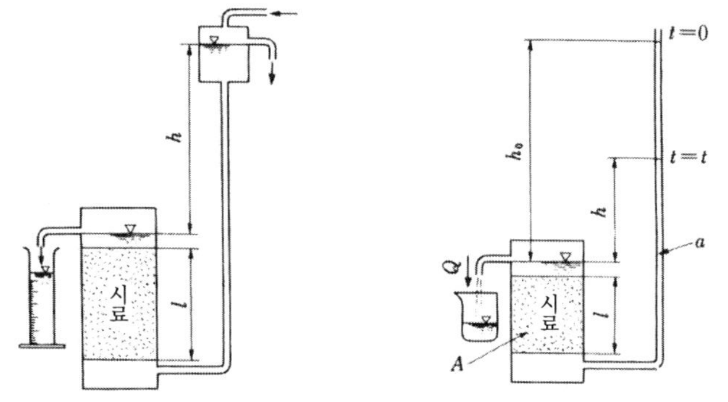

(a) 정수두투수계수 측정기 (b) 변수위투수계수 측정기

[그림 14-1] 실내에서의 투수계수측정장치

단면적을 A, a라고 하고 시간 t에 있어서의 수위를 h라고 하면 시료를 통해서 흐른 유량 Q는 Darcy 식과 연속의 조건에서

$$Q = kA\frac{h}{l} = -a\frac{dh}{dt} \tag{14-10}$$

이 식을 적분하고 $t = 0$에 있어서 $h = h_0$라고 하면

$$\ln\frac{h_0}{h} = \frac{kA}{la}t$$

따라서 $t = t_1$에 있어서 $h = h_1$이라고 하면 투수계수는

$$k = 2.30\frac{a}{A}\frac{l}{t_1}\log_{10}\frac{h_0}{h_1} \tag{14-11}$$

a/A 및 l은 측정장치에서 결정되는 양이므로 초기수위 h_0와 t_1 시간 후의 수위 h_1이 측정되면 식 (14-11)에서 투수계수 k를 계산할 수 있다.

14.3 지하수에 대한 기본방정식

14.3.1 지하수의 운동방정식

앞에서 설명한 바와 같이 지하수의 흐름은 Reynolds 수가 매우 작은 층류라고 생각할 수 있으므로 Navier-Stokes의 운동방정식을 적용할 수 있다. 지중의 간극내의 실제의 유속의 성분을 u', v', w'라고 하면 Navier-Stokes의 식 (4-20)은 다음과 같이 쓸 수 있다.

$$\left.\begin{aligned}\rho\frac{du'}{dt}&=\rho X-\frac{\partial p}{\partial x}+\mu\left(\frac{\partial^2u'}{\partial x^2}+\frac{\partial^2u'}{\partial y^2}+\frac{\partial^2u'}{\partial z^2}\right)\\\rho\frac{dv'}{dt}&=\rho Y-\frac{\partial p}{\partial y}+\mu\left(\frac{\partial^2v'}{\partial x^2}+\frac{\partial^2v'}{\partial y^2}+\frac{\partial^2v'}{\partial z^2}\right)\\\rho\frac{dw'}{dt}&=\rho Z-\frac{\partial p}{\partial z}+\mu\left(\frac{\partial^2w'}{\partial x^2}+\frac{\partial^2w'}{\partial y^2}+\frac{\partial^2w'}{\partial z^2}\right)\end{aligned}\right\}\qquad(14-12)$$

여기서 u', v', w' 대신 지하수의 유속 u, v, w를 사용하면 식 (14-1)에서

$$u=\lambda u',\qquad v=\lambda v',\qquad w=\lambda w'$$

의 관계가 있다.

식 (14-12)에 있어서 우변의 제3항은 층류의 점성저항이며, 이것을 각각 R_x, R_y, R_z라고 하면 이들은 유속의 1승에 비례하므로 다음과 같이 놓을 수 있다.

$$R_x=fu',\qquad R_y=fv',\qquad R_z=fw'$$

지금 연직상향으로 z축을 이에 직각으로 x, y축을 취하면 $X=Y=0$, $Z=(-)g$로 놓을 수 있으므로 식 (14-12)는 다음과 같이 된다.

$$\left.\begin{aligned}\rho\frac{1}{\lambda}\frac{\partial u}{\partial x}&=-\frac{\partial p}{\partial x}+f\frac{u}{\lambda}\\\rho\frac{1}{\lambda}\frac{\partial v}{\partial y}&=-\frac{\partial p}{\partial y}+f\frac{v}{\lambda}\\\rho\frac{1}{\lambda}\frac{\partial w}{\partial z}&=-g-\frac{\partial p}{\partial z}+f\frac{w}{\lambda}\end{aligned}\right\}\qquad(14-13)$$

이 식에 있어서 점성저항의 항은 정상흐름 때와 비정상흐름을 통해서 변화하지 않고 같다고 하면 다음과 같이 된다. 식 (14-13)에서

$$f=\frac{\lambda}{u}\frac{\partial p}{\partial x}$$

그리고 정상흐름에 대해서는 Darcy의 법칙이 적용되므로 f는 결국 다음과 같다.

$$u=-k\frac{\partial h}{\partial x}=-k\frac{1}{\rho g}\frac{\partial p}{\partial x}$$

$$\therefore f=-\frac{\lambda}{u}\frac{\rho g\,u}{\rho k}=-\frac{\lambda g}{k}\qquad(14-14)$$

y, z축 방향에 대해서 같은 방법으로 f를 구하면 식 (14–13)은 다음과 같이 된다.

$$\left.\begin{aligned} \frac{1}{\lambda g}\frac{\partial u}{\partial t} &= -\frac{\partial p}{\rho g\,\partial x} - \frac{u}{k} \\ \frac{1}{\lambda g}\frac{\partial v}{\partial t} &= -\frac{\partial p}{\rho g\,\partial y} - \frac{v}{k} \\ \frac{1}{\lambda g}\frac{\partial w}{\partial t} &= -1 - \frac{\partial p}{\rho g\,\partial z} - \frac{w}{k} \end{aligned}\right\} \tag{14–15}$$

식 (14–15)가 지하수에 대한 운동방정식이다.

다음에 식 (14–15)의 제1식에 $\frac{\partial x}{\partial s}$, 제2식에 $\frac{\partial y}{\partial s}$, 그리고 제3식에 $\frac{\partial z}{\partial s}$를 곱해서 이 세 식을 더하고, $d_s^2 = d_x^2 + d_y^2 + d_z^2$, $q^2 = u^2 + v^2 + w^2$ 이라고 하면 유선방향 s에 대한 운동방정식을 얻을 수 있다.

$$\frac{\partial q}{\lambda\,\partial t} = -\frac{1}{\rho}\frac{\partial p}{\partial s} - \frac{g}{k}q - g\frac{\partial z}{\partial s} \tag{14–16}$$

다음에는 기준면에서 생각하는 점까지의 높이를 z, 이 점의 압력수두를 $p/\rho g$, $h = \rho + \frac{p}{\rho g}$ 라고 하면 식 (14–15)는 다음과 같이 수두로서 표시하는 식으로 쓸 수 있다.

$$\left.\begin{aligned} \frac{1}{\lambda g}\frac{\partial u}{\partial t} &= -\frac{\partial h}{\partial x} - \frac{u}{k} \\ \frac{1}{\lambda g}\frac{\partial v}{\partial t} &= -\frac{\partial h}{\partial y} - \frac{v}{k} \\ \frac{1}{\lambda g}\frac{\partial w}{\partial t} &= -1 - \frac{\partial h}{\partial z} - \frac{w}{k} \end{aligned}\right\} \tag{14–17}$$

14.3.2 연속방정식

비압축성 유체의 흐름에 대한 연속방정식은 식 (3–40)이고 정상적인 흐름에 대한 Darcy의 법칙을 일반화하면 다음과 같다.

$$u = -k_x\frac{\partial h}{\partial x}, \qquad v = -k_y\frac{\partial h}{\partial y}, \qquad w = -k_z\frac{\partial h}{\partial z} \tag{14–18}$$

여기서 k_x, k_y, k_z는 x, y, z방향의 투수계수이고, h는 압력수두이다. 이 식의 관계와 식 (3–40)에서 지하수의 흐름에 대한 연속방정식을 구할 수 있다.

$$k_x\frac{\partial^2 h}{\partial x^2} + k_y\frac{\partial^2 h}{\partial y^2} + k_z\frac{\partial^2 h}{\partial z^2} = 0 \tag{14–19}$$

방향에는 관계 없이 투수계수가 동일한 경우는

$$\frac{\partial^2 h}{\partial x^2} + \frac{\partial^2 h}{\partial y^2} + \frac{\partial^2 h}{\partial z^2} = 0 \tag{14-20}$$

이다.

지하수의 유속을 식 (14–18)과 같이 쓸 수 있으면 지하수의 속도 potential

$$u = -\frac{\partial \phi}{\partial x}, \qquad v = -\frac{\partial \phi}{\partial y}, \qquad w = -\frac{\partial \phi}{\partial z}$$

에서

$$u = -\frac{\partial \phi}{\partial x} = -k\,\frac{\partial h}{\partial x}$$

$$d\phi = k\,dh$$

$$\therefore\ \phi = kh \tag{14-21}$$

위의 관계에서 연속방정식 (14–20)은 다음과 같이 쓸 수 있다.

$$\frac{\partial^2 \phi}{\partial x^2} + \frac{\partial^2 \phi}{\partial y^2} + \frac{\partial^2 \phi}{\partial z^2} = 0 \tag{14-22}$$

따라서, 지하수의 정상류는 Laplace의 방정식을 만족하고 potential 류라는 것을 알 수 있다. 그리고 지하수의 흐름은 흐름의 함수 Ψ와 속도 potential ϕ 사이에는 식 (3–34)의 관계가 있으므로 ϕ = const. 선과 Ψ = const. 선은 직각으로 되고, 유선망을 그려서 지하류를 풀 수도 있다.

14.4 지하수의 유선망해법

흐름이 potential을 가지는 경우는 3.2.7에서 설명한 바와 같이 유선망법에 의하여 도해적으로 흐름을 해석할 수 있다. **그림 14–3**과 같이 2차원흐름을 생각하여(지면에 직각방향으로는 동일하다고 함) Δs를 속도 potential ϕ_1과 ϕ_2의 간격 Δn을 유선 Ψ_1과 Ψ_2의 간격이라고 하면 A점에 있어서의 유선방향의 유속 v_A는 다음과 같이 쓸 수 있다.

$$v_A = \frac{\Delta\phi}{\Delta s} = \frac{\Delta\Psi}{\Delta n} \tag{14-23}$$

두 유선 ϕ_1과 ϕ_2 사이를 흐르는 유량 ΔQ는 식 (3–30)에서 아는 바와 같이 $\Delta\Psi$와 같으므로 식 (14–23)은 다음과 같이 고쳐 쓸 수 있다.

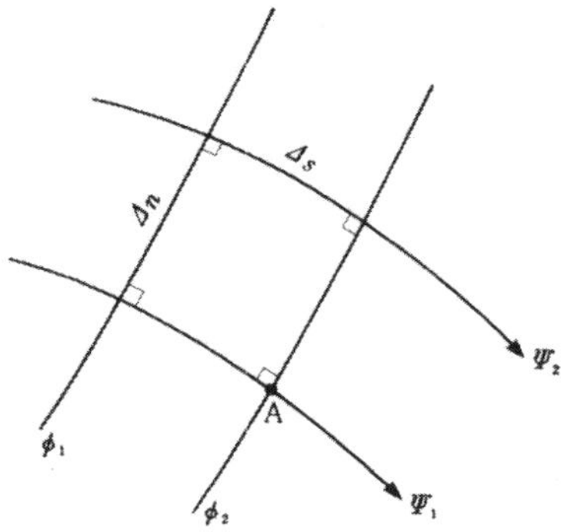

[그림 14-3]

$$\Delta Q = \frac{\Delta n}{\Delta s} \Delta \phi \tag{14-24}$$

여기서 식 (14-21)과 같이 속도 potential은 $\phi = kh$이므로

$$\frac{dQ}{dh} = k \qquad \therefore\ \Delta Q = k\,\Delta h \tag{14-25}$$

식 (14-24)와 식 (14-25)에서

$$\frac{\Delta Q}{k} = \frac{\Delta n}{\Delta s} \Delta h \quad \text{또는} \quad \Delta \bar{Q} = \frac{\Delta n}{\Delta s} \Delta h \tag{14-26}$$

여기서, $\Delta \bar{Q} = \Delta Q/k$이다.

유속망은 속도 potential의 증분 Δs와 유선 사이의 거리 Δn을 동일하게 하여 $\frac{\Delta n}{\Delta s} = 1$, 즉 속도 potential 선과 유선으로 만들어지는 망을 정사각형으로 하는 경우가 많다. 유선망을 그릴 때는 속도 potential 선과 유선은 항상 직교하게 그린다.

이와 같이 그린 유선망도에 있어서 유선 사이 통로의 수를 N_f, 그리고 Δh의 수, 즉 전손실수두가 $h = N_p \cdot \Delta h$로서 표시되는 N_p의 수를 알면 전유량 Q는 다음과 같다. 식 (14-26)에서

$$Q = N_f \Delta Q = N_f k \frac{h}{N_p} = \frac{N_f}{N_p} kh \tag{14-27}$$

14.5 피압지하수의 정상류

14.5.1 Artesian well

그림 14-4와 같이 우물을 지중의 불투수층 사이에 있는 함수층까지 파면 우물의 수면은 함수층

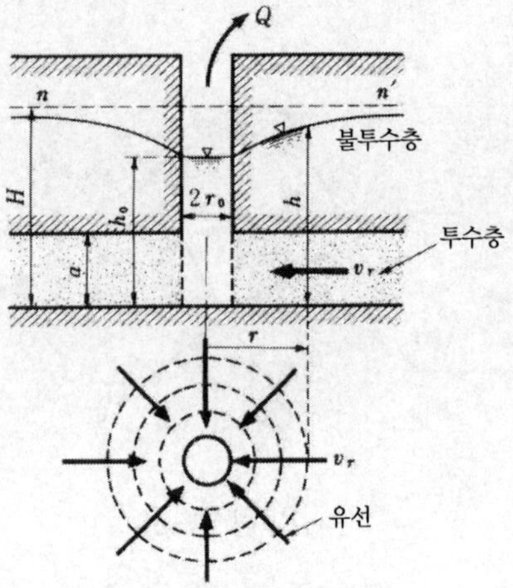

[그림 14-4] Artesian well

의 압력수두에 해당하는 높이까지 상승한다. 우물에서 일정한 유량 Q를 양수하면 우물 속의 수면은 h_0까지 내려가고 함수층의 물은 우물을 향해서 흐르게 된다. 이와 같은 우물을 Artesian well이라고 한다.

처음에 함수층의 압력수두는 nn'였으나, 일정한 유량 Q를 계속적으로 양수하면 우물 안의 수면은 최종적으로 h_0까지 내려가고 안정된다. 함수층의 물은 우물을 향하여 흐르게 되고 등압선은 동심원이 된다. 지금 우물의 중심에서 수평방향으로 r축을 취하고, r점의 압력수두를 h, 지름 방향의 유속을 v_r, 함수층의 두께를 a라고 하면

$$v_r = -k\frac{dh}{dr}$$

따라서 유량은

$$Q = -2\pi ra\,v_r = 2\pi ra\,k\frac{dh}{dr}$$

$$\therefore\ dh = \frac{Q}{2\pi ak}\frac{dr}{r}$$

이 식을 $r = r_0$에 있어서 $h = h_0$의 조건으로 적분하면

$$h - h_0 = \frac{Q}{2\pi ak}\ln\left(\frac{r}{r_0}\right) \tag{14-28}$$

이 식은 $r \to \infty$에 있어서 $h \to \infty$로 되지만, 실제는 $r \to \infty$에 있어서 $h \to H$로 되고 지하수면은 nn' 면에 접근하게 된다. 이와 같은 불합리를 없애기 위하여 우물의 영향권의 반지름 R을 생각하여 $r = R$에 있어서 $h = H$로 하고 R의 외부에 있어서는 우물의 영향이 미치지 않은 것으로

가정하여 식 (14–28)을 다음과 같이 취급한다.

$$H - h_0 = \frac{Q}{2\pi ak}\ln\left(\frac{R}{r_0}\right) = \frac{2.3\,Q}{2\pi ak}\log_{10}\left(\frac{R}{r_0}\right)$$

$$Q = \frac{2\pi ak(H - h_0)}{2.3\log_{10}\dfrac{R}{r_0}} \tag{14–29}$$

지하수의 공급원이 우물에 가까운 거리에 있는 경우는 일정한 유량 Q를 양수할 때 정상적인 흐름이 유지되고 식 (14–29)가 성립되지만 지하수의 공급원이 우물에서 먼 거리에 있으면 R이 점차적으로 크게 되고, 지하수의 흐름은 비정상류가 된다. 이와 같이 양수의 영향이 미치는 반지름 R을 영향권의 반지름이라고 한다.

계산예 14-1

지름 2 m의 Artesian well에서 일정한 유량을 장시간 양수한 결과 수위가 2 m 강하한 다음에 대략 일정하게 되었다. 이때의 양수량을 구하여라. 단, 함수층의 두께는 8 m이고, $k = 0.05$ cm/sec라고 한다.

【해】 영향권의 반지름과 우물의 반지름의 비를 $R/r_0 = 100$이라고 하면 식 (14–29)에서

$$Q = \frac{2 \times 3.14 \times 800 \times 0.05 \times 200}{2.3\log_{10}(100)} = 2184.34\ \text{cm}^3/\text{sec} = 2.18\ l/\text{sec}$$

14.5.2 집수암거

하천 바닥으로부터 a인 깊이에 집수관을 묻어서 넓은 수역으로부터 집수하는 경우가 많다. **그림 14–5**와 같이 수심 h, 집수관의 지름을 D, 그리고 집수관 내의 압력을 p라고 하면 단위 길이당의

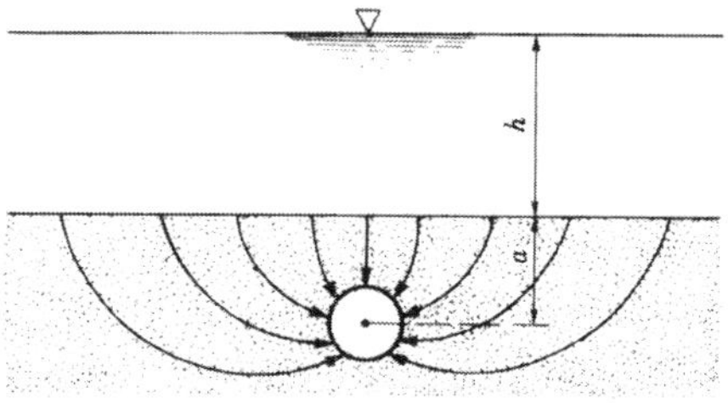

[그림 14–5] 집수암거의 유선

유량은 다음과 같다[1].

$$q = \frac{2\pi k(h + a - p/w)}{\ln\left(\dfrac{4a}{D}\right)} \tag{14-30}$$

하천 바닥의 압력은 wh이고, 집수관내의 압력은 p이며, $(h + a)$와 p/w의 차를 Δh라고 하면

$$q = \frac{2\pi k\,\Delta h}{\ln\left(\dfrac{4a}{D}\right)} \tag{14-31}$$

여기서 k는 집수관 주위의 토사의 투수계수이다.

14.6 자유수면을 가진 지하수의 정상류

14.6.1 심정

그림 14-6과 같이 투수층에 만든 우물 바닥이 불투수층까지 도달한 우물을 심정(deep well)이라고 한다. 우물의 지름 $2r_0$의 다공벽을 가진 원통형의 집수정에서 일정한 유량 Q를 양수하는 경우를 생각한다. 처음의 지하수면은 nn'이고, 정상적인 흐름상태에서 우물의 수위가 h_0로 내려간 것이라고 하면 r점에 있어서의 우물을 향하는 지하수의 유속은 $v_r = -k\,dh/dr$이므로 유량은 다음과 같다.

$$Q = -2\pi rh\,v_r = 2\pi rh\,k\frac{dh}{dr}$$

$$h\,dh = \frac{Q}{2\pi k}\frac{dr}{r}$$

$r = r_0$에 있어서 $h = h_0$의 조건으로 적분하면

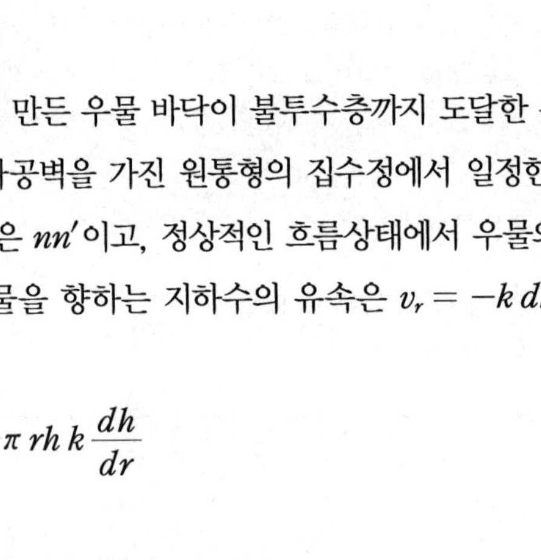

[그림 14-6] 심정

$$h^2 - h_0^2 = \frac{Q}{\pi k} \ln \frac{r}{r_0} \tag{14-32}$$

$r = R$에 있어서 h가 처음의 수위 H와 같다고 하면

$$H^2 - h_0^2 = \frac{Q}{\pi k} \ln \frac{R}{r_0} \tag{14-33}$$

$$\therefore Q = \frac{\pi k(H^2 - h_0^2)}{\ln \frac{R}{r_0}} \tag{14-34}$$

14.6.2 천정

일반적으로 바닥이 불투수층까지 도달하지 않은 우물을 천정(shallow well)이라고 한다. **그림 14-7** (a)는 우물의 바닥과 b 구간의 주변에서 지하수가 우물로 유입하고, (b)는 우물의 바닥에서만 유입한다.

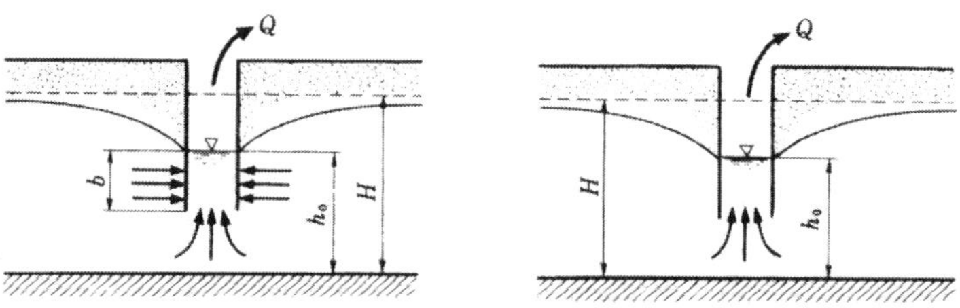

[그림 14-7] 천정

우물에서 정상적으로 양수할 때의 양수량은 Forchheimer에 의한 다음의 식에서 구할 수 있다.
(a)의 경우

$$Q = \frac{\pi k(H^2 - k_0^2)}{2.3\log_{10}(R/r_0)} \Big/ \left(\frac{h_0}{b + 0.5\, r_0}\right)^{1/2} \left(\frac{h_0}{2h_0 - b}\right)^{1/4} \tag{14-35}$$

(b)의 경우

$$Q = 4k\, r_0(H - h_0) \tag{14-36}$$

14.6.3 제방내부의 정상적인 투수

저수지 또는 하천의 흙 제방은 물이 제방 내부를 침투하여 **그림 14-8**의 ab 선 이하는 물에 의해

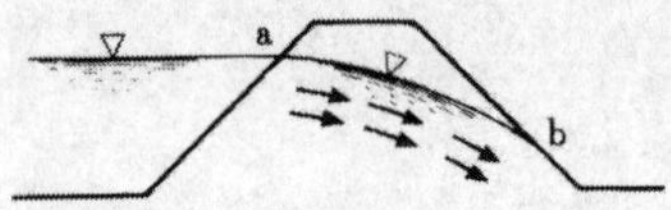

(a)

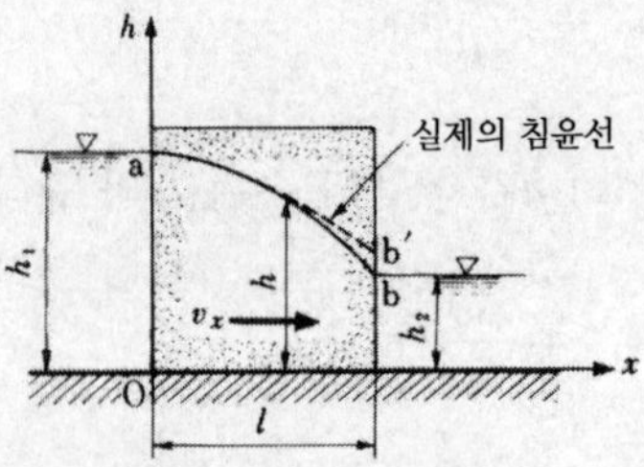

(b)

[그림 14-8] 제방의 투수

서 포화된다. ab 선은 이 경우의 지하수면이며, 흙 속의 모세관현상을 무시하면 대기압이 작용하게 된다. 이와 같은 침투수의 자유표면을 침윤선(saturation line)이라고 한다. 침윤선은 일반적으로 포물선이고 하류의 조건에 따라서 그 형상이 달라진다.

먼저 **그림 14-8**의 (b)와 같은 직사각형단면제방내의 투수에 대해서 생각해 보기 위하여 상하류의 수심을 각각 h_1, h_2, 제방의 폭을 l 이라고 하고, 바닥은 수평한 불투수층이라고 한다. 이 경우 실제의 침윤선은 ab′이지만 Dupuit는 ab를 침윤선이라고 하여 다음과 같이 취급하였다.

흐름이 정상적이라고 하면 지하수의 유속은 $u = -k\dfrac{dh}{dx}$ 이며, 단면의 유속분포가 일정하다고 가정하면 단위길이당의 투수량은 다음과 같다.

$$q = Av_x = -\,h\,k\frac{dh}{dx}$$

이 식을 $x = 0$에 있어서 $h = h_1$이라고 하여 적분하면

$$h_1^2 - h^2 = \frac{2q}{k}x \tag{14-37}$$

로 되고 유량이 주어지면 침윤선의 식을 구할 수 있다.

다시 $x = l$에 있어서 $h = h_2$라고 하면

$$q = \frac{k}{2l}(h_1^2 - h_2^2) \tag{14-38}$$

그림 14-9와 같은 제형단면제방 내부의 침투에 대해서 Casagrande는 다음과 같이 취급하였다. 그림에 있어서 C점에서 연직상향으로 z축을 취하고, 유선에 연해서 s축을 취하면 단위길이당의 투수량은 근사적으로 다음과 같다.

$$q = kz\left(-\frac{dz}{ds}\right) \tag{14-39}$$

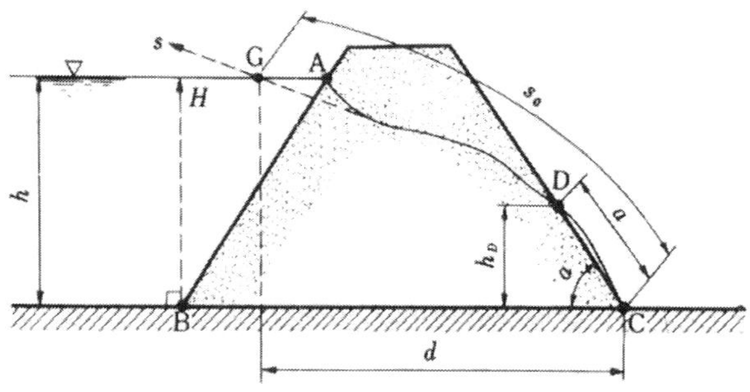

[그림 14-9] 제방내의 침윤선

그림의 D점을 유출점이라고 하면 D에 있어서의 동수경사는 $\sin\alpha$이므로

$$q = k\,h_D \sin\alpha = k\,a \sin^2\alpha \tag{14-40}$$

식 (14-39)와 식 (14-40)에서

$$-kz\,\frac{dz}{ds} = k\,a \sin^2\alpha \tag{14-41}$$

근사적으로 침윤선을 $AG = 0.3\,AH$의 관계를 만족하는 G점과 유출점 D를 통하는 포물선으로 가정하고, DG에 따라서 s축을 취하고, CDG의 길이를 s_0라고 하여 식 (14-41)을 적분하면

$$-\int_h^{a\sin\alpha} z\,dz = a\sin^2\alpha \int_0^{s_0-a} ds$$

$$-\frac{1}{2}(a^2\sin^2\alpha - h) = a\sin^2\alpha(s_0 - a)$$

$$\therefore\ a = s_0 - \sqrt{s_0 - (h/\sin\alpha)^2} \tag{14-42}$$

특히 침윤선의 경사가 작은 경우 또는 a가 작은 경우는 GC를 연결하는 직선과 s_0의 차가 작고 GC ≒ s_0라고 할 수 있는 경우는

$$s_0 = \sqrt{h^2 + a^2}$$

이며, 식 (14-42)는 다음과 같이 쓸 수 있다.

$$a = \sqrt{h^2 + a^2} - \sqrt{d^2 - h^2\cot^2\alpha} \tag{14-43}$$

식 (14-43)에서 a가 계산되면 투수량은 식 (14-40)에서 구할 수 있다.

14.7 지하수의 비정상류

14.7.1 피압지하수의 비정상양수

앞 절에서 논한 지하수의 흐름은 비압축성 정상흐름에 대한 것이며, 그 흐름은 Darcy의 법칙에 의해서 규정된다는 것을 전제로 한 것이다. 여기서는 지중토사의 간극률이 물이 빠져나감으로써 변화하는 경우의 지하수의 흐름에 대해서 생각하기로 한다.

지하수가가 흐르는 지중에 있어서 **그림 14-10**과 같은 요소를 생각하고 x, y, z축에 대한 미소변장을 Δx, Δy, Δz, 각 방향의 속도성분을 u, v, w 그리고 유체의 밀도를 ρ라고 하면 이 요소에 유출입하는 유체의 질량은 다음과 같다. 즉, $\Delta y\,\Delta z$면에서 x방향으로 유입하는 질량은 $\rho u\,\Delta y\,\Delta z$이고, Δx 떨어진 a′b′c′d′면에서 유출하는 질량은 $\left(\rho u + \dfrac{\partial \rho u}{\partial x}\Delta x\right)\Delta y\,\Delta z$이다. 같은 방법으로 y 및 z방향에 대해서도 생각할 수 있으며, 결국 이 요소에 남는 유체의 질량은

$$-\left\{\frac{\partial(\rho u)}{\partial x}+\frac{\partial(\rho v)}{\partial y}+\frac{\partial(\rho w)}{\partial z}\right\}\Delta x\,\Delta y\,\Delta z \tag{14-44}$$

다음에 토사의 간극률을 λ라고 하면 이 요소내에 있는 유체의 질량 ΔM은 $\rho\lambda\,\Delta x\,\Delta y\,\Delta z$이며, 만일, 토사의 간극률과 유체의 밀도가 변화한다면 ΔM의 시간적 변화는 다음과 같다.

$$\frac{\partial(\Delta M)}{\partial t}=\left\{\lambda\frac{\partial\rho}{\partial t}\Delta z+\rho\frac{\partial\lambda}{\partial t}\Delta z+\rho\lambda\frac{\partial(\Delta z)}{\partial t}\right\}\Delta x\,\Delta y \tag{14-45}$$

여기서 미소요소 $\Delta x\,\Delta y\,\Delta z$는 연직방향으로만 변화하고 수평방향으로는 변화하지 않는다고 생각한다.

미소요소의 체적이 변화하는 것은 토사 내부의 압축응력의 연직방향의 성분 σ_z에 의한 것이라고 하면

$$C_s(\sigma_{z_2}-\sigma_{z_1})=\frac{\Delta z_1-\Delta z_2}{\Delta z}$$

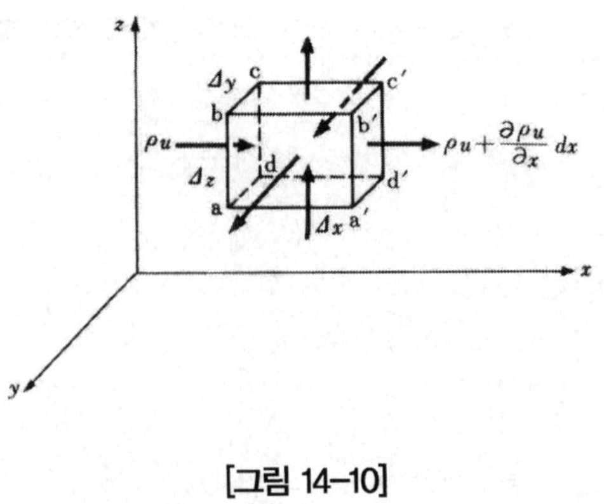

[그림 14-10]

$$\therefore\ C_s\, d\sigma_z = -\frac{d(\varDelta z)}{\varDelta z}$$

여기서 C_s는 토사의 연직방향의 압축률이다. 위 식을 고쳐 쓰면

$$d(\varDelta z) = -C_s\, \varDelta z\, d\sigma_z$$

$$\frac{\partial(\varDelta z)}{\partial t} = -C_s\, \varDelta z\, \frac{\partial \sigma_z}{\partial t} \qquad (14\text{–}46)$$

토사의 실질부는 유체의 밀도와 간극률에 비해서 그 압축성이 작으므로 다음과 같이 쓸 수 있다.

$$\varDelta V_s = (1-\lambda)\, \varDelta z\, \varDelta y\, \varDelta x = \text{const.}$$

또는

$$d(\varDelta V_s) = \{(1-\lambda)d\,(\varDelta z) - \varDelta z\, d\lambda\}\varDelta x\, \varDelta y = 0$$

따라서

$$\frac{d\lambda}{1-\lambda} = \frac{d(\varDelta z)}{\varDelta x}$$

$$\therefore\ \frac{\partial \lambda}{\partial t} = \frac{1-\lambda}{\varDelta z}\,\frac{\partial(\varDelta z)}{\partial t} = -C_s(1-\lambda)\,\frac{\partial \sigma_z}{\partial t} \qquad (14\text{–}47)$$

토사의 압축성은 투수층이 상하의 불투수층 사이에 있을 때 중요한 것이다.

투수층의 윗 면에 있어서는 위에서 작용하는 압력의 연직성분 σ_z가 그 점의 수압 p와 평형을 이루므로

$$p + \sigma_z = \text{const.}$$

$$d\sigma_z = -dp$$

이 관계식에서 수압이 증가하면 그만큼 토사의 연직압축응력이 감소된다는 것을 알 수 있다. 이와 같은 사실은 토사의 압밀론에서도 볼 수 있다. 수압의 시간적 변화를 $\frac{\partial p}{\partial t}$라고 하면 밀도의 시간적 변화는 다음과 같다.

$$\frac{\partial \rho}{\partial t} = C_w\, \rho_0\, \frac{\partial p}{\partial t} \qquad (14\text{–}48)$$

여기서 C_w는 물의 압축률이고, ρ_0는 대기압 하의 물의 밀도이다.

다음에 토사층 두께의 시간적 변화는 식 (14–47)과 같이

$$\frac{\partial(\Delta z)}{\partial t} = C_s \Delta z \frac{\partial p}{\partial t} \tag{14-49}$$

이고, 간극률의 시간적 변화도 식 (14–47)과 같이

$$\frac{\partial \lambda}{\partial t} = C_s(1-\lambda) \frac{\partial p}{\partial t} \tag{14-50}$$

이다. 식 (14–48)~식 (14–50)을 식 (14–45)에 대입하면

$$\frac{\partial(\Delta M)}{\partial t} = \left\{ C_w \lambda \rho_0 \frac{\partial p}{\partial t} + \rho C_s(1-\lambda) \frac{\partial p}{\partial t} + \rho\lambda C_s \frac{\partial p}{\partial t} \right\} \Delta x \, \Delta y \, \Delta z$$

$$\therefore \frac{\partial(\Delta M)}{\partial t} = (C_w \lambda \rho_0 + C_s \rho) \frac{\partial p}{\partial t} \Delta x \, \Delta y \, \Delta z \tag{14-51}$$

식 (14–51)은 단위시간에 증가한 미소요소내의 유체의 질량이고 식 (14–44)는 단위시간에 미소요소에 유출입하는 유체질량의 차이다. 따라서 식 (14–44)와 식 (14–51)은 같다.

$$-\left\{ \frac{\partial(\rho u)}{\partial x} + \frac{\partial(\rho v)}{\partial y} + \frac{\partial(\rho w)}{\partial z} \right\} = \rho\lambda \left(C_w - \frac{C_s}{\lambda} \right) \frac{\partial p}{\partial t} \tag{14-52}$$

식 (14–52)가 시간에 따라서 유체의 밀도 또는 토사의 간극률이 변화하는 경우의 지하수의 유동에 관한 연속방정식이다.

식 (14–52)의 좌변은 다음과 같이 고쳐 쓸 수 있다.

$$-\left\{ \frac{\partial(\rho u)}{\partial x} + \frac{\partial(\rho v)}{\partial y} + \frac{\partial(\rho w)}{\partial z} \right\} = -\rho \left(\frac{\partial u}{\partial x} + \frac{\partial v}{\partial y} + \frac{\partial w}{\partial z} \right) - \left(u \frac{\partial \rho}{\partial x} + v \frac{\partial \rho}{\partial y} + w \frac{\partial \rho}{\partial z} \right)$$

이 식에 있어서 물의 밀도 변화는 극히 작으므로 우변의 제1항에 비해서 무시할 수 있다.

지하수두를 h라고 하면

$$u = -k \frac{\partial h}{\partial x}, \qquad v = -k \frac{\partial h}{\partial y}, \qquad w = -\frac{\partial h}{\partial z}$$

이고 $\frac{\partial p}{\partial t} = \rho g \frac{\partial h}{\partial t}$로 놓으면

$$\frac{\partial^2 h}{\partial x^2} + \frac{\partial^2 h}{\partial y^2} + \frac{\partial^2 h}{\partial z^2} = \frac{\rho g \lambda}{k} \left(C_w - \frac{C_s}{\lambda} \right) \frac{\partial p}{\partial t} \tag{14-53}$$

정상적인 지하수 흐름에 대해서 시간에 대한 미계수가 0이므로 식 (14–53)은 식 (14–20)에 일치한다.

식 (14–53)에 있어서 투수층이 수평이고, 그 두께가 a이면 다음과 같이 쓸 수 있다.

$$\frac{\partial^2 h}{\partial x^2} + \frac{\partial^2 h}{\partial z^2} = \frac{\lambda \rho g}{k} a \left(C_w + \frac{C_s}{\lambda} \right) \frac{\partial p}{\partial t} \quad \text{또는} \quad \frac{\partial^2 h}{\partial x^2} + \frac{\partial^2 h}{\partial z^2} = \frac{S}{T} \frac{\partial h}{\partial t} \tag{14-54}$$

여기서

$$S = \lambda g \rho a \left(C_w + \frac{C_s}{\lambda} \right) \tag{14-55}$$

$$T = ka \tag{14-56}$$

이며, S를 저류계수(coefficient of storage)라고 하고, T를 투수량계수(transmissibility)라고 한다[2]. S와 T는 실험계수이며, 우물의 양수시험에서 결정할 수 있다.

우물에 유입하는 유량은 지름 r의 원통면을 통하므로 x, z 대신 식 (14–54)를 r로서 표시하면 다음과 같다.*

$$\frac{\partial^2 h}{\partial r^2} + \frac{1}{k}\frac{\partial h}{\partial r} = \frac{S}{T}\frac{\partial h}{\partial t} \tag{14-57}$$

우물의 중심에서 r점의 원통면을 통해서 유입하는 유량을 Q_r, 양수량을 Q라고 하면 식 (14–57)은 초기조건 $t = 0$에 있어서 $h = H$, 경계조건 $r = \infty$에 있어서 $h = H$, 그리고 $t > 0$ 때 $Q = Q_r$을 사용하여 풀 수 있다. 지금

$$\xi = \frac{r}{(2\sqrt{Tt/S})}$$

인 변환을 사용하여 적분하면

$$h = H - \frac{Q}{2\pi T}\int_{\xi}^{\infty} \frac{e^{-\xi^2}}{\xi} d\xi$$

다시

$$\eta = \xi^2 = r^2 S/4Tt \tag{14-58}$$

로 놓으면 수면강하량 s는 η의 함수이고 다음과 같다[3], [4].

$$s = H - h = \frac{Q}{4\pi T}\int_{\eta}^{\infty} \frac{e^{-\eta}}{\eta} d\eta = \frac{Q}{4\pi T} W(\eta) \tag{14-59}$$

여기서

$$W(\eta) = -0.5772 - \ln \eta + \eta - \frac{\eta^2}{2 \cdot 2!} + \frac{\eta^3}{3 \cdot 3!} + \cdots \tag{14-60}$$

여기서 $W(\eta)$를 우물함수(well function)라고 부른다.

양수를 시작한 후 충분한 시간이 경과하여 $\eta < 1/50$로 되면 식 (4–59)의 $W(\eta)$의 값은 제2항까

* 식 (14–57)은 부록 1을 참고하여 유도할 수 있다.

지만 생각해도 된다. 즉 이와 같은 경우의 수위 저하량은 다음과 같이 쓸 수 있다.

$$s = \frac{Q}{4\pi T}[-0.5772 - \ln\eta] = \frac{2.303Q}{4\pi T}\left[\log_{10}\frac{t}{r^2} - \log_{10}\frac{S}{2.25T}\right] \tag{14-61}$$

다음에는 충분한 시간 Q인 유량으로 양수한 후, 양수를 정지하면 우물의 수위는 점차적으로 처음의 수위로 회복한다. 이 경우는 양수를 계속하는 도중에 어떤 시각부터 Q인 급수를 추가하는 해(또는 $-Q$의 양수)를 구하면 된다.

양수개시 후의 시간을 t, 양수 정지 후의 시간을 t'라고 하고

$$\eta = r^2 S/4Tt, \qquad \eta' = r^2 S/4Tt' \tag{14-62}$$

의 관계를 사용하면 식 (14-59)에서 수위상승량은 다음과 같이 구할 수 있다.

$$s' = \frac{Q}{4\pi T}\left[\int_{\eta}^{\infty}\frac{e^{-\eta}}{\eta}d\eta - \int_{\eta'}^{\infty}\frac{e^{-\eta'}}{\eta'}d\eta'\right] \tag{14-63}$$

시간이 충분히 경과하여 $\eta \ll 1$, $\eta' \ll 1$로 되면 식 (14-63)은 다음과 같이 된다.

$$\left.\begin{aligned} s' &= \frac{2.303\,Q}{4\pi T}\log_{10}\frac{t}{t'} \\ \therefore\ T &= \frac{0.183\,Q}{s'}\log_{10}\frac{t}{t'} \end{aligned}\right\} \tag{14-64}$$

이 관계식을 사용하면 수위의 회복상태를 관측하여 T와 S를 구할 수가 있다.

14.7.2 자유수면이 있는 지하수의 비정상양수

그림 14-11과 같이 불투수층까지 도달하는 우물에서 일정한 유량 Q를 계속적으로 양수하면 우물의 수위가 점차적으로 저하하는 동시에 영향권의 반지름도 시간에 따라서 점차적으로 크게 된다.

자유수면의 경사가 크지 않다고 가정하면 식 (14-17)의 운동방정식에 있어서 x방향에 대한 흐름만을 생각할 수 있다. 지금 이 식에 있어서 x 대신 r로서 표시하면 이 경우의 운동방정식은 다음과 같이 쓸 수 있다.

$$\frac{1}{\lambda g}\frac{\partial h}{\partial t} + \frac{\partial h}{\partial r} + \frac{u}{k} = 0 \tag{14-65}$$

다음에는 이 경우의 연속방정식을 구하기 위하여 반지름 r과 $r + dr$의 두 개의 원통면을 유출입하는 수량에 대해서 생각한다.

반지름 r의 원통을 통해서 흐르는 유량 Q_r은 $Q_r = -2\pi r\,h\,u$이고, 반지름 $r + dr$의 원통면을 통해서 흐르는 유량은 $Q_r + \dfrac{\partial Q_r}{\partial r}dr$이다. 따라서 dt 시간 사이에 흐르는 수량의 차는

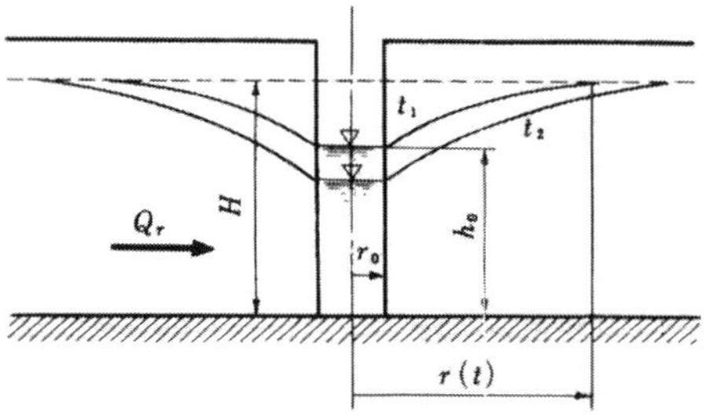

[그림 14-11] 비정상양수

$$\frac{\partial Q_r}{\partial r} dr\, dt$$

이다. 이 유량의 차는 dt 시간에 자유수면의 저하에 의해서 투수층의 간극에서 빠져나온 수량

$$\lambda\, 2\,\pi r\, dr \frac{\partial h}{\partial t} dt$$

와 같다고 생각된다. 따라서 이 경우의 연속방정식은 다음과 같다.

$$\lambda\, 2\,\pi r\, dr \frac{\partial h}{\partial t} dt = \frac{\partial Q_r}{\partial r} dr\, dt$$

$$\lambda\, 2\,\pi r\, dr \frac{\partial h}{\partial t} dt = -\frac{\partial}{\partial r}(2\,\pi r\, h\, u) dr\, dt$$

$$\therefore\ \lambda \frac{\partial h}{\partial t} + \frac{\partial}{\partial r}(hu) = 0 \tag{14-66}$$

홈마(本間)는 이 경우의 연속방정식 (14-65)와 연속방정식 (14-66)에서 다음 식을 유도하였다[5].

$$h = H - \frac{Q}{4\pi\, kH} \int_0^\infty \frac{e^{-\eta}}{\eta} d\eta = H - \frac{Q}{4\pi\, kH} W(\eta) \tag{14-67}$$

또는

$$H - h = \frac{Q}{4\pi\, kH} W(\eta) \tag{14-68}$$

식 (14-68)은 피압지하수에 대한 식 (14-59)와 동형이고 T 대신 kH를 사용하면 된다. 그리고 식 (14-68)을 유도할 때 홈마는 $\eta = \dfrac{r^2 \lambda}{4\, k\, Ht}$ 로 하였으므로 S 대신 λ를 사용하면 피압지하수의 경우와 동일하다. 이 경우 η는 r, t만의 함수이므로 임의의 시간에 있어서 임의의 위치의 수위를 계산할 수 있다.

14.8 투수계수의 현장측정법

14.8.1 피압지하수의 양수실험

피압지하수의 양수실험에서 투수계수를 결정하는 방법에는 두 가지가 있다. 한 가지는 평형식에 의한 방법이고, 다른 한 가지는 비평형식에 의한 방법이다. 평형식은 우물에서 일정한 유량을 양수할 때 우물에 유입하는 지하수가 정상적인 흐름이 될 때이고, 비평형식은 우물에서 일정한 유량을 양수할 때 우물 주위의 지하수위가 저하됨에 따라 영향권의 반지름이 점차적으로 확대되는 비정상적인 경우이다.

(1) 평형식에 의한 방법-Thiem의 방법

그림 14-12와 같은 피압지하수에 있어서 우물에서 일정한 거리만큼 떨어진 두 점 r_1, r_2에 철관을 박아서 그 점의 수위를 측정하게 되는데 일정한 유량을 양수할 때, 정상적인 흐름이 되었을 때의 수위강하량을 각각 η_1, η_2라고 하면 식 (14-28)에서 다음과 같이 쓸 수 있다.

$$(H-\eta_1)-h_0=\frac{Q}{2\pi\, ak}\ln\frac{r_1}{r_0}$$

$$(H-\eta_2)-h_0=\frac{Q}{2\pi\, ak}\ln\frac{r_2}{r_0}$$

이들의 두 식에서

$$\eta_1-\eta_2=\frac{Q}{2\pi\, ak}\ln\frac{r_2}{r_1}$$

$$\therefore\ k=\frac{Q\ln\dfrac{r_1}{r_2}}{2\,\pi a(\eta_1-\eta_2)} \tag{14-69}$$

우물에서 일정한 유량 Q를 양수할 때 우물 주위의 지하수 흐름이 정상적으로 되었다고 생각될

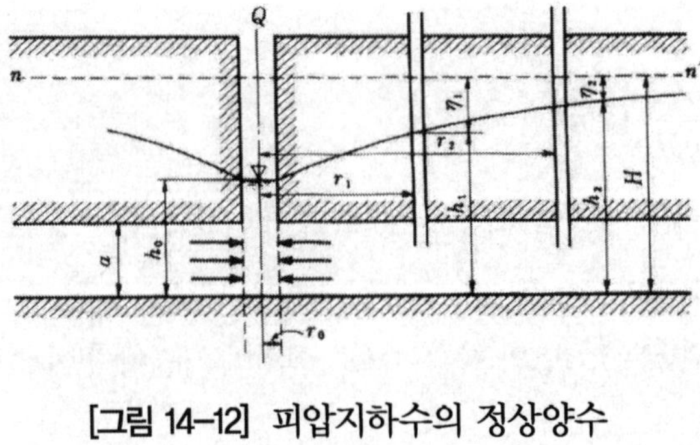

[그림 14-12] 피압지하수의 정상양수

때의 r_1, r_2 점의 수위강하량 η_1, η_2를 측정하면 식 (14−68)에서 투수계수를 계산할 수 있다. 이 방법을 Thiem 법이라고 한다.

계산예 14-2

피압지하수의 투수계수를 현장에서 측정하기 위하여 지름 60 cm의 시험정을 만들어서 4 l/sec의 물을 계속적으로 양수하였다. 시험정의 중심에서 각각 10 m 와 20 m 떨어진 지점의 관측정의 수위가 각각 70 cm와 30 cm 강하하였다고 하면 이 지점의 투수계수는 얼마인가? 단, 함수층의 두께는 5 m 라고 한다.

【해】 $Q = 4\ l/\text{sec} = 4000\ \text{cm}^3/\text{sec}$

식 (14−69)에 있어서 $r_1 = 10\ \text{m}$, $r_2 = 20\ \text{m}$, $a = 5\ \text{m}$, $\eta_1 = 70\ \text{cm}$, $\eta_2 = 30\ \text{cm}$라고 하면

$$k = \frac{4000 \times 2.3 \log_{10} \dfrac{2000}{1000}}{2 \times 3.14 \times 500(70 - 30)} = 0.022\ \text{cm/sec}$$

(2) 비평형식에 의한 방법

비평형식에 의한 방법은 여러 가지 있으나 여기서는 Theis의 표준곡선 해석법과 Jacob의 직접해석법에 대해서 설명하기로 한다.

(a) Theis의 표준곡선해석법

이 방법은 식 (14−58)에서 투수량계수 T를 구해서 투수층의 두께 a에서 k를 다음 식에서 계산할 수 있다.

$$k = \frac{T}{a} \tag{14-70}$$

식 (14−58)에서 T를 구하는 방법은 다음과 같다.

우물 함수 $W(\eta)$와 $1/\eta$의 관계를 대수지 위에 그리면 **그림 14−13**과 같은 곡선이 된다. 이 곡선을 Theis의 표준곡선이라고 한다[6].

다음에 양수시험에 의해서 r점의 수위강하량 s의 시간적 변화는 $s\sim t$의 관계에 의해서 나타낼 수 있으며, 이것을 대수지 위에 그리면 이 곡선 은 표준곡선의 일부와 일치할 것이다. 즉, 식 (14−58)과 식 (14−59)의 대수를 취하면

$$\log_{10} t = \log_{10}\left(\frac{r^2 S}{4T}\right) + \log_{10}\left(\frac{1}{\eta}\right) \tag{14-71}$$

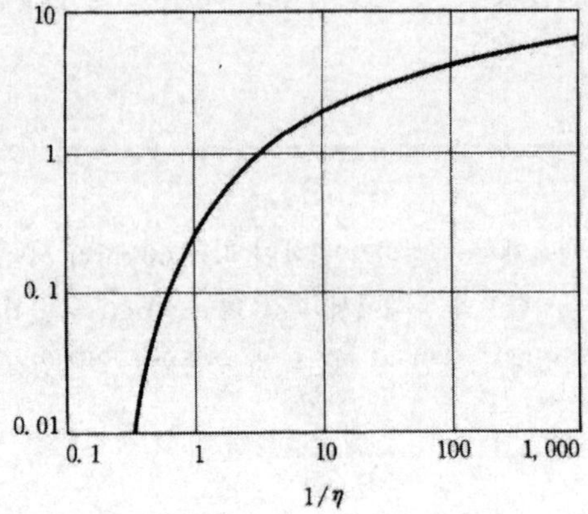

[그림 14–13] $1/\eta \sim W(\eta)$표준곡선

$$\log_{10} s = \log_{10}\left(\frac{Q}{4\pi T}\right) + \log_{10} W(\eta) \tag{14-72}$$

와 같이 되고, 상수항 $\log_{10}(r^2 S/4T)$와 $\log_{10}(Q/4\pi T)$를 적절히 택하면 양곡선의 일부가 일치하게 된다. s와 t의 실측치를 x축에 t, y축에 s를 투명한 대수지상에 그리고 이것을 표준곡선 위에 놓고 종횡으로 평형이동 시켜서 일치하는 부분을 찾을 수 있다. 이때 $W(\eta)=1$과 일치하는 s의 읽음을 s_1이라고 하면 이것이 $Q/4\pi T$와 같으므로 투수계수 k를 다음 식에서 구할 수 있다.

$$s_1 = \frac{Q}{4\pi T}$$

$$\therefore\ T = ka = \frac{Q}{4\pi s_1} \tag{14-73}$$

(b) Jacob의 직선해석법

Jacob는 작은 r에 대해서 장시간 양수하면 식 (14–58)에서 아는 바와 같이 η가 매우 작은 값이 된다는 점에 주목하여 $\eta < 0.01$에 대해서 식 (14–60)은 근사적으로

$$W(\eta) = -0.5772 - \ln \eta$$

로서 표시할 수 있다고 하여 다음 식을 유도 하였다[7]. 식 (14–59)에서

$$s = \frac{Q}{4\pi T} W(\eta) = \frac{Q}{4\pi T}[-0.5772 - \ln \eta] = \frac{Q}{4\pi T}\left[\ln\left(\frac{1}{\eta}\right) - 0.5772\right]$$

$$\eta = \frac{r^2 S}{4tT}, \qquad \frac{1}{\eta} = \frac{4tT}{r^2 S^2}$$

를 이용하면

$$s = \frac{Q}{4\pi T}\left[\ln\frac{t}{r^2}\frac{4T}{S} - 0.5772\right] = \frac{Q}{4\pi T}\left[\ln\frac{t}{r^2} - \ln\frac{S}{4T} - 0.5772\right] \tag{14-74}$$

지금 **그림 14-14**와 같이 $\frac{t}{r^2} = 10$에 대한 s를 s_2, $\frac{t}{r^2} = 1.0$에 대한 s를 s_1이라고 하면 식 (14-74)에서

$$s_2 = \frac{2.3\,Q}{4\pi T}\left[\log 10 - \log\frac{S}{4T} - 0.5772\right], \qquad s_1 = \frac{2.3\,Q}{4\pi T}\left[\log 1 - \log\frac{S}{4T} - 0.5772\right]$$

이들의 차를 구하면

$$\Delta s = s_2 - s_1 = \frac{2.3\,Q}{4\pi T}[\log 10 - \log 1] = \frac{2.3\,Q}{4\pi T} \tag{14-75}$$

우물의 중심으로부터 r점에 있어서 양수시간 t와 수위강하량 s를 관측 하면 $t/r^2 \sim s$의 관계를 반대수지상에 그리면 **그림 14-14**와 같은 직선이 되고, 이 관측치에서 Δs를 구할 수 있다. Δs가 구해지면 투수량계수와 투수계수를 다음 식에서 계산할 수 있다.

$$T = \frac{2.3\,Q}{4\pi\,\Delta s}, \qquad k = \frac{T}{a} \tag{14-76}$$

여기서 a는 투수층의 두께이다.

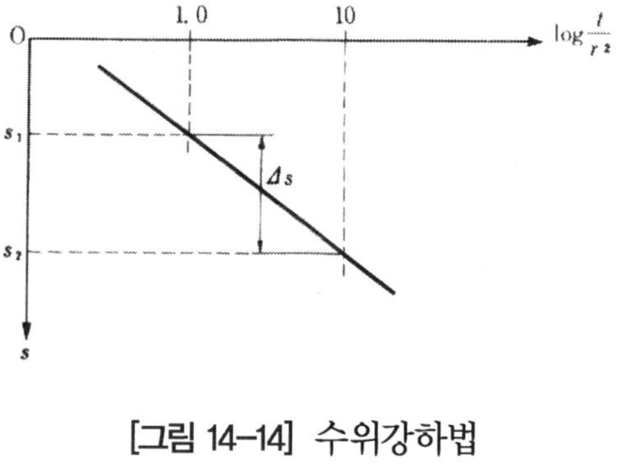

[그림 14-14] 수위강하법

(C) 수위회복법

장시간 양수한 후 양수를 중지하면 우물의 수위가 상승하고 원상태로 회복하게 된다. 이 경우는 양수 중지 후는 Q인 양수를 하는 중 $-Q$(Q만큼 급수)인 양수를 추가한다고 생각하여 해석할 수 있다. 양수를 시작할 때부터의 시간을 t, 양수 중지 후의 시간을 t'라고 하면 수위상승량은 식 (14-64)와 같이 된다. 이 식에서 아는 바와 같이 수위상승량 s와 t/t'는 반대수지상에서 직선이 된다. 그림에 있어서 $\log_{10} = \frac{t}{t'} = 1$과 $\log_{10} = \frac{t}{t'} = 10$에 대한 수위를 각각 s_1, s_2라고 하면 식 (14-64)에서

$$s_1 = \frac{2.3\,Q}{4\,\pi\,T}\log_{10} 1\,, \qquad s_2 = \frac{2.3\,Q}{4\,\pi\,T}\log 10$$

이들의 차를 구하면

$$\Delta s = s_2 - s_1 = \frac{2.3\,Q}{4\,\pi\,T}(\log 10 - \log 1) = \frac{2.3\,Q}{\pi\,T} \tag{14-77}$$

양수 정지 후 각 시각에 대한 우물의 수위상승량을 관측하여 이들을 반대수지상에 그리면 **그림 14-14**와 같은 직선이 되고, 이 직선에서 Δs를 구하면 다음 식에서 투수량계수와 투수계수를 구할 수 있다.

$$T = \frac{2.3\,Q}{4\,\pi\,\Delta s}, \qquad k = \frac{T}{a} \tag{14-78}$$

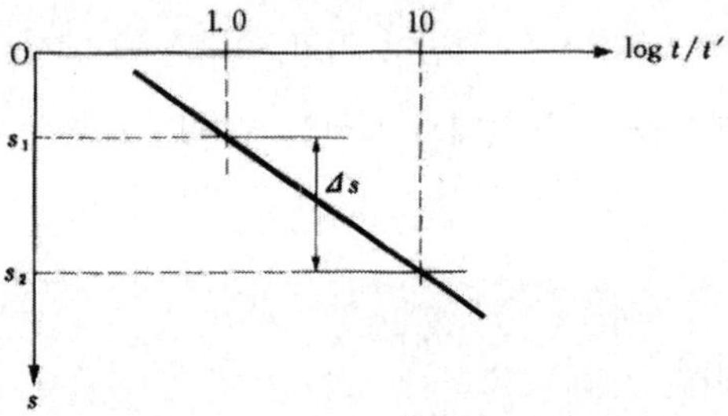

[그림 14-15] 수위회복법

계산예 14-3

그림과 같은 피압지층의 투수계수를 측정하기 위하여 양수시험을 하였다. 양수정에 $Q = 2.92 \times 10^{-3}\,\text{m}^3/\text{sec}$를 계속적으로 양수한 바 각 시간마다의 관측정 1과 2의 수위강하량은 다음 표와 같다. 투수층의 투수계수는 얼마인가? 여기서 관측정은 각각 $r_1 = 10\,\text{m}$, $r_2 = 20\,\text{m}$이고 투수층의 두께는 $a = 4.3\,\text{m}$이다.

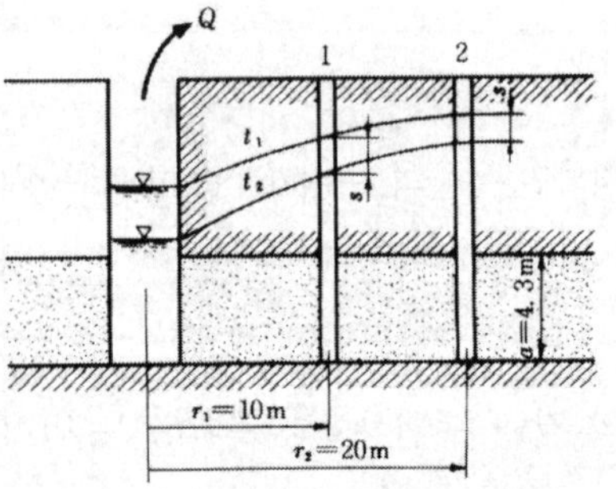

시간(분)	수위강하량 No.1 관측정	시간(분)	수위강하량 No.2 관측정
0	0(m)	0	0
4	0.014	6	0.006
12	0.027	22	0.018
27	0.035	47	0.024
57	0.049	87	0.032
177	0.071	237	0.059
297	0.091	477	0.067
417	0.119	537	0.079
537	0.127	957	0.097
957	0.144	1017	0.099
1077	0.144	1077	0.099

【해】 식 (14–75)에서 투수량계수 T를 구하기 위하여 Δs를 도해적으로 구한다.

No.1 관측정, $r = 10$ m			No.2 관측정, $r = 20$ m		
t(min)	t/r^2	s(m)	t(min)	t/r^2	s(m)
0	0	0	0	0	0
4	0.04	0.014	6	0.015	0.006
12	0.12	0.027	22	0.055	0.018
27	0.27	0.035	47	0.118	0.024
57	0.57	0.049	87	0.218	0.032
177	1.77	0.071	237	0.593	0.059
297	2.97	0.091	477	1.193	0.067
417	4.17	0.119	537	1.343	0.079
537	5.37	0.129	957	2.393	0.097
957	9.57	0.144	1017	2.543	0.099
1077	10.77	0.135	1077	2.	0.099

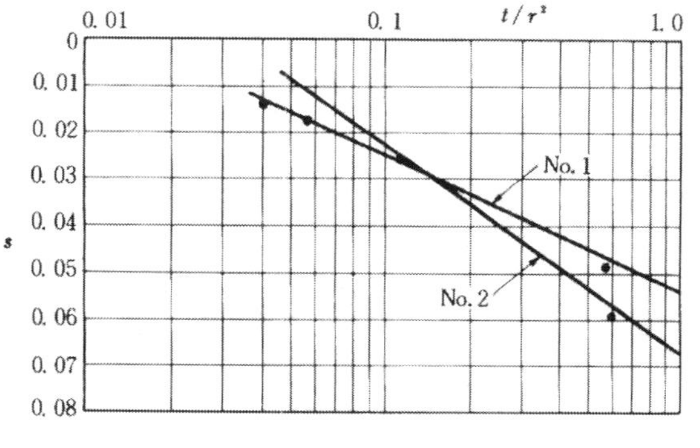

그림에서 No.1 관측정은 $\Delta s_1 = s_2 - s_1$에서

$$\Delta s_1 = 0.054 - 0.025 = 0.029$$

$$\Delta s_2 = 0.067 - 0.022 = 0.045$$

식 (14-75)에서

$$T_1 = \frac{2.3\,Q}{4\,\pi\,\Delta s_1} = \frac{2.3 \times 2.92 \times 10^{-3}}{4 \times 3.14 \times 0.029} = \frac{6.72 \times 10^{-3}}{0.364} = 18.46 \times 10^{-3}$$

$$T_2 = \frac{2.3 \times 2.92 \times 10^{-3}}{4 \times 3.14 \times 0.045} = \frac{6.72 \times 10^{-3}}{0.655} = 10.26 \times 10^{-3}$$

$$k_1 = \frac{T_1}{a} = \frac{18.46 \times 10^{-3}}{4.3} = 4.29 \times 10^{-3}\,\text{m/sec}$$

$$k_2 = \frac{T_2}{a} = \frac{10.26 \times 10^{-3}}{4.3} = 2.39 \times 10^{-3}\,\text{m/sec}$$

14.8.2 자유수면이 있는 지하수의 양수시험

(1) 평형식– Thiem법

불투수층까지 도달한 심정에서 일정한 유량 Q를 양수할 때 지하수의 유동이 정상상태가 되었다고 할 때의 우물의 수위강하와 우물 주위의 수위 변동의 관계는 식 (14-32)와 같다.

지금 r_1점의 수위강하량을 η_1, r_2점의 수위강하량을 η_2라고 하면 식 (14-32)에서 다음과 같이 쓸 수 있다.

$$(H - \eta_1)^2 - h_0^2 = \frac{Q}{\pi\,k} \ln \frac{r_1}{r_0}$$

$$(H - \eta_2)^2 - h_0^2 = \frac{Q}{\pi\,k} \ln \frac{r_2}{r_0}$$

위의 두 식에서

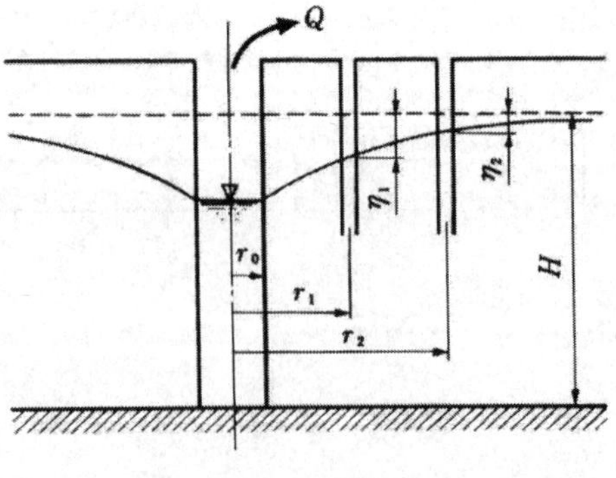

[그림 14-16] Thiem의 평형법

$$(H-\eta_2)^2-(H-\eta_1)^2=\frac{Q}{\pi k}\ln\frac{r_2}{r_1}$$

$$\therefore k=\frac{2.3\,Q\log\dfrac{r_2}{r_1}}{\pi\{(H-\eta_2)^2-(H-\eta_1)^2\}} \tag{14-79}$$

우물에서 양수할 때, 지하수의 흐름이 정상상태로 되었을 때 r_1점과 r_2점의 수위강하량 η_1, η_2를 관측하면 이 경우의 투수계수를 식 (14–79)에 계산할 수 있다. 이 방법을 Thiem의 평형방법이라고 한다.

(2) 홈마(本間)의 비평형방법

불투수층까지 도달한 심정에서 일정한 유량을 양수하는 경우 우물 중심으로부터 r점의 지하수위의 시간적인 변화를 관측하여 투수계수를 홈마 의 비평형식법에 의하여 측정하는 방법은 다음과 같다.

Jacob의 방법과 같이 $s \sim t/r^2$의 관계 곡선을 그려서 Δs를 구하고, 식 (14–75)에서 T를 계산하고 다음 식에서 투수계수를 구한다.

$$T=k\,H$$

$$\therefore k=\frac{T}{H} \tag{14-80}$$

수위회복법도 Jacob의 방법과 같이 관측치에서 T를 구하고 식 (14–79)에서 투수계수를 계산한다.

연습문제

14-1. 압력수두 13 m, 두께 3.0 m의 피압지하수층에서 지름 2 m의 Artetian well에 의해서 2 l/sec를 유량을 양수할 때 우물 내의 수심이 $h_0 = 6$ m로 되었다고 하면 이 우물의 영향권 반지름은 얼마인가? 여기서 $k = 0.05$ cm/sec이다.

14-2. 그림과 같은 심정에서 10 l/sec를 양수할 때 h_0을 계산하여라. 여기서 $k = 0.05$ cm/s, 영향권의 반지름은 $R = 1000$ m라고 한다.

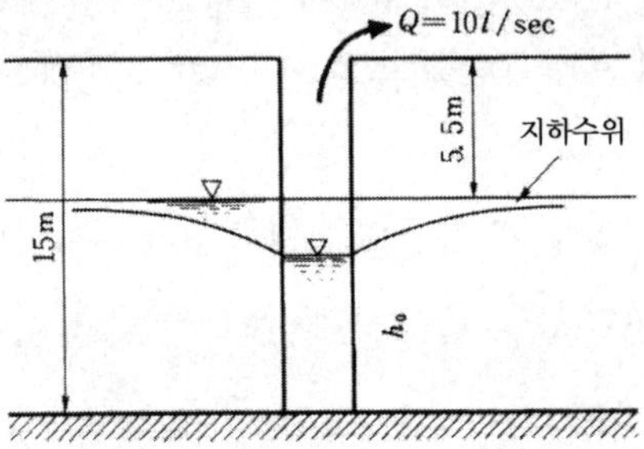

14-3. 그림과 같은 피압투수층의 투수계수를 측정하기 위하여 양수시험을 실시한 결과 수위강하법 및 수위회복법에 대한 수위변동은 다음 표와 같다. 양수량은 2.92×10^{-3} m^3/sec, 투수층의 두께는 $a = 4.5$ m라고 한다.

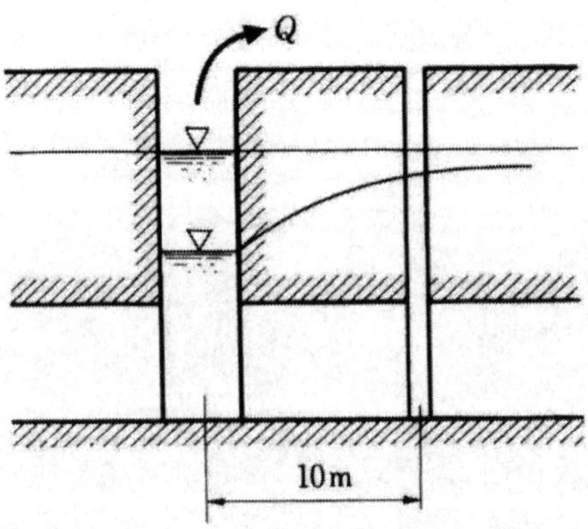

수위강하		수위회복		
시간(min)	수위강하량(m)	시간(min)	회복시간	수위회복량
0	0	t	t'	0
4	0.020	1680	600	0.001
8	0.035	1550	420	0.024
18	0.074	1320	180	0.064
28	0.110	1140	60	0.590
38	0.155	1080	0	
48	0.189			
58	0.155			
238	0.458			
358	0.533			
478	0.533			

참고문헌

[1] 本間仁, 水理學, P.216, 丸善, 東京, 1967.

[2] H. Rouse : Engineering Hydraulics, p. 333, John Wiley & Sons, 1949.

[3] 石原·本間, 共編 : 應用水理學, 上, p.205, 丸善, 東京, 1959.

[4] 文獻 [2]

[5] 本間仁 : 地下水의 理論에 관한 新方法, 日本土木學會誌, Vol. 11, 1935.

[6] L.K. Wenzel : Methods for Determining Permeability of Water Bearing Materials with Special Reference to Discharging well Methods, U.S. Water–Supply Paper, 887, 1942.

[7] H.H. Cooper, C.E. Jacob : A Generalized Graphical Method for Evoluting Formation Constants and Summerizing Well–field History, Trans. American Geophysical Union, Vol. 27, No. 5, 1946.

제15장

차원해석법과 수리학적 상사법칙

15.1 차원방정식

특이적 양의 상호관계를 나타내는 한 가지 방법은 대수방정식을 만드는 것이다. 이 대수방정식에 포함되어 있는 물리량은 각각의 차원을 가지고 있고 1차적으로 각 항의 차원이 동일해야 하고, 양변의 차원도 동일해야 한다. 한 예로서 깊이 h점의 정수압 p는

$$p = p_a + wh$$

로서 표시할 수 있는데, p_a는 수면에 작용하는 대기압, w는 물의 단위중량이다. 이들의 차원방정식을 만들면

$$[FL^{-2}] = [FL^{-2}] + [FL^{-3}L] \tag{15-1}$$

여기서 힘 F 대신 질량 M을 사용할 때는 Newton의 운동의 법칙

$$F = m\alpha = m\frac{\Delta V}{\Delta t}$$

에서 환산할 수 있다. ΔV의 차원은 $[LT^{-1}]$이고, Δt의 차원은 $[T]$이므로 F의 차원은 다음과 같다.

$$F = [MLT^{-2}] \tag{15-2}$$

일반적으로 대표방정식을 만들었을 때 그 식의 타당성을 검사하는 첫째 조건은 차원방정식의 성립 여부라고 할 수 있다. 만일, 각 항 또는 양변의 차원이 동일하지 않으면 그 식은 물리적으로

정당한 수식이라고 할 수 없는 것이다. 한 예로서

목장 = 소 + 초지

의 관계는 일반적으로 성립한다고 할 수 있으나 물리적 양의 관계를 나타내는 대수방정식은 아니다. 대수방정식에 있어서 차원의 동질성에서 식 중의 미지의 차원을 구할 수 도 있고, 한 단위계의 식을 다른 단위계의 식으로 변환할 수도 있다. 한 단위계의 대수방정식을 다른 단위계의 식으로 변환할 때는 다음과 같이 하면 편리하다.

일반적으로 수리학에 사용하는 모든 양의 차원은 $[L^\alpha M^\gamma T^\beta]$로 표시할 수 있으며, 제1단위계와 제2단위계로서 측정한 수치의 비를

$$\lambda = \frac{L_2}{L_1}, \qquad \mu = \frac{M_2}{M_1}, \qquad \tau = \frac{T_2}{T_1} \tag{15-3}$$

라고 하면 제2단위계로 측정한 수치는 각각 제1단위계로서 측정한 수치의

$$\lambda L_1^\alpha, \qquad \mu M_1^\gamma, \qquad \tau T_1^\beta$$

배가 된다. 한 예로서 길이의 단위에 대해서 생각하면, 제1단위계의 λ 배의 크기를 가진 단위계를 제2단위계라고 하면 식 중의 길이에 관한 제2단위계의 물리량의 수치는 제1단위계의 수치의 $1/\lambda$ 배가 된다.

제1단위계로서 표시된 한 방정식을 제2단위계로 변환하면 그 수치는 $1/\lambda$ 배가 되고, $[L^2]$의 경우는 $1/\lambda^2$ 배가 되며, $[L^3]$의 경우는 $1/\lambda^3$ 배가 된다. 이와 같은 차원의 변환은 수리학에 있어서 많이 사용된다. 수리학에서 사용하는 몇 가지 차원은 **표 15-1**에 기재되어 있다.

표 15-1 수리학에 나오는 물리량의 차원과 단위

물리량	*LMT*	*LFT*	m-kg-s
1. 기하학적량			
길이	L	L	m
면적	L^2	L^2	m^2
체적	L^3	L^3	m^3
2. 운동학적량			
시간	T	T	sec
속도	LT^{-1}	LT^{-1}	m/s
가속도	LT^{-2}	LT^{-2}	m/s^2
동점성계수	L^2T^{-1}	L^2T^{-1}	m^2/s
유량	L^3T^{-1}	L^3T^{-1}	m^3/s

물리량	LMT	LFT	m-kg-s
3. 역학적량			
질량	M	$L^{-1}FT^2$	kg-s²/m
힘	LMT^{-2}	F	kg
밀도	$L^{-3}M$	$L^{-4}FT^2$	kg-s/m⁴
단위중량	$L^{-2}MT^{-2}$	$L^{-3}F$	kg/m³
점성계수	$L^{-1}MT^{-1}$	$L^{-2}FT$	kg-s/m²
표면장력	MT^{-2}	$L^{-1}F$	kg/m
탄성계수	$L^{-2}MT^{-1}$	$L^{-2}F$	kg/m²
압력	$L^{-1}MT^{-2}$	$L^{-2}F$	kg/m²
전단력	$L^{-1}MT^{-2}$	$L^{-2}F$	kg/m²
운동량	LMT^{-1}	FT	kg-s
에너지 또는 일	L^2MT^{-2}	LF	kg-m
동력	L^2MT^{-3}	LFT^{-1}	kg-m/s

계산예 15-1

Manning의 평균유속공식

$$V = \frac{1}{n} R^{2/3} I^{1/2} (\text{m/sec})$$

에 있어서 조도계수 n의 차원을 구하고 이 공식을 ft−sec의 단위계로 고쳐라. 여기서 R(m)은 수리평균심, V(m/sec)는 평균유속, 그리고 I는 무차원량이다.

【해】 이 식의 차원방정식은

$$[LT^{-1}] = \frac{1}{n}[L^{2/3}]$$

이므로 n의 차원은

$$n = [L^{2/3}]\cdot[L^{-1}T] = [L^{-1/3}T]$$

제2단위계인 ft는 1 ft = 0.3048 m이므로 제2단위계 길이의 수치는 제1단위계 수치의 1/0.3048배가 된다. 즉,

$$[L^{-1/3}T] = \left[\frac{1}{0.3048}\right]^{-1/3} = \frac{1}{1.486}$$

따라서 길이에 ft의 단위를 사용하면 m 단위를 사용한 n을 1/1.486배하면 된다.

$$V = \frac{1}{\frac{n}{1.486}} R^{2/3} I^{1/2} = \frac{1.486}{n} R^{2/3} I^{1/2} (\text{ft/sec})$$

15.2 무차원방정식

지금 직사각형의 면적을 A, 저변을 B, 높이를 h라고 하면

$$A = Bh \quad \text{또는} \quad f(AB)h = 0 \tag{15-4}$$

이 식에 있어서 직사각형의 면적은 B와 h가 주어지면 단 하나가 결정된다. 한 예로서 $B = 2\,\mathrm{m}$, $h = 3\,\mathrm{m}$이면 $A = 6\,\mathrm{m}^2$가 되고, $B = 3\,\mathrm{m}$, $h = 2\,\mathrm{m}$인 경우도 $A = 6\,\mathrm{m}^2$가 된다.

다음에 저면과 높이의 비가 $\frac{B}{h} = \frac{2}{3}$인 직사각형을 생각해 보자. 이와 같은 직사각형은 무한히 많이 생각할 수 있다. 즉, $B = 2\,\mathrm{m}$, $h = 3\,\mathrm{m}$의 직사각형도 생각할 수 있고, $B = 4\,\mathrm{m}$, $h = 2\,\mathrm{m}$의 직사각형도 생각할 수 있다. 이와 같이 무차원수를 사용하면 하나의 식으로 여러 경우를 표현할 수 있다.

다음에는 식 (15-4)를

$$\frac{A}{B^2} = \frac{h}{B} \quad \text{또는} \quad f\left(\frac{A}{B^2},\ \frac{h}{B}\right) = 0 \tag{15-5}$$

으로 표시할 수 있고, 삼각형의 면적 $A = \frac{1}{2}Bh$를

$$\frac{A}{B^2} = 0.5\frac{h}{B} \quad \text{또는} \quad f\left(\frac{A}{B^2},\ \frac{h}{B}\right) = 0 \tag{15-6}$$

과 같이 무차원식으로 표시할 수도 있다.

일반적으로 직사각형 또는 삼각형의 면적을 나타내는 식은 식 (15-4)와 같이 3개의 변수가 포함되어 있다. 그러나 무차원항으로 표시하면 식 (15-5) 또는 식 (15-6)과 같이 2개의 변수로 표시할 수 있다.

수리학에 있어서의 여러 현상들은 매우 복잡하고 그 현상을 지배하는 변수가 매우 많은 경우가 많다. 이와 같이 변수가 많은 현상을 무차원수 또는 무차원식으로 표시하면 하나의 식으로 여러 가지의 경우를 표현할 수 있는 것이다.

15.3 Rayleigh의 방법

앞 절에서 설명한 바와 같이 수개의 변수가 포함되어 있는 대수방정식을 무차원화하면 변수의 수를 감소시킬 수 있으므로 매우 편리할 때가 있다. 이와 같은 작업은 대수방정식 각 항의 차원이 동일하다는 것에서 가능한 것이다. 어떤 물리현상을 지배하는 n개의 양을 각각 A_1, A_2, A_3, $\cdots$, A_n이라고 하면 이들 사이에는

$$A_1 = k\,A_1^{a}\,A_2^{b}\,A_3^{c}\cdots\cdots\cdots\cdots A_r^{p} \tag{15-7}$$

의 관계가 있다. 여기서 k, a, b, c, …, p는 계수이다. 이 대수방정식이 정확하면 각 항의 차원이 동일해야 하므로 차원방정식에서 a, b, c, ……, p를 결정할 수 있고, 무차원항을 만들 수 있다. 이와 같이 무차원항으로서 물리현상을 지배하는 함수 관계를 정하는 방법을 Rayleigh의 방법이라고 한다. Rayleigh의 방법은 변수의 수가 많으면 불편하고 변수의 수가 3~5개 정도이면 편리하다. 한 예로서 weir의 유량공식에 대하여 생각하기로 한다.

weir의 유량 Q는 중력가속도 g, 월류수심 h, weir의 폭 B, 점성계수 μ 및 유체의 밀도 ρ의 함수라고 생각할 수 있다.

$$Q = \phi(g\, h\, B\, \mu\, \rho) \quad \text{또는} \quad Q = k(g^a\ h^b\ B^c\ \mu^d\ \rho^e) \tag{15-8}$$

여기서 a, b, c, d, e는 모두 계수이다. 이 식의 차원방정식은

$$[L^3 T^{-1}] = k[L^a\ T^{-2a}\ L^b\ L^c\ L^{-d}\ M^d\ T^{-d}\ L^{-3e}\ M^e]$$

이고 차원방정식의 양변의 차원은 동일해야 하므로

$$[L^3 M_0 T^{-1}] = k[L^{a+b+c-d-3e}\ M^{d+e}\ T^{-2+d}]$$

이 식들에서 계수를 구하면

$$d = -e, \qquad a = \frac{1-d}{2} = \frac{e+1}{2}, \qquad b = \frac{5}{2} - \frac{3}{2}e - c$$

이들의 관계를 식 (15−8)에 대입하면

$$Q = kg^{1/2} h^{5/2} \left(\frac{B}{h}\right)^c \left[\frac{\rho g^{1/2} h^{3/2}}{\mu}\right]^e$$

따라서

$$\frac{Q}{g^{1/2}\ h^{5/2}} = \phi\left(\frac{B}{h}\ \frac{g^{1/2} \rho h^{3/2}}{\mu}\right) \tag{15-9}$$

식 (15−9)는 차원의 동질성에서 구한 것이고, (　　) 안의 함수는 무차원량이다. 이 식이 weir의 유량을 표시하는 대수방정식이지만 ϕ의 함수형은 미지이다. 이 함수형은 실험에서 정할 수 있다.

계산예 15-2

유체 속에 잠겨 있는 물체에 작용하는 유체의 저항력 D는 유체의 밀도 ρ, 물체 또는 유체의 속도 V, 점성계수 μ, 물체의 흐름방향의 투영면적 A의 함수라고 생각된다. D를 구할 수 있는 대수방정식의 함수형을 Rayleigh의 방법에서 유도하여라.

【해】 $D = \phi(\rho\, V\, A\, \mu),\quad D = k\, \rho^a\, V^b\, V^c\, \mu^d$

위 식의 양변의 차원은 동일하므로 차원방정식은

$$[LMT^{-2}] = [L^{-3}M]^a\,[L^2]^b\,[LT^{-1}]^c\,[L^{-1}\,MT^{-1}]^d$$

$$[L^1\,M^1\,T^{-2}] = [L^{-3a+2b+c-d}\;\;M^{a+b}\;\;T^{-c-d}]$$

$$\therefore \begin{cases} 1 = -3\,a + 2\,b + c - d \\ 1 = a + d \\ -2 = -c - d \end{cases}$$

미지수는 a, b, c, d의 4개이고, 방정식의 수는 3개이므로 완전히 풀 수는 없으나 a, b, c를 d로서 표시하면

$$a = 1 - d\,,\qquad c = 2 - d\,,\quad b = 1 - \frac{d}{2}$$

이 관계를 사용하면

$$D = k\rho^{1-d}A^{1-\frac{d}{2}}V^{2-d}\mu^d = k\,\frac{\rho}{\rho^d}\;\;\frac{A}{A^{d/2}}\,\frac{V^2}{V^d}\,\mu^d = k\rho\;AV^2\left(\frac{\mu}{\rho\,A^{1/2}\,V}\right)^d$$

l을 길이라고 하면 $A = l^2$이므로

$$D = k\rho\;AV^2\left(\frac{\mu}{\rho l\,V}\right)^d = 2k\left(\frac{\mu}{\rho l\,V}\right)^{-d}A\,\frac{\rho\,V^2}{2} = C_D\,A\,\frac{\rho\,V^2}{2} = C_D\,A\,\frac{\rho\,gV^2}{2g}$$

여기서 $C_D = 2k\,R_e^{\;-d}$, $R_e = \dfrac{\rho lV}{\mu}$ 이다. R_e은 Reynolds 수이고, C_D는 항력계수이다.

15.4 π 정리

n개의 물리량 A_1, A_2, A_3, …… A_n 사이의 물리적 관계를 나타내는 대수방정식

$$f(A_1,\ A_2,\ A_3,\ \cdots\cdots\ A_n) = 0 \tag{15-10}$$

에 있어서 각 양의 차원을 구성하는 기본적 차원의 수를 m이라고 하면 $(m + 1)$개의 물리량에서 m개의 기본적 차원을 소거해 가면 $(n - m)$개의 서로 독립적인 무차원항을 만들 수 있다. 이 무차원항을 π라고 하면 식 (15–10)은 다음과 같이 표시할 수도 있다.

$$\varphi(\pi_1,\ \pi_2,\ \pi_3,\ \cdots\cdots\ \pi_{n-m}) = 0 \tag{15-11}$$

여기에서 무차원항 π는 다음과 같다.

$$\left.\begin{array}{l}\pi_1(A_1,\ A_2,\ \cdots,\ A_m,\ A_{m+1})\\ \pi_2(A_1,\ A_2,\ \cdots,\ A_m,\ A_{m+2})\\ \cdots\cdots\cdots\cdots\cdots\cdots\\ \pi_{n-m}(A_1,\ A_2,\ \cdots,\ A_m,\ A_n)\end{array}\right\}\qquad(15-12)$$

π를 구할 때는 다음과 같이 $(m+1)$개, 즉 일반적으로 4개의 물리량 중 1개만 임의로 택할 수 있다.

$$\left.\begin{array}{l}\pi_1 = A_1^{a_1},\ A_2^{b_1},\ A_3^{c_1},\ A_4^{-1}\\ \pi_2 = A_1^{a_2},\ A_2^{b_2},\ A_3^{c_2},\ A_5^{-1}\\ \cdots\cdots\cdots\cdots\cdots\cdots\\ \pi_{(n-m)} = A_1^{x_1},\ A_2^{x_2},\ A_3^{x_3},\ A_n^{-1}\end{array}\right\}\qquad(15-13)$$

이상과 같이 물리적 현상을 나타내는 대수방정식을 몇 개의 무차원항으로 표시하는 방법을 Buckingham의 π 정리라고 한다.

Rayleigh의 방법은 3~5개의 변수를 가진 대수방정식을 무차원항으로 표시할 수는 있으나 변수가 이보다 많아지면 사용할 수가 없다. 그러나 Buckingham의 π 정리를 응용하면 변수의 수에는 관계 없이 대수방정식의 무차원화가 가능하다.

식 (15–13)에서 아는 바와 같이 기본적 차원의 수를 $[LMT]$, 즉 $m=3$으로 정하면 π를 만들 때는 4개의 변수 중에서 1개는 임의로 택할 수 있다. Rayleigh의 방법과 Buckingham의 π 정리는 물리현상을 대수방정식으로 표시할 수 없는 경우 또는 실험계수의 특성을 명백히 하는데 유용하게 응용할 수 있다.

계산예 15-3

Darcy의 마찰손실공식 $h = f\dfrac{l}{D}\ \dfrac{V^2}{2g}$ 의 마찰계수 f의 특성을 차원해석법으로 알아 보아라.

【해】 관내의 마찰에 의한 압력강하량을 $\varDelta p$라고 하면 $\varDelta p$는 관장 l, 관경 D, 평균유속 V, 유체의 점성계수 μ와 밀도 ρ, 그리고 관벽의 절대조도 e의 함수라고 생각된다.

$$\varDelta p = \phi_1(l,\ D,\ V,\ \mu,\ \rho,\ e)$$

$$\phi_2(\varDelta p,\ l,\ D,\ V,\ \mu,\ \rho,\ e) = 0$$

π에 공통적으로 사용하는 변수를 D, V, ρ라고 한다. 기본적 차원으로 $[LMT]$를 택하면 $m=3$이고, π의 수는 $n-m=7-3=4$이다.

$$\pi_1 = D^{a_1}\ V^{b_1}\ \rho^{c_1}\ \Delta p^1, \qquad \pi_2 = D^{a_2}\ V^{b_2}\ \rho^{c_2}\ l^1$$

$$\pi_3 = D^{a_3}\ V^{b_3}\ \rho^{c_3}\ \mu^1, \qquad \pi_4 = D^{a_4}\ V^{b_4}\ \rho^{c_4}\ e^1$$

$$[\pi_1] = [L^0 M^0 T^0] = [L]^{a_1}\ [LT^{-1}]^{b_1}\ [L^{-3} M]^{c_1}\ [L^{-1} MT^{-2}]^1$$

$$= [L]^{a_1+b_1-3c-1}\ [M]^{c_1+1}\ [T]^{-b_1-2}$$

$$\begin{cases} 0 = a_1 + b_1 - 3c_1 - 1 \\ 0 = c_1 + 1 \\ 0 = -b_1 - 2 \end{cases}$$

$$c_1 = -1,\ \ b_1 = -2,\ \ a_1 = -b_1 + 3c_1 + 1 = 2 - 3 + 1 = 0$$

$$\therefore\ \pi_1 = D^0 V^{-2} \rho^{-1}\ \Delta p = \frac{\Delta p}{\rho V^2}$$

$$\pi_2 = [1]^{a_2}\ [LT^{-1}]^{b_2}\ [L^{-3} M]^{c_2}\ [L]^1 = [L]^{a_2+b_2-3c_2+1}\ [M]^{c_2}\ [T]^{-b_2}$$

$$\begin{cases} 0 = a_2 + b_2 - 3c_2 + 1 \\ 0 = c_2 \\ 0 = -b_2 \end{cases}$$

$$c_2 = 0, \quad b_2 = 0, \quad a_2 = -1$$

$$\pi_2 = D^{-1} V_0 \rho^0 l^1 = \frac{l}{D}$$

같은 방법으로 π_3, π_4를 구하면

$$\pi_3 = \frac{e}{D}, \qquad \pi_4 = \frac{\mu}{\rho DV}$$

$$\phi_1(\pi_1,\ \pi_2,\ \pi_3,\ \pi_4) = 0,\ \ \pi_1 = \phi_2(\pi_2,\ \pi_3,\ \pi_4)$$

$$\frac{\Delta p}{\rho V^2} = \phi_3\left(\frac{l}{D},\ \frac{e}{D},\ \frac{\mu}{\rho VD}\right)$$

$\Delta p = \rho gh,\ \dfrac{\mu}{\rho VD} = \dfrac{\nu}{VD} = \dfrac{1}{Re}$, Re는 Reynolds 수

$$\Delta p = \rho V^2 \frac{l}{D} \phi_3\left(\frac{e}{D},\ \frac{1}{Re}\right)$$

$$h = \frac{l}{D}\ \frac{V^2}{g} \phi_3\left(\frac{e}{D},\ \frac{1}{Re}\right)$$

$$\therefore\ h = \phi_4\left(\frac{e}{D},\ Re\right)\frac{l}{D}\ \frac{V^2}{2g} = f\frac{l}{D}\ \frac{V^2}{2g}$$

위 식에 있어서 $f = \phi_4\left(\dfrac{e}{D},\ Re\right)$, 즉 f는 상대조도와 Reynolds 수의 함수이다.

15.5 수리학적 상사성

15.5.1 수리모형실험

수리학에 있어서는 복잡한 수리현상을 수식으로 표시하는 경우가 많으나 그 수식에 현상을 지배하는 요소를 모두 포함시키는 일은 매우 어렵다. 어떤 경우는 그 현상 자체를 수식으로 나타낼 수 없을 때도 있고, 어떤 경우는 현상을 지배하는 법칙 자체를 알 수 없는 경우도 있다. 이와 같은 경우는 앞 절에서 논의한 차원해석법에 의하여 각 요소 사이의 함수형을 명백히 할 수 있다. 그러나 차원해석법에 의해서도 각 요소 사이의 함수는 알 수 없다.

수리현상을 나타내는 대수방정식에 포함되지 않은 요소와 현상을 지배 하는 요소 사이의 함수관계는 수리실험에 의하지 않으면 구할 수 없다. 수리구조물을 만들기 전에 실험실에서 모형을 만들어서 실험을 함으로써 실제 일어날 것이라고 생각되는 현상을 미리 추정하여 설계에 반영하는 것이다.

실험은 실제의 구조물, 즉 원형(prototype)에서 하는 것이 가장 바람직하지만 이것은 경제적으로나 계측기술상 불가능한 경우가 많다. 일반적으로는 원형을 확대 또는 축소한 모형(model)에서 실험을 하게 된다. 원형이 매우 큰 경우는 축소한 모형을 만들고, 원형이 아주 작은 경우는 확대된 모형을 만들게 된다.

모형에서 생기는 현상은 쉽게 관찰할 수도 있고 측정할 수도 있다. 모형에서 측정한 현상을 원형에 적용할 때는 일정한 조건이 만족되어야 할 것이다. 다시 말해서 모형에서 관측한 결과를 가지고 원형에 생길 것으로 생각되는 현상을 추정할 때는 일정한 법칙 하에 이루어지는 것이다. 일반적으로 모형에서 관측한 결과를 원형에 적용하려면 모형과 원형 사이에 수리학적 상사법칙(hydraulic similarity)이 성립되어야 한다. 수리학적 상사법칙은 모형에서 관측한 여러 가지의 양을 원형에 대해서 적용할 때의 환산율을 규정하는 법칙이라고 할 수 있다.

15.5.2 모형과 원형의 상사성

모형과 원형의 상사성에는 다음과 같은 3가지가 있다.

(1) 기하학적 상사성(geometric similarity)

(2) 운동학적 상사성(kinematic semilarity)

(3) 역학적 상사성(dynamic similarity)

모형과 원형 사이에 이 3가지의 상사성이 있으면 모형과 원형은 수리학적으로 완전한 상사성이 성립되고, 모형에서의 관측치는 일정한 환산율로 원형의 값으로 환산할 수 있다.

기하학적 상사성은 흐름의 경계가 상사가 된다는 것을 나타내는 것이며, 흐름의 경계의 각 대응점의 길이의 비가 일정하면 성립된다.

그림 15-1에 있어서 원형의 양에 p, 모형의 양에 m을 첨자로 붙이면 기하학적 상사성은 다음과 같다.

$$\frac{d_m}{d_p} = \frac{l_{m1}}{l_{p1}} = \frac{l_{m2}}{l_{p2}} = L_r = \text{const.} \tag{15-14}$$

운동학적 상사성은 유체요소의 운동에 관한 상사성이며, 각 대응점의 유속의 비가 동일하면 성립된다. 그림에 있어서

$$\frac{V_{m1}}{V_{p2}} = \frac{V_{m2}}{V_{p2}} = V_r = \text{const.} \tag{15-15}$$

역학적 상사성은 각 대응점에 작용하는 힘의 비가 동일하면 성립된다. 유체가 흐를 때 유체요소에 작용하는 힘은 유체압력(F_p), 중력에 의한 힘(F_g), 표면장력(F_s), 탄성력(F_e), 마찰력(F_v) 등이 있으나 Newton의 운동의 법칙에 의하면 이들의 합력은 관성력과 같다($\Sigma F = M\alpha$). 유체의 질량을 M, 가속도를 α라고 하면

$$M\vec{\alpha} = \Sigma\vec{F} = \vec{F}_p + \vec{F}_g + \vec{F}_v + \vec{F}_s + \vec{F}_e \tag{15-16}$$

의 관계가 있고, 모형과 원형 사이에 다음 식이 성립되면 역학적 상사성이 성립된다.

$$\frac{(M\alpha)_m}{(M\alpha)_p} = \frac{(F_p + F_g + F_v + F_s + F_e)_m}{(F_p + F_g + F_v + F_s + F_e)_p} \tag{15-17}$$

힘은 Vector량이므로 모형에 작용하는 힘의 다각형과 원형에 작용하는 힘의 다각형이 상사가 되면 역학적인 상사성이 성립되는 것이다. 만일 각 힘을 개별적으로 정할 수 있으면 다음과 같이 쓸 수 있다.

$$\frac{(M\alpha)_m}{(M\alpha)_p} = \frac{(F_p)_m}{(F_p)_p} = \frac{(F_g)_m}{(F_g)_p} = \frac{(F_v)_m}{(F_v)_p} = \frac{(F_s)_m}{(F_s)_p} = \frac{(F_e)_m}{(F_e)_p} \tag{15-18}$$

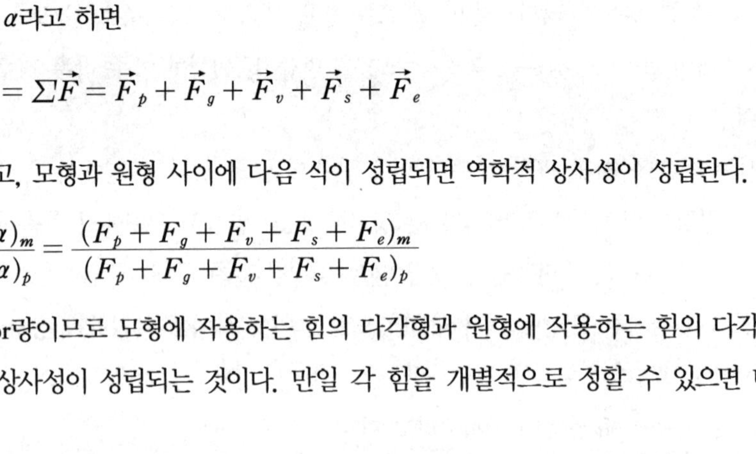

(a) 원형 (b) 모형

[그림 15-1]

이들의 힘 중에서 압력 F_p는 다른 양에 의해서 결정되는 종속적인 양이므로 이것은 위 식에서 제외한다.

유체에 작용하는 모든 힘을 고려한 역학적 상사성의 성립은 원리적으로는 가능하지만 실제는 어려운 일이다. 실용적으로는 경우에 따라서 가장 영향이 큰 힘만을 골라서 상사성을 논하고, 영향이 작은 힘들은 이것을 생략한다.

자유표면을 가진 흐름은 중력에 의해서 흐르기 때문에 중력을 영향이 가장 큰 힘으로 택하고, 관수로의 흐름은 점성을 영향이 가장 큰 힘으로 택하게 된다. 자유표면을 가진 흐름 중에서 특히 표면장력이 흐름을 주로 지배하는 경우도 있다.

기체의 고속류는 유체의 압축성에 의해서 생기는 탄성력이 흐름을 주로 지배한다. 식 (15–18)의 힘들 중에서 흐름을 주로 지배하는 힘만을 고려 하여 역학성 상사성이 성립한다고 생각한다. 예로서 개수로의 흐름은 중력만을 고려하여 역학적 상사성을 논하고, 관수로의 흐름은 점성만을 고려하여 상사성을 논하게 된다.

15.5.3 축척으로 나타낸 물리량비

모형과 원형 사이에 기하학적 상사가 성립되면 흐름의 모든 영역에 있어서 각 대응점의 길이의 비는 일정하다. 이와 같은 대응점의 길이의 비를

$$\frac{l_m}{l_p} = L_r \tag{15–19}$$

로 표시하여 L_r을 모형의 축척(scal of model)이라고 한다. 모형과 원형의 모든 기하학적인 양은 이 축척으로 나타낼 수 있다. 한 예로서 면적비와 체적비는 각각 다음과 같이 표시된다.

$$\text{면적비} : A_r = \frac{A_m}{A_p} = \frac{l_m^2}{l_p^2} = L_r^2$$

$$\text{체적비} : \bar{V}_r = \frac{\bar{V}_m}{\bar{V}_p} = \frac{l_m^3}{l_p^3} = L_r^3$$

운동학적 상사성과 역학적 상사법칙이 성립되면 속도와 힘 등 여러 가지의 양을 축척으로 표시할 수 있다.

$$\text{속도비} : V_r = \frac{V_m}{V_p} = \frac{l_m/t_m}{l_p/t_p} = \frac{L_r}{T_r}$$

$$\text{유량비} : Q_r = \frac{Q_m}{Q_p} = \frac{l_m^3/t_m}{l_p^3/t_p} = \frac{L_r^3}{T_r}$$

$$\text{가속도비} : \alpha_r = \frac{\alpha_m}{\alpha_p} = \frac{l_m/t_m^2}{l_p/t_p^2} = \frac{L_r}{T_r^2}$$

$$관성력비 : (F_i)_r = \frac{(M\alpha)_m}{(M\alpha)_p} = \rho_r \frac{L_r^4}{T_r^2}$$

여기서 T_r은 시간비이고, ρ_r은 밀도비이다.

$$T_r = \frac{t_m}{t_p}, \quad \rho_r = \frac{\rho_m}{\rho_p}$$

이상과 같이 기하학적적인 양은 축척으로 나타낼 수 있고, 운동학적인 양은 축척과 시간비, 그리고 역학적인 양은 축척과 시간비, 그리고 밀도비로서 나타낼 수 있다.

15.5.4 특별상사법칙

모형과 원형의 관성력의 비는 일반적으로

$$(F_i)_r = \phi_1(\rho_r\ L_r\ T_r) \tag{15-20}$$

과 같이 ρ_r, L_r, T_r의 함수로 표시할 수 있다. 모형과 원형의 각 대응점에 작용하는 힘의 비도 ρ_r, L_r, T_r의 함수로 표시할 수 있다. 지금 흐름을 주로 지배하는 힘을 F_1이라고 하면

$$(F_i)_r = \frac{(F_1)_m}{(F_1)_p} = \phi_2(\rho_r\ L_r\ T_r) \tag{15-21}$$

이고, 역학적 상사가 성립되려면 식 (15-18)에서

$$(F_i)_r = (F_1)_r$$

$$\therefore\ T_r = \Psi_1(\rho_r\, L_r) \tag{15-22}$$

다음에 흐름을 지배하는 제2의 힘 F_2도

$$(F_2)_r = \phi_3(\rho_r\ L_r\ T_r)$$

과 같이 표시할 수 있고, 이들 사이에 상사성이 성립되려면 식 (15-18)에 다음 식이 성립되어야 한다.

$$(F_i)_r = (F_1)_r = (F_2)_r \tag{15-23}$$

식 (15-23)에서 시간비를 소거하면

$$L_r = \Psi_2(\rho_r) \tag{15-24}$$

과 같이 되어 모형의 척도은 밀도비에 따라서 결정된다. 즉, 제2의 힘까지 고려한 상사성을 요구하는 경우는 모형에는 밀도가 다른 유체를 사용하지 않으면 안된다.

이상은 상사법칙의 일반론에 대하여 논하고 흐름을 주로 지배하는 힘의 종류는 언급하지 않았으나, 힘의 종류가 주어지면 ϕ 및 Ψ의 함수형을 결정할 수 있다. 다음에는 중력, 점성력, 표면력 및 탄성력이 각각 흐름을 주로 지배하는 경우의 상사법칙을 논하기로 한다.

(1) Froude의 상사법칙

중력이 흐름을 주로 지배하고 다른 힘들의 영향이 작아서 이것을 생략 할 수 있는 경우를 생각한다. 개수로의 흐름, 파동 등은 자유표면을 가진 흐름이며, 이와 같은 흐름은 중력이 주로 흐름을 지배한다. 중력만을 고려하면

$$(F_i)_r = (F_g)_r$$

중력에 의한 힘은 밀도를 ρ, 중력의 가속도를 g, 체적을 $\bar{V}$라고 하면

$$(F_g)_r = \frac{(\rho g \bar{V})_m}{(\rho g \bar{V})_p} = \rho_r \, g_r \, L_r^{\,3} \tag{15-25}$$

이것이 관성력의 비와 같으므로

$$\rho_r \frac{L_r^{\,4}}{T_r^{\,2}} = \rho_r \, g_r \, L_r^{\,3} \qquad \therefore \; T_r = \sqrt{\frac{L_r}{g_r}} \tag{15-26}$$

여기에 $g_r = g_m/g_p$이며, 원형이 있는 위치와 모형이 있는 위치가 같으면 $g_r = 1$이다. 따라서

$$T_r = \sqrt{L_r} \tag{15-27}$$

식 (15-27)을 Froude의 상사법칙이라고 한다.

속도비는 $V_r = L_r/T_r$로 표시할 수 있으므로 이 관계를 사용하면 위 식은 다음과 같이 쓸 수 있다.

$$\frac{L_r}{V_r} = \sqrt{\frac{L_r}{g_r}} \qquad \therefore \; V_r = \sqrt{g_r \, L_r} \tag{15-28}$$

위 식을 다시 모형의 양과 원형의 양으로 쓰면

$$\frac{L_m}{V_p} = \frac{\sqrt{g_m \, L_m}}{\sqrt{g_p \, L_p}} \qquad \therefore \; \frac{V_m}{\sqrt{g_m \, L_m}} = \frac{V_p}{\sqrt{g_p \, L_p}} \tag{15-29}$$

식 (15-29)의 양변은 각각 모형과 원형의 Froude 수이다. 중력이 흐름을 주로 지배하는 흐름에 있어서는 모형의 Froude 수와 원형의 Froude 수가 같으면 역학적으로 상사가 된다.

Froude의 상사법칙이 적용되는 모형과 원형 사이의 제량의 환산율은 다음과 같다.

$$\text{유량비} : Q_r = \frac{Q_m}{Q_p} = \frac{L_r^{\,3}}{T_r} = \frac{L_r^{\,3}}{\sqrt{L_r}} = L_r^{\,5/2} \tag{15-30}$$

$$\text{압력비} : p_r = \frac{m_r}{L_r T_r^{\,2}} = \frac{\rho_r L_r^{\,3}}{L_r L_r} = L_r$$

여기에서 $g_r = 1$, $\rho_r = 1$로 하였다. 여러 가지 수리량의 비는 **표 15-2**에 기재 되어 있다.

(2) Reynolds의 상사법칙

관수로를 점성유체가 흐른 경우는 점성력이 흐름을 주로 지배하고 다른 힘은 생략할 수 있다. 점성력 F_v를

$$F_v = A\mu \frac{dv}{dy}$$

로 표시하면

$$(F_v)_r = \frac{\left(A\mu \dfrac{dv}{dy}\right)_m}{\left(A\mu \dfrac{dv}{dy}\right)_p} = \mu_r \frac{L_r^{\,2}}{T_r}$$

$(F_i)_r = (F_v)_r$에서

$$\rho_r \frac{L_r^{\,4}}{T_r^{\,2}} = \mu_r \frac{L_r^{\,2}}{T_r}, \qquad T_r = L_r^{\,2} \frac{\rho_r}{\mu_r} \tag{15-31}$$

$\nu_r = \dfrac{\mu_r}{\rho_r}$ 로 놓으면

$$T_r = \frac{L_r^{\,2}}{\nu_r} \tag{15-32}$$

식 (15-31) 또는 (15-32)의 관계를 Reynolds의 상사법칙이라고 한다. $V_r = L_r/T_r$를 사용하면

$$\frac{L_r}{V_r} = \frac{L_r^{\,2}}{\nu_r} \qquad\qquad \therefore V_r = \frac{\nu_r}{L_r} \tag{15-33}$$

모형과 원형의 양으로 표시하면

$$\frac{V_m}{V_p} = \frac{\dfrac{\nu_m}{\nu_p}}{\dfrac{l_m}{l_p}}, \quad \frac{V_m\, l_m}{\nu_m} = \frac{V_p\, l_p}{\nu_p} = Re \tag{15-34}$$

점성력이 흐름을 주로 지배하는 흐름은 모형의 Reynolds 수와 원리의 Reynolds 수가 같으면 역학적으로 상사가 된다. Reynolds의 상사법칙에 따른 모형과 원형의 물리량의 비는 식 (15-32)의 시간비에서 구할 수 있다. 한 예로 유량비와 압력비는 다음과 같이 구한다.

$$유량비 : Q_r = \frac{L_r^3}{T_r} = \frac{L_r^3}{L_r^2/\nu_r} = L_r \nu_r$$

$$압력비 : p_r = \frac{m_r}{L_r T_r^2} = \frac{\rho_r L_r^3}{L_r \dfrac{L_r^4}{\nu r^2}} = \rho_r \frac{\nu_r^2}{L_r^2}$$

(3) Welber의 상사법칙

흐름의 규모가 매우 작은 흐름에 있어서는 흐름은 주로 표면장력의 지배를 받게 된다. 한 예로서 월류수심이 매우 작은 weir의 유량은 표면장력의 영향을 받게 되고, 파장이 1.72 cm 보다 작고 파속이 23.2 cm/sec 보다 작은 표면파는 표면장력의 영향을 받는다. 이와 같은 수리현상에 대하여 실험할 때는 제1의 외력으로 표면장력을 택하게 된다.

표면장력은 자유표면의 단위길이에 작용하는 힘으로 표시하게 된다. 단위길이에 작용하는 표면장력을 σ라고 하면 l에 대해서는 $F_s = \sigma l$이다. 모형과 원형의 표면장력의 비는

$$(F_s)_r = \frac{\sigma_m l_m}{\sigma_p l_p} = \sigma_r L_r \tag{15-35}$$

$(F_i)_r = (F_s)_r$에서

$$\rho_r \frac{L_r^4}{T_r^2} = \sigma_r L_r, \qquad T_r = \sqrt{L_r^3 \frac{\rho_r}{\sigma_r}} \tag{15-36}$$

$\dfrac{\sigma}{\rho} = \omega$로 놓으면

$$T_r = \sqrt{\frac{L_r^3}{\omega_r}} \tag{15-37}$$

식 (15-37)은 표면장력이 흐름을 주로 지배하는 흐름에 대한 상사법칙이다. 이것을 Weber의 상사법칙이라고 한다.

$V_r = L_r/T_r$에서 T_r을 소거하면

$$\frac{L_r}{V_r} = \sqrt{\frac{L_r^3}{\omega_r}} \qquad \therefore V_r = \sqrt{\frac{\omega_r}{L_r}} \tag{15-38}$$

모형과 원형의 양으로 표시하면

$$\frac{V_m}{V_p} = \frac{\sqrt{\dfrac{\omega_m}{L_m}}}{\sqrt{\dfrac{\omega_p}{L_p}}}$$

$$\frac{V_m}{\sqrt{\dfrac{\omega_m}{l_m}}} = \frac{V_p}{\sqrt{\dfrac{\omega_p}{l_p}}} \tag{15-39}$$

$V/\sqrt{\dfrac{\omega}{l}}$ 를 Webei 수라고 한다. 표면장력이 흐름을 주로 지배하는 흐름은 모형의 Weber 수와 원형의 Weber 수가 같으면 역학적으로 상사가 된다.

식 (15−37)의 시간비를 사용하여 모형과 원형의 제량의 비를 구할 수 있다.

$$\text{유량비 : } Q_r = \frac{L_r^{\ 3}}{T_r} = \frac{L_r^{\ 3}}{\sqrt{\dfrac{L_r^{\ 3}\rho_r}{\sigma_r}}} = L_r^{\ 3/2}\sqrt{\frac{\sigma_r}{\rho_r}}$$

$$\text{압력비 : } p_r = \frac{\rho_r L_r^{\ 3}}{L_r T_r^{\ 2}} = \frac{\rho_r L_r^{\ 3}}{L_r^{\ 4}\dfrac{\rho_r}{\sigma_r}} = \frac{\sigma_r}{L_r}$$

(4) Cauchy의 상사법칙

압축성 유체의 흐름과 같이 탄성력이 흐름을 주로 지배하는 흐름의 상사법칙에 대해서 논하기로 한다. 물체의 체적탄성계수를 E, 물체의 넓이를 l^2이라고 하면 탄성력은 El^2에 비례한다. 탄성력의 비 $(F_e)_r$은

$$(F_e)_r = \frac{E_m\, l_m^{\ 2}}{E_p\, l_p^{\ 2}} = E_r\, L_r^{\ 2}$$

여기서

$$E = \rho\,\frac{dp}{d\rho}$$

탄성력을 제1의 외력으로 생각하면 $(F_i)_r = (F_e)_r$에서

$$\rho_r\,\frac{L_r^{\ 4}}{T_r^{\ 2}} = E_r\, L_r^{\ 2} \qquad \therefore\ T_r = L_r\sqrt{\frac{\rho_r}{E_r}} = \frac{L_r}{\sqrt{e_r}} \tag{15-40}$$

여기서 $e = E/\rho$이다.

식 (15−40)이 탄성력이 흐름을 주로 지배하는 흐름에 대한 상사법칙이다. 이것을 Cauchy의 상사법칙이라고 한다. 식 (15−40)에서 T_r 을 소거하면

$$\frac{L_r}{V_r} = \frac{L_r}{\sqrt{e_r}} \qquad \therefore\ V_r = \sqrt{e_r} \tag{15-41}$$

모형과 원형의 양으로 표시하면

$$\frac{V_m}{\sqrt{e_m}} = \frac{V_p}{\sqrt{e_p}} \tag{15-42}$$

이 식에 있어서 $\dfrac{V}{\sqrt{e}}$ 를 Cauchy 수라고 한다. 탄성력이 흐름을 주로 지배하는 흐름은 Cauchy 수가 같으면 역학적으로 상사가 된다. 이때 모형과 원형의 비는 **표 15−2**에 함께 기재되어 있다.

표 15-2 수리학적 상사법칙에 있어서 모형과 원형 제량의 비

물리량	Froude	Reynolds	Weber	Cauchy
길 이	L_r	L_r	L_r	L_r
면 적	L_r^2	L_r^2	L_r^2	L_r^2
체 적	L_r^3	L_r^3	L_r^3	L_r^3
시 간	$\sqrt{(L/g)}_r$	$(L^2\rho/\mu)_r$	$\sqrt{(L^3\rho/\sigma)}_r$	$(L\sqrt{\rho/E})_r$
속 도	$\sqrt{(L/g)}_r$	$(\mu/L\rho)_r$	$\sqrt{(\sigma/\rho L)}_r$	$\sqrt{(E/\rho)}_r$
가 속 도	g_r	$(\mu^2/\rho^2L^3)_r$	$(\sigma/L^2\rho)_r$	$(E/L\rho)_r$
동점성계수	$(L^{3/2}\sqrt{g})_r$	$(\mu/\rho)_r$	$\sqrt{(L\sigma/\rho)}_r$	$(L\sqrt{E/\rho})_r$
유 량	$(L^{5/2}\sqrt{g})_r$	$(L\mu/\rho)_r$	$(L^{3/2}\sqrt{\sigma/\rho})_r$	$(L^2\sqrt{E/\rho})_r$
질 량	$(L^3\rho)_r$	$(L^3/\rho)_r$	$(L^3\rho)_r$	$(L^3\rho)_r$
힘	$(L^3\rho g)_r$	$(\mu^2/\rho)_r$	$(L\rho)_r$	$(L^2E)_r$
밀 도	ρ_r	ρ_r	ρ_r	ρ_r
단위중량	$(\rho g)_r$	$(\mu^2/L^3\rho)_r$	$(\sigma^2/L^2)_r$	$(E/L)_r$
점성계수	$(L^{3/2}\rho\sqrt{g})_r$	μ_r	$\sqrt{(L\sigma\rho)}_r$	$(L\sqrt{E\rho})_r$
표면장력	$(L^2\rho g)_r$	$(\mu^3/\rho L)_r$	σ_r	$(LE)_r$
체적탄성계수	$(L\rho g)_r$	$(\mu^2/\rho L^2)_r$	$(\sigma/L)_r$	E_r
압 력	$(L\rho g)_r$	$(\mu^2/\rho L^2)_r$	$(\sigma/L)_r$	E_r
운 동 량	$(\rho L^{7/2}\sqrt{g})_r$	$(L^2\mu)_r$	$(L^{5/2}\sqrt{\rho\sigma})_r$	$(L^3\sqrt{E\rho})_r$
일	$(L^4\rho g)_r$	$(L\mu^2/\rho)_r$	$(L^2\sigma)_r$	$(L^2E)_r$
동 력	$(L^{7/2}\rho^2 g^{1/2})_r$	$(\mu^3/L\rho^2)_r$	$(\sigma^{3/2}\sqrt{L/\rho})_r$	$(L^2E^{3/2}/\sqrt{\rho})_r$

계산예 15-3

어떤 수력발전소의 여수로의 수리실험을 하기 위하여 1/50의 모형을 만들었다. 이 모형실험에 대하여 다음 물음에 답하여라.

(1) 원형의 홍수량 $Q_p = 720\ \mathrm{m^3/sec}$에 대한 모형의 유량은 얼마인가?

(2) 모형에 있어서 apron의 유속을 측정한 값이 2 m/sec였다. 원형에 있어서의 유속은 얼마인가?

(3) 원형에 있어서 수문을 개방하는데 5분이 소요된다고 하면 모형의 수문개방시간은 얼마로 해야 할 것인가?

(4) 모형의 apron에 있어서 높이 5 cm의 도수가 생겼다고 하면 원형에서 일어나는 도수의 높이는 얼마인가?

(5) 원형의 저수지에서 100,000 $\mathrm{m^3}$의 물을 방류하는데 48시간이 소요되는 것을 계획하고 있다. 모형에 있어서의 수량과 방류시간을 얼마로 해야 할 것인가?

【해】 여수로의 흐름은 Froude의 상사법칙을 적용한다.

(1) $Q_r = L_r^{5/2} = \left(\dfrac{1}{50}\right)^{5/2} = \dfrac{1}{17677.76}$

$$\therefore\ Q_m = L_r^{5/2} Q_p = \frac{720}{17677.76} = 0.04\ \mathrm{m^3/sec} = 40\ l/\mathrm{sec}$$

(2) $V_r = L_r^{1/2} = \left(\dfrac{1}{50}\right)^{1/2} = \dfrac{1}{7.07}$

$V_p = 7.07 \quad V_m = 7.07 \times 2 = 14.14 \text{ m/sec}$

(3) $T_r = L_r^{1/2} = \left(\dfrac{1}{50}\right)^{1/2} = \dfrac{1}{7.07}$

$T_m = L_r^{1/2} T_p = \dfrac{1}{7.07} 5 \times 60 = 42.43 \text{ sec}$

(4) $h_r = L_r = \dfrac{1}{50}$

$h_p = h_m / L_r = 0.05 \times 50 = 2.5 \text{ m}$

(5) $T_r = \dfrac{1}{7.07}$

$T_m = L_r^{1/2} T_p = \dfrac{48}{7.07} = 6.79 \text{ hr}$

수량비 $\bar{V}_r = L_r^3 = \left(\dfrac{1}{50}\right)^3 = \dfrac{1}{125,000}$

$\bar{V}_m = L_r^3 \bar{V}_p = \dfrac{100,000}{125,000} = 0.8 \text{ m}^3$

15.6 개수로고정상의 모형실험

15.6.1 모형의 조도

유체경계면의 조도가 흐름에 영향을 미친다는 것은 앞 절에서 설명한 바 있으나 특히 흐름이 층류인 경우는 손실수두가 조도에는 관계 없고, Reynolds 수만의 함수이다. 난류의 경우는 손실수두는 Reynolds 수와 상대조도의 함수이며, 관수로의 마찰손실수두에 관한 Darcy-Weisbach의 식

$$h = f \frac{l}{D} \frac{V^2}{2g}$$

에 있어서 f는 층류의 경우는 Reynolds 수만의 함수이고 난류의 경우는 Reynolds 수와 상대조도의 함수이다.

이와 같이 층류의 경우는 경계면의 조도에는 관계 없이 상사법칙을 적용할 수 있으나, 난류의 경우는 f가 Reynolds 수와 상대조도의 함수이다. 따라서 난류가 흐르는 모형실험을 할 때는 조도에 대한 상사성도 만족해야 한다.

Manning의 평균유속공식은 조도와 Reynolds 수가 비교적 큰 흐름에 잘 맞으므로 조도의 상사에 Manning 식의 조도 n을 사용할 수 있을 것이다.

모형과 원형에 Manning 식을 적용할 수 있는 경우의 유속비는

$$V_r = \frac{V_m}{V_p} = \frac{\left(\frac{1}{n}R^{2/3}I^{1/2}\right)_m}{\left(\frac{1}{n}R^{2/3}I^{1/2}\right)_p} \tag{15-43}$$

로 표시할 수 있다. 모형과 원형이 기하학적 그리고 운동학적인 상사성이 성립된다고 하면 양자의 에너지 경사선이 같아야 하므로 $I_m = I_p$이다. 따라서

$$V_r = \frac{n_p R_m^{\ 2/3}}{n_m R_p^{\ 2/3}} = \frac{L_r^{\ 2/3}}{n_r} \tag{15-44}$$

개수로의 모형실험에 있어서는 Froude의 상사법칙이 성립되어야 하므로 조도비는 다음과 같다. 즉, 식 (15-28)의 속도비와 식 (15-44)의 속도비가 같다고 하면

$$L_r^{\ 1/2} = \frac{L_r^{\ 2/3}}{n_r}, \qquad n_r = L_r^{\ 1/6} \tag{15-45}$$

식 (15-45)는 모형과 원형의 조도비를 나타내는 식이다. 예를 들어 모형에 부여해야 할 조도를 산출해 보면 다음과 같다. $L_r = 1/100$의 모형의 조도는 원형의 조도의 1/2.15배가 된다.

이 방법에 의하면 Froude의 상사법칙과 조도의 상사성이 성립되어도 Reynolds의 상사법칙은 만족하지 않으므로 결국 모형의 흐름도 Manning의 공식이 적용될 수 있을 정도의 Reynolds 수를 가질 필요가 있다.

실제로 모형으로 식 (15-45)에 알맞은 조도계수를 만든다는 것은 어려운 일이지만 양자의 에너지 선이 같게 될 때까지 조도를 조절하면 된다.

15.6.2 모형의 축도

개수로의 흐름에 있어서 모형과 원형이 역학적으로 상사가 되려면 Froude의 상사법칙이 성립되는 동시에 흐름상태와 조도도 상사가 되어야 한다.

(1) 흐름상태

모형의 축척이 너무 작으면 모형에서의 흐름은 원형의 흐름과는 달리 흐름의 규모가 작아서 층류가 될 때가 있다. 원형에서의 흐름이 난류인 경우 모형에서의 흐름이 층류가 되면 손실수두가 다르므로 모형과 원형의 흐름은 상사가 되지 않는다. 모형의 축척을 결정할 때는 모형에서의 흐름이 층류가 되지 않게 해야 한다. 모형에서의 흐름이 층류이냐 난류이냐를 판별하는 것은 Reynolds 수에

의하는 방법이 가장 편리하다.

개수로의 흐름에 대한 Reynolds 수는 기준의 길이로 수리평균심을 사용하는 경우가 많다. deVries는 기준의 길이에 수심을 사용하고[1], Chow는 수리평균심을 사용하여 한계 Reynolds 수를 다음과 같이 제안 하였다[2]. 이들 이외에 Henderson[3]과 Yalin[4] [5]은 마찰속도와 Nikuradse의 균일조도 k로서 정의한 한계 Reynolds 수를 다음과 같이 제안하였다.

$$\text{de Vries}: \frac{Vh}{\nu} > 400 \sim 800, \qquad \text{Chow}: \frac{VR}{\nu} > 500$$

$$\text{Henderson}: \frac{U_* k}{\nu} > 100, \qquad \text{Yalin}: \frac{U_* k}{\nu} > 70$$

(2) 조도의 최소치

개수로의 모형의 조도는 식 (15−45)에서 구할 수 있으나, 원형의 조도가 작은 경우는 축척이 작으면 모형의 조도가 너무 작아서 이와 같은 모형은 만들 수가 없다. 한 예로서 콘크리트로 만든 여수로 원형의 조도계수는 $n_p = 0.016$ 정도이다. 그러나 1/100의 모형을 만들 때에 모형의 조도를 식 (15−45)에서 계산하면 $n_m = 0.0075$ 이다. 유리 표면의 조도가 $n = 0.01$ 정도이므로 실제로 이와 같은 모형을 만들 수는 없는 것이다.

(3) 표면장력의 영향

여수로의 흐름과 같이 수면이 곡면인 경우 모형의 축척이 너무 작으면 표면장력의 영향이 다른 힘보다 크게 되어 원형과의 상사성을 기대할 수 없다. 모형의 최소축척은 위에서 설명한 바와 같이 흐름의 특성에 따라서 결정되지만 모형의 축척은 이 이외에 실험치의 시설규모와 실험비와도 관계가 있다.

15.6.3 연직축척과 수평축척이 다른 모형

수리학적 상사성에 있어서 제1의 조건은 기하학적 상사이므로 일반적으로는 연직축척과 수평축척이 동일해야 한다. 그러나 매우 넓은 면적을 가진 원형에 있어서 연직방향의 치수, 즉 수심이 매우 작은 경우는 실험실의 시설규모와 실험비 등의 제한 때문에 연직축척과 수평축척을 달리하는 경우가 있다. 예로서 하천과 해역은 수평길이에 비해서 연직길이(수심)가 매우 작다.

이와 같은 하천, 해역의 모형을 동일 축척으로 만들면 수심이 너무 작아서 모형에서의 흐름이 층류가 될 때도 있고, 표면장력이 흐름을 주로 지배하게 되는 경우도 있어서 원형과의 상사성을 기대할 수가 없다. 이와 같은 경우는 연직축척을 수평축척보다 크게 함으로써 위에서 설명한 층류와 표면장력에 대한 불합리성을 제거할 수 있다. 이 경우 흐름은 수평면내에서 이루어져야 한다. 즉, 연직면에서 흐름의 변화가 작아야 한다. 한 예로서 수로의 곡선부에 있어서는 연직방향의 유속분포의 불균형과 2차류의 발생 때문에 연직축척과 수평축척을 달리하면 상사를 기대할 수 없다.

지금 수평길이를 x, 연직길이를 y라고 하면 수평축척 x_r, 연직축척 y_r은 다음과 같이 쓸 수 있다.

$$x_r = \frac{x_m}{x_p}, \qquad y_r = \frac{y_m}{y_p} \tag{15-46}$$

개수로의 수류에 대해서는 Froude의 상사법칙이 적용되고 Froude의 상사법칙에 있어서의 길이에 수심을 사용하면 속도비는 다음과 같다.

$$V_r = \sqrt{y_r} \tag{15-47}$$

모형과 원형의 유수단면적의 비는

$$A_r = x_r y_r \tag{15-48}$$

로 쓸 수 있으므로 유량비는 다음과 같다.

$$Q_r = A_r V_r = x_r {y_r}^{3/2} \tag{15-49}$$

다음에 에너지경사는 연직길이와 수평길이의 비로 나타낼 수 있으므로

$$I_r = \frac{y_r}{x_r} \tag{15-50}$$

모형과 원형에 Manning의 평균유속공식을 적용할 수 있다고 하면

$$V_r = \frac{\left(\dfrac{1}{n} R^{2/3} I^{1/2}\right)_m}{\left(\dfrac{1}{n} R^{2/3} I^{1/2}\right)_p} = \frac{{R_r}^{2/3} {y_r}^{1/2}}{n_r {x_r}^{1/2}}$$

여기서 $V_r = \sqrt{y_r}$ 이므로 위 식에서 n_r은 다음과 같다.

$$n_r = \frac{{R_r}^{2/3}}{{x_r}^{1/2}} \tag{15-51}$$

특히 수심에 비해서 폭이 매우 넓은 수로는 $R \fallingdotseq y$라고 할 수 있으므로, 이 경우의 조도는

$$n_r = \frac{{y_r}^{2/3}}{{x_r}^{1/2}} \tag{15-52}$$

한 예로서 $y_r = 1/50$, $x_r = \dfrac{1}{200}$ 의 모형의 조도비는

$$n_r = \frac{\left(\frac{1}{50}\right)^{2/3}}{\left(\frac{1}{200}\right)^{1/2}} = 1.05$$

지금 원형의 조도를 $n_p = 0.03$이라고 하면 모형의 조도는 $n_m = 1.05 \times 0.03 = 0.032$이다. 즉, 모형의 조도계수가 원형의 조도계수보다 크게 된다.

연직축척과 정평축척의 비를 모형의 왜곡도(distortion of model)라고 하는데 왜곡도가 클수록 모형의 조도계수가 원형의 조도계수보다 크게 된다. 모형의 조도가 너무 크게 되면 흐름의 와란이 심하게 되어 상사성을 잃게 되는 경우가 있으므로 주의해야 한다. 모형의 조도는 식 (15–51)의 비율로 만들어야 하지만 실제로 조도를 모형에 붙일 때는 식 (15–50)의 에너지 경사가 만족하도록 모형의 조도를 조절하면 된다.

연직축척과 수평축척이 다를 때의 모형과 원형의 제량의 비는 **표 15–3**과 같다.

표 15–3 Froude의 상사법칙

물리량		물리량	
길 이 (수 평)	x_r	전 류 량	$x_r y_r^{3/2}$
길 이 (연 직)	y_r	단위폭당의 유량	$y_r^{3/2}$
면 적 (수 평)	x_r^2	수 리 평 균 심	R_r
면 적 (연 직)	$x_r y_r$	조 도 계 수	$R_r^{3/2} x_r^{-1/2}$
체 적	$x_r^2 y_r$	전 압 력 (수 평)	x_r^3
시 간	$x_r y_r^{-1/2}$	전 압 력 (연 직)	$x_r^2 y_r$
속 도	$y_r^{1/2}$	압 력	y_r

15.7 개수로이동상의 모형실험

하천의 바닥에 모래가 깔려 있을 때 흐름의 소류력이 한계소류력보다 작은 경우는 하상토사는 움직이지 않으므로 이 경우는 앞에서 설명한 고정상에 대한 모형실험의 이론을 적용한다.

흐름의 소류력이 한계소류력보다 크게 되면 하상의 모래는 움직이기 시작하고, 점차적으로 소류력이 크게 되면 하상 모래는 전동, 도약 또는 물 속에 떠서 물과 함께 하상토사가 유송된다. 즉, 이동상하천이 된다. 이동상하천에 있어서의 하상토사의 이동과 부유상황은 매우 불규칙적이고 복잡하여 이것을 모형에 재현시키는 일은 매우 어렵다. 따라서 이동상의 수류에 대해서는 엄밀한 수리학적 상사성을 성립시키기는 어렵다. 그러나 실용적으로는 이동하상의 제문제를 모형실험에 의해서 해결하지 않으면 안 되는 처지에 있는 것이다. 이동상하상에 대한 모형실험은 여러 가지 방법이 있으나 여기서는 다음의 두 가지에 대해서 설명하기로 한다.

(1) 한계소류력의 상사성

(2) 하상변동의 상사성

한계소류력의 상사성은 모형과 원형에 있어서의 하상토사의 시동조건의 상사성이고, 하상변동의 상사성은 모형의 하상변동상황과 원형의 하상변동상황의 상사성이다.

15.7.1 한계소류력의 상사성

Shields의 한계소류력 공식 (13−11)에서

$$\frac{U_{*C}^2}{sgd} = \phi\left(\frac{U_{*C}^2 d}{\nu}\right) \tag{15-53}$$

여기서 $s = \left(\frac{\rho_s}{\rho} - 1\right)$이다.

이 식은 **그림 13−5**에 그려져 있으나 식의 좌변은 무차원한계소류력이고, 우변은 입자 Reynolds 수이다. 이들의 항은 모두 무차원수이므로 모형의 값과 원형의 값이 같으면 모형의 시동조건과 원형의 시동조건이 상사가 된다. 즉,

$$\left(\frac{U_{*C}^2}{sgd}\right)_m = \left(\frac{U_{*C}^2}{sgd}\right)_p$$

에서

$$\frac{(w_s)_m}{(w_s)_p} = \frac{U_*c_m^2}{U_*c_p^2}\ \frac{d_p}{d_m} \tag{15-54}$$

여기서 $w_s = \rho_s g$이며, 입자의 수중단위중량이다. 다음에는

$$\phi\left(\frac{U_*c^2 d}{\nu}\right)_m = \phi\left(\frac{U_*c^2 d}{\nu}\right)_p$$

에서

$$\frac{d_m}{d_p} = \frac{(U_{*C})_p}{(U_{*C})_m} \tag{15-55}$$

이들의 관계에서 모형에 사용하는 하상토사와 원형의 하상토사의 크기와 단위중량의 관계를 구할 수 있다. 식 (15−54)와 (15−55)에서

$$\frac{(w_s)_m}{(w_s)_p} = \frac{d_p^{\,3}}{d_m^{\,3}} \tag{15-56}$$

이 관계에서 알 수 있는 것은 만일 모형에 사용하는 토사의 입경이 원형 보다 크면 모형에 사용하는 토사의 단위중량이 원형의 모래보다 작아야 한다.

지금 수심에 비해서 폭이 넓은 하천에 대해서 생각하면 $R \fallingdotseq h$로 쓸 수 있으므로 식 (13−6)에서

$$U_{*C} = (gh\,I)^{1/2} \tag{15-57}$$

모형과 원형의 마찰속도의 비는

$$\frac{(U_{*C})_m}{(U_{*C})_p} = \left(\frac{h_{Cm}\,I_m}{h_{Cp}\,I_p}\right)^{1/2} = L_r\,I_r^{1/2} \tag{15-58}$$

연직축척과 수평축척을 달리할 때는

$$\frac{(U_{*C})_m}{(U_{*C})_p} = \frac{y_m}{y_p}\,\frac{{x_p}^{1/2}}{{x_m}^{1/2}} = \frac{y_r}{{x_r}^{1/2}} \tag{15-59}$$

식 (15−58) 또는 (15−59)는 마찰속도와 축척과의 관계이고, 식 (15−55), 식 (15−56)과 함께 축척과 토사의 입경비 또는 단위중량비의 관계를 구할 수 있다.

15.7.2 하상변동의 상사성

개수로 이동상의 모형실험에 있어서는 Froude의 상사법칙이 성립되는 동시에 유사량의 상사법칙도 성립되도록 노력해야 할 것이다. 유사량은 또 시간에 따라서 다르므로 모형과 원형의 유사량의 축척을 구하는 동시에 시간축척도 구하지 않으면 안 된다.

일반적으로 이동상 모형실험에 있어서는 유사량 상사법칙의 성립은 매우 어려우므로 모형의 하상변동과 원형의 하상변동의 상사성을 구하는 것이 보다 합리적이고 쉬운 일이다.

하상변동의 기본식 (13−62)

$$\frac{\partial Z}{\partial t} \pm \frac{1}{B(1-\lambda)}\,\frac{\partial Q_s}{\partial x} = 0 \tag{13-62}$$

에 있어서

Z : 하상고	t : 시간
B : 하천폭	λ : 토사의 공극률
Q_s : 유사량	x : 흐름방향의 거리

위 식에 있어서 (±)의 기호 중에서 하상토사가 이동하여 유사가 발생하는 경우가 (+)이고, 추적되는 경우가 (−)이다. 이동상 모형실험은 하상의 모래가 이동하는 경우에 대한 것이므로 (+)를 취해야 한다. 지금

$$y_r = \frac{Z_m}{Z_p}, \qquad t_r = \frac{t_m}{t_p}, \qquad x_r = B_r = \frac{B_m}{B_p},$$

$$(1-\lambda)_r = \frac{(1-\lambda)_m}{(1-\lambda)_p}, \qquad Q_{sr} = \frac{Q_{sm}}{Q_{sp}}$$

로 놓으면 식 (13−62)에서 시간축척을 구할 수 있다. 식 (13−62)는 모형과 원형에 적용할 수 있으므로

$$\frac{Z_m}{Z_p}\frac{t_p}{t_m} + \frac{B_p(1-\lambda)_p}{B_m(1-\lambda)_m}\quad\frac{Q_{sm}}{Q_{sp}}\frac{x_p}{x_r} = 0$$

$$y_r t_r^{-1} + B_r^{-1}(1-\lambda)_r^{-1} Q_{sr}\, x_r^{-1} = 0$$

$$t_r = y_r\, x_r^2 (1-\lambda)_r\, Q_{sr}^{-1} \tag{15-60}$$

식 (15−60)에 있어서 시간축척을 구하려면 유사의 축척을 구해야 한다. 유사의 축척을 구하려면 유사량공식이 주어져야 한다.

유사량공식에는 소류사에 대한 Brown 공식 (13−45)를 사용하면 다음과 같다. 식 (13−45)를 변형하면

$$Q_s = B\,q_B = B\frac{10\,U_*^5}{\left(\frac{\rho_s}{\rho} - 1\right)^2 g^2 d} \tag{15-61}$$

모형과 원형의 유사량의 비는 $d_r = \dfrac{d_m}{d_p}$ 이라고 하면

$$Q_{sr} = B_r\, q_{Br} = B_r \frac{U_{*r}^5}{\left(\frac{\rho_s}{\rho} - 1\right)_r^2 g^2 d_r} \tag{15-62}$$

여기서 $B_r = x_r$이고

$$U_{*r} = \frac{U_{*m}}{U_{*p}} = \frac{\sqrt{g h_m I_m}}{\sqrt{g h_p I_p}} = \frac{y_r}{\sqrt{x_r}}$$

이며, 이들의 관계를 사용하면

$$Q_{sr} = x_r \frac{(y_r/\sqrt{x_r})^5}{\left(\frac{\rho_s}{\rho} - 1\right)_r^2 d_r} = \frac{1}{\left(\frac{\rho_s}{\rho} - 1\right)_r^2 dr}\ \frac{y_r^5}{x_r^{3/2}} \tag{15-63}$$

식 (15−63)를 식 (15−60)에 대입하면

$$t_r = y_r x_r^{2}(1-\lambda)_r\left\{\frac{1}{\left(\frac{\rho_s}{\rho}-1\right)_r^2 dr}\ \frac{y_r^{5}}{x_r^{2/3}}\right\}^{-1} = \frac{(1-\lambda)_r\left(\frac{\rho_s}{\rho}-1\right)_r^2 d_r}{y_r} x_r^{7/2} \qquad (15\text{–}64)$$

이상과 같이 유사량의 축척과 시간의 축척을 구할 수 있다

연습문제

15-1. 반지름 a인 원관내 난류의 유속분포는 조도 e, 마찰력 τ_o, 점성계수 μ, 밀도 ρ의 함수라고 생각된다. 관 중심에서 r점의 유속을 v라고 할 때 유속분포는 다음 식으로 표시할 수 있다.

$$\frac{v}{\sqrt{\tau_o/\rho}} = \phi\left(\frac{r\sqrt{\tau_o/\rho}}{\mu/\rho}\ \frac{r}{a}\ \frac{e}{a}\right)$$

이것을 π 정리에서 증명하여라.

15-2. 관수로를 물이 흐를 때 관벽의 마찰력 τ_o는 물의 점성계수 μ, 밀도 ρ, 관경 D, 평균유속 V 및 벽면의 조도 e의 함수라고 한다. τ_o는 어떤 식으로 표시 될 것인가?

15-3. 수력발전용 댐을 축척 1/50의 모형을 만들어서 실험하는 경우를 생각한다.

(1) 원형의 월유량이 400 m^3/sec이면 모형의 유량을 얼마로 해야 할 것인가?

(2) 모형에서 측정한 유속이 1.5 m/sec이면 원형에서의 유속은 얼마인가?

(3) 모형의 apron에서 생긴 도수의 높이가 10 cm이면 원형의 도수의 높이는 얼마인가?

(4) 모형에서 도수에 의해서 소실되는 에너지의 손실수두가 35 cm이면 원형에서의 손실수두는 얼마인가?

(5) 원형의 수문을 완전 개방하는 데 소요되는 시간을 5분이라고 하면 모형에서와 수문개방시간을 얼마로 해야 할 것인가?

(6) 홍수조절을 하기 위하여 12000000 m^3의 물을 저수지에 일시에 저장한 후 7일간에 수문을 통해서 모두 방류할 계획이다. 모형에 있어서의 수량과 시간을 구하여라.

15-4. 한강 하류부의 하도정비공사에 앞서 수평축척 1/200, 연직축척 1/80의 모형을 만들어서 실험을 하였다. 수심에 비해서 하천폭이 충분히 넓다고 가정하면 원형의 Manning 식의 조도계수를 $n_p = 0.03$이라고 할 때 모형의 조도계수는 얼마로 해야 할 것인가? 이와 같은 모형의 조도를 모형에 어떻게 부여해야 하는가?

참고문헌

[1] M. de Vries : "*Solving river Problems by Hydraulic and Mathemtical Models*", Delft Hydraulic Lab. Publication No. 76. Ⅱ, 1971.

[2] V.T. Chow : *Open Channel Hydraulicst*, P. 8, McGraw Hill, New York, 1981.

[3] F.M. Henderson : *Open Channel Flow*, MacMillian Press, New York, 1966.

[4] M.S. Yalin : *Theory of Hydraulic Models*, MacModellian Press, London, 1971.

[5] J.J. Sharp : *Hydraulic Modelling*, P. 98, Butterwor ths, London, 1981.

본 장은 모형실험에 대한 일반적인 기초이론을 개설한 것이며 이에 대한 참고문헌은 많은 참고서에서 찾아 볼 수 있다. 이들의 참고서 중에서 본 장을 쓰는 데 참고로 한 몇 가지 참고서는 다음과 같다.

(1) ASCE : *Hydraulic Models*, ASCE Mannals of Engineerig Practice, No. 25.

(2) J.J. Sharp : *Hydraulic Modelling*, Butterworths, 1981.

(3) 岩佐義朗 : 水理學, 東京, 朝倉書房, 1967.

(4) 安守漢 : 水理學, 東明社, 1981.

(5) 須賀堯三, 浜谷武治: 信濃川長岡地區河道計劃模型實驗報告書(其一), 日本土木研究所資料, 第786號.

(6) V.T. Chow : *Open Channel Hydraulics*, McGraw Hill, 1982.

부록

1. 식 (4-25)의 유도
2. 식 (5-4)의 유도
3. 식 (7-61)의 유도
4. 식 (7-63)의 유도

부표

1. Bresse의 배수함수표, $B_1(h_o/h)$
2. Bresse의 저하배수함수표, $B_2(h/h_o)$
3. Chow의 수면곡선표
4. 미소진폭파의 수심, 주기, 파장의 표

부록 1. 식 (4–25)의 유도

$$r = \sqrt{y^2 + z^2} = \sqrt{X}\,,\quad X = y^2 + z^2$$

으로 놓으면

$$\frac{\partial u}{\partial y} = \frac{\partial u}{\partial r}\frac{\partial r}{\partial y} = \frac{\partial u}{\partial r}\left(\frac{\partial r}{\partial X}\frac{\partial X}{\partial y}\right) = \frac{1}{2}X^{-1/2}\,2y = \frac{y}{r}$$

$$\frac{\partial^2 u}{\partial y^2} = \frac{\partial}{\partial y}\left(\frac{\partial u}{\partial r}\right)\frac{y}{r}$$

$$= \frac{\partial}{\partial y}\left(\frac{\partial u}{\partial r}\right)\frac{y}{r} + \frac{\partial}{\partial y}\left(\frac{y}{r}\right)\frac{\partial u}{\partial r} + \frac{\partial}{\partial y}\left(\frac{1}{r}\right)y\frac{\partial u}{\partial r}$$

$$= \frac{\partial}{\partial r}\left(\frac{\partial u}{\partial r}\right)\frac{y}{r} + \frac{1}{r}\frac{\partial u}{\partial r} - \frac{y^2}{r^3}\frac{\partial u}{\partial r}$$

$$= \frac{\partial}{\partial r}\left(\frac{\partial u}{\partial r}\frac{y}{r}\right)\frac{y}{r} + \left(\frac{1}{r} - \frac{y^2}{r^3}\right)\frac{\partial u}{\partial r}$$

$$= \frac{\partial^2 u}{\partial r^2}\left(\frac{y}{r}\right)^2 + \left(\frac{1}{r} - \frac{y^2}{r^3}\right)\frac{\partial u}{\partial r}$$

같이 하여

$$\frac{\partial^2 u}{\partial z^2} = \frac{\partial^2 u}{\partial r^2}\left(\frac{z}{r}\right)^2 + \left(\frac{1}{r} - \frac{z^2}{r^3}\right)\frac{\partial u}{\partial r}$$

$$\therefore\ \frac{\partial^2 u}{\partial y^2} + \frac{\partial^2 u}{\partial z^2} = \frac{\partial^2 u}{\partial r^2}\left(\frac{y}{r}\right)^2 + \left(\frac{1}{r}\ \frac{y^2}{r^3}\right)\frac{\partial u}{\partial r} + \frac{\partial^2 u}{\partial r^2}\left(\frac{z}{r}\right)^2 + \left(\frac{1}{r} - \frac{z^2}{r^3}\right)\frac{\partial u}{\partial r}$$

$$= \frac{\partial^2 u}{\partial r^2}\left(\frac{y^2 + z^2}{r^2}\right) + \left(\frac{1}{r} - \frac{y^2 + z^2}{r^2}\ \frac{1}{r}\right)\frac{\partial u}{\partial r} = \frac{\partial^2 u}{\partial r^2} + \frac{1}{r}\frac{\partial u}{\partial r}\ \cdots\cdots$$

$$\therefore\ \frac{\partial p}{\partial x} + \mu\left(\frac{\partial^2 u}{\partial y^2} + \frac{\partial^2 u}{\partial z^2}\right) = \frac{\partial p}{\partial x} + \mu\left(\frac{\partial^2 u}{\partial r^2} + \frac{1}{r}\frac{\partial u}{\partial r}\right) \tag{4–25}$$

부록 2. 식 (5-4)의 유도

흐름에 직각인 유수단면의 단면적을 A라고 하고, 그림과 같은 유관 d_x를 생각한다.

①과 ②, 벽면에 둘러싸인 표면적, 용적 Ad_x의 부분을 control volume이라고 하고, x방향의 운동방정식을 적분한다.

식 (4-29)~(4-51)을 다시 쓰면

x 방향:

$$\rho\left(\frac{\partial \bar{u}}{\partial t} + \bar{u}\frac{\partial \bar{u}}{\partial x} + \bar{v}\frac{\partial \bar{u}}{\partial y} + \bar{w}\frac{\partial \bar{u}}{\partial z}\right) = \rho X - \frac{\partial}{\partial x}(p_x - \rho\overline{u'u'}) + \frac{\partial}{\partial y}(\tau_{yx} - \rho\overline{u'v'}) + \frac{\partial}{\partial z}(\tau_{zx} - \rho\overline{u'w'}) \qquad (4-49)$$

y 방향:

$$\rho\left(\frac{\partial \bar{v}}{\partial t} + \bar{u}\frac{\partial \bar{v}}{\partial x} + \bar{v}\frac{\partial \bar{v}}{\partial y} + \bar{w}\frac{\partial \bar{w}}{\partial z}\right) = \rho Y - \frac{\partial}{\partial x}(p_y - \rho\overline{u'v'}) + \frac{\partial}{\partial y}(\tau_{xy} - \rho\overline{v'v'}) + \frac{\partial}{\partial z}(\tau_{zy} - \rho\overline{v'w'}) \qquad (4-50)$$

z 방향:

$$\rho\left(\frac{\partial \bar{w}}{\partial t} + \bar{u}\frac{\partial \bar{w}}{\partial x} + \bar{v}\frac{\partial \bar{w}}{\partial y} + \bar{w}\frac{\partial \bar{v}}{\partial z}\right) = \rho Z - \frac{\partial}{\partial x}(p_z - \rho\overline{u'w'}) + \frac{\partial}{\partial y}(\tau_{xz} - \rho\overline{u'w'})$$

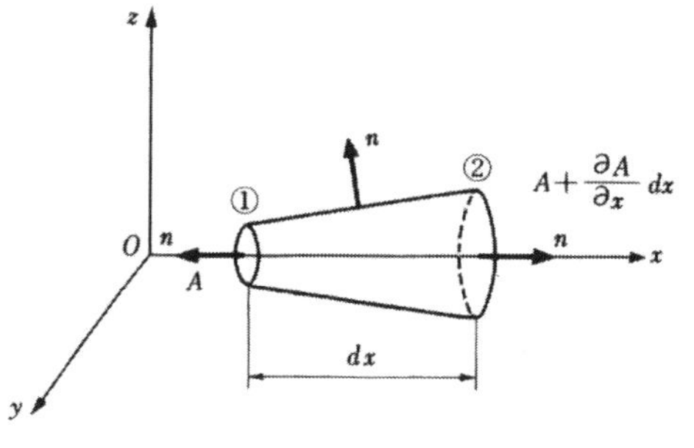

$$+ \frac{\partial}{\partial z}(\tau_{yz} - \rho\overline{v'w'}) \qquad (4-51)$$

여기서 $\rho\overline{u'u'}$는 매우 작은 값이므로 일반적으로 무시하는 경우가 많다.

$X = -\dfrac{\partial \Omega}{\partial x}$ 이고 $\Omega = gz$ 그리고 $p_x = p$로 놓으면

$$\rho \frac{\partial \bar{u}}{\partial t} + \rho\left(\bar{u}\frac{\partial \bar{u}}{\partial x} + \bar{v}\frac{\partial \bar{u}}{\partial y} + \bar{w}\frac{\partial \bar{u}}{\partial z}\right) = -\rho g \frac{\partial}{\partial x}\left(z + \frac{p}{\rho g}\right) + \frac{\partial}{\partial y}(\tau_{yx} - \rho\overline{u'v'}) + \frac{\partial}{\partial z}(\tau_{zx} - \rho\overline{u'w'})$$

이것을 전용적에 $\bar{V}$대해서 적분하면

$$\rho\int_{\mathrm{V}} \frac{\partial \bar{u}}{\partial t} d\bar{V} + \rho\int_{\bar{V}}\left(\bar{u}\frac{\partial \bar{u}}{\partial x} + \bar{v}\frac{\partial \bar{u}}{\partial y} + \bar{w}\frac{\partial \bar{u}}{\partial z}\right)d\bar{V}$$
$$= -\rho g\int_{\bar{V}} \frac{\partial}{\partial x}\left(z + \frac{p}{\rho g}\right)d\bar{V} + \int_{\bar{V}} \frac{\partial}{\partial y}(\tau_{yx} - \rho\,\overline{u'w'})d\bar{V}$$
$$+ \int_{\bar{V}} \frac{\partial}{\partial z}(\tau_{zx} - \rho\overline{v'w'})d\bar{V} \qquad \text{(a)}$$

폐곡면에 대한 바깥쪽 방향의 법선을 $+n$이라고 하면 그 방향여현 $\cos(x, n)$, $\cos(y, n)$, $\cos(z, n)$과 v_n은 다음과 같다.

단면 ① : $\cos(x, n) = 1,\ \cos(y, n) = \cos(z, n) = 0,\ v_n = -\bar{u}$

단면 ② : $\cos(x, n) = 1,\ \cos(y, n) = \cos(z, n) = 0,\ v_n = \bar{u}$

측면 : $\cos(n, x)ds = -\dfrac{\partial A}{\partial x}dx, \quad v_n = 0$

자유표면 : $V_n = \dfrac{\partial h}{\partial t}$

그리고 v_n은 다음과 같다.

$$v_n = v, m = \bar{u}\cos(x, n) + \bar{v}\cos(y, n) + \bar{w}\cos(z, n)$$

이 폐곡면 작용하는 전단력 τ의 x 적분은

$$\tau_x = (\tau_{yx} - \rho\overline{u'v'})\cos(y, n) + (\tau_{zx} - \rho u'w')\cos(z, n)$$

으로 놓으면 Green의 정리에 의하여 (a)식을 다음과 같이 쓸 수 있다.

$$\rho\int_{\mathrm{V}} \frac{\partial \bar{u}}{\partial t} d\bar{V} + \rho\int_{S} \bar{u}\,[\bar{u}\cos(x, n) + \bar{v}\cos(y, n) + \bar{w}\cos(z, n)]ds$$
$$= -\rho g\int_{S}\left(z + \frac{p}{\rho g}\right)\cos(x, n)ds + \int_{S} \tau_x\, dx \qquad \text{(b)}$$

또는

$$\rho\int_{\bar{V}} \frac{\partial \bar{u}}{\partial t} d\bar{V} + \rho\int_{S} \bar{u}v_n\, ds = -\rho g\int_{S}\left(z + \frac{p}{\rho g}\right)\cos(x, n)ds + \int_{S} \tau_x\, ds \qquad \text{(c)}$$

(c)식의 우변의 제1항은

$$\rho g\int_S\left(z+\frac{p}{\rho g}\right)\cos(x,n)ds=\rho g\left[\left(z+\frac{p}{\rho g}\right)A\right]_1-\rho g\left[\left(z+\frac{p}{\rho g}\right)A\right]_2$$

관수로에 있어서 단면적이 일정한 경우는 $A_1=A_2$이므로 위 식은 다음과 같다.

$$\rho g\int_S\left(z+\frac{p}{\rho g}\right)\cos(x,n)ds=A\frac{\partial}{\partial x}\left(z+\frac{p}{\rho g}\right)ds \qquad \text{(d)}$$

다음에는 윤변에 작용하는 전단력을 생각하면 단면 ①, ②에 있어서 0이고 윤변을 S라고 하면 dx에만 작용한다. 윤변의 마찰응력의 평균치를 τ_0라고 하면

$$\int_S\tau_x\,ds=-\tau_0\,s\,dx \qquad \text{(e)}$$

식 (b)~(d)와 연속방정식 $\dfrac{\partial Q}{\partial x}=0\ \ \dfrac{\partial AV}{\partial x}=0$을 고려하면

$$\frac{1}{g}\frac{\partial V}{\partial t}+\frac{\partial}{\partial x}\left(\beta\frac{V^2}{2g}\right)+\frac{\partial}{\partial x}\left(z+\frac{p}{\rho g}\right)=-\frac{\tau_0}{\rho gR} \qquad \text{(f)}$$

여기서

V : 단면의 평균유속

β : 운동량보정계수 $\beta=\dfrac{\bar{u}^2dA}{V^2A}$

R : 수리평균심 $R=A/S$

식 (5-9)에서

$$\tau_0=\frac{\rho gh}{2l}a=\frac{\rho g}{2l}\frac{hD}{2}=\frac{\rho g\,\Delta h}{4\,\Delta x}D=\frac{\rho g\,\Delta h}{\Delta x}R$$

$$\therefore\ \frac{1}{g}\frac{\partial V}{\partial t}+\frac{\partial}{\partial x}\left(\frac{V^2}{2g}+z+\frac{\partial p}{\rho}\right)+\frac{\partial h}{\partial x}=0$$

부록 3. 식 (7–61)의 유도

식 (7–53)

$$\frac{w}{2}h_1^2 + \frac{w}{g}h_1 V_{n1}^2 = \frac{w}{2}h_2^2 + \frac{w}{g}V_{n2}^2$$

에서

$$\frac{h_2^2 - h_1^2}{2} = \frac{w}{g}(h_1 V_{n1}^2 - h_2 V_{n2}^2) \tag{a}$$

연속방정식 $h_1 V_{n1} = h_2 V_{n2}$에서

$$h_2 = \frac{V_{n1}}{V_{n2}}h_1$$

$$\frac{h_2^2 - h_1^2}{2} = \frac{w}{g}(h_1 V_{n1}^2 - V_{n2} h_1 V_{n1}) = \frac{w}{g}V_{n1}(V_{n1} - V_{n2}) = \frac{w}{g}h_1 V_{n1} dV_n$$

$$V_{n1} = \sin\beta V_1, \qquad h_2 = h_1 + dh, \qquad V_{n2} = V_{n1} - dV_n$$

위 식의 좌변은

$$\frac{1}{2}(h_2^2 - h_1^2) = \frac{1}{2}\{(h_1 + dh)^2 - h_1^2\}$$

$$= \frac{1}{2}\{h_1^2 + 2h_1 dh - dh^2 - h_1^2\} = \frac{1}{2} \times 2h_1 dh = h_1 dh$$

$$h_1 dh = \frac{w}{g}h_1 V_{n1} d V_n = \frac{w}{g}h_1 \sin\beta V_1 dV_n$$

$$dh = \frac{w}{g}V_1 \sin\beta dV_n$$

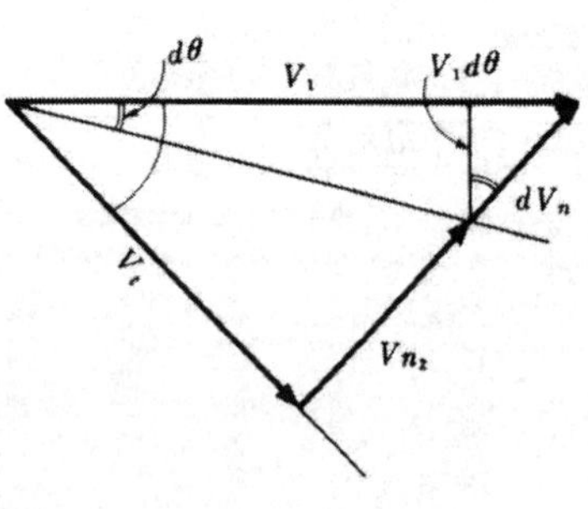

여기서 dV_n은 위의 그림에서

$$dV_n = \sec\beta V_1 d\theta$$

$$dh = \frac{w}{g}V_1 \frac{\sin\beta}{\cos\beta}V_1 d\theta = \frac{w}{g}V_1^2 \tan\beta d\theta \tag{7–58}$$

부록 4. 식 (7-63)의 유도

그림 7-27에서

$$\tan\beta = \frac{V_{n1}}{V_{t1}}, \qquad V_{t1} = \sqrt{V_1^2 - V_{n1}^2}$$

Specific energy $H = h + \dfrac{V^2}{2g}$ 에서

$$V = \sqrt{2g(H-h)}$$

$$\therefore \tan\beta = \frac{V_{n1}}{\sqrt{V_1^2 - V_{n1}^2}} = \frac{\sqrt{gh_1}}{\sqrt{2g(H-h_1) - gh_1}} = \frac{\sqrt{h_1}}{\sqrt{2H - 3h_1}} \tag{b}$$

여기서 V_{n1}은 식 (7-54)에 있어서 $h_1 \fallingdotseq h_2$로 하여 구하면 $V_{n1} = \sqrt{gh_1}$이다.

식 (7-58)을 다음과 같이 변형하고

$$\frac{dh}{d\theta} = \frac{1}{g} V^2 \tan\beta$$

식 (b)를 대입하면

$$\frac{dh}{d\theta} = \frac{1}{g} V^2 \frac{\sqrt{h_1}}{\sqrt{2H - 3h_1}} = \frac{2(H-h)\sqrt{h}}{\sqrt{2H - 3h}} \tag{c}$$

식 (c)를 적분하면

$$d\theta = \frac{\sqrt{2H - 3h}}{2\sqrt{h}\,(H-h)} dh$$

에서

$$\theta + \text{const.} = \int \frac{\sqrt{2H+3h}}{2\sqrt{h}\,(H-h)} dh$$

$$= \int \frac{(2H-3h)}{2\sqrt{h}\,(H-h)\,\sqrt{2H-3h}} dh$$

$$= \int \frac{3(H-h) - H}{2\sqrt{h}\,(H-h)\,\sqrt{2H-3h}} dh$$

$$= 3\int \frac{dh}{2\sqrt{h}\sqrt{2H-3h}} - \frac{H}{2}\int \frac{dh}{(H-h)\sqrt{2H-3h}}$$

$$= \sqrt{3}\int \frac{\dfrac{1}{2\sqrt{h}}\sqrt{\dfrac{3}{2H}}}{\sqrt{1 - \dfrac{3h}{2H}}} dh - \frac{\dfrac{H}{2\sqrt{h}}\dfrac{1}{(H-h)^{3/2}}}{\sqrt{1 - \dfrac{h}{2(H-h)}}}$$

$$= \sqrt{3}\,\sin^{-1}\sqrt{\frac{3h}{2H}} - \sin^{-1}\sqrt{\frac{h}{2(H-h)}}$$

const. $= \theta_1$이라고 하면

$$\theta = \sqrt{3}\,\sin^{-1}\sqrt{\frac{3h}{2H}} - \sin^{-1}\sqrt{\frac{h}{2(H-h)}} - \theta_1$$

또는 $\sin^{-1} x = \tan^{-1}\dfrac{x}{\sqrt{1-x^2}}$ 의 관계를 이용하면

$$\theta = \sqrt{3}\,\tan^{-1}\sqrt{\frac{3h/2H}{1-3h/2H}} - \tan^{-1}\frac{1}{\sqrt{3}}\sqrt{\frac{3h/2H}{1-3h/2H}} - \theta_1\,\frac{3h}{2H}$$

$$= \frac{3\,h}{2\left(h+\dfrac{V^2}{2g}\right)} = \frac{3\,h}{2\,h+\dfrac{V^2}{g}} = \frac{3}{2+\dfrac{V^2}{gh}} = \frac{3}{2+F_r^{\,2}}$$

의 관계를 사용하면

$$\theta = \sqrt{3}\,\tan^{-1}\frac{\sqrt{3}}{\sqrt{F_r^{\,2}-1}} - \tan^{-1}\frac{1}{\sqrt{F_r^{\,2}-1}} - \theta_1$$

부표 1. Bresse의 배수함수표, $B_1(h_o/h)$

h_0/h	$B(h_0/h)$	h_0/h	$B(h_0/h)$	h_0/h	$B(h_0/h)$	h_0/h	$B(h_0/h)$
0.999	2.1834	0.946	0.8539	0.810	0.4367	0.51	0.1376
0.998	1.9523	0.944	0.8418	0.805	0.4281	0.50	0.1318
0.997	1.8172	0.942	0.8301	0.800	0.4198	0.49	0.1262
0.996	1.7213	0.940	0.8188	0.795	0.4117	0.48	0.1207
0.995	1.6469	0.938	0.8079	0.790	0.4039	0.47	0.1154
0.994	1.5961	0.936	0.7973	0.785	0.3962	0.46	0.1102
0.993	1.5348	0.934	0.7871	0.780	0.3886	0.45	0.1052
0.992	1.4902	0.932	0.7772	0.775	0.3813	0.44	0.1003
0.991	1.4510	0.930	0.7675	0.770	0.3741	0.43	0.0955
0.990	1.4516	0.928	0.7581	0.765	0.3671	0.42	0.0909
0.989	1.3841	0.926	0.7490	0.760	0.3603	0.41	0.0865
0.988	1.3551	0.924	0.7401	0.755	0.3536	0.40	0.0821
0.987	1.3284	0.922	0.7315	0.750	0.3470	0.39	0.0779
0.986	1.3037	0.920	0.7231	0.745	0.3406	0.38	0.0738
0.985	1.2807	0.918	0.7149	0.740	0.3343	0.37	0.0699
0.984	1.2592	0.916	0.7069	0.735	0.3282	0.36	0.0660
0.983	1.2390	0.914	0.6990	0.730	0.3221	0.35	0.0623
0.982	1.2199	0.912	0.6914	0.725	0.3162	0.34	0.0587
0.981	1.2019	0.910	0.6839	0.720	0.3104	0.33	0.0553
0.980	1.1848	0.908	0.6766	0.715	0.3047	0.32	0.0519
0.979	1.1686	0.906	0.6695	0.710	0.2991	0.31	0.0486
0.978	1.1531	0.904	0.6625	0.705	0.2937	0.30	0.0455
0.977	1.1383	0.902	0.6552	0.70	0.2883	0.29	0.0425
0.976	1.1241	0.900	0.6489	0.69	0.2778	0.28	0.0395
0.975	1.1105	0.895	0.6327	0.68	0.2677	0.27	0.0367
0.974	1.0974	0.890	0.6173	0.67	0.2580	0.26	0.0340
0.973	1.0848	0.885	0.6025	0.66	0.2486	0.25	0.0314
0.972	1.0727	0.880	0.5884	0.65	0.2395	0.24	0.0290
0.971	1.0610	0.875	0.5749	0.64	0.2306	0.23	0.2660
0.970	1.0497	0.870	0.5619	0.63	0.2221	0.22	0.0243
0.968	1.0282	0.865	0.5494	0.62	0.2138	0.21	0.0221
0.966	1.0080	0.860	0.5374	0.61	0.2058	0.20	0.0201
0.964	0.9890	0.855	0.5258	0.60	0.1980	0.18	0.0162
0.962	0.9709	0.850	0.5146	0.59	0.1905	0.16	0.0128
0.960	0.9539	0.845	0.5037	0.58	0.1832	0.14	0.0098
0.958	0.9376	0.840	0.4932	0.57	0.1761	0.12	0.0072
0.956	0.9221	0.835	0.4831	0.56	0.1692	0.10	0.0052
0.954	0.9073	0.830	0.4733	0.55	0.1625	0.08	0.0032
0.952	0.8931	0.825	0.4637	0.54	0.1560		
0.950	0.8795	0.820	0.4544	0.53	0.1497		
0.948	0.8665	0.815	0.4454	0.52	0.1435		

부표 2. Bresse의 저하배수함수표, $B_2(h/h_o)$

h/h_0	$B(h/h_0)$	h/h_0	$B(h/h_0)$	h/h_0	$B(h/h_0)$	h/h_0	$B(h/h_0)$
0.00	−0.6046	0.43	−0.1656	0.780	+0.3064	0.938	+0.7866
0.01	0.5946	0.44	0.1547	0.785	0.3160	0.940	0.7982
0.02	1.8172	0.45	0.1438	0.790	0.3258	0.942	0.8102
0.03	1.7213	0.46	0.1327	0.795	0.3357	0.944	0.8226
0.04	1.6469	0.47	0.1216	0.800	0.3459	0.946	0.8354
0.05	1.5961	0.48	0.1104	0.805	0.3562	0.948	0.8487
0.06	1.5348	0.49	0.0991	0.810	0.3668	0.950	0.8624
0.07	1.4902	0.50	0.0878	0.815	0.3776	0.952	0.8767
0.08	1.4510	0.51	0.0763	0.820	0.3886	0.954	0.8916
0.09	1.4516	0.52	0.0647	0.825	0.3998	0.956	0.9071
0.10	1.3841	0.53	0.0530	0.830	0.4114	0.958	0.9233
0.11	1.3551	0.54	0.0412	0.835	0.4232	0.960	0.9402
0.12	1.3284	0.55	0.0293	0.840	0.4353	0.962	0.9580
0.13	1.3037	0.56	0.0172	0.845	0.4478	0.964	0.6767
0.14	1.2807	0.57	0.0050	0.850	0.4605	0.966	0.9965
0.15	1.2592	0.58	+0.0074	0.855	0.4737	0.968	1.0174
0.16	1.2390	0.59	0.0199	0.860	0.4872	0.970	1.0396
0.17	1.2199	0.60	0.0325	0.865	0.5012	0.972	1.0632
0.18	1.2019	0.61	0.0454	0.870	0.5156	0.974	1.0886
0.19	1.1848	0.62	0.0584	0.875	0.5305	0.976	1.1160
0.20	1.1686	0.63	0.0716	0.880	0.5459	0.978	1.1457
0.21	1.1531	0.64	0.0851	0.885	0.5619	0.980	1.1781
0.22	1.1383	0.65	0.0987	0.890	0.5785	0.981	1.1955
0.23	1.1241	0.66	0.1127	0.895	0.5958	0.982	1.2139
0.24	1.1105	0.67	0.1268	0.900	0.6138	0.983	1.2333
0.25	1.0974	0.68	0.1413	0.902	0.6213	0.984	1.2538
0.26	1.0848	0.69	0.1560	0.904	0.6289	0.985	1.2757
0.27	1.0727	0.70	0.1711	0.906	0.6366	0.986	1.2990
0.28	1.0610	0.705	0.1787	0.908	0.6445	0.987	1.3241
0.29	1.0497	0.710	0.1864	0.910	0.6525	0.988	1.3511
0.30	1.0282	0.715	0.1943	0.912	0.6607	0.989	1.3804
0.31	1.0080	0.720	0.2022	0.914	0.6691	0.990	1.4125
0.32	0.9890	0.725	0.2102	0.916	0.6776	0.991	1.4480
0.33	0.9709	0.730	0.2184	0.918	0.6864	0.992	1.4876
0.34	0.9539	0.735	0.2266	0.920	0.6953	0.993	1.5324
0.35	0.9376	0.740	0.2350	0.922	0.7045	0.994	1.5841
0.36	0.9221	0.745	0.2434	0.924	0.7138	0.995	1.6452
0.37	0.9073	0.750	0.2520	0.926	0.7234	0.996	1.7200
0.38	0.8931	0.755	0.2607	0.928	0.7332	0.997	1.8162
0.39	0.8795	0.760	0.2696	0.930	0.7433	0.998	1.9517
0.40	0.8665	0.765	0.2785	0.932	0.7537	0.999	2.1831
0.41		0.770	0.2877	0.934	0.7643		
0.42	0.8665	0.775	0.2970	0.936	0.7753		

부표 3. Chow의 수면곡선표

u \ N	2.2	2.4	2.6	2.8	3.0	3.2	3.4	3.6	3.8	4.0
0.00	0.000	0.000	0.000	0.000	0.000	0.000	0.000	0.000	0.000	0.000
0.02	0.020	0.020	0.020	0.020	0.020	0.020	0.020	0.020	0.020	0.020
0.04	0.040	0.040	0.040	0.040	0.040	0.040	0.040	0.040	0.040	0.040
0.06	0.060	0.060	0.060	0.060	0.060	0.060	0.060	0.060	0.060	0.060
0.08	0.080	0.080	0.080	0.080	0.080	0.080	0.080	0.080	0.080	0.080
0.10	0.100	0.100	0.100	0.100	0.100	0.100	0.100	0.100	0.100	0.100
0.12	0.120	0.120	0.120	0.120	0.120	0.120	0.120	0.120	0.120	0.120
0.14	0.140	0.140	0.140	0.140	0.140	0.140	0.140	0.140	0.140	0.140
0.16	0.161	0.161	0.160	0.160	0.160	0.160	0.160	0.160	0.160	0.160
0.18	0.181	0.181	0.181	0.180	0.180	0.180	0.180	0.180	0.180	0.180
0.20	0.202	0.201	0.201	0.201	0.200	0.200	0.200	0.200	0.200	0.200
0.22	0.223	0.222	0.221	0.221	0.221	0.220	0.220	0.220	0.220	0.220
0.24	0.244	0.243	0.242	0.241	0.241	0.241	0.240	0.240	0.240	0.240
0.26	0.265	0.263	0.262	0.262	0.261	0.261	0.261	0.260	0.260	0.260
0.28	0.286	0.284	0.283	0.282	0.282	0.281	0.281	0.281	0.280	0.280
0.30	0.307	0.305	0.304	0.303	0.302	0.302	0.301	0.301	0.301	0.300
0.32	0.329	0.326	0.325	0.324	0.323	0.322	0.322	0.321	0.321	0.321
0.34	0.351	0.348	0.346	0.344	0.343	0.343	0.342	0.342	0.341	0.341
0.36	0.372	0.369	0.367	0.366	0.364	0.363	0.363	0.362	0.362	0.361
0.38	0.395	0.392	0.389	0.387	0.385	0.384	0.383	0.383	0.382	0.382
0.40	0.418	0.414	0.411	0.408	0.407	0.405	0.404	0.403	0.403	0.402
0.42	0.442	0.437	0.433	0.430	0.428	0.426	0.425	0.424	0.423	0.423
0.44	0.465	0.460	0.456	0.452	0.450	0.448	0.446	0.445	0.444	0.443
0.46	0.489	0.483	0.479	0.475	0.472	0.470	0.468	0.466	0.465	0.464
0.48	0.514	0.507	0.502	0.497	0.494	0.492	0.489	0.488	0.486	0.485
0.50	0.539	0.531	0.525	0.521	0.517	0.514	0.511	0.509	0.508	0.506
0.52	0.565	0.557	0.550	0.544	0.540	0.536	0.534	0.531	0.529	0.528
0.54	0.592	0.582	0.574	0.568	0.563	0.559	0.556	0.554	0.551	0.550
0.56	0.619	0.608	0.599	0.593	0.587	0.583	0.579	0.576	0.574	0.572
0.58	0.648	0.635	0.626	0.618	0.612	0.607	0.603	0.599	0.596	0.594
0.60	0.676	0.663	0.653	0.644	0.637	0.631	0.627	0.623	0.620	0.617
0.61	0.691	0.678	0.667	0.657	0.650	0.644	0.639	0.635	0.631	0.628
0.62	0.706	0.692	0.680	0.671	0.663	0.657	0.651	0.647	0.643	0.640
0.63	0.722	0.707	0.694	0.684	0.676	0.669	0.664	0.659	0.655	0.652
0.64	0.738	0.722	0.709	0.698	0.690	0.683	0.677	0.672	0.667	0.664
0.65	0.754	0.737	0.724	0.712	0.703	0.696	0.689	0.684	0.680	0.676
0.66	0.771	0.753	0.738	0.727	0.717	0.709	0.703	0.697	0.692	0.688
0.67	0.787	0.769	0.754	0.742	0.731	0.723	0.716	0.710	0.705	0.701
0.68	0.804	0.785	0.769	0.757	0.746	0.737	0.729	0.723	0.718	0.713
0.69	0.822	0.804	0.785	0.772	0.761	0.751	0.743	0.737	0.731	0.726

u \ N	2.2	2.4	2.6	2.8	3.0	3.2	3.4	3.6	3.8	4.0
0.70	0.840	0.819	0.802	0.787	0.776	0.766	0.757	0.750	0.744	0.739
0.71	0.858	0.836	0.819	0.804	0.791	0.781	0.772	0.764	0.758	0.752
0.72	0.878	0.855	0.836	0.820	0.807	0.796	0.786	0.779	0.772	0.766
0.73	0.898	0.874	0.854	0.837	0.823	0.811	0.802	0.793	0.786	0.780
0.74	0.918	0.892	0.868	0.854	0.840	0.827	0.817	0.880	0.800	0.794
0.75	0.940	0.913	0.890	0.872	0.857	0.844	0.833	0.823	0.815	0.808
0.76	0.961	0.933	0.909	0.890	0.874	0.861	0.849	0.839	0.830	0.823
0.77	0.985	0.954	0.930	0.909	0.892	0.878	0.866	0.855	0.846	0.838
0.78	1.007	0.976	0.950	0.929	0.911	0.896	0.883	0.872	0.862	0.854
0.79	1.031	0.998	0.971	0.949	0.930	0.914	0.901	0.889	0.879	0.870
0.80	1.056	1.022	0.994	0.970	0.950	0.934	0.919	0.907	0.896	0.887
0.81	1.083	1.046	1.017	0.992	0.971	0.954	0.938	0.925	0.914	0.904
0.82	1.110	1.072	1.041	1.015	0.993	0.974	0.958	0.945	0.932	0.922
0.83	1.139	1.099	1.067	1.039	1.016	0.996	0.979	0.965	0.952	0.940
0.84	1.171	1.129	1.094	1.064	1.040	1.019	1.001	0.985	0.972	0.960
0.85	1.201	1.157	1.121	1.091	1.065	1.043	1.024	1.007	0.993	0.980
0.86	1.238	1.192	1.153	1.119	1.092	1.068	1.048	1.031	1.015	1.002
0.87	1.272	1.223	1.186	1.149	1.120	1.095	1.074	1.055	1.039	1.025
0.88	1.314	1.262	1.221	1.181	1.151	1.124	1.101	1.081	1.064	1.049
0.89	1.357	1.302	1.258	1.216	1.183	1.155	1.131	1.110	1.091	1.075
0.90	1.401	1.343	1.297	1.253	1.218	1.189	1.163	1.140	1.120	1.103
0.91	1.452	1.389	1.340	1.294	1.257	1.225	1.197	1.173	1.152	1.133
0.92	1.505	1.438	1.388	1.340	1.300	1.266	1.236	1.210	1.187	1.166
0.93	1.564	1.493	1.441	1.391	1.348	1.311	1.279	1.251	1.226	1.204
0.94	1.645	1.568	1.504	1.449	1.403	1.363	1.328	1.297	1.270	1.246
0.950	1.737	1.652	1.582	1.518	1.467	1.423	1.385	1.352	1.322	1.296
0.960	1.833	1.741	1.665	1.601	1.545	1.497	1.454	1.417	1.385	1.355
0.970	1.969	1.866	1.780	1.707	1.644	1.590	1.543	1.501	1.464	1.431
0.975	2.055	1.945	1.853	1.773	1.707	1.649	1.598	1.554	1.514	1.479
0.980	2.164	2.045	1.946	1.855	1.783	1.720	1.666	1.617	1.575	1.536
0.985	2.294	2.165	2.056	1.959	1.880	1.812	1.752	1.699	1.652	1.610
0.990	2.477	2.333	2.212	2.106	2.017	1.940	1.873	1.814	1.761	1.714
0.995	2.792	2.621	2.478	2.355	2.250	2.159	2.079	2.008	1.945	1.889
0.999	3.523	3.292	2.097	2.931	2.788	2.663	2.554	2.457	2.370	2.293
1.000	∞	∞	∞	∞	∞	∞	∞	∞	∞	∞
1.001	3.317	2.931	2.640	2.399	2.184	2.008	1.856	1.725	1.610	1.508
1.005	2.587	2.266	2.022	1.818	1.649	1.506	1.384	1.279	1.188	1.107
1.010	2.273	1.977	1.757	1.572	1.419	1.291	1.182	1.089	1.007	0.936
1.015	2.090	1.807	1.602	1.428	1.286	1.166	1.065	0.978	0.902	0.836
1.020	1.961	1.711	1.493	1.327	1.191	1.078	0.982	0.900	0.828	0.766
1.03	1.779	1.531	1.340	1.186	1.060	0.955	0.866	0.790	0.725	0.668
1.04	1.651	1.410	1.232	1.086	0.967	0.868	0.785	0.714	0.653	0.600
1.05	1.552	1.334	1.150	1.010	0.896	0.802	0.723	0.656	0.598	0.548
1.06	1.472	1.250	1.082	0.948	0.838	0.785	0.672	0.608	0.553	0.506
1.07	1.404	1.195	1.026	0.896	0.790	0.703	0.630	0.569	0.516	0.471
1.08	1.346	1.139	0.978	0.851	0.749	0.665	0.595	0.535	0.485	0.441
1.09	1.295	1.089	0.935	0.812	0.713	0.631	0.563	0.506	0.457	0.415
1.10	1.250	1.050	0.897	0.777	0.681	0.601	0.536	0.480	0.433	0.392
1.11	1.209	1.014	0.864	0.746	0.652	0.575	0.511	0.457	0.411	0.372
1.12	1.172	0.981	0.833	0.718	0.626	0.551	0.488	0.436	0.392	0.354

u \ N	2.2	2.4	2.6	2.8	3.0	3.2	3.4	3.6	3.8	4.0
1.13	1.138	0.950	0.805	0.692	0.602	0.529	0.468	0.417	0.374	0.337
1.14	1.170	0.921	0.780	0.669	0.581	0.509	0.450	0.400	0.358	0.322
1.15	1.078	0.892	0.756	0.647	0.561	0.490	0.432	0.384	0.343	0.308
1.16	1.052	0.870	0.734	0.627	0.542	0.473	0.417	0.369	0.329	0.295
1.17	1.027	0.850	0.713	0.608	0.525	0.458	0.402	0.356	0.317	0.283
1.18	1.003	0.825	0.694	0.591	0.509	0.443	0.388	0.343	0.305	0.272
1.19	0.981	0.810	0.676	0.574	0.494	0.429	0.375	0.331	0.294	0.262
1.20	0.960	0.787	0.659	0.559	0.480	0.416	0.363	0.320	0.283	0.252
1.22	0.922	0.755	0.628	0.531	0.454	0.392	0.341	0.299	0.264	0.235
1.24	0.887	0.725	0.600	0.505	0.431	0.371	0.322	0.281	0.248	0.219
1.26	0.855	0.692	0.574	0.482	0.410	0.351	0.304	0.265	0.233	0.205
1.28	0.827	0.666	0.551	0.461	0.391	0.334	0.288	0.250	0.219	0.193
1.30	0.800	0.644	0.530	0.442	0.373	0.318	0.274	0.237	0.207	0.181
1.32	0.775	0.625	0.510	0.424	0.357	0.304	0.260	0.225	0.196	0.171
1.34	0.752	0.605	0.492	0.408	0.342	0.290	0.248	0.214	0.185	0.162
1.36	0.731	0.588	0.475	0.393	0.329	0.278	0.237	0.204	0.176	0.153
1.38	0.711	0.567	0.459	0.378	0.316	0.266	0.226	0.194	0.167	0.145
1.40	0.692	0.548	0.444	0.365	0.304	0.256	0.217	0.185	0.159	0.138
1.42	0.674	0.533	0.431	0.353	0.293	0.246	0.208	0.177	0.152	0.131
1.44	0.658	0.517	0.417	0.341	0.282	0.236	0.199	0.169	0.145	0.125
1.46	0.642	0.505	0.405	0.330	0.273	0.227	0.191	0.162	0.139	0.119
1.48	0.627	0.493	0.394	0.320	0.263	0.219	0.184	0.156	0.133	0.113
1.50	0.613	0.480	0.383	0.310	0.255	0.211	0.177	0.149	0.127	0.108
1.55	0.580	0.451	0.358	0.288	0.235	0.194	0.161	0.135	0.114	0.097
1.60	0.551	0.425	0.335	0.269	0.218	0.179	0.148	0.123	0.103	0.087
1.65	0.525	0.402	0.316	0.251	0.203	0.165	0.136	0.113	0.094	0.079
1.70	0.501	0.381	0.298	0.236	0.189	0.153	0.125	0.103	0.086	0.072
1.75	0.480	0.362	0.282	0.222	0.177	0.143	0.116	0.095	0.079	0.065
1.80	0.460	0.349	0.269	0.209	0.166	0.133	0.108	0.088	0.720	0.060
1.85	0.442	0.332	0.254	0.198	0.156	0.125	0.100	0.082	0.067	0.055
1.90	0.425	0.315	0.242	0.188	0.147	0.117	0.094	0.076	0.620	0.050
1.95	0.409	0.304	0.231	0.178	0.136	0.110	0.088	0.070	0.057	0.046
2.00	0.395	0.292	0.221	0.169	0.132	0.104	0.082	0.660	0.053	0.043
2.10	0.369	0.273	0.202	0.154	0.119	0.092	0.073	0.058	0.046	0.037
2.20	0.346	0.253	0.186	0.141	0.107	0.083	0.065	0.051	0.040	0.032
2.3	0.326	0.235	0.173	0.129	0.098	0.075	0.058	0.045	0.035	0.028
2.4	0.308	0.220	0.160	0.119	0.089	0.068	0.052	0.040	0.031	0.024
2.5	0.292	0.207	0.150	0.110	0.082	0.062	0.047	0.036	0.028	0.022
2.6	0.277	0.197	0.140	0.102	0.076	0.057	0.043	0.033	0.025	0.019
2.7	0.264	0.188	0.131	0.095	0.070	0.052	0.039	0.029	0.022	0.017
2.8	0.252	0.176	0.124	0.089	0.065	0.048	0.036	0.027	0.020	0.015
2.9	0.241	0.166	0.117	0.083	0.060	0.044	0.033	0.024	0.018	0.014
3.0	0.230	0.159	0.110	0.078	0.056	0.041	0.030	0.022	0.017	0.012
3.5	0.190	0.126	0.085	0.059	0.041	0.029	0.021	0.015	0.011	0.008
4.0	0.161	0.104	0.069	0.046	0.031	0.022	0.015	0.010	0.007	0.005
4.5	0.139	0.087	0.057	0.037	0.025	0.017	0.011	0.008	0.005	0.004
5.0	0.122	0.076	0.048	0.031	0.020	0.013	0.009	0.006	0.004	0.003
6.0	0.098	0.060	0.036	0.022	0.014	0.009	0.006	0.004	0.002	0.002
7.0	0.081	0.048	0.028	0.017	0.010	0.006	0.004	0.002	0.002	0.001
8.0	0.069	0.040	0.022	0.013	0.008	0.005	0.003	0.002	0.001	0.001
9.0	0.060	0.034	0.019	0.011	0.006	0.004	0.002	0.001	0.001	0.000
10.0	0.053	0.028	0.016	0.009	0.005	0.003	0.002	0.001	0.001	0.000
20.0	0.023	0.018	0.011	0.006	0.002	1.000	0.001	0.000	0.000	0.000

u \ N	4.2	4.6	5.0	5.4	5.8	6.2	6.6	7.0	7.4	7.8
0.00	0.000	0.000	0.000	0.000	0.000	0.000	0.000	0.000	0.000	0.000
0.02	0.020	0.020	0.020	0.020	0.020	0.020	0.020	0.020	0.020	0.020
0.04	0.040	0.040	0.040	0.040	0.040	0.040	0.040	0.040	0.040	0.040
0.06	0.060	0.060	0.060	0.060	0.060	0.060	0.060	0.060	0.060	0.060
0.08	0.080	0.080	0.080	0.080	0.080	0.080	0.080	0.080	0.080	0.080
0.10	0.100	0.100	0.100	0.100	0.100	0.100	0.100	0.100	0.100	0.100
0.12	0.120	0.120	0.120	0.120	0.120	0.120	0.120	0.120	0.120	0.120
0.14	0.140	0.140	0.140	0.140	0.140	0.140	0.140	0.140	0.140	0.140
0.16	0.160	0.160	0.160	0.160	0.160	0.160	0.160	0.160	0.160	0.160
0.18	0.180	0.180	0.180	0.180	0.180	0.180	0.180	0.180	0.180	0.180
0.20	0.200	0.200	0.200	0.200	0.200	0.200	0.200	0.200	0.200	0.200
0.22	0.220	0.220	0.220	0.220	0.220	0.220	0.220	0.220	0.220	0.220
0.24	0.240	0.240	0.240	0.240	0.240	0.240	0.240	0.240	0.240	0.240
0.26	0.260	0.260	0.260	0.260	0.260	0.260	0.260	0.260	0.260	0.260
0.28	0.280	0.280	0.280	0.280	0.280	0.280	0.280	0.280	0.280	0.280
0.30	0.300	0.300	0.300	0.300	0.300	0.300	0.300	0.300	0.300	0.300
0.32	0.321	0.320	0.320	0.320	0.320	0.320	0.320	0.320	0.320	0.320
0.34	0.341	0.340	0.340	0.340	0.340	0.340	0.340	0.340	0.340	0.340
0.36	0.361	0.361	0.360	0.360	0.360	0.360	0.360	0.360	0.360	0.360
0.38	0.381	0.381	0.381	0.380	0.380	0.380	0.380	0.380	0.380	0.380
0.40	0.402	0.401	0.401	0.400	0.400	0.400	0.400	0.400	0.400	0.400
0.42	0.422	0.421	0.421	0.421	0.420	0.420	0.420	0.420	0.420	0.420
0.44	0.443	0.442	0.441	0.441	0.441	0.441	0.440	0.440	0.440	0.440
0.46	0.463	0.462	0.462	0.461	0.461	0.461	0.460	0.460	0.460	0.460
0.48	0.484	0.483	0.482	0.481	0.481	0.481	0.480	0.480	0.480	0.480
0.50	0.505	0.504	0.503	0.502	0.501	0.501	0.501	0.500	0.500	0.500
0.52	0.527	0.525	0.523	0.522	0.522	0.521	0.521	0.521	0.520	0.520
0.54	0.548	0.546	0.544	0.543	0.542	0.542	0.541	0.541	0.541	0.541
0.56	0.570	0.567	0.565	0.564	0.563	0.562	0.562	0.561	0.561	0.561
0.58	0.592	0.589	0.587	0.585	0.583	0.583	0.582	0.582	0.581	0.581
0.60	0.614	0.611	0.608	0.606	0.605	0.604	0.603	0.602	0.602	0.601
0.61	0.626	0.622	0.619	0.617	0.615	0.614	0.613	0.612	0.612	0.611
0.62	0.637	0.633	0.630	0.628	0.626	0.625	0.624	0.623	0.655	0.622
0.63	0.649	0.644	0.641	0.638	0.636	0.635	0.634	0.633	0.632	0.632
0.64	0.661	0.565	0.652	0.649	0.647	0.646	0.645	0.644	0.643	0.642
0.65	0.673	0.667	0.663	0.660	0.658	0.656	0.655	0.654	0.653	0.653
0.66	0.685	0.679	0.675	0.672	0.669	0.667	0.666	0.665	0.664	0.663
0.67	0.697	0.691	0.686	0.683	0.680	0.678	0.676	0.675	0.674	0.673
0.68	0.709	0.703	0.698	0.694	0.691	0.689	0.687	0.686	0.685	0.684
0.69	0.722	0.715	0.710	0.706	0.703	0.700	0.698	0.696	0.695	0.694
0.70	0.735	0.727	0.722	0.717	0.714	0.712	0.710	0.708	0.706	0.705
0.71	0.748	0.740	0.734	0.729	0.726	0.723	0.721	0.719	0.717	0.716
0.72	0.761	0.752	0.746	0.741	0.737	0.734	0.732	0.730	0.728	0.727
0.73	0.774	0.765	0.759	0.753	0.749	0.746	0.743	0.741	0.739	0.737
0.74	0.788	0.779	0.771	0.766	0.761	0.757	0.754	0.752	0.750	0.748
0.75	0.802	0.792	0.784	0.778	0.773	0.769	0.766	0.763	0.761	0.795
0.76	0.817	0.806	0.798	0.791	0.786	0.782	0.778	0.775	0.773	0.771
0.77	0.831	0.820	0.811	0.804	0.798	0.794	0.790	0.787	0.784	0.782
0.78	0.847	0.834	0.825	0.817	0.811	0.806	0.802	0.799	0.796	0.794
0.79	0.862	0.849	0.839	0.831	0.824	0.819	0.815	0.811	0.808	0.805

u \ N	4.2	4.6	5.0	5.4	5.8	6.2	6.6	7.0	7.4	7.8
0.80	0.878	0.865	0.854	0.845	0.838	0.832	0.828	0.823	0.820	0.818
0.81	0.895	0.881	0.869	0.860	0.852	0.846	0.841	0.836	0.833	0.830
0.82	0.913	0.897	0.885	0.875	0.866	0.860	0.854	0.850	0.846	0.842
0.83	0.931	0.914	0.901	0.890	0.881	0.874	0.868	0.863	0.859	0.855
0.84	0.949	0.932	0.918	0.906	0.897	0.889	0.882	0.877	0.872	0.868
0.85	0.969	0.950	0.935	0.923	0.912	0.905	0.898	0.891	0.887	0.882
0.86	0.990	0.970	0.954	0.940	0.930	0.921	0.913	0.906	0.901	0.896
0.87	1.012	0.990	0.973	0.959	0.947	0.937	0.929	0.922	0.916	0.911
0.88	1.035	1.120	0.994	0.978	0.966	0.955	0.946	0.938	0.932	0.927
0.89	1.060	1.035	1.015	0.999	0.986	0.974	0.964	0.956	0.949	0.943
0.90	1.087	1.060	1.039	1.021	1.007	0.994	0.984	0.974	0.967	0.960
0.91	1.116	1.088	1.064	1.045	1.029	1.016	1.003	0.995	0.986	0.979
0.92	1.148	1.117	1.092	1.072	1.054	1.030	1.027	1.016	1.006	0.999
0.93	1.184	1.151	1.123	1.101	1.081	1.065	1.050	1.040	1.029	1.021
0.94	1.225	1.188	1.158	1.134	1.113	1.095	1.080	1.066	1.054	1.044
0.950	1.272	1.232	1.199	1.172	1.148	1.128	1.111	1.097	1.084	1.073
0.960	1.329	1.285	1.248	1.217	1.188	1.167	1.149	1.133	1.119	1.106
0.970	1.402	1.351	1.310	1.275	1.246	1.319	1.197	1.179	1.162	1.148
0.975	1.447	1.393	1.348	1.311	1.280	1.250	1.227	1.207	1.190	1.173
0.980	1.502	1.443	1.395	1.354	1.339	1.288	1.262	1.241	1.221	1.204
0.985	1.573	1.508	1.454	1.409	1.372	1.337	1.309	1.284	1.263	1.243
0.990	1.671	1.598	1.537	1.487	1.444	1.404	1.373	1.344	1.319	1.297
0.995	1.838	1.751	1.678	1.617	1.565	1.519	1.479	1.451	1.416	1.388
0.999	2.223	2.102	2.002	1.917	1.845	1.780	1.725	1.678	1.635	1.596
1.000	∞	∞	∞	∞	∞	∞	∞	∞	∞	∞
1.001	1.417	1.264	1.138	1.033	0.951	0.870	0.803	0.746	0.697	0.651
1.005	1.036	0.915	0.817	0.737	0.669	0.612	0.553	0.526	0.481	0.447
1.010	0.873	0.766	0.681	0.610	0.551	0.502	0.459	0.422	0.389	0.360
1.015	0.778	0.680	0.602	0.537	0.483	0.440	0.399	0.366	0.336	0.310
1.02	0.711	0.620	0.546	0.486	0.436	0.394	0.358	0.327	0.300	0.276
1.03	0.618	0.535	0.469	0.415	0.370	0.333	0.300	0.272	0.249	0.228
1.04	0.554	0.477	0.415	0.365	0.324	0.290	0.262	0.236	0.214	0.195
1.05	0.504	0.432	0.374	0.328	0.289	0.259	0.231	0.208	0.189	0.174
1.06	0.464	0.396	0.342	0.298	0.262	0.233	0.209	0.187	0.170	0.154
1.07	0.431	0.366	0.315	0.273	0.239	0.212	0.191	0.168	0.151	0.136
1.08	0.403	0.341	0.292	0.252	0.220	0.194	0.172	0.153	0.137	0.123
1.09	0.379	0.319	0.272	0.234	0.204	0.179	0.158	0.140	0.125	0.112
1.10	0.357	0.299	0.254	0.218	0.189	0.165	0.146	0.129	0.114	0.102
1.11	0.338	0.282	0.239	0.204	0.176	0.154	0.135	0.119	0.105	0.094
1.12	0.321	0.267	0.225	0.192	0.165	0.143	0.125	0.110	0.097	0.086
1.13	0.305	0.253	0.212	0.181	0.155	0.135	0.117	0.102	0.090	0.080
1.14	0.291	0.240	0.201	0.170	0.146	0.126	0.109	0.095	0.084	0.074
1.15	0.278	0.229	0.191	0.161	0.137	0.118	0.102	0.089	0.078	0.068
1.16	0.266	0.218	0.181	0.153	0.130	0.111	0.096	0.084	0.072	0.064
1.17	0.255	0.208	0.173	0.145	0.123	0.105	0.090	0.078	0.068	0.060
1.18	0.244	0.199	0.165	0.138	0.116	0.099	0.085	0.073	0.063	0.055
1.19	0.235	0.191	0.157	0.131	0.110	0.094	0.080	0.068	0.059	0.015
1.20	0.226	0.183	0.150	0.215	0.105	0.088	0.076	0.064	0.056	0.048
1.22	0.209	0.168	0.138	0.114	0.095	0.080	0.068	0.057	0.049	0.042
1.24	0.195	0.156	0.127	0.104	0.086	0.072	0.060	0.051	0.044	0.038

u \ N	4.2	4.6	5.0	5.4	5.8	6.2	6.6	7.0	7.4	7.8
1.26	0.182	0.145	0.117	0.095	0.079	0.065	0.055	0.046	0.039	0.033
1.28	0.170	0.135	0.108	0.088	0.072	0.060	0.050	0.041	0.035	0.030
1.30	0.160	0.126	0.100	0.081	0.066	0.054	0.045	0.037	0.031	0.026
1.32	0.150	0.118	0.093	0.075	0.061	0.050	0.041	0.034	0.028	0.024
1.34	0.142	0.110	0.087	0.069	0.056	0.045	0.037	0.030	0.025	0.021
1.36	0.134	0.103	0.081	0.064	0.052	0.042	0.034	0.028	0.023	0.019
1.38	0.127	0.097	0.076	0.060	0.048	0.038	0.032	0.026	0.021	0.017
1.40	0.120	0.092	0.071	0.056	0.044	0.036	0.028	0.023	0.019	0.016
1.42	0.114	0.087	0.067	0.052	0.041	0.033	0.026	0.021	0.017	0.014
1.44	0.108	0.082	0.063	0.049	0.038	0.030	0.024	0.019	0.016	0.013
1.46	0.103	0.077	0.059	0.046	0.036	0.028	0.022	0.018	0.014	0.012
1.48	0.098	0.073	0.056	0.043	0.033	0.026	0.021	0.017	0.013	0.010
1.50	0.093	0.069	0.053	0.040	0.031	0.024	0.020	0.015	0.012	0.009
1.55	0.083	0.061	0.046	0.035	0.026	0.020	0.016	0.012	0.010	0.008
1.60	0.074	0.054	0.040	0.030	0.023	0.017	0.013	0.010	0.008	0.006
1.65	0.067	0.048	0.035	0.026	0.019	0.014	0.011	0.008	0.006	0.005
1.70	0.060	0.043	0.031	0.023	0.016	0.012	0.009	0.007	0.005	0.004
1.75	0.054	0.038	0.027	0.020	0.014	0.010	0.008	0.006	0.004	0.003
1.80	0.049	0.034	0.024	0.017	0.012	0.009	0.007	0.005	0.004	0.003
1.85	0.045	0.031	0.022	0.015	0.011	0.008	0.006	0.004	0.003	0.002
1.90	0.041	0.028	0.020	0.014	0.010	0.007	0.005	0.004	0.003	0.002
1.95	0.038	0.026	0.018	0.012	0.008	0.006	0.004	0.003	0.002	0.002
2.00	0.035	0.023	0.016	0.011	0.007	0.005	0.004	0.003	0.002	0.001
2.10	0.030	0.019	0.013	0.009	0.006	0.004	0.003	0.002	0.001	0.001
2.20	0.025	0.016	0.011	0.007	0.005	0.004	0.002	0.001	0.001	0.001
2.3	0.022	0.014	0.009	0.006	0.004	0.003	0.002	0.001	0.001	0.001
2.4	0.019	0.012	0.008	0.005	0.003	0.002	0.001	0.001	0.001	0.001
2.5	0.017	0.010	0.006	0.004	0.003	0.002	0.001	0.001	0.000	0.000
2.6	0.015	0.009	0.005	0.003	0.002	0.001	0.001	0.001	0.000	0.000
2.7	0.013	0.008	0.005	0.003	0.002	0.001	0.001	0.000	0.000	0.000
2.8	0.012	0.007	0.004	0.002	0.001	0.001	0.001	0.000	0.000	0.000
2.9	0.010	0.006	0.004	0.002	0.001	0.001	0.000	0.000	0.000	0.000
3.0	0.009	0.005	0.003	0.002	0.001	0.001	0.000	0.000	0.000	0.000
3.5	0.006	0.003	0.002	0.001	0.001	0.000	0.000	0.000	0.000	0.000
4.0	0.004	0.002	0.001	0.000	0.000	0.000	0.000	0.000	0.000	0.000
4.5	0.003	0.001	0.001	0.000	0.000	0.000	0.000	0.000	0.000	0.000
5.0	0.002	0.001	0.000	0.000	0.000	0.000	0.000	0.000	0.000	0.000
6.0	0.001	0.000	0.000	0.000	0.000	0.000	0.000	0.000	0.000	0.000
7.0	0.001	0.000	0.000	0.000	0.000	0.000	0.000	0.000	0.000	0.000
8.0	0.000	0.000	0.000	0.000	0.000	0.000	0.000	0.000	0.000	0.000
9.0	0.000	0.000	0.000	0.000	0.000	0.000	0.000	0.000	0.000	0.000
10.0	0.000	0.000	0.000	0.000	0.000	0.000	0.000	0.000	0.000	0.000
20.0	0.000	0.000	0.000	0.000	0.000	0.000	0.000	0.000	0.000	0.000

u \ N	8.2	8.6	9.0	9.4	9.8
0.00	0.000	0.000	0.000	0.000	0.000
0.02	0.020	0.020	0.020	0.020	0.020
0.04	0.040	0.040	0.040	0.040	0.040
0.06	0.060	0.060	0.060	0.060	0.060
0.08	0.080	0.080	0.080	0.080	0.080
0.10	0.100	0.100	0.100	0.100	0.100
0.12	0.120	0.120	0.120	0.120	0.120
0.14	0.140	0.140	0.140	0.140	0.140
0.16	0.160	0.160	0.160	0.160	0.160
0.18	0.180	0.180	0.180	0.180	0.180
0.20	0.200	0.200	0.200	0.200	0.200
0.22	0.220	0.220	0.220	0.220	0.220
0.24	0.240	0.240	0.240	0.240	0.240
0.26	0.260	0.260	0.260	0.260	0.260
0.28	0.280	0.280	0.280	0.280	0.280
0.30	0.300	0.300	0.300	0.300	0.300
0.32	0.320	0.320	0.320	0.320	0.320
0.34	0.340	0.340	0.340	0.340	0.340
0.36	0.360	0.360	0.360	0.360	0.360
0.38	0.380	0.380	0.380	0.380	0.380
0.40	0.400	0.400	0.400	0.400	0.400
0.42	0.420	0.420	0.420	0.420	0.420
0.44	0.440	0.440	0.440	0.440	0.440
0.46	0.460	0.460	0.460	0.460	0.460
0.48	0.480	0.480	0.480	0.480	0.480
0.50	0.500	0.500	0.500	0.500	0.500
0.52	0.520	0.520	0.520	0.520	0.520
0.54	0.540	0.540	0.540	0.540	0.540
0.56	0.560	0.560	0.560	0.560	0.560
0.58	0.581	0.581	0.580	0.580	0.580
0.60	0.601	0.601	0.601	0.600	0.600
0.61	0.611	0.611	0.611	0.611	0.610
0.62	0.621	0.621	0.621	0.621	0.621
0.63	0.632	0.631	0.631	0.631	0.631
0.64	0.642	0.641	0.641	0.641	0.641
0.65	0.652	0.652	0.651	0.651	0.651
0.66	0.662	0.662	0.662	0.661	0.661
0.67	0.673	0.672	0.672	0.672	0.671
0.68	0.683	0.683	0.682	0.682	0.681
0.69	0.694	0.693	0.692	0.692	0.692
0.70	0.704	0.704	0.703	0.702	0.702
0.71	0.915	0.714	0.713	0.713	0.713
0.72	0.726	0.725	0.724	0.723	0.723
0.73	0.736	0.735	0.734	0.734	0.733
0.74	0.747	0.746	0.745	0.744	0.744
0.75	0.758	0.757	0.756	0.755	0.754
0.76	0.769	0.768	0.767	0.766	0.765
0.77	0.780	0.779	0.778	0.777	0.776
0.78	0.792	0.790	0.789	0.788	0.787
0.79	0.804	0.802	0.080	0.799	0.798

u \ N	8.2	8.6	9.0	9.4	9.8
0.80	0.815	0.813	0.811	0.810	0.809
0.81	0.827	0.825	0.823	0.822	0.820
0.82	0.839	0.837	0.835	0.833	0.831
0.83	0.852	0.849	0.847	0.845	0.844
0.84	0.865	0.862	0.860	0.858	0.856
0.85	0.878	0.875	0.873	0.870	0.868
0.86	0.892	0.889	0.886	0.883	0.881
0.87	0.907	0.903	0.900	0.897	0.894
0.88	0.921	0.918	0.914	0.911	0.908
0.89	0.937	0.933	0.929	0.925	0.922
0.90	0.954	0.949	0.944	0.940	0.937
0.91	0.972	0.967	0.961	0.957	0.953
0.92	0.991	0.986	0.980	0.975	0.970
0.93	1.012	1.006	0.999	0.994	0.989
0.94	1.036	1.290	1.022	1.016	1.010
0.950	1.062	1.055	1.047	1.040	1.033
0.960	1.097	1.085	1.074	1.063	1.053
0.970	1.136	1.124	1.112	1.100	1.087
0.975	1.157	1.115	1.134	1.122	1.108
0.980	1.187	1.175	1.160	1.150	1.132
0.985	1.224	1.210	1.196	1.183	1.165
0.990	1.275	1.260	1.243	1.228	1.208
0.995	1.363	1.342	1.320	1.302	1.280
0.999	1.560	1.530	1.500	1.476	1.447
1.000	∞	∞	∞	∞	∞
1.001	0.614	0.577	0.546	0.519	0.494
1.005	0.420	0.391	0.368	0.350	0.331
1.010	0.337	0.313	0.294	0.278	0.262
1.015	0.289	0.269	0.255	0.237	0.223
1.020	0.257	0.237	0.221	0.209	0.196
1.03	0.212	0.195	0.181	0.170	0.159
1.04	0.173	0.165	0.152	0.143	0.134
1.05	0.158	0.143	0.132	0.124	0.115
1.06	0.140	0.127	0.116	0.106	0.098
1.07	0.123	0.112	0.102	0.094	0.086
1.08	0.111	0.101	0.092	0.084	0.077
1.09	0.101	0.091	0.082	0.075	0.069
1.10	0.092	0.083	0.074	0.067	0.062
1.11	0.084	0.075	0.067	0.060	0.055
1.12	0.077	0.069	0.062	0.055	0.050
1.13	0.071	0.063	0.056	0.050	0.045
1.14	0.065	0.058	0.052	0.046	0.041
1.15	0.061	0.054	0.048	0.043	0.038
1.16	0.056	0.050	0.045	0.040	0.035
1.17	0.052	0.046	0.041	0.036	0.032
1.18	0.048	0.042	0.037	0.033	0.029
1.19	0.045	0.039	0.034	0.030	0.027
1.20	0.043	0.037	0.032	0.028	0.025
1.22	0.037	0.032	0.028	0.024	0.021
1.24	0.032	0.028	0.024	0.021	0.018

u \ N	8.2	8.6	9.0	9.4	9.8
1.26	0.028	0.024	0.021	0.018	0.016
1.28	0.026	0.021	0.018	0.016	0.014
1.30	0.022	0.019	0.016	0.014	0.010
1.32	0.020	0.017	0.014	0.012	0.010
1.34	0.018	0.015	0.012	0.010	0.009
1.36	0.016	0.013	0.011	0.009	0.008
1.38	0.014	0.012	0.010	0.008	0.007
1.40	0.013	0.011	0.009	0.007	0.006
1.42	0.011	0.009	0.008	0.006	0.005
1.44	0.010	0.008	0.007	0.006	0.005
1.46	0.009	0.008	0.006	0.005	0.004
1.48	0.009	0.007	0.005	0.004	0.004
1.50	0.008	0.006	0.005	0.004	0.003
1.55	0.006	0.005	0.004	0.003	0.003
1.60	0.005	0.004	0.003	0.002	0.002
1.65	0.004	0.003	0.002	0.002	0.001
1.70	0.003	0.002	0.002	0.001	0.001
1.75	0.002	0.002	0.002	0.001	0.001
1.80	0.002	0.001	0.001	0.001	0.001
1.85	0.002	0.001	0.001	0.001	0.001
1.90	0.001	0.001	0.001	0.001	0.000
1.95	0.001	0.001	0.001	0.000	0.000
2.00	0.001	0.001	0.000	0.000	0.000
2.10	0.001	0.000	0.000	0.000	0.000
2.20	0.000	0.000	0.000	0.000	0.000
2.3	0.000	0.000	0.000	0.000	0.000
2.4	0.000	0.000	0.000	0.000	0.000
2.5	0.000	0.000	0.000	0.000	0.000
2.6	0.000	0.000	0.000	0.000	0.000
2.7	0.000	0.000	0.000	0.000	0.000
2.8	0.000	0.000	0.000	0.000	0.000
2.9	0.000	0.000	0.000	0.000	0.000
3.0	0.000	0.000	0.000	0.000	0.000
3.5	0.000	0.000	0.000	0.000	0.000
4.0	0.000	0.000	0.000	0.000	0.000
4.5	0.000	0.000	0.000	0.000	0.000
5.0	0.000	0.000	0.000	0.000	0.000
6.0	0.000	0.000	0.000	0.000	0.000
7.0	0.000	0.000	0.000	0.000	0.000
8.0	0.000	0.000	0.000	0.000	0.000
9.0	0.000	0.000	0.000	0.000	0.000
10.0	0.000	0.000	0.000	0.000	0.000
20.0	0.000	0.000	0.000	0.000	0.000

부표 4. 미소진폭파의 수심, 주기, 파장의 표

h(m) \ T(sec)	3	4	5	6	7	8	9	10
0.5	6.39	8.68	10.95	13.14	15.40	17.60	19.80	22.10
1.0	8.70	12.00	15.25	18.42	21.63	24.80	27.99	31.10
1.5	10.20	14.36	18.40	22.38	26.25	30.16	34.11	38.00
2.0	11.30	16.20	20.95	25.62	30.17	34.64	39.24	43.70
2.5	12.10	17.72	23.10	28.32	33.46	38.56	43.65	48.60
3.0	12.70	19.00	24.95	30.78	36.40	42.00	47.61	53.10
3.5	13.10	20.00	26.55	32.82	39.06	45.12	51.21	57.20
4.0	13.40	20.88	27.90	34.74	41.44	48.00	54.54	60.90
4.5	13.60	21.60	29.20	36.48	43.61	50.64	57.51	64.40
5.0	13.70	22.20	30.30	38.04	45.50	53.20	60.57	67.80
6	13.90	23.16	32.25	40.86	49.00	57.44	65.70	73.60
7		23.76	33.70	43.26	52.50	61.52	70.29	79.00
8		24.24	34.85	45.18	55.09	64.88	74.43	83.90
9		24.52	35.80	46.92	57.61	68.08	78.12	88.20
10		24.68	36.50	48.42	59.85	70.88	81.63	92.30
12		24.84	37.60	51.12	63.42	75.84	87.75	99.70
14			38.20	52.44	66.64	79.92	93.24	106.10
16			38.55	53.58	68.67	83.28	97.65	111.70
18			38.75	54.18	70.49	86.24	101.16	116.70
20				55.02	71.89	88.64	105.12	121.00
23					73.43	93.12	109.53	127.00
25					74.20	94.96	111.96	130.30
28					75.04	95.92	115.02	134.70
30					75.53	97.52	116.73	137.20
35							120.24	142.40
40							122.22	146.40
45								149.10
50								151.20
55								152.70
60								153.70
65								154.40
70								
75								
80								
90								
100								
120								
심해파	14.04	24.96	39.00	56.16	76.44	99.84	126.34	156.00

(파장 : m)

h(m) \ T(sec)	11	12	13	14	15	16	18	20
120.5								
1.0								
1.5								
2.0								
2.5								
3.0								
3.5								
4.0								
4.5								
5.0	74.91	82.08	89.18	96.3	103.5	110.4	124.6	138.8
6	81.84	89.64	97.37	105.1	113.0	120.6	136.3	151.8
7	87.78	96.00	104.8	113.5	122.0	130.4	146.9	163.8
8	93.28	102.5	111.9	120.5	139.5	139.2	156.8	174.8
9	98.23	107.5	117.7	127.1	147.0	146.4	166.0	185.0
10	102.9	113.0	123.6	133.6	154.5	154.7	174.2	194.8
12	111.3	122.8	136.6	146.2	156.9	168.0	190.3	121.6
14	118.8	131.5	143.9	156.2	168.2	181.0	204.8	228.6
16	125.3	139.0	152.4	165.5	179.1	192.0	217.8	243.8
18	131.7	145.9	160.0	174.7	188.4	202.1	230.0	257.6
20	137.0	152.4	167.6	182.7	197.3	212.5	241.4	270.6
23	143.9	160.9	177.3	193.5	209.6	225.8	257.4	288.0
25	148.2	165.7	183.2	200.6	217.4	233.8	267.1	300.0
28	153.8	172.8	191.4	211.4	227.9	245.8	280.8	310.8
30	157.3	177.0	196.4	215.2	234.0	253.0	289.3	325.6
35	164.5	186.1	207.1	228.2	248.9	269.1	309.1	348.6
40	170.2	193.4	216.6	239.1	261.6	283.4	326.7	369.4
45	174.7	199.7	224.4	248.6	272.6	296.2	342.5	388.2
50	178.0	204.7	231.1	256.9	282.5	307.8	356.9	405.4
55	181.0	208.9	236.6	264.2	291.3	317.9	370.1	421.2
60	172.8	212.0	241.2	270.2	298.8	326.9	382.1	436.0
65	184.4	214.8	245.4	275.7	305.6	335.0	392.9	449.6
70	185.5	217.0	248.7	280.3	311.7	342.4	402.8	462.2
75	186.3	218.8	251.6	284.3	316.8	349.0	412.0	473.8
80		220.0	253.9	287.8	321.6	355.0	420.5	484.6
90			257.1	293.0	329.3	365.0	435.4	504.2
100			259.5	296.9	335.0	373.0	447.7	521.2
120			262.0	301.7	342.6	383.8	466.7	548.8
심해파	188.76	224.64	263.64	305.76	351.0	399.4	505.4	624.0

찾아보기

ㄱ

각주파수 362
각진동수 362
감조부 443
감조하천 443
강성계수 133
강수두법 484
격막식 압력계 334
경사액주계 043
경심 179, 219
경심고 058
계기압력 038
공동현상 026
공액수심 233
공학단위 025
공학적 단위 017
관성력 063
관오리피스 186, 340
국부가속도 085
군속도 381
군파 382
굴절손실계수 188
급수축손실계수 184
급수축손실수두 184
급폐색 406
기하학적 상사성 521

ㄴ

나선류 298
낙차 211
난류 126
난류경계층 315
난류확산 159
노즐 192
뉴튼유체 025

ㄷ

단동수압조절수조 423
단면 2차 모멘트 048
단면급확대손실계수 182
단위 017
단위중량 018
단파 440
대응수심 226
동력 211
동수경사선 108
동압력 108
동점성계수 025
등가조도계수 260, 261
등류 078, 218
등류수심 273
등류의 마찰저항 247
등속정류 218
등압면 036, 037
등압선 065

ㄹ

레이놀즈수 126

ㅁ

마력 211
마찰속도 154, 449
마찰손실계수 173

마찰저항 024
마찰항력 314
모노노배 278
모세관현상 023
모형의 왜곡도 534
모형의 축척 523
무차원 입도곡선 454
무차원 한계소류력 456
미소진폭파 364

ㅂ

배수곡선 273
베나 콘트랙터 340
벤투리미터 337
벤투리 플룸 353
벨로스 압력계 334
병렬관 203
복원력 058
복합조도 260
부등류 218
부등류의 함수 282
부등속정류 218
부력 058
부르동 압력계 334
부심 058
부유사 448
부유사의 수송계수 472
부의 단파 441
부정류 078
부체의 경심 058
분기관 199
비뉴튼유체 025
비력 233
비정상류 078, 217

ㅅ

사련 458
사류 226
사류수로 274
사류수심 226
사이펀 197
삼각에어 342
상대개방도 413
상대조도 174
상류 226
상류수로 273
상류수심 226
상항계유속 127
소류력 449
소류사 448
소류사함수 462
속도수두 107
속도퍼텐셜 095
손실수두 126
수격작용 403
수리수심 219
수리지수 263, 282
수리특성곡선 256
수리평균심 179, 219
수리학 015
수리학적 상사법칙 521
수압조절수 423
수위회복법 505
수축계수 184, 340
수평수로 277
시력선 037, 065
심정 492
심해파 363, 378
3차원흐름 079

ㅇ

아르키메데스 058
압력변동계수 376
압력선 108
압력수두 039, 108
압력항력 314
압축성 유체 078
액주계 043, 333
양력 313
에너지 보정계수 118
에너지선 108
역경사수로 278
역학적 상사성 521
염수쐐기 444
영향권의 반지름 491
와도 091, 094
와동점성계수 149
완전도수 236
완전월류 351
완전월류웨어 342
완전유체 078
완전조면 177
완폐색 406
우물함수 499
운동량방정식 115
운동량 보정계수 119
운동학적 상사성 522
원심가속도 032, 084
원심력 032
월류댐 350
월류수심 342
웨어 342
위치수두 108
위치압력 108
유량계수 341, 343
유사 447
유선 080
유선망도 489
유선망법 098, 488
유속계수 341
유입손실계수 185
유입손실수두 184
유적선 080
유체역학 015
유체의 압축률 019
유출손실수두 183
유한진폭파 364
유효낙차 211
유효수두 211
유효입경 448
윤변 179, 219
응집력 020
의사등류수심 287
이론동력 211
이론마력 211
이류가속도 085
이상유체 078
입경 Reynolds 수 452
1차원흐름 079
2차원흐름 079

ㅈ

자유서지 424
잠수웨어 342
장파 363
저류계수 499
저하곡선 274
전단응력 029

전진파면 441
전폭웨어 343
절 386
절대압력 038
점성 025
점성계수 025
점성유체 078
접선가속도 084
접촉각 022
정상류 078, 217
정상파 385
정수두법 484
정수력 033
정수압 034
정수압법칙 222
정수압분포 222, 377
정수압의 강도 034
정수역학의 기본식 036
정압력 033, 108
정의 단파 441
정체압 108
주파수 362
중력파 363
중복파 385
중앙입경 447
증기압 026
지배단면 234
지하류 481
지하수면 481
직사각형웨어 342
직접축차계산법 291
진동수 362
질량보존의 법칙 101

ㅊ

차원 017
천이수면형 288
천이수심 287
천이점 287
천정 493
천해파 363
체적탄성계수 019, 407
최대상승압 413
충격파 298
층류 125
층류경계층 315
층류저층 157, 315
침윤선 494

ㅌ

통수능 262
투수계수 482
투수량계수 499
특성곡선 434
특이점 287

ㅍ

파동방정식 361
파상도수 236
파수 362
파장 361
파형경사 364
퍼텐셜류 095
평균유속계수 250
평균입경 448
포인트 게이지 333
포화증기압 026

표면장력 020, 023
표면장력파 363, 387
표면파의 에너지 379
표면항력 314
표준축차계산법 293
피압지하수 501
피토관 112, 335

ㅎ

하한계 유속 127
한계 Froude 수 230
한계 Reynolds 수 230
한계경사수로 276
한계마찰속도 451
한계소류력 450
한계수심 226
한계유속 227
합통관 199
항력 313
형상손실 180
형상손실계수 180
형상항력 314
홍수 431
홍수조절지 436
홍수파 431
홍수파형 431
확산계수 161
회전식 유속계 336
후류 323
후진파면 441
흐름의 강도 464
흐름의 함수 096
힘의 퍼텐셜 031

A

Allievi의 관로상수 414
Allievi의 식 409
antidune형 458
Artesian well 490

B

Bakhmetiff 278
Bazin 공식 250
Bernoulli의 정리 103
Bress 278
Bress의 배수곡선식 280
Bress의 배수함수 280
Bress의 수면곡선식 280
Bress의 저하곡선식 281
Buckingham의 π정리 519

C

Cauchy–Rieman의 미분방정식 097
Cauchy 수 528
Cauchy의 상사법칙 528
CGS 단위 017
Chezy 250
Chow 278
Chow의 수면곡선식 283
Chray 공식 250
Cippoletti웨어 348
Colebrook 176
coriolis 032

D

D'Alembert의 원리 063
Darcy–Weisbach의 마찰손실공식 171
Darcy의 법칙 482
dune형 458

E

Einstein의 소류사운송 강도 463
Ekdahl의 방법 439
Escoffier의 도해법 294
Euler의 방법 099
Euler의 운동방정식 101

F

Froude 수 227
Froude의 상사법칙 525

G

Gallileo 015

H

Hagen–Poiseulle의 법칙 140
Henry–Dalton의 법칙 026

J

Joukowsky의 식 405

K

Karman의 상수 150, 473
Kramer의 균등비 448

L

Lagrange의 방법 099
Laplace의 방정식 097
Lin 434

M

Mach 각 303, 305
Mach 파 303
Manning 공식 251
Manning의 조도계수 177
Manning의 평균유속공식 177
Massau 434
Moody 도 176

N

Navier–Stokes의 운동방정식 136
Newton 015
Nikuradse의 인공조도 159

P

Pascal의 원리 041
poise 단위 025
Prandtl–Karman의 대수분포법칙 154
Putman 434

R

Rayleigh의 방법 516
Reynolds 125
Reynolds 응력 147

S

Shields 공식 450
Stokes 434
Stokes의 법칙 326

T

Theis의 표준곡선 503
Thiem법 503
Thiem의 평형방법 509
Tolkmitt 278
Torricelli의 정리 111

U

U자형 액주계 043

W

Webei 수 528
Weber의 상사법칙 527
William–Hazen 공식 178